Armin Hermann
Einstein

Zu diesem Buch

Über Albert Einstein (1879–1955), den großen Physiker, Philosophen und Pazifisten, wurde viel geschrieben und viel spekuliert. Neben seiner bahnbrechenden wissenschaftlichen Leistung war er ein Mensch, der sich stets für den Frieden einsetzte, Gewalt haßte, aber auch viele Schwächen hatte. Armin Hermann schildert in seiner großen Biographie alle Seiten des Jahrhundertgenies, die sichtbaren und die verschwiegenen: seine persönliche Entwicklung, die Beziehung zu seinen Frauen sowie seinen Kollegen und sein politisches Engagement gegen das Regime in Hitler-Deutschland. Diese Biographie ist zugleich eine große Kultur- und Weltgeschichte der Epoche, die vor allem »im Bereich der politischen Torheiten«, wie Einstein sagte, ergiebig war.

Armin Hermann, geboren 1933 in Vernon/Kanada, promovierter Physiker und von 1968 bis 2001 Ordinarius für Geschichte der Naturwissenschaften an der Universität Stuttgart. Er befaßt sich seit mehr als dreißig Jahren mit Albert Einstein und hat zahlreiche Biographien und Bücher zur Physik veröffentlicht.

Armin Hermann

Einstein

Der Weltweise und sein Jahrhundert
Eine Biographie

Mit 56 Abbildungen

Piper München Zürich

Ungekürzte Taschenbuchausgabe
September 1996 (SP 2303)
März 2004
2. Auflage März 2005

Umschlag/Bildredaktion: Büro Hamburg
Isabel Bünermann, Julia Martinez/
Charlotte Wippermann, Kathrin Hilse
Foto Umschlagvorderseite: Jean-Leon Huens/
National Geographic Image Collection
Foto Umschlagrückseite: Werner Neumeister
Satz: Uwe Steffen, München
Druck und Bindung: Clausen & Bosse, Leck
Printed in Germany ISBN 3-492-24036-4

www.piper.de

Inhalt

KAPITEL 1

»Ich bin ein Berliner«

»Wisch dir die Tränen ab mit Sandpapier«, sangen die Berliner. Das war auch seine Lebenseinstellung. Gefühle hat er heruntergespielt, und hochtönende Phrasen machten ihm, wie er gesagt hat, eine »Gänsehaut«. Wenn er sich auch die 19 Jahre, die er in der Reichshauptstadt verbrachte, immer als Fremder fühlte: die schnoddrige Art der Berliner gefiel ihm, und auch er hat sich und seine Probleme nie gar zu ernst genommen.[1]

Am 29. März 1914 begann Einsteins Berliner Zeit. An diesem Sonntag stieg er am Bahnhof Zoo aus dem von Aachen kommenden D-Zug. Ein paar Jahre später hätte ein solches Ereignis Scharen von Journalisten auf den Plan gerufen, und wir wüßten, wie er gekleidet war und wer ihn abgeholt hat. Wir dürfen uns aber vorstellen, daß er im saloppen Anzug und in der Holzklasse gereist war und nichts weiter bei sich trug als seinen kleinen braunen Koffer und seinen Geigenkasten. Luxus und Besitz erschienen ihm seit jeher verächtlich.[2]

Die Kaufhäuser von Hermann Tietz hatten die Schaufenster für den »Einzug des Frühlings« dekoriert. Über Berlin aber hing ein schwerer Wolkenhimmel. Die Luft war feuchtkalt; seit Tagen hatte es geregnet. Überall standen Pfützen, und die Erde war aufgeweicht.

Vielleicht hat Fritz Haber seinen Kollegen am Bahnhof abgeholt. Die beiden hatten sich drei Jahre zuvor bei der Naturforscherversammlung in Karlsruhe kennengelernt, und Einstein fand in ihm einen »interessanten Kameraden«. Der Freund und »Stammesgenosse« war Direktor des neuen Kaiser-Wilhelm-Instituts für physikalische Chemie in Dahlem und stellte Einstein in seinem Institut ein Arbeitszimmer zur Verfügung.

Seinen 35. Geburtstag am 14. März 1914 hatte Einstein noch zusammen mit seiner Frau Mileva in Zürich verbracht. Zwei

Wochen später ging Mileva mit den beiden Söhnen zur Erholung nach Locarno. Er besuchte seine Physikerfreunde in Leiden und fuhr dann weiter nach Berlin, um seine neue Stellung an der Preußischen Akademie der Wissenschaften anzutreten.[3]

Mileva war Anfang des Jahres in Berlin gewesen, um eine Wohnung zu suchen. Sie konnte nur mit Grauen an das Leben dort denken und fürchtete sich vor den vielen neuen Menschen.

Erst Ende April, einen Monat nach Einstein, kam sie in die Reichshauptstadt. Ihr Jüngster, der vierjährige Eduard, zärtlich »Tete« genannt, war nach schwerer Krankheit noch recht schwach, und sie klagte, daß das Leben unerschöpflich sei an Heimsuchungen.

Einstein dagegen blickte mit Erwartungen in die Zukunft. In den letzten Monaten in Zürich hatte er an seiner Theorie der Gravitation »geschafft wie ein Wilder« und, was doch immer das beste sei, »mit großem Erfolg«. Das war kein schlechter Einstand in Berlin.

Die Aufnahme in die Preußische Akademie galt als hohe Ehre. Viele Professoren hofften darauf ein Leben lang und doch vergebens, und die Glücklichen erreichten ihr Ziel erst in vorgeschrittenen Jahren. Es war ganz ungewöhnlich, »einen in noch so jugendlichem Alter stehenden Gelehrten in die Akademie aufzunehmen«.[4] So stand es wörtlich im offiziellen Wahlantrag. Damit nicht genug. Einsteins Stellung war gegenüber den Kollegen herausgehoben. Ganz allgemein behielten nämlich die »ordentlichen Mitglieder« bei der Berufung in die Akademie ihre Professur an der Universität und mußten weiterhin ihre Lehraufgaben erfüllen. Von der Akademie bezogen sie lediglich einen »Ehrensold«. Einstein aber hatte keine weiteren Verpflichtungen, als am Donnerstagnachmittag an den Sitzungen teilzunehmen. Dafür erhielt er ein Spitzengehalt von 12 000 Mark im Jahr.

Damit besaß er eine prächtige »Sinekure«. Schon in früheren Zeiten hatte die Kirche an besonders verdiente Persönlichkeiten Pfründen »sine cura animarum« (ohne Verpflichtung zur Seelsorge) verliehen, und von den Monarchen war die Einrichtung übernommen worden. Neben vielen Unwürdigen kamen Nikolaus Kopernikus als Domherr zu Frauenburg und Isaac Newton als »Master of the Mint« in den Genuß solcher Sinekuren.

Die Verleihung einer Pfründe war ein reiner Gnadenakt und die Belohnung irgendwelcher (oft obskurer) Verdienste. Voltaire spottete, daß Newton sein hohes Ehrenamt gar nicht seinen Entdeckungen verdankte, sondern seiner angenehmen Nichte, die dem Junggesellen den Haushalt führte und dem Schatzkanzler Hamilton gut gefiel: »Die Infinitesimalrechnung und die Gravitation hätten ihm ohne die hübsche Nichte kaum genützt.«

Einstein erhielt seine Sinekure nicht für seine Verdienste in der Vergangenheit, sondern weil man von ihm etwas in der Zukunft erwartete. Seit ein paar Jahren machte man sich in Preußen zunehmend Sorgen. Der Staat brauchte die Wissenschaft, denn aus ihr kamen die Innovationen für die Industrie. Die Arbeitskraft der Forscher wurde jedoch weitgehend vom Unterricht absorbiert. Daraus folgte als Pflicht des Staates, wie klar gesagt wurde, »für bessere Ausnutzung der in nicht allzugroßer Zahl verfügbaren Talente zu sorgen«.[5]

Die Berufung Einsteins entsprach den Richtlinien der vorausschauenden preußischen Wissenschaftspolitik. Bei den Verhandlungen muß er das gefühlt haben, denn er berichtete seinen Schweizer Freunden: »Die Herren Berliner spekulieren mit mir wie mit einem prämierten Leghuhn. Aber ich weiß nicht, ob ich noch Eier legen kann.«[6]

Tatsächlich erwarteten die Kenner noch Wunderdinge von Einstein. Seit 1905 hatte er am ehrwürdigen Gebäude der klassischen Physik die wurmstichigen Fundamente bloßgelegt, solide neue Grundlagen geschaffen und damit das Forschungsprogramm der Physik für die kommenden Jahrzehnte vorgezeichnet: an Stelle der alten, unzulänglichen Theorien neue und bessere zu schaffen.

Eine gab es schon, die Spezielle Relativitätstheorie. Sie war weitgehend sein Werk. Auch beim Aufbau der Quantentheorie, die sich mit den Prozessen im Mikrokosmos beschäftigte, hatte Einstein lange die führende Rolle gespielt. Seit ein paar Jahren aber konzentrierte er sich auf ein anderes Problem: die Erweiterung des ursprünglichen Relativitätsprinzips zu einer allgemeinen Theorie der Schwerkraft.

Als Einstein nach Berlin übersiedelte, hatte er noch längst nicht alle Schwierigkeiten gemeistert, aber er war optimistisch, daß die endgültige Lösung nur noch eine Frage der Zeit sein könne. Auch in der Quantentheorie gelangte er zu einer bedeutsamen Einsicht.[7]

Der große Physiker Heinrich Hertz hatte die Forscher einmal mit Bergsteigern verglichen. In diesem Sinne können wir sagen, daß Einstein damals knapp unterhalb eines Himalajagipfels angelangt war. Eine der »aufregendsten, anstrengendsten Zeiten« seines Lebens stand ihm bevor.[8] Ende 1915 gelang ihm die endgültige Formulierung der Allgemeinen Relativitätstheorie. Sie lieferte grundlegende Einsichten in die Struktur des Weltalls und ist als Kulturleistung mit Beethovens *Neunter Symphonie* oder Thomas Manns *Zauberberg* vergleichbar.

War er glücklich? Wem es vergönnt sei, am Aufbau der exakten Wissenschaft mitzuarbeiten, der werde – meinte Planck – »sein Genügen und sein innerliches Glück finden in dem Bewußtsein, das Erforschliche erforscht zu haben und das Unerforschliche ruhig zu verehren«.[9] Das war leider nur der Euphemismus einer Festrede. Einstein hatte mehr getan als lediglich »mitzuarbeiten«. Er war der König, der die neue Physik baute und den Kärrnern zu tun gab. Gewiß erfüllte ihn der Erfolg mit Genugtuung. Innerliches Glück? Als er als Physiker am Gipfel stand, zerbrachen seine engsten menschlichen Bindungen.

13 Jahre zuvor hatte er Mileva sein »Herzensschatzerl« und »süßes Hexchen« genannt und ihr versichert, sie werde als seine Frau ruhig ihr Köpfchen in seinen Schoß legen können und nie ihre »Lieb und Treue zu bereuen haben«.[10] Als Mileva jetzt nach Berlin kam, zeigte sich, daß es unmöglich war, die Ehe fortzusetzen. Nach zwei Monaten kehrte sie mit den Kindern in die Schweiz zurück. Weinend verließ Einstein den Bahnhof.

Wer war schuld am Scheitern der Ehe? Mileva hatte Kontaktschwierigkeiten, fühlte sich verfolgt und verbreitete um sich eine »Friedhofsstimmung«. Dazu war sie krankhaft eifersüchtig. Einen Anlaß zur Eifersucht kennen wir; es war nicht der einzige: Einstein besaß eine drei Jahre ältere Cousine, mit der er sich schon früher gut verstanden hatte und die jetzt als geschiedene Frau mit ihren beiden Töchtern in Berlin lebte. In der Physik konnte Mileva ihrem »Johonzel«, wie sie ihn früher zärtlich genannt hatte, nicht folgen; wohl aber begriff sie die Gefahr für ihre Ehe.

Seinem Freund Ehrenfest hatte Einstein gleich in den ersten Berliner Tagen eine auffällige Mitteilung gemacht: Zwar schätze er Großstädte nicht, das hiesige Leben aber werde ihm »zur wirklichen Freude« durch seine Verwandten und besonders durch eine Cousine seines Alters, mit der ihn »alte Freundschaft« verbinde. Hinterher machte sich Mileva Vorwürfe, daß sie ihn fast einen ganzen Monat lang in Berlin alleingelassen hatte.

Mileva und Albert Einstein haben ihre Eheprobleme und die Scheidung mit Diskretion behandelt. Auch später wurde von den Nachkommen und den Nachlaßverwaltern dafür gesorgt, daß nichts an die Öffentlichkeit kam. Deshalb waren über das komplizierte Verhältnis nur ein paar spärliche Äußerungen Einsteins bekannt. Das hat sich geändert. Inzwischen sind sowohl die Liebesbriefe zwischen Albert Einstein und Mileva publiziert* wie die späteren zwischen ihm und Elsa. Gegenüber Elsa äußerte er sich mit harten Worten über Mileva, die »raffiniert und verlogen« sei.[11]

Nach seinem späteren, abgeklärten Urteil war Mileva »durchaus nicht bösartig«, aber mißtrauisch, wortkarg und depressiv. Er erklärte das mit einer »schizophrenen Erbanlage«. Auch ein Körperschaden, die Verkürzung eines Beines, offenbar auf jugendliche Tuberkulose zurückzuführen, habe »zu dieser psychischen Grundeinstellung beigetragen«.[12]

Trotzdem gab Einstein zu, daß am Scheitern der Ehe Mileva keineswegs die Hauptschuld trug. War also seine Untreue die Ursache? Wohl kaum. Wenn er damals seine Cousine Elsa liebte, vielleicht auch schon früher Anlaß zur Eifersucht gegeben hatte, so hätte Mileva ihm verzeihen können. Auch seine zweite Frau mußte seine Seitensprünge wohl oder übel in Kauf nehmen.

Die tiefere Ursache für das Scheitern der Verbindung war nicht die Leidenschaft. Als er 17 Jahre alt war, hatte er einmal einen

* Albert Einstein / Mileva Marić: *Am Sonntag küss' ich Dich mündlich. Die Liebesbriefe 1897–1903.* Herausgegeben und eingeleitet von Jürgen Renn und Robert Schulmann. München/Zürich 1994.

Sturm von Gefühlen erlebt. Damals ist er geflohen, und er befreundete sich nur deshalb mit seiner Kommilitonin Mileva Marić, weil sie ihm in seinem »Schloß Seelenruhe« nicht gefährlich werden konnte. In der Ehe mit Mileva (wie später in der mit Elsa) war sein Problem nicht der Sturm von Gefühlen, sondern die Flaute. Er konnte nicht mehr lieben, wenn man unter »Liebe« das Gefühl einer inneren Bindung und Abhängigkeit einem anderen Menschen gegenüber versteht.

Mit Mileva hatte es zuletzt ständig Reibereien gegeben. Allen Kollegen gegenüber, die ihm freundschaftlich nähertraten, verhielt sie sich »sehr abweisend und mißtrauisch«. Weil er lieber fachsimpelte, ließ er sie auch abends allein. Wenn sie sich dann bei ihm beklagte, sprach er von ihrer »Unselbständigkeit«.

Nach der Trennung fühlte sich Einstein ausgesprochen behaglich. Er hatte seine innere Ruhe wieder. Nur die Söhne vermißte er. Seine Briefe enthüllen seine grenzenlose Verachtung gegenüber allen »Weibern«:

> Verglichen mit diesen Weibern ist jeder von uns ein König, denn er steht halbwegs auf eigenen Füßen, ohne immer auf etwas außer ihm zu warten, um sich daran zu klammern. Jene aber warten immer bis einer kommt, um nach Gutdünken über sie zu verfügen. Geschieht dies nicht, so klappen sie einfach zusammen.[13]

Diese »Einsicht« Einsteins stammt aber nicht aus der eigenen Lebenserfahrung, vielmehr hat er solche Thesen von seinem geliebten Schopenhauer übernommen. In dessen *Parerga und Paralipomena* liest man, das Weib sei, seiner Natur nach, zum Gehorchen bestimmt. Jede Frau, die »in die ihr naturwidrige Lage gänzlicher Unabhängigkeit versetzt« werde, schließe sich alsbald irgendeinem Manne an: »Ist sie jung, so ist es ein Liebhaber; ist sie alt, ein Beichtvater.«[14]

Auch in der zweiten Ehe mit seiner Cousine Elsa, die er nach der Scheidung 1919 heiratete, zeigte er eine völlige Bindungslosigkeit. Diese Ehe verlief äußerlich harmonisch und friedlich, aber nur, weil Elsa ihn sein Leben führen ließ, wie er es für richtig hielt. Eine wirkliche Gemeinschaft gab es nicht, und Einstein fühlte sich wohl dabei. Ein Freund berichtete, daß er ihn nur einmal in Rage gesehen habe, als Elsa zufällig das Wörtchen »wir« entschlüpfte. »Rede von dir oder von mir«, sagte Einstein heftig, »aber niemals von ›uns‹.«

Sehr gut stand Einstein mit seiner Schwester Maja. Es war ihm eine große Freude, wenn sie ihn in Berlin besuchte. Als sie 1939 Italien verlassen mußte, nahm er sie in sein Haus in Princeton auf. Jeden Abend, an dem er es einrichten konnte, las er ihr aus den Werken der großen Philosophen und Schriftsteller vor, und er hat sich auf diese Stunde ebenso gefreut wie seine Schwester.

Auf Frauen hat Einstein stark gewirkt, vielleicht weil er selbstbewußt und zugleich ein Träumer war und weil er Charisma besaß. Vielleicht lag es auch an der Berühmtheit. Einmal wollte eine (in seinem Tagebuch namentlich genannte) junge Amerikanerin mit ihm ein »Liebesabenteuer«, ein andermal wich ihm eine Schriftstellerin, die er seine »Pantherkatze« nannte, nicht von der Seite.

Einstein hatte für schöne Frauen eine Schwäche, und es gab deswegen öfter Auseinandersetzungen mit Elsa. In Berlin besaß er eine Geliebte, mit der er sich einmal in der Woche traf. Nach allem, was wir wissen, war sie eine ebenbürtige Partnerin. Sie ist mit ihm oft in Konzerte und Opern gegangen und hat ihm Bücher zur Lektüre empfohlen wie Egon Friedells *Kulturgeschichte der Neuzeit*. In seinem Testament hat er verfügt, alle ihre Briefe zu verbrennen.

Von der Ehe als Institution hat Einstein nichts gehalten. »Die Ehe ist bestimmt von einem phantasielosen Schwein erfunden worden«, sagte er um 1925 zu seinem Arzt János Plesch. Als dieser ihn 30 Jahre später noch einmal darauf ansprach, lachte Einstein, hielt seine These jedoch aufrecht.

Einstein war ein »Steppenwolf«. Als er einmal um Auskunft über seine Lebensmaximen gebeten wurde, hat er auch ein Wort zu seiner Beziehungslosigkeit nahen Menschen gegenüber gesagt: »Ich bin ein richtiger Einspänner, der dem Staat, der Heimat, dem Freundeskreis, ja selbst der engeren Familie nie mit ganzem Herzen angehört hat, sondern all diesen Bindungen gegenüber ein nie sich legendes Gefühl der Fremdheit und des Bedürfnisses nach Einsamkeit empfunden hat.«[15]

Über die Züricher Freunde versuchte er Mileva und den Söhnen zu helfen, aber es war zum Verzweifeln schwierig. Mileva litt schwer unter der Trennung. Der zehnjährige Hans Albert war »böse« auf den Vater. »Mein Albert schreibt mir nicht«, klagte Einstein: »Ich glaube, seine Gesinnung gegen mich hat den Gefrierpunkt nach unten unterschritten.«[16] Der vierjährige Eduard hatte gleichzeitig Grippe, Mittelohrentzündung und Keuchhusten, und schließlich stellte sich heraus, daß er an Skrofulose erkrankt war, einer schweren Form von Tuberkulose. Einstein hielt es für ausgeschlossen, daß sein Sohn ein ganzer Mensch würde.

Ein Segen, daß er die Musik hatte und seine Physik. Wenn er nachts keinen Schlaf finden konnte, stand er auf und improvisierte auf der Geige.[17] Gleichzeitig dachte er konzentriert an die neue Gravitationstheorie.

In seinen Briefen an die Freunde schrieb er ausführlich und mit Feuer über seine Entdeckungen und nur kurz, und weil es sein mußte, über seine familiären Sorgen. »Lieber Michele, zurück zur Erde«, leitete er einmal von der Struktur des Weltalls über zu den Erziehungsproblemen des Sohnes Hans Albert.[18]

Einstein war theoretischer Physiker. Die Zeiten lagen noch nicht lange zurück, als nur die Experimentalphysik als »richtige« Wissenschaft gegolten hatte. Planck, der im Jahre 1889 nach Berlin gekommen war, erzählte oft, daß er damals als Theoretiker »für ziemlich überflüssig« gehalten wurde. Das war durch Einstein anders geworden, und die theoretische Physik befand sich auf dem Wege zum eigentlichen Kern- und Grundlagenfach der gesamten Naturwissenschaften.

Die Experimentalphysiker brauchten zu ihren Forschungen große und gut eingerichtete Institute. Einstein genügte Papier und Bleistift. Deshalb hat er zu Hause gearbeitet. In der Einstein-Biographie von Ronald W. Clark kann man lesen, daß Einstein täglich in sein Büro in der Akademie gefahren sei. Der Verfasser hat nicht gewußt, wie schön es die Gelehrten in der »guten alten Zeit« hatten. Einstein kam wie die anderen ordentlichen Mitglieder nur einmal in der Woche zu den Sitzungen in die an der Prachtstraße Unter den Linden gelegene Akademie. Ein Büro für ihn gab es dort nicht. Insbesondere bei Amerikanern war die

Vorstellung verbreitet, Einstein müsse ein großes »Office« in Berlin besitzen und einen ganzen Stab von Schreibkräften beschäftigen. In Wirklichkeit hatte er damals nicht einmal eine Sekretärin.

Die Akademie war kein Forschungsinstitut mit Arbeitszimmern, sondern ein gepflegter Herrenklub mit schönen Besprechungs- und Sitzungsräumen. In den Nischen der großen Wandelgänge standen Sofas und luden ein zum Gespräch, aus dem, wie Heisenberg einmal gesagt hat, Wissenschaft entsteht.

Die Geschichte der Akademie reichte bis zum Jahre 1700 zurück. Auf Initiative des großen Philosophen und Mathematikers Gottfried Wilhelm Leibniz war es damals zur Gründung der »Brandenburgischen Societät der Wissenschaften« gekommen, die Friedrich der Große zur »Königlichen Akademie« reformiert hatte. So feierte die Akademie jedes Jahr mit der »Leibniz-Sitzung« ihren Gründer und mit der »Friedrich-Sitzung« ihren Reformator.

Genaueres konnte man der vierbändigen *Geschichte der Königlich Preußischen Akademie der Wissenschaften* entnehmen. Adolf von Harnack vollendete das Monumentalwerk rechtzeitig zum 200. Jubiläum. Er erhielt dafür den Roten Adlerorden 3. Klasse und wurde von den Kollegen gehörig beneidet.

Auch Harnacks Festrede zum Akademiejubiläum war eine glänzende wissenschaftliche und rhetorische Leistung. Nicht frei vom Byzantinismus der Zeit, arbeitete er heraus, wie durch die Fürsorge gnädiger Monarchen die Akademie aus bescheidenen Anfängen zu ihrer heutigen Weltstellung aufgestiegen war. Kunstvoll erhöhte Harnack Abschnitt um Abschnitt die Wirkung seiner Rede, und bei den Schlußworten ging eine spürbare Bewegung durch die Versammlung: »Die Wissenschaft ist nicht die einzige Aufgabe der Menschheit; sie ist auch nicht die höchste; aber die, denen sie befohlen ist, sollen sie von ganzem Herzen und mit allen Kräften treiben. Wie verschieden sich auch die wissenschaftlichen Epochen gestalten – im Grunde bleibt die Aufgabe immer dieselbe: den Sinn für die Wahrheit rein und lebendig zu erhalten und diese Welt, die uns gegeben ist als ein Kosmos von Kräften, nachzuschaffen als einen Kosmos von Gedanken.«[19]

Die Akademie war eine Einrichtung des preußischen Staates und dem Herrscher in Loyalität verbunden. Jedoch legte man größten Wert auf Unabhängigkeit in allen wissenschaftlichen Fragen. Dazu gehörte auch die Wahl der neuen Mitglieder, die jede der beiden Klassen für sich vornahm. So hatte im Jahr zuvor das Plenum über Einsteins Aufnahme abgestimmt, wobei 44 weiße und zwei schwarze Kugeln gezählt wurden.[20]

Wie es akademischem Brauch entsprach, mußte Einstein eine Antrittsvorlesung halten. Der »Mann auf der Straße« kannte damals den später so berühmten Namen noch nicht; die Berliner Gelehrten wußten jedoch durchaus, was sie an ihm hatten: Mit seiner Relativitätstheorie (der »Speziellen«, wie wir heute sagen) hatte Einstein den großen Königsberger Philosophen überwunden. Die Zeit war nicht, wie Kant behauptet hatte, eine »Anschauungsform a priori«, das heißt vor jeder Erfahrung. Man brauchte vielmehr die Erfahrung, wie Einstein durch scharfsinnige Gedankenexperimente gezeigt hatte, um die irreführende Anschauung zu korrigieren. Ende April hatte Einstein auf Wunsch der Redaktion in der *Vossischen Zeitung* über das Relativitätsprinzip geschrieben. In seiner Antrittsvorlesung am Leibniz-Tag der Akademie sprach Einstein aber nicht über Relativität, sondern über ein allgemeineres Thema seines Faches, die Methoden der theoretischen Physik.

Erst drei Monate zuvor, am 22. März 1914, hatte der Kaiser den Neubau Unter den Linden eingeweiht, der gleichzeitig der Akademie, der Königlichen Bibliothek und der Universitätsbibliothek diente. Am 2. Juli 1914 feierte die Akademie zum ersten Male den Gedenktag ihres Gründers im neuen Sitzungssaal. In seiner Eröffnungsrede hob der »Vorsitzende Sekretar« Hermann Diels gebührend die »Munifizenz« der Staatsbehörden hervor, ihre Großzügigkeit für die Belange der Wissenschaft.

Alles war prächtig bis auf den Zugang. Wenn man das Portal durchschritten hatte, konnte man »nicht unmittelbar zu den stattlichen Räumen unserer Akademie zur Rechten sich wenden«, sondern mußte erst »in die Bibliothek zur Linken eintreten und dort durch zwei schmale Pforten auf einer Nebentreppe etwas mühsam zur Höhe emporsteigen«.[21] Das war nur ein kleiner Schönheitsfehler gegenüber den früheren beengten Verhältnissen. Im alten Akademiegebäude lag der Festsaal dem königlichen Marstall gegenüber, und es konnte geschehen, wie Einstein zu seinem Vergnügen hörte, »daß der Festredner durch das Wiehern der Pferde unterbrochen wurde«.

Auf die Eröffnungsansprache folgten die Antrittsreden der neuen Mitglieder. Einstein machte den Anfang. Er begann mit einem Dank an seine Kollegen: Mit der Aufnahme in die Akademie hätten sie es ihm ermöglicht, sich ohne Berufssorgen ganz der Wissenschaft zu widmen. Das sei die größte Wohltat, die man einem Menschen seiner Art erweisen könne.

Den Kollegen fielen die helle Stimme auf und die leichte bayrisch-alemannische Klangfärbung. Wohl nur Planck, durch dessen Hände die Personalpapiere gegangen waren, wußte, daß Einstein in Ulm geboren und in München aufgewachsen war und daß er in Zürich am Polytechnikum, der jetzigen Eidgenössischen Technischen Hochschule, studiert hatte.

Nach dem Dank kam Einstein zum Thema. In der theoretischen Physik, sagte er, gehe es erstens darum, gewisse allgemeine Prinzipe zu finden; zweitens müssen dann aus diesen alle einschlägigen Naturerscheinungen abgeleitet werden. Für die Erfüllung der zweiten Aufgabe, der Deduktion, besitze der Theoretiker »ein treffliches Rüstzeug«. Anders bei der Induktion: »Hier gibt es keine erlernbare, systematisch anwendbare Methode, die zum Ziele führt. Der Forscher muß vielmehr der Natur jene allgemeinen Prinzipe gleichsam ablauschen.«[22] Es handelte sich dabei, was Einstein nicht ausdrücklich sagte, um eine genuin schöpferische Tätigkeit, die direkt vergleichbar war der Leistung eines Komponisten, Dichters oder bildenden Künstlers. Justus von Liebig hatte dieses »Schaffen in Gedanken« die »Poesie des Naturforschers« genannt.

Die Mitglieder der Akademie waren glänzende Reden gewöhnt. Erst im letzten und vorletzten Jahr hatte Adolf von Harnack als Präsident der Kaiser-Wilhelm-Gesellschaft bei der Einweihung der neuen Institute in Dahlem wieder wunderbare Worte über die Wissenschaft und ihre Bedeutung für den Staat gefunden. Mit Harnack konnte Einstein sich nicht messen. Seine Ausführungen hatten aber einen anderen Vorzug. Gerade weil sie ohne rhetorischen Glanz auskamen, wirkten sie überzeugend.

Die Klarheit der Gedankenführung war ein intellektueller Genuß. Einstein verabscheute alle Phrasen und ist »zeitlebens ein Freund des wohlerwogenen, nüchternen Wortes und der knappen Darstellung gewesen«.[23]

Der Antrittsrede folgte die offizielle »Erwiderung« des Klassensekretars Max Planck: Einstein verstehe »das Programm des theoretischen Physikers nicht bloß zu formulieren, sondern auch durchzuführen«. Planck war ein echter »Geheimrat«, und er wirkte oft ein wenig steif. Jetzt fiel den Kollegen im Saal der ungewöhnlich herzliche Ton auf, mit dem er sich direkt an Einstein wandte:

> Beide Seiten der von Ihnen geschilderten Tätigkeit, die schöpferische sowohl wie die deduktive, sind für den Fortschritt der Wissenschaft notwendig... Wenn Sie sich über diesen Punkt auch nicht ausdrücklich verbreitet haben, so kenne ich Sie doch gut genug, um die Behauptung wagen zu dürfen, daß Ihre eigentliche Liebe derjenigen Arbeitsrichtung gehört, in welcher die Persönlichkeit sich am freiesten entfaltet, in der die Einbildungskraft ihr reichstes Spiel treibt und der Forscher sich... dem behaglichen Gefühl hingeben kann, daß er nicht so leicht durch einen anderen zu ersetzen ist.[24]

So war es. »Der große Mann«, hatte Jacob Burckhardt definiert, »ist ein solcher, ohne welchen die Welt uns unvollständig schiene, weil bestimmte große Leistungen nur durch ihn... möglich waren und sonst undenkbar sind.«[25]

Ohne Einstein hätte sich die Physik, die Schicksalswissenschaft des 20. Jahrhunderts, mit großer Wahrscheinlichkeit anders entwickelt, mit Sicherheit aber nicht mit der geradezu abenteuerlichen Beschleunigung seit den zwanziger Jahren. Für viele junge und geniale Menschen (wie Heisenberg und Pauli) wurde Einstein zum verehrten Vorbild, und nach seinem Beispiel wählten sie sich die theoretische Physik als Beruf. Weil die Wissenschaft die Technik nach sich zieht, hätte ohne Einstein auch die wirtschaftliche und damit die politische Entwicklung einen anderen Verlauf genommen.

Das Prädikat »historische Größe« – so Jacob Burckhardt – wird

»weit mehr nach einem dunklen Gefühl als nach eigentlichen Urteilen aus den Akten erteilt«. 1914 hatten nur die Gelehrten, seit 1919 aber alle Zeitgenossen dieses »dunkle Gefühl«, was Einstein betraf. Die Zeitungen berichteten über seine wissenschaftlichen Leistungen und machten auf der ganzen Welt bekannt, was er über die politischen Verhältnisse dachte. Von da an wurden seine dezidierten Ansichten über Menschenrechte, Völkerverständigung und Abrüstung überall gehört. Wenn auch seine Appelle oft auf taube Ohren stießen, gewann er doch – alles in allem – einen nicht zu unterschätzenden Einfluß. Und wie in der Wissenschaft haben sich auch in der Politik viele Menschen, und gerade die jungen, Einstein zum Vorbild gewählt. Noch heute berufen sich Dissidenten in der Volksrepublik China auf ihn, wenn sie dort die Einführung der Demokratie und die Abschaffung des Personenkultes fordern.

Die Entwicklung Einsteins zum politischen Gewissen der Welt war im Frühjahr 1914 noch nicht abzusehen. Bei der Berufung spielten seine demokratischen und pazifistischen Überzeugungen keine Rolle. Allein ausschlaggebend war sein wissenschaftlicher Rang. Seit Planck in der Akademie den Wahlantrag vorgelegt hatte, wußten es alle Kollegen: Einstein hatte sich von den überkommenen wissenschaftlichen Denkkategorien gelöst und schritt auf neuen Bahnen vorwärts.

Einen Monat nach der Antrittsrede stellte sich heraus, daß Einstein auch in der Politik ganz anders dachte als die große Mehrheit und Wege einschlug, auf denen ihm – zunächst – niemand folgen wollte. Damit aber wurde er ein Ärgernis für seine Berliner Kollegen, und schließlich empfanden sie ihn als einen Störenfried.

Für Einstein bestätigten sich die schlimmsten Befürchtungen. Berlin war ihm als Hauptstadt Preußens und des Deutschen Reiches schon immer suspekt gewesen. Wie bereits Voltaire gesagt hatte, gab es hier »mehr Bajonette als Bücher«, und Einstein haßte das Militär als »schlimmste Ausgeburt des Herdenwesens«.[26] Deshalb sein Zögern, als Planck und Nernst ihm im Vorjahr den Vorschlag überbracht hatten, unter ungewöhnlich ehrenvollen Bedingungen an die Preußische Akademie zu kommen.

Jetzt war es zu spät.

Am 1. August 1914 wälzten sich unübersehbare Menschenmassen durch die Prachtstraße Unter den Linden. Automobile und Droschken kamen nur noch im Schrittempo vorwärts. Alles drängte zum Schloß, wo seit Stunden Hunderttausende warteten. Die Menschen empfanden quälende Ungewißheit. Vielleicht gebe es doch wieder nur einen faulen Frieden! Da: Aus dem Portal des Schlosses kamen Generalstabsoffiziere: »Mobilmachung!« Die Menschen riß es in die Höhe: »Hurra! Hurra! Hurra!«[27] Am Balkon öffneten sich die Flügeltüren. Der Kaiser. In der Abendsonne glitzerte der Stahlhelm. Wie ein Orkan schwoll der Jubel. Jetzt trat Seine Majestät einen Schritt vor. Er sprach zu seinem Volk. Unten verstand man nur einzelne Worte: »Einig Volk von Brüdern«, »keine Parteien mehr« und »nur noch Deutsche«. Brausende Hurrarufe. Vom Dom setzten die Glocken ein und weihten die Stunde.[28]

Einstein war erschüttert, daß sich die Menschen nur noch reflexartig verhielten: »Sie gebärden sich, als wenn ihnen das Großhirn amputiert worden wäre.«[29]

Am 30. Juli hatte Einstein an der Sitzung der Mathematisch-physikalischen Klasse der Akademie teilgenommen. Das Protokoll vermerkt einen Vortrag von Emil Warburg »Über den Energieumsatz bei photochemischen Prozessen« und die Beteiligung Einsteins und Nernsts an der Diskussion.

Seit Wochen herrschte heißes Sommerwetter. Es mag sein, daß Einstein eine Einladung Nernsts angenommen hat, der gerne Gäste um sich sah. Nernst besaß in der Nähe von Treuenbrietzen, 70 Kilometer südwestlich von Berlin, einen Landsitz, den er sein »Chateau« nannte. Hier feierte er am 1. August mit seinen Assistenten und Doktoranden das Ende des Semesters. Am Abend wurde der Hausherr am Telephon verlangt und die offizielle Verlautbarung durchgegeben: »Seine Majestät der Kaiser und König hat die Mobilmachung von Heer und Flotte angeordnet. Erster Mobilmachungstag ist der 2. August.«

An diesem 2. August zogen überall die Truppen in ihren neuen feldgrauen Uniformen unter klingendem Spiel durch die Städte. Später hat Einstein gesagt, was er davon hielt: »Wenn einer mit Vergnügen in Reih und Glied zu einer Musik marschieren kann, dann verachte ich ihn schon; er hat sein großes Gehirn nur aus

Irrtum bekommen, da für ihn das Rückenmark schon völlig genügen würde.«[30]

»Sie vergiften die Brunnen«, war die Schlagzeile am 3. August: »Ein französischer Arzt versuchte mit Hilfe zweier verkleideter französischer Offiziere einen Brunnen mit Cholerabazillen zu infizieren. Er wurde standrechtlich erschossen.« Dazu in der *Täglichen Rundschau* der Kommentar: »Das sind ihre Mittel! Mit solchen Gegnern haben wir's zu tun. Schmach bläht ihre Fahne.«[31]

Die Menschen hatte man im Autoritätsglauben erzogen, und es war leicht, sie aufzuhetzen. Auch unter den Gebildeten gab es nur wenige, die diese »Meldung aus Metz« als plumpe Lüge durchschauten. Man stellte sich wohl vor, daß der Arzt ein Becherglas bei sich hatte mit der Aufschrift: »Institut Pasteur – Bazilles Choléra«.

Am 3. August feierte die Universität Berlin ihr Stiftungsfest in der alten Aula. Viele Studenten und Professoren standen unmittelbar vor dem Auszug in den Krieg. Sie erwarteten eine nationale Weihestunde. Max Planck bestieg das Katheder: »Wir wissen nicht, was uns der nächste Morgen bringen wird; wir ahnen nur, daß unserem Volke in kurzer Frist etwas Großes, etwas Ungeheures, bevorsteht, daß es um Gut und Blut, um die Ehre und vielleicht um die Existenz des Vaterlandes gehen wird.«[32]

Nach wenigen Sätzen lenkte Planck zum wissenschaftlichen Thema über. Er behandelte die Radioaktivität und die ungeheure Gewalt, mit der ein Uranatom explodiert: Gegen diese Gewalt nehmen »unsere brisantesten Sprengstoffe sich wie Kinderpistolen« aus.[33] Die Kenner wußten, daß hier die Einsteinsche Formel $E = mc^2$ gemeint war, aber auch sie fragten sich, was diese Dinge mit den bevorstehenden Ereignissen zu tun haben sollten. Im Krieg, dachten sie, gehe es doch um ganz anderes als um die Eigenschaften von Uranatomen.

Wahrscheinlich gab es in der großen Aula der Universität sogar ein paar Professoren und Assistenten, die den kurz zuvor erschienenen Zukunftsroman des Engländers Herbert George Wells gelesen hatten. Er hieß *The World Set Free (Befreite Welt)* und schilderte einen Krieg zwischen den Zentralmächten und der übrigen Welt mit der Zerstörung von Paris und Berlin durch

Atombomben. Die ausschweifende Phantasie dieses Schriftstellers freilich galt den Gelehrten als allzu wirklichkeitsfremd.

Heute scheint es uns ein denkwürdiger Zufall: Beim Ausbruch des Ersten Weltkrieges wurde von einem führenden Gelehrten in Berlin die Atomenergie – und noch dazu am Beispiel Uran! – zum Thema der öffentlichen Erörterung gemacht. Ein Vierteljahrhundert später, beim Ausbruch des Zweiten Weltkriegs, diskutierte man in der Reichshauptstadt die Entdeckung von Otto Hahn und Fritz Strassmann. Bei der Bestrahlung mit Neutronen zerplatzt der Kern des Uranatoms in zwei Bruchstücke, und es wird noch wesentlich mehr Energie freigesetzt als beim radioaktiven Zerfall, den Max Planck 1914 im Sinn gehabt hatte. Im September 1939 handelte es sich dann nicht mehr um eine akademische Frage, sondern es war das Heereswaffenamt, das die Initiative ergriff.

Im Lichte der späteren Ereignisse lesen wir heute die Rede Plancks mit Herzklopfen. Damals, am 3. August 1914, fühlten sich Lehrende und Lernende von ihrem Rektor enttäuscht: In diesem historischen Augenblick, meinten sie, hätte er nicht ein wissenschaftliches Thema behandeln dürfen. Es wäre seine Pflicht gewesen, über den Krieg zu sprechen, den eine Übermacht von Feinden dem Vaterlande aufgezwungen hatte. Denn sie wollten diese große Bewährungsprobe so ehrenhaft und ruhmvoll bestehen wie ihre Kommilitonen von 1813 und 1870.

Als die Festversammlung in der großen Aula zu Ende ging, bewies der berühmte Altphilologe Ulrich von Wilamowitz-Moellendorff wieder einmal das beste Verständnis für die Bedürfnisse der deutschen Seele. Die sachlichen Darlegungen des Rektors und die amtlichen Mitteilungen, fühlte er, genügten nicht in dieser nationalen Weihestunde. Impulsiv gab er das Zeichen, und machtvoll erklang »Deutschland, Deutschland über alles«.[34]

Wie war Einstein zumute, als er davon erfuhr? Er hat damals kein Tagebuch geführt, aber aus seinen Briefen kennen wir seine Einstellung: »Man begreift schwer beim Erleben dieser großen Zeit, daß man dieser verrückten, verkommenen Spezies angehört, die sich Willensfreiheit zuschreibt.«[35]

Am 4. August bewilligte der Deutsche Reichstag en bloc und einstimmig alle Vorlagen einschließlich der Kriegskredite in

Höhe von fünf Milliarden Mark. Adolf von Harnack erhielt den Auftrag, eine Proklamation für den Kaiser zu entwerfen. Am 7. August las man den Aufruf an allen Litfaßsäulen: »Seit der Reichsgründung ist es durch 43 Jahre Mein und Meiner Vorfahren heißes Bemühen gewesen, der Welt den Frieden zu erhalten... Aber die Gegner neiden uns den Erfolg unserer Arbeit... So muß denn das Schwert entscheiden... Darum auf! Zu den Waffen!... Vorwärts mit Gott, der mit uns sein wird, wie er es mit den Vätern war!«[36]

Wie eine »tückische epidemische Krankheit«[37], so sah es Einstein damals, und so sehen wir es heute, griff im August 1914 der nationale Fanatismus um sich. »Es scheint«, so Einstein, »daß die Menschen stets ein Hirngespinst brauchen, demzuliebe sie einander hassen können; früher war's der Glaube, jetzt ist es der Staat«.[38] Im 18. Jahrhundert hatte Voltaire den religiösen Fanatismus beklagt. Die Wissenschaft bringe es zuwege, meinte er, »daß die Seele gelassen wird. Gelassenheit aber ist dem Fanatismus unverträglich.«

Das erwies sich jetzt als Irrtum. Die Gelehrten reagierten auf die Ereignisse mit »flammender Empörung« und »hell auflodern-dem Zorn«. Unter den Berliner Kollegen hatte Einstein niemand, mit dem er sich aussprechen konnte. Fritz Haber? Der war Chauvinist und arbeitete mit seinem ganzen Institut für die Versorgung des Heeres mit kriegswichtigen Stoffen. Max Born? Auch der war angesteckt von der allgemeinen Stimmung: »Deutschlands Kraft ist groß und seine Sache gut; wir sind froh, seine Söhne zu sein.«[39] Max Planck? Selbst der so besonnene Gelehrte sah in den Ereignissen »neben vielem Schrecklichen doch auch viel ungeahnt Großes und Schönes«.[40]

Einstein ging zur sokratischen Methode über: Er begnügte sich, unbequeme Fragen zu stellen und die Kollegen in Verlegenheit zu bringen.[41] Freunde erwarb er sich damit nicht. Da dachte er gerne an zwei Kollegen in den Niederlanden, Lorentz und Ehrenfest, die wie er Krieg und lügenhafte Kriegspropaganda verabscheuten. Mit den beiden Leidener Physikern hatte er sich schon immer wissenschaftlich und persönlich gut verstanden. Wenn er ihnen schrieb, konnte er unverblümt sagen, was er dachte: »Wenn es doch irgendwo eine Insel für die Wohlwollenden und Besonnenen gäbe! Da wollte ich auch glühender Patriot sein.«[42]

Schon als Gymnasialschüler in München hatte sich Einstein mit Schopenhauer beschäftigt, und dessen Wort »Ich kann tun, was ich will. Aber ich vermag nicht, es zu wollen«[43] entsprach ganz seiner Auffassung. Einstein glaubte nicht an die »Freiheit des Menschen im philosophischen Sinne«.[44] Man hatte ja bei den patriotischen Kundgebungen täglich vor Augen, wie traurig es mit der angeblichen Willensfreiheit bestellt war. Offenbar handelten die Menschen unter innerem Zwang. Daraus aber ergibt sich, daß die politischen Prozesse unbeeinflußbar und gesetzmäßig ablaufen und daß damals jeder Versuch zum Scheitern verurteilt war, die Zeitgenossen aus ihrer Dumpfheit herauszureißen. Die Analogie zu den Vorgängen in der Natur lag auf der Hand.

Als Physiker war Einstein mit dem Verhalten physikalischer Systeme, etwa einem Ensemble von Massenpunkten, bestens vertraut. Bereits Ende des 18. Jahrhunderts hatte der große französische Mathematiker Pierre-Simon Laplace prägnant formuliert, daß durch den gegenwärtigen Zustand des Systems der weitere Verlauf für alle Zukunft festgelegt ist. Zwar zweifelten neuerdings einige Physiker an diesem Determinismus, und Einstein selbst hatte ihnen mit seinen Arbeiten zur Quantentheorie die Argumente geliefert. Diese Überlegungen schienen ihm aber nicht stichhaltig, und was er jetzt erlebte, bestärkte ihn in seiner Auffassung: »Gerade das triebhafte Verhalten der Menschen von heute in politischen Dingen ist geeignet, den Glauben an den Determinismus wieder recht lebendig zu machen.«[45]

Glücklicherweise hatte Einstein in diesem Falle nicht recht: Eine von Laplace (und allen Anhängern des Determinismus) gemachte Voraussetzung kann im atomaren Bereich gar nicht erfüllt werden. Es handelt sich um die Bestimmung des sogenannten »Anfangszustandes«, wozu absolute Genauigkeit erforderlich wäre. Das ist nicht nur in der praktischen Durchführung, sondern schon im Prinzip unmöglich, wie Werner Heisenberg 1927 gezeigt hat.

Mit dieser Konsequenz und überhaupt der ganzen Quantentheorie, wie sie sich durch die Arbeiten Heisenbergs und Bohrs entwickelte, konnte sich Einstein zeitlebens nicht anfreunden. Dabei war er es doch selbst gewesen, der die Grundlagen der Theorie geschaffen hatte. Selbstironisch bemerkte er, daß die jüngeren Kollegen darin sicher eine »Folge der Verkalkung« sehen würden.[46]

Einsteins Stellung zum Determinismus gehört zu den größten Merkwürdigkeiten seines Lebens, und wir werden noch mehrfach darauf stoßen.

Auch die nach Einsteins Tod entwickelte moderne Chaostheorie macht deutlich, daß der Verlauf eines physikalischen Systems im allgemeinen sehr empfindlich von den Anfangsbedingungen abhängt. Der zukünftige Verlauf kann (anders als Laplace meinte) *nicht* vorausgesagt werden.

Auf die Weltgeschichte übertragen bedeutet das: Entschlossenes Handeln eines einzelnen Menschen oder einer kleinen Gruppe kann sehr wohl den Ablauf der Geschichte beeinflussen. Die Wirkung ist potentiell am stärksten, wenn sich die Gesellschaft in einem »kritischen Zustand« befindet.

Einstein hat sich damals mit ein paar Gleichgesinnten im »Bund Neues Vaterland« für die Völkerverständigung engagiert. Später ist er gegen die »Haß- und Gewaltseuche« des Nationalsozialismus aufgetreten und nach dem Zweiten Weltkrieg gegen das atomare Wettrüsten. Mit seinem Bekanntheitsgrad ist sein Einfluß gewachsen, und er hat durch sein Beispiel den Determinismus widerlegt.

Als in den ersten Kriegswochen ein deutscher Sieg dem anderen folgte und die Berliner unausstehlich wurden »vor Siegesfreude und vor Übermut«, fragte ihn eine Schweizer Studentin: »Was wird nun werden?« Einstein ballte die rechte Hand zur Faust und sagte: »Das wird werden.«[47]

Die Oberste Heeresleitung wollte die Entscheidung im Westen herbeiführen. Der Feldzugplan sah vor, mit einer weit ausholenden Bewegung des rechten Flügels Paris von Nordwesten zu umfassen. Möglich war das nur durch die Einbeziehung des belgischen Territoriums und also durch Verletzung der feierlich garantierten Neutralität des kleinen Landes. Mit preußischer Genauigkeit und einer – uns heute fast pervers erscheinenden – liebevollen Detailarbeit hatten die Generalstäbler die Operationen vorbereitet, und programmgemäß kamen die ersten Erfolge. Schon am 8. August 1914, eine Woche nach Kriegsbeginn, meldeten die Zeitungen: »Lüttich in deutschen Händen«. Nur noch mit Kopfschütteln können wir heute die Leitartikel von damals lesen: »Es müssen, es werden größere Schläge fallen, größere Siege und Siegespreise unser werden.«[48]

Auf der alliierten Seite rief der Überfall auf das neutrale Belgien große Erbitterung hervor. Theodor Wolff, der Herausgeber des *Berliner Tageblattes*, der von Berufs wegen die ausländischen Zeitungen verfolgte, konstatierte als einziges Thema die Greueltaten der Deutschen: »Nichts als Schilderungen der Verwüstung, mit niedergebrannten Dörfern und Städten, erschossenen Geiseln, erstochenen Frauen und Kindern, geplünderten Privathäusern, Museen und Schlössern.«[49]

Auf der deutschen Seite beklagte man die »völkerrechtswidrige Führung« des Krieges durch Partisanen hinter der Front, »Franktireurs«, wie man damals sagte. Aus Hecken und Häusern würden deutsche Soldaten heimtückisch beschossen. Mit dem Einmarsch in Belgien hatten die Deutschen das Völkerrecht gebrochen, und jetzt beriefen sie sich auf ebendieses Völkerrecht: Mit großer Härte gingen die Truppen gegen die Bevölkerung vor. Die Häuser, aus denen – wirklich oder vermeintlich – Schüsse gefallen waren, wurden gestürmt und die Bewohner, auch Frauen und Halbwüchsige, mit dem Bajonett niedergemacht. Nicht der Täter war schuld, sondern das Opfer: In öffentlicher Rede bescheinigte Geheimrat Wilamowitz-Moellendorff den Belgiern eine »Seele der Feigheit und des Meuchelmords«: Die Belgier »haben die sittlichen Kräfte in sich nicht, darum greifen sie zu der Brandfackel, dem Dolche«.[50]

Um die Bevölkerung einzuschüchtern, verhafteten die Deutschen angesehene Bürger als Geiseln. Die Ortskommandantur machte bekannt, daß diese im Falle irgendwelcher Zwischenfälle ihr Leben verwirkt hätten – und wenn nur irgendwo nicht abgelieferte Waffen zum Vorschein kämen. Es blieb nicht bei der Drohung. Oft genug wurden die Geiseln tatsächlich erschossen, die doch, wie ein Beobachter vermerkte, gerade zu den »Vernünftigeren, Ruhigeren, Wohlgesinnten« gehörten.

Theodor Wolff hatte die schwersten Bedenken gegen die brutale Kriegführung: »Wer kann sagen, daß die belgischen Familien, aus deren Häusern man geschossen hat und die mit dem Bajonett niedergemacht wurden, immer schuldig waren?«[51] Auch dieser liberale Publizist war vom Auftreten der Franktireurs überzeugt. Bei dem Haß gegen die Invasoren erschien dies durchaus glaubhaft. Die belgische Seite hat jedoch schon damals und ebenso nach dem Kriege die Existenz von »Franktireurs« entschieden in Abrede gestellt. Die insgesamt 6000 Zivilisten, die in Belgien während der Jahre des Ersten Weltkriegs von den deutschen Truppen getötet wurden, gelten nicht als Widerstandskämpfer, sondern als unschuldige Opfer.

Besondere Bedeutung haben die Ereignisse erlangt, die sich Ende August 1914 in der alten flämischen Universitätsstadt Löwen abspielten. Bis auf den heutigen Tag belastet die »Tragödie von Löwen« das Verhältnis zwischen Deutschen und Belgiern. Die Stadt war seit 19. August von den deutschen Truppen besetzt. Ein Gegenangriff der regulären belgischen Armee spannte die Nerven der Einwohner und der Besatzung zum Zerreißen. Unversehens kam es in der Stadt zu schweren Schießereien, in die schließlich auch deutsche Artillerie eingriff. Über 200 Belgier wurden getötet und 1100 Häuser zerstört. Die Bibliothek mit ihren wertvollen Beständen und andere Kulturdenkmale fielen den Flammen zum Opfer.[52]

Die Vorgänge in Löwen führten in der ganzen Welt zu leidenschaftlichem Protest gegen die Brutalität der Deutschen, die wie die Hunnen gewütet hätten. Dieser Vergleich löste in Berlin einen Aufschrei der Empörung aus, und einigen Schriftstellern und Gelehrten schien nun eine »Abwehr« der Vorwürfe notwendig. Der von Hermann Sudermann verfaßte und von 93 prominenten Persönlichkeiten des deutschen Geisteslebens unterzeichnete Aufruf *An die Kulturwelt* geriet jedoch zu einer neuen, ätzenden Attacke:

> Es ist nicht wahr, daß eines einzigen belgischen Bürgers Leben und Eigentum von unseren Soldaten angetastet worden ist, ohne daß die bitterste Notwehr es gebot. Denn wieder und immer wieder, allen Mahnungen zum Trotz, hat die Bevöl-

kerung sie aus dem Hinterhalt beschossen, Verwundete verstümmelt, Ärzte bei der Ausübung ihres Samariterdienstes ermordet...

Es ist nicht wahr, daß unsere Truppen brutal gegen Löwen gewütet haben. An einer rasenden Einwohnerschaft, die sie im Quartier heimtückisch überfiel, haben sie durch Beschießung eines Teils der Stadt schweren Herzens Vergeltung üben müssen...[53]

»Unbegreiflich« fanden es schon damals kritische Beobachter, daß die ersten Denker des Landes Bürgschaft leisten wollten, »in einem solchen Kriege sei alles gerecht und ordnungsgemäß zugegangen«.[54] Einstein hat sich nach dem Kriege dafür eingesetzt, im Interesse der Gerechtigkeit und der Versöhnung über jene Vorgänge Klarheit zu schaffen und zu verbreiten.[55] Das ist leider nicht ganz gelungen. Jedoch konnte wahrscheinlich gemacht werden, daß es in Löwen gar keinen Aufstand gegeben hat. Von deutschen Soldaten befehlswidrig gezündete Signalraketen haben eine Schießerei ausgelöst, bei der sich die einquartierten Truppenteile gegenseitig unter Feuer nahmen. Die Bevölkerung wurde zum Opfer der Nervosität und Disziplinlosigkeit der deutschen Soldaten.

Aus heutiger Sicht ist die Leichtgläubigkeit der führenden Gelehrten schlechthin unbegreiflich. Man denke nur an die 15 Naturwissenschaftler unter den insgesamt 93 Unterzeichnern: In ihrem Fach waren sie ausgesprochene Tatsachenfanatiker und Positivisten. Jetzt aber äußerten sie sich dezidiert über Vorgänge, über die sie doch aus eigener Erfahrung keine Kenntnisse besaßen. »Hätte man gesagt ›Wir können es nicht glauben‹ statt ›Es ist nicht wahr‹, so hätte keiner Ihnen etwas vorzuwerfen«, schrieb damals der niederländische Physiker Lorentz an einen deutschen Kollegen.[56]

Die Liste der Unterzeichner ist eine Walhalla der großen Deutschen. Auch ganz abgeklärte Geister wie der Göttinger Mathematiker Felix Klein, der Berliner Chemiker Emil Fischer und die Physiker Wilhelm Conrad Röntgen und Max Planck hatten ihren Namen hergegeben.

Einsteins Unterschrift fehlt. Er glaubte von vornherein nicht an die Wahrheit der offiziellen Verlautbarungen. Schon als Schüler des Münchner Luitpold-Gymnasiums hatte er den »niederschmetternden Eindruck« gewonnen, daß der Bürger »vom Staat mit Vorbedacht belogen« werde.[57]

Später hat er berichtet, er sei damals »als Schweizer« gar nicht um seine Unterschrift gebeten worden.[58] Da jedoch seine tatsächliche Staatsangehörigkeit, wenn sie überhaupt bekannt war, die Unterschrift Einsteins nur noch wertvoller gemacht hätte, werden wohl seine dezidierten politischen Ansichten die Verfasser abgehalten haben.

Mit ihrem Manifest wollten die Gelehrten und Künstler um Verständnis für die deutsche Sache werben. Sie erreichten das Gegenteil. Alle Welt war entrüstet über diese »Selbstprostitution deutscher Gelehrsamkeit«. In den alliierten Ländern kam es zu einer Fülle von Gegenkundgebungen, die die Atmosphäre weiter vergifteten. Voltaire hatte einst die These aufgestellt, daß gegen den Fanatismus das einzige Heilmittel die Wissenschaft sei. In der »scientific community« wollte man dies gerne glauben. Jetzt aber fochten die Gelehrten gegeneinander mit einem Haß, als gelte es, tausend Teufel zu vertilgen.

In Berlin fühlte der Physiologe und Pazifist Georg Friedrich Nicolai, daß in die Mauer des Chauvinismus eine Bresche geschlagen werden müsse. Ermutigt durch Einstein, verfaßte er einen »Aufruf an die Europäer«, mit dem konkreten Ziel, einen Verständigungsfrieden vorzubereiten. In einem Vorlesungsraum der Universität trafen sich vier Männer: neben Einstein und Nicolai der Student Otto Buek und der emeritierte Direktor der Berliner Sternwarte, der über achtzigjährige Wilhelm Förster. Dessen Unterschrift stand unter dem *Manifest der 93*, ohne daß er seine ausdrückliche Zustimmung gegeben hatte.

Der Entwurf Nicolais wurde gebilligt und mit den Unterschriften Nicolais und Einsteins einer großen Zahl von Professoren zugänglich gemacht. Sie hatten jedoch deren Gesinnung und Mut falsch eingeschätzt. Nur drei oder vier Kollegen fanden sich zur Unterschrift: »Dem einen schien der Passus mit Griechenland historisch nicht ganz richtig, ein anderer meinte, ein solcher Aufruf käme zu spät, ein dritter, er käme zu früh; wieder ein anderer hielt es für inopportun, wenn sich die Wissenschaft überhaupt in die Händel der Welt menge.«[59] So unterblieb die Veröffentlichung.

Zum erstenmal in seinem Leben hatte sich Einstein an einer politischen Kundgebung beteiligt. Später ist er viele hundert Male und oft mit großem Erfolg an die Öffentlichkeit getreten. Nach dem Ersten Weltkrieg wurde er berühmt, und erst das sicherte ihm die nötige Resonanz.

Einstein schien es damals, als verhielten sich Mathematiker und Naturwissenschaftler im Durchschnitt besonnener als die Historiker und Philologen, die er »größtenteils chauvinistische Hitzköpfe« nannte. Bei dem *Manifest der 93* war dies nach außen nicht zutage getreten. Bemerkbar aber machte es sich bei den Diskussionen in der Akademie, bei denen es um die Ehrenmitgliedschaft der Kollegen aus den alliierten Ländern ging. Wilamowitz-Moellendorff beantragte die Streichung aller Franzosen aus den Mitgliederlisten. Glücklicherweise erreichte nur der Antrag Plancks die erforderliche absolute Stimmenmehrheit, mit dem »alle etwaigen Schritte bis nach Beendigung des Krieges« vertagt wurden.[60]

Wahrscheinlich gab es tatsächlich Mentalitätsunterschiede zwischen den Vertretern der »beiden Kulturen«. Bei den Naturwissenschaftlern spielten die internationalen Beziehungen eine größere Rolle, und sie achteten darauf, wie Einstein mit Genugtuung registrierte, »daß ja kein unfreundlicher Schritt gegen Kollegen, die im feindlichen Ausland leben, erfolge«.[61] Dazu kam ein Zweites: Ganz offensichtlich erfüllten die Naturwissenschaftler und Ingenieure, was man damals seine »vaterländische Pflicht« nannte. Sie arbeiteten fast alle an kriegswichtigen Aufträgen. So standen sie, wie die Soldaten an der Front, gar nicht unter dem Zwang, ihre nationale Gesinnung ständig unter Beweis stellen zu müssen.

Man möchte es nicht glauben: Auch Einstein hat sich damals an den deutschen Kriegsanstrengungen beteiligt. Zu Beginn der Kampfhandlungen besaß Frankreich einen technischen Vorsprung im Flugzeugbau. Auf der deutschen Seite wurden die größten Anstrengungen unternommen, die Eigenschaften der Flugzeuge zu verbessern und sie an den Fronten einzusetzen. Einstein ließ sich dazu herbei, für die Luftverkehrsgesellschaft in

Berlin-Johannistal einen Flügel zu konstruieren, der bei gleichem Luftwiderstand einen besseren Auftrieb liefern sollte.

Einstein war ein überzeugter Pazifist, und wenn er in diesem Krieg einer Seite den Sieg wünschte, dann nicht den Deutschen: »Ein entscheidender Sieg Deutschlands wäre für ganz Europa, insbesondere aber für das Land selbst ein Unglück.« Die Engländer verstünden sich viel besser auf das »let live«. Einstein muß also, was die Rolle der Wissenschaft im Kriege betraf, damals noch recht naiv gewesen sein. Offenbar sah er in den Eindeckertauben und den Rumpfdoppeldeckern die Erfüllung des uralten Menschheitstraums, den Vögeln gleich durch die Luft zu segeln. Es war ihm nicht bewußt, wie schnell sich die »fliegenden Kisten« zu höchst brauchbaren Kriegsinstrumenten entwickelten. Später hat sich Einstein noch oft seiner »Narretei aus jenen Tagen geschämt«. In seinen späteren Jahren war er ganz entschieden der Meinung: »Nicht-Beteiligung in militärischen Angelegenheiten sollte für alle richtigen Forscher ein wesentlicher Teil ihrer moralischen Grundsätze sein.«[62]

Im Zweiten Weltkrieg, als er in Princeton lebte, übernahm er dann doch wieder militärische Forschungsaufträge, und zwar für das »Office for Naval Research«. Und er gab am 2. August 1939 durch seinen berühmten Brief an den amerikanischen Präsidenten den Anstoß zum Bau der Atombombe. Dabei handelte es sich um sehr bewußte Entscheidungen. Wir werden noch mehrfach darauf zurückkommen. Zunächst sind wir noch bei Einsteins Beteiligung am Ersten Weltkrieg.

Er schämte sich also später seiner »Narretei« von 1914. Verführt hatte ihn das Vergnügen, sich durch eine kleine Betrachtung klarzumachen, wie die »Tragfähigkeit der Flügel unserer Flugmaschinen« zustande kommt. Einigermaßen beruhigen konnte er sich damit, daß seine Vorschläge unbrauchbar waren. Beim Testflug hatten die Piloten Angst. Nur mit Mühe brachten sie das nach seinen Angaben gebaute Versuchsflugzeug, diese »schwangere Ente«, wie sie sagten, wieder zu Boden.

»Die glänzenden Leistungen der deutschen Technik sind für unsere kriegerische Überlegenheit von ausschlaggebender Bedeutung«, konstatierte damals ein Kollege Einsteins in Berlin: »Der angewandten Naturwissenschaft fällt die wichtigste Rolle zu.« Das galt insbesondere für die Chemie. Die Mittelmächte waren von den Weltmärkten abgeschnitten. Als nach der Marneschlacht Anfang September 1914 die deutsche Offensive zum Stehen kam, entwickelte sich ein verlustreicher Stellungskrieg. Die Beschaffung gewisser für die Kriegführung unentbehrlicher Stoffe wie Toluol und Salpeter wurde zur alles entscheidenen Frage.

Fritz Haber, Jude und deutscher Patriot, stellte sich in den Dienst dieser Aufgabe. Was er und seine Kollegen in diesen Monaten leisteten, verdient – wertfrei betrachtet – die Bezeichnung »grandios«. Auch Einstein sprach damals vom »bewundernswerten Erfindergeist deutscher Wissenschaftler«, der den Ausfall durch die Schaffung von Ersatzstoffen wettmache. Ein Glücksfall für die Deutschen war, daß ihnen bei der Eroberung von Antwerpen im Oktober 1914 die in den riesigen Hafenanlagen gelagerten Salpetervorräte in die Hände fielen. Die Beute half die Zeit zu überbrücken, bis der Synthesesalpeter in ausreichenden Quantitäten von den neugebauten Leunawerken geliefert werden konnte. Haber sah, daß noch mehr geschehen mußte. Im Westen, wo doch die Entscheidung fallen sollte, war der Krieg in den Schützengräben erstarrt.

Die Waffentechnik hatte in den vergangenen Jahren und Jahrzehnten sehr wohl Schritt gehalten mit der allgemeinen wissenschaftlich-technischen Entwicklung. Die Feuerkraft der Infanteriewaffen und der Artillerie war – im Vergleich zum Krieg 1870/71 – auf ein Vielfaches gestiegen. Und deshalb erwies sich die Verteidigung als stärker als der Angriff: »Der menschliche Körper mit seinen 2 qm Oberfläche stellte eine Zielscheibe dar, die gegen den Eisenstrudel von Maschinengewehr und Feldkanone nicht mehr unbeschädigt an die verteidigte Stellung heranzubringen war.«[63] Hinter diesen Worten Habers verbirgt sich der tragische Tod von Zehntausenden. Nach der Marneschlacht im September 1914 hatte die Oberste Heeresleitung im Oktober und November die Kriegsfreiwilligen-Regimenter eingesetzt, um weiter im Westen bei Langemarck und Ypern die Front doch noch zu durchbrechen.

Fritz Haber nannte es eine »Sache der naturwissenschaftlichen Phantasie«, um »auf die Abhilfe zu verfallen, die der Stand der Technik möglich machte«. Er hätte besser gleich von den »Abwegen der Wissenschaft« gesprochen. Er selbst war es, der auf den unseligen Gedanken verfiel, den Gegner durch den Einsatz von giftigen Gasen aus seinen Schützengräben und Unterständen zu treiben. Am 22. April 1915 wurden in der vordersten deutschen Linie bei Ypern die vielen tausend seit Wochen gelagerten Chlorgasflaschen geöffnet.[64]

Bei den Alliierten erhob sich ein Sturm der Entrüstung über diese Barbarei. Die englischen und französischen Soldaten empfanden die chemische Waffe als heimtückisch und sahen darin einen Beweis für die feige und hinterhältige Gesinnung der Deutschen. Der Angriff mit Gas sei eindeutig ein Bruch der Haager Landkriegsordnung. In den Diskussionen mit Einstein verteidigte sich Haber mit dem Argument, die Franzosen hätten als erste Gas zum Einsatz gebracht. Ihre Gewehrgranaten und Gasbomben seien aber fast wirkungslos geblieben. »Das soll heißen«, sagte Einstein sarkastisch, »sie haben zuerst gestunken, wir können es aber besser.«[65]

Fritz Haber wurde vom Kaiser vom Vizefeldwebel zum Hauptmann befördert. Stolz trug er Uniform und Orden. Durch seine Stellung in der akademischen Welt – zuerst als Ordinarius an der Technischen Hochschule Karlsruhe, dann als Direktor eines Kaiser-Wilhelm-Instituts und Mitglied der Preußischen Akademie – und jetzt auch noch als preußischer Offizier glaubte er den »Makel« seiner jüdischen Abstammung getilgt. Einstein hat wohl an ihn gedacht, als er von der »Geringschätzung und Abneigung« sprach, mit der man in Deutschland die Juden behandle. So mancher Jude würde dadurch veranlaßt, seinem Volk und dessen Traditionen den Rücken zu kehren und sich restlos als zu den anderen gehörig zu betrachten, »indem er vor sich und den anderen vergebens zu verbergen sucht, daß dies Verhältnis kein gegenseitiges ist«.[66]

Mit seinem bulligen, fast kahlen Schädel und dem Monokel wirkte Haber tatsächlich auf den ersten Blick wie ein preußischer Berufsoffizier. Erst im Gespräch offenbarten sich seine mit unerhörter Willenskraft gepaarte Bildung und Intelligenz.

Haber mobilisierte Kollegen und Mitarbeiter für die neue Aufgabe. Das von ihm geleitete Kaiser-Wilhelm-Institut für

Physikalische Chemie in Berlin-Dahlem wurde das Forschungszentrum für den chemischen Krieg. Hier ging es um die Auswahl und Kombination der Giftgase, wobei man ihm Phantasie wirklich nicht absprechen konnte. Die Aufgabe, eine geeignete Gasmaske zu entwickeln, übertrug Haber seinem Freund Richard Willstätter. Für die Fronttauglichkeit der neuen Waffe sorgte das Pionierregiment 36. Hier dienten die Berliner Physiker James Franck, Gustav Hertz und Erwin Madelung und der Chemiker Otto Hahn. Dieser hatte zunächst Bedenken. Fritz Haber aber beruhigte ihn: Es seien unzählige Menschenleben zu retten, wenn es gelänge, den Krieg auf diese Weise abzukürzen.

Die Entschlossenheit und Konsequenz, mit der die Deutschen die Wissenschaft in den Dienst des Krieges stellten, hinterließ bei Einstein einen tiefen und nachhaltigen Eindruck. Als Emigrant in den Vereinigten Staaten erfuhr er im Juli 1939 von der Entdeckung der Kernspaltung durch Otto Hahn und Fritz Strassmann. Einstein sah sofort die technischen und politischen Konsequenzen. Er selbst hatte im Jahre 1905 aus seiner Speziellen Relativitätstheorie die Formel $E = mc^2$ abgeleitet und, anders als die meisten Kollegen, eine technische Nutzung der im Atom eingeschlossenen Energie immer für möglich gehalten. Ebenso sicher schien ihm, daß sich nach der Entdeckung Hahns die deutschen Physiker mit dem gleichen Elan an die Arbeit machen würden, den die Chemiker im Ersten Weltkrieg bei der Entwicklung der chemischen Waffe an den Tag gelegt hatten.

»Das eben ist der Fluch der bösen Tat«, heißt es bei Schiller, »daß sie fortzeugend immer Böses muß gebären.« Am 2. August 1939 empfahl Einstein, der überzeugte Pazifist, in seinem Brief an Roosevelt, unverzüglich zu handeln und den Deutschen keinen Vorsprung zu geben.

Auch James Franck war für sein weiteres Leben geprägt von den Erfahrungen, die er als deutscher Offizier im Ersten Weltkrieg gesammelt hatte. Im Jahre 1915 sah er mit eigenen Augen, daß die »Früchte der Wissenschaft« im wahrsten Sinne des Wortes vergiftet sein konnten. Die Wissenschaft dient dem Heil und Schutz des Menschen, so hatte er es immer gehört, sie ist die Führerin in eine bessere Welt. Jetzt lag er in Galizien und blies, wenn der Wind günstig stand, Chlorgas und Phosgen in die Luft. Beim Vorgehen traf er auf Gruppen von gasvergifteten Russen, die mit blutigem Schaum vor dem Mund alle in der gleichen verkrampften Haltung am Boden lagen. Otto Hahn und er versuchten, den armen Menschen mit ihren Rettungsgeräten zu helfen, aber sie konnten ihren Tod nicht mehr verhindern.

Nach dem Krieg wurde James Franck berühmt durch den Nobelpreis, den er 1925 gemeinsam mit Gustav Hertz erhielt; berühmter noch wurde er nach dem Zweiten Weltkrieg. Wie viele emigrierte Physiker wirkte auch er mit an der Entwicklung der Atombombe, überzeugt, daß diese zur Abwehr der nationalsozialistischen Aggression notwendig sei. Als er nach der Niederringung des Dritten Reiches von der geplanten Anwendung der neuen Waffe gegen japanische Großstädte erfuhr und das gleiche Argument hörte, das Fritz Haber 1915 gebraucht hatte – die Rettung von Menschenleben durch Verkürzung des Krieges –, da plädierte er leidenschaftlich für eine Ächtung dieser Waffe:

> Wiederholt hat man den Wissenschaftlern den Vorwurf gemacht, die Nationen mit neuen Waffen zu ihrer wechselseitigen Vernichtung versorgt zu haben, anstatt zu ihrem Wohlergehen beizutragen... In der Vergangenheit jedoch konnten die Wissenschaftler jede unmittelbare Verantwortung für den Gebrauch, den die Menschheit mit ihren uneigennützigen Entdeckungen machte, ablehnen. Jetzt aber sind wir gezwungen, einen aktiven Standpunkt einzunehmen, weil die Erfolge, die wir auf dem Gebiet der Kernenergie errungen haben, mit unendlich viel größeren Gefahren verbunden sind...[67]

So weise war auch ein James Franck erst 1945. Bittere Erfahrungen noch und noch mußten die Menschen sammeln, ehe sie ihren engen nationalen Standpunkt überwanden.

Im ersten Kriegsjahr war die Zahl der Einsichtigen klein. Zehn Kriegsgegner, acht Männer und zwei Frauen, schlossen sich am 16. November 1914 zum »Bund Neues Vaterland« zusammen. Zu den Gründungsmitgliedern gehörte neben Ernst Reuter, dem späteren Regierenden Bürgermeister von Berlin, auch Albert Einstein. Der Bund trat für einen schnellen Verständigungsfrieden und eine konsequente Aussöhnungspolitik ein. Bei den wöchentlichen Zusammenkünften lernte Einstein viele politisch engagierte Menschen kennen, und es wird berichtet, daß sich die Bedeutendsten um ihn drängten, er aber immer auch für die Kleinen ein Auge hatte.[68]

Im April 1915 kam es zu einer Friedensinitiative. Mit Wissen und Genehmigung des Auswärtigen Amtes fuhren Mitglieder des Bundes in die Niederlande, wo sie gleichgesinnte Freunde aus anderen Ländern trafen, insbesondere Vertreter der britischen »Union for democratic control«. Die Aktion scheiterte, weil die Oberste Heeresleitung intervenierte.[69]

In den Zeitungen ging der Propagandakrieg weiter. Auf beiden Seiten gab es nur wenige Besonnene. Ein Rufer in der Wüste war der in der Schweiz lebende französische Schriftsteller Romain Rolland. Am 22. März 1915 schrieb Einstein an Rolland, es dränge ihn, dem Dichter seine »restlose Bewunderung und Hochachtung« auszusprechen: »Möge Ihr herrliches Beispiel andere treffliche Männer aus der mir unbegreiflichen Verblendung aufwecken!«[70]

Bei der Berufung nach Berlin hatte Einstein die Bedingung gestellt, Schweizer bleiben zu können. Das erleichterte ihm jetzt, seine Familie in Zürich zu besuchen. Er traf auch den fünf Jahre älteren Heinrich Zangger, mit dem er sich in den Vorkriegsjahren angefreundet hatte. Der Gerichtsmediziner hatte es übernommen, Mileva Einstein bei ihren Erziehungsproblemen beizustehen. Von Zürich fuhr Einstein in Begleitung seines Freundes am 16. September 1915 nach Vevey am Genfer See, wo sie einen ganzen Nachmittag mit Romain Rolland verbrachten. Die drei Männer saßen auf der Gartenterrasse des Hotels Mooser. Der Schriftsteller staunte über die offenen Worte Einsteins: »Er ist ungemein lebendig, lacht gerne und hat den Hang, selbst den ernstesten Gedanken eine witzige Wendung zu geben.«

Seine Berliner Kollegen nannte Einstein eine »Kollektion von Macht- und Realpolitikern«. Unter Lachen erzählte er von den

Professoren der Universität, die nach den Senatssitzungen noch gemeinsam in ein Bierlokal gingen. Die Unterhaltung beginne jedesmal mit der gleichen Frage: »Warum haßt uns die Welt?« Jeder suche nach Gründen – und jeder mache um die Wahrheit einen großen Bogen. Einstein beklagte die unter den Gebildeten herrschende »Machtreligion«. Sie habe die Ideale der Goethe-Schiller-Zeit völlig verdrängt. Wie Rolland in seinem Tagebuch notierte, machte Einstein in erster Linie die Schulen »für den übertriebenen Nationalstolz und die allgemeine Servilität verantwortlich«.[71]

In Berlin nahm er die Arbeit an der Allgemeinen Relativitätstheorie wieder auf, und im Oktober 1915 kam es zu einer Sternstunde der Physik: Nach sieben Jahren harter Arbeit gelangte er endlich zu den richtigen Feldgleichungen der Gravitation. »Im Lichte bereits erlangter Erkenntnis erscheint das glücklich Erreichte fast wie selbstverständlich«, sagte er später. »Aber das ahnungsvolle, Jahre währende Suchen im Dunkeln mit seiner gespannten Sehnsucht, seiner Abwechslung von Zuversicht und Ermattung und seinem endlichen Durchbrechen zur Wahrheit, das kennt nur, wer es selber erlebt hat.«[72]

Einstein litt nicht unter der Trennung von Mileva, im Gegenteil: Jetzt fand er die innere Ruhe zur Arbeit. Er war mit diesem Zustand »sehr zufrieden«, obwohl er nur selten von seinen Söhnen hörte. In einem Brief an seinen Freund Besso wurde Einstein noch deutlicher: »Der Frieden und die Gemütsruhe tun mir ungemein wohl, nicht minder das äußerst wohltuende, wirklich hübsche Verhältnis zu meiner Cousine, dessen Dauercharakter durch die Unterlassung einer Ehe garantiert ist.«[73]

Wie so mancher Mann mit einem »wirklich hübschen Verhältnis« wurde auch Einstein unmerklich in den Hafen der Ehe gelenkt. Zu Weihnachten 1915 kam seine Mutter zu Besuch. Sie hatte es immer gewußt, daß Mileva nicht die richtige Frau für ihn war. Leidenschaftlich hatte sie sich damals der Verbindung widersetzt. Gemeinsam mit ihrer Schwester, der Mutter Elsas, sah sie jetzt die Lösung in der Heirat Alberts und Elsas. Paßten sie nicht wunderbar zusammen? Beide hatten eine gescheiterte Ehe hinter sich, und beide stammten aus dem gleichen Milieu.

Einstein sprach ein Machtwort. Er erklärte »des Bestimmtesten«, daß er »die projektierte Ehe nicht eingehen werde«. Es gab Szenen, und die Frauen weinten. Er blieb hart: »Ich habe gelernt, Tränen zu widerstehen.«[74]

Im folgenden Jahr wurde Einstein ernstlich krank. Das schuf eine neue Situation.

KAPITEL 2

Der Einstein-Turm

Im Juli 1916 erhielt Einstein schlechte Nachrichten aus Zürich: Mileva war schwer erkrankt. Wenn man auch die Natur des Leidens nicht kannte, bestand doch am Ernst ihres Zustandes kein Zweifel. Einstein räumte ein, daß er mit schuld sei: »Die Frau tut mir sehr leid.« Er verwendete lieber das distanzierende »die Frau«, obwohl auch die freundlichere Formulierung »meine Frau« vorkommt. Später sprach er von Mileva als von seiner »Verflossenen« oder seiner »teuren Ehemaligen«.

Unter keinen Umständen sollten seine Söhne den deutschen Schulmeistern ausgeliefert werden: »Im Falle die Frau der Krankheit zum Opfer fiele, würde ich beide Jungen selbst erziehen, ohne sie in eine Berliner Schule zu lassen. Sie würden zu Hause unterrichtet, soweit als möglich von mir selbst.«[1] Die Erinnerung an die unselige Schulzeit in München verfolgte ihn. Oft hat er das autoritär geführte deutsche Gymnasium kritisiert, dessen Erziehung sich auf »Drill, äußere Autorität und Ehrgeiz« stütze. An seinem gleichaltrigen Freund Paul Ehrenfest, der in Wien zur Schule gegangen war, sah er die seelischen Deformationen, die Lehrer anrichten können. Ehrenfest quälte sich ein Leben lang mit Minderwertigkeitskomplexen, obwohl seine Begabung und seine Leistungen unbestritten waren.

Nach dem Mord an Walther Rathenau fühlte sich Einstein derart provoziert, daß er sich in der *Neuen Rundschau* direkt an diejenigen wandte, »welche die ethische Erziehung des deutschen Volkes in den letzten 50 Jahren geleitet haben«, und sie für die ruchlose Tat verantwortlich machte: »An ihren Früchten sollt ihr sie erkennen.«[2]

An der Kantonsschule in Aarau hatte er Lehrer anderer Art kennengelernt. Insbesondere die Gespräche mit Jost Winteler über Politik und Geschichte waren ihm eine Offenbarung. Hier konnte er die an den Münchner Schulen gewonnenen Erfahrungen relativieren und reflektieren. Noch schärfere Umrisse gewann sein Deutschlandbild durch die Gespräche mit dem Züricher Historiker Alfred Stern, einem überzeugten Demokraten, in dessen Hause Einstein als Student wie später als Kollege häufig zu Gast war.

Die Erlebnisse seit Kriegsausbruch bestätigten Einsteins hartes Urteil: »Machtdrang, gläubige Bewunderung der reinen Gewalt und unerschütterliche Entschlossenheit zur Eroberung und Annexion fremder Gebiete sind allenthalben sichtbar.«[3]

Ende April 1916 erhielt Einstein ein Exemplar des Romans *Der Untertan*, den Heinrich Mann im Frühjahr 1914 abgeschlossen hatte.[4] Es handelte sich um eine böse Abrechnung mit den Zuständen im Kaiserreich. Deshalb hatte Heinrich Mann dem Buch den Untertitel gegeben: »Geschichte der öffentlichen Seele unter Wilhelm II.« Wegen der scharfen Kritik am Kaiser konnte der Roman jedoch nach Kriegsausbruch nicht mehr erscheinen. 1916 wagte der Verleger Kurt Wolff einen Privatdruck von elf Exemplaren, die an prominente Kriegsgegner gingen. Am Beispiel seines negativen Helden kritisierte Heinrich Mann gerade die Seiten, die auch Einstein am Verhalten der sogenannten Gebildeten als gefährlich und abstoßend empfand: den Kadavergehorsam, die blinde Bewunderung der Macht, den Mangel an Zivilcourage.

Bei der Lektüre muß Einstein bis in die Einzelheiten an eigene Erlebnisse erinnert worden sein. Als Diederich Heßling, der spätere perfekte Untertan, noch das Gymnasium besuchte, wählte er sich, der selbst ängstlich und schwächlich war, als Opfer den einzigen Juden in der Klasse. Er zwang diesen vor einem aus Klötzchen erbauten Kreuz auf die Knie: »Nach dem Verrauchen des Rausches stellte wohl leichtes Bangen sich ein, aber das erste Lehrergesicht, dem Diederich begegnete, gab ihm allen Mut zurück; es war voll verlegenen Wohlwollens. Andere bewiesen ihm offen ihre Zustimmung... Er hatte es leichter seitdem.«[5]

In gewissem Sinne führte Einstein ein Doppelleben. Er traf sich mit Kriegsgegnern und beteiligte sich an ihrer Agitation. Seine Reisen in die Schweiz und die Niederlande nutzte er für politische Zwecke. Gleichzeitig arbeitete er mit unerhörter Konzentration am Aufbau der neuen Physik.

In seinem Wahlantrag von 1913 hatte Max Planck geschrieben, daß er und seine Kollegen, was Einsteins Leistungen angehe, »naturgemäß für die Zukunft keine Bürgschaft« übernehmen könnten.[6] Insgeheim erwartete er allerdings noch sehr viel von Einstein. Das Gravitationsproblem schien Planck jedoch aussichtslos, und er hatte Einstein abgeraten, sich damit zu befassen. Diesen aber reizten gerade die Schwierigkeiten. Er hielt nichts davon, nur die dünnsten Bretter zu bohren. Deshalb hatte er sich diese dicke Bohle vorgenommen. Herzlich freute sich Planck über den großen Erfolg des 20 Jahre jüngeren Kollegen. Es erfüllte ihn mit tiefer Befriedigung, daß er sich in Einstein nicht getäuscht hatte. Auf einer Postkarte vom 7. November 1915 fragte er seinen Kollegen scherzhaft, ob er nach dieser Leistung lieber als »Genie« oder als »Bohrwurm« gelten wolle: »Nun wählen Sie!«[7]

Schon vor Planck hatten Lorentz und Ehrenfest Zustimmung signalisiert, die Einstein »freudig und hell« in den Ohren klang: »Ihr bildet einen Prachtwinkel auf diesem öden Planeten! Gescheit gibt's mancherorts, aber gut und großherzig ist jämmerlich selten.«[8] Die beiden Leidener Physiker sandten eine herzliche und dringende Einladung. Einstein malte sich aus, wie herrlich es wäre, wieder einmal einige Tage »sozusagen ohne Maulkorb herumlaufen« zu dürfen.[9]

Zeit fand er aber erst im Spätsommer. Am 25. August 1916 sprach er wegen der Reisegenehmigung im Auswärtigen Amt vor. Ohne den Schweizer Paß wäre es überhaupt nicht gegangen. Aber auch damit war es schwierig genug: »Zuerst muß ich mir das Original meines in Zürich liegenden Heimatscheines verschaffen, dann wartet meiner eine Kette weiterer Hindernisse, die noch im Nebel liegen.«[10] Erst gegen Ende September konnte er reisen.

Der Aufenthalt in Leiden war eine geistige und körperliche Erquickung: »Ich bin viel frischer und freudiger. Das Alleinsein verträgt man doch nur bis zu einer gewissen Grenze.«[11] In Berlin stand Einstein unter dauerndem politischen Druck, und die freie Atmosphäre in den Niederlanden empfand er als Labsal. Die Gespräche konzentrierten sich auf zwei Themen: die Allgemeine Relativitätstheorie und das *Manifest der 93*. Lorentz und Ehrenfest hatten sich gründlich mit seiner Theorie beschäftigt. Jetzt ihre Begeisterung zu erleben war große Freude. Noch wichtiger aber erschien ihm »die Übereinstimmung in den Auffassungen über die außerwissenschaftlichen Dinge«.[12]

Lorentz war bedrückt, daß das »Manifest der 93 Intellektuellen« den Haß gegen die Deutschen wachhielt, nicht nur bei den Alliierten, sondern auch den Neutralen. Die Unterzeichner hatten sich, wie Lorentz sagte, »in der feierlichsten Weise und sehr positiv über Dinge ausgesprochen, die man doch wirklich nicht wissen konnte«.[13] Er meinte damit vor allem den Satz, daß keines einzigen belgischen Bürgers Leben und Eigentum angetastet worden sei, »ohne daß bitterste Notwehr es befahl«. Im Interesse einer baldigen Aussöhnung zwischen den Kriegsgegnern hielten es Lorentz und Ehrenfest für unbedingt notwendig, daß die Gelehrten und Künstler, die das Manifest unterzeichnet hatten, sich davon öffentlich distanzierten.

Am Abend besuchten sie gemeinsam eine Aufführung Bachscher Chormusik, und Einstein sah mit Freude in Ehrenfest »einen neuen Bewunderer dieser herrlichen Dinge entstehen«.[14] Er versprach, in Berlin mit den »Mitwirkenden des 93er-Chorales« zu sprechen: »Eine förmliche Revokation werde ich wohl kaum herbeiführen können, obwohl die Erkenntnis sich Bahn gebrochen hat, daß es sich um einen recht unglücklichen und schlecht erwogenen Schritt gehandelt hat.«[15]

Nach der Rückkehr machte er mit seinen Kollegen »bessere Erfahrungen«, als er es erwartet hatte:

> Bei Planck und Rubens fand ich allerdings eine Art Ablehnung, die aber nicht einem schlechten Willen... zuzuschreiben ist. Denn Sie wissen ja selbst, daß ersterer ein Mensch von außergewöhnlicher Gewissenhaftigkeit und Wahrhaftigkeit ist... Mit Waldeyer sprach ich neulich nach der Akademiesitzung... Seine ehrliche und durch keinerlei utilitaristische Erwägungen verunreinigte Haltung tat mir ungemein wohl. Auch Nernst begrüßte den Vorschlag.[16]

»Wenn man die Menschen von der Nähe sieht, schmilzt jede Animosität«, kommentierte Einstein: »Mangel an Einsicht, ehrlicher guter Wille, aber borniertes Anbeten falscher Götter, die

Verderben schicken.«[17] Er gewann schließlich die Überzeugung, daß man im Augenblick weiteres nicht erreichen könne. Nach dem Kriege aber müsse man die Angelegenheit aufgreifen.

Am 5. Mai 1916 wurde Einstein als Nachfolger Plancks zum Vorsitzenden der Deutschen Physikalischen Gesellschaft gewählt und im folgenden Jahre wiedergewählt. Er leitete nun die in jeder zweiten Woche am Freitagnachmittag stattfindenden Sitzungen. Fast regelmäßig mußte er den Tod eines auf dem »Felde der Ehre« gefallenen Kollegen bekanntgeben, wobei sich die Mitglieder der Gesellschaft von ihren Plätzen erhoben. Und jedesmal aufs neue empfand er namenlosen Schmerz über die Weltkatastrophe und die Roheit der Menschen.

Vor diesem Kreis trug Einstein am 21. Juli 1916 über eine neue Ableitung des Planckschen Strahlungsgesetzes vor. Es war ihm »ein prächtiges Licht« über die Absorption und Emission der Strahlung aufgegangen.

In seiner berühmten Arbeit von 1900 hatte Planck zum erstenmal von einer Quantenformel Gebrauch gemacht, im übrigen aber war er rein klassisch vorgegangen. Das hatte Einstein von Anfang an bedenklich gestimmt. Jetzt schlug er einen ganz anderen Weg ein. Ihm gelang eine »verblüffend einfache Ableitung« der Planckschen Strahlungsformel: »Alles ganz quantisch.«[18]

Einstein betrachtete die elektromagnetischen Resonatoren im Strahlungsfeld (wie es schon Planck 1900 getan hatte) und fand zwei Prozesse, durch die sich die Energie des Resonators ändert. Es gibt erstens die spontane Ausstrahlung ohne äußere Einwirkung. Diese läßt sich, wie er sagte, kaum anders denken »als nach der Art der radioaktiven Reaktionen«. Dazu kommt eine durch das Strahlungsfeld bedingte Energieänderung, die »ebensogut eine Energieabnahme wie eine Energiezunahme bewirken« kann.[19] Dieser Effekt läßt sich zur »stimulierten Emission« benutzen, die seit den sechziger Jahren zur Grundlage des »Lasers« geworden ist. Die Pioniere dieser neuen Technik nennen Einstein ihren Stammvater, wie es Charles H. Townes in seiner Nobelrede 1964 getan hat.[20]

Ende des Jahres 1916 fühlte sich Einstein ausgelaugt. »Auf meinem Acker wächst gegenwärtig nichts. Ich bin faul.« Die Berliner Kollegen merkten davon freilich nichts. Die Fernerstehenden, die ihn am Mittwoch im Physikalischen Kolloquium sahen, am Donnerstag in der Akademie und jeden zweiten Freitag bei den Sitzungen der Physikalischen Gesellschaft, staunten über seine Fähigkeit, den Kern eines jeden Problems zu erfassen. Für die Koryphäen mag seine Nähe mitunter erdrückend gewirkt haben. Dem eitlen und egozentrischen Walther Nernst wurde es recht sauer, wenn er sich wieder einmal in die Gefilde der Theorie gewagt hatte und Einstein ihm in der Diskussion sehr freundlich die Irrtümer nachwies.

Erstaunlich war das Verhältnis zu Planck. Seit 1889 vertrat dieser an der Friedrich-Wilhelms-Universität die theoretische Physik. Nur langsam hatte er die Skepsis der experimentell arbeitenden Kollegen gegen sein Fach überwinden können. Die Aufnahme in die Preußische Akademie der Wissenschaften 1894, die Wahl zum beständigen Sekretar der Mathematisch-physikalischen Klasse 1912 und schließlich zum Rektor der Universität Berlin 1913 markieren die Stufen der Anerkennung. Und als er es nun endlich geschafft hatte, da setzte er sich in den Kopf, Einstein nach Berlin zu holen. Dabei wußte er genau, daß er diesem gegenüber nur als eine Größe zweiter Ordnung gelten konnte.

Lise Meitner, die damals Plancks Assistentin war, registrierte mit Bewunderung, daß Planck nie etwas getan hat, weil es ihm hätte nützlich sein können: »Was er als richtig erkannt hat, hat er durchgeführt ohne Rücksicht auf seine eigene Person.«[21]

Neben der unbedingten Hingabe an die Wissenschaft verband Planck und Einstein die Liebe zur Musik. Hier war Planck versierter und vielseitiger. Während seines Studiums an der Ludwig-Maximilians-Universität in München hatte er sich im Akademischen Gesangsverein als Komponist, Chormeister und Pianist hervorgetan und trat bei selbst einstudierten Opern und Operetten in Frauenrollen auf. Für diese war er durch seine hohe Stimme und schlanke Gestalt besonders geeignet. Eine enge Freundschaft hatte ihn mit dem 1907 verstorbenen Geiger Joseph Joachim verbunden.

Lise Meitner erinnerte sich an einen Musikabend im Hause Plancks, bei dem Planck, Einstein und ein Berufsmusiker Beethovens B-Dur-Klaviertrio spielten:

Das Zuhören war ein wunderbarer Genuß, für den ein paar zufällige Entgleisungen Einsteins nichts bedeuteten... Einstein, sichtlich erfüllt von der Freude an der Musik, sagte laut lachend in seiner unbeschwerten Art, daß er sich wegen seiner mangelhaften Technik schäme. Planck stand dabei mit seinem ruhigen, aber buchstäblich glückstrahlenden Gesicht und rieb sich mit der Hand in der Herzgegend: »Dieser wunderbare zweite Satz.« Als nachher Einstein und ich weggingen, sagte Einstein ganz unvermittelt: »Wissen Sie, um was ich Sie beneide?« Und als ich ihn etwas überrascht ansah, fügte er hinzu: »Um Ihren Chef.«[22]

Seit kurzem gab es neben dem Lehrstuhl für theoretische Physik noch ein Extraordinariat, auf das Max Born berufen wurde. Nach Kriegsbeginn wurde Born an die Artillerie-Prüfungskommission abkommandiert. Er konnte aber dort seine wissenschaftliche Tätigkeit in einem gewissen Umfang fortsetzen.

Nach dem ersten Rausch im August 1914 hatte sich Born zu einem entschiedenen Kriegsgegner gewandelt. Er trat einem politischen Zirkel nahe, dessen Hauptanliegen es war, den uneingeschränkten U-Boot-Krieg zu verhindern. In diesem Kreis traf er Einstein, und die schon bestehende Freundschaft vertiefte sich. In dem drei Jahre älteren Kollegen sah Born ein großes, wenn auch unerreichbares Vorbild. Glücklich und stolz war er, als ihm Einstein das »Du« anbot. Noch am Ende seines Lebens, als er mit seiner Frau zurückgezogen in Bad Pyrmont lebte, hat es ihm große Freude gemacht, sich dieser Freundschaft zu erinnern, als er seinen Briefwechsel mit Einstein zum Druck vorbereitete.

Der Verfasser des vorliegenden Buches war damals, Anfang der sechziger Jahre, ein junger Mann, und er durfte Max Born bei dieser Arbeit zur Hand gehen. Bei einem Spaziergang im Kurpark berichtete ihm der verehrte Nobelpreisträger, daß er sich vorgenommen hatte, sich wie Einstein durch wissenschaftliche Leistungen einen Namen zu schaffen, um dann mit seinen Mahnungen zur Toleranz und Versöhnung bei den Zeitgenossen Gehör zu finden.

Max Born hat im Winter 1919/20 in Frankfurt vor einem größeren Publikum Vorträge über die Relativitätstheorie gehalten. Daraus ist ein Buch entstanden, das von Einstein als wissenschaftliche und schriftstellerische Leistung ausdrücklich gewürdigt worden ist. Die ersten Schriften zum Thema (nach den Originalabhandlungen in den Sitzungsberichten der Preußischen Akademie) aber stammen vom Meister selbst. »Wenn ich es nicht tue«, meinte er, »wird die Theorie nicht verstanden werden, so einfach sie im Grunde ist.« Im Februar 1916 schrieb er ein Übersichtsreferat für die *Annalen der Physik.* Auf seinen Wunsch veranstaltete der Verlag von Johann Ambrosius Barth einen Fortdruck von 1500 Exemplaren, der als eigenständige Publikation in den Handel kam. Ein paar Monate später verfaßte er für den Vieweg-Verlag eine zusammenfassende Darstellung. Die Schrift erschien 1917 unter dem Titel *Über die spezielle und allgemeine Relativitätstheorie.* Darunter stand in Klammern: »Gemeinverständlich«.

Einstein besaß ein gutes Sprachgefühl. Als Schüler in München und Aarau, als Student in Zürich und auch noch in seinen ersten Jahren am Patentamt in Bern hatte er viel gelesen, vor allem die klassischen Werke der Physik und Erkenntnistheorie. Er wußte, daß die großen Gelehrten oft auch große Schriftsteller waren. Nach dem Vorbild Platos hatte Galilei seine Hauptwerke in Gesprächsform abgefaßt, wodurch sie noch heute, nach über 350 Jahren, ungemein lebendig wirken.

Einstein hatte beim Abitur im Deutschen die Note 4–5 erhalten, etwa einem »recht gut« bis »gut« entsprechend.* Seither war sein Stil entschieden besser geworden. Gelehrtenbriefe sind meistens recht nüchtern. Einstein dagegen schrieb pointiert. Wie ein Schriftsteller benutzte er mit Vorliebe unkonventionelle Wendungen und drastische Vergleiche. Ludwig Thoma hat einmal gesagt, er suche Formulierungen »frisch wie eine Walderdbeere«. Diesen Eindruck machen die Briefe Einsteins: Als es 1916 zu einer Auseinandersetzung zwischen dem bekannten Astronomen Hugo von Seeliger und dem jungen Erwin Freundlich kam, gab Einstein ohne weiteres zu, daß dieser zu der Spezies »Windhund« gehöre. Er verteidigte ihn aber als den Schwäche-

* In der Kantonsschule in Aarau galt 6 als die beste, 1 als die schlechteste Note.

ren. »Wenn der Teufel alle Kollegen von den Lehrkanzeln holte, deren Selbstkritik und Anständigkeit nicht höher steht als die Freundlichs, dann würden die Reihen der Getreuen bedenklich gelichtet... Ja – horribile dictu – auch für Ihren Gewährsmann Seeliger würde ich fürchten!«[23]

Bei dem populären Büchlein *Über die spezielle und allgemeine Relativitätstheorie* bemühte sich Einstein bewußt um eine lebendige Darstellung. Wie es Anfang des 17. Jahrhunderts Johannes Kepler getan hatte, redete auch Einstein seine Leser immer wieder persönlich an. So auch bei der wichtigen Überlegung, die ihn selbst 1905 zur Speziellen Relativitätstheorie geführt hatte. Es geht dabei um die Gleichzeitigkeit von Ereignissen:

> An zwei weit voneinander entfernten Stellen A und B unseres Bahndammes hat der Blitz ins Geleise eingeschlagen. Ich füge die Behauptung hinzu, diese beiden Schläge seien gleichzeitig erfolgt. Wenn ich dich nun frage, lieber Leser, ob diese Aussage einen Sinn habe, so wirst du mit einem überzeugten »Ja« antworten. Wenn ich aber jetzt in dich dringe mit der Bitte, mir den Sinn dieser Aussage genauer zu erklären, merkst du nach einiger Überlegung, daß die Antwort auf diese Frage nicht so einfach ist, wie es auf den ersten Blick erscheint.[24]

Auch Walther Rathenau interessierte sich für die Relativitätstheorie und studierte das Büchlein, die »Verba magistri«, wie er sagte. Er hätte nicht geglaubt, daß es möglich sein würde, »eine so radikale Umstellung der Gedanken mit so einfachen Mitteln zu erzwingen«.[25] Er war zuerst auf die Darstellung von Moritz Schlick gestoßen und fand jetzt den Meister klarer als den Evangelisten.

Thomas von Randow meinte 1984 in einer Besprechung für die »Zeit-Bibliothek der 100 Sachbücher«, es gebe »bis auf den heutigen Tag für Nichtphysiker keine klarere Darstellung der komplizierten Theorie«. In sprachlicher Hinsicht hielt er das Büchlein freilich für mißglückt. Auch Einstein selber war mit seinem Manuskript nicht recht zufrieden. In Zukunft werde er die Schriftstellerei dem überlassen, dem das Formulieren leichter falle und der »mehr Ordnung im Leibe« habe.[26] Als eine russische Übersetzung erschien, schrieb er im Vorwort, der Autor sei oft gescholten worden, daß er sein Büchlein als »gemeinverständlich« bezeichnet habe. Bei Verständnisschwierigkeiten solle der Leser weder auf sich selbst noch auf den Übersetzer böse werden: »Der wahre Schuldige ist niemand anders als der Verfasser.«

Einstein räumte ein, daß bei der Lektüre »ziemlich viel Geduld und Willenskraft« nötig seien. Er habe sich »im Interesse der Deutlichkeit« oft wiederholen müssen, ohne auf die »Eleganz der Darstellung die geringste Rücksicht« nehmen zu können: »Ich hielt mich gewissenhaft an die Vorschrift des genialen Theoretikers L. Boltzmann, man solle die Eleganz Sache der Schneider und Schuster sein lassen.«[27]

Weder Boltzmann noch Einstein waren von dieser These wirklich überzeugt. Beide besaßen Sinn für einen guten wissenschaftlichen Stil. Boltzmanns amüsante Schilderung seiner Reise nach Berkeley in Kalifornien, wo er 1905 als Gastprofessor wirkte, ist ein Meisterstück deutscher Prosa. Einstein hatte sich für sein Büchlein zuwenig Zeit genommen. Beim Schreiben braucht man Muße, damit die Formulierungen reifen können. Das hat er selbst ganz deutlich empfunden und meinte, die Darlegung sei »ziemlich hölzern herausgekommen«.

Seine große Wohnung in Dahlem hatte er am Ende des ersten Kriegsjahres aufgegeben. Er hauste nun allein in Berlin-Wilmersdorf, Wittelsbacherstraße 13. Gemütlich hatte er es in seiner Junggesellenwohnung nicht. In den meisten Zimmern standen nur Bücherregale. Gerne folgte er einer Aufforderung des Schriftstellers Alexander Moszkowski zu einem zwanglosen Abend der »Literarischen Gesellschaft« im Hotel Bristol. Wie der Schriftsteller berichtete, waren sie »zu stundenlanger Unterhaltung« Tischnachbarn: »Bis tief in die Nacht verweilten wir noch zu dreien in einem Kaffeehaus, und Einstein begann vor meinem journalistischen Freunde und mir einige Schleier seiner neuesten Entdeckungen sanft zu lüften.«[28]

Der große Physiker gewann Sympathie für den fast 30 Jahre älteren Schriftsteller, der im Breslauer Getto aufgewachsen war.[29] Als er sah, wie schwer es Moszkowski fiel, von Zeitungsaufsätzen und Büchern zu leben, erlaubte er ihm, ihn jederzeit zu besuchen. Einstein berichtete von den neuesten Entdeckungen der Physik, und Moszkowski durfte den Stoff in seinen Publikationen verwenden.

Der Schriftsteller war dieser Aufgabe jedoch nicht gewachsen, weshalb es noch manchen Ärger gab. Auch eine Schilderung des Menschen ist er uns schuldig geblieben. In diesem Punkt können wir Moszkowski freilich keinen Vorwurf machen. Einstein hat ihn fortgesetzt gemahnt, bei der Sache zu bleiben und alle persönlichen Aspekte wegzulassen. Die damals noch recht strengen Konventionen in der Wissenschaft verlangten: Der Mensch muß hinter dem Werk zurücktreten.

Es gibt aber eine recht witzige Selbstcharakterisierung. Eine entfernte Nichte, ein acht Jahre altes Mädchen, hatte an einem Familientreffen nicht teilnehmen können. Zum Trost beschrieb ihr Einstein, wie der Onkel Albert aussah:

> Bleiches Gesicht, lange Haare und eine Art bescheidenes Bäuchlein. Dazu ein eckiger Gang und eine Zigarre im Maul, wenn er eine hat und einen Federhalter in der Tasche oder in der Hand. Krumme Beine und Warzen hat er aber nicht, ist also ganz hübsch, auch keine Haare auf den Händen wie oft häßliche Männer.[30]

Ein Schweizer Student, der Mitglied in der Physikalischen Gesellschaft werden wollte, besuchte Einstein im Mai 1917 in seiner Wohnung in Wilmersdorf. Einstein lebe darin allein und ohne Wirtschafterin:

> Er war in Strümpfen und zog dann während des Sprechens Sandalen an. Er las zuerst einen Brief zu Ende und rief Professor Berliner an... Dann bat ich ihn um drei seiner Arbeiten. Die eine suchte er lange, wunderte sich, wo sie sei, klagte über seine Unordnung und Vergeßlichkeit und fand sie nicht. Wir gingen von Zimmer zu Zimmer und standen ratlos vor den Gestellen... Erst wollte er nicht so recht aus sich heraus, aber dann wurde er warm und hörte nicht mehr auf zu reden. Er ist

für Studenten ein sehr bequemer Mann, sobald man es versteht, ihn zu packen und durch Fragen hie und da über die Zeit hinwegzutäuschen; dann fährt er ganz von selber weiter. Aber bewundern mußte ich die Klarheit und das Alldurchdringende seiner Gedanken. Er ist nie im Zweifel, und wo er Zweifel hat, sind es klare Zweifel.[31]

Oft hatte Einstein vergessen, Einkäufe zu machen, und dann aß er tagelang nichts. Hauptsache, er hatte zu rauchen. Wenn er eingeladen war, bei dem Industriellen Leopold Koppel oder bei seinem Onkel Rudolf, hielt er sich schadlos und aß auf Vorrat. »Ich habe mir fest vorgenommen, mit einem Minimum ärztlicher Hilfe ins Gras zu beißen«, scherzte er. »Diät: Rauchen wie ein Schlot, Arbeiten wie ein Roß, Essen ohne Überlegung und Auswahl.«[32]

Der geschundene Körper reagierte mit Magenkoliken, und die Ärzte stellten ein Geschwür am Magenausgang oder Zwölffingerdarm fest. Einstein war skeptisch. Es könnten ihm »nur mehr Diagnosen post mortem Vertrauen einflößen«. Eine Reise in die Schweiz zu den Kindern und zu seiner Mutter erwies sich als »zu strapaziös für den krächeligen Leichnam«. Jetzt griff Einsteins Cousine Elsa energisch ein. Sie holte das »Albertle« in ihre Wohnung und übernahm selbst die Pflege.

Wahrscheinlich haben ihm die Liegekur und die streng überwachte Diät das Leben gerettet. Er war mit seinen Gedanken ständig in »höheren Gefilden«, und wie ein Kind brauchte er jemanden, der ihm sagte, wann und was er essen sollte. Dieses Amt übernahm nun Elsa. Was das bedeutete, erfahren wir aus dem Bericht eines Kollegen. Dieser kam am Nachmittag um drei Uhr zu Besuch. Es ging um ein Thema aus der Kristallphysik, das Einstein fesselte. Um acht Uhr wurden die beiden Herren zum Abendessen geholt, was aber Einstein nicht hinderte, die Diskussion fortzusetzen. Es gab Makkaroni, und Elsa mußte ihn bei jedem Bissen zweimal mahnen, daß er die Nudeln auf die Gabel nahm und daß er sie zum Munde führte. Etwa um Mitternacht schlug der – inzwischen völlig erschöpfte – Kollege vor, das Gespräch an einem anderen Tag fortzusetzen, bemerkte aber, daß der Sinn seiner Worte nicht bis zu Einstein drang. Um zwei Uhr

In der Junggesellenwohnung in Berlin-Wilmersdorf

morgens war das Problem gelöst, und recht animiert verabschiedete Einstein seinen Gast.

Einsteins Freund, der Arzt János Plesch, hat ihn einen »Menschen ohne Körpergefühl« genannt: »So unbotmäßig er im Denken ist, ist er auch im vegetativen Leben. Er schläft, bis man ihn weckt; er bleibt wach, bis man ihn zum Schlafengehen ermahnt; er kann hungern, bis man ihm zu essen gibt – und essen, bis man ihn zum Aufhören bringt.«[33]

Elsa kümmerte sich auch um den Umzug, und Anfang September 1917 schrieb er den Freunden: »Meine Adresse ist also Haberlandstraße 5.« So begann Einsteins zweite, vorerst noch illegitime Verbindung.

Elsa war, anders als Mileva, ein innerlich heiterer Mensch. Auch sonst hatte sie Eigenschaften, die das Zusammenleben erleichterten, auch das Zusammenleben mit einem eigensinnigen Genie. Vor allem war Elsa kontaktfähig und freute sich über die vielen interessanten Menschen, die ins Haus kamen.

Sie hatte es von Anfang an nicht leicht mit ihm. Da gab es gleich die Geschichte mit der Körperhygiene. Elsa war eine normal und natürlich empfindende Frau, und es irritierte sie an ihrem lieben Albert, daß er ungekämmt und ungepflegt herumlief. Sie schenkte ihm eine Haarbürste. In den ersten Monaten wollte er sich Elsas »liebenswürdiger Herrschaft« gerne fügen und benutzte tatsächlich die »borstige Freundin«. Schon nach kurzer Zeit aber rebellierte er mit einer merkwürdigen Begründung: »Wenn ich anfange, mich körperlich zu pflegen, dann bin ich nicht mehr ich selber.«[34]

Eben erst war Elsa seine Geliebte geworden, da war er schon bereit, sie wieder aufzugeben, weil er sich zu nichts zwingen lassen wollte: »Wenn ich Dir so unappetitlich bin«, meinte er, »dann suche Dir einen für weibliche Geschmäcker genießbareren Freund. Ich aber bewahre mir meine Indolenz, die schon den Vorteil hat, daß mich mancher ›Fatzke‹ in Ruhe läßt.«[35] So stellte er gleich unter Beweis, daß er nicht bereit war, im Zusammenleben irgendwelche Konzessionen zu machen. Elsa wäre mancher Kummer erspart geblieben, wenn sie sich das rechtzeitig bewußt gemacht hätte.

Wie Einsteins Briefwechsel mit Mileva ist nun auch der mit

Elsa ediert. Der Außenstehende amüsiert sich über manche witzige Bemerkung. Einmal schwang er sich zu der These auf, eine von ihm betriebene Körperpflege wäre nur der Anfang einer (»Gott sei bei mir!«) Verberlinerung: »Zum Teufel damit!« Und in einer Grußformel am Ende eines Briefes heißt es: »Also mit kräftigem Fluch und einer Kußhand aus appetitlicher Distanz Dein ehrlich dreckiger Albert.«

Carl Seelig hat in seiner (nun gänzlich veralteten) Biographie von einer »harmonischen Verbindung« zwischen Elsa und Albert gesprochen.[36] Das stimmt leider nicht. Alles in allem aber ging es einigermaßen in den ersten Jahren. Nach der Katastrophe, die er mit Mileva erlebt hatte, dem »sauersten Sauertopf«, war das entschieden ein Gewinn.

Auch im wissenschaftlichen Leben gab es für Einstein eine positive Veränderung. Zum 1. Oktober 1917 wurde das »Kaiser-Wilhelm-Institut für physikalische Forschung« offiziell ins Leben gerufen. Man dachte an ein »kleines Gebäude« mit der »Möglichkeit zu Sitzungen sowie zur Aufbewahrung von Archiv, Bibliothek und einzelnen physikalischen Apparaten«.[37] Dazu ist es erst 20 Jahre später mit Hilfe der amerikanischen Rockefeller Foundation gekommen, als Einstein längst emigriert war. Obwohl das neue Kaiser-Wilhelm-Institut keine eigenen Räume besaß und sozusagen nur als Briefkopf existierte, entwickelte es eine für die Wissenschaft segensreiche Tätigkeit.

Das Institut besaß einen Etat von 50000 Goldmark; Einstein benötigte das Geld aber nicht selbst. Die Kollegen konnten Anträge auf finanzielle Förderung ihrer Forschungen an ihn richten, und er entschied zusammen mit Max Planck, dem Vorsitzenden des Kuratoriums. Einstein war von seiner Tätigkeit am Patentamt in Bern geschult, das Wesentliche eines Antrages schnell zu erfassen. So beantragte der damals in Göttingen tätige Peter Debye am 2. Juli 1918 Mittel, »um Röntgenstrahlen beliebiger Wellenlänge« zu erzeugen. Er wollte über die »interatomistische Ursache der Zerstreuung« Aufschluß gewinnen. Der Brief Debyes spreche für sich selbst, meinte Einstein: »Ich glaube, daß wir unser Geld nicht besser anwenden können.«

Das Schriftstück wurde Einstein vorgelegt, als er mit Elsa und ihren beiden Töchtern im Hotel »Altes Zollhaus« in Ahrenshoop an der Ostsee Urlaub machte. Seiner Adresse und Unterschrift »Einstein« fügte er in Klammern hinzu: »der in herrlicher Natur hier eine bemerkenswerte Existenz führt«.[38]

Nach der Machtergreifung 1933 hat Einstein mit Deutschland und den Deutschen gebrochen und sich auch nicht mehr gerne an seine Berliner Zeit erinnert. Und doch fühlte er sich damals ausgesprochen wohl unter den Physikerkollegen. Als einmal im Zusammenhang mit der Gründung einer neuen Fachzeitschrift auswärtige Physiker Kritik an den Berlinern übten, scherzte Einstein, sich selbst einbeziehend, über die »verflixten Berliner«: »Und doch sind wir (beinah) alle sanft wie Lämmer und verschüchtert durch unser böses Renommee.«[39]

Am 23. April 1918 feierte Planck seinen 60. Geburtstag. »Ich glaube, daß alles geschehen soll, um Planck eine Freude zu machen«, schrieb Einstein an die Kollegen. Unter seinem Vorsitz beschloß die Gesellschaft, trotz der düsteren Kriegslage eine Festveranstaltung durchzuführen: »Ich freue mich schon heute auf den Abend, wenn mir auch die Götter die Gabe zu reden gründlich vorenthalten haben.« Emil Warburg sollte über »Planck und die Deutsche Physikalische Gesellschaft« sprechen, Max von Laue über »Plancks thermodynamische Arbeiten« und Arnold Sommerfeld »Über die Entdeckung der Quanten«. Zum Abschluß wollte Einstein die wissenschaftliche Persönlichkeit des Jubilars würdigen, weil er »Planck sehr lieb habe, und er sich sicher freuen wird, wenn er sieht, wie alle seine Lebensarbeit hochhalten«.[40]

Die Festveranstaltung im Großen Physikalischen Hörsaal der Universität wurde zur Familienfeier der Berliner Physiker. Unten, direkt vor dem langen Experimentiertisch, saßen die Koryphäen der deutschen Wissenschaft; in den oberen Reihen sah man viele feldgraue Uniformen. Das waren die für die Artillerie-Prüfungskommission in Kumersdorf und die Militär-Versuchsanstalt in Plötzensee tätigen Physiker. Mit seiner Rede über die »Motive des Forschens« begeisterte Einstein die Hörer; er hob sie aus dem Schrecken und der Mühsal des Krieges in die höhere Welt des objektiven Schauens und Verstehens:

Die Sehnsucht nach dem Schauen jener prästabilierten Harmonie, von der Leibniz gesprochen hatte, ist die Quelle der un-

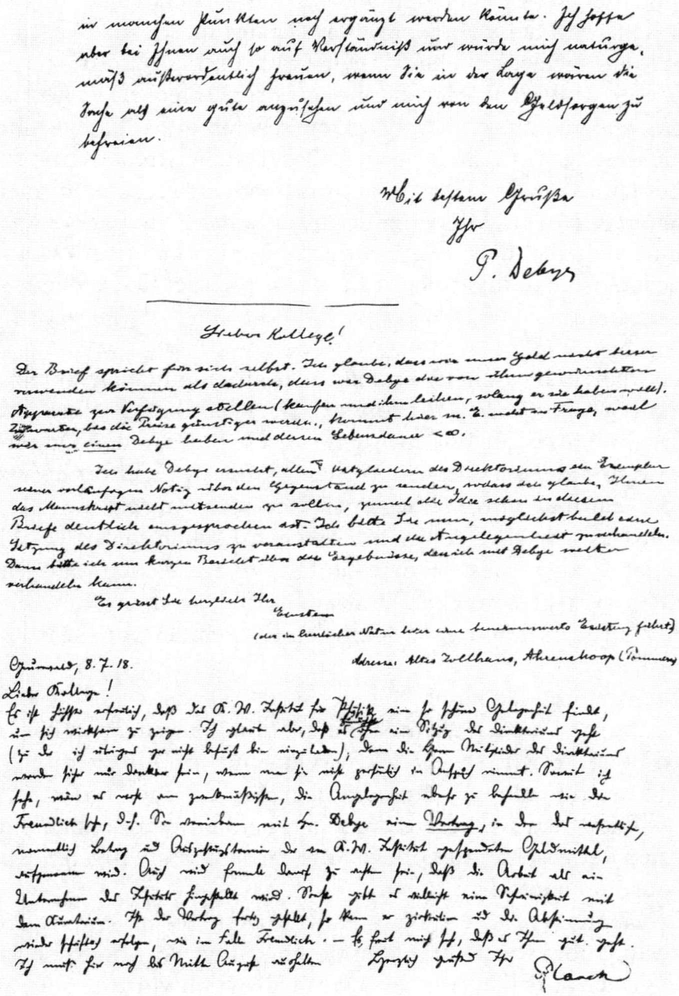

in mancher Punkten noch ergänzt werden könnte. Ich hoffe aber bei Ihnen auch so auf Verständnis und würde mich natürlich außerordentlich freuen, wenn Sie in der Lage wären die Sache als eine gute anzusehen und mich von den Geldsorgen zu befreien.

Mit besten Grüßen
Ihr
P. Debye

Lieber Kollege!

Der Brief spricht für sich selbst. Ich glaube, dass wir unser Geld nicht besser verwenden können als dadurch, dass wir Debye die von ihm gewünschten Apparate zur Verfügung stellen (kaufen und ihm leihen, solang er sie haben will). Zuwarten, bis die Preise günstiger werden, kommt hier m. E. nicht in Frage, weil wir nur einen Debye haben und dessen Lebensdauer $< \infty$.

Ich habe Debye ersucht, allen Mitgliedern des Direktoriums ein Exemplar seiner vorläufigen Notiz über den Gegenstand zu senden, sodass ich glaube, Ihnen das Manuskript nicht mitsenden zu sollen, zumal die Idee schon in diesem Briefe deutlich ausgesprochen ist. Ich bitte Sie nun, möglichst bald eine Sitzung des Direktoriums zu veranstalten und die Angelegenheit zu verhandeln. Dann bitte ich um kurzen Bericht über das Ergebnis, dass ich mit Debye weiter verhandeln kann.

Es grüsst Sie herzlich Ihr
Einstein
([illegible] eine bemerkenswerte Erholung [illegible])

Adresse: Altes Zollhaus, Ahrenshoop (Pommern)

Grunewald, 8. 7. 18.

Lieber Kollege!
Es ist höchst erfreulich, daß das K. W. Institut für Physik eine so schöne Gelegenheit findet, um sich wirksam zu zeigen. [illegible]

Planck

Dokument aus dem Kaiser-Wilhelm-Institut für Physik: Antrag von Peter Debye auf finanzielle Unterstützung und Befürwortung durch Einstein und Planck erschöpflichen Ausdauer und Geduld, mit der wir Planck den allgemeinsten Problemen unserer Wissenschaft sich hingeben sehen... Ich habe oft gehört, daß Fachgenossen dies Verhalten auf außergewöhnliche Willenskraft und Disziplin zurückführen wollten; wie ich glaube ganz mit Unrecht. Der Gefühlszustand, der zu solchen Leistungen befähigt, ist dem des Religiösen oder Verliebten ähnlich: Das tägliche Streben entspringt keinem Vorsatz oder Programm, sondern einem unmittelbaren Bedürfnis. Hier sitzt er, unser lieber Planck, und lächelt innerlich über dies mein Hantieren mit der Laterne des Diogenes. Unsere Sympathie für ihn bedarf keiner fadenscheinigen Begründung.[41]

Auch Planck, der scheue und zurückhaltende Planck, sprach in seinem Schlußwort – ganz unterkühlt – von ihrer Freundschaft. Wie sich einmal der Widerspruch zwischen der neuen Quantentheorie und der klassischen Wellentheorie des Lichtes auflösen werde, darüber gingen die Ansichten weit auseinander: »Da gewährt es mir eine doppelte Freude, zu sehen, daß zwei Physiker, die über diese Dinge so grundverschieden denken..., doch in rein persönlicher Hinsicht sich, wie man wohl sagen darf, zum mindesten ganz leidlich miteinander vertragen können.«[42]

Die Auguren lächelten.

Grundverschieden dachten Planck und Einstein auch über die politischen Ereignisse. Planck war erschüttert, als die alte Ordnung zusammenbrach, Einstein begrüßte die Revolution. Aber nie gab es einen Mißklang zwischen beiden, wußte doch jeder, daß sich der geschätzte Kollege nur von seinen »heiligsten Überzeugungen« leiten ließ.

Im Wintersemester 1918/19 hielt Einstein jeden Samstag eine Vorlesung über Relativitätstheorie. In seinen Vorlesungsnotizen hatte er sich zum betreffenden Datum die Stichworte notiert, also etwa »Lorentz-Transformation« und »Starre Körper und Uhren«. Unter dem 9. November 1918 heißt es lapidar: »Fiel aus wegen Revolution.«

In der Nacht zum 10. November kam es im Regierungsviertel zu Schießereien. Dabei wurden auch einige Räume der Preußischen Akademie der Wissenschaften in Mitleidenschaft gezogen.

> Von da ab wiederholte sich an jedem der nächsten darauffolgenden Tage das Schießen, das gewaltsame Öffnen verschlossener Türen, das Durchsuchen aller Räume vom Keller bis zum Dache nach verdächtigen Personen... Seit gestern ist uns endlich die Hilfe einer dauernden Wache zugesichert worden, so daß nunmehr die Zustände besser geworden sind.[43]

So berichtete Planck seinen Kollegen am 14. November. Der Ausnahmezustand dauerte nur ein paar Tage, und alle Sitzungen konnten wie geplant stattfinden. Als Vorsitzender Sekretar appellierte Planck an das Pflichtgefühl der deutschen Gelehrten: Wenn es einmal zu einem Wiederaufstieg des geschundenen Vaterlandes komme, was sie doch alle hoffen müßten und hoffen wollten, so werde die Kraft dazu »von den idealen Gütern der Gedankenwelt« ausgehen.

Adolf von Harnack, der ehedem die Beziehungen zum deutschen Kaiser gepflegt hatte, suchte jetzt, wie ihm konservative Gelehrte vorwarfen, »die Gunst des republikanischen Staates zu erjagen«. Mit seiner gesteigerten Vortragskunst hatte er Wilhelm II. beeindruckt, jetzt erzielte er seine Wirkung beim Reichspräsidenten Friedrich Ebert mit einer Rede über das alte Christentum und die Nächstenliebe. Als Angriffe auf Ebert einsetzten, war Harnack einer seiner besten Verteidiger: Der ehemalige Sattler führe sein hohes Amt »mit Weisheit und Takt im vaterländischen Sinne«.[44]

Die Preußische Akademie wandte sich mit einem Appell an die Nationalversammlung in Weimar, und Adolf von Harnack verfaßte die Begründung: Früher habe sich das Ansehen Deutschlands auf seine Militärmacht, seine Industrie und seine Wissenschaft gegründet; nach dem unseligen Krieg stehe nur noch die Wissenschaft aufrecht. Deshalb seien außerordentliche Anstrengungen zugunsten der Wissenschaft eine »vitale Staatsnotwendigkeit«.[45]

Bisher war die Wissenschaft Sache der Einzelstaaten gewesen. Jetzt forderte die Akademie ein Eingreifen des Reiches. Unmöglich aber konnte den Ländern die Zuständigkeit für die Wissenschaft genommen werden. Friedrich Schmidt-Ott fand die Lösung: Auf seinen Vorschlag schlossen sich am 30. Oktober 1920 die deutschen Universitäten, Technischen Hochschulen, die Akademien und die Kaiser-Wilhelm-Gesellschaft zu einer »Notgemeinschaft der Deutschen Wissenschaft« zusammen. Diese Selbstverwaltungsorganisation konnte dann die ihr zugewiesenen Mittel gezielt vergeben für die als existentiell wichtig angesehenen Forschungen.

Schmidt-Ott hatte nach der Revolution sein Amt als preußischer Kultusminister verloren. Jetzt trat er als Präsident an die Spitze der Notgemeinschaft und festigte seinen Ruf als »Freund, Patron und Haushalter der deutschen Wissenschaft«. Noch als preußischer Kultusminister hatte er die Tätigkeit des Kaiser-Wilhelm-Instituts für physikalische Forschung mit besonderem Interesse verfolgt. Es war schon erstaunlich, welche starken Impulse auf die Forschung von den jährlich vergebenen 50 000 Goldmark ausgingen. Was Einstein drei Jahre lang in der Physik erprobt hatte, wurde nun von der Notgemeinschaft auf dem Gesamtgebiet der Natur-, Ingenieur- und Geisteswissenschaften praktiziert. An die Gelehrten des Landes erging die Aufforderung, für ihre wichtigsten Forschungsvorhaben Anträge auf finanzielle Unterstützung zu stellen. Diese wurden von kleinen, effektiv arbeitenden »Fachausschüssen« begutachtet, die den Sachverstand der jeweiligen Disziplin repräsentierten.

Gerade für die Wissenschaft ist die Pflege des Nachwuchses eine Existenzfrage. Hier hat sich die »Notgemeinschaft« besondere Verdienste erworben. In den wirtschaftlich und politisch schwierigen Jahren nach dem Ersten Weltkrieg konnte die Wissenschaft an der Basis verbreitert werden. »Daß Einstein die Mittel für einen Assistenten bekommen muß, versteht sich von selbst«, meinte damals Max Planck. Das zweckmäßigste schien ihm, die Notgemeinschaft darum zu bitten: »Denn die hat Geld und guten Willen, auch arbeitet sie schneller als das Ministerium.«[46]

Zuwendungen erhielten Jacob Grommer und Cornelius Lanczos, die später gemeinsam mit Einstein Arbeiten zur Allgemeinen Relativitätstheorie publizierten. Der junge ungarische Physiker Lanczos hat es als »seltenes Geschick« empfunden, »ein ganzes Jahr in ständigem geistigen Kontakt und persönlicher Berührung« mit Einstein verbringen zu können: »Der bloßen Konstatierung dieser Tatsache gegenüber dürfte jeder Dank als Banalität wirken.«[47]

Die deutsche Wissenschaft, die sich »schon im Kriege als starke Stütze unserer Kraft und Wirtschaft« erwiesen hatte, konnte ihre Spitzenstellung behaupten und auf einigen Gebieten sogar noch weiter ausbauen. Insbesondere gilt das für die theoretische Physik, die in den zwanziger Jahren einen beispiellosen Aufschwung nahm. In einer Denkschrift gerieten die Berliner Gelehrten 1929 geradezu in Verlegenheit, in der gesamten Geschichte der Wissenschaft einen vergleichbaren Fall zu finden.[48]

Es war schon erstaunlich, welche Kräfte die deutschen Gelehrten in den Notzeiten unmittelbar nach dem Ersten Weltkrieg mobilisierten. In Berlin entstand damals auch eine neue Sternwarte zur Sonnenbeobachtung, der berühmte »Einstein-Turm«. Die erforderlichen Mittel wurden großenteils durch eine eigens gegründete »Einstein-Spende« aufgebracht. Die treibende Kraft hinter dem Projekt war der Astronom Erwin Freundlich. Er wollte endlich heraus aus seiner abhängigen Stellung und Leiter eines eigenen Instituts werden. Geschickt nutzte er die Gunst der Stunde. Bei den deutschen Gelehrten gab es damals nur einen Gedanken: den Rang der deutschen Wissenschaft zu bewahren. Unermüdlich variierte Freundlich dieses Argument, um zum Ziele zu kommen, und es bewährte sich seine »Windhund-Qualität«, von der Einstein gesprochen hatte.

Unmittelbar nach Kriegsende wurden in London zwei Expeditionen zur Beobachtung der in den Tropen stattfindenden Sonnenfinsternis und damit zur Prüfung der Einsteinschen Theorie ausgerüstet. Es sei »Ehrenpflicht derer, denen an der Kulturstellung Deutschlands gelegen ist«, so hörte man Freundlich, die Forschungen auf diesem neuen Gebiet nicht völlig in die Hände der britischen Wissenschaft fallen zu lassen.[49] Im Dezember 1919 verfaßte er einen Aufruf zur »Einstein-Spende«. Sein Appell fiel bei der Industrie auf fruchtbaren Boden. Auch das preußische Kultusministerium beteiligte sich an den Kosten des neuen Forschungsinstituts: »Es wäre unerträglich«, bestätigte das Ministerium, »müßte der weitere Ausbau der von einem deutschen Gelehrten aufgestellten hochbedeutsamen Theorie allein dem Auslande überlassen werden.«[50]

Zusammen mit dem jungen Architekten Erich Mendelsohn trieb Freundlich auch die Bauplanung voran. In der neuen Sternwarte auf dem Gelände des Astrophysikalischen Observatoriums in Potsdam sollte die von Einstein vorhergesagte Verschiebung

Der Einstein-Turm in Potsdam

der Spektrallinien gemessen werden. Die ersten Skizzen entwarf Mendelsohn bereits 1917, als er noch als Soldat in Rußland stand. Im Juli 1918 erhielt er eine detaillierte technische Beschreibung, die Freundlich einfach vom Mount-Wilson-Observatorium übernommen hatte. Vorgegeben wurde dem Architekten nur der technische Kern der Sternwarte; in der äußeren Gestaltung war er völlig frei.[51]

Mendelsohn hat seine Chance genutzt. Er gab dem Bau den »Charakter eines Monumentes«, um schon in der äußeren Form die epochale Bedeutung der Relativitätstheorie zu dokumentieren. Mit seiner Theorie hatte Einstein die klassische Physik weit hinter sich gelassen. Das sollte auch im »modernistischen« Baustil zum Ausdruck kommen. Tatsächlich fand der Einstein-Turm Beachtung als Erstlingswerk eines neuen achitektonischen Stils. Der Bau brachte Mendelsohn den Durchbruch zur internationalen Anerkennung. Am 4. September 1921 publizierte die *Berliner Illustrirte Zeitung* auf der Titelseite ein Photo des Einstein-Turmes. Daraufhin entschloß sich Hans Lachmann-Mosse, den Auftrag auf Umbau seines großen Verlagshauses an Mendelsohn zu erteilen.

Die Architekturhistoriker bezeichneten den Einstein-Turm abwechselnd als »expressionistisch« und »futuristisch«. Am Potsdamer Telegraphenberg sah man Scharen von Touristen. Vom Astrophysikalischen Observatorium wurde der junge Astronom Harald von Klüber wegen seiner guten Englischkenntnisse mit den Führungen beauftragt. Er bemerkte bald, daß sich die Besucher nicht besonders für astronomische Themen interessierten und lieber etwas über Einstein und Architektur hören wollten.

Jede Amerikanerin, die nach Berlin kam und die auf sich hielt, mußte einen Vortrag Einsteins gehört und den Einstein-Turm gesehen haben. Beide waren »lovely«. Als hauptamtliches Mitglied der Preußischen Akademie der Wissenschaften hatte Einstein das Recht, an der benachbarten Universität jederzeit Lehrveranstaltungen durchzuführen. In seinen Vorlesungen sah man reiche amerikanische und englische Damen, die ihn mit Operngläsern betrachteten. Oft sagte Einstein nach ein paar Minuten: »Nun will ich eine kleine Pause machen, damit sich alle entfernen können, die sich nicht weiter interessieren.«[52]

Der Leiter des Einstein-Instituts wurde Erwin Freundlich. Er verfaßte einen Rechenschaftsbericht über die erfolgreiche Tätigkeit der aus der Einstein-Spende hervorgegangenen Einstein-Stiftung und beschrieb die technische Einrichtung der neuen Sternwarte.[53] An der Spitze der Spender stand die Firma Carl Zeiss, die Optik im Werte von 300 000 Mark stiftete und den Turmspektrographen zu den Gestehungskosten errichtete.

Glücklich wurde Freundlich auch in seiner neuen Stellung nicht. Das Einstein-Institut galt als Teil des Potsdamer Astrophysikalischen Observatoriums, und somit blieb eine Abhängigkeit. Direktor des Observatoriums war Professor Hans Ludendorff, ein jüngerer Bruder des politisierenden Generals. In den offiziellen Würdigungen rühmten die Kollegen das »wahrhafte und aufrichtige Menschentum« Ludendorffs und seine Fürsorge für die Mitarbeiter, deren Talente er angeblich »sich frei entfalten ließ«. Die Insider wußten es besser. Wo es nur ging, legte der Astronom dem zwölf Jahre jüngeren Freundlich Steine in den Weg.[54]

Einmal erwartete Einstein in der Kuratoriumssitzung der Einstein-Stiftung einen neuen Zusammenstoß. Er stand über den Dingen und belustigte sich schon im voraus: »Der Mensch kann nicht nur von der Logik leben. Er braucht etwas für sein schwarzes Herz.«[55] Das hätte es bei Planck nicht gegeben. Jeder Streit unter Kollegen machte ihn tief unglücklich.

Die gesuchte Gelegenheit, Freundlich entlassen zu können, bot sich Ludendorff erst 1933, als er eine Intervention Einsteins nicht mehr fürchten mußte. Als Direktor des Observatoriums führte er zwingend den »deutschen Gruß« ein, und als sich Freundlich widerspenstig zeigte, konstatierte er triumphierend eine Dienstverletzung. Über diese Vorgänge berichtete das *Pariser Tageblatt*, eine Gründung deutscher Emigranten, unter der witzigen Überschrift: »Auch im Einstein-Turm gilt nur der Hitler-Gruß«.[56] Wer nicht grüßend die rechte Hand erhebe, gelte in Deutschland als ungeeignet für die astronomische Forschung.

Mit Freundlich mußte auch die im Foyer aufgestellte Einstein-Büste verschwinden und natürlich der Name »Einstein-Turm«. Die neuen Herren im Preußischen Kultusministerium machten sich eine Menge Arbeit, die Spuren seines Wirkens zu tilgen.

Freundlich ging nach Istanbul, dann nach Prag und schließlich nach St. Andrews in Schottland. Die Prüfung der Allgemeinen Relativitätstheorie blieb das Thema seines Lebens. Noch kurz vor seinem Tode 1964 verfaßte er Erinnerungen mit dem Titel: »Wie es dazu kam, daß ich den Einstein-Turm errichtete«.[57]

Schon 1916 hatte Freundlich eine Schrift über *Die Grundlagen der Einsteinschen Gravitationstheorie* herausgebracht. Wirklich kompetent war er freilich nur für das letzte Kapitel, in dem es um die experimentelle Prüfung ging. Auf seine Bitte schrieb Einstein damals ein Vorwort, und die Broschüre erschien mit dem entsprechenden Hinweis auf dem Titelblatt. Dem Käufer und Leser sollte signalisiert werden, daß er der Sache wohl trauen dürfe: Der Meister selber hatte sie abgesegnet. Für die englische Ausgabe lieferte Einstein auch noch einen kurzen Lebenslauf mit seinen wichtigsten Veröffentlichungen. Der Zettel hat sich im Nachlaß Freundlichs erhalten und wurde mit Einsteins Briefen an Freundlich vom Auktionshaus Stargardt 1969 versteigert.

Einstein hatte geschrieben: »Ich bin 1879 in Ulm geboren.« Später war er Schweizer Bürger geworden und hatte bei seiner Berufung nach Berlin die Bedingung gestellt, daß keine Änderung seiner Staatsangehörigkeit eintreten dürfe. Für seine Reisen in die Schweiz und die Niederlande verwendete er immer seinen Schweizer Paß. Zur Klarstellung fügte er in der kurzen Autobiographie nachträglich zwei Worte ein: »Ich bin 1879 in Ulm *als Deutscher* geboren.«

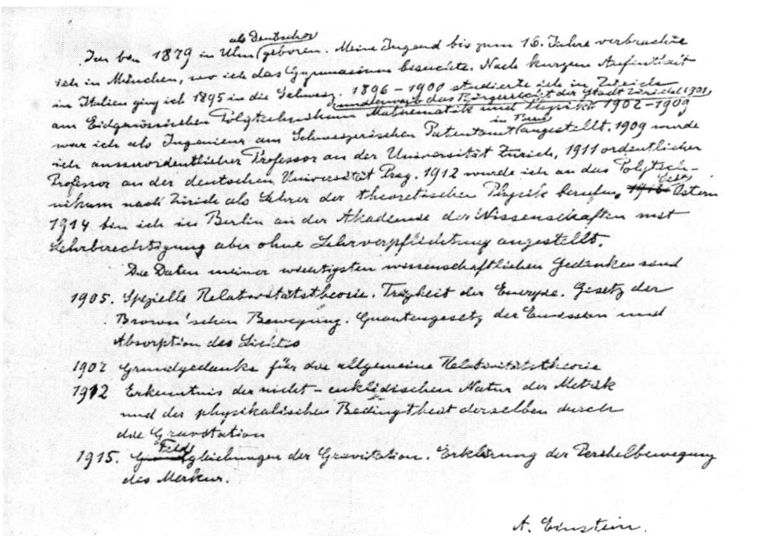

Ich bin 1879 in Ulm als Deutscher geboren. Meine Jugend bis zum 16. Jahre verbrachte ich in München, wo ich das Gymnasium besuchte. Nach kurzem Aufenthalt in Italien ging ich 1895 in die Schweiz. 1896 – 1900 studierte ich in Zürich (inzwischen das Bürgerrecht der Stadt Zürich 1901) am Eidgenössischen Polytechnikum Mathematik und Physik. 1902 – 1909 war ich als Ingenieur am Schweizerischen Patentamt in Bern angestellt. 1909 wurde ich ausserordentlicher Professor an der Universität Zürich, 1911 ordentlicher Professor an der deutschen Universität Prag. 1912 wurde ich an das Polytechnikum nach Zürich als Lehrer der theoretischen Physik berufen, ~~1914~~ Ostern 1914 bin ich in Berlin an der Akademie der Wissenschaften mit Lehrberechtigung aber ohne Lehrverpflichtung angestellt.

Die Daten meiner wichtigsten wissenschaftlichen Gedanken sind

1905. Spezielle Relativitätstheorie. Trägheit der Energie. Gesetz der Brown'schen Bewegung. Quantengesetz der Emission und Absorption des Lichtes

1907 Grundgedanke für die allgemeine Relativitätstheorie

1912 Erkenntnis der nicht-euklidischen Natur der Metrik und der physikalischen Bedingtheit derselben durch die Gravitation

1915. ~~Grund~~ Feldgleichungen der Gravitation. Erklärung der Perihelbewegung des Merkur.

A. Einstein.

Eigenhändig geschriebener Lebenslauf

Max Planck nahm Einstein ohne weiteres als Deutschen und stellte sich die Aufgabe, ihn in seinem Vaterland zur Anerkennung zu bringen. Damit erwarb er sich nicht überall Freunde. Der Heidelberger Physiker und Nobelpreisträger Philipp Lenard war als vehementer Antisemit aufgebracht über diese, wie er sagte, »Blindheit einem so ganz besonders jüdischen Juden gegenüber«.[58] Die ganze Relativitätstheorie galt Lenard als »Judenbetrug«.

Die Reden Adolf Hitlers, die ihm über den *Völkischen Beobachter* bekannt wurden, verschafften Lenard, wie er in seiner Verblendung meinte, »Klarheit« über die Grundschädlichkeit der Juden. Er suchte Planck zu überzeugen, daß Einstein als Jude niemals ein Deutscher sein könne. Lenard fühlte sich »rassenkundig« und entnahm sein Argument der Zoologie: Ein in einem Pferdestall geborener Ziegenbock sei noch lange kein edles Pferd, »auch dann nicht, wenn man ihm die Aufschrift Pferd anhefte«.[59]

Der Vergleich klingt witzig, entstammt aber tatsächlich einem tief sitzenden Neidkomplex. Um die Jahrhundertwende hatte Lenard zu Recht als Meister des Experimentes und origineller Kopf gegolten. 1905 wurde ihm für seine Arbeiten über Elektronenstrahlen der Nobelpreis zuerkannt. Wie andere Kollegen hatte Einstein die Arbeiten Lenards »mit dem Gefühl der Bewunderung« studiert und sie in seiner Veröffentlichung über die Lichtquanten ausdrücklich erwähnt. Auch Lenard war damals von den Leistungen des 17 Jahre Jüngeren beeindruckt gewesen und hatte ihn einen »tiefen, umfassenden Denker« genannt.[60]

Das Unglück begann, als sich Lenard mit der Relativitätstheorie beschäftigte. Er akzeptierte zwar die Resultate, wollte aber daran festhalten, daß alle Naturvorgänge letztlich auf die Bewegung von Materie zurückgeführt werden müssen. Dazu war es notwendig, neben den bekannten irdischen Stoffen die Existenz einer fiktiven Substanz anzunehmen, die den Weltraum ausfüllt und die man den »Äther« nannte.[61] Eine wissenschaftliche Revolution hatte stattgefunden, und Lenard verstand die neue Physik nicht mehr. Im vertrauten Kreise fällte Einstein ein vernichtendes Urteil. Lenard müsse in vielen Dingen »schief gewickelt« sein. Sein Vortrag über die »abstruse Ätherei« erscheine ihm »fast infantil«.[62]

Bei allem Respekt vor Lenards Leistungen machten sich die Kollegen über seine vielen Schrullen und seine mimosenhafte Empfindlichkeit lustig. So ließ er sich nicht ausreden, daß der englische Physiker Joseph John Thomson nur durch Plagiat der Lenardschen Arbeiten zu seinen mit dem Nobelpreis gekrönten schönen Resultaten gekommen war. Bei Kriegsausbruch 1914 vertiefte sich sein Zorn gegen Thomson zu einem allgemeinen Haß gegen das »perfide Albion«. Er verfaßte ein Pamphlet, in dem er sich zu der Behauptung aufschwang, die völlige Vernichtung Englands sei »keine Sünde« gegen die Zivilisation: »Fort also mit aller Rücksichtnahme auf Englands sogenannte Kultur!«[63]

Ein paar Jahre später wandte sich der Haß Lenards gegen Einstein und »die Juden«.

Wie im Falle Thomson entwickelte sich Lenards Aversion gegen Einstein aus einer ursprünglich sachlich geführten wissenschaftlichen Kontroverse. Auf die Spezielle Relativitätstheorie hatte Lenard noch verhältnismäßig positiv reagiert. Als Einstein 1915/16 mit seiner Allgemeinen Relativitätstheorie herauskam, verschärfte sich Lenards Kritik. Vollends verlor er sein Gleichgewicht, als sich nach dem Krieg das allgemeine Interesse der Theorie Einsteins zuwandte. Es war ihm bitter, daß in der Wissenschaft und bald auch in den Zeitungen so viel von Einstein – und nicht mehr von ihm – die Rede war. Da wirkten die Haßtiraden Hitlers auf ihn wie eine »Offenbarung«: Alles, was die Juden hervorbrächten, sei eine Reklame von Juden für Juden. Wenn die Relativitätstheorie vielleicht doch einen gesunden Kern besitze, handle es sich um »schon vorher dagewesene Erkenntnisse«. Mit »einigen willkürlichen Zutaten« hätte Einstein das Ganze mathematisch »zusammengestoppelt«.[64]

Mit besonderer Aufmerksamkeit verfolgte man das Geschehen in der Geburtsstadt. Eindruck auf die Ulmer machte vor allem ein in zwei Teilen erschienener Bericht in der *Schwäbischen Kronik* vom 17. und 31. Januar 1920, »Über Einsteins physikalisches Weltbild«. Der Rektor des Stuttgarter Realgymnasiums behandelte das Ergebnis der beiden britischen Sonnenfinsternisexpeditionen von 1919, die eine Bestätigung des von Einstein vorhergesagten Effektes erbracht hatten. Durch die Gravitationswirkung der Sonne werden Lichtstrahlen um einen, allerdings sehr kleinen, Betrag aus der geraden Richtung abgelenkt. Diese Bestätigung bedeute, hieß es in dem Artikel, einen der größten Triumphe, die der physikalisch-mathematischen Forschung beschieden sein können: »Sie bedeutet die Krönung eines wissenschaftlichen Gedankenbaues von so unerhörter Kühnheit, Festigkeit des Gefüges und Tragweite der Folgen, daß in der

Das Geburtshaus in Ulm

Geschichte der Wissenschaft ihr kaum etwas Ähnliches an die Seite gestellt werden kann.«[65]

Da man es aber auch schon ganz anderes gehört hatte, wollte sich der Ulmer Oberbürgermeister selbst Aufschluß verschaffen. Er tat das Beste, was er als physikalischer Laie tun konnte. Er fragte die Landesuniversität Tübingen, ob »der wissenschaftlichen Arbeit Einsteins tatsächlich die Bedeutung zukommt, die ihr die Zeitungsnachrichten zuschreiben«.[66] Wenn sie nicht Stellung beziehen wollen, können sich Gelehrte ausdrücken wie die Sphinx. Darum muß man das eindeutige Votum der Tübinger naturwissenschaftlichen Fakultät loben: Die experimentellen Überprüfungen der Gravitationstheorie stünden zum größten Teil noch aus. Wenn diese die Theorie bestätigen, »hat Einstein eine Erkenntnis zu Tage gefördert, die alle bisherigen physikalischen Entdeckungen überragt«. Aber selbst wenn die Theorie noch modifiziert werden sollte, »liegt in der von Einstein zuerst erkannten Relativitätstheorie die Ausarbeitung eines neuen grundlegenden Gedankens vor, dem dieselbe Bedeutung zukommen dürfte, wie einst... den Gedanken Newtons«.[67]

So stand einer Ehrung durch die Geburtsstadt nichts mehr im Wege. Eine große Straße in einem Neubaugebiet erhielt seinen Namen. Einstein scherzte: Es sei ihm ein tröstlicher Gedanke, daß er nicht für das verantwortlich gemacht werden könne, was darin geschehe.

Zum 50. Geburtstag 1929 erhielt er mit Gratulationen aus Ulm eine Photographie des Geburtshauses. Die Aufnahme zeigt ein recht nüchternes dreistöckiges Gebäude, und er kommentierte: »Zum Geborenwerden ist das Haus recht hübsch; denn bei dieser Gelegenheit hat man noch keine so großen ästhetischen Bedürfnisse, sondern man brüllt seine Lieben zunächst einmal an, ohne sich viel um Gründe und Umstände zu kümmern.«[68]

KAPITEL 3

Der Depperte

Am 15. März 1879 erschien der Kaufmann Hermann Einstein vor dem Standesbeamten in Ulm: Von seiner Ehefrau Pauline, geborener Koch, wie er israelitischer Religion, sei ihm tags zuvor, eine halbe Stunde vor Mittag, in seiner Wohnung, Bahnhofstraße B 135, ein Kind männlichen Geschlechts geboren worden. Es habe den Namen Albert erhalten.

Als die Mutter ihren Sohn betrachtete, sah sie zu ihrem Schrecken, daß er einen großen und eckigen Hinterkopf besaß, und glaubte im ersten Augenblick an eine Mißbildung. Der Arzt beruhigte sie, und wirklich war nach einigen Wochen die Form des Kopfes normal.[1]

Das Kind machte den Eltern viel Freude. Über seine drolligen Einfälle mußten sie oft lachen. Als das geliebte »Albertchen« mit zweieinhalb Jahren immer noch nicht sprechen wollte, konsultierten die Eltern den Hausarzt. »Childhood shows the man«, scherzte Einstein. »Ich bin ja auch später kein Redner geworden.«

Nach ein paar Monaten hatte er sich die Eigentümlichkeit angewöhnt, jeden Satz doppelt zu sagen. Das erste Mal sprach er etwas leiser und nur für sich, und wenn er mit der Formulierung zufrieden war, wiederholte er den Satz für die Großen. Das Kindermädchen nannte ihn deshalb auf gut bayrisch den »Depperten«.[2]

Am 18. November 1881 kam Einsteins Schwester Maja zur Welt. Als ihm einmal seine Eltern sagten, daß er mit ihr schön spielen könne, betrachtete er sie aufmerksam und war nach einer Weile ziemlich enttäuscht: »Ja – aber wo hat es denn seine Rädchen?«

Später haben ihn seine Freunde oft gefragt, ob er seine Begabung auf den Vater oder die Mutter zurückführe. Er liebte die Selbstbespiegelung nicht, und einer Antwort ist er jedesmal ausgewichen: »Ich habe keine besondere Begabung, sondern bin nur leidenschaftlich neugierig. Damit entfällt also die Frage nach der Erbschaft.«[3] Das kann natürlich nicht das letzte Wort sein. Wir wollen wissen, wer die Eltern waren und ob auch sie in ihrer Zeit und Umgebung durch besondere Eigenschaften aufgefallen sind.

Über die Familie gibt es Aufzeichnungen von Einsteins Schwester Maja. Als ihr Bruder berühmt wurde, hat sie sich zu einer Biographie entschlossen. Leider ist die Arbeit unvollendet geblieben; erst 35 Jahre nach ihrem Tode sind in der Einstein-Edition Teile veröffentlicht worden.

Die Mutter Pauline Einstein war fürsorglich und warmherzig; ihren Gefühlen jedoch »ließ sie selten freien Lauf«. Sie liebte die Musik und spielte ausgezeichnet Klavier. Ihrer Tochter schienen Schalkhaftigkeit und gesunder Mutterwitz charakteristisch für sie sowie eine »ausdauernde Geduld«, etwa bei der Anfertigung komplizierter und zeitraubender Handarbeiten.[4] Alle diese Eigenschaften finden wir bei ihrem Erstgeborenen wieder. Ausdrücklich bekannte er sich zu einer Lebensauffassung, die »besonders dem Humor sein Recht läßt«, und er sagte: Der ernste Mann freut sich, wenn er einmal herzlich lachen kann.[5]

Maja Einstein beobachtete auch bei ihrem Bruder eine Engelsgeduld, ob es sich um Laubsägearbeiten handelte, das Spiel mit dem Ankersteinbaukasten oder den Bau vielstöckiger Kartenhäuser: »Wer weiß, welcher Geduld und Genauigkeit es bedarf, um auch nur drei bis vierstöckige Kartenhäuser aufzuführen, der wird sich über den noch nicht zehnjährigen Knaben verwundern, dem es gelang, sie bis vierzehn Stock hoch zu bauen.«[6] Ausdauer und Beharrlichkeit steckten in ihm, sagte die Schwester, und in der Tat: Seit 1907 beschäftigte er sich mit der Erweiterung seiner Speziellen zu einer Allgemeinen Relativitätstheorie. Er ließ das schwierige Thema zeitweise ruhen, kam aber immer wieder darauf zurück. Von 1912 an konzentrierte er sich voll auf dieses Problem und ließ nicht nach, bis er nach vielen Irrwegen endlich im Oktober 1915 bei den richtigen Feldgleichungen der Gravitation anlangte.

Hermann Einstein, der Vater, war eine »beschauliche Natur«. Er betrachtete die Dinge mit Ausdauer von allen Seiten, wobei

»die kaufmännische Eigenschaft der Entschlußfähigkeit« auf der Strecke blieb. Dazu kam »eine nie versagende Güte, die niemandem etwas abschlagen konnte«.[7] Diese Güte besaß auch der Sohn. Seine Hilfsbereitschaft für die Flüchtlinge aus Europa war in Princeton sprichwörtlich, und man erzählte sich folgende Story: Als an einem amerikanischen Krankenhaus eine Assistenzarztstelle ausgeschrieben wurde, bewarben sich fünf Immigranten. Alle waren in Deutschland Chefärzte gewesen, und alle wiesen eine Empfehlung Einsteins vor.

Anders als sein Vater besaß Einstein einen unbeugsamen Willen. »Papa und Mama sind große Phlegmen«, sagte er einmal, »und haben am ganzen Leib weniger Starrsinn als ich am kleinen Finger.«[8] Jedoch war auch er geneigt, und hier ähnelte er dem Vater, die Dinge an sich herankommen zu lassen: »Entschlüsse haben in meinem Leben eine ganz untergeordnete Rolle gespielt. Alles geschah direkt aus dem Bedürfnis und ohne Plan.«[9]

Einsteins Eltern waren liebenswerte Menschen, aber eine besondere Begabung besaßen sie nicht. Es gab jedoch Verwandte auf beiden Seiten, die uns Respekt abnötigen. Jakob Einstein, der Bruder seines Vaters und treue Freund seiner Jugend, war ein begabter Konstrukteur. Seine Generatoren für Gleich- und Wechselstrom haben ihm viel Anerkennung eingebracht. Eine Erfindung aber ist eine schöpferische Leistung wie eine physikalische Theorie und wie ein Meisterwerk der Malerei oder Bildhauerei.

Für Einsteins Mutter gab es keine Möglichkeit, ihre Fähigkeiten zu entwickeln. Jedoch erfahren wir von ihrem Vater Julius Koch, daß er im Getreidehandel reich wurde. Hat er, außer seinem Geld, auch seine kommerzielle Begabung vererbt? Einstein verachtete das Streben nach Reichtum. »Kann sich jemand Moses, Jesus oder Gandhi bewaffnet mit Carnegies Geldsack vorstellen?« fragte er ironisch. Auch Einstein können wir uns nicht mit einem Geldsack vorstellen. Obwohl er gelegentlich Anläufe machte, sich Vorträge und Aufsätze seiner Bedeutung entsprechend – und das heißt exorbitant hoch – honorieren zu lassen, hatte er doch wenig Talent und noch weniger Neigung, sich um Geld wirklich zu kümmern.

Einstein heiratete in zweiter Ehe seine Cousine Elsa. Seine und Elsas Mutter waren Schwestern, das heißt, Elsa hatte die gleichen Großeltern wie er, Julius und Jette Koch. Bei Elsa findet sich eine ausgeprägte kommerzielle Begabung. Als er mit ihr 1930 nach Amerika reiste, vermerkte er anerkennend, daß er mit zwei Rundfunkinterviews in New York »dank Elsas schlauer Regie 1000 $ für die Wohltätigkeitskasse« verdient habe.

Wie stand es mit den intellektuellen Fähigkeiten des Großvaters? Es ist keine Kleinigkeit, Schwaben Geld aus der Tasche zu ziehen. Dazu braucht es neben Chuzpe auch einen guten Verstand. Hat also dieser Julius Koch die entscheidenden Gene beigesteuert? Die Frage ist nicht ganz ernst gemeint. Für das Genie gelten kompliziertere Vererbungsregeln als für die Farben von Schmetterlingsflügeln.

Von welchen Vorfahren Einstein seine Genialität geerbt hat, wissen wir nicht. Auch bei Beethoven, bei Goethe und anderen Geistesheroen mußten die Biographen die Antwort schuldig bleiben. Es sind große Ausnahmen, wenn die mathematische Begabung wie bei den Bernoullis oder die musikalische wie bei den Bachs in mehreren Generationen nacheinander auftritt. Bei der Baseler Gelehrtenfamilie Bernoulli unterscheidet man wie bei einer Fürstendynastie mehrere Jakobs und Johanns. Sie alle waren bedeutende Mathematiker.

Als Einstein 1879 geboren wurde, hatte die Stadt Ulm 32 000 Einwohner; knapp 700 gehörten zur jüdischen Gemeinde. Erst zehn Jahre zuvor war Hermann Einstein mit seinen Brüdern von Buchau am Federsee zugezogen. Er heiratete 1876 die in Cannstatt geborene Pauline Koch. Die Mitgift seiner Frau ermöglichte Hermann Einstein eine aktive Beteiligung an einer von zwei Vettern betriebenen Bettfedernhandlung.

»Die Stadt der Geburt hängt dem Leben als etwas ebenso Einzigartiges an wie die Herkunft von der leiblichen Mutter«, hat Einstein konstatiert. »Auch der Geburtsstadt verdanken wir ein Teil unseres Wesens.«[10] Das ist cum grano salis aufzufassen. Eine persönliche Erinnerung an Ulm besaß Einstein nicht. Die Familie zog im Juni 1880 nach München. Jedoch hat der schwäbisch-alemannische Kulturkreis, in dem beide Eltern aufgewachsen sind, auf ihn einen prägenden Einfluß ausgeübt. Hört man sich Tonbandaufzeichnungen an, fällt neben der hellen Stimme die schwäbisch-süddeutsche Dialektfärbung auf. In den Briefen gebrauchte er mit Vorliebe volkstümliche Redewendungen, wie die von der Theorie, die »noch nicht der wahre Jakob« sei, und von dem Kollegen, der »nur von der Ofenbank her tanzen könne«. Als Einstein im August 1900 nach bestandenem Examen gegen den Willen seiner Eltern Mileva Marić heiraten wollte und deshalb zu seinem Vater nach Mailand bestellt wurde, machte er sich und der Geliebten Mut und zitierte aus Ludwig Uhland: »Der wackre Schwabe forcht sich nit.«

In Ulm hatten die Einsteins ein sorgenfreies und reichlich behäbiges Leben geführt, und so hätte es bleiben können. Die Zukunft war gesichert, und der Charakter der beiden Eheleute harmonierte in vollkommener Weise.[11] Hermann Einsteins jüngerer Bruder Jakob jedoch entwickelte Ehrgeiz. Dieser hatte in Stuttgart die Polytechnische Schule besucht und im Krieg von 1870/71 als Ingenieuroffizier gedient. Jakob Einstein gründete in München ein Geschäft für Wasserleitungen und Elektrizitätsanlagen. Da seine Mittel nicht ausreichten, überredete er seinen Bruder Hermann, sich zu beteiligen und als kaufmännischer Leiter in die Firma einzutreten.

Am 21. Juni 1880 meldete sich Hermann Einstein mit Frau und Sohn als neuer Einwohner Münchens mit der Wohnung Müllerstraße 3. Das war die Wohn- und Geschäftsadresse seines Bruders. Arbeitsgebiet der jungen Firma J. Einstein & Cie. wurde die Elektrotechnik. Deren »beispiellos rascher Siegeslauf« ließ »noch größere Taten in der Zukunft erwarten«.[12]

In München begann das »Zeitalter der Elektrizität« 1882 mit der »Internationalen Elektricitäts-Ausstellung« im Glaspalast. Einstein & Cie. zeigten eine Telephonzentrale mit zwölf Linien und vier Zwischenstationen. Den Hörer ans Ohr gedrückt, konnte man die Aufführungen im Colosseum akustisch mitverfolgen. Die Hauptattraktion der Ausstellung war die Übertragung der elektrischen Kraft aus dem 57 Kilometer entfernten Bergwerk Hausham, demonstriert durch den Betrieb eines künstlichen Wasserfalls. Während die Firma Einstein unter der großen Zahl der Aussteller keine Aufmerksamkeit erregte, prägte sich den Münchnern der Name Oskar von Miller ein. Diesem dynamischen Pionier der Elektrotechnik waren das Zustandekommen und der Erfolg der Ausstellung in erster Linie zu danken.

Etwas später muß es gewesen sein, als der Vater dem vier oder fünf Jahre alten Albert einen Kompaß zeigte. Vielleicht stammte er sogar aus der eigenen Produktion. Die Einstellung der Magnetnadel in Nordsüdrichtung ohne sichtbare Einwirkung von außen machte Eindruck auf den introvertierten Knaben. An dieses

Der Sechsjährige mit Schwester Maja

»Wunder« erinnerte er sich noch im Alter: »Da mußte etwas hinter den Dingen sein, das tief verborgen war.«[13]

1885 verlegten die Brüder ihren Betrieb in die Lindwurmstraße 125, wo sie ein großes Areal erwarben. Die Einsteins wohnten in einer schönen Villa auf dem Firmengelände mit der Adresse Adlzreiterstraße 14. Hier lebten Hermann Einstein mit Ehefrau

Pauline und den beiden Kindern im ersten Stock, Onkel Jakob im Erdgeschoß und ersten Stock sowie Albert Einsteins Großvater mütterlicherseits, der geschäftstüchtige Julius Koch, als über siebzigjähriger Privatier im Erdgeschoß. Albert und Maja nannten das Riesengrundstück ihren »Englischen Garten«, weil es ein Naturparadies war wie die vom Grafen Rumford geschaffenen Anlagen. Heute gilt die Lindwurmstraße zwischen den U-Bahn-Haltestellen Poccistraße und Goetheplatz als gute zentrale Adresse. Damals standen an der stadtauswärts nach Südwesten führenden Straße nur kleine zweistöckige Vorstadthäuser.

In der königlichen Haupt- und Residenzstadt gab es Ende 1890 unter den 350000 Einwohnern 6100 Juden. An die hundert hießen Einstein. Das Adreßbuch, in dem nur die Haushaltsvorstände verzeichnet sind, listet 22 Einsteins auf, angefangen bei dem Juwelier Abraham Einstein in der Schützenstraße 1a bis zu Theodor Einstein, dem Teilhaber des gleichnamigen Antiquitätengeschäfts in der Maximilianstraße 8. Vor ein paar Jahren stieß ein amerikanischer Wissenschaftshistoriker bei seinen Recherchen auf einen Hermann Einstein, den Mitinhaber eines Antiquitätenladens, und zog daraus den Schluß, daß Einsteins Vater neben seiner elektrotechnischen Fabrik noch einen Antiquitätenhandel betrieben habe. So dynamisch aber war Einsteins alter Herr nicht. Es gab in München noch einen zweiten Hermann Einstein. Der »richtige« wohnte in der Adlzreiterstraße 14, der zweite in der Corneliusstraße 22.

Albert Einstein verlebte mit seiner Schwester Maja eine schöne Jugend. Seine früh erwachende Urteilsfähigkeit freilich hinderte ihn daran, wie der naive Held in Voltaires Roman *Candide* seinen Lehrer als den besten aller möglichen Lehrer und das Königreich Bayern als das beste und schönste aller Königreiche zu betrachten.

Eine jüdische Volksschule gab es damals in München nicht, und er besuchte seit 1885 die katholische Sankt-Peters-Schule in der Blumenstraße, einen Riesenkasten mit fünf Stockwerken. Hier sind Generationen von Münchner Kindern, Buben und Mädchen, »mit reichlichen Tatzen und ohne viel Seelenkunde«, wie sich der Schriftsteller Eugen Roth erinnerte, auf ihren Eintritt in die menschliche Gesellschaft vorbereitet worden.

Auch Einsteins Lehrer führte ein strenges Regiment; es war keine Erziehung, sondern Drill. Die nötigen Kenntnisse wurden mechanisch eingetrichtert und mit dem Rohrstock in der Hand abgefragt. Der junge Albert gab nicht die gewünschte sofortige Reflexantwort, sondern brauchte Zeit zum Überlegen. Trotzdem erhielt er glänzende Noten. Aus einem Brief seiner Mutter geht hervor, daß er der Klassenbeste war. Seine Intelligenz verschaffte ihm Respekt, und er entging dem Schicksal des Schriftstellers Leonhard Frank, der zur gleichen Zeit in Würzburg von seinem Lehrer zum Stotterer und seelischen Krüppel geprügelt wurde. Wie Leonhard Frank aber sprach auch Einstein zeitlebens von seinen Volksschullehrern als »Feldwebeln«.

Viele Zeitgenossen haben München als eine heitere Stadt empfunden, in der man behaglich lebte und in Maßen tolerant war. Auch Einsteins Vater fühlte sich wohl unter den Menschen, die es mit der Arbeit nicht gar zu ernst nahmen. Hermann Einstein war sehr geschätzt im großen Freundeskreis, und er war der Liebling der Frauen. An den Feiertagen unternahm er mit der Familie Ausflüge ins Isartal und an die oberbayerischen Seen. Am Abend saßen die Einsteins in einem Biergarten und ließen sich eine frische Maß, die Rettiche und die Brezeln schmecken.

Einstein behielt die sonntäglichen Wanderungen und die vorausgehende Debatte der Eltern über das Ausflugsziel in heiterer Erinnerung. Dem Vater war immer die Wahl freigestellt, und er beschloß immer, dorthin zu gehen, wohin die Mutter gehen wollte. Als sich später in der Ehe seines Sohnes Hans Albert eine ähnliche Beeinflußbarkeit durch die von Einstein gar nicht geschätzte Schwiegertochter offenbarte, fand er dies jedoch gar nicht lustig.

Thomas Mann, der im März 1894 zu seiner Mutter und seinen Geschwistern nach München zog, hat mit der Erzählung *Gladius Dei* der schönen und gemächlichen Stadt eine Liebeserklärung gemacht. Daß »München leuchtete«, konnte Einstein nicht empfinden. Bereits als Volksschüler sammelte er seine ersten Erfahrungen mit dem Antisemitismus. Er nahm am katholischen Religionsunterricht teil, der von einem Geistlichen erteilt wurde. Eines Tages brachte dieser einen großen Nagel in die Klasse: »Das waren die Nägel, mit denen Christus von den Juden ans Kreuz geschlagen wurde.« Die Mitschüler blickten auf Einstein, den einzigen Juden in der Klasse, und es entstand eine beklemmende Situation. Er konnte sein ganzes Leben lang diese Szene nicht vergessen.[14]

Auf dem Wege von der Petersschule nach Hause wurde er von seinen »Kameraden« mit Fausthieben traktiert. Diese Angriffe seien zwar meist »gar nicht so bös gemeint« gewesen, genügten aber, »um ein lebhaftiges Gefühl des Fremdseins schon im Kinde zu festigen«.[15] Anfang der zwanziger Jahre, als Lion Feuchtwanger seinen bösen Schlüsselroman über den »schwarzen Filz« in München schrieb, schien auch Einstein die Stadt ein »antisemitisch-reaktionäres Wespennest«.

Im Juni 1888 hatte in Berlin Wilhelm II. den Thron bestiegen. Seine Untertanen wollte er »herrlichen Zeiten« entgegenführen. Über diesen gescheiten, aber nicht klugen Menschen mit seinem Gottesgnadenwahn hat Einstein später viel durch János Plesch erfahren, der einer der Hausärzte des Kaisers war.

Am 1. Oktober 1888 trat Einstein in die erste Lateinklasse des Luitpold-Gymnasiums ein. München war eine Kunststadt. Unter den 58 Mitschülern der 1 B gab es einen Kaulbach und einen Marc. Robert Kaulbach war der Sohn des königlichen Professors und Genremalers Hermann Kaulbach und der Enkel des noch berühmteren Wilhelm von Kaulbach, dessen Riesengemälde *Die Zerstörung Jerusalems* in der Neuen Pinakothek eine ganze Wand einnahm. Der Mitschüler besaß ein ausgeprägtes Zeichentalent und wurde später ebenfalls Maler. Einen Namen allerdings konnte er sich nicht schaffen, und die weitverzweigte Familie hat ihn als ihr »schwarzes Schaf« betrachtet.[16]

Der Klassenkamerad Paul Marc studierte später Byzantinistik und edierte im Auftrag der Bayerischen Akademie der Wissenschaften den *Corpus der griechischen Urkunden des Mittelalters und der neueren Zeit*. Sein Vater Wilhelm Marc lebte als Kunstmaler in der Schwanthalerstraße und hat seine beiden Söhne oft porträtiert. Der jüngere Franz Marc besuchte später ebenfalls das Luitpold-Gymnasium, und wie Einstein in der Physik wurde Franz Marc ein Revolutionär in der Malerei. Im Dezember 1911 veranstaltete er gemeinsam mit Wassily Kandinsky die Ausstellung *Der Blaue Reiter* und gab im Mai 1912 den gleichnamigen Almanach heraus, die bedeutendste Programmschrift der modernen Kunst.

Von einem Interesse Einsteins an der Malerei wissen wir erst aus späterer Zeit. Als er 1923 als weltberühmter »Sabio aleman« nach Madrid kam, besuchte er zwei Tage nacheinander das Museo del Prado und war von den »herrlichen Werken« begeistert. Besonders angetan hatten es ihm Velázquez, El Greco und Goya.

Entschieden wichtiger war ihm die Musik. Er hat gesagt, daß ihm seine Lebensfreude »aus der Geige« kam. Im Alter von sechs bis vierzehn Jahren erhielt er Geigenunterricht, und in der ersten Zeit hat er seinen Lehrer immer mit »du, Herr Schmied« angeredet. Er lernte aber erst wirklich etwas, als er sich mit 13 Jahren in die Mozartschen Sonaten verliebte.[17] Für seine Mutter war es eine große Freude, wenn sie ihren Albert am Klavier begleiten konnte.

Wie später im Leben war Einstein am Gymnasium ein Außenseiter. Die Mitschüler gaben ihm den Namen »Biedermeier«. Wahrscheinlich wollten sie damit eine gewisse Weltfremdheit und Treuherzigkeit charakterisieren. Daß er ein nur mittelmäßiger oder gar schlechter Schüler gewesen sei, ist eine Legende. Seine Klassenkameraden waren im Durchschnitt zwei Jahre älter als er, und von der Untertertia an wiesen ihn die Jahresberichte durchweg als den jüngsten in seiner Klasse aus. Trotzdem hatte er immer gute bis sehr gute Noten. Ein ehrgeiziger »Büffler« freilich war er nie. In einem Brief seines Vaters heißt es, daß ihn sein Albert von jeher daran gewöhnt habe, »neben sehr guten Noten auch schlechtere zu finden«.[18]

Außer den Zeugnissen gab es noch die sogenannten »Geheimzensuren«. Dabei handelte es sich um Urteile über Charakter und Veranlagung. Der Verfasser des vorliegenden Buches hat in anderen Fällen – bei Max Planck und Werner Heisenberg – diese Geheimzensuren eingesehen und über die Treffsicherheit gestaunt. Man muß darum bedauern, daß im Falle Einstein weder Zeugnisse noch Geheimzensuren erhalten geblieben sind. Jedenfalls ist er nicht wie Planck, der 15 Jahre zuvor ein anderes Münchner Gymnasium absolviert hatte, der »Liebling seiner

Lehrer« gewesen. Dafür war das eigene Urteil zu stark ausgeprägt. Als er später am Polytechnikum in Zürich studierte, sagte einer seiner Professoren zu ihm: »Sie sind ein gescheiter Junge,

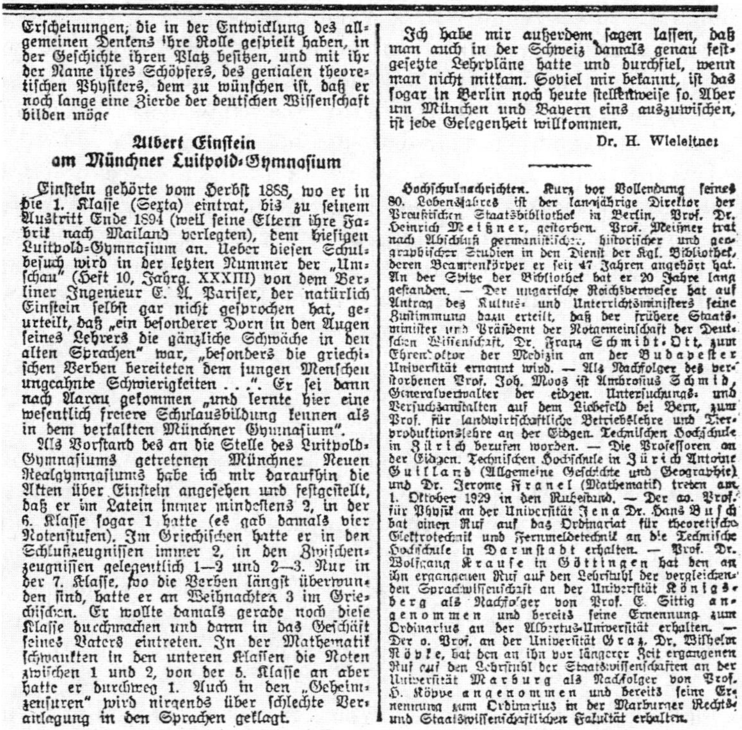

Erscheinungen, die in der Entwicklung des allgemeinen Denkens ihre Rolle gespielt haben, in der Geschichte ihren Platz besitzen, und mit ihr der Name ihres Schöpfers, des genialen theoretischen Physikers, dem zu wünschen ist, daß er noch lange eine Zierde der deutschen Wissenschaft bilden möge.

Albert Einstein am Münchner Luitpold-Gymnasium

Einstein gehörte vom Herbst 1888, wo er in die 1. Klasse (Sexta) eintrat, bis zu seinem Austritt Ende 1894 (weil seine Eltern ihre Fabrik nach Mailand verlegten), dem hiesigen Luitpold-Gymnasium an. Ueber diesen Schulbesuch wird in der letzten Nummer der „Umschau" (Heft 10, Jahrg. XXXIII) von dem Berliner Ingenieur E. A. Pariser, der natürlich Einstein selbst gar nicht gesprochen hat, geurteilt, daß „ein besonderer Dorn in den Augen seines Lehrers die gänzliche Schwäche in den alten Sprachen" war, „besonders die griechischen Verben bereiteten dem jungen Menschen ungeahnte Schwierigkeiten ...". Er sei dann nach Aarau gekommen „und lernte hier eine wesentlich freiere Schulausbildung kennen als in dem verkalkten Münchner Gymnasium".

Als Vorstand des an die Stelle des Luitpold-Gymnasiums getretenen Münchner Neuen Realgymnasiums habe ich mir daraufhin die Akten über Einstein angesehen und festgestellt, daß er im Latein immer mindestens 2, in der 6. Klasse sogar 1 hatte (es gab damals vier Notenstufen). Im Griechischen hatte er in den Schlußzeugnissen immer 2, in den Zwischenzeugnissen gelegentlich 1—2 und 2—3. Nur in der 7. Klasse, wo die Verben längst überwunden sind, hatte er an Weihnachten 3 im Griechischen. Er wollte damals gerade noch diese Klasse durchmachen und dann in das Geschäft seines Vaters eintreten. In der Mathematik schwankten in den unteren Klassen die Noten zwischen 1 und 2, von der 5. Klasse an aber hatte er durchweg 1. Auch in den „Geheimzensuren" wird nirgends über schlechte Veranlagung in den Sprachen geklagt.

Ich habe mir außerdem sagen lassen, daß man auch in der Schweiz damals genau festgesetzte Lehrpläne hatte und durchfiel, wenn man nicht mitkam. Soviel mir bekannt, ist das sogar in Berlin noch heute stellenweise so. Aber um München und Bayern eins auszuwischen, ist jede Gelegenheit willkommen.

Dr. H. Wieleitner

Hochschulnachrichten. Kurz vor Vollendung seines 80. Lebensjahres ist der langjährige Direktor der Preußischen Staatsbibliothek in Berlin, Prof. Dr. Heinrich Meißner, gestorben. Prof. Meißner trat nach Abschluß germanistischer, historischer und geographischer Studien in den Dienst der Kgl. Bibliothek, deren Beamtenkörper er seit 47 Jahren angehört hat. An der Spitze der Bibliothek hat er 20 Jahre lang gestanden. — Der ungarische Reichsverweser hat auf Antrag des Kultus- und Unterrichtsministers seine Zustimmung dazu erteilt, daß der frühere Staatsminister und Präsident der Notgemeinschaft der Deutschen Wissenschaft, Dr. Franz Schmidt-Ott, zum Ehrendoktor der Medizin an der Budapester Universität ernannt wird. — Als Nachfolger des verstorbenen Prof. Joh. Moos ist Ambrosius Schmid, Generalverwalter der eidgen. Untersuchungs- und Versuchsanstalten auf dem Liebefeld bei Bern, zum Prof. für landwirtschaftliche Betriebslehre und Tierproduktionslehre an der Eidgen. Technischen Hochschule in Zürich berufen worden. — Die Professoren an der Eidgen. Technischen Hochschule in Zürich Antoine Guilland (Allgemeine Geschichte und Geographie) und Dr. Jerome Franel (Mathematik) treten am 1. Oktober 1929 in den Ruhestand. — Der ao. Prof. für Physik an der Universität Jena Dr. Hans Busch hat einen Ruf auf das Ordinariat für theoretische Elektrotechnik und Fernmeldetechnik an die Technische Hochschule in Darmstadt erhalten. — Prof. Dr. Wolfgang Krause in Göttingen hat den an ihn ergangenen Ruf auf den Lehrstuhl der vergleichenden Sprachwissenschaft an der Universität Königsberg als Nachfolger von Prof. E. Sittig angenommen und bereits seine Ernennung zum Ordinarius an der Albertus-Universität erhalten. — Der o. Prof. an der Universität Graz, Dr. Wilhelm Röpke, hat den an ihn vor längerer Zeit ergangenen Ruf auf den Lehrstuhl der Staatswissenschaften an der Universität Marburg als Nachfolger von Prof. H. Köppe angenommen und bereits seine Ernennung zum Ordinarius in der Marburger Rechts- und Staatswissenschaftlichen Fakultät erhalten.

Bericht in den »Münchner Neuesten Nachrichten« über Einsteins Schulzeugnisse anläßlich seines 50. Geburtstags

Einstein, ein ganz gescheiter Junge. Aber Sie haben einen großen Fehler. Sie lassen sich nichts sagen.«[19]

Zu Einsteins 50. Geburtstag 1929 hat der Direktor des Neuen Realgymnasiums, das inzwischen an die Stelle des Luitpold-Gymnasiums getreten war, in den *Münchner Neuesten Nach-*

richten einige Angaben über die Noten des Schülers gemacht. Einstein erhielt in Latein immer mindestens 2, in der 6. Klasse, der letzten, die er absolvierte, sogar 1:

> Im Griechischen hatte er in den Schlußzeugnissen immer 2, in den Zwischenzeugnissen gelegentlich 1–2 und 2–3... In der Mathematik schwankten in den unteren Klassen die Noten zwischen 1 und 2, und von der 5. Klasse an aber hatte er durchweg 1. Auch in den Geheimzensuren wird nirgends über schlechte Veranlagung in den Sprachen geklagt.[20]

Unter den Gymnasialprofessoren waren einige Antisemiten, wie sich Einstein erinnerte, »hauptsächlich einer, der den Reserveoffizier herauskehrte«. Andere Lehrer ragten »im insgesamt grauen Bilde« als hellere Punkte hervor. Dazu gehörte an erster Stelle ein promovierter Philologe, der in der vierten Klasse sein Ordinarius war:

> Gedenkt er jenes Magisters, so klingt in seinen Worten eine lebhafte Verehrung der Klassizität, gelegentlich sogar eine stürmisch hervorbrechende Liebe zu den Schätzen der griechischen Geschichte und Literatur... Von dem nämlichen Mann geleitet, näherte er sich der heimatlichen Dichterwelt; der Zauber Goethes strahlte ihn an aus »Hermann und Dorothea«. Die Dichtung wurde ihm, wie er bekennt, in geradezu vorbildlicher Weise zugeführt und erläutert.[21]

Leider war auch in diesem Falle die Erinnerung Einsteins nicht ungetrübt. Als er es in Zürich schon zum Professor gebracht hatte und ihn der Weg einmal nach München führte, beschloß er, seinen alten Pauker zu besuchen. Der völlig überraschte Gymnasialprofessor konnte sich nicht mehr an ihn erinnern. Einstein war wie üblich nachlässig gekleidet, und der Lehrer argwöhnte, er sei nur gekommen, um ihn anzuschnorren.

Einsteins Eltern hatten sich längst von den Traditionen des Judentums gelöst. In Bayern war jedoch der Religionsunterricht obligatorisch, und für die jüdischen Schüler gab es als reguläres Schulfach »israelitische Religionslehre«. Hier wurde der idealistisch gesinnte junge Albert mit der Geschichte des Judentums und den »Pflichten gegen Gott« vertraut gemacht. Dabei ergriff ihn ein Gefühl tiefer Religiosität, und er unterwarf sich freiwillig den strengsten Geboten. Jahrelang aß er kein Schweinefleisch. »Als Kind wurde ich sowohl in der Bibel wie im Talmud unterrichtet«, resümierte Einstein später in einem Interview: »Ich bin Jude, aber mich bezaubert die leuchtende Gestalt des Nazareners.«[22]

Mit zwölf Jahren erlebte er eine religiöse Krise. Er fing damals mit der Lektüre populärwissenschaftlicher Bücher an, mit Ludwig Büchners *Kraft und Stoff* und Bernsteins *Naturwissenschaftlichen Volksbüchern*. Dadurch gelangte er zu der Überzeugung, »daß vieles in den Erzählungen der Bibel nicht stimmen konnte«. Die Folge war eine »geradezu fanatische Freigeisterei«.[23]

Wie später in seiner Wissenschaft begnügte er sich nicht mit dem ersten Schritt: »Das Mißtrauen gegen jede Art Autorität erwuchs aus diesem Erlebnis.« Wenn die Jugend bei der religiösen Erziehung »mit Vorbedacht belogen« wird, muß man auch auf anderen Gebieten gewärtigen, daß die Schulbücher nicht die Wahrheit sagen. So entstand bei ihm eine gesunde Skepsis.

Üblicherweise wurde den jungen Menschen die Auffassung anerzogen, Kirche, Staat und Wissenschaft seien von den ehrwürdigen Vorvätern begründet und darum heilig und unantastbar. Deshalb quälten sich Einsteins Zeitgenossen bei jeder längst überfälligen Reform. Max Planck ist dafür ein gutes Beispiel. Im Gymnasium war er »ein ganz braver Schüler« und später in seiner Wissenschaft ein »richtiger Klassiker«, der gegen jede prinzipielle Neuerung »äußerst vorsichtige Zurückhaltung« bewahrte.[24] Einstein aber wuchs in Unabhängigkeit von den Traditionen auf.

Seine Vorliebe galt bald der Mathematik, bei der man sich selbst von der Wahrheit der Aussagen überzeugen konnte. Der Knabe freute sich, wenn ihm der Onkel Aufgaben stellte. Jedesmal fügte Jakob Einstein hinzu, das Problem sei viel zu schwer und das Albertle werde es nicht lösen können. Damit stachelte er dessen Ehrgeiz an. Bei einer solchen Gelegenheit hörte der zwölf Jahre alte Schüler vom Satz des Pythagoras. Er fühlte sich zu einem Beweis herausgefordert und ließ nicht locker, bis ihm nach etwa drei Wochen die Herleitung gelang.[25]

Im Schuljahr 1892/93, der fünften Gymnasialklasse, stand neben der ebenen Geometrie die Algebra auf dem Programm, und Einstein plagte seinen Onkel vor Beginn des Schuljahres mit der Frage, was darunter zu verstehen sei. Das Buchstabenrechnen hat ihn bald fasziniert, und er lernte rasch alle Aufgaben zu lösen, die er in den Schulbüchern fand. Zu Beginn der großen Ferien erhielt er von den Eltern auch ein Buch über ebene Geometrie, das den Stoff des bevorstehenden Schuljahres bildete. Darüber vergaß er alles andere. Bald sprach er nur noch von seinem »heiligen Geometrie-Büchlein«. Nach dem Kindheitserlebnis mit dem Kompaß erschien ihm auch die Geometrie als ein »Wunder«, freilich eines von ganz anderer Art:

> Da waren Aussagen, wie z. B. das sich Schneiden der drei Höhen eines Dreiecks in einem Punkt, die – obwohl an sich keineswegs evident – doch mit solcher Sicherheit bewiesen werden konnten, daß ein Zweifel ausgeschlossen zu sein schien. Diese Klarheit und Sicherheit machte einen unbeschreiblichen Eindruck auf mich.[26]

Die Einsteins gewährten, wie es damals bei den jüdischen Familien guter Brauch war, einem armen Medizinstudenten einen Freitisch. Was dem aus Polen stammenden Max Talmey an materiellen Wohltaten erwiesen wurde, hat dieser am Sohn der Familie mit geistiger Anregung reichlich vergolten. Der Student gab, so weit er es vermochte, auf die vielen Fragen des elf Jahre Jüngeren Auskunft. Er war es, der Einstein die Schrift des materialistischen Philosophen Ludwig Büchner über *Kraft und Stoff* und später das *Lehrbuch der ebenen Geometrie* von Theodor Spieker empfahl. Danach ging Einstein zum Studium der Differential- und Integralrechnung über, die den Anfang der höheren Mathematik bildet, wo ihm Talmey nicht mehr folgen konnte.

Gegenstand ihrer Gespräche wurde nun die Philosophie, und wenn Talmey die Erinnerung nicht getäuscht hat, las Einstein schon mit 13 Jahren Immanuel Kants *Kritik der reinen Vernunft*. Aus dem *Lehrbuch zur Einleitung in die Philosophie* von Johann Friedrich Herbart entnahm er manche Anregung und beschäftigte sich als Halbwüchsiger mit der unendlichen Teilbarkeit der Materie.[27] Als Einstein dann zum selbständigen Forscher gereift war, behandelte er als eines der ersten großen Probleme die atomistische Konstitution der Materie und lieferte 1905 die Theorie der Brownschen Molekularbewegung.

Wie viele andere, die ihn ein Stück Weges begleiteten, hat auch Max Talmey seine Erlebnisse mit ihm veröffentlicht, allerdings in sachlicher Form und lediglich als Anhang zu einem Buch über die Relativitätstheorie.[28] Einstein wird wohl in diesem Fall keine Einwände gehabt haben. Er schätzte es nicht, wenn Zeitgenossen die Bekanntschaft mit ihm, wie er sich ausdrückte, »geschäftlich verwerteten«. Eine Ausnahme machte er nur, wenn die Autoren es wirklich nötig hatten, Geld zu verdienen, und nicht warten konnten, bis er tot war.[29]

Noch während der Schulzeit hat sich Einstein bewußt für den Beruf des Naturforschers entschieden. Er fühlte sich allerdings verpflichtet, im Notfall seinen Vater in der Firma zu ersetzen. Dazu ist es nicht gekommen, und er war sehr zufrieden damit. Als Knabe jedoch hatte er ausgesprochen Freude daran, durch die elektrotechnische Fabrik zu gehen und die Praxis aus der eigenen Anschauung kennenzulernen. Dabei hörte er einmal von einem ungelösten Problem. Er ließ sich die Sache zeigen, und fast im Handumdrehen glückte ihm die Lösung. »Wissen Sie, es ist schon fabelhaft mit meinem Neffen«, erzählte Jakob Einstein stolz in der Fabrik. »Wo ich und mein Hilfsingenieur uns tagelang den Kopf zerbrochen haben, da hat der junge Kerl in einer knappen Viertelstunde die ganze Geschichte herausgehabt. Aus dem wird nochmal was!«[30]

Die Brüder Jakob und Hermann Einstein produzierten hauptsächlich Dynamomaschinen, das heißt Stromerzeuger, die Jakob Einstein konstruiert hatte. Trotz aller Begeisterung der Zeitgenossen für die neue Kraft und das neue Licht ging es nicht ohne massive Werbung. Auch diesbezüglich konnte man von dem genialen Erfinder und Geschäftsmann Thomas Alva Edison lernen, den seine zahlreichen Gegner den »ewigen Showman« und »Schmierenkomödianten« nannten. Am 31. Oktober 1884 marschierten 250 Arbeiter des Edisonschen Elektrizitätswerkes durch die Straßen New Yorks. Alle trugen sie einen Helm mit einer Edison-Glühlampe. Der Strom wurde von im Zug mitgeführten Generatoren und einer von Pferden gezogenen Dampfmaschine erzeugt.

Die Einsteins wollten die Show auf die Münchner Verhältnisse übertragen und kamen auf den Gedanken, während des Oktoberfestes die Theresienwiese elektrisch zu beleuchten. Man brauche in München nur das Wort »Bier« auszusprechen, hat Thomas Mann einmal bemerkt, um sogleich »allgemeine Aufgeräumtheit zu erzielen«. Dieses positive Image versuchten die Brüder Einstein zu nutzen. In den beiden Wochen des großen Münchner Volks- und Bierfestes erstrahlte die Festwiese im Glanz des neuen Lichtes. Den Strom holten die Einsteins mit Kabeln von dem nahe gelegenen Fabrikgrundstück an der Lindwurmstraße.[31]

Bei der Referentenbesprechung zur Vorbereitung des Oktoberfestes 1886 kam der in früheren Jahren »wahrgenommene Mißstand« zur Sprache, daß mit Beginn der Polizeistunde beide Beleuchtungsleitungen gleichzeitig abgeschaltet wurden und »plötzlich eine vollständige Finsternis auf dem Festplatze« eintrat. Der Vertreter der Polizeidirektion verlangte eine direkte telephonische Verbindung des Kommissariats mit der Fabrik Einstein. Eine lange Diskussion ergab sich auch über den Antrag, die Lampen der elektrischen Beleuchtung höher zu hängen, »um einen erweiterten Lichtkreis zu gewinnen«. Einer der Bürokraten machte darauf aufmerksam, daß eine »Erweiterung des Lichtkreises nur auf Kosten der Lichtintensität gewonnen werden« könne. Da man jedoch keine allzugroße Abnahme der Lichtintensität erwartete, wurde schließlich doch beschlossen, dem Antrag zu folgen und das Stadtbauamt entsprechend zu veranlassen.[32]

Im Jahre 1887 brach während des Festbetriebes in einer Weinbude »infolge Herabstürzens und Explosion einer Petroleum-Wandlampe« ein verheerender Brand aus. Innerhalb von zehn Minuten waren die Weinbude und die benachbarten Schießstände vollständig zerstört.[33] Diese Gefahr gab es bei dem neuen elektrischen Licht nicht. Es blieb deshalb der Gasbeleuchtungsgesellschaft nichts übrig, als erneut zuzustimmen, daß »während des Oktoberfestes eine elektrische Beleuchtung des Festplatzes von der Fabrik Einstein u. Cie. hergestellt und das Kabel... über die Lindwurmstraße gelegt wird«.[34]

Auf allen Gebieten zeigte sich der Fortschritt, und Kritik war den Zeitgenossen unerwünscht. Sie wollten sich nicht irremachen lassen in ihrem Glauben, daß die Forschungs- und Erfindungstätigkeit »die Menschheit höheren Kulturstufen zuführt, sie veredelt und idealen Bestrebungen zugänglicher macht«.[35] Im September 1888 rollte Karl Benz mit seinem dreirädrigen Patent-Motorwagen durch die Straßen Münchens, und die Zeitungen bestätigten den erstaunten Bürgern: »Derselbe macht die Pferde vollständig entbehrlich.«[36]

Die Halbwüchsigen verfolgten das seltsame Fahrzeug in dichten Scharen. Den neuneinhalbjährigen Einstein können wir uns dabei nicht vorstellen. Massenaufläufe liebte er schon als Kind nicht, und auch für technische Sensationen hat sich der introvertierte Knabe schwerlich begeistert. An der Technik interessierten ihn nur die physikalischen Effekte, die dabei eine Rolle spielten. In Einsteins Lebenszeit galt ein Automobil als Luxus, und damit wollte er sich nicht beladen. Weder in Berlin noch in Princeton hat er einen Wagen besessen. Die Bequemlichkeit eines Autos nahm er dagegen gerne in Anspruch. Oft hat er sich von seinem Arzt und Freund János Plesch abholen lassen, und in den Vereinigten Staaten unternahm er mit seinem Sohn Hans Albert und seiner Schwester Maja und ebenso mit den befreundeten Buckys große Reisen über Land.

Im Jahre 1888 erhielt die Firma Einstein & Cie. den Auftrag für die elektrische Straßenbeleuchtung im benachbarten und noch selbständigen Schwabing, das nach einem vielzitierten Wort der Gräfin Reventlow keine Stadt war, »sondern ein Zustand«. In »Wahnmoching«, wie man gerne sagte, der »Experimentierstation der Kunststadt München«, lebten viele Maler, Schriftsteller und Studenten, die es verstanden, Feste zu feiern. Die Einweihung der neuen technischen Errungenschaft am Abend des 26. Februar 1889 gestaltete sich zu einem echten Schwabinger Ereignis.

Mit Glockenschlag sieben Uhr ertönten Fanfaren, und die Festgäste betraten die Tribüne. Zugleich erschien auf dem gegenüberliegenden Podium »Suapinga«, der Genius der Stadt, dargestellt durch Fräulein Therese Nägerl in klassischer Gewandung und mit einer lichtumschlossenen Mauerkrone im Haar. Die

Kindergärtnerin trug »ausdrucks- und verständnisvoll« den vom Ehrenbürger Ernst von Destouches gedichteten »Weihegruß« vor, ein Preislied auf die Schwabinger Bürgerschaft:

> Doch nicht genug, daß sie in wenig Jahren
> So vieles schuf voll Opferfreudigkeit:
> Zu dieser Stunde noch sollt ihr's erfahren,
> Daß voll und ganz erfaßt sie ihre Zeit.
> Was jetzund als die neueste Erfindung
> Exakte Wissenschaft der Menschheit beut,
> Was gilt als einer neuen Zeit Verkündigung,
> Noch heut soll's werden hier zur Wirklichkeit.[37]

Raketen stiegen zum Himmel, und mit einem Kanonenschlag nahm das »überaus gelungene Feuerwerk« sein Ende. Gleichzeitig erstrahlten Festplatz und Straßen »im hellsten Bogenlampen- und Glühlichte«, begeistert begrüßt durch lebhafte Beifallskundgebungen:

> Herr [Jakob] Einstein, Vertreter der Firma Einstein & Co., welch letztere die Straßenbeleuchtung eingerichtet hat, übergab sodann die Anlage der Stadt, für den ehrenvollen Auftrag bestens dankend.[38]

Der Bürgermeister brachte ein dreifaches Hoch aus auf Seine Königliche Hoheit, den Prinzregenten Luitpold, »den Protektor jeden Fortschritts«. Alle Anwesenden, so der Lokalreporter, stimmten »mit wahrem Jubel und voller Begeisterung« in die Ovation ein.

Daraufhin folgte in über 250 Zweispännern eine Korsofahrt durch die Straßen der Stadt. Alle Festgäste waren sich im Lob einig, »daß das Licht denkbar ruhig brennt und nicht das mindeste Zucken bemerkbar ist«. Die *Münchner Neuesten Nachrichten* berichteten, die neue Beleuchtung sei »selbstverständlich viel besser und intensiver als die Gasbeleuchtung«, und die *Schwabinger Gemeinde-Zeitung* konnte »der Firma J. Einstein & Cie. zu ihrem großen Erfolge nur gratulieren«.[39]

Ab Viertel vor neun ging es hoch her in den beiden Sälen der

Salvatorbrauerei Petuel an der Schwabinger Landstraße. Auf allgemeinen Wunsch mußte Suapinga ihren Weihegruß noch einmal vortragen. Dann kamen die Festreden. Nachdem die Honoratioren die Verdienste des Bürgermeisters gebührend gerühmt hatten, hob der Stadtkämmerer in humoristischer Rede die Vorzüge des elektrischen Lichtes hervor und brachte einen Toast aus auf die Firma Einstein & Cie. Erst im Morgengrauen erreichte das fröhliche Fest sein Ende, und der Berichterstatter der *Schwabinger Gemeinde-Zeitung* meinte: »Ein gleiches Fest hat Schwabing noch nie erlebt.« Wir wissen nicht, wie dem zehnjährigen Albert die Schwabinger Boheme gefallen hat. Später jedenfalls hätte er gut zu ihr gepaßt. An Unbürgerlichkeit konnte er es mit jedem Schwabinger »Schlawiner« aufnehmen.

1891 gab es in Frankfurt die große Elektrotechnische Ausstellung. Höhepunkt war die Übertragung der »Kraft« über 178 Kilometer von Lauffen am Neckar bis zum Ausstellungsgelände mittels Drehstrom von 15000 Volt. Die *Times* sprach, wie oft zitiert, von dem »bedeutendsten und wichtigsten Experiment in der technischen Elektrizität, seitdem diese geheimnisvolle Naturkraft dem Menschen dienstbar geworden«. Zu danken war diese Pionierleistung vor allem Charles E. L. Brown, dem aus England stammenden Chefelektriker der Firma Oerlikon. Wenn sie an all die technischen Fortschritte dachten, wurden die Menschen euphorisch. Nicht mehr »Jahrhundert des Dampfes« dürfe ihre Epoche genannt werden, nein, es müsse »Zeitalter der Elektrizität« heißen.

Auch die Fabrik J. Einstein & Cie. beteiligte sich mit ihren Produkten an der von 1175000 Menschen besuchten großen Frankfurter Ausstellung. In der Zahl der zur Beleuchtung verwendeten Bogenlampen nahm die Firma mit 42 Stück hinter Schuckert & Co. (200), Siemens & Halske (198), Helios (172) und C. & E. Fein (55) den fünften Platz ein. In der »Offiziellen Zeitung« wurden die Dynamomaschinen und die Elektrizitätszähler der Firma in ausführlichen Referaten gewürdigt.

Gegen die Kapitalkraft, Kompetenz und Dynamik der großen Firmen war schwer anzukommen. Und es kamen ständig neue Konkurrenten hinzu. Unter dem Eindruck seines Erfolges gründete Charles Brown mit seinem Freund Walter Boveri in Baden im Kanton Aargau eine eigene Firma. Die junge Brown, Boveri & Cie. erhielt den hartumkämpften Großauftrag auf Errichtung des Frankfurter Elektrizitätswerkes.

In München ging es 1892 um die Einführung der elektrischen Straßenbeleuchtung. Jeder Münchner wünschte sich für seine Straße den Glanz des neuen Lichtes. Antisemiten wähnten eine geplante Bevorzugung der jüdischen Geschäftsleute in den Hauptstraßen und verwahrten sich, daß in der königlichen Haupt- und Residenzstadt »orientalische Nasen auch noch besonders elektrisch beleuchtet« würden. Sie sahen eine angebliche Zweiklassengesellschaft voraus: »Die I. Klasse der bevorrechteten jüdischen Lichtbürger und die II. Klasse der zurückgesetzten christlichen Dunkelbürger.«[40] Das Schreiben, in dem diese Sätze stehen, stammt von einem »Deutsch-Socialen Verein zu München«, und der Chronist fühlt sich provoziert, die Herren einer weiteren Klasse zuzurechnen, der »III. Klasse der zurückgebliebenen Dunkelmänner«.

Um den lukrativen Auftrag konkurrierte die »Electro-technische Fabrik J. Einstein & Cie. München« mit der AEG, Siemens & Halske und Schuckert & Co. Nürnberg. Die Einsteins reichten drei Ausführungsvarianten ein, von 460000 bis 505000 Mark, und lagen damit beträchtlich über den Konkurrenzangeboten.[41] Die Stadt holte ein ausführliches Gutachten ein, das für die Einsteins nicht günstig ausfiel und auf das sie mit einem Gegengutachten antworteten. Es richtete sich ausschließlich gegen den Hauptkonkurrenten: »Die Anordnung Schuckerts verstößt gegen die ersten Prinzipien, welche bei elektrischen Beleuchtungsanlagen mit Accumulatorenbetrieb Geltung haben.«[42] Es war sicher unklug, die technische Kompetenz der Nürnberger Firma zu bestreiten, die dieses System eingeführt und die umfangreichsten praktischen Erfahrungen damit gesammelt hatte. Der städtische Referent vermerkte denn auch ironisch am Rande: »Also Einstein wird Schuckert lehren.«[43]

25 Jahre später hatte der Name »Einstein« geradezu mystischen Glanz, und eine derart herablassende Bemerkung wäre unmöglich gewesen.

In der geheimen Sitzung des Stadtrates am 26. April 1893 wurde der Antrag des Stadtbauamtes mit allen gegen zwei Stimmen angenommen, »die Beleuchtung der Firma Schuckert & Co. zu übertragen«. Die Nürnberger Firma besitze »Weltruf« und »sei in Beleuchtungsfragen hervorragend«.[44]

Von diesem Schlag haben sich die Einsteins nie wieder erholt. Die Firma beschäftigte 200 Mitarbeiter, die nun zum großen Teil entlassen werden mußten. Was hatte letztlich zu diesem Desaster geführt? Lag es daran, daß, wie Einsteins Schwester Maja meinte, der ideenreiche Jakob Einstein als optimistischer Feuerkopf nicht mit den Tatsachen zu rechnen verstand? Hätte er eine technisch weniger aufwendige Alternative ausarbeiten müssen? Oder war die Hauptursache bei Einsteins Vater Hermann auszumachen? Konnte er sich nicht zu dem Entschluß durchringen, den Preis drastisch zu senken? Sicher ist jedenfalls, daß von der Stadt München neben der Offerte der AEG auch die der Firma Einstein von vornherein abgelehnt wurde, weil sie viel zu hoch lag gegenüber Schuckert und Siemens & Halske.

Als das Inlandsgeschäft immer weiter zurückging, sich aber in Oberitalien gute Aussichten eröffneten, machte der italienische Vertreter den Vorschlag, die Firma dorthin zu verlegen. Jakob Einstein war von dem Vorschlag angetan und riß seinen zögernden Bruder mit.

Albert Einstein und seine Schwester erlebten noch die Zerstörung ihres Jugendparadieses. Die prächtigen alten Bäume auf dem großen Grundstück wurden gefällt und häßliche Mietshäuser errichtet. Nach dem Bericht Majas war der schöne Besitz in die Hände eines Spekulanten gefallen. Die alten Grundstücksakten aber weisen aus, daß die beiden Brüder selbst den Anfang mit der Bebauung gemacht hatten, vermutlich um den Investitionsbedarf der Fabrik zu decken.

Das große Grundstück wurde geteilt und ging in mehrere Hände über. Das merkwürdigste Schicksal hatte das Fabrikgebäude. Als im Juni 1938 die Münchner Hauptsynagoge in der Nähe des Stachus auf Befehl Hitlers abgerissen wurde, verlegte die jüdische Gemeinde ihr religiöses und kulturelles Zentrum in ein verstecktes Hinterhaus der Lindwurmstraße, das zuletzt als Zigarettenfabrik gedient hatte. Zum Glück war ganz in Vergessenheit geraten, daß es sich um die ehemalige elektrotechnische Fabrik der Einsteins handelte.[45] Im Dritten Reich galt Albert

Einstein als ein »besonders jüdischer Jude«, der mit seiner »entarteten Wissenschaft« den »inneren Zusammenbruch« des deutschen Volkes bewerkstelligen wollte. Das hätte man – wäre es bekannt gewesen – den Münchner Juden »heimgezahlt«.

Im Sommer 1894 zogen die Einsteins nach Mailand. Als einziges Familienmitglied blieb Albert zurück, um in München noch die letzten drei Gymnasialklassen bis zum Abitur zu absolvieren. Am 10. September kam er in die 7A, nach alter Zählung die Obersekunda. Dem Fünfzehnjährigen gefiel es im Luitpold-Gymnasium noch viel weniger als zuvor. Im Alter hat Einstein die Einsamkeit als »köstlich« empfunden. Als Halbwüchsiger aber litt er unter der Trennung von der Familie, und im pubertären Weltschmerz erschien ihm der an der Schule herrschende militärische Ton doppelt abstoßend. Die Klassenkameraden konnten kaum erwarten, bis sie als »Einjährige« einrücken durften mit der Aussicht, als »Offiziersaspiranten« abzugehen. Wenn von solchen Perspektiven die Rede war, wurde sein Entschluß nur noch fester, es nie dahin kommen zu lassen.

Einstein kam mit dem Klassenleiter nicht zurecht, der, wie wir vermuten, national und antisemitisch eingestellt war. Der promovierte Altphilologe unterrichtete in den Hauptfächern Griechisch, Latein, Deutsch und Geschichte, und da konnten die Schüler jeden Tag Kostproben seiner Weltanschauung kennenlernen. Der Lehrer spürte, daß sich Einstein widersetzte, und eines Tages, kurz vor Weihnachten 1894, kam es zu einem Wortwechsel. Der Ordinarius forderte ihn auf, die Schule zu verlassen: »Auf meine Bemerkung, daß ich mir doch nichts hätte zuschulden kommen lassen, antwortete er: Ihre bloße Anwesenheit verdirbt mir den Respekt in der Klasse!«[46]

Nach diesem Zusammenstoß setzte Einstein den lange gefaßten Entschluß in die Tat um. Ein deutscher Staatsangehöriger männlichen Geschlechts hatte nur bis zum vollendeten 16. Lebensjahr das Recht auf ungehinderte Ausreise. Am 29. Dezember 1894, zweieinhalb Monate vor dem Stichtag, setzte er sich in den Zug nach Mailand. Die Eltern waren hellauf entsetzt, als ihr Albert in der Via Berchet auftauchte. Es gelang ihm jedoch, sie über seine Zukunft zu beruhigen. Er wollte das Polytechnikum in Zürich besuchen, wo damals das Abitur noch nicht obligatorisch war. Im Selbststudium bereitete er sich auf die Aufnahmeprüfung vor. Die Schwester Maja berichtete von seiner »bemerkenswerten Konzentrationsfähigkeit«. Selbst »in größerer Gesellschaft, wenn es ziemlich laut herging, konnte er sich auf das Sofa zurückziehen, Papier und Feder zur Hand nehmen, das Tintenfaß in bedenklicher Weise auf die Lehne stellen und sich in ein Problem so sehr vertiefen, daß ihn das vielstimmige Gespräch eher anregte als störte«. Mit Freude und Stolz beobachtete die Schwester, wie aus dem stillen, verträumten Knaben ein fröhlicher, mitteilsamer und überall wohlgelittener junger Mann wurde.[47]

Ohne fremde Anleitung beschäftigte sich der nun Sechzehnjährige mit dem rätselhaften, den Weltraum ausfüllenden Äther und wollte »die elastischen Deformationen und die wirkenden deformierenden Kräfte« messen. Erst ein paar Jahre zuvor hatte Heinrich Hertz vor den versammelten Naturforschern und Ärzten in Heidelberg erklärt, daß die »gewaltige Hauptfrage nach dem Wesen, nach den Eigenschaften des raumerfüllenden Mittels, des Äthers, nach seiner Struktur, seiner Ruhe oder Bewegung, seiner Unendlichkeit oder Begrenztheit« alle übrigen Fragen der Physik an Bedeutung weit überrage.[48]

Einstein arbeitete eine kleine Abhandlung aus, die zur Hälfte noch Spiel war und zur Hälfte schon den Ernst des Mannes zeigt. Das Manuskript behandle ein sehr spezielles Thema, schrieb er einem Onkel, und sei, »wie es sich für so einen jungen Kerl wie mich von selbst versteht, noch ziemlich naiv und unvollkommen«.[49] Mit dieser Bemerkung erwies sich der Sechzehnjährige reifer als der berühmte Zoologe Ernst Haeckel in Jena, der sich in seinen *Welträtseln* ebenfalls mit dem Äther beschäftigte. Haeckel beschrieb den Äther als eine »äußerst feine, elastische und leichte Gallerte« und bezeichnete seine Existenz als »eine positive Tatsache«. Wer daran zweifelte, den nannte er einen Dummkopf.[50]

Zehn Jahre später, 1905, zeigte Einstein mit seiner Speziellen Relativitätstheorie, daß es sich bei dem Äther um eine bloße Fiktion handelt. Es gab aber auch dann noch so manchen Forscher, der an der mechanischen Erklärung der physikalischen Vorgänge festhielt, und ein Teil der Angriffe gegen die Einsteinsche Theorie kam aus dieser Richtung. Einstein wußte, wo seine Grenzen lagen. Als einmal in einer Diskussion über die Relativitätstheorie Anfang der zwanziger Jahre ein Kollege eine trickreiche Frage stellte, war Einstein einen Augenblick verblüfft und brach dann in Gelächter aus: »Darüber habe ich noch nicht nachgedacht.« Bei manchen Kollegen war dies ganz anders. Philipp Lenard glaubte wichtige Gebiete zu beherrschen, von denen er tatsächlich keine Ahnung hatte.[51]

Einstein zählte später die Zeit in Italien zu seinen schönsten Jugenderinnerungen. Die Liebe zur italienischen Sprache und Kultur hat er zeitlebens behalten. Von Pavia aus, wo die Einsteinsche Fabrik stand, wanderte er mit einem Freund durch den Apennin nach Genua. Die beiden jungen Männer waren begeistert von der herrlichen Landschaft, den alten Kirchen und der natürlichen Grazie der einfachen Menschen. Wie stach ihr freies und doch selbstbewußtes Benehmen vorteilhaft ab von den steifen Marionetten in den Großstädten! Schon gar nicht leiden konnte Einstein die aufgeputzten Damen, die er in München, aber auch in Pavia gesehen hatte. Sie machen den Eindruck, sagte er, als hätten sie »Ladstöcke verschluckt«.[52]

In diesem heißen Sommer 1895 fühlte er sich restlos glücklich. Dann aber ging die Ferienzeit zu Ende, und er wußte noch immer nicht, wie er sein Ziel erreichen sollte, als Student am Polytechnikum zugelassen zu werden.

»Es gibt keine größere Freude«, so hat Niels Bohr einmal gesagt, »als das Aufblühen einer großen Begabung zu beobachten und nach Kräften zu unterstützen.«[53] Ein Freund von Einsteins Vater, der zu Vermögen und Ansehen gekommen war und jetzt in Zürich lebte, wandte sich an den Direktor des Eidgenössischen Polytechnikums. Für ihn war Einstein ein »Wunderkind«. Der Direktor, der Maschinenbauprofessor Albin Herzog, gab zur Antwort, auch Wunderkinder sollten ihr Abitur machen: Ausnahmsweise gestatte er »dem in Frage stehenden jungen Mann«, sich der eigentlich für ältere, aus der Praxis kommende Kandidaten gedachten Aufnahmeprüfung zu unterziehen.

Das Examen begann am 8. Oktober 1895 und bestand aus zwei Teilen. Zuerst ging es um die Allgemeinbildung. Mündlich abgefragt wurden Literaturgeschichte, Geschichte und Naturgeschichte, wobei es neben den Kenntnissen auf die sprachliche Ausdrucksfähigkeit ankam. Auch einen deutschen Aufsatz mußten die Kandidaten schreiben. Im zweiten Teil wurde in Arithmetik, Algebra, Geometrie, darstellender Geometrie, Physik und Chemie geprüft.

Die in den mathematisch-naturwissenschaftlichen Fächern erwarteten besonderen Leistungen hat Einstein erbracht. Trotzdem wurde er nicht zugelassen. Wahrscheinlich haperte es mit der Allgemeinbildung. Vermuten muß man aber auch, daß die Professoren das Alter des Kandidaten – 16 1/2 Jahre – in Betracht gezogen haben. Mit Recht waren sie überzeugt, daß der Prüfling die Matura leicht nachholen könne. Und sie hielten es für prinzipiell besser – für die jungen Leute selbst wie für die Hochschule –, das Studium erst nach dem Abitur zu beginnen.

Professor Herzog kannte sich aus im Bildungswesen der Eidgenossenschaft und empfahl Einstein den Besuch der Kantonsschule in Aarau, einer kleinen Industriestadt 50 Kilometer westlich von Zürich. An der Schule gab es nur vier Klassen, und sie führte Realschulabsolventen zum Abitur. Das Schuljahr hatte bereits im April begonnen; Einstein wurde Ende Oktober nach einem erneuten Examen »provisorisch« in die III. Klasse aufgenommen. Im Französischen und in der Chemie besaß er erhebliche Lücken.

Es war üblich, daß die Lehrkräfte Schüler der Anstalt als Pensionsgäste in ihr Haus aufnahmen. Diesmal traf es Einstein gut. Er kam zu Professor Jost Winteler, der Geschichte und Griechisch unterrichtete. In der großen Familie mit den sieben Kindern und dem freien Umgangston fühlte er sich wie zu Hause. Sein ganzes Leben lang hat er sich gerne an den lebhaften kleinen Mann mit der ungewöhnlich wohllautenden Stimme erinnert. Das Jahr bis zum Abitur (das er erst hatte überspringen wollen) wurde zu einer entscheidenden Phase seiner Entwicklung, und er hat später noch oft den »liberalen Geist« der Schule gerühmt:

> Durch Vergleich mit sechs Jahren Schulung an einem deutschen, autoritär geführten Gymnasium wurde mir eindringlich bewußt, wie sehr die Erziehung zu freiem Handeln und

Selbstverantwortlichkeit jener Erziehung überlegen ist, die sich auf Drill, äußere Autorität und Ehrgeiz stützt. Echte Demokratie ist kein leerer Wahn.[54]

Einstein faßte eine verehrende Zuneigung für Professor Winteler. Dieser »frei denkende Mann, dem das Recht über alles ging«, war ganz nach seinem Geschmack. Als Schuldirektor im kleinen Murten im Kanton Fribourg hatte er sich gegen das ultramontane Regime gestellt und lieber seinen Abschied genommen, als sich gegen seine Überzeugung zu beugen. Seither unterrichtete er in Aarau und legte auch hier Proben seiner Standhaftigkeit ab. An der Schule gab es nur einen interkonfessionellen Religionsunterricht. Als die römisch-katholische Synode 1890 die Wiedereinführung eines konfessionellen Religionsunterrichts forderte, sprach sich Winteler dagegen aus. Es schien ihm richtiger, »durch wissenschaftliche Belehrung die künftigen Gebildeten des Landes über konfessionelle Befangenheit zu erheben«.[55]

Jost Winteler ist nie Einsteins Lehrer gewesen, aber er hat viel mit ihm gesprochen und ihn vor einer kritiklosen Bewunderung des mächtigen Nachbarn im Norden gewarnt. Zu Ostern 1894 war eine kleine Schrift des Münchener Historikers Ludwig Quidde erschienen, die sich auf den ersten Blick mit einem unverfänglichen Thema der römischen Geschichte befaßte und den Titel trug: *Caligula. Eine Studie über römischen Cäsarenwahnsinn.* In der Schilderung des verrückten Caligula erkannte jeder den deutschen Kaiser. Scharfsichtig geißelte Quidde den »bis zur Selbstvergötterung gesteigerten Größenwahn« Wilhelms II. und die hier schlummernden Gefahren.

Der Gymnasialprofessor bestärkte Einstein in seinen demokratischen Überzeugungen und seiner Abneigung gegen den deutschen Militarismus. Es mag sogar sein, daß er ihn auf die Schrift Quiddes aufmerksam gemacht hat. »Ich muß oft an Papa Winteler denken und die seherhafte Richtigkeit seiner politischen Ansichten«, schrieb Einstein nach der Machtergreifung: »Ich habe es auch stets gefühlt, aber nicht in dieser Reinheit und Stärke.«[56]

Ein besonders herzliches Verhältnis entwickelte sich zu Frau Pauline Winteler, die Einstein sein »liebes Mamerl« nannte. Einmal war sie gerade im Begriff, zum Markt zu gehen, als ihr anspruchsloser Pensionär von der Schule kam. Eine Nachbarin beobachtete, daß Einstein den großen Einkaufskorb auf den linken Arm schob und mit der Rechten Frau Winteler führte: »So gingen sie zusammen in die Stadt. Ich war ganz entzückt von diesem aufmerksamen und charmanten Benehmen.«[57]

Diesen Bericht, wie überhaupt die Kenntnis vieler Lebensumstände der Schweizer Jahre, verdanken wir dem Schriftsteller Carl Seelig. Noch zu Lebzeiten Einsteins hat Seelig alle erreichbaren Zeugen befragt und ihre Aussagen in seiner Biographie *Albert Einstein und die Schweiz* zusammengetragen.[58] Wie schon erwähnt, ist diese heute nicht mehr empfehlenswert. Es gibt keine scharfen Konturen, um nur einen Einwand zu nennen, und alles ist in ein mildes Licht getaucht. (»Harmoniesoße« würden die Journalisten sagen.) Einstein, der das Resultat noch nicht kannte, scherzte 1952 in einem Brief an seinen Jugendfreund Michele Besso, daß sich der »unselige Seelig« jetzt mit seiner »Kinderleiche« beschäftige: »Es ist aber doch etwas Berechtigtes dabei, weil über die späteren Jahre meines Daseins mit einiger Ausführlichkeit berichtet worden ist... Dies erweckt eine nicht zutreffende Auffassung, wie wenn ich sozusagen erst in Berlin geboren worden wäre.«[59]

Einstein war fleißig, und dem auch in Aarau blühenden Kneip- und Verbindungswesen konnte er keinen Geschmack abgewinnen. »Das Bier macht dumm und faul«, pflegte er zu sagen. Wahrscheinlich kannte Einstein schon damals die berühmte Rede, die Hermann von Helmholtz, das verehrte Oberhaupt der deutschen Physiker, anläßlich seines 70. Geburtstags 1891 gehalten hatte. Hier sprach Helmholtz auch über seine schöpferischen Einfälle, die von den »kleinsten Mengen alkoholischen Getränks« verscheucht wurden.[60]

Einstein blieb auch an der Kantonsschule ein Außenseiter. Aber er hatte den Respekt seiner Konabiturienten. Er besaß einige Lebenserfahrung, ein sicheres Urteil und eine überlegene Intelligenz. Dabei war er alles andere als ein Streber. Für seine Geige besaß er sozusagen beliebig viel Zeit; auch anstehende Prüfungen hinderten ihn nicht am Musizieren. Als der Meistervirtuose Joseph Joachim nach Aarau kam, bereitete er sich sorgfältig auf dieses Ereignis vor, »indem er die auf dem Programm stehende G-Dur-Sonate von Brahms selbst zu spielen versuchte«. Zwei Wochen vor seinem 17. Geburtstag fand eine Musikprüfung an der Schule statt, worüber der Inspektor berichtete: »Ein Schüler namens Einstein brillierte sogar durch verständnisinnige Wiedergabe eines Adagios aus einer Beethovenschen Sonate.«[61]

Mitte September 1896 legte Einstein den schriftlichen Teil der Reifeprüfung ab. Die Ausarbeitungen sind in den Schulakten noch vorhanden. Am interessantesten ist der französische Aufsatz, weil er hier über seine Zukunftspläne, »Mes projets d'avenir«, schreiben mußte. Er habe vor, vier Jahre am Polytechnikum in Zürich Mathematik und Physik zu studieren, heißt es da, und strebe eine Professur theoretischer Physik an: »Man möchte immer das tun, wofür man Talent hat. Und dann gibt der wissenschaftliche Beruf eine gewisse Unabhängigkeit, die mir sehr gefällt.«[62]

Im Laufe seines Lebens ist Einstein diesbezüglich zum Skeptiker geworden. 1954 hat er erklärt, daß er, wenn er sich noch einmal entscheiden könnte, »eher ein Klempner oder Hausierer werden« wollte, um sich damit sein »bescheidenes Maß von Unabhängigkeit zu sichern«.[63]

Im Abituraufsatz ist Einstein nicht darauf eingegangen, daß er nach dem Willen seines Vaters und Onkels Ingenieur werden sollte. Wie er später berichtete, war ihm der Gedanke unerträglich, zum Zwecke »öder Kapitalschinderei« die Erfindungskraft auf Dinge verwenden zu sollen, die das Leben noch raffinierter machen.[64] Was braucht der Mensch? Einstein hat seine Bedürfnisse immer weiter eingeschränkt, weshalb er schließlich, auch das ein Wort von ihm, in der Welt hauptsächlich durch den »Nichtgebrauch von Socken« bekannt geworden ist.

Am 30. September folgte der mündliche Teil der »Matura«, wie man in der Schweiz sagte. Mit den Lehrern der Schule, der Prüfungskommission und zwei Professoren des Polytechnikums waren es schließlich ebenso viele Prüfer wie Prüflinge. Alle neun Kandidaten bestanden. Das beste Zeugnis erhielt Albert Einstein. In Algebra und Geometrie hatte er 6, die beste Note, in Physik 5–6. Die schlechteste Note war eine 3 in Französisch, etwa einem »ausreichend« entsprechend.[65] Damit hatte er seine Klassenkameraden am Luitpold-Gymnasium – obwohl er unter ihnen der jüngste gewesen war – um ein ganzes Jahr überholt. Die Münchner Kameraden saßen seit 18. September in der Oberprima und konnten frühestens (wenn sie nicht als »Einjährige« einrücken mußten) in einem Jahr mit ihrem Studium beginnen.

Das Abitur bescheinigte Einstein die »geistige Reife«. Noch wichtiger aber war die schöne Aarauer Schulzeit für seine emotionale Entwicklung. Schon früh hatte die Mutter seine Neigung zu den hübschen Mädchen bemerkt, und auch sie war wohl ein wenig verliebt in ihren Albert, der, wie sie stolz berichtete, »vorzüglich aussehe« und sich mit seiner Schwester sehr gut vertrage.

Mit den Mädchen hatte er keine Probleme. In seinem Übermut fand er meist schnell ein Scherzwort, das die Marie, die Julia, die Rosa, oder wie sie alle hießen, zum Lachen brachte. Und für das Poesiealbum der siebzehnjährigen Anneli dichtete er:

Du Mädel klein und fein,
was schreib ich Dir hinein?
Wüßte Dir gar mancherlei,
ein Kuß ist auch dabei,
auf's Mündchen klein.

Wenn Du darum böse bist,
mußt nit gleich greinen.
Die beste Strafe ist –
Gibst mir auch einen.[66]

Als er in den Schulferien von Aarau nach Hause kam, spottete seine Mutter, daß ihm »die Mädeln« nicht mehr gefallen wollten, von denen er doch früher immer so entzückt gewesen sei. Er hatte ein »Liebchen« gefunden. Sein »geliebtes Schätzchen« war Marie Winteler, eine Tochter des verehrten Lehrers. Die beiden haben sich – wie Marie später bekundete – »innig geliebt«. Sie mahnte ihren »großen, lieben Philosophen«, doch nicht gar so viel zu studieren und sein Mariechen nicht zu vergessen. Das »süße Engelchen« war damals 19, er 17 Jahre alt.[67]

Schon bald geriet er in Konflikt zwischen seinen Gefühlen und seiner Rationalität, und es zeigte sich, daß er seine Affekte zu beherrschen wußte. Sein Handeln war eindeutig zweckrational und später – als der große Weltweise – wertrational bestimmt.

Im Hause Winteler spielte er oft auf seiner Geige Schumann-Lieder, die er besonders schätzte. Ein Mitschüler beobachtete, wie Einstein, nachdem kaum der letzte Ton verklungen war, mit einem Witzwort die Stimmung mutwillig zerstörte: »Jede Gefühlsschwärmerei haßte er und bewahrte sich auch in leicht entzündlicher Umgebung sein kühles Blut.«[68] Auch Heinrich Heine hat gefühlvollen Gedichten zum Schluß noch oft eine ironische Wendung gegeben. Wahrscheinlich war gerade deswegen Heine der Lieblingsdichter Einsteins. Literarisch ambitionierte Antisemiten haben hierin den Einfluß des »zersetzenden jüdischen Intellekts« gesehen.

Nur ein einziger Liebesbrief an Marie Winteler hat sich erhalten; vermutlich wurden die anderen von ihr vernichtet, um ihrem späteren Mann keinen Anlaß zur Eifersucht zu geben. Und dabei war doch die Beziehung rein platonisch! In Heinrich Spoerls *Feuerzangenbowle* heißt es, daß ein Pennäler kein »Verhältnis« habe, sondern einen »Schwarm« oder eine »Flamme«. So war es. Die Romanze ging zu Ende, als Einstein nach Zürich übersiedelte, obwohl sich Marie noch Hoffnungen machte, die »traurige Verbannungszeit« könnte einmal ein Ende nehmen.

Er hatte ein Ziel, das er konsequent ansteuerte: die Insel Nova Atlantis, das Paradies der Gelehrten, das Francis Bacon einst so anziehend geschildert hatte. Einstein fürchtete den Sturm von Gefühlen, der sein Lebensschiff in eine andere Richtung umlenken konnte, und er ist vor dieser Liebe geflohen. Einstein wollte Professor der theoretischen Physik werden, und davor mußte alles andere zurückstehen. Mit 18 Jahren proklamierte er die »angestrengte geistige Arbeit« und das »Anschauen von Gottes Natur« als seine Engel, die ihn sicher durch »alle Wirrnisse dieses Lebens« führen sollten.[69]

In einem Brief an das »liebe Mamerl«, die Mutter seines Mariechens, sagte Einstein, der damals im zweiten Semester studierte, den für Pfingsten 1897 geplanten Besuch in Aarau ab. Seine Entscheidung war getroffen, und jetzt hatte er nur noch Mitleid für das in seinen Gefühlen gefangene Mädchen: »Es wäre meiner mehr als unwürdig, wenn ich ein paar Tage Wonne mit neuem Schmerz erkaufte, den ich dem lieben Kindchen schon viel zu viel durch meine Schuld verursacht habe.«[70]

Einstein hat wohl die Kraft der Emotionen unterschätzt. Schon in der Physik traten ihm manche Kollegen mit heftigen Gefühlen entgegen, als er am »ehrwürdigen Gebäude der Wissenschaft« Hand anlegte und einen grundlegenden Umbau einleitete. Noch stärkere Emotionen weckte er bei seiner Kommilitonin Mileva Marić: zuerst Bewunderung und Liebe, dann rasende Eifersucht und schließlich, nachdem er sie verlassen hatte, ohnmächtigen Zorn und Rachegefühle.

Einstein blieb in freundschaftlicher Verbindung mit den Wintelers. Als seine Schwester Maja auf seinen Rat in Aarau das Lehrerinnenseminar besuchte, wurde auch sie ein häufiger und gerngesehener Gast im Hause. Und nun kam es zur Verschwägerung, die sich beide Familien schon für Marie und Albert erhofft hatten. 1910 heiratete Maja Einstein den jüngsten Sohn der Wintelers. In dieser Verbindung war Maja dominierend, und sie wurde von allen Freunden die »Frau Sonne« genannt.

KAPITEL 4

»Am Sonntag küss' ich Dich mündlich«

Einstein begann sein Studium im Oktober 1896 an der Eidgenössischen Polytechnischen Schule in Zürich. Das »Poly«, wie die Studenten sagten, besaß als Forschungs- und Lehranstalt einen hervorragenden Ruf. Als er hier 1912 selbst Professor wurde, hatte sie ihren Namen in »Eidgenössische Technische Hochschule« geändert.

Das Polytechnikum war, wie die technischen Hochschulen in Deutschland, in Abteilungen gegliedert, die den Fakultäten an den Universitäten entsprachen. Einstein immatrikulierte sich in der Abteilung VI, der Schule für Fachlehrer in mathematischer und naturwissenschaftlicher Richtung. Insgesamt hatte das »Poly« damals 841 Studenten, davon 23 in der mathematischen Sektion VIA. Mit Einstein wurden hier gerade elf Erstsemester registriert. Vier Jahre später bei der Diplomprüfung waren es noch fünf.

In diesem Jahr 1896 standen Fachleute und Laien unter dem Eindruck der »neuen Art von Strahlen«, die Röntgen entdeckt hatte und die das Innere des menschlichen Körpers sichtbar machten. In der altehrwürdigen »Académie des Sciences« berichtete auch Henri Becquerel von bisher unbekannten Strahlen, die von Uranmineralien ausgehen. Den Physikern, die schon geglaubt hatten, daß in ihrer Wissenschaft alles Wesentliche erforscht sei, eröffnete sich eine ganz neue Welt. Auch Einstein arbeitete während seines Studiums zusammen mit einem Aarauer Physiklehrer über Kathoden- und Röntgenstrahlen und war »fasziniert durch die unmittelbare Berührung mit der Erfahrung«.[1]

Der gleichaltrige Otto Hahn, mit dem er sich später in Berlin anfreundete und der um die Jahrhundertwende in Marburg und München studierte, genoß in vollen Zügen die »alte Burschenherrlichkeit«. Hahn berichtete von den offiziellen Kneipen und der »Erziehung zum Bier«, vom regelmäßigen Fechtunterricht, der »fast wichtiger als das Kolleg« gewesen sei, und von einem Duell mit schweren Säbeln.[2] Nichts von alledem bei Einstein. Der saß in seiner Bude und las *Die Mechanik in ihrer Entwickelung* von Ernst Mach. Wenn er einmal ausging, dann nur mit seiner Geige.

Als sich Philipp Frank während des Zweiten Weltkrieges mit der Biographie Einsteins befaßte, irritierte ihn der große Physiker mit der Frage: »Soll einem solchen, auf Erkennen und Begreifen gerichteten Leben überhaupt eine Biographie gewidmet werden?«[3] Einstein antwortete selbst mit einem Nein. Damit war er, wie so oft, im Einklang mit seinem geliebten Schopenhauer, der auch nicht gewollt hatte, »daß die äußeren Züge seines Lebens ins Einzelne hinein verfolgt würden«.[4] Im Leben eines introvertierten Gelehrten, so Einsteins Argument, sei »das äußere Leben inklusive der persönlichen Beziehungen zu den Mitmenschen« nur von sekundärer Bedeutung.

Darin aber können wir ihm nicht recht geben. Das »äußere Leben« und die »persönlichen Beziehungen« sind doch der Spiegel der geistigen Entwicklung. Wenn auch die ersten Züricher Semester recht beschaulich verliefen, so gab es später veritable Stürme, als er ans Heiraten dachte. Er geriet in einen Konflikt zwischen Mutter und Schwester auf der einen Seite und der Geliebten auf der anderen.

Starke Emotionen begleiten auch seinen wissenschaftlichen Aufstieg. Paul Drude, einer der ersten Physiker Deutschlands, wollte die ihm brieflich vorgetragenen und wohlbegründeten Einwände gegen seine Elektronentheorie der Metalle nicht anerkennen, was Einstein zornig machte: »Autoritätsdusel ist der größte Feind der Wahrheit.«[5] Professor Heinrich Friedrich Weber zog ebenfalls Einsteins Aversionen auf sich, weil er sich seinen Bemühungen in den Weg stellte, eine Assistentenstelle an einer Hochschule zu erhalten.

Das war ein Jahr nach seinem Diplomexamen. Zunächst aber begann alles pianissimo. Da saß er an milden Sommerabenden bei seinen Vermietern auf der Veranda, rauchte die lange Tabakspfeife, die er vom Vater bekommen hatte, und betrachtete versonnen den Abendhimmel.

Die schönsten Stunden der Woche waren die Kammermusikabende im Hause einer Züricher Familie. Hier lernte er seinen Freund Michele Besso kennen, der ihm als der sechs Jahre Ältere manche Anregung geben konnte. Einstein hat später ausdrücklich hervorgehoben, daß es Besso war, der ihm die Schriften des Positivisten Ernst Mach zur Lektüre empfohlen hatte. Ursprünglich war Einstein von Bessos Intelligenz und Bildung sehr angetan, empfand ihn aber bald als ein »Tierlein ohne Mark und Bein« und »argen Schwächling«, der sich im Leben und in der Wissenschaft zu keiner rechten Tat aufraffen könne. Einen solchen Menschen nannte er einen »Schlemihl«.

Im Hause der Züricher Musikfreunde traf er auch einen ehemaligen Aarauer Klassenkameraden, der ihn am Klavier begleitete. Dieser »schwärmerische Jüngling« las Einstein bei anderer Gelegenheit einige Stücke von Gerhart Hauptmann vor: »Bei ›Hanneles Himmelfahrt‹ hab' ich weinen müssen wie ein Kind, halb seelig, halb im Schmerz.«[6]

Der Biograph Carl Seelig machte ein bejahrtes Fräulein ausfindig, bei deren Familie Einstein gewohnt hat: »Erzürnen konnte er meine Mutter einzig damit, daß er beständig den Hausschlüssel vergaß. Zu den unmöglichsten Nachtstunden klingelte er sie aus dem Schlaf mit dem Ruf: ›Hier ist Einstein – ich habe wieder mal den Schlüssel vergessen.‹ Seine impulsive, unverfälschte Natur wirkte aber so einnehmend, daß er ihr Herz immer wieder eroberte. So, als er aus den Mailänder Ferien zurückkam und den zerbeulten Handkoffer mit den Worten ›Wollen Sie's mit mir nochmal probieren, oder schmeißen Sie mich heraus?‹ einfach burschikos in den Hausflur stellte.«[7]

Mit diesem Fräulein, das damals ein Lehrerinnenseminar besuchte, hat Einstein oft musiziert und sie auch ein paarmal zum Segeln mitgenommen. Wenn der Wind aussetzte, zog Einstein ein Büchlein hervor und fing an zu rechnen. Besonders verführerisch scheint die junge Dame nicht gewesen zu sein.

»Mir geht's recht gut«, berichtete er vom dritten Studienjahr: »Ich arbeite viel und bin sehr vergnügt und wohl dabei.«[8] Die Tage und Wochen flogen ihm nur »so dahin«, und als Einschnitt empfand er lediglich das Monatsende, wenn ihm das Geld ausging.

Und wo bleibt die studentische Allotria? Ist Einstein nicht auch einmal in der Kneipe betrunken unter den Tisch gefallen, so daß er, wie es Otto Hahn von sich schilderte, am nächsten Morgen »mit dem Besen hervorgekehrt werden mußte?«[9] Oder hat er sonst irgendwelche Bubenstücke verübt? Den Herausgebern der Einstein-Edition ist es gelungen, ein Dokument ausfindig zu machen, das Auskunft über seinen Lebenswandel gibt. Im Auftrag der Stadtpolizei Zürich hat damals ein Detektiv Informationen über Einstein gesammelt. Am 4. Juli 1900 berichtete er der Behörde, daß Einstein »ein sehr eifriger, fleißiger und äußerst solider Mann« und abstinent sei.[10] Es gibt also im Leben Einsteins wohl tatsächlich keine Exzesse.

Sosehr wir uns über den Bericht des Detektivs freuen, sind wir doch beunruhigt: In mehreren Formen haben wir im 20. Jahrhundert den Obrigkeits- und Überwachungsstaat erlebt. In der Zeit des kalten Krieges interessierten sich Edgar Hoover und sein FBI für Einstein, und erst lange nach seinem Tode wurde das Material »de-classified«.

Wie aber konnte in der »guten alten Zeit« und der demokratischen Schweiz die Polizei derartige Aktivitäten entfalten? War denn Einstein der Behörde durch radikale politische Ansichten aufgefallen? Selbst dann müßten wir es verurteilen, wenn über einen Zeitgenossen Informationen eingeholt und gespeichert werden.

Der Fall findet eine einigermaßen harmlose Aufklärung. Einstein wollte die gesellschaftlichen Zustände in der Schweiz nicht verändern, sondern diese sagten ihm vielmehr außerordentlich zu. Er war seit Januar 1896 staatenlos. Damals hatte der Vater für den noch Minderjährigen die Entlassung aus dem württembergischen Staatsverband erhalten. Jetzt beantragte Albert Einstein die Aufnahme in das Bürgerrecht der Stadt Zürich. Daraufhin wurden Erkundigungen eingezogen. Am 21. Februar 1901 (also erst nach Abschluß des Studiums) erhielt Einstein die Schweizer Staatsangehörigkeit, und er hat diese ununterbrochen beibehalten, auch wenn er daneben zeitweise noch die deutsche und später die amerikanische Staatsangehörigkeit besaß.

Das Polytechnikum Zürich war schon damals eine bedeutende Lehr- und Forschungsanstalt. Zu den bekanntesten Professoren gehörten die Mathematiker Adolf Hurwitz und Hermann Minkowski, die miteinander befreundet waren. Sie hatten sich in Königsberg kennengelernt, wo Hurwitz als junger Professor lehrte und Minkowski und Hilbert seine begabtesten Schüler waren.

Einstein sah, daß die Mathematik in viele Spezialgebiete zerfiel, und befand sich »in der Lage von Buridans Esel, der sich nicht für ein besonderes Bündel Heu entschließen konnte«. So hat er »die Mathematik bis zu einem gewissen Grade vernachlässigt«[11], was er später bereute. Denn es ist in der Physik »der Zugang zu den tieferen prinzipiellen Erkenntnissen an die feinsten mathematischen Methoden gebunden«.[12] Die Anforderungen haben sich gerade durch Einsteins Arbeiten seit 1905 außerordentlich gesteigert. Insbesondere während seiner Beschäftigung mit der Allgemeinen Relativitätstheorie wurde ihm »große Hochachtung für die Mathematik eingeflößt«, die er (in seiner »Einfalt«, wie er 1912 schrieb) bisher »in ihren subtileren Teilen für puren Luxus ansah«.[13]

Minkowski hat den Studenten Einstein als einen »richtigen Faulpelz« betrachtet und war überrascht, als dieser 1905 mit der Speziellen Relativitätstheorie hervortrat. Seit 1902 lehrte Minkowski nicht mehr in Zürich, sondern neben Felix Klein und David Hilbert in Göttingen. Er hätte nie gedacht, daß gerade Einstein die Lösung der Probleme von Raum und Zeit gelingen könnte, die auch ihn intensiv beschäftigten.

Einstein hat einen großen Teil seiner Zeit im physikalischen Laboratorium verbracht. Wahrscheinlich hat er hier des Guten etwas zuviel getan. Das aber konnte man damals noch nicht wissen. Es war die Physik des 19. Jahrhunderts stark empirisch orientiert, und in allen Lehrbüchern las man, daß die Theorien wenig zählen und die Tatsachen alles. Wie überall suchte Einstein auch im Physikalischen Praktikum seinen eigenen Lösungsweg. Mit der Aufgabenstellung wurde jedoch auch das Meßverfahren vorgegeben. Professor Jean Pernet war entrüstet, daß sich Einstein nicht daran halten wollte. Es gab eine Auseinandersetzung, woraufhin Einstein das Praktikum nicht mehr besuchte. Das Ergebnis war schließlich, daß er einen schriftlichen Verweis und die schlechteste Note erhielt.

Der zweite und gleichberechtigte Direktor des Laboratoriums war Heinrich Friedrich Weber. Auch hier blieben Friktionen nicht aus, als Einstein die Vorlesungen nicht mehr regelmäßig besuchte, sondern nur noch die praktischen Kurse. Zudem nannte er ihn beharrlich »Herr Weber« statt »Professor Weber«. Als er seine Diplomarbeit ablieferte, beanstandete Weber, daß er nicht das vorgeschriebene Papier verwendet hatte. Es blieb ihm nichts übrig, als die Arbeit noch einmal abzuschreiben.[14]

In späterer Zeit hat Einstein noch öfter seine Abhandlungen mit eigener Hand reproduzieren müssen: Die Manuskripte wurden versteigert und erbrachten hohe Summen für wohltätige Zwecke.

Wenn es Einstein damals am Polytechnikum weder mit Professor Pernet noch mit Professor Weber konnte, so lag die Schuld nicht bei ihm. Die beiden Physiker galten bei Studenten und Dozenten »nicht als die verträglichsten«.[15] In den ersten Semestern war Einstein mit Begeisterung in die Vorlesungen Webers gegangen und hatte den Stoff sorgfältig ausgearbeitet. Die beiden Hefte sind erhalten geblieben, und heute kann man den umfangreichen Text in der Einstein-Edition nachlesen. Reizvoller ist es natürlich, die Originale zur Hand zu nehmen. Einstein hat damals noch die deutsche Schrift benutzt und ist erst 1905 zur lateinischen übergegangen.

Webers Hauptarbeitsgebiet war die Elektrotechnik, die meist noch in den Händen der Physiker lag. Mit Spannung erwartete Einstein die Vorlesung über Elektrodynamik:

> Der faszinierendste Gegenstand zur Zeit meines Studiums war die Maxwellsche Theorie. Was sie als revolutionär erscheinen ließ, war der Übergang von den Fernwirkungskräften zu Feldern als Fundamentalgrößen. Die Einordnung der Optik in die Theorie des Elektromagnetismus... sowie die Beziehung des Brechungsexponenten zur Dielektrizitätskonstante... – es war wie eine Offenbarung.[16]

In der Vorlesung Webers hörten die Studenten mehr von den technischen Anwendungen und weniger von dem geistigen Drama, das sich soeben in der Wissenschaft abgespielt hatte. Die

»Offenbarung« empfand Einstein erst, als er zu Hause die Werke von Kirchhoff, Helmholtz und Hertz studierte.

Es stand nicht gut mit der mathematischen Physik, oder der »theoretischen«, wie man jetzt meist sagte. In Zürich war die Situation nicht besser als an den deutschen Universitäten. »Die theoretische Physik liegt so gut wie völlig brach«, klagte 1898 Wilhelm Wien:

> Die Gründe hierfür liegen erstens darin, daß die Physiker so gut wie ausschließlich das reine Experiment pflegen und für die Theorie kein Interesse hegen, zweitens darin, daß die meisten Mathematiker sich den ganz abstrakten Gebieten zugewandt haben, sich um die Anwendungen aber nicht kümmern.[17]

Eine rühmliche Ausnahme bildete der große Göttinger Mathematiker Felix Klein. Er war zutiefst von der Bedeutung der »Königin der Wissenschaften« durchdrungen. Um die in Hunderten von Zeitschriften verstreuten Forschungsergebnisse für den Mathematiker, aber auch den Naturwissenschaftler und Ingenieur besser nutzbar zu machen, schuf er die *Encyklopädie der mathematischen Wissenschaften*. Hunderte von Gelehrten stellte er in den Dienst dieses Riesenunternehmens. Das Bedürfnis nach einer solchen enzyklopädischen Zusammenfassung der mathematischen Literatur springe so in die Augen, scherzte ein Kollege, »daß Professor Klein in Göttingen sie als mathematische Bedürfnisanstalt bezeichnet hat«.[18]

Als Mitarbeiter gewann Klein auch Hermann Minkowski, den er veranlaßte, über »Kapillarität« zu schreiben. So kam es, daß Minkowski nach Vorlesungen über reine Mathematik wie »Geometrie der Zahlen«, »Funktionentheorie« und »elliptische Funktionen« im Sommer 1900, Einsteins letztem Semester, auch die »Anwendungen der analytischen Mechanik« behandelte. Einstein sagte enthusiastisch und etwas melancholisch: »Das ist die erste Vorlesung über mathematische Physik, die wir am Poly hören!«[19]

Wie die akademischen Lehrer haben es auch die Studienkollegen Einsteins, die seinen Lebensweg vier Jahre begleiteten, durch ihn zu einiger Bekanntheit gebracht. Es waren fünf, die sich am Ende des vierjährigen Studiums der Diplomprüfung unterzogen: Louis Kollros, Marcel Grossmann, Jakob Ehrat, Albert Einstein und Mileva Marić. Einstein war der Jüngste mit 22 Jahren. Kollros und Grossmann sind später Mathematikprofessoren an der Eidgenössischen Technischen Hochschule geworden; Ehrat wirkte als Dozent an der Kantonsschule in Winterthur. Abgesehen von Mileva Marić, die Einsteins Frau wurde, hat sich die engste Freundschaft zu Marcel Grossmann entwickelt:

> Mit ihm ging ich jede Woche einmal feierlich ins Café Metropol am Limmatquai und sprach mit ihm nicht nur über das Studium, sondern darüber hinaus über alle Dinge, die junge Menschen mit offenen Augen interessieren können. Er war nicht so eine Art Vagabund und Eigenbrödler wie ich, sondern einer, der im schweizerischen Milieu verankert war, ohne dabei die innere Selbständigkeit irgendwie zu verlieren. Außerdem hatte er gerade jene Gaben in reichem Maße, die mir fehlten: rasche Auffassungsgabe und Ordnung in jedem Sinne. Er besuchte nicht nur alle für uns in Betracht kommenden Vorlesungen, sondern arbeitete sie auch in... vorzüglicher Weise aus... Zur Vorbereitung für die Examina lieh er mir die Hefte, die für mich einen Rettungsanker bedeuteten.[20]

Die Meister der theoretischen Physik hatte Einstein mit »heiligem Eifer« studiert. Überwindung aber kostete es ihn, das für das Examen notwendige Wissen in sich hineinzustopfen. Man könne wohl auch einem »gesunden Raubtier« seine Freßgier wegnehmen, meinte er später in seiner Autobiographie, wenn man es ständig mit der Peitsche zum Fressen zwinge. Er jedenfalls habe für ein ganzes Jahr seinen Forscherdrang verloren.[21] Das war übertrieben. In seinen Briefen aus der damaligen Zeit lesen wir es anders. Schon wenige Tage nach dem Examen schrieb er an Mileva, seine Nerven hätten sich schon so beruhigt, daß er »wieder mit Wonne studiere«.[22]

Von den fünf Kandidaten hatten Kollros mit der Durchschnittsnote 5,45 und Grossmann mit 5,23 die besten Ergebnisse; dann kamen Ehrat mit 5,14 und Einstein mit 4,91. Mileva Marić erhielt nur 4,00 und wurde nicht diplomiert. Offenbar kam es im Examen mehr auf die Breite und Lückenlosigkeit des Wissens an und weniger auf die Tiefe. Der reglementierte Lehrbetrieb am Polytechnikum war überhaupt auf einen Studenten wie Einstein, der sich überall seine eigenen Gedanken machte, nicht zugeschnitten. Seine Anlagen wären besser an einer Universität zur Geltung gekommen.

Nach dem Examen erhielten Kollros, Grossmann und Ehrat alsbald eine Anstellung am Polytechnikum als wissenschaftliche Assistenten. Einsteins Hoffnungen zerschlugen sich. Der ideale Assistent ist diensteifrig und hat Respekt vor der überlegenen Einsicht des Professors. War Einstein diensteifrig? Er schwänzte die Vorlesungen. Und hatte er Respekt? Schon sein Ordinarius am Münchner Luitpold-Gymnasium hatte sich beklagt, daß Einstein ihm die Achtung der Klasse verderbe.

In seiner Not wandte sich Einstein schließlich an Gelehrte auswärtiger Universitäten, an den Tieftemperaturforscher Heike Kamerlingh Onnes in Leiden und den Physikochemiker Wilhelm Ostwald in Leipzig. Als Einsteins Vater von der Bewerbung bei Ostwald erfuhr, schrieb er ohne Wissen des Sohnes an den berühmten Leipziger Forscher und flehte, seinem Sohn »ein paar Zeilen der Ermunterung zu senden, damit er seine Lebens- und Schaffensfreudigkeit wieder erlangt«:

> Alle, die es zu beurteilen vermögen, rühmen seine Begabung; in jedem Falle jedoch kann ich versichern, daß er außerordentlich strebsam und fleißig ist und mit großer Liebe an seiner Wissenschaft hängt. Mein Sohn fühlt sich nun in seiner gegenwärtigen Stellenlosigkeit tief unglücklich und täglich setzt sich die Idee stärker in ihm fest, daß er mit seiner Karriere entgleist sei und keinen Anschluß mehr finde.[23]

Der liebende Vater hat die Qualitäten seines Sohnes keineswegs übertrieben. Das konnte Ostwald nicht wissen. Der kulturpolitisch stark engagierte Gelehrte empfing und schrieb viele Briefe, und den Einsteins hat er nicht beantwortet.

Ostwald erhielt 1909 für seine Arbeiten über die Katalyse und das chemische Gleichgewicht den Nobelpreis für Chemie. Im gleichen Jahr hat er als erster Einstein für den physikalischen Nobelpreis vorgeschlagen. Wahrscheinlich ist ihm dabei gar nicht bewußt gewesen, daß dieser sich acht Jahre zuvor bei ihm um eine Assistentenstelle beworben hatte.

Im April 1901 hat Hermann Einstein seinen Hilferuf an Ostwald gerichtet. Wenn er selbst im Leben versagt hatte, so wollte er um alles in der Welt seinem begabten Sohn dieses Schicksal ersparen. Mit großer Sorge sahen die Eltern, daß sich ihr geliebter Albert in einer intellektuellen und emotionalen Krise befand. Da er keine Assistentenstelle erhielt, war ihm der so sehr ersehnte Eintritt in die wissenschaftliche Laufbahn versperrt. Selbst eine Anstellung als Lehrer konnte er nicht finden, obwohl er sein Studium mit einem Diplom als »Fachlehrer der Mathematik und Physik« abgeschlossen hatte.

Auch in der Liebe hatte er kein Glück. Vor fünf Jahren hatte er in Aarau für Marie Winteler geschwärmt, und das brave Mädchen hatte ihn von Herzen wiedergeliebt. Er aber war, wie er sich ausdrückte, in sein »hohes Schloß Seelenruhe« geflüchtet, weil er sich nicht seinen Gefühlen ausliefern wollte. Und jetzt war er aus purer Bequemlichkeit, wie es die Eltern sahen, an diese serbische Studentin geraten, die ihn nicht mehr losließ. Mileva Marić war seiner Mutter »förmlich antipathisch«. Aber vergeblich sagte sie ihrem Sohn: »Sie ist ein Buch wie Du – Du solltest aber eine Frau haben«, und »bis Du dreißig bist, ist sie eine alte Hex«.[24]

Später ist Mileva von Einstein noch viel kritischer beurteilt worden: Sie sei mißtrauisch, wortkarg und depressiv; er habe, als er sie »aus Pflichtgefühl« heiratete, »mit innerem Widerstreben etwas unternommen«, was letztlich über seine Kräfte ging.[25]

So hat es Einstein als Siebzigjähriger gegenüber seinem Biographen Seelig bekundet. Damals war der Öffentlichkeit noch nicht bekannt, daß Einstein und Mileva ein gemeinsames voreheliches Kind besaßen, und er hat sich gehütet, davon etwas verlauten zu lassen. Uns aber erscheint nun das Wort von der »aus Pflichtgefühl eingegangenen Ehe« erst recht plausibel.

Die Briefe, die Einstein damals an Mileva gerichtet hat, zeigen allerdings nichts von einer solchen »reservatio mentalis«. Sie werde »kein bißchen Lieb' und Treue zu bereuen haben«, die sie ihm zuwende, heißt es da: »Alle Menschen außer Dir kommen mir so fremd vor.«[26]

> Du solltest einmal den Ehrat übers Heiraten sprechen hören, das ist zu lustig. Der spricht davon wie von einer bitteren Medizin, die halt pflichthalber eingenommen werden muß... Wie die Leut' ein- und dasselbe Ding verschieden ansehen![27]

Ja, und wie ein und dieselben Leut' das Ding – die Ehe – nur ein paar Jährchen später ganz anders ansehen! Als 1912 der befreundete Ludwig Hopf heiratete, schrieb ihm Einstein, er habe seinen »Hineintritt in die Ehe« mit dem entsprechenden Mitgefühl aufgenommen.

Es muß offen bleiben, ob Einstein damals wirklich mit »innerem Widerstreben« die Verbindung mit Mileva legalisiert hat oder ob er nicht doch wenigstens die ersten Jahre mit seinem »süßen Doxerl« glücklich war. Vielleicht fühlte er sich hin und her gerissen; vielleicht erschien sie ihm in der einen Situation abweisend und mißtrauisch, in der anderen zärtlich und mitfühlend. Es ist durchaus denkbar, daß er nach dieser Erfahrung reif war für eine bedeutende physikalische Erkenntnis: Für das Licht konnte man sich immer nur ein Entweder-Oder denken, entweder Welle oder Korpuskel. Auch Einstein hatte 1905 gemeint, eine der beiden Auffassungen, die korpuskulare, sei die genauere, bis er erkannte, daß beide gleichberechtigt sind. Je nach den Umständen verhält sich das Licht als Welle oder als Strom von Korpuskeln.

Über das Verhältnis eines berühmten Künstlers zu den Frauen kann man schon zu seinen Lebzeiten eine Menge erfahren, und in besonders pikanten Fällen sind es sogar die Damen, die ihre Erlebnisse vor der Öffentlichkeit ausbreiten.

Physiker sind diskreter. Über die Verbindung Einsteins mit Mileva Marić ist außer den Daten der Eheschließung am 6. Januar 1903, der Geburt der beiden Söhne und der Scheidung am 14. Februar 1919 zunächst nur wenig an die Öffentlichkeit gedrungen. Einstein selbst hat kaum etwas gesagt, und noch viel weniger hätte Mileva über ihre Gefühle gesprochen. Denn sie hat ihren

»Johonzel« aufrichtig geliebt, und das Scheitern der Ehe verdüsterte ihr ganzes Leben.

Nachdem aber nun auch von den Kindern und Stiefkindern Einsteins niemand mehr lebt, verlangt das historische Interesse sein Recht. Inzwischen ist die private Korrespondenz zwischen Albert Einstein und Mileva Marić, einschließlich der ausgesprochenen Liebesbriefe, bis zum Jahre 1914 veröffentlicht. Wir sind deshalb über das Verhältnis recht gut orientiert.

Als Einstein im Oktober 1896 sein Studium am Polytechnikum begann, war unter den elf Erstsemestern als einzige Studentin Mileva Marić. Rasch kamen die beiden jungen Menschen einander freundschaftlich nahe. Es mag sein, daß sich Mileva schon bald in ihn verliebt hat. Sie jedenfalls konnte bei ihrem Kommilitonen keinen Sturm von Gefühlen hervorrufen, wie ihm das zuvor in Aarau geschehen war, und hier lag wahrscheinlich überhaupt der Grund, daß er sich mit Mileva befreundete. Wenn er sein Mariechen wiedersähe, teilte er Mileva unbefangen mit, würde er erneut »verrückt«: »Das weiß ich und fürcht' ich wie das Feuer.«[28] Vielleicht hat er schon damit den Grund gelegt für ihre spätere geradezu krankhafte Eifersucht.

Hier zeigt sich eine Parallele zu Goethe. Diesen quälten schon während seiner Leipziger Studienzeit Angstträume, von einer Frau festgehalten zu werden. Überstürzt verließ er seine Verlobte Lili Schönemann, eine ernste und feine Seele, und flüchtete nach Weimar. Folgerichtig kamen die beiden Genies an nicht adäquate Partnerinnen: Goethe lebte mit einer ehemaligen Arbeiterin zusammen, und der heitere und souveräne Einstein befreundete sich mit einer Kommilitonin, die ein im Grunde unfroher und unfreier Mensch war, die ihm aber, wie er meinte, in seiner Seelenruhe nicht gefährlich werden konnte. Am Ende heirateten beide, weil sie ihre Partnerin nicht sitzenlassen wollten.

Während aber Goethe bei seiner Christiane von Anfang an nur den Leib sah »mit allen seinen Prachten«, suchte Einstein jedenfalls zunächst eine geistige Kameradschaft. Er sei glücklich, schrieb er ihr einmal, daß er »eine ebenbürtige Kreatur gefunden habe«, die gleich kräftig und selbständig sei. Auch als später sein Urteil sehr viel kritischer ausfiel, charakterisierte er sie als »sehr wißbegierig und auch intelligent, von einer gewissen Tiefenbegabung, aber ohne Leichtigkeit der Auffassung«.[29]

Mileva konnte ihm jedenfalls etwas geben, was er in dieser Phase seiner Entwicklung brauchte: Anerkennung. »Albert hat eine prachtvolle Arbeit verfaßt«, schrieb sie Ende 1901 an eine Freundin. »Ich habe sie mit großer Freude und wahrer Bewunderung für mein kleines Schatzerl gelesen, das so einen gescheiten Kopf hat.«[30] Zwar vermochte ihm Mileva nicht zu folgen, aber sie fühlte, daß er in seiner Kritik an den anerkannten Theorien recht hatte. Wenn er für die »Erbärmlichkeit« einer der Koryphäen einen »untrüglichen Beweis« besaß und sich vornahm, einen »solchen Kerl« rücksichtslos in den Zeitschriften anzugreifen, war sie stolz auf ihren »Johonzel«.

Der Stoff der Vorlesungen und die ungelösten Probleme der Physik bildeten den Hauptinhalt ihrer Gespräche. Immer fiel Einstein etwas Neues und Originelles ein. Da hatte er in den gesammelten *Vorträgen und Reden* von Hermann von Helmholtz gelesen und bewunderte ihn als »originellen, freien Kopf«, und ein andermal stiegen ihm »prinzipielle Bedenken« auf gegen die Strahlungstheorie von Max Planck. Auf ihre Frage erläuterte er ihr dann genau, was er »gegen Plancks Betrachtungen über die Natur der Strahlung« einzuwenden hatte.[31]

In den Semesterferien fuhr Einstein zu seinen Eltern nach Mailand und Mileva zu den Ihren nach Kać in Südungarn. In dieser Zeit haben die Liebenden Briefe gewechselt, und wir hören noch heute den übermütigen Ton, den Einstein anschlug, wenn er sich über seinen Freund Michele Besso lustig machte:

> Hatte der Michele einst wieder einmal nichts zu tun. Da schickt ihn sein Prinzipal [von Mailand] in die Zentrale Casale, damit er die neu gemachten Leitungen inspiziere und prüfe. Unser Held entschließt sich, abends zu fahren, natürlich um kostbare Zeit zu sparen, versäumte aber leider den Zug. Am nächsten Tag dachte er zu spät an seinen Auftrag. Am dritten Tag ging er zeitig an die Bahn, merkte aber zu seinem Schrekken, daß er nicht mehr wußte, was man ihm aufgetragen hatte. Er schrieb also sofort eine Karte ins Bureau, man solle ihm hintelegraphieren, was er zu tun hätte![32]

Auf der Reise nach Italien fuhr er mit »ein paar netten frischen italienischen Jungens«, und er beschrieb Mileva, wie die »miteinander sangen und scherzten, so halb wie junge Mädchen, halb wie junge Hunde«. Ein zum erstenmal nach Italien reisender »Jüngling und Handelsbeflissener« bemühte sich, »die paar italienischen Gelegenheitsbröcklein, die er sich eigens zu diesem Zweck angeschnallt hatte, möglichst elegant und ungezwungen an den Mann zu bringen«. Das sei gerade, »wie wenn einer mit einer Trompete, die nur zwei Töne hat, in einem Orchester mitblasen wollte und immer sehnsüchtig wartet, bis er wieder einen davon ertönen lassen kann«.[33]

Als ein andermal das Wiedersehen kurz bevorstand, empfand er den schriftlichen Austausch als dumm und freute sich: »Am Sonntag küss' ich Dich mündlich.«[34] Weil er sich schon als wissenschaftlichen Assistenten an der Hochschule sah (was er nie wurde), sprach er fröhlich von seiner Zeit als »Oxistent«. Mileva werde gesund und lustig in seinen »Oxistentsarmen« ruhen: »Als Doktorchen und Professorlein busselt sich's ebensogut.«[35] Und immer war er optimistisch und munterte sie auf: »Wir kriegen das reizendste Leben von der Welt... Wenn wir uns genug erspart haben, kaufen wir uns Velos und machen alle paar Wochen eine Radelpartie.«[36]

Die Briefe Milevas sind, ganz anders als die seinen, in Moll gestimmt. Einmal sagte sie einen geplanten Ausflug ab, weil ihr ein Tadel ihrer Eltern alle Lust genommen hatte, »nicht nur zu einem Vergnügen, sondern auch zum Leben«.[37] Ein andermal nennt sie ihren Albert und sich »ein trauriges Pärchen«. (Er aber war gar nicht traurig.)[38] Leider haben sich aus der Zeit vor der Ehe nur zehn Briefe Milevas erhalten, und die sind alles andere als inhaltsreich. Sie wird ihm aber, das dürfen wir auch ohne Belege annehmen, von ihrer Heimat erzählt haben und von den Schwierigkeiten, den Eltern die Zustimmung zum Studium abzutrotzen. Ihr Leben bestand überhaupt fast nur aus Schwierigkeiten. Eine Knochentuberkulose hatte zu der Verkürzung eines Beines geführt, und sie hinkte.

Unwillentlich bestätigte Mileva Marić mit ihrer Behinderung die verbreiteten Vorurteile gegen weibliche Studenten. Gelehrte Frauen seien »Ergebnisse der Entartung«, meinten damals viele:

»Nur durch krankhafte Veränderungen kann das Weib andere Talente, als die zur Geliebten und Mutter befähigenden, erwerben.«[39]

Einmal sprach Einstein mit einem Studienfreund über Mileva, und der gestand ihm, daß er nicht den Mut fände, eine Frau zu heiraten, die nicht gerade laufen könne. Worauf Einstein geantwortet haben soll: »Sie hat eine liebe Stimme.« Ihr Gebrechen weckte sein Mitgefühl und hat wohl seinen Entschluß zu heiraten noch bestärkt. Er hätte es als schimpflich empfunden, das mehr als drei Jahre ältere Mädchen zu verlassen.

Einstein nannte Mileva sein »gescheites Luder«. Das war lieb gemeint, darf aber nicht ganz wörtlich genommen werden. Offenbar besaß sie nicht die für ein Mathematik- und Physikstudium notwendige Spezialbegabung, und schon die Vorbereitung zum Zwischenexamen wurde ihr zur Qual. Die Diplomprüfung hat sie nicht bestanden, und auch ein zweiter Anlauf blieb ohne Erfolg.

Seit den letzten Jahren des 19. Jahrhunderts wurden auch Frauen zum Studium zugelassen. Es gab aber noch viele Dozenten, die glaubten, daß der Ernst des akademischen Unterrichts »durch Liebeleien leiden« müßte. Ein Berliner Publizist hat damals Professoren, »Frauenlehrer« und Schriftsteller nach ihrer Auffassung befragt und die Blütenlese von Vorurteilen 1897 veröffentlicht. Es wäre »höchst verfehlt«, die Frauen zum akademischen Leben heranzuziehen, meinte selbst ein so ruhiger und überlegter Gelehrter wie Max Planck: »Amazonen sind auch auf geistigem Gebiet naturwidrig«.[40]

Jede Zeit hat ihre Narrheiten. Im Oktober 1983 erschien die Zeitschrift *Emma* mit einem Aufsatz über Mileva Marić unter der Überschrift »Die Mutter der Relativitätstheorie«.[41] Weil nach Auffassung von Feministinnen den Frauen immer und grundsätzlich Unrecht geschieht, mußte auch Einstein, dieser Wüterich, den bedeutenden Anteil seiner Mileva am Zustandekommen der Relativitätstheorie totgeschwiegen haben.

In die Welt gesetzt wurde diese These im Jahre 1969 in einer Biographie über Mileva Marić. Die aus Serbien stammende Verfasserin empfand für ihre Heldin weibliche und nationale Solidarität und hat mit großem Einfallsreichtum Mileva zum Genie stilisiert. 15 Jahre später und im Zeichen der Emanzipation hat die deutsche Übersetzung dieses Elaborats[42] einen erstaunlichen Widerhall in der Presse gefunden. Fast alle deutschen Zeitungen, auch die renommierten, haben die windige Story übernommen.

Vielleicht hätte Einstein über diesen surrealistischen Witz schallend gelacht. Schon 1920 war er von Antisemiten des Plagiats bezichtigt worden. Sie wußten nur nicht so recht, bei wem er abgeschrieben haben sollte.

Wie sich bei Einstein die Grundgedanken zur Relativitätstheorie ausbildeten, werden wir im folgenden Kapitel behandeln. Dabei werden wir auch untersuchen, ob Mileva daran beteiligt gewesen ist. Zunächst geht es um das Verhältnis Einstein–Marić auf einer ganz anderen Ebene. Aus ihren Briefen liest man ab, wie aus den beiden Kommilitonen schließlich ein Liebes- und Ehepaar geworden ist.

In den ersten Semestern war Einstein völlig vom Studium absorbiert und führte fast ein Eremitendasein. An seinem 20. Geburtstag meinte er zu seiner Schwester: Wenn alle Leute so lebten wie er, wäre die Romanschriftstellerei niemals auf die Welt gekommen. Nach drei Studienjahren waren Einstein und Mileva immer noch per Sie, auch wenn er Mileva nun sein »liebes Doxerl« nannte. Er freute sich, wenn er ihr seine Überzeugung begründen konnte, »daß die Elektrodynamik bewegter Körper, wie sie sich gegenwärtig darstellt, nicht der Wirklichkeit entspricht«.[43]

Die gemeinsamen und bescheidenen Mahlzeiten wurden ihm zu einer lieben Gewohnheit. Dann kochte sie ihm ein »Gofeerl«, womit sie einen Kaffee meinten. Das Glück war vollkommen, wenn seine Mutter einige Leckereien für die »Haushaltung« schickte. So kam er an seinem 21. Geburtstag strahlend mit einer großen Schachtel zu Mileva.

»Wie schön war es letztes Mal, als ich Dein liebes Persönchen an mich drücken durfte, wie die Natur es gegeben«, schrieb er im Mai 1901. Ein halbes Jahr später heißt es noch deutlicher: »Du fehlst mir sehr; ich finde, jeder rechte Kerl muß ein Mädel haben.«

Wie alle Mütter machte sich auch Pauline Einstein große Sorgen um den Sohn. Nach dem bestandenen Diplomexamen mußte ihr Albert erst von der Prüfung berichten, und dann fragte die Mutter »so recht harmlos«, was denn nun aus Mileva werde:

> »Meine Frau«, sag' ich ebenso harmlos, doch auf eine gehörige »Szene« gefaßt. Die kam auch gleich. Mama warf sich auf ihr Bett, verbarg den Kopf in den Kissen und weinte wie ein Kind. Als sie sich von dem ersten Schrecken erholt hatte, ging sie sofort zu einer verzweifelten Offensive über: »Du vermöbelst dir deine Zukunft und versperrst dir deinen Lebensweg.«[44]

Einstein tröstete sein »Hexchen«: Papa und Mama hätten am ganzen Leibe weniger »Starrsinn« als er am kleinen Finger. Er war entschlossen, Mileva zu heiraten, und er hat deshalb alles getan, um eine bezahlte Stellung zu erhalten. »Wirst schon sehen, daß man nicht schlecht ruht in meinen Armen«, machte er der Geliebten und sich selbst Mut. »Wenn's auch ein bisserl dumm anfängt.«[45]

Auf seine Bitte wurden Freunde bei italienischen Professoren vorstellig; er sandte seine Bewerbung auch an das Polytechnikum Stuttgart und schrieb noch einmal an Wilhelm Ostwald nach Leipzig: »Bald werde ich alle Physiker von der Nordsee bis an Italiens Südspitze mit meiner Offerte beehrt haben.«[46] Mileva sah wie immer schwarz und glaubte nicht, daß ihr Liebster bald eine sichere Position erlangen werde. »Du weißt«, schrieb sie an eine Freundin, »mein Schatz hat ein böses Maul und ist obendrein noch Jude.«[47]

Obwohl auch Einstein manchmal Anwandlungen einer »katzenjämmerlichen Stimmung« überfielen, faßte er sich sehr schnell wieder. »Ich lasse kein Mittel unversucht«, schrieb er seinem Studienfreund Marcel Grossmann, »und laß' mir auch den Humor nicht verderben. Gott schuf den Esel und gab ihm ein dickes Fell.«[48]

Einsteins Eltern jammerten, er habe sich durch sein Eheversprechen ins Unglück gestürzt: »O Doxerl, es ist zum närrisch werden! Du glaubst nicht, was ich leide, wenn ich sehe, wie mich beide lieb haben und so trostlos sind, wie wenn ich das größte Verbrechen begangen hätte und nicht das getan, was Herz und Gewissen mir unwiderstehlich eingaben.«[49]

Mileva besaß eine verhängnisvolle Neigung, die Dinge negativ zu sehen, und er mußte sie immer wieder aufmuntern. Als man ihm am Technikum in Winterthur für zwei Monate die Vertretung eines zum Militärdienst eingerückten Dozenten übertrug, gab ihm das großen Auftrieb: »Wenn ich dir nur von meinem Glück eingeben könnte, damit Du nie traurig und nachdenklich sein könntest.«[50]

Damals hat Einstein die Arbeitslosigkeit mit ihrem Wechsel von Hoffnung und Enttäuschung kennengelernt. Er machte sich »zum feierlichen Gelübde«, stets begabten Jünglingen zu helfen, wo es irgend in seiner Macht stünde.[51] Ein Vierteljahrhundert später, als Einstein als neuer Newton in Berlin wirkte, wurde die Arbeitslosigkeit zum Schicksal von Millionen. In seinem Roman *Kleiner Mann – was nun?* hat der Schriftsteller Hans Fallada das Los eines jungen Verkäufers geschildert, der seine Stellung verliert, gerade in der Zeit, als seine Freundin ein Kind erwartet.

Der größte Mann des Jahrhunderts hat das gleiche Schicksal erlebt wie der kleine Verkäufer Pinneberg. Im April 1901 wurde Mileva schwanger. Einsteins Vertretung in Winterthur war bis Mitte Juli befristet. Er faßte einen »unwiderruflichen Entschluß«:

> Ich suche mir eine, wenn auch noch so ärmliche Stellung sofort. Meine wissenschaftlichen Ziele und meine persönliche Eitelkeit werden mich nicht davon abhalten, die untergeordnetste Rolle zu übernehmen. Sobald ich eine solche erhalten habe, verheirate ich mich mit Dir und nehme Dich zu mir, ohne irgend jemand... ein Wort davon zu schreiben... Dann aber kann niemand einen Stein auf Dein liebes Haupt werfen, sondern weh dem, der sich was gegen Dich erlauben wollte.[52]

Aber auch eine »ärmliche Stellung« tat sich nicht auf. Zwei Bewerbungen auf Lehrerstellen am Technikum in Burgdorf und der Kantonsschule in Frauenfeld blieben erfolglos. Am 15. September ging er als Privatlehrer nach Schaffhausen, wo er für ein ganzes Jahr einen jungen Engländer auf das Abitur vorbereiten sollte. Es kam jedoch bald zu Auseinandersetzungen mit dem

Leiter des Privatlehrinstituts, und Einstein ist Ende Januar 1902 von Schaffhausen »mit Knalleffekt abgesegelt«.[53]

Mit Rührung liest man in Milevas Brief an ihr »liebstes Schatzerle«, was sie sich alles ausdachte, um zu einer »Aussöhnung« mit Einsteins Mutter zu kommen. Es war vergeblich. Im Herbst erhielten Vater und Mutter Marić einen Brief von Einsteins Eltern aus Mailand. Wahrscheinlich hat Mileva diesen Brief später vernichtet, denn sie wurde darin, ihrer eigenen Aussage zufolge, in der herzlosesten Weise beschimpft, »daß es eine Schande war«.[54]

Mileva Marić kehrte zu ihren Eltern nach Novi Sad (Neusatz) in Ungarn zurück. Im Januar 1902 brachte sie dort eine Tochter zur Welt. »Siehst, es ist wirklich ein Lieserl geworden, wie Du es wünschtest«, schrieb Einstein zur Geburt des Kindes. »Ist es auch gesund und schreit es schon gehörig? Was hat es denn für Augerl? Wem von uns sieht es mehr ähnlich?«[55]

Am Luitpold-Gymnasium in München hatten sie sich mit der griechischen Tragödie beschäftigt: Kurz vor der Katastrophe erscheint ein Deus ex machina, der alles in Wohlgefallen auflöst. Auch jetzt griff kurz vor der Katastrophe ein Deus ex machina ein, der Vater seines Studienfreundes Grossmann. Dieser empfahl Einstein an Friedrich Haller, den Direktor des »Eidgenössischen Amtes für Geistiges Eigentum«. In einer eingehenden Prüfung überzeugte sich Haller, daß Einstein eine gründliche wissenschaftliche Bildung und schnelle Auffassungsgabe besaß. »Nun ist kein Zweifel mehr«, jubelte Einstein. »Grossmann hat mir schon gratuliert. Ich widme ihm meine Doktorarbeit, um mich ihm irgendwie dankbar zu erweisen.«[56]

Mit der Dissertation gab es Ärger. Die an der Universität Zürich einbezahlten Promotionsgebühren mußte er sich wieder abholen. Erst 1905, dem Jahr, in dem Einstein die neue Epoche der Physik begründete, wurde auch seine Doktorarbeit von den Züricher Physikern angenommen. Bei der Widmung an Marcel Grossmann aber blieb es. Viel wichtiger als die Promotion war für Einstein die Wahl zum »technischen Experten III. Klasse« am Schweizer Patentamt. Am 23. Juni 1902 hat er überglücklich seine Stellung angetreten.

Gegen Jahresende kam Mileva ohne ihr Kind nach Bern, und am 6. Januar 1903 konnten sie endlich Hochzeit feiern. Trauzeugen waren die beiden Freunde Conrad Habicht und Maurice Solovine, mit denen sich Einstein in den letzten Monaten viele Abende lang in die erkenntnistheoretischen Grundprobleme der Physik vertieft hatte. Eine Hochzeitsreise konnten sie sich nicht leisten. Als nach dem gemeinsamen Mittagessen mit den Freunden das Paar vor der Wohnung in der Kramgasse 49 stand, mußte Einstein gestehen, daß er den Schlüssel irgendwo liegengelassen hatte.

Damit begann das gemeinsame Leben.

»Das einzige, was noch zu lösen übrig wäre«, meinte Einstein, »das wär' die Frage, wie wir unser Lieserl zu uns nehmen könnten; ich möchte nicht, daß wir es aus der Hand geben müssen.«[57] Von dem »Lieserl« aber hat man nie mehr etwas gehört. Der älteste Sohn, der 1904 geborene Hans Albert, erzählte 1962 einem amerikanischen Journalisten, daß ein auch ihm unbekannt gebliebenes wesentliches Faktum die junge Ehe belastet habe: »Etwas war zwischen den beiden vorgefallen, doch Mileva sagte nur, es sei äußerst persönlich. Was immer es sein mochte, sie brütete darüber, und irgendwie schien Albert daran die Schuld zu tragen.«[58]

Mit dem »Geheimnis in der Geschichte Einsteins« ist wahrscheinlich das voreheliche Kind gemeint. Wir glauben jedoch nicht, daß schon diese Tatsache allein die beiden Einsteins veranlaßt haben sollte, aus dem Thema ein Tabu zu machen. Dazu mußte wohl noch etwas anderes kommen: Auf die naheliegende Frage der beiden Söhne nach dem Schicksal ihrer Schwester hätten die Eltern keine befriedigende Antwort geben können. Das legt die Vermutung nahe, daß die Einsteins ihr Kind weggegeben haben. Man kann dann weiter schließen, daß das auf sein Betreiben geschehen ist. Das würde die stummen Vorwürfe Milevas verständlich machen.

Paßt aber ein solches Verhalten zu Einstein? Das müssen wir zugeben. Als sich zwei Jahrzehnte später sein Freund Ehrenfest entschloß, seinen mongoloiden Sohn in ein Pflegeheim zu geben, billigte Einstein diesen Plan ausdrücklich: »Wertvolle Menschen dürfen nicht aussichtslosen Dingen hingeopfert werden.«

KAPITEL 5

Umsturz im Weltbild der Physik

Am 5. Februar 1902 erschien im *Anzeiger für die Stadt Bern* unter »Vermischtes« die folgende Notiz[1]:

Privatstunden in
Mathematik u. Physik
für Studierende und Schüler erteilt
gründlichst
Albert Einstein, Inhaber des eidgen.
polyt. Fachlehrerdiploms,
Gerechtigkeitsgasse 32, 1. Stock
Probestunden gratis.

Einstein war ein paar Tage zuvor nach Bern gekommen, in die »altertümliche, urgemütliche Stadt«, und hatte sich ein »großes schönes Zimmer mit einem sehr bequemen Sofa« für 23 Franken im Monat gemietet. Er erwartete seine Anstellung am »Eidgenössischen Amt für Geistiges Eigentum«. Mit den Privatstunden gehe es gar nicht schlecht, berichtete er an Mileva; er habe einen Ingenieur und einen Architekten gefunden und gebe den beiden »so eine Art Privatkolleg«, wofür er pro Mann und Stunde zwei Franken erhalte: »Das ist doch ganz hübsch.«[2]

Auch ein rumänischer Student namens Maurice Solovine meldete sich. Er besuchte an der Universität Bern hauptsächlich philosophische Vorlesungen, besaß aber auch starkes Interesse für Physik und Mathematik. Einstein erzählte ihm gleich, daß auch er ursprünglich »eine große Neigung zur Philosophie« empfunden habe. Die »dort herrschende Unklarheit und Willkür« sei der Grund, daß er sich jetzt nur noch mit der Physik beschäftige:

> So plauderten wir etwa zwei Stunden miteinander über alle möglichen Fragen, stellten eine weitgehende Übereinstim-

> mung fest und fühlten uns voneinander angezogen. Als ich aufbrechen wollte, begleitete er mich, und wir unterhielten uns ungefähr noch eine halbe Stunde auf der Straße.[3]

Schon am nächsten Tag kam Solovine wieder, und die beiden jungen Männer setzten ihr Gespräch fort. Die Physikstunde geriet in Vergessenheit. Einstein entschied schließlich, daß es für beide interessanter sei, in der bisherigen Weise fortzufahren: »Besuchen Sie mich doch ganz zwanglos; es macht mir Freude, mich mit Ihnen zu unterhalten.«

»Je mehr ich ihn kennenlernte,« berichtete Solovine, »desto anziehender fand ich ihn«:

> Ich bewunderte seine einzigartige Fähigkeit, die physikalischen Probleme zu durchdringen und sie zu bewältigen. Er war kein glänzender Redner und bediente sich keiner blendenden Vergleiche. Er sprach langsam und eintönig, aber was er sagte, war wunderbar klar.[4]

Eines Tages schlug Solovine vor, ein für die erkenntnistheoretischen Grundlagen der Wissenschaften wichtiges Werk gemeinsam zu lesen. »Ein vortrefflicher Gedanke«, sagte Einstein, und die beiden nahmen sich die *Grammatik der Wissenschaft* des englischen Mathematikers und Biologen Karl Pearson vor. Einige Wochen später schloß sich ihnen Conrad Habicht an, den Einstein in Schaffhausen kennengelernt hatte und der jetzt in Bern Mathematik studierte.

»Unsere materielle Lage war gewiß wenig beneidenswert«, erinnerte sich Solovine, »aber wir waren von einem ungewöhnlichen Lerneifer beseelt.« Nach Pearson lasen sie gemeinsam die *Analyse der Empfindungen* und *Die Mechanik in ihrer Entwickelung* des Positivisten Ernst Mach. Dieses Werk hatte Einstein bereits als Student auf Empfehlung seines Freundes Besso gelesen. Dann kamen die *Logik* von Mill, Spinozas *Ethik* und Ausschnitte aus der *Kritik der reinen Erfahrung* von Avenarius und dem *Essai de la philosophie des sciences* von Ampère. Sie delektierten sich an den *Vorträgen und Reden* von Hermann von Helmholtz, worin der große Physiker den jungen Adepten den

Rat erteilt, sich bei den Forschungen nur vom wissenschaftlichen Interesse leiten zu lassen und nicht von der Hoffnung auf mögliche technische Anwendungen. Tiefen Eindruck machte ihnen auch das Werk *Wissenschaft und Hypothese* von Henri Poincaré, das sie viele Wochen beschäftigte.[5]

Auch Einstein dachte am Ende seines Lebens noch gerne an die »regelmäßigen philosophischen Lese- und Diskussionsabende« zurück und insbesondere an die Lektüre von David Hume. Dessen Einfluß auf ihn sei – soviel er sich bewußt werden könne – größer gewesen als der Machs.[6] Die Zusammenkünfte bedeuteten für seine Entwicklung das, was für Physiker späterer Generationen die »Sommerschule« geworden ist: die unerläßliche Zwischenstufe zwischen Universitätsabschluß und Forschungstätigkeit.

Im Dialog mit den Freunden klärten sich Einsteins Gedanken. Wie wichtig ihm die Anregung gewesen ist, geht aus einem Streich hervor, den die beiden Raucher ihrem Freund Solovine spielten. Ein berühmtes tschechisches Quartett hatte ein Konzert angekündigt, und Solovine wollte drei Karten besorgen. »Ich meine«, sagte Einstein, »es wäre besser, auf das Konzert zu verzichten und dafür Humes Werk zu lesen, das ungemein aufschlußreich ist.« Als jedoch Solovine danach am Konzertgebäude vorbeikam und erfuhr, daß es noch ermäßigte Studentenkarten gebe, konnte er nicht widerstehen und kaufte sich eine Karte.

Am festgesetzten Abend sollte die Sitzung auf seiner Bude stattfinden. Solovine bereitete das Abendessen für die Freunde und hinterließ einen Zettel: »Amicis carissimis ova dura et salutem.« (Den vielgeliebten Freunden harte Eier und Gruß.) Durch seine Hauswirtin ließ er ausrichten, er sei durch eine wichtige Angelegenheit leider verhindert. Natürlich durchschauten Einstein und Habicht die Ausrede. Sie machten sich über das Abendessen her und fingen dann an, wie besessen zu rauchen, Einstein seine Pfeife und Habicht Zigarren. Schließlich füllten sie eine Untertasse mit den Tabakresten, türmten den Tisch und die Stühle zusammen mit dem schmutzigen Geschirr auf das Bett und hinterließen die Nachricht: »Amico carissimo fumum spissum et salutem.« (Dem vielgeliebten Freund dicken Qualm und Gruß.) Als Solovine vom Konzert nach Hause kam und die

Zimmertür öffnete, glaubte er zu ersticken. Er räumte die Reste beiseite und ließ das Fenster offen, während er noch einige Stunden durch die Nacht lief. Er konnte trotzdem nicht schlafen, so sehr waren Kissen und Bettücher von dem scheußlichen Tabakgeruch durchtränkt:

> Als ich am folgenden Tage Einstein aufsuchte, um an der akademischen Sitzung und an dem gemeinsamen Essen teilzunehmen, begrüßte er mich stirnrunzelnd mit den Worten: »Sie übler Geselle! Sie versäumen eine akademische Sitzung, um ein paar Geigenspieler zu hören! Sie Barbar, Sie Böotier! Wenn Sie sich noch einmal einen solchen Seitensprung erlauben, werden Sie mit Schmach und Schande aus der Akademie ausgestoßen.«[7]

Im Scherz nannten sie ihre Zusammenkünfte die »Akademie Olympia«, und später hat sich Einstein »mit einer Art von Heimweh« daran erinnert: »Es war doch eine schöne Zeit damals in Bern, als wir unsere lustige Akademie betrieben, die weniger kindisch war als jene respektablen, die ich später von Nahem kennengelernt habe.«[8] Auch als Einstein seine Stellung am Patentamt angetreten hatte und selbst nach seiner Heirat änderte sich nichts an den Gesprächen.

Einstein, Habicht und Solovine haben damals eine feste Freundschaft begründet und sind ihr Leben lang miteinander in Verbindung geblieben. Solovine lebte später in Paris und hat viele Schriften Einsteins ins Französische übersetzt. Als sich nach dem Zweiten Weltkrieg Solovine wieder meldete, wunderte sich Einstein, daß dieser ihm so höflich schreibe. Sie hätten doch zusammen »Schweine gehütet«.

Nach dem Tode Einsteins hat Solovine dessen Briefe im deutschen Original und in der französischen Übersetzung veröffentlicht und ihrer Freundschaft und der »Akademie Olympia« ein Denkmal gesetzt. Dabei berichtete er, daß Mileva bei den Gesprächen der Freunde aufmerksam zugehört, aber nie selbst das Wort ergriffen habe. Damit kommen wir auf die These zurück, Mileva sei die eigentliche Entdeckerin (oder doch Mitentdeckerin) der Speziellen Relativitätstheorie.

Wissenschaft entsteht im Gespräch. Einstein hat jede Gelegenheit wahrgenommen, seine Gedanken vorzubringen und Kommentare zu hören. Dagegen erfahren wir nie etwas von einer aktiven Beteiligung Milevas. Die Annahme, im Innenverhältnis der beiden könnte es anders gewesen sein, hat schon a priori wenig Wahrscheinlichkeit. Sie wird durch den Briefwechsel zwischen Einstein und Mileva vollends widerlegt. Da lesen wir fortwährend in Einsteins Briefen: »Wissenschaftlich ist mir eine äußerst glückliche Idee gekommen« – »Ich hab' schon wieder eine sehr naheliegende, aber wichtige Idee« – »Gegen die Studien von Max Planck sind mir prinzipielle Bedenken aufgestiegen« – »Es wird mir immer mehr zur Überzeugung, daß die Elektrodynamik bewegter Körper, wie sie sich gegenwärtig darstellt, nicht der Wirklichkeit entspricht«.[9]

Immer ist es Einstein, der neue Ideen vorbringt und interessante Urteile über die Werke der großen Meister und über die eben erschienenen Veröffentlichungen abgibt. Milevas Rolle ist eine passive; sie beschränkte sich auf Fragen und beifällige Kommentare.

Mileva Einstein-Marić hatte ein schweres Schicksal, und wir empfinden für sie Sympathie und Mitleid. An der Seite Einsteins konnte sie das erhoffte Lebensglück nicht finden und ist – weil sie Einstein liebte – nach der Scheidung noch viel unglücklicher gewesen. Wir haben überhaupt keinen Anlaß, ihr Ansehen herabzuwürdigen. Wir wenden uns aber entschieden gegen die behauptete Rolle Milevas als »Mutter der Relativitätstheorie«.

Welche Argumente werden denn von der Biographin Milevas und den Fellow Travellers angeführt, um Einsteins Frau als Mitentdeckerin auszuweisen? Da spricht erstens Einstein gegenüber Mileva von »unserer Arbeit über die Relativbewegung«, da gibt es zweitens den Scheidungsvertrag, durch den das Geld aus dem Nobelpreis Mileva zugesprochen wird, und da sollen drittens die epochemachenden Manuskripte ursprünglich mit »Einstein-Marić« signiert gewesen sein.

Gegnern der Relativitätstheorie sagte Einstein einmal, daß sie einer Antwort aus seiner Feder eigentlich unwürdig seien: Er habe »guten Grund zu glauben, daß andere Motive als das Streben nach Wahrheit« ihre Kritik veranlaßt habe.[10] Auch im vorliegenden Fall müssen wir unsachliche Motive annehmen. Dazu gleich Genaueres. Zuerst wollen wir noch in der gebotenen Kürze auf die drei Argumente eingehen.

»Unsere Arbeit über die Relativbewegung«: So heißt es in einem Brief Einsteins an Mileva vom 27. März 1901. Damals aber war Einstein wie die meisten Physiker noch von der Realität des Äthers überzeugt. Am Ende dieses Jahres arbeitete er weiter »eifrigst an einer Elektrodynamik bewegter Körper«, die eine »kapitale Abhandlung« zu werden verspreche.[11] Die Arbeit blieb unveröffentlicht, und ein Manuskript hat sich nicht erhalten. Von einer substantiellen Beteiligung Milevas ist nirgendwo die Rede, aber selbst wenn sie Gedanken beigesteuert haben sollte: »Was es auch immer gewesen ist«, sagen Jürgen Renn und Robert Schulmann, die Herausgeber der Einstein-Edition, »alle verfügbaren Zeugnisse lassen darauf schließen, daß der geplante Aufsatz meilenweit von der berühmten Publikation des Jahres 1905 entfernt war.«[12]

Der Scheidungsvertrag: Seit Ausbruch des Krieges wurde es für Einstein zunehmend schwieriger, Geld in die Schweiz zu überweisen, wo Mileva mit den beiden Kindern lebte. Während die Mark laufend an Wert verlor, hielt die Schweiz an der Golddeckung des Franken fest. Es war deshalb ein naheliegender Gedanke, das Geld des zu erwartenden Nobelpreises, der in Schwedenkronen gezahlt wurde, in die Schweiz zu transferieren und zur finanziellen Absicherung seiner geschiedenen Frau und seiner Kinder zu verwenden. Mit der Anerkennung einer Mitautorschaft an der Relativitätstheorie hat das überhaupt nichts zu tun. Einstein konnte gar nicht wissen, wofür er den Nobelpreis erhalten würde. Es lagen von ihm eine ganze Reihe epochemachender Arbeiten vor. Tatsächlich ist dann – drei Jahre nach der Scheidung – der Preis gar nicht für die Relativitätstheorie verliehen worden, sondern allgemein »für seine verdienstvollen mathematisch-physikalischen Untersuchungen« und insbesondere sein photoelektrisches Gesetz.

Mit der dritten Behauptung, die großen Arbeiten von 1905 hätten im Manuskript den Namen »Einstein-Marić« als Verfasser getragen, verlassen wir die Realität und begeben uns in die Regionen des Kolportageromans. Desanka Trbuhović berichtet, der russische Physiker Abraham Joffé, der damalige Assistent Röntgens in München, habe die Aufsätze vor dem Druck in der Hand gehabt. Röntgen gehörte dem Kuratorium der *Annalen* an, das – angeblich – die eingereichten Manuskripte begutachten mußte. Woher will die Dame das wissen? Sie bezieht sich auf Joffés »Erinnerungen an Albert Einstein«. Tatsächlich hat Joffé in einem Büchlein *Begegnungen mit Physikern* von Röntgen und Einstein erzählt, aber diese Story findet sich darin nicht. Auf Nachfragen antwortete die Autorin mit Ausflüchten. Sie konnte den Beweis nicht antreten.

Wir sind in der Lage nachzuweisen, daß Röntgen und Joffé das Manuskript vor dem Druck gar nicht vorgelegen haben kann. Das wird weiter unten geschehen, wenn wir vom Inhalt der Einsteinschen Arbeiten und ihrer Aufnahme bei den Physikern sprechen.

Man muß staunen, daß ein von Fehlern strotzendes Buch in unseren Zeitungen und Zeitschriften eine so beifällige Aufnahme gefunden hat. Einige Journalisten griffen die Story auf und schmückten sie weiter aus. Das Thema wurde publizistisch zu

Albert und Mileva

Tode geritten nach dem Rezept, das nach dem Zweiten Weltkrieg Hans Habe als amerikanischer Presseoffizier jungen deutschen Journalisten erläutert hat: »Hund beißt Mann. Det kooft Ihnen keener ab. Mann beißt Hund. Det müssen'se bringen.« Auf Einstein übertragen: Schlagzeilen macht nur Mileva als Mutter der Relativitätstheorie.

Neben der Sensationsmache hat der Zeitgeist die Feder geführt. Da gibt es zum Beispiel ein Buch über *Das Schicksal der begabten Frau* mit elf Kurzbiographien. Die Autorin hat Frauen ausgewählt, die ihren Partnern »häufig gleichrangig, manchmal sogar überlegen waren«.[13] Natürlich gab und gibt es solche Frauen. Wir müssen aber kritisieren, daß im Drange, »generelle Strukturen« sichtbar zu machen, Mileva Einstein-Marić durch die Methode der Spekulation in den Rang eines Genies stilisiert wird.

Bei der Durchsicht der einschlägigen Aufsätze fällt auf, wie gering das Verständnis ist für den Prozeß der geistigen Schöpfung. Da spielen sich in der Seele des großen Künstlers und großen Wissenschaftlers – im bewußten und unbewußten Bereich – ungeheure Gärungsprozesse ab. In der Zeit, als seine Gedanken reiften, fiel Julius Robert Mayer, der menschenfreundliche Heilbronner Arzt und Entdecker des Energieprinzips, in seiner Besessenheit den Freunden ausgesprochen lästig. »Es war damals schwer, mit ihm von etwas anderem zu reden«, berichtete einer von ihnen: »Ex nihilo nihil fit; nihil fit ad nihilum. Causa aequat effectum. (Aus nichts wird nichts; nichts wird zu nichts. Die Ursache ist gleich der Wirkung.) Das waren die drei Schlagwörter, die er damals immer im Munde führte, die er mir einige Male beim Kommen entgegen-, beim Gehen noch nachrief. Ich sollte ihm sagen, was sich gegen diese Sätze einwenden ließe.«[14]

Auch Einstein wurde 1905 »von allerhand nervösen Konflikten heimgesucht« und ging »wochenlang wie verwirrt umher«.[15] Wie Mayer war er begierig, seine Ideen zu diskutieren. In einem Brief Einsteins heißt es, daß er am Abend fast vier Stunden mit seinem Freund Michele Besso über einschlägige Themen »gefachsimpelt« habe. Und ein Kollege am Patentamt, der sich viel mit der Maxwellschen Theorie beschäftigt hatte, berichtete: »Ich plagte ihn einen ganzen Monat lang mit allen erdenklichen Einwänden, ohne daß er nur im geringsten ungeduldig wurde.«[16]

Später haben die Physiker vom »goldenen Zeitalter« ihrer Wissenschaft gesprochen und den Beginn auf 1905 datiert, das »annus mirabilis«, das Wunderjahr, in dem Albert Einstein die Wende von der klassischen Physik zum neuen Weltbild eingeleitet hat. Nach jahrelanger Vorbereitung waren seine Gedanken über die Grundlagenprobleme zur Reife gelangt. Er veröffentlichte in diesem Jahr 1905 sechs wissenschaftliche Abhandlungen, darunter seine Dissertation, und 21 Besprechungen von Arbeiten anderer Autoren.

Insbesondere drei der sechs Abhandlungen waren es, mit denen Einstein die Tür in das neue Zeitalter der Physik aufgestoßen hat. Alle drei sind im Band 17 der *Annalen der Physik* erschienen. Wie üblich erhielt Einstein Sonderdrucke, und er hat sie an die Kollegen verschickt, die sich nach Einzelheiten erkundigten. Später sind diese Sonderdrucke sehr wertvoll geworden, und Fritz Reiche, der damals bei Planck in Berlin promovierte, hat sie sein Leben lang gehütet »wie Fafner den Nibelungenhort«.

Wie schnell die Veröffentlichungen Einsteins aufeinander folgten, geht aus den Eingangsvermerken der *Annalen* hervor. (Um bei etwaigen Auseinandersetzungen die Priorität eindeutig feststellen zu können, kennzeichnen die wissenschaftlichen Zeitschriften jedes eintreffende Manuskript mit einem Datumsstempel.) Die erste Arbeit trug den Eingangsvermerk vom 18. März 1905 und war betitelt *Über einen die Erzeugung und Verwandlung des Lichtes betreffenden heuristischen Gesichtspunkt*. Unter einem »heuristischen Gesichtspunkt« ist eine Hypothese oder Vermutung zu verstehen, die als solche noch nicht unbedingt richtig sein muß, die aber den Forscher zur Wahrheit führt. Es handelte sich um die sogenannte »Lichtquanten-Hypothese«, das heißt die Vorstellung, daß das Licht keine Wellenerscheinung ist, wie es die klassische Theorie fordert, sondern aus einzelnen Korpuskeln besteht, Lichtquanten oder Photonen genannt. Einstein legte dar, was sich dann in den folgenden Jahren durch genaue Experimente bestätigte: Vorgänge wie der Photoeffekt an Metalloberflächen (das heißt die Auslösung von Elektronen durch ultraviolettes Licht) sind nur mit der Lichtquanten-Auffassung verständlich.

Mit dieser Arbeit setzte sich Einstein mit der fünf Jahre zuvor von Max Planck vorgelegten Theorie der »Schwarzen Wärmestrahlung« auseinander. Planck war mit dem nach ihm benannten Strahlungsgesetz und vor allem mit der Naturkonstanten h eine große Entdeckung gelungen, aber was dieses h tatsächlich bedeutete, das heute so genannte »Plancksche Wirkungsquantum«, wußte zunächst noch niemand, auch Planck selbst nicht. Berühmte Forscher, die sich mit dem Thema beschäftigten, wie Hendrik Antoon Lorentz, Lord Rayleigh und James Jeans, beanstandeten die Einführung des h. Sie wollten sogar das Plancksche Strahlungsgesetz, in dem dieses h eine entscheidende Rolle spielt, als Täuschung erklären.

Heute sehen wir klar: Plancks Konstante h öffnet das Tor in eine neue physikalische Welt, in den Mikrokosmos des Atoms. Planck hatte, ohne zu wissen, was er tat, einen Schritt in die neue Welt getan. Dann blieb er wie angewurzelt stehen. Lorentz, Rayleigh und Jeans wollten diesen ersten Schritt wieder rückgängig machen. Der einzige, der weiter nach vorn drängte, war Albert Einstein. Deswegen hat er sich – unseres Erachtens mehr als Planck – den Namen als Entdecker des neuen Kontinents verdient. Mit anderen Worten: Wir nennen Einstein den eigentlichen Begründer der Quantentheorie.[17]

Die zweite, am 11. Mai 1905 bei den *Annalen* eingegangene Abhandlung Einsteins brachte einen Beweis für die atomistische Konstitution der Materie. In Flüssigkeiten suspendierte Teilchen führen eine Zitterbewegung aus. Wie Einstein berechnete, sind die Schwankungen um so größer, je kleiner die betreffenden Teilchen sind. Die Extrapolation auf die Molekülgröße liefert die unsichtbare Wärmebewegung der Moleküle. Die Bewegung der größeren Teilchen kann unter dem Mikroskop verfolgt und die Theorie deshalb experimentell überprüft werden, wie dies in den folgenden Jahren – vor allem durch den französischen Forscher Jean Perrin – auch geschehen ist. Um die Bedeutung dieser Theorie zu ermessen, muß man wissen, daß damals die Atomvorstellung nur als nützliche »Arbeitshypothese« geduldet war, die man aber beileibe nicht als »Wirklichkeit« auffassen durfte. Vor allem

5. ***Über die von der molekularkinetischen Theorie der Wärme geforderte Bewegung von in ruhenden Flüssigkeiten suspendierten Teilchen; von A. Einstein.***

In dieser Arbeit soll gezeigt werden, daß nach der molekularkinetischen Theorie der Wärme in Flüssigkeiten suspendierte Körper von mikroskopisch sichtbarer Größe infolge der Molekularbewegung der Wärme Bewegungen von solcher Größe ausführen müssen, daß diese Bewegungen leicht mit dem Mikroskop nachgewiesen werden können. Es ist möglich, daß die hier zu behandelnden Bewegungen mit der sogenannten „Brownschen Molekularbewegung" identisch sind; die mir erreichbaren Angaben über letztere sind jedoch so ungenau, daß ich mir hierüber kein Urteil bilden konnte.

Wenn sich die hier zu behandelnde Bewegung samt den für sie zu erwartenden Gesetzmäßigkeiten wirklich beobachten läßt, so ist die klassische Thermodynamik schon für mikroskopisch unterscheidbare Räume nicht mehr als genau gültig anzusehen und es ist dann eine exakte Bestimmung der wahren Atomgröße möglich. Erwiese sich umgekehrt die Voraussage dieser Bewegung als unzutreffend, so wäre damit ein schwerwiegendes Argument gegen die molekularkinetische Auffassung der Wärme gegeben.

§ 1. Über den suspendierten Teilchen zuzuschreibenden osmotischen Druck.

Im Teilvolumen V^* einer Flüssigkeit vom Gesamtvolumen V seien z-Gramm-Moleküle eines Nichtelektrolyten gelöst. Ist das Volumen V^* durch eine für das Lösungsmittel, nicht aber für die gelöste Substanz durchlässige Wand vom reinen Lösungs-

6. ***Über einen die Erzeugung und Verwandlung des Lichtes betreffenden heuristischen Gesichtspunkt; von A. Einstein.***

Zwischen den theoretischen Vorstellungen, welche sich die Physiker über die Gase und andere ponderable Körper gebildet haben, und der Maxwellschen Theorie der elektromagnetischen Prozesse im sogenannten leeren Raume besteht ein tiefgreifender formaler Unterschied. Während wir uns nämlich den Zustand eines Körpers durch die Lagen und Geschwindigkeiten einer zwar sehr großen, jedoch endlichen Anzahl von Atomen und Elektronen für vollkommen bestimmt ansehen, bedienen wir uns zur Bestimmung des elektromagnetischen Zustandes eines Raumes kontinuierlicher räumlicher Funktionen, so daß also eine endliche Anzahl von Größen nicht als genügend anzusehen ist zur vollständigen Festlegung des elektromagnetischen Zustandes eines Raumes. Nach der Maxwellschen Theorie ist bei allen rein elektromagnetischen Erscheinungen, also auch beim Licht, die Energie als kontinuierliche Raumfunktion aufzufassen, während die Energie eines ponderabeln Körpers nach der gegenwärtigen Auffassung der Physiker als eine über die Atome und Elektronen erstreckte Summe darzustellen ist. Die Energie eines ponderabeln Körpers kann nicht in beliebig viele, beliebig kleine Teile zerfallen, während sich die Energie eines von einer punktförmigen Lichtquelle ausgesandten Lichtstrahles nach der Maxwellschen Theorie (oder allgemeiner nach jeder Undulationstheorie) des Lichtes auf ein stets wachsendes Volumen sich kontinuierlich verteilt.

Die mit kontinuierlichen Raumfunktionen operierende Undulationstheorie des Lichtes hat sich zur Darstellung der rein optischen Phänomene vortrefflich bewährt und wird wohl nie durch eine andere Theorie ersetzt werden. Es ist jedoch im Auge zu behalten, daß sich die optischen Beobachtungen auf zeitliche Mittelwerte, nicht aber auf Momentanwerte beziehen, und es ist trotz der vollständigen Bestätigung der Theorie der Beugung, Reflexion, Brechung, Dispersion etc. durch das

Die drei großen Arbeiten im Band 17 (1905) der »Annalen der Physik«; abgebildet ist jeweils die erste Seite

3. ***Zur Elektrodynamik bewegter Körper; von A. Einstein.***

Daß die Elektrodynamik Maxwells — wie dieselbe gegenwärtig aufgefaßt zu werden pflegt — in ihrer Anwendung auf bewegte Körper zu Asymmetrien führt, welche den Phänomenen nicht anzuhaften scheinen, ist bekannt. Man denke z. B. an die elektrodynamische Wechselwirkung zwischen einem Magneten und einem Leiter. Das beobachtbare Phänomen hängt hier nur ab von der Relativbewegung von Leiter und Magnet, während nach der üblichen Auffassung die beiden Fälle, daß der eine oder der andere dieser Körper der bewegte sei, streng voneinander zu trennen sind. Bewegt sich nämlich der Magnet und ruht der Leiter, so entsteht in der Umgebung des Magneten ein elektrisches Feld von gewissem Energiewerte, welches an den Orten, wo sich Teile des Leiters befinden, einen Strom erzeugt. Ruht aber der Magnet und bewegt sich der Leiter, so entsteht in der Umgebung des Magneten kein elektrisches Feld, dagegen im Leiter eine elektromotorische Kraft, welcher in Ernst Machs *Wärmelehre* und in Wilhelm Ostwalds *Elektrochemie* konnte man scharfe Worte gegen die »Fiktion« Atom finden. Jetzt zeigte Einstein, daß es einen kontinuierlichen Übergang von den sichtbaren zu den unsichtbaren Teilchen gibt. Es macht deshalb keinen Sinn, jene als noch real, diese aber als nur hypothetisch aufzufassen.[18]

In der dritten Abhandlung von 1905, *Zur Elektrodynamik bewegter Körper* betitelt und bei den *Annalen* am 30. Juni eingegangen, begründete Einstein die »Spezielle Relativitätstheorie«. Zentrale Vorstellungen und Begriffe wie die »Gleichzeitigkeit von Ereignissen« waren in der Physik bisher ganz unkritisch verwendet worden. Die Frage, wie denn die »Gleichzeitigkeit von Ereignissen«, die an verschiedenen Orten stattfinden, experimentell festgestellt werden solle, führte Einstein zur Erkenntnis, »daß wir dem Begriff der Gleichzeitigkeit keine *absolute* Bedeutung beimessen dürfen«: Zwei Ereignisse, die vom Beobachter A aus betrachtet als gleichzeitig erscheinen, gelten vom Beobachter B beurteilt, der sich gegenüber A bewegt, nicht als gleichzeitig. Man muß also von der naiven Zeitvorstellung Abschied nehmen und sich bei allen Aussagen auf die Meßergebnisse beziehen, das heißt auf die Zeigerstellungen von Uhren.[19]

Diese Einsicht war Einstein erst ein paar Wochen zuvor gekommen, und sie bildete den Schlußstein in einer langen Kette von Gedanken. Schon als Sechzehnjähriger hatte er ein Manuskript über den Äther verfaßt, den (fiktiven) Träger der Lichtschwingungen.

Seinem alten Studienkollegen Jakob Ehrat erzählte er, daß ihm diese letzte und entscheidende Einsicht über die Gleichzeitigkeit und Nichtgleichzeitigkeit von Ereignissen frühmorgens beim Aufwachen gekommen sei, als er sich im Bett aufgesetzt habe.[20] Auch der große Physiker Helmholtz hat berichtet, daß seine guten Gedanken oft den »Versen Goethes entsprechend des Morgens beim Aufwachen« dagewesen seien.[21]

> Was vom Menschen nicht gewußt
> oder nicht bedacht,
> Durch das Labyrinth der Brust
> Wandelt in der Nacht.

Wissenschaft ist ein soziales Phänomen. Damit, daß ein einzelner für sich allein geniale Theorien entwickelt, ist es nicht getan. Seine Gedanken müssen in der wissenschaftlichen Welt bekannt gemacht werden und die Kollegen sich damit auseinandersetzen.

In Deutschland ist Einstein viel Übles geschehen. Die Jugenderlebnisse und die Kampagne gegen ihn und seine Theorie haben wir erwähnt. Von den Ereignissen bei der Machtergreifung und seiner Verachtung für die »Brutalität und Feigheit« der Deutschen (so seine Worte) wird noch ausführlich die Rede sein. Da dürfen wir mit einer gewissen Genugtuung registrieren, daß es im wesentlichen deutsche Gelehrte gewesen sind, die Einstein die wissenschaftliche Anerkennung verschafft haben.

Als erster war Paul Drude mit den Abhandlungen Einsteins befaßt. Drude wirkte Anfang des Jahres 1905 noch in Gießen, seit April dann als Direktor des großen Physikalischen Instituts der Universität Berlin. Er war der Herausgeber der *Annalen der Physik*. Kollegen rühmten sein »gesteigertes Verantwortlichkeitsgefühl«. Als abschreckendes Beispiel stand ihm ein Vorgänger im Amt des *Annalen*-Herausgebers vor Augen, der 1841 den ersten Aufsatz von Julius Robert Mayer mit den Grundgedanken zum Energieprinzip als »unphysikalische Spekulation« nicht veröffentlicht hatte. Daraus war der Physik ein großer Prestigeverlust entstanden.

Auf dem Titelblatt der Zeitschrift war als »Mitwirkender« Max Planck verzeichnet. Ob Drude die Abhandlungen Einsteins vor dem Druck seinem Kollegen Planck vorgelegt hat, wissen wir nicht. Sehr wahrscheinlich ist die Entscheidung von Drude allein getroffen worden.

Dafür haben wir zwei Indizien. Erstens hat Drude in den weitaus meisten Fällen selbständig entschieden; Planck hat, seiner eigenen Aussage zufolge, »immer nur gelegentlich Manuskripte zur Begutachtung« erhalten.[22] Zweitens war der junge Einstein für Drude bereits ein Begriff, wenn er ihn auch nicht persönlich kannte. 1901 hatte Einstein ihm brieflich zwei Einwände gegen seine Elektronentheorie vorgetragen und ihn damit bedenklich in die Enge getrieben. In den *Annalen* waren auch schon fünf Abhandlungen aus der Feder Einsteins erschienen, und der Redakteur der *Beiblätter zu den Annalen der Physik* hatte ihn um Mitarbeit gebeten.

Es war also die Entscheidung Drudes, die drei revolutionären Abhandlungen Einsteins in die damals führende physikalische Fachzeitschrift aufzunehmen. Allenfalls sind die Manuskripte vor dem Druck noch Max Planck gezeigt worden. Sonst hatte niemand damit zu tun.

Diese Tatsache liefert uns eine neue Möglichkeit, die in dem Buch über »Das tragische Leben der Mileva Einstein-Marić« behauptete These zu überprüfen, Mileva sei maßgeblich an der Ausarbeitung beteiligt gewesen, und die Manuskripte hätten vor dem Druck den Verfassernamen »Einstein-Marić« getragen.[23]

Anders als Desanka Trbuhović uns glauben machen will, ist Röntgen mit dem gesamten Kuratorium nur in ganz besonderen Ausnahmefällen mit *Annalen*-Angelegenheiten befaßt gewesen, wenn es etwa um einen Wechsel in der Redaktion ging. Ausdrücklich war bei einer Sitzung der Deutschen Physikalischen Gesellschaft festgelegt worden, daß »die Aufnahme oder Nichtaufnahme oder auch Kürzung von Abhandlungen« *nicht* in die Kompetenz des Kuratoriums falle. Die Entscheidung darüber, wie eingereichte Manuskripte zu behandeln sind, hat sich der Herausgeber Paul Drude nicht aus der Hand nehmen lassen. Allerhöchstens wurde von ihm gelegentlich einmal Max Planck konsultiert. Wir wissen deshalb so genau Bescheid, weil Planck nach dem unerwarteten Selbstmord Drudes am 5. Juli 1906 dessen Nachfolger als *Annalen*-Herausgeber, den damals in Würzburg wirkenden Wilhelm Wien, über die damalige Praxis genau informiert hat. Plancks Brief ist im Nachlaß Wiens erhalten geblieben.[24]

Damit sind wir wieder beim Thema. Wenn auch die Einsteinschen Arbeiten vor der Veröffentlichung Planck wahrscheinlich nicht vorgelegen haben, ist er doch der erste gewesen, der sie gründlich studierte. Wie hat er auf die neuen Einsichten reagiert? Man könnte denken, daß er die Lichtquanten-Hypothese begrüßt hat, mit der Einstein seine – nun fünf Jahre zurückliegenden – Untersuchungen über die Wärmestrahlung aufnahm und fortführte. Skepsis mochte er gegen die Spezielle Relativitätstheorie empfinden, denn mit diesem Problemkreis hatte er sich noch nicht beschäftigt.[25] In Wahrheit verhielt es sich gerade umgekehrt, und wir wissen auch, warum.

Planck gehörte zu den Konservativen im Lande, und diese Lebenseinstellung machte sich in der Politik und in der Wissenschaft geltend. Den wilhelminischen Staat wie die elektromagnetische Wellentheorie des Lichtes betrachtete er als ehrwürdige und »nachgerade sehr stark fundierte Gebäude«. Gegen die Einsteinsche Korpuskulartheorie des Lichtes schien ihm »die größte Vorsicht geboten«, was mit anderen Worten hieß, daß er sie für falsch hielt.[26] Als Planck 1913 in seinem Gutachten für die Preußische Akademie Einsteins Verdienste rühmte, veranlaßte ihn sein wissenschaftliches Gewissen, die Lichtquanten-Hypothese eine »Spekulation« zu nennen, mit der Einstein über das Ziel hinausgeschossen sei.

Von der Speziellen Relativitätstheorie aber war Planck elektrisiert. Zu verstehen ist das aus seiner wissenschaftlichen Weltanschauung. Als die schönste Forschungsaufgabe galt ihm die Suche nach dem »Absoluten«. Nun verlieren in der Relativitätstheorie Raum und Zeit ihren absoluten Charakter, wohingegen die Lichtgeschwindigkeit als Naturkonstante und damit »absolute Gegebenheit« ganz in den Mittelpunkt rückt.

Die für Planck entscheidende Frage: Behält die von ihm entdeckte und für die Eigenschaften der Wärmestrahlung maßgebende Größe h ihren Charakter als Naturkonstante? »Interessant war mir«, erläuterte Planck einem Kollegen und Freund, »daß diese Naturkonstante auch dann invariant bleibt, wenn man, gemäß dem Relativitätsprinzip, von einem vorhandenen Koordinatensystem auf ein bewegtes übergeht, wobei doch fast alle übrigen Größen wie Raum, Zeit, Energie, sich ändern. Dieser Umstand ist es gerade, der mich zur näheren Beschäftigung mit dem Relativitätsprinzip antrieb.«[27] Seine Auffassung, daß die Naturkonstanten in der Physik eine zentrale Rolle spielen, hatte damit die entscheidende Bewährungsprobe bestanden.

Das alles konnte Einstein nicht wissen. Ende Juni 1905, als er seine später so berühmte Arbeit *Zur Elektrodynamik bewegter Körper* den *Annalen* einsandte, war er in Sorge, ob sie von der Redaktion auch angenommen würde. Nach dem Erscheinen wartete er dann ungeduldig auf eine Reaktion. Es dauerte noch ein halbes Jahr, aber im März oder April 1906 kam ein Brief Plancks:

> Nach der langen Wartezeit war dies das erste Zeichen, daß seine Arbeit überhaupt gelesen worden war. Die Freude des jungen Gelehrten war um so größer, da die Anerkennung seiner Leistung von einem der größten Physiker der Gegenwart herrührte... In jenem Zeitpunkt bedeutete das Interesse Plancks in moralischer Beziehung unendlich viel für den jungen Physiker.[28]

Charles Percy Snow und Robert Jungk haben behauptet, es seien »polnische Physiker der Universität Krakau« gewesen, »die als erste die fundamentale Bedeutung der Arbeiten des bis dahin fast Unbekannten begriffen« und ihn »als einen neuen Kopernikus« gepriesen hätten. Die deutschen Gelehrten seien erst viele Jahre später soweit gewesen.[29] Das stimmt nicht. Es war Max Planck, der als erster die Relativitätstheorie verstanden und ihre Begründung eine »kopernikanische Tat« genannt hat. Einstein war sich dessen auch stets bewußt.

Am 23. März 1906 hielt Planck einen Vortrag vor der Deutschen Physikalischen Gesellschaft über »Das Prinzip der Relativität und die Grundgleichungen der Mechanik«. Eindringlich machte Planck den Physikern klar: Eine neue und bedeutende Theorie war aufgetaucht, und nun mußte diese Theorie zum Gegenstand weiterer Untersuchungen gemacht werden:

> Ein physikalischer Gedanke von der Einfachheit und Allgemeinheit, wie der in dem Relativitätsprinzip enthaltene, verdient es, auf mehr als eine einzige Art geprüft, und, wenn er unrichtig ist, ad absurdum geführt zu werden; und das kann auf keine bessere Weise geschehen, als durch Aufsuchung der Konsequenzen, zu denen er führt.[30]

Vielleicht zieht man aus dieser Formulierung den Schluß, daß auch Planck noch Zweifel hatte. Nichts wäre irriger. Tatsächlich geht Planck hier in einer Weise vor, wie sie später von Karl Popper als »wissenschaftlich« charakterisiert wurde. Eine Theorie muß so präzise formuliert sein, daß sie »falsifiziert« werden kann. Hält sie allen experimentellen Überprüfungen stand, und gelingt es auch nicht, innere logische Widersprüche nachzuweisen, hat die Theorie als »bestätigt« zu gelten.

Planck machte selbst den Anfang mit der Überprüfung. Der damals in Göttingen wirkende Physiker Walter Kaufmann wollte aus seinen Experimenten eine Widerlegung der Speziellen Relativitätstheorie herauslesen. Es geht dabei um die Ablenkung von schnellen Elektronen in elektrischen und magnetischen Feldern. Planck nahm sich die Zeit, die Versuchsbedingungen genau zu analysieren, und konnte nachweisen, daß Kaufmann unzulässige Vereinfachungen gemacht hatte.

Der wichtigste wissenschaftliche Kongreß war damals die Jahresversammlung der deutschen Naturforscher und Ärzte. Im September 1906 tagte die Gesellschaft in Stuttgart, und hier hielt Max Planck einen Vortrag über die Kaufmannschen Ablenkungsversuche: Sie dürften nicht als Widerlegung der Relativitätstheorie interpretiert werden.

Der Kenner amüsiert sich über die vorsichtige Ausdrucksweise. Wenn es heute um die Bewegung schneller Teilchen geht, ist die Spezielle Relativitätstheorie die selbstverständliche Grundlage der rechnerischen Behandlung. Die Hochenergiebeschleuniger für Elektronen und Protonen, deren Bau hundert Millionen und mehr gekostet hat und die das Herzstück einer Großforschungsanlage für Elementarteilchenphysik bilden, könnten überhaupt nicht funktionieren, wenn die Relativitätstheorie unzutreffend wäre.

In die frühe Diskussion um das Einsteinsche Relativitätsprinzip griff auch der soeben auf den Lehrstuhl für theoretische Physik an der Universität München berufene Arnold Sommerfeld ein. Auf dem Naturforscherkongreß in Stuttgart im September 1906 war er noch ein Gegner der neuen Theorie. Zwei Monate später aber schrieb er an Wilhelm Wien nach Würzburg: »Ich habe jetzt Einstein studiert, der mir sehr imponiert.«[31]

Im Jahr darauf, bei der Versammlung der Naturforscher und Ärzte in Dresden, hielt Sommerfeld einen kleinen Vortrag über die Relativitätstheorie, und zwar über einen von Wilhelm Wien stammenden Einwand: Unter Umständen könnten doch, meinte

Wien, Überlichtgeschwindigkeiten auftreten. Solche aber darf es nach der Einsteinschen Theorie nicht geben. Sommerfeld wies nun nach, daß sich tatsächlich ein Signal höchstens mit Lichtgeschwindigkeit bewegen kann. Wilhelm Wien mußte sich – halb unwillig – »der Macht seiner mathematischen Analyse beugen«.[32]

Im Juli 1907 erhielt Einstein einen langen Brief von Max Planck, in dem dieser konstatierte, daß bis jetzt die Anhänger des Relativitätsprinzips nur ein »bescheidenes Häuflein« bildeten. Da zählte es doppelt, daß nun auch Sommerfeld, der neue Ordinarius für theoretische Physik an der Universität München, dafür gewonnen war. Sommerfeld erwies sich später als einer der treuesten Freunde Einsteins und stellte sich 1920 mit »wahrer Wut« den antisemitischen Angriffen gegen Einstein entgegen. Wie tief die Ressentiments auch in den Herzen der besten wurzelten, zeigt ein Brief Sommerfelds 1907 an Hendrik Antoon Lorentz:

> Jetzt aber warten wir alle sehnlichst, daß Sie sich einmal zu dem ganzen Complex der Einsteinschen Abhandlungen äußern. So genial sie sind, so scheint mir doch in dieser unkonstruierbaren und anschauungslosen Dogmatik fast etwas Ungesundes zu liegen. Ein Engländer hätte schwerlich diese Theorie gegeben; vielleicht spricht sich hierin... die abstraktbegriffliche Art des Semiten aus. Hoffentlich gelingt es Ihnen, dies geniale Begriffs-Skelett mit wirklichem physikalischen Leben zu erfüllen.[33]

Heute erscheinen uns Einsteins Arbeiten musterhaft. Wer von einer »anschauungslosen Dogmatik« spricht, zeigt damit, daß er die Gedanken noch nicht richtig verstanden hat. Solche Kritik brachten Philipp Lenard und seine Anhänger seit 1920 öffentlich gegen die Allgemeine Relativitätstheorie vor.

Auch dem mathematisch geschulten Sommerfeld bereitete also, wie aus dem Brief hervorgeht, die Spezielle Relativitätstheorie Verständnisschwierigkeiten. Wir lernen zugleich, wie rasch damals die Zeitgenossen bei der Hand waren, ihren jüdischen Mitbürgern negative Charaktereigenschaften als »Rassenspezifika« zuzuschreiben. Als der große Lehrer der theoretischen Physik hat Arnold Sommerfeld später erheblich zur Kenntnis der Theorie beigetragen, und das auch noch während des Dritten Reiches. »Die Studenten waren begeistert, weil ich selbst wieder einmal von der Schönheit und Einheitlichkeit begeistert war«, berichtete er Mitte 1934 an Einstein: »Nicht ein einziges Mal ist die Nennung Ihres Namens beanstandet worden.«[34]

Damals wurde Einstein vom nationalsozialistischen Reichsinnenminister ausgebürgert. Als Arnold Sommerfeld wieder einmal im Ausland war, zu einer kleinen Tagung über Festkörperphysik in Zürich, meldete er sich abermals »mit einem freundschaftlichen Händedruck« bei Einstein:

> In meiner laufenden Vorlesung über Elektrodynamik werde ich bald zur relativistischen vierdimensionalen Form übergehen. Als ich dies ankündigte, erfolgte begeistertes Trampeln der Hörer. Sie sehen daraus, daß Sie in den deutschen Hörsälen nicht ausgebürgert sind.[35]

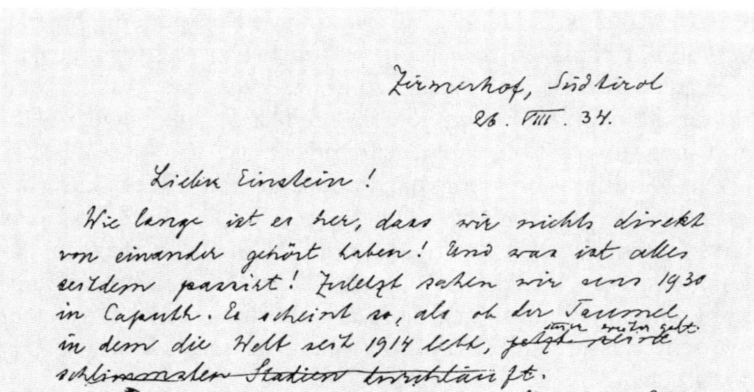

Zirmerhof, Südtirol
26. VIII. 34.

Lieber Einstein!

Wie lange ist es her, dass wir nichts direkt von einander gehört haben! Und was ist alles seitdem passiert! Zuletzt sahen wir uns 1930 in Caputh. Es scheint so, als ob der Taumel, in dem die Welt seit 1914 lebt, ~~jetzt seine schlimmsten Stationen durchläuft~~ immer weiter geht.

Ich schreibe diesen Brief aus Italien. Wenn ich ihn von Deutschland aus schriebe, würde er ~~nicht~~ kaum in Ihre Hände gelangen.

Brief des Münchner Kollegen Arnold Sommerfeld vom 26. August 1934

In seiner berühmten Arbeit von 1905 *Zur Elektrodynamik bewegter Körper* hat Einstein zwei scheinbar paradoxe Folgerungen seiner Speziellen Relativitätstheorie erläutert: die heute sogenannte Einsteinsche Zeitdilatation und die Lorentz-Kontraktion. Arnold Sommerfeld bemühte sich im Band III seiner sechsbändigen *Vorlesungen über theoretische Physik*, seinen Studenten die Theorie mit allen ihren Konsequenzen mundgerecht zu machen: »Der Weg, den Einstein 1905... einschlug, war steil und mühsam«, schrieb er. »Der Weg, den wir einschlagen werden, ist breit und bequem.«[36]

Wir wollen hier nur auf die Zeitdilatation eingehen. Ein Physiker A fährt in einem Zug (Einsteins beliebter Gedankenversuch), der zweite Physiker B steht am Bahndamm. Jeder hat eine Uhr (»von genau derselben Beschaffenheit«). A stellt fest, daß die Uhr seines Kollegen langsamer läuft als die seine. Die gleiche Feststellung trifft B. Den Sachverhalt macht man sich am einfachsten klar durch eine Uhr besonderer Art, die in nichts besteht als einem Lichtimpuls, der in vertikaler Richtung zwischen zwei Spiegeln hin- und herläuft. Jeder der beiden Physiker beobachtet beim anderen, daß der Lichtweg bei dessen Uhr nicht genau vertikal ist, sondern eine horizontale Komponente besitzt, die von der relativen Bewegung herrührt. Der Lichtweg bei der bewegten Uhr ist also länger, und weil die Geschwindigkeit immer unverändert bleibt, vergeht mehr Zeit: Die bewegte Uhr läuft langsamer als die eigene, ruhende.

Die Zeitdilatation kann zur experimentellen Überprüfung der Speziellen Relativitätstheorie benutzt werden. Im Jahre 1905 hatte der damals noch als Privatdozent in Göttingen tätige Johannes Stark den optischen Dopplereffekt an Kanalstrahlen entdeckt. Einstein sah sofort, daß das Strahlung von bestimmter Frequenz aussendende Atomion »als eine rasch bewegte Uhr aufzufassen ist«.[37]

Stark hat seine Kollegen immer wieder verblüfft: durch bedeutende experimentelle Entdeckungen und seine Streitsucht. Er erhielt 1919, also noch vor Einstein, den Nobelpreis für Physik. In die Geschichte eingegangen ist er aber nicht als großer Experimentalphysiker, sondern als wüster Antisemit und Kämpfer gegen den »Einsteinschen Geist« in der Wissenschaft. Als Anhänger der »Deutschen Physik« und enger Freund Lenards hat Stark später verhängnisvollen Einfluß auf die Wissenschaft ausgeübt. Nach dem Zweiten Weltkrieg mußte er sich vor der Spruchkammer verantworten, und der Gerichtsvorsitzende hat auch Einsteins Urteil eingeholt: »Johannes Stark war stets ein höchst egozentrischer Mensch von ungewöhnlich starkem Geltungsbedürfnis«, meinte Einstein und sprach vom »paranoiden Grundzug« seiner Persönlichkeit.[38]

In den Jahren vor dem Ersten Weltkrieg, als alle Welt der klassischen Physik anhing, ist Stark, man glaubt es kaum, *für* die Relativitätstheorie und das Quantenkonzept und damit *für* Einstein auf die Barrikaden gestiegen. Auch dabei hat er sich recht wild gebärdet, weshalb ihn die Kollegen schon bald »Johannes Robustus« nannten.

Damals zogen Einstein und Stark am gleichen Strang: Sie wollten mit Hilfe des optischen Dopplereffektes die Spezielle Relativitätstheorie bestätigen. Wie oft in der Physik reichte aber vorerst die Meßgenauigkeit nicht aus. Erst 20 Jahre später gelang es, die Verschiebungen der Spektrallinien mit der erforderlichen Genauigkeit zu messen, um zuverlässig auf den Effekt zweiter Ordnung schließen zu können.[39]

Diese Arbeiten hatten dann sozusagen nur noch buchhalterisches Interesse. Kein Physiker, der auf der Höhe der Zeit stand, zweifelte mehr an der Richtigkeit der Speziellen Relativitätstheorie. Seither haben sich viele physikalische Laien mit der Einsteinschen Zeitdilatation beschäftigt, und viele hundert Artikel und Bücher sind vergeblich geschrieben worden, um Einstein einen Denkfehler nachzuweisen. Die Zeitdilatation ist darüber hinaus experimentell millionenfach bestätigt, etwa im Verhalten hochenergetischer Elementarteilchen. So kann das instabile μ-Meson, das in der Höhenstrahlung entsteht, als schnellbewegte Uhr aufgefaßt werden. Seine Lebensdauer (Halbwertszeit) ist gegenüber einem ruhenden μ-Meson um den Einsteinfaktor erhöht.[40]

Kurz nach der Jahrhundertwende hatte Johannes Stark das *Jahrbuch der Radioaktivität und Elektronik* gegründet, das allem Neuen in der Atomphysik gewidmet sein sollte. Im Herbst 1907 bat er Einstein um ein Übersichtsreferat über die Relativitätstheorie.[41] Das war für den Begründer der Theorie eine willkommene Gelegenheit, noch einmal die Grundlagen und wesentlichsten Aspekte zusammenfassend zu bedenken.

Aus Einsteins Antwort auf die ehrenvolle Aufforderung erfahren wir, welche Schwierigkeiten es ihm bereitete, »sich über alles in der Sache erschienene« zu informieren. In seiner freien Zeit war die Bibliothek geschlossen. Insbesondere waren ihm damals immer noch die Arbeiten von Henri Poincaré unbekannt. Zwei Monate, im Oktober und November 1907, saß Einstein an seinem Aufsatz. Wie er selbst urteilte, war »mehr Gewicht gelegt auf Anschaulichkeit und Einfachheit der mathematischen Entwicklungen als auf Einheitlichkeit der Darstellung«.[42] Was er damit meinte, hat er später mit der Formel ausgedrückt, daß der Physiker »die Eleganz den Schustern und Schneidern überlassen« solle.

Seinem Aufsatz gab Einstein den Titel *Über das Relativitätsprinzip und die aus demselben gezogenen Folgerungen.* Die wichtigste Folgerung war die Äquivalenz von Energie und Masse:

$$E = mc^2.$$

Wir sprechen heute von dieser Relation als der »Schicksalsformel der Menschheit«: Masse kann sich in Energie verwandeln. Wegen des Faktors c^2 entsteht aus einem Gramm Masse der unvorstellbar große Energiebetrag von 21,5 Milliarden Kilokalorien oder 25 Millionen Kilowattstunden. Einstein hatte die Formel bereits 1905 an Hand eines genialen Gedankenversuchs abgeleitet und auf drei Druckseiten in den *Annalen der Physik* publiziert. »Die Überlegung ist lustig und bestechend«, schrieb er damals seinem Freund Conrad Habicht, »aber ob der Herrgott nicht darüber lacht und mich an der Nase herumgeführt hat?«[43]

Vielleicht empfindet der Leser das Wort »lustig« als unpassend; aber so reden Physiker. Einstein meinte soviel wie »intellektuell überraschend«. Dazu eine Anekdote: Der von Einstein als kongenialer Nachfolger betrachtete Wolfgang Pauli hielt einmal in Zürich vor Nationalräten einen Vortrag über seine letzten Entdeckungen und schloß mit der rhetorischen Frage: »Meine Herren, ist das nicht lustig?« »Lustig vielleicht«, meinte einer der Parlamentarier, »ist es aber auch wichtig?«

Aus dieser Gleichung folgt unmittelbar:

Gibt ein Körper die Energie L in Form von Strahlung ab, so verkleinert sich seine Masse um L/V^2. Hierbei ist es offenbar unwesentlich, daß die dem Körper entzogene Energie gerade in Energie der Strahlung übergeht, so daß wir zu der allgemeineren Folgerung geführt werden:

Die Masse eines Körpers ist ein Maß für dessen Energieinhalt; ändert sich die Energie um L, so ändert sich die Masse in demselben Sinne um $L/9.10^{20}$, wenn die Energie in Erg und die Masse in Grammen gemessen wird.

Es ist nicht ausgeschlossen, daß bei Körpern, deren Energieinhalt in hohem Maße veränderlich ist (z. B. bei den Radiumsalzen), eine Prüfung der Theorie gelingen wird.

Wenn die Theorie den Tatsachen entspricht, so überträgt die Strahlung Trägheit zwischen den emittierenden und absorbierenden Körpern.

Bern, September 1905.

(Eingegangen 27. September 1905.)

Die letzten Zeilen aus der berühmten Arbeit »Ist die Trägheit eines Körpers von seinem Energieinhalt abhängig?« (Annalen der Physik, Bd. 18, 1906, S. 639–641)

Darauf kam die klassische Antwort: »Alles, was lustig ist, ist auch wichtig.«

In den zwei Jahren seit der ersten Veröffentlichung hatte Einstein weiter über die Vorgänge nachgedacht, die die Energie-Masse-Äquivalenz bestätigen konnten. In seinem Aufsatz im *Jahrbuch der Radioaktivität und Elektronik* sagte er richtig, daß man nach Reaktionen suchen müsse, bei denen der sogenannte »relative Massendefekt« möglichst groß ist. Als Maß für die Stabilität des Atomkerns spielt heute diese Größe eine wichtige Rolle in der Kernphysik; sie ist ebenso wichtig bei der technischen Nutzung der Atomenergie. Damals machte es noch Schwierigkeiten, radioaktive Reaktionen zu finden, bei denen der Massendefekt groß genug ist, um experimentell nachweisbar zu sein.

KAPITEL 6

Der »Experte zweiter Klasse«

Für die an den Grundproblemen interessierten Physiker war der Name »Einstein« zu einem Begriff geworden, auch wenn sie ihn persönlich noch nicht kannten. Bis Ende 1907 hatte er insgesamt 25 wissenschaftliche Abhandlungen (zumeist Aufsätze in den *Annalen der Physik*) und dazu 22 Besprechungen in den *Beiblättern* veröffentlicht.

Im Februar 1908 meldete sich Johann Jakob Laub bei Einstein, ein junger Physiker, der bei Wilhelm Wien in Würzburg promoviert hatte. Er beschäftigte sich jetzt, wie er schrieb, mit der von Einstein eingeleiteten »Relativitätsphysik«. Laub wollte für drei Monate nach Bern kommen, um hier mit dem Schöpfer der neuen Physik zu kooperieren. Er war höchlichst erstaunt, als er erfuhr, daß Einstein keine Universitätsstellung hatte, sondern »acht Stunden am Tage in einem Bureau sitzen« mußte: »Es gibt oft einen Treppenwitz in der Geschichte.«[1]

Als noch größeren Treppenwitz empfinden wir heute, daß der Physiker, der den Umsturz im Weltbild eingeleitet hatte und die Erneuerung der Grundlagen konsequent vorantrieb, am Patentamt seit 1. April 1906 den Titel eines »Experten zweiter Klasse« führte.

Damals erschien Einstein diese Bezeichnung keineswegs als lächerlich, denn sie sicherte ihm eine halbwegs auskömmliche Besoldung von 4500 Franken jährlich. Die Beförderung vom Status des Experten dritter Klasse verdankte Einstein dem Wohlwollen seines Direktors, der ihm attestierte, daß er mit bestem Erfolg technisch ganz schwierige Patentgesuche behandle. Als einmal ein Patentagent gegen Einsteins Verfügung Einspruch erhob und einen Bescheid des Kaiserlichen Patentamtes in Berlin heranzog, stellte sich der Direktor in allen Punkten auf die Seite seines Beamten.[2]

40 Jahre später hat Einstein seinen Kollegen in Princeton von der schönen Berner Zeit und von Friedrich Haller, dem bärbeißigen Direktor des Patentamtes, erzählt:

> Wenn heftige Einwendungen von Gesuchstellern gegen die Gutachten des Amtes... erfolgreich abgewiesen waren, sitzt Haller des Abends mit einem Stumpen bei einem Dreier und spricht befriedigt vor sich hin: »Wir werden denen schon zeigen, wo der Herrgott hockt.«[3]

Von einem Princetoner Kollegen wissen wir auch, daß sich Einstein leisten konnte, auch einmal während der Dienststunden an seinen physikalischen Problemen zu arbeiten. Sobald Haller durch die Büroräume ging, ließ er einen Stoß Manuskriptblätter in der Schublade verschwinden und holte rasch andere hervor: »Ich bezweifle, daß Haller es nicht bemerkt hat. Warum sollte er es beanstanden, da er doch mit der Arbeit zufrieden war.«[4]

Die Arbeit am Patentamt nahm ihm den größten Teil seiner Zeit, aber sie hat ihn auch an geistige Disziplin gewöhnt. Später hat er von einem »wahren Segen« für seine intellektuelle Entwicklung gesprochen. Im Patentamt lernte er, physikalisch zu denken. Der Theoretiker ist immer in Gefahr, den Bezug zur Realität zu verlieren. Bei der Prüfung der Patentgesuche mußte er sich jedesmal neu klar werden, ob der Erfindungsgedanke der Wirklichkeit standhielt oder ob es sich nur um eine artifizielle Idee handelte.

Hier am Patentamt erhielt Einstein auch den Besuch des gleichaltrigen Max Laue, der damals als Assistent Plancks in Berlin wirkte. Die Skrupel, die andere später über die ungewohnten neuen Auffassungen von Raum und Zeit äußerten, waren auch ihm nicht erspart geblieben.[5]

Im August 1907 fuhr Laue zu Hochgebirgstouren in die Schweiz mit der Nebenabsicht, Einstein kennenzulernen und mit ihm zu diskutieren. Verabredet hatten sie sich im Patentamt:

> Im allgemeinen Empfangsraum sagte mir ein Beamter, ich solle wieder auf den Korridor gehen, Einstein würde mir dort entgegenkommen. Ich tat das auch, aber der junge Mann, der mir

entgegenkam, machte mir einen so unerwarteten Eindruck, daß ich nicht glaubte, er könne der Vater der Relativitätstheorie sein. So ließ ich ihn an mir vorübergehen, und erst als er aus dem Empfangszimmer zurückkam, machten wir Bekanntschaft miteinander. Was wir besprochen haben, weiß ich nur noch in Einzelheiten. Aber ich erinnere mich, daß der Stumpen, den er mir anbot, mir so wenig schmeckte, daß ich ihn »versehentlich« von der Aarebrücke in die Aare hinunterfallen ließ. Auch erinnere ich mich, daß wir eine schöne Aussicht auf das Berner Oberland hatten und Einstein bemerkte: »Wie man da oben herumlaufen kann, verstehe ich nicht!«[6]

Um diese Zeit trat Laue mit einem empirischen Beweis der Speziellen Relativitätstheorie hervor, der seinem Lieblingsgebiet, der Optik, entnommen war. Für die Lichtgeschwindigkeit in strömendem Wasser gab es seit 1851 eine Formel von Hippolyte Fizeau, die unzweifelhaft richtig war, die aber bisher noch nicht aus den Prinzipien hatte abgeleitet werden können. Laue zeigte nun, daß die Formel ganz einfach aus dem »Additionstheorem der Geschwindigkeiten« folgt.[7] Dieses Theorem hatte Einstein schon in seiner ersten Veröffentlichung *Zur Elektrodynamik bewegter Körper* angegeben.

Einstein fühlte sich wohl im »Eidgenössischen Amt für Geistiges Eigentum« in Bern. Die Hoffnung, einmal als Professor an einer Universität mehr Muße für die Wissenschaft zu erlangen, hat er dennoch nicht aufgegeben. Der Weg in den akademischen Olymp führt über Promotion und Habilitation.

Eine Dissertation hatte Einstein schon Ende 1901 an der Universität Zürich eingereicht. Mileva bewunderte die Abhandlung. Er mußte sie trotzdem zurückziehen, wahrscheinlich, weil er zu scharfe Kritik an Paul Drude und Ludwig Boltzmann geübt hatte. 1905 reichte er eine ganz andere Arbeit, »eine neue Bestimmung der Moleküldimension«, als Inauguraldissertation ein. Unter Lachen erzählte Einstein später, daß auch diese ihm zurückgegeben wurde, und zwar mit der Bemerkung, sie sei zu kurz. Nachdem er noch einen einzigen Satz hinzugefügt habe, sei sie stillschweigend angenommen worden.[8]

Am 15. Januar 1906 erhielt Einstein endlich seinen Doktorgrad. Sein alter Münchner Mathematiklehrer, dem er Sonderdrucke seiner Arbeiten geschickt hatte, gratulierte zu der »höchsten Würde«, mit der die Hochschule »ihre Getreuen« kröne. Einsteins Ehrgeiz richtete sich aber bereits auf die Habilitation. Er

Im Patentamt, um 1907

wandte sich an Paul Gruner, den außerordentlichen Professor für theoretische Physik an der Universität Bern.

»Wenn junge Gelehrte um Rat fragen kommen wegen Habilitation, so ist die Verantwortung des Zuredens fast nicht zu tragen.« So äußerte sich der Soziologe Max Weber in seinem berühmten Vortrag über *Wissenschaft als Beruf*. Weber kannte und verachtete den Antisemitismus an den Universitäten und fügte deshalb hinzu: Wenn es sich um einen Juden handle, müsse man ihm klar sagen: »Lasciate ogni speranza.«[9] Gegenüber einer Freundin hatte Mileva schon genug geklagt, daß ihr Albert »ein sehr böses Maul« habe und obendrein Jude sei. An der kleinen »Universitas Litterarum Bernensis« aber war gar nicht der Antisemitismus das Haupthindernis, sondern die Inkompetenz. Über Aimé Forster, den Ordinarius für Physik und eigentlichen Fachvertreter, waren diesbezüglich »drastische Geschichten im Umlauf«, wie sich Einstein noch nach Jahrzehnten erinnerte.

Als Extraordinarius hatte Paul Gruner wenig Einfluß. Immerhin stellte er sich freundlich zu dem jungen Patentamtsbeamten und ermutigte ihn, bei der philosophischen Fakultät, zu der damals die Naturwissenschaften gehörten, ein Habilitationsgesuch einzureichen. Zwar konnte auch Gruner Einsteins Leistungen nicht beurteilen, aber er war mit einem Ingenieur am Patentamt befreundet, und der erzählte ihm Wunderdinge von den geistigen Fähigkeiten seines Kollegen.

Am 17. Juni 1907 reichte Einstein sein Gesuch ein. Der Vorschrift entsprechend fügte er einen eigenhändig geschriebenen Lebenslauf bei, die Doktorarbeit, die Promotionsurkunde und 17 Sonderdrucke seiner Zeitschriftenaufsätze.[10] Eine eigentliche Habilitationsschrift legte Einstein nicht vor. Es handelte sich also, wie man heute sagt, um eine »kumulative Habilitation«. Die Veröffentlichungen müssen dann die fehlende Habilitationsschrift ersetzen, weshalb gefordert wird, daß sie einen »substantiellen Beitrag« zum Fortschritt der Wissenschaft darstellen. Wichtigere »Beiträge« als die Einsteins gibt es nicht. Sie haben die Physik umgestaltet.

In der Sitzung am 28. Oktober 1907 wurde Einsteins Gesuch abgelehnt. Die Professoren begriffen den Rang der Arbeiten nicht und urteilten deshalb rein formal. Sie bestanden auf einer eigenen Habilitationsschrift, weil sie keinen Präzedenzfall schaffen wollten. (Als ob schon bald ein zweiter Einstein zu erwarten wäre!) Der Habilitand hatte einen positiven Bescheid erwartet und war tief enttäuscht. Das zeigt seine Unerfahrenheit in akademischen Angelegenheiten. Als er selber alt und weise geworden war, spottete er, daß in einer kleinen Fakultät die paar alten Kracher zusammenhalten und das Regiment führen.[11] Seine Hoffnungen richteten sich nun auf eine Lehrstelle am Technikum in Winterthur. In einem Brief an seinen Studienfreund Marcel Grossmann stellte er treuherzig die Frage, ob er durch eine persönliche Vorstellung seine Chancen verbessern könnte oder ob er im Gegenteil bei den biederen Eidgenossen einen »schlechten Eindruck« mache: »kein Schweizerdeutsch, semitisches Aussehen etc.«.[12]

Ende Januar 1908 kam eine Postkarte von Alfred Kleiner, dem Ordinarius für Physik an der Universität Zürich, bei dem er zwei Jahre zuvor promoviert hatte. Ohne direkt zu sagen, um was es ging, wollte Kleiner »eine Angelegenheit von gegenseitiger Bedeutung« besprechen. Nach Lage der Dinge konnte das nur eine Professur in Zürich bedeuten. Ohne Habilitation aber war eine Berufung kaum durchzubringen.

Inzwischen hatte Einstein bei einem zufälligen Zusammentreffen in der Stadtbibliothek Bern ein freundschaftliches Gespräch mit Professor Paul Gruner geführt. Dieser erläuterte, daß sich der Fakultätsbeschluß in keiner Weise persönlich gegen Einstein gerichtet habe. Vielmehr legten die Kollegen aus grundsätzlichen Erwägungen Wert auf eine eigene Habilitationsschrift. Es könne ihm doch nicht schwerfallen, eine solche zu verfassen.

In der Tat, Einstein war inzwischen zu einer wesentlichen neuen Einsicht gelangt: Das Licht besitzt sowohl Wellen- wie Korpuskulareigenschaften. Er arbeitete dieses Dualitätsprinzip aus, und damit war die geforderte Habilitationsschrift auch schon fertig. Das Ganze nannte er *Folgerungen aus dem Energieverteilungsgesetz der Strahlung schwarzer Körper, die Konstitution der Strahlung betreffend*.

Ohne weitere Komplikationen wurde er nun zu Probevorlesung und Kolloquium zugelassen. Vor der philosophischen Fakultät, ganzen sieben Professoren, sprach Einstein »Über die Gültigkeitsgrenzen der klassischen Thermodynamik«. Hier ging es, wie schon in der Habilitationsschrift, um die Quantentheorie, und die Herren werden ihre Mühe gehabt haben, im anschließenden Kolloquium ein paar sinnvolle Fragen zu stellen.

Am 28. Februar 1908 wurde ihm die Venia legendi für theoretische Physik erteilt.

Über die Universitäten ist schon manche Glosse geschrieben worden. Darin besonders hervorgetan hatte sich der von Einstein so sehr geschätzte Schopenhauer. Auch Einsteins Habilitation gäbe Anlaß zum Spott. Zuerst hatte er keine Habilitationsschrift gehabt – Ablehnung seines Gesuches. Dann reichte er eine völlig unverständliche Schrift ein. Machte das einen Unterschied? Formal freilich war nun alles in Ordnung.

Schlechter erging es zwei Jahre später dem jungen Arthur Erich Haas in Wien. Er hatte in seiner Habilitationsschrift das Plancksche Wirkungsquantum auf das Atom angewandt, was uns heute nur konsequent erscheint. Wir sagen: Das Wirkungsquantum ist der Schlüssel zum Verständnis des Atoms. Damals aber wurde dieser Gedanke von den Wiener Physikern als »Faschingsscherz« abqualifiziert und damit, wie Haas später beklagte, sein Anlauf »zu großen und vielleicht bahnbrechenden Leistungen im Keime erstickt«.[13]

Einsteins Arbeiten überragten die von Arthur Erich Haas, von Max Born und von allen anderen Theoretikern um ein Vielfaches. Zieht man noch die Tatsache in Betracht, daß Einstein die Physik nur als Hobby nebenbei betreiben konnte, muß man seine Leistung noch viel höher veranschlagen. Seine Schöpferkraft hat etwas von einem Wunder.

Die Habilitation änderte kein Jota an seinen Pflichten gegenüber dem Patentamt. Außer einem kleinen Obolus von seinen Studenten, »Hörergeld« genannt, erhielt er als Privatdozent keinen Centime von der Universität. Er pilgerte also weiterhin täglich ins »Eidgenössische Amt für Geistiges Eigentum« und widmete sich seinen Obliegenheiten als technischer Vorprüfer. Die Vorlesungen mußten außerhalb der Dienststunden stattfinden. Im Sommer 1908 las er am Dienstag und Samstag von sieben bis acht über »Molekulare Theorie der Wärme«. Er hatte drei Hörer: seine beiden Freunde Michele Besso und Lucien Chavan, dazu einen Kollegen vom Patentamt. Im Wintersemester 1908/09 hielt er eine einstündige Vorlesung vor vier Hörern, diesmal Mittwochabend von sechs bis sieben und über »Theorie der Strahlung«.

Zu der »Gemeinschaft der Lehrenden und Lernenden« an der Universität Bern gehörte damals auch Einsteins Schwester Maja.

Sie studierte Romanistik und promovierte im Dezember 1908 über eine altfranzösische Handschrift in Alexandrinerversen, bei der es um die ruhmreichen Taten des Kreuzfahrers Gottfried von Bouillon geht. Einmal wollte Maja eine Vorlesung ihres Bruders besuchen und erkundigte sich nach dem Hörsaal. Der Pedell hatte sich längst seine Meinung über den neuen Privatdozenten gebildet und staunte, als die adrett gekleidete Maja vor ihm stand: »Der Schlämpi ist Euer Bruder? Das hätt' i aber o nie tänkt!«[14]

In der akademischen Welt herrschte eine strenge Hierarchie, und in der demokratischen Schweiz ging es kaum anders zu als im Deutschen Reich. Es gab drei Klassen von Dozenten: Oben die ordentlichen Professoren oder kurz »Ordinarien«, die ein volles Gehalt bezogen und die Universitätsangelegenheiten unter sich ausmachten. Dann kamen die außerordentlichen Professoren oder »Extraordinarien«, die von ihrem Gehalt schlecht und recht lebten, in den Instituten und Fakultäten aber kaum mitreden durften. Ganz unten waren die Privatdozenten, die außer den bescheidenen Hörergeldern kein Einkommen bezogen und an der Universität nichts zu sagen hatten.

Diese Dreiteilung hat der französische Philosoph Victor Cousin das »Haupttreibrad« des deutschen Universitätssystems genannt, offenbar weil die Dozenten in ihrem Drang nach oben das ganze System in Schwung hielten. Ein Privatdozent lebte von der Hoffnung, eines Tages zum außerordentlichen Professor aufzusteigen. Da war Einstein keine Ausnahme.

An den deutschen Universitäten gab es neben dem Ordinarius für Physik, der auch als Direktor des Physikalischen Laboratoriums wirkte, üblicherweise eine zweite Professur – ein Extraordinariat zumeist – für theoretische Physik. An der Universität Zürich fehlte eine solche Stelle. Der Ordinarius Alfred Kleiner bemühte sich, diese Lücke zu schließen.

Im Januar 1909 kam Kleiner überraschend nach Bern und setzte sich in Einsteins Vorlesung. Eine große Stunde erlebte er nicht. Einstein war schlecht vorbereitet. Er wußte, um was es ging, und wurde nervös. Nach der Vorlesung nahm Kleiner kein Blatt vor den Mund. Einstein gelang es aber, mit ihm einen Vortrag vor der »Physikalischen Gesellschaft« in Zürich zu vereinbaren. Dort wollte er zeigen, was er konnte. Einstein bereitete sich sorgfältig vor, und nun lief alles glatt. »Der gestrenge Kleiner«, meldete er den Freunden, »hat sich sehr gnädig über den Erfolg ausgedrückt und angedeutet, daß vermutlich bald Weiteres erfolgen werde.«[15] Kleiner verfaßte ein Gutachten, in dem er sich ungewöhnlich positiv über den jungen Gelehrten aussprach. Auch in den kritischen Passagen über die Qualität des Vortrags war sein Urteil fair: »Ich habe die Überzeugung, daß Dr. Einstein auch als Dozent seinen Mann stellen wird.«

Was Kleiner über die wissenschaftlichen Leistungen sagte, war eine einzige Lobeshymne, und wir staunen über seine Weitsicht. Offenbar hatte er sich gewissenhaft kundig gemacht:

> Einstein gehört gegenwärtig zu den bedeutendsten theoretischen Physikern und ist seit seiner Arbeit über das Relativitätsprinzip wohl ziemlich allgemein als solcher anerkannt... Was seine Arbeiten auszeichnet, ist eine ungewöhnliche Schärfe in der Fassung und Verfolgung von Ideen und eine auf das Elementare dringende Tiefe. Bemerkenswert ist auch die Klarheit und Präzision seines Stils; er hat sich in vielen Beziehungen eine eigene Sprache geschaffen, was bei einem dreißigjährigen Mann ein deutliches Zeichen von Selbständigkeit und Reife ist.[16]

Rein fachlich gesehen war Einstein ein überzeugender Kandidat. Aber es gibt bei Berufungen auch andere Gesichtspunkte.

Arthur Schopenhauer hatte dringend geraten, den Patriotismus, wenn er im Reich der Wissenschaft sich geltend mache, als »schmutzigen Gesellen« hinauszuwerfen. Daneben hatte sich ein zweiter, noch üblerer Geselle eingenistet: der Antisemitismus. Manche Fakultäten lehnten es grundsätzlich ab, jüdische Gelehrte zu berufen. Andere machten es sich zur Ehre, nur auf die wissenschaftliche Qualifikation zu achten. In den meisten Fällen suchten die Herren einen Kompromiß. Jüdische Gelehrte konnten berufen werden; sie mußten aber (bitter ironisch gesagt) ihren »Makel« durch besonders gute Leistungen wettmachen.

Auch in Zürich erhoben sich Bedenken. Mit großer Mehrheit kamen die wackeren Züricher Professoren jedoch zu dem Ergebnis, daß es nicht angehe, »einen Mann bloß deswegen zu disqualifizieren, weil er zufällig Jude ist«:

> Weder die Kommission noch die Gesamtfakultät hielt es mit ihrer Würde vereinbar, den Antisemitismus als Prinzip auf ihre Fahne zu schreiben.[17]

Vorurteile gedeihen im verborgenen. Nur selten ist es möglich, sie ans Licht zu ziehen. Im vorliegenden Fall hat die Fakultät die Einwände der Antisemiten zu Protokoll genommen: Einstein sei Israelit, und diesen werde »allerlei unangenehme Charaktereigentümlichkeiten, wie Zudringlichkeit, Unverschämtheit, Krämerhaftigkeit in der Auffassung ihrer akademischen Stellung und dergleichen nachgeredet... und zwar in zahlreichen Fällen nicht ganz zu Unrecht«. Professor Kleiner aber habe der Fakultät »über den Charakter des Herrn Einstein« vollkommen beruhigende Auskünfte geben können.

Am 14. März 1909 feierte Einstein seinen 30. Geburtstag. Um diese Zeit entschied sich die Berufung nach Zürich. Ende April war er sich seiner Sache sicher.

Für die kleine Welt der Wissenschaft ist die Besetzung einer Professur immer eine wichtige Sache. Einige jüngere Kollegen fühlten sich ermutigt, Einstein auf seinem Weg zu einer neuen Physik zu folgen.

Wie stand es überhaupt mit der Anerkennung seiner Gedanken in der »scientific community«? Einstein hatte 1907 das Quantenkonzept auf einen neuen Bereich ausgedehnt und nachgewiesen, daß die spezifische Wärme bei Annäherung an den absoluten Nullpunkt gegen Null geht. Die Zustimmung war bisher ausgeblieben. Viel Beifall aber gab es auf dem Gebiet der Relativitätstheorie. Zunächst hatten auch hier die Anhänger nur ein »bescheidenes Häuflein« gebildet. Im September 1908 aber hielt der Göttinger Mathematiker Hermann Minkowski bei der Versammlung der Deutschen Naturforscher und Ärzte einen inhaltlich und sprachlich glänzenden Vortrag, der viele Zweifler mitriß.

Nach gängiger Auffassung hätte es diesen Erfolg gar nicht geben dürfen. In den Lehrbüchern las man und liest man noch heute, daß die Physik nur einen einzigen Richter kenne, das Experiment. Mit einem schon von Newton benutzten Begriff wird das »experimentum crucis« beschworen, der alles entscheidende Versuch, der eine Theorie als richtig oder falsch erweist. Tatsächlich beschäftigten sich damals eine Reihe von Physikern mit der experimentellen Prüfung der Relativitätstheorie. Jetzt aber zeigte sich, daß die logisch-mathematische Struktur auch eine Rolle spielt und daß dieser unter Umständen sogar mehr Überzeugungskraft zukommt als dem schönsten Experiment.

Felix Klein, der große Mathematiker und Wissenschaftsorganisator, hatte bereits 1872 in seinem berühmten »Erlanger Programm« die verschiedenen Geometrien nach den zugrundeliegenden Transformationsgruppen charakterisiert. Diese Betrachtung ließ sich auch auf die Physik übertragen. Dabei sieht man, daß die klassische Mechanik und die Maxwellsche Elektrodynamik unterschiedliche Transformationseigenschaften besitzen. Physikalisch muß das zu Widersprüchen führen. Dagegen passen die neue Einsteinsche Mechanik und die Elektrodynamik genau zusammen.

Hermann Minkowski war Professor am Polytechnikum in Zürich gewesen, bevor er 1902 nach Göttingen kam. Als Einsteins Stern am Himmel der Physik aufging, hat Minkowski als Mathematiker davon zunächst nichts erfahren. In den Problemkreis der Relativitätstheorie drang er ein, weil er die Publikationen von Hendrik Antoon Lorentz und vor allem die von Henri Poincaré verfolgte. Vermutlich durch Max Planck erfuhr er dann zu seiner nicht geringen Überraschung von den tiefschürfenden Arbeiten seines früheren Studenten.

Um die Verhältnisse mathematisch ganz durchsichtig zu machen, verwendete Minkowski einen genialen Kunstgriff. Neben den drei Raumkoodinaten x_1, x_2, x_3 führte er als vierte Koordinate $x_4 = ict$ ein, wobei i die imaginäre Einheit $i = \sqrt{-1}$, t die Zeit, c die Lichtgeschwindigkeit bedeuten. Das ist die vierdimensionale Raum-Zeit-Welt. Der Übergang von einem Beobachter zu einem anderen, den Einstein physikalisch analysiert hatte, läßt sich dann mathematisch darstellen als Drehung der vierdimensionalen Welt. »Von Stund an«, sagte Hermann Minkowski, »sollen Raum für sich und Zeit für sich völlig zu Schatten herabsinken, und nur noch eine Art Union der beiden soll Selbständigkeit bewahren.«[18]

Diese Worte stellte der Göttinger Mathematiker an den Anfang seines berühmt gewordenen Kölner Vortrags am 21. September 1908. Mathematisch geschulten Physikern wie Arnold Sommerfeld fiel es wie Schuppen von den Augen.

Besonders energisch setzte sich Planck für die neue Theorie ein. Im April und Mai 1909 hielt er an der Columbia University in New York acht Vorlesungen über den Stand der theoretischen Physik. Er hatte schwere Sorgen um seine Frau, die mit einem Lungenkarzinom im Sanatorium in Baden-Baden lag, aber in seinem preußischen Pflichtgefühl ließ er sich nichts anmerken. Auf der Reise begleitete ihn seine Tochter Emma, die er die »ältere« nannte, weil sie ein paar Minuten vor ihrer Zwillingsschwester zur Welt gekommen war.

Die Vereinigten Staaten holten gewaltig auf in der Wissenschaft, aber noch immer kamen die großen Ideen aus Europa. Planck machte, wie er auf einer Postkarte schrieb, »Propaganda für das Relativitätsprinzip«.[19] Das Thema hatte er sich als Höhepunkt für den letzten Vortrag vorbehalten, und mit allem Nachdruck betonte er, »daß diese neue Auffassung des Zeitbegriffs an die Abstraktionsfähigkeit und an die Einbildungskraft des Physikers die allerhöchsten Anforderungen stellt«. Sie übertreffe »an Kühnheit wohl alles, was bisher in der spekulativen Naturforschung, ja in der philosophischen Erkenntnistheorie geleistet wurde; die nichteuklidische Geometrie ist Kinderspiel dagegen«.

Die Vorträge sind bald darauf auch publiziert worden; mit seiner Begeisterung für die Relativitätstheorie hat Planck viel zur Anerkennung Einsteins beigetragen:

> Mit der durch dies Prinzip im Bereich der physikalischen Weltanschauung hervorgerufenen Umwälzung ist an Ausdehnung und Tiefe wohl nur die durch die Einführung des Copernikanischen Weltsystems bedingte zu vergleichen.[20]

Obwohl der Name »Einstein« langsam zu einem Begriff wurde, kannten ihn nur einige jüngere Physiker persönlich. An einer

Tagung hatte er noch nicht teilgenommen. Ursprünglich wollte er zur Naturforscherversammlung nach Köln kommen. Er mußte aber den Vorsatz aufgeben, weil er überarbeitet war. Die kurzen Ferien brauchte er zur Erholung.

Immer mehr Kollegen schrieben ihm und stellten Fragen; die Herausgeber der Zeitschriften baten um Beiträge. Auch die Verlage wurden aufmerksam. Ende des Jahres 1908 kam eine Anfrage von Hirzel in Leipzig. »Leider ist es mir ganz unmöglich, jenes Buch zu verfassen«, antwortete Einstein, »weil es mir unmöglich ist, die Zeit dazu zu finden.« Mehrere begonnene Arbeiten habe er aus Zeitmangel nicht abschließen können. Auch einen entsprechenden Wunsch des Verlages Friedrich Vieweg in Braunschweig mußte er ablehnen. So wurde Max von Laue der Autor des ersten Buches über die Relativitätstheorie.

Für Einstein war die Wissenschaft weiterhin nur eine Feierabendbeschäftigung. Acht Stunden täglich, von Montag bis Samstag, saß er im Amt und prüfte Patentanmeldungen.

Der erste Kongreß, den Einstein besuchte, war die Versammlung der Deutschen Naturforscher und Ärzte in Salzburg vom 20. bis zum 24. September 1909. Die Wissenschaft hatte sich längst in eine Vielzahl von Fächern aufgespalten; die Tradition der 1822 gegründeten Gesellschaft aber bestand weiter. So kamen die Gelehrten aller naturwissenschaftlichen und medizinischen Disziplinen alljährlich an einem Ort des deutschen Sprachgebietes zusammen. Es gab einige gemeinsame Veranstaltungen, im übrigen ging man zur wissenschaftlichen Arbeit in die einzelnen Sektionen.

Nach dem Begrüßungsabend im Kurhaus trafen sich die 1500 Tagungsteilnehmer zur Eröffnung in der Aula des Studiengebäudes. Eine Grußadresse folgte der anderen, bis endlich der Vorsitzende der Gesellschaft, der Berliner Physiologe Max Rubner, zu seiner Ansprache kam. »Die Ergebnisse der Naturforschung sind ein Samen«, sagte er, »der, hinausgetragen ins praktische Leben, tausendfältige Früchte für den Fortschritt des Menschengeschlechtes zu bringen berufen ist.«[21]

Das Wort »Fortschritt« schmeckt uns heute schal. Neben den positiven Auswirkungen der Technik gibt es oft auch negative, mit denen wir uns herumschlagen müssen. Unbedingt richtig aber war, daß jede wissenschaftliche Erkenntnis technische Anwendungen zur Folge haben konnte. Unser Paradebeispiel dafür sind heute Einsteins $E = mc^2$ und die darauf beruhende Nutzung der Kernenergie. Einstein trug damals in Salzburg über diese Formel vor und sagte, daß »Energie und Masse ebenso als äquivalente Größen« anzusehen seien wie Wärme und mechanische Energie. Das hieß mit anderen Worten: Wie in der Dampfmaschine Wärme in Arbeit verwandelt wird, muß sich im Prinzip auch Masse in Energie verwandeln lassen, das heißt in Wärme und Arbeit. An solche Konsequenzen aber konnte im Jahre 1909 noch niemand denken.

Nach der Mittagspause begannen die wissenschaftlichen Vorträge. Jede Disziplin hatte ihr eigenes Programm. Einstein war erst am zweiten Tag an der Reihe, am 21. September 1909, zu Beginn der Nachmittagssitzung. Vielleicht hat er das Geburtshaus Mozarts in der Altstadt und das Museum im dritten Stock besucht. Einstein liebte die Musik des 17. und 18. Jahrhunderts, »vor allem aber Mozart«, wie er später einmal zu Freunden sagte. »Mozarts Musik ist so rein und schön, daß ich sie als die innere Schönheit des Universums selbst ansehe.«[22]

Die Festspiele gab es damals noch nicht, und Salzburg war ein ruhiges und romantisches Städtchen. Der große Kongreß weckte das »österreichische Heidelberg« aus seiner Stille. Seitenlang berichtete das *Salzburger Volksblatt* über die Vorträge und das Festmahl am Abend des 21. September im glänzend geschmückten Saal des Grand Hôtel de l'Europe. In seinem Trinkspruch verlangte Professor Rubner für die durch die »Bande des Blutes« unzerreißbar aneinandergeketteten Deutschen und Österreicher »den Platz, der uns an der Sonne gebührt«. Was mochte Einstein denken, als der Redner versicherte: »Die Wertschätzung der eigenen Kraft wird bei unserem Nationalcharakter niemals zur Selbstüberhebung und Unterschätzung fremder Nationalität führen.«[23]

In Wahrheit hatten unsere Altvorderen gerade dazu eine verhängnisvolle Neigung. Politische Beobachter, die tiefer blickten, registrierten mit Bestürzung »das Maß von Verachtung, welches uns als Nation im Ausland entgegengebracht wird«.[24] Besonders verübelt wurde den Deutschen ihr Byzantinismus gegenüber Wilhelm II., und auch der Vorsitzende der Naturforschergesellschaft rühmte an diesem Festabend den Kaiser, der »durch Vervollkommnung der Wehrkraft« bemüht sei, »den Frieden sicherzustellen«.

Im *Salzburger Volksblatt* wurde Einstein nicht erwähnt. Für die Öffentlichkeit war er noch kein Begriff. Wohl aber kannten ihn, durch seine Veröffentlichungen, die Physiker. Sein Vortrag war mit über 100 Hörern auffallend stark besucht, und besonders zahlreich waren die Jüngeren gekommen. Noch ein halbes Jahrhundert später erinnerten sich Lise Meitner und viele andere an das Ereignis. Max Born hatte das Gefühl, daß hier »von der versammelten Gelehrsamkeit Einsteins Leistung abgestempelt« wurde. Heute gilt uns Einsteins Referat »Über das Wesen und die Konstitution der Strahlung« als ein Wendepunkt in der Entwicklung der theoretischen Physik.[25]

Einstein behandelte zunächst die Spezielle Relativitätstheorie und dann das Quantenproblem. In Gedanken brachte er in den von Planck lange untersuchten, mit Wärmestrahlung gefüllten Hohlraum eine »Platte aus fester Substanz«, die sich in einer Richtung frei bewegen kann. Ähnlich wie in einem mit Gas gefüllten Behälter führt diese Platte eine Zitterbewegung aus. Aus der experimentell bestätigten Planckschen Strahlungsformel leitete Einstein die Größe dieser Schwankungen ab. Das Ergebnis ist eine Summe aus zwei Ausdrücken A und B: »Es ist also so, wie wenn zwei voneinander unabhängige, verschiedene Ursachen vorhanden wären.« Der Ausdruck A rührt von den Welleneigenschaften des Lichtes her, der Ausdruck B von den Lichtquanten.

Früher hatte man immer gefragt: Welle *oder* Korpuskel? Einstein zeigte nun: Es ist nicht ein Entweder-Oder, sondern ein Sowohl-Als-auch. Das Licht verhält sich in dem einen Bereich ganz als Welle, in dem anderen ganz als Korpuskel; im allgemeinen ist es zugleich Welle *und* Korpuskel. Das ist die berühmte Dualität, die man »von allen erstaunlichen Entdeckungen unseres Jahrhunderts die erstaunlichste« genannt hat.

»Ich war sehr beeindruckt von dem Auftauchen des zweiten Ausdrucks in der Formel«, berichtete Fritz Reiche, der schon mit Einstein korrespondiert hatte: »Ich erinnere mich, daß die Leute dagegen waren und versucht haben, eine andere Interpretation zu finden.«[26]

In der Diskussion ergriff als erster Max Planck das Wort. Seine Hochachtung für den jungen Einstein war offensichtlich, jedoch hatte er gerade im wesentlichsten Punkt eine andere Meinung. So schnell vermochte sich Planck auf das Neue nicht einzustellen. Der einzige, der Einstein unterstützte, war Johannes Stark.

Stark war als Mitstreiter von zweifelhaftem Wert. Er hatte die unnachahmliche Fähigkeit, alle Zeitgenossen gegen sich aufzubringen. Als er mit Wilhelm Wien diskutierte, dem Würzburger Ordinarius, kündigte er gleich seine Opposition gegen dessen letzte Experimente an. »Stark will polemisieren«, berichtete Wien seiner Frau. »Das ist bei ihm nicht anders, und ich beunruhige mich wenig darüber. Es wird wohl auch nicht das letzte Mal sein.«[27]

Das »Fachsimpeln« mit Einstein aber machte Wilhelm Wien ausgesprochenes Vergnügen, wenn er auch in der Sache ganz anders dachte. »Einstein ist ein sehr interessanter und bescheidener Mann. Ich habe mich sehr gern mit ihm unterhalten.«[28] Die Koryphäen konnte Einstein damals noch nicht überzeugen. Nicht einmal Planck wollte glauben, »daß die Elementarquanta h auch für die Vorgänge im reinen Vakuum Bedeutung besitzen«.[29]

Auch Arnold Sommerfeld war sehr angetan von Einsteins Gedankenklarheit und seinem bescheidenen Auftreten. Als Einstein am letzten Tag des Kongresses krank wurde, kümmerte er sich rührend um den Jüngeren. Einstein wollte nur eine »kleine Verstimmung« seines Magens zugeben, den er »durch ganz regelmäßiges Leben etwas verwöhnt habe«.[30] Ein paar Jahre später aber diagnostizierten die Ärzte ein Magengeschwür, und er war nahe daran, von dieser Welt »frühzeitig Abschied zu nehmen«.

Wieder zu Hause, dankte ihm Einstein diesen Freundschaftsdienst mit einem ausführlichen Brief: »Ich begreife es jetzt, daß Ihre Schüler Sie so gern haben.« Und da er nun selbst Professor wurde, setzte er hinzu: »Ich will mir Sie ganz zum Vorbild nehmen.«[31]

Am 15. Oktober 1909 trat Einstein sein Lehramt an der Universität Zürich an. Als ihm eine junge Frau, für die er früher einmal geschwärmt hatte, eine herzliche Gratulation sandte, antwortete er mit dem ihm eigenen Charme:

> Nun bin ich also ein großer Schulmeister, daß sogar mein Name in der Zeitung steht. Aber ein simpler Kerl bin ich geblieben, der der Welt nichts nachfragt – nur die Jugend ist hin, die entzückende, die alle Tage den Himmel voll Baßgeigen sieht.[32]

»In meinem neuen Beruf gefällt es mir sehr gut«, meldete er an die Freunde. »Das Lehren macht mir viel Freude, wenn es mir für die erste Zeit auch sehr zu tun gibt.«[33] In seinem ersten Züricher Semester las er vor 17 Studenten die vierstündige »Mechanik«, wozu noch zwei Stunden Thermodynamik (19 Hörer) und das Physikalische Seminar kamen. »Als er in seiner etwas abgetragenen Kleidung mit den zu kurzen Hosen und der eisernen Uhrkette das Katheder betrat, waren wir eher skeptisch«, berichtete ein damaliger Hörer: »Aber schon nach den ersten Sätzen hatte er unsere spröden Herzen erobert.«[34]

Sein Vorbild Sommerfeld hat Einstein freilich nie erreicht. Während dieser in seiner Lehrtätigkeit aufging und durch seine dialogische Veranlagung Generationen von Schülern heranbildete, blieben für Einstein die Vorlesungen Nebensache.

Einsteins Genialität machte sich freilich auch hier geltend. Auf einem kleinen Zettel notierte er ein paar Stichpunkte, und mit diesem »Manuskript« kam er in den Hörsaal. Er mußte also den Stoff aus sich entwickeln, und die begabten Studenten lernten dabei mehr als in einer ausgefeilten Vorlesung. Immer wieder fragte Einstein seine Hörer, ob sie folgen könnten. Sie durften ihn jederzeit unterbrechen. In den Pausen war er von Studenten umringt, und kameradschaftlich nahm er bald den einen, bald den anderen am Arm, um ein Problem genauer zu erörtern.

Als im Juni 1910 bekannt wurde, daß er einen Ruf an die deutsche Universität in Prag erwartete, richteten seine Studenten eine Petition an die Erziehungsdirektion, alles zu tun, um ihn in Zürich zu halten: »Herr Professor Einstein versteht in bewunderungswürdiger Weise, die schwierigsten Probleme der theoretischen Physik so klar und verständlich darzustellen, daß es für uns ein großer Genuß ist, seinen Vorlesungen zu folgen.«[35]

Durch die Anerkennung des Relativitätsprinzips hatte sich Einstein seit 1908 als Schöpfer dieses Prinzips hohes Ansehen erworben. Die Folge war, daß die Kollegen auch seine Arbeiten zur Quantentheorie nicht mehr als Spekulation abtaten, sondern sich ernsthaft mit ihnen beschäftigten. Der Umschwung setzte ein, als der Berliner Physikochemiker Walther Nernst die ersten Resultate seiner Messungen über die spezifische Wärme bei sehr tiefen Temperaturen mitteilte. Er hatte mit seinen Mitarbeitern die aufwendigen Experimente von einer ganz anderen Fragestellung her begonnen und bemerkte nun, daß sie mit Einsteins Theorie übereinstimmten.

Im März 1910 fuhr Nernst nach Zürich, um seine Ergebnisse vorzulegen. Einstein war begeistert: »Die Quantentheorie steht mir fest. Meine Voraussagen scheinen sich glänzend zu bestätigen.« Bald bildeten die Messungen über die spezifischen Wärmen neben der Wärmestrahlung den zweiten, »nicht minder tragfähigen Grundpfeiler der Quantentheorie«.[36]

Dieses Wort stammte von Arnold Sommerfeld. Ursprünglich hatte sich der große Münchner Theoretiker gegenüber dem Quantenkonzept sehr skeptisch verhalten. Im Laufe des Jahres 1910 wurde er unsicher. Peter Debye, sein Assistent, legte ihm ein Manuskript vor, in dem er sich völlig auf den Boden der neuen Gedanken stellte. Für alle Veröffentlichungen seiner Mitarbeiter fühlte sich Sommerfeld verantwortlich. Was sollte er tun?

Spontan entschloß sich Sommerfeld zu einem Besuch in Zürich. Das war im September 1910. In seinem Institut in München wollte er nicht offen sagen, worum es ging, und erklärte, er sei erholungsbedürftig. Als nach über 50 Jahren die Physikhistoriker kamen, um die Geschichte der Quantentheorie zu erforschen, erinnerte sich der Sommerfeld-Schüler Paul S. Epstein noch lebhaft an die Vorgänge: »Der Erholungsaufenthalt bestand darin, daß Sommerfeld den ganzen Tag mit Einstein über Physik redete.«[37]

Der »alte Husarenoberst«, wie ihn seine Schüler nannten, blieb eine ganze Woche in Zürich. »Seine Anwesenheit war ein wahres Fest für mich«, berichtete Einstein: »Er hat sich in weitgehendem Maße meinen Gesichtspunkten angeschlossen.«[38]

Am 28. Juli 1910 gebar Mileva einen zweiten Sohn. Er erhielt den Namen Eduard und wurde zärtlich Tedel oder Tete genannt. Er hatte vom Vater die musikalische und literarische Begabung geerbt und von der Mutter die Schwermut.

Während Einstein in der Wissenschaft alles glückte, was er anfaßte, verstand er nicht, mit Mileva richtig umzugehen. Seine Ehe war längst zerrüttet. »Seelisches Gleichgewicht, das wegen M. verloren, nicht wieder gewonnen«, heißt es lapidar in einem Brief an den Freund Michele Besso.[39] Bei allen Gelegenheiten, auch den unpassendsten, zeigte Mileva rasende Eifersucht.

Ein Fall ist dokumentiert. Auf die Gratulation einer Jugendfreundin zu seiner Ernennung zum außerordentlichen Professor an der Universität Zürich hatte Einstein – wie schon zitiert – sehr herzlich, aber keineswegs übertrieben geantwortet. Als darauf ein weiterer Brief vom Anneli aus Basel eintraf, fühlte sich Mileva veranlaßt, das Schreiben mit törichten Bemerkungen über die angebliche Belästigung zurückzuschicken. Einstein blieb nichts übrig, als sich in Basel zu entschuldigen.[40]

»Kein Wunder«, heißt es in einem späteren Brief, »wenn unter diesen Verhältnissen die Liebe zur Wissenschaft gedeiht, die mich aus dem Jammertal emporhebt in ruhige Sphären, unpersönlich und ohne Schimpfen und Jammern.«[41] Es war ihm eine Genugtuung, daß seine Theorien immer mehr Anerkennung fanden: »Die Schulmeisterei macht mir auch viel Freude, hauptsächlich, weil ich sehe, daß meine Burschen Freude haben an der Sache.«[42]

KAPITEL 7

In der »goldenen Stadt« Prag

Die Bedeutung eines Faches konnte man an der Zahl der Lehrstühle ablesen. Diese stieg in der theoretischen Physik langsam, aber stetig. Als an der deutschen Universität Prag der Ordinarius für mathematische Physik die Altersgrenze erreichte, schlug die Berufungskommission eine Umwidmung vor. Der bisherige Stelleninhaber hatte sich mit der Anwendung mathematischer Methoden auf physikalische Probleme befaßt. Arbeitsgebiet des Nachfolgers sollten die epochemachenden neuen Theorien sein. Die Fakultät beantragte die Umwandlung des »Mathematisch-Physikalischen Kabinetts« in ein »Institut für theoretische Physik«: Nahm in der theoretischen Physik früher die mathematische Formulierung die erste Stelle ein, während die theoretische Spekulation dahinter zurückstand, so sei dieses Verhältnis heute umgekehrt. Es erscheine daher angebracht, »daß auch an unserer Universität die zutreffendere Bezeichnung... zum Ausdruck gelangt«.[1]

Die Hauptrolle in der kleinen, aus drei Professoren bestehenden Berufungskommission spielte der Physiker Anton Lampa. Seine Kollegen und Studenten rühmten vor allem seine didaktischen Fähigkeiten, während er als Forscher wenig hervorgetreten ist. Er war selbst erst vor einem Jahr von einer außerordentlichen Professur in Wien auf die »Lehrkanzel für Experimentalphysik« nach Prag berufen worden.[2]

Lampa gehörte zu den Anhängern Ernst Machs. Es gelang ihm, zwei Männer auf die Liste zu bringen, die sich im Sinne Machs – und das heißt im Sinne des Positivismus – verdient gemacht hatten: An der ersten Stelle stand Albert Einstein (Zürich), an der zweiten Gustav Jaumann (Brünn). Was Einstein betrifft, so hatte er die Spezielle Relativitätstheorie unter Berufung auf den Positivismus begründet: Bei jedem Begriff, den man verwendet, muß man nach der Meßbarkeit fragen. Als »Zeit« ließ Einstein nur gelten, was eine am Ort des Geschehens angebrachte Uhr wirklich anzeigt. Es ergab sich, daß der scheinbar so einfache und klare Begriff der »Gleichzeitigkeit« einen Pferdefuß hatte: Ereignisse an zwei verschiedenen Orten werden von dem einen Beobachter als gleichzeitig, von dem anderen aber als ungleichzeitig beurteilt.

»Während Einsteins Ansichten ohne direkten Zusammenhang mit Machs erkenntnistheoretischem Standpunkt ausgebildet wurden«, schrieb die Kommission, »ist Jaumann in der Schule Machs herangewachsen.«[3] Acht Jahre lang hatte er als Assistent Machs am Physikalischen Institut der Universität Prag gewirkt.

Die Kommission ließ jedoch keinen Zweifel, daß sie Einstein gewinnen wollte, und die Fakultät bestätigte einstimmig dieses Votum:

> Durch die Berufung Einsteins würde für die Prager Universität ein Mann von ungewöhnlich hohen Leistungen, ein Mann von europäischem Rufe gewonnen werden. Daß Einstein noch keine Berufung an eine der größeren deutschen Universitäten erhalten hat, ist nur durch seine Jugend und die verhältnismäßig geringe Anzahl ordentlicher Professuren für theoretische Physik zu erklären. Ohne Zweifel hat Einstein den tiefstgehenden Einfluß auf die Entwicklung der modernen theoretischen Physik genommen, und es unterliegt auch keinem Zweifel, daß die theoretische Forschung der nächsten Zeit sich durchaus in der Bahn bewegen wird, die er eingeschlagen hat.[4]

Um diese eindeutige Aussage noch weiter zu unterstreichen, zitierte die Kommission in ihrem Bericht das geradezu überwältigende Urteil Plancks: Die von der Einsteinschen Relativitätstheorie hervorgerufene Umwälzung sei nur mit der Einführung des kopernikanischen Weltbildes vergleichbar.

Mit der Berufung Einsteins hofften die Professoren, für ihre Hochschule wieder eine führende Stellung in der Physik zu erringen. Im Jahre 1881 war die altehrwürdige Karl-Ferdinands-Universität, die älteste hohe Schule Mitteleuropas, in eine deutsche und eine tschechische Universität geteilt worden, und die nationale Konkurrenz spielte eine ganz große Rolle. Das Wiener Ministerium hatte für alle diese Motive jedoch kein Verständnis und ließ den Ruf zuerst an den Österreicher auf Platz 2 ergehen. Jaumann aber war ein Egozentriker. Tief von seiner Bedeutung durchdrungen, empfand er es als Affront, daß die Universität ihn hinter Einstein gesetzt hatte. Er stellte übertriebene Forderungen und veranlaßte damit das Ministerium, sich nun doch an Einstein zu wenden. Am 24. September 1910 fuhr dieser zu den Berufungsverhandlungen nach Wien.

Schwierigkeiten machte zum Schluß noch die berühmte »Gretchenfrage«. In den Personalpapieren, die Einstein ausfüllte, schrieb er in der Spalte Religion: »keine«. Daraufhin erfuhr er, daß Kaiser Franz Joseph Konfessionslose grundsätzlich nicht zu Professoren ernenne. Einstein wußte sich zu helfen: Er wandte sich noch einmal an den Ministerialbeamten mit der Frage, weshalb er als »konfessionslos« gelte. Als der Beamte erwartungsgemäß antwortete, »auf Grund Ihrer eigenen Angaben«, sagte Einstein: Er erkläre hiermit feierlich, Jude zu sein. Wahrscheinlich war das Ministerium froh, die Berufungsangelegenheit nun doch noch positiv abschließen zu können. Jedenfalls änderte der Beamte die Religion in »mosaisch«.

Als Einstein mit seiner Familie Anfang April 1911 nach Prag kam, wurden gerade die Ergebnisse der Volkszählung leidenschaftlich erörtert. In der (engeren) Stadt Prag registrierte man 17 987 österreichische Staatsbürger mit deutscher Umgangssprache, ein Minus von 271 seit der letzten Volkszählung vor zehn Jahren. Der Magistrat sprach befriedigt von einem Abschmelzen »durch den vollkommen natürlichen Einfluß der erdrückenden tschechischen Majorität«. Dieser Prozeß sei unaufhaltsam trotz des »krankhaften Bestrebens« der Minderheit, durch Anmeldung ihrer tschechischen Dienstmädchen als Deutsche die Statistik zu verfälschen. Die deutsche Zeitung *Bohemia* reagierte mit einem Aufschrei der Empörung und erklärte den Rückgang mit der Übersiedlung zahlreicher Deutscher in die Vororte.[5]

Auch die Einsteins zogen in einen Vorort, nach Smichov am linken Ufer der Moldau. Direkt am Fluß war soeben ein Komplex fünfstöckiger Mietshäuser gebaut worden, die sogar schon elektrisches Licht besaßen. In eines dieser Jugendstilhäuser zogen die Einsteins, und mit Rücksicht auf den im Vorjahr geborenen Eduard, der im Kinderwagen gefahren wurde, nahmen sie ihre Wohnung im Hochparterre, dem »Mezzanin«.

Smichov galt nicht als »vornehmes« Wohnviertel. Für Einstein aber war die Lage vorteilhaft. Das Haus in der Třebízského ulice 7 (heute Lesnická ulice 7) lag keine 100 Meter von der Moldau entfernt, und er konnte sowohl sein Institut in der Weinberggasse auf der anderen Seite des Flusses wie den Hörsaal im Klementinum auf schönen Wegen zu Fuß oder mit der Straßenbahn erreichen.

Nach einem Bericht der *Bohemia* war auch in Smichov ein »mächtiger Gegner« am Werk, den Besitzstand der Deutschen zu schmälern. Deshalb müsse man das deutsche Frühlingsfest nach Kräften unterstützen, durch Teilnahme oder durch Basar- und Geldspenden.[6]

Dafür hat sich Einstein gewiß nicht gewinnen lassen. Nach den Kategorien der *Bohemia* gehörte er zu den »national Indifferenten«. In einem Brief nach Zürich machte er sich über den nationalen Übereifer lustig:

> Ich frage unseren Institutsdiener, wo man wollene Decken erhält. Mein Vorgänger... erfährt, daß er uns ein Geschäft empfohlen hat, dessen Inhaber ein Tscheche ist. Sofort schickt er sein Dienstmädchen zu mir, um mich zu bitten, die Decken in einem »deutschen« Geschäft zu kaufen.[7]

Ob Einstein damals überhaupt Zeitung gelesen hat, wissen wir nicht. Vielleicht fand er Interesse an den *Prager Streifzügen* von Egon Erwin Kisch im Feuilleton der *Bohemia*.[8] Wie Einstein ging auch Kisch später nach Berlin, wo er als der »rasende Reporter« berühmt wurde.

Das Institut für theoretische Physik lag im dritten Stock eines großen Gebäudes an der Weinberggasse 3 (Viničná ulice), einer stillen Straße im südlichen Teil des Stadtzentrums, von Einsteins Wohnung knapp eineinhalb Kilometer entfernt.[9] Der Weg führte über die Palackybrücke in die Prager Neustadt (Nové Město). Er sah links die Altstadt mit den vielen Türmen und rechts vor sich das Emmauskloster. Weiter entfernt ragten hoch über die Moldau die zwei neugotischen Türme der ursprünglich romanischen Peter-und-Pauls-Kirche.

Wenn er das Institut betrat, verbeugte sich der Portier, ein »serviler, nach Alkohol riechender Mensch«, und sagte »ergebenster Diener«:

> So etwas wie Persönlichkeit ist hier nicht üblich, findet sich auch bei den Studenten selten. Sicher verderben die K. K. Gymnasialprofessoren schon sehr viel. Aber es sind doch einige prächtige Kerle unter meinen Studenten.[10]

Einsteins Arbeitszimmer war ein großer, heller Raum mit vier hohen Fenstern. Hier hat er die meiste Zeit zugebracht. In den ersten Monaten beschäftigte ihn hauptsächlich das »Quantenrätsel«; jedoch verlagerte sich sein Interesse zunehmend auf das Problem der Gravitation. In dem stillen Raum im Institut für theoretische Physik kam ihm die Erkenntnis, »daß das Äquivalenzprinzip eine Ablenkung der Lichtstrahlen an der Sonne verlangt«.[11]

Das Seminar und die Bibliothek lagen nebenan. Die Vorlesungen fanden entweder im Institutsgebäude statt oder im Klementinum, einem ehemaligen Jesuitenkolleg unweit der Karlsbrücke, in dem sich auch ein Observatorium und die große Universitätsbibliothek befanden. Einstein war verpflichtet, fünf Wochenstunden Vorlesung zu halten. Er trug zwei Semester über »Mechanik der Massenpunkte« vor, dazu »Thermodynamik« respektive »Wärmelehre«. In seinem dritten und letzten Prager Semester las er »Mechanik der Kontinua« und »Molekulartheorie der Wärme«. Zur »Elektrodynamik« und »Optik« ist er also gar nicht mehr gekommen.[12]

Die Zahl der Hörer lag zwischen zehn und dreizehn. Die Interesselosigkeit für sein schönes Fach sei betrübend, klagte er den Freunden. Unter den Teilnehmern seines Seminars hatte er lediglich »ein ordentliches Mannsbild und sonst nur zwei halbwegs brauchbare Studentinnen«.[13] Auch als Prüfer trat er kaum in Tätigkeit. In seinen drei Prager Semestern hatte er nur zwei

Kandidaten im mündlichen Doktorexamen, und in beiden Fällen erteilte er lediglich ein »genügend«.[14]

Wissenschaftliche Assistenten, wie wir sie heute praktisch an allen Lehrstühlen haben, gab es damals nur an den experimentellen Instituten. Einstein hatte aber doch einen Mitarbeiter, freilich nur im Status einer »wissenschaftlichen Hilfskraft« mit einem Stipendium von 600 Kronen jährlich.

Dieser Emil Nohel stammte wie viele Prager Studenten aus einfachen Verhältnissen. Seine Eltern waren kleine Landwirte, und auch er besaß »das ruhige Gleichgewicht eines Bauern«. Er erzählte Einstein von dem Dorf, in dem er aufgewachsen war. Am Werktag sprachen die jüdischen Bauern und die Kleinkaufleute tschechisch, am Sabbat aber deutsch als Ersatz für das Hebräische, dessen Kenntnis schon verlorengegangen war. Nohel wirkte später als Dozent für Mathematik an der Handelsakademie in Wien. Im Dezember 1942 wurde er nach Theresienstadt deportiert, und er endete 1944 mit seiner Schwester in Auschwitz.[15]

Am 24. Mai 1911 bot der deutsche naturwissenschaftlich-medizinische Verein »Lotos« seinen Mitgliedern die Gelegenheit, »den neuen theoretischen Physiker unserer Universität kennenzulernen«. Wie man der *Bohemia* entnahm, sprach Einstein »über ein Thema seines engeren Fachgebietes, auf dem er hervorragendes geleistet hat, über das Relativitätsprinzip«.[16] Zur gleichen Stunde fand im Spiegelsaal des Deutschen Kasinos eine große Wahlversammlung der Deutschen Prags statt, an der viele Professoren teilnahmen. Trotzdem füllte sich der große Hörsaal des Physikalischen Instituts. Einsteins Ansehen war weit über das Fach hinausgewachsen. Er hatte eine überaus schlichte Art des Auftretens, registrierte ein Kollege: »Er sprach lebhaft und klar, aber nicht irgendwie geschraubt, sondern vielmehr ganz natürlich und stellenweise mit erfrischendem Humor. Mancher Hörer wird gestaunt haben, daß die Relativitätstheorie etwas so einfaches ist.«[17]

Noch eine zweite, gesellschaftliche Pflicht hatte der neu berufene Professor: den Antrittsbesuch in den Wohnungen der Fakultätskollegen. Die langweiligen Visiten wollte sich Einstein dadurch interessanter gestalten, daß er jedesmal einen neuen Teil der »goldenen Stadt«, des »Schmuckkästchens der Monarchie«, kennenlernte. Deshalb ging er zuerst zu den Professoren, die in der Innenstadt mit den vielen Sehenswürdigkeiten wohnten.

Als Mensch und als Gelehrter gefiel er seinen Prager Kollegen. »Von seinem natürlichen Wesen, seinem herzlichen Lachen, dem freundlichen und zugleich träumerischen Blick seiner Augen waren sie sofort für ihn eingenommen«, berichtete Philipp Frank.[18] Die Prager Professoren hat er aber doch enttäuscht: Für ihren Nationalismus, den sie den »Lokalgenius« der deutschen Universität nannten, brachte er kein Verständnis auf: »Die Menschen sind mir so fremd!« Er schüttelte nur den Kopf, wenn er den berühmten Germanisten und Grillparzer-Forscher August Sauer hörte: »Auf fremdem Boden ist unsere Hochschule eine Kampfuniversität.«[19]

Als unangemessen hat Einstein wohl auch die Verleihung der Ehrendoktorwürde der Prager Universität an den Deutschen Kaiser empfunden. Anlaß war dessen »bedeutungsvolle Rede« bei der Jahrhundertfeier der Berliner Universität, in der Wilhelm II. die Gründung der »Kaiser-Wilhelm-Gesellschaft zur Förderung der Wissenschaften« ankündigte. Die apostrophierte »bedeutungsvolle Rede« stammte von Friedrich Schmidt-Ott und Adolf von Harnack. Gewiß hatte Einstein auch von dem neuen Beispiel der krankhaften Selbstüberschätzung des Kaisers gehört. Auf seiner Sommerresidenz auf Korfu ließ er ein Denkmal für Achill errichten: »Dem Größten der Griechen der Größte der Deutschen.«

Einstein ahnte nicht, daß er es bald selbst zum Direktor eines Kaiser-Wilhelm-Instituts in der Reichshauptstadt bringen sollte. In Berlin erfuhr er dann auch, daß hinter der ganzen Aktion hauptsächlich die Furcht stand, vom Ausland wissenschaftlich überholt zu werden.

Nach einer Weile wurden Einstein die nationale Indoktrination und der Austausch der konventionellen Höflichkeiten lästig, und er hörte mit den Visiten auf. Viele Kollegen, die er nicht besucht hatte, konnten sich nicht erklären, warum er gerade sie übergangen hatte. Sie wähnten einen Zusammenhang mit den letzten Auseinandersetzungen in der Fakultät. Die akademischen Kämpfe haben Einstein jedoch nicht im mindesten interessiert, und er hat sich oft über die Ernsthaftigkeit belustigt, mit der über Trivialitäten gestritten wurde. Zu seinem Nachfolger sagte er: »Mir hat die Teilnahme an den Fakultätssitzungen oft ein Theater erspart.«[20]

In der großen philosophischen Fakultät mit den 40 Ordinarien gab es zwei Parteien, die sich heftig befehdeten. Beide wurden von einem klassischen Philologen angeführt, die eine von Karl von Holzinger, die andere von Alois Rzach.

Hofrat Ritter von Holzinger unterstrich seine adelige Abkunft und sprach in gewählten Ausdrücken »wie ein Marquis in einem französischen Salon«.[21] Hofrat Rzach hingegen war ein Hüne und trug einen wallenden grauen Bart. Wenn dieser fanatische deutsche Nationalist das Wort zu einer donnernden Rede ergriff, mußte man an Wotan denken, den »Heeresvater«, der seine Männer zum Kampfe rief. Wotan, den Obersten der Götter, kannten die Wagner-Verehrer von den Inszenierungen Angelo Neumanns.

Dieser geniale Regisseur und Sänger, den eine persönliche Freundschaft mit Wagner verbunden hatte, war erst kürzlich verstorben. Er beschäftigte die besten Schauspieler und Sänger und genoß höchstes Ansehen in der europäischen Musikwelt. Es ist denkbar, daß sich Einstein damals auch über Richard Wagner und seinen Germanenkult lustig gemacht hat. Er empfand dessen »musikalische Persönlichkeit« als »unbeschreiblich widerwärtig«, so daß er ihn »meist nur mit Widerwillen« anhören konnte.[22]

Anlaß zum Spott bot auch die Bürokratie, die jeden Vorgang mit der gleichen Umständlichkeit behandelte. »Der größte Dreck macht die meiste Arbeit«, zürnte Einstein gegenüber einem Freund: »Gesuch um Bewilligung des Reinigungsgeldes für die Institutsräume an die hohe Statthalterei etc. etc.«

Im Dezember war eine Fensterscheibe im Institut zu Bruch gegangen. Einstein leitete die Glaserrechnung über den Dekan an die Statthalterei. Im Januar kam die auf 8 Kronen 20 Heller lautende Rechnung auf dem gleichen Dienstweg »zur Aufklärung zurück«.[23] Einstein fügte die gebührende Bemerkung hinzu und kommentierte bissig: »Die Tintenscheißerei im Amte ist endlos – alles, wie es scheint, um dem Troß von Schreibern in den

Staatskanzleien einen Schein von Daseinsberechtigung zu geben.«[24]

Für die Organisation des Lehrbetriebs waren allein die Ordinarien zuständig. Durchschnittlich einmal im Monat traten sie zu einer Fakultätssitzung zusammen. Die wichtigeren Gegenstände kamen dann noch einmal in den akademischen Senat. Dieses höchste Universitätsgremium faßte damals den Beschluß, bei feierlichen Anlässen sollten die Professoren als »akademisches Festkleid« im Regelfall den Talar tragen.[25] Das hielten viele Kollegen für eine bedenkliche Formlosigkeit. Es gab nämlich eine offizielle Galauniform, die in der Kleiderordnung noch höher rangierte.

Einstein hat diese Uniform nur ein einziges Mal getragen, als er seinen Antrittsbesuch beim Statthalter absolvierte und dabei seinen Treueid als österreichischer Staatsbeamter ablegte. Er hatte das Gefühl, »wie ein brasilianischer Admiral« auszusehen. Rock und Hose waren mit breiten goldenen Bändern besetzt; dazu gehörten ein Dreispitz als Kopfbedeckung, ein schwarzer Mantel und ein Degen. Als Einstein Prag verließ, verkaufte er seinem Nachfolger die Pracht zum halben Preis. Einsteins Sohn Hans Albert aber meinte: »Papa, bevor du diese Uniform weggibst, mußt du mit mir einmal durch die Straßen gehen.«[26]

Den Kollegen gegenüber hat sich Einstein (wie später in Berlin) mit seinem Urteil zurückgehalten. Sein Desinteresse an dem Froschmäusekrieg in der Fakultät blieb ihnen dennoch nicht verborgen. Ihrerseits haben die Prager Professoren Einstein für einen Sonderling gehalten, der völlig in seiner Wissenschaft aufging und vom Leben und von der Politik nichts verstand.

Es ist schon erstaunlich, daß gerade dieser Mann später das politische Gewissen der Menschheit geworden ist. Wahrscheinlich hat sogar die Prager Zeit erheblich zur Ausformung seiner politischen Überzeugungen beigetragen. Wenn er die nationale Kraftmeierei beobachtete, kamen ihm die Mahnungen des alten Jost Winteler in Aarau wieder in den Sinn.

Wirtschaftlich gesehen hatte es Einstein geschafft. Er war ordentlicher Professor, was ihm Sozialprestige verlieh, und er bezog ein für die damaligen Verhältnisse beträchtliches Einkommen von 8672 Kronen im Jahr. Zum erstenmal konnten sich die

Einsteins ein Dienstmädchen leisten, die »Fanni«, die mit in der Wohnung lebte.

In den sogenannten »gutbürgerlichen« Kreisen waren die Dienstboten ein unerschöpfliches Gesprächsthema, und die Einsteins machten da keine Ausnahme. Die Fanni hatte ein Kind, und weil es nicht gelang, es anderweitig unterzubringen, mußten sie es mit in ihrer Wohnung aufnehmen.[27] Einmal gab es ein Feuer in Fannis Zimmer, und Einstein stürzte mit einem Eimer Wasser herbei. Danach war er voller Flöhe und mußte in die Badewanne.[28]

Die hygienischen Verhältnisse waren zum Teil noch mittelalterlich. Das Leitungswasser hatte eine braune Farbe und hinterließ im Waschbecken einen schwarzen Belag. Ihr Kochwasser schöpften die Einsteins aus Straßenbrunnen, und das Trinkwasser kam in Flaschen ins Haus. »Das darf man nicht so wichtig nehmen«, meinte Einstein: »Je dreckiger ein Volk lebt, desto gesünder ist es.«[29]

Alles in allem empfand Einstein jedoch das Leben in Prag als nicht so angenehm wie vordem in der Schweiz. Wenn er ein heiteres Wort an einen Nachbarn oder einen Passanten richtete, spürte er die Ablehnung gegen alles Deutsche. Von ein paar Ausnahmen abgesehen ergab sich auch mit den Kollegen kein unbefangener Umgang. Sie wirkten auf ihn zugleich »standesdünkelhaft und servil«. Dazu kamen Sorgen mit dem zweijährigen Tete. Das Kind hatte oft hohes Fieber und mußte wochenlang gepflegt werden. Gott sei Dank war der »Albertli« mit seinen acht Jahren immer gesund und munter. »Er geht mit Vergnügen in die Schule, macht ganz nette Fortschritte im Klavierspielen und hat besonders großes Vergnügen daran, sich von seinem Papa interessante Fragen physikalischer und mathematischer Natur erklären zu lassen.«[30]

Daß sich eine Behaglichkeit nicht einstellen wollte, hing aber auch mit Frau Mileva zusammen. Sie konnte sich in die neuen Verhältnisse nicht finden. Die Dinge leichtzunehmen war ihr nicht gegeben, und jede Kleinigkeit wurde zum Problem.

Einstein war glücklich, wenn er mit seinen Gedanken wieder in die Wissenschaft eintauchen konnte. Vom Schreibtisch in seinem Arbeitszimmer schweifte sein Blick durch die Fenster auf einen Park mit großen, schönen Bäumen. Am Vormittag sah er nur Frauen, am Nachmittag nur Männer. Sie promenierten teils allein in tiefem Nachdenken, teils heftig gestikulierend in Gruppen. Einstein war erheitert, als er erfuhr, daß es sich um den Garten der Irrenanstalt handelte.[31]

Als ihn ein Kollege besuchte, zeigte Einstein auf die Spaziergänger: »Hier sehen Sie *den* Teil der Verrückten, der sich nicht mit der Quantentheorie beschäftigt.« In der Tat waren die Schwierigkeiten zum Verrücktwerden. Alle Versuche Einsteins, eine befriedigende mathematische Formulierung zu ersinnen, endeten in einer Sackgasse. »Ob diese Quanten wirklich existieren, das frage ich nicht mehr«, schrieb er im Mai 1911: »Ich suche sie auch nicht mehr zu konstruieren, weil ich nun weiß, daß mein Gehirn so nicht durchzudringen vermag.«[32]

Dafür bemühte er sich, möglichst weitgehend die physikalischen Konsequenzen aufzusuchen: »Die Theorie der spezifischen Wärme hat wahre Triumphe gefeiert, da Nernst in seinen Versuchen fand, daß sich alles ungefähr so verhält, wie ich vorausgesagt hatte.« Für die Quantentheorie gab es nun neben der Planckschen Strahlung einen zweiten »nicht minder tragfähigen Grundpfeiler«, wie Sommerfeld sagte.

Die Physik war an einem Punkt angekommen, wo man nicht mehr wußte, was man als richtig ansehen sollte. Der durch die Strahlungsgesetze und durch die spezifische Wärme herbeigeführte lückenhafte Zustand der Wissenschaft sei für jeden »wahren Theoretiker« geradezu unerträglich, meinte Max Planck. Einstein, der die drastische Zuspitzung liebte, sprach von einem »Delizium für diabolische Jesuitenpatres«.

In dieser Situation schaltete sich der dynamische Walther Nernst ein. Vor einem halben Jahrhundert hatte es einen ähnlich unbefriedigenden Zustand in der Chemie gegeben. Damals war es um die Begriffe Atom, Äquivalent, Molekül und Wertigkeit gegangen. Die Lösung der Probleme hatte ein internationaler Chemikerkongreß gebracht, der 1860 nach Karlsruhe einberufen worden war. Jetzt schlug Nernst eine internationale Zusammenkunft der Physiker vor, eine Art »Krisen- und Gipfelkonferenz«. In einem kleinen Kreis von wirklichen Fachkennern sollten die anstehenden Probleme gründlich erörtert und Lösungswege gesucht werden. Nernst schrieb ein kurzes Memorandum und übergab es seinem Berliner Kollegen Max Planck.

Planck war skeptisch. Bei vielen Kollegen sei das Bewußtsein für die »dringende Notwendigkeit einer Reform« noch nicht entwickelt. Nernst möge noch ein Jahr warten, besser zwei, dann werde die »Lücke, die jetzt in der Theorie zu klaffen beginnt«, weiter und weiter aufreißen; auch die jetzt noch Fernstehenden würden hineingezogen und an der Konferenz teilnehmen. Planck meinte, solche Prozesse ließen sich nicht wesentlich beschleunigen. Damit aber täuschte er sich. Nernst setzte seine Idee durch, und wie von ihm erhofft, wurde die Konferenz zu einem Markstein in der Geschichte der Wissenschaft.[33]

Nernst gewann den belgischen Großindustriellen Ernest Solvay als Sponsor. Solvay war Dilettant auf dem Gebiet der Wissenschaft und hatte eine obskure Theorie des Universums erdacht. Nernst vermochte ihm die in Gang befindliche »umwälzende Neugestaltung« der Grundlagen und die Notwendigkeit einer internationalen Zusammenkunft so eindringlich zu schildern, daß Solvay zusagte, eine solche Konferenz zu finanzieren.

Am 9. Juni 1911 gingen die Einladungen im Namen Solvays hinaus. Daß die Konferenz auf die Initiative Nernsts zurückging, war nicht erwähnt; die Kollegen wußten aber doch Bescheid. »Die Einladung nach Brüssel nehme ich mit Freude an und will auch gerne das mir zugedachte Referat verfassen«, schrieb Einstein an Nernst: »Das ganze Unternehmen gefällt mir ungemein, und ich zweifle kaum daran, daß Sie die Seele desselben sind.«[34]

Einstein sollte über das Problem der spezifischen Wärme sprechen. Im September stöhnte er im schönsten Dialekt gegenüber seinem Freund Michele Besso, daß er mit dem »Seich für den Brüsseler Kongreß« geplagt sei. Ende des Monats fuhr er erst einmal zur Naturforscherversammlung nach Karlsruhe, dann weiter nach Zürich, wo er acht Vorträge hielt. Das wurde selbst Einstein zuviel: »Dazu die vielen Fachsimpeleien und persönlichen Verpflichtungen!«[35]

Am 29. Oktober 1911 begann dann »der Hexensabbat in Brüssel«. Die 18 geladenen Gäste, die Crème de la crème der damaligen Physik, wohnten alle im Hotel Metropole, »natürlich höchst nobel«, wie ein Teilnehmer berichtete, »und als Gäste unseres

Einladenden«. Als kleines Opfer mußten sie zuerst einen (glücklicherweise kurzen) pseudowissenschaftlichen Vortrag Solvays über sich ergehen lassen. Dann begann die Arbeit. Auf jedes Referat folgte eine ausführliche Aussprache. Die meisten Teilnehmer hatten die Texte vorab studiert, und in den Diskussionen beschäftigte man sich mit den wirklich wichtigen Punkten. Hendrik Antoon Lorentz, der große niederländische Forscher, »präsidierte mit unvergleichlichem Takt und unglaublicher Virtuosität«, wie Einstein bewundernd registrierte: »Er spricht alle drei Sprachen gleich gut und ist von einzigem wissenschaftlichem Scharfsinn.«[36]

Bedauern aber mußte man die beiden Engländer, James Jeans und Ernest Rutherford, die weder Französisch noch Deutsch verstanden. Aus diesem Grunde war Lord Rayleigh, der sich selbst »a poor linguist« nannte, gar nicht erst nach Brüssel gekommen.

Einstein steckte viel mit den Franzosen zusammen, mit Jean Perrin, Paul Langevin und Marie Curie. Er hat sich besonders mit Paul Langevin angefreundet, der vorzüglich Deutsch sprach. Distanzierter war das Verhältnis zu dem Mathematiker Henri Poincaré. Dieser besaß für die Notwendigkeit, das Quantenkonzept in die Physik einzuführen, kein Verständnis.

Das Wetter war herrlich, aber sie konnten keinen Schritt ins Freie tun. Buchstäblich jede Minute war mit Arbeit ausgefüllt. Nach den Sitzungen mußte jeder noch seine Diskussionsbemerkungen für das Protokoll zu Papier bringen. Nachdem sie bis zum 4. November fleißig und gewissenhaft vom Morgen bis zum Abend debattiert hatten, bekam jeder Teilnehmer von den Mitarbeitern Solvays ein Portefeuille mit einem 1000-Franken-Schein diskret zugesteckt.

Was war das Ergebnis? Die meisten hatten eine Menge gelernt. Nur Einstein war enttäuscht: »Gefordert wurde ich wenig, indem ich nichts hörte, was mir nicht schon bekannt gewesen wäre«:

> In Brüssel hat man mit Wehklagen das Versagen der Theorie konstatiert, ohne ein Heilmittel zu finden. Der dortige Kongreß sah überhaupt einer Wehklage auf den Trümmern Jerusalems ähnlich. Positives kam nicht zustande.[37]

Das aber stimmt nicht. Allen Teilnehmern prägte sich die Bedeutung des Problems ein. Sie begriffen, daß es sich nicht einfach um ein Rätsel unter anderen handelte, sondern um eine wirkliche Grundlagenkrise. Entsprechend berichteten sie zu Hause ihren Mitarbeitern. So erhielt der damals fünfundzwanzigjährige Niels Bohr von Ernest Rutherford einen lebendigen Eindruck der Brüsseler Ereignisse. Als Mitte 1912 der Kongreßbericht mit allen zwölf Referaten und den Diskussionen in französischer Sprache erschien, wurde er von vielen jungen Forschern, so von Niels Bohr und Louis de Broglie, mit brennendem Interesse studiert. Wie es Walther Nernst gewollt hatte, stimulierte der Kongreß die Entwicklung. Das Interesse vieler Physiker, vor allem der jungen, wurde auf das Quantenproblem gelenkt, und wie Louis de Broglie nahm sich mancher vor, »sich mit aller Kraft zu bemühen, die wahre Natur der mysteriösen Quanten zu verstehen«.[38]

Während nun die Quantenfrage in das Zentrum der physikalischen Forschung rückte, wandte sich Einstein einem anderen Thema zu. Sommerfeld, der überall seine Fühler hatte, bemerkte es als einer der ersten, und von ihm erfuhren es die Kollegen: »Einstein steckt so tief in der Gravitation, daß er für alles andere taub ist.«[39]

Wieso diese Verlagerung? Der Brüsseler Kongreß hatte Einstein bestätigt, daß eine prinzipielle Klärung des Quantenrätsels vorerst nicht möglich war. Er nahm deshalb verstärkt die Bemühungen wieder auf, die spezielle Relativität zu einer allgemeinen zu erweitern. Dieser Themenwechsel ging sehr wahrscheinlich nicht auf einen bewußten Entschluß zurück, sondern spielte sich unbewußt oder »instinktiv« ab. Auf eine Anfrage hat er später einmal bestätigt: In seinem Leben gebe es überhaupt keine vorgefaßten Pläne, sondern alles geschehe direkt aus innerem Bedürfnis.[40]

Wenn es auch auf dem Solvay-Kongreß in Brüssel nicht zu einem wissenschaftlichen Durchbruch kam, eine Sensation gab es doch. Am 4. November, dem letzten Tag, platzte eine journalistische Bombe. Schon seit Wochen kursierten Gerüchte, Marie Curie sei die Geliebte von Paul Langevin. Sie war damals 44 Jahre alt und seit fünf Jahren Witwe. Berühmt geworden war sie durch die Entdeckung von zwei neuen Elementen, Radium und Polonium, und den Nobelpreis für Physik 1903, den sie sich mit ihrem Mann Pierre Curie und mit Henri Becquerel teilte. Nach dem Tode ihres Mannes hatte dessen hochbegabter Schüler Langevin die Zusammenarbeit mit Marie Curie fortgesetzt. Langevins Ehe ging nicht gut. Neuen Streit gab es, als er ein Angebot aus der Industrie ablehnte, das die große Familie mit den vier Kindern von allen finanziellen Sorgen befreit hätte. An der Entscheidung, der Wissenschaft treu zu bleiben, war Marie Curie nicht unbeteiligt.

Am 4. November 1911 erschien *Le Journal* mit der Schlagzeile: »Eine Liebesgeschichte. Madame Curie und Paul Langevin«. Menschlich war es perfide, journalistisch große Klasse: Dem Reporter war es gelungen, Frau Langevin zum Sprechen zu bringen, und die hatte, blind vor Eifersucht, »die andere«, die »Nebenbuhlerin«, mit Vorwürfen überschüttet. Am nächsten Tag brachten auch die übrigen Zeitungen den »Knüller«.[41] Sogar in der Prager *Bohemia* stand eine Notiz über den »Liebesroman der Madame Curie«.

»Die in den Zeitungen kolportierte Schauergeschichte ist Unsinn«, meinte Einstein: »Frau Curie hat eine sprühende Intelligenz, ist aber trotz ihrer Leidenschaftlichkeit nicht anziehend genug, um jemandem gefährlich zu werden.«[42] Hierin täuschte er sich. Er war ein Experte für die physikalischen Kräfte, aber von den Seelenkräften einer liebenden Frau hatte er keine Vorstellung.

Nach und nach kam die ganze »Story« an die Öffentlichkeit. Wie eine Meute von Wölfen jagten die Journalisten ihr Opfer, und den ersten Enthüllungen folgten weitere. Schließlich gelangten die Liebesbriefe Marie Curies in die Hände der Presse.

»Daß Madame Curie und ihre ›ritterlichen Freunde‹ sich beruhigen können«, schrieb das pseudointellektuelle Revolverblatt *L'Œuvre*, »wir werden diese Briefe nicht publizieren, weniger aus Achtung vor ihr denn aus Achtung vor unseren Leserinnen.« Und dann publizierte *L'Œuvre* diese Briefe doch. Genauer gesagt, die Zeitung verwendete einen jener schmutzigen Tricks, die im Enthüllungsjournalismus noch heute üblich sind: Sie veröffentlichte nicht die Briefe als solche, sondern die Klageschrift, in der gerade die pikanten Stellen zitiert waren. So konnte jeder lesen, der zehn Centimes ausgeben wollte, was die scheue Marie Curie ihrem Kollegen und Freund Paul Langevin anvertraut hatte.

Auch die deutschen Zeitungen berichteten über die Affäre. Planck, in jeder Beziehung ein Konservativer, empfand die »Eheirrung« Langevins als »sehr betrübend«. Einstein enthielt sich eines Kommentars. War Langevins Problem nicht auch das seine? An einen Ehepartner gebunden zu sein, der geistig und emotional zusehends erstarrte?

»Ich bin den ganzen Tag im Institut und schaffe«, konstatierte er munter.[43] Mileva dagegen fühlte sich vernachlässigt. Weder unter den Deutschen noch unter den Tschechen gelang es ihr, Bekanntschaften zu schließen. Dabei hätte ihr doch die serbische Abstammung manche Türen öffnen können. Wahrscheinlich um sie aufzumuntern, lud Einstein die alten Schweizer Freunde zu sich ein: »Die Stadt Prag ist übrigens wundervoll, so schön, daß sie allein schon eine größere Reise lohnen würde.«[44]

Das kulturelle Leben der beiden Nationalitäten verlief völlig getrennt. Für alles und jedes hatten die Deutschen ihren eigenen Verein, vom »Klub deutscher Schriftstellerinnen« und dem »Deutschen Schulverein« bis zum »Christlichen Verein deutscher junger Männer«, dem »Bund deutscher Naturfreunde« und dem »Deutschen Schneeschuhverein«.

Besonders stolz waren die Prager deutscher Zunge auf ihre großen Schriftsteller, auf Franz Werfel, Max Brod und Franz Kafka. Später ging der Spruch um: »Es werfelt und brodelt, es kafkat und kischt.« Egon Erwin Kisch aber gehört eigentlich nicht in diese Reihe, denn er war kein Dichter im eigentlichen Sinne, sondern Journalist. Von Lästerzungen wurde deshalb kolportiert, daß Kisch selbst diese einprägsame Zeile in die Welt gesetzt habe.

Die philosophisch Interessierten trafen sich am Dienstagabend im Hause von Berta Fanta. Zu den regelmäßigen Gästen gehörten der Schriftsteller Max Brod, der Mathematiker Gerhard Kowalewski, der Philosoph Hugo Bergmann und bald auch Albert Einstein. Franz Kafka wurde ebenfalls zum Fanta-Kreis gerechnet, kam aber nur selten. Ihm lagen die abstrakten Themen fern.

Mit großem Engagement wurden Kants *Prolegomena zu einer künftigen Metaphysik* und die *Kritik der reinen Vernunft* Seite für Seite gelesen und kommentiert. Die Erläuterungen gab der Philosoph Hugo Bergmann. Einmal hielt Gerhard Kowalewski einen Vortrag über Cantors transfinite Zahlen, ein andermal spielte Einstein eine Violinsonate von Mozart, wobei ihn Max Brod begleitete. In den Diskussionen ergriff auch Einstein das Wort, und die Kenner staunten über die Tiefe seiner Bemerkungen. Bewundernd registrierte Max Brod, wie der große Physiker »experimentierend seinen Standpunkt änderte, sich... probeweise auf den entgegengesetzten Standpunkt zu stellen wußte und das Ganze nun unter verändertem Winkel völlig neu betrachtete«.[45]

Kurze Zeit später schrieb Max Brod seinen Roman *Tycho Brahes Weg zu Gott*. Der Held ist nicht der alternde Tycho, sondern der junge Kepler, der von ihm 1600 nach Prag gerufen wird, um aus der Masse der Planetenbeobachtungen die richtige Bahnform zu destillieren. »Von der historischen Wirklichkeit bin ich aus künstlerischen Gründen stark abgewichen«, erläuterte Brod, »nicht im Tycho selbst, den ich ziemlich genau nachschuf, wohl aber in seinem Gegenspieler Kepler.«[46]

Für seinen Kepler dienten Brod zwei Vorbilder aus der Umgebung: Franz Werfel und Albert Einstein. Als der Roman 1916 erschien, erkannte Nernst einige Wesenszüge Einsteins und sagte zu ihm: »Dieser Kepler, das sind Sie!«

Tatsächlich gibt es zahlreiche Stellen, die an Einstein denken lassen. Charakteristisch ist das Gespräch der beiden Astronomen, bei dem Tycho zum erstenmal »jenes unbegreiflich Überlegene und einfach ›Richtige‹ fühlte, das von Kepler ausging«. Es heißt hier: »Zum erstenmal begann er [Tycho] zu ahnen, daß dieser scheinbar harmlose, nichts verhüllende Mensch irgendwie aus unbewußter, tiefster Weisheit... redete und handelte.«[47] Auch von Einstein ging, wie Ehrenfest einmal gesagt hat, »eine ruhige Kraft« aus, was das Zusammensein mit ihm »so wertvoll und unersetzlich« mache.[48]

In Prag wurde Einstein zum erstenmal mit dem jüdischen Problem konfrontiert. Innerhalb der deutschen Minderheit bildeten die Juden wiederum eine Minderheit. »Die Kräfte auf dem Wege der Assimilation zu verschenken und zu vergeuden, ist unwürdig«, so hörte man im Zentralverein zur Pflege jüdischer

Angelegenheiten. »Stolz auf seinen hohen Wert muß das Judentum in betont nationalem Bewußtsein seine Würde suchen und finden.«[49]

Hugo Bergmann, der Schwiegersohn von Berta Fanta, war ein überzeugter Zionist. Er wirkte damals als Bibliothekar am Klementinum und hat gelegentlich Einsteins Vorlesung gehört. Manchmal begleitete er ihn auf dem Rückweg, und man kann sich vorstellen, daß er dabei Einstein die Notwendigkeit eines eigenen jüdischen Staates vor Augen hielt.[50] Resonanz fand er damit nicht. Erst später, unter dem zunehmenden Druck des Antisemitismus nach dem Ersten Weltkrieg, entwickelte Einstein Verständnis und wurde schließlich selbst zu einem Zionisten. Hugo Bergmann ist bald nach Jerusalem ausgewandert, wo er die jüdische Bibliothek aufbaute. Einstein besuchte den »ernsten jüdischen Heiligen«, wie er ihn nannte, als er auf der Rückreise von Japan im Februar 1923 nach Palästina kam.

Einstein blieb, wie gesagt, nur drei Semester in Prag. Tatsächlich lebte er nicht einmal die vollen eineinhalb Jahre in der Stadt, sondern nur 16 Monate. Bereits im November 1911 hat er von dem Plan erfahren, ihn nach Zürich zurückzuholen. Der definitive Ruf kam am 31. Januar 1912.

Trotz der kurzen Zeit hat er sich mit ein paar Kollegen angefreundet. Dazu gehörte der Archäologe Wilhelm Klein, von dessen Charme er sich regelrecht einfangen ließ. Einstein nahm am mathematischen Kolloquium teil; nach dem Ende der Veranstaltung hat ihn Klein am Ausgang erwartet und den Mathematikern entführt, die mit ihm zum Abendessen gehen wollten. »Wir waren alle erstaunt, daß er sich das gefallen ließ«, berichtete Gerhard Kowalewski, »und fühlten uns ein wenig gekränkt.«[51]

Auch zu Moritz Winternitz, dem Professor des Sanskrit, entwickelte sich ein freundschaftliches Verhältnis. Winternitz hatte fünf begabte Kinder, und Einstein scherzte: »Mich interessiert, wie sich eine solche Reihe von Produkten aus derselben Fabrik verhält.«[52] Eine unverheiratete Schwester von Frau Winternitz war Klavierlehrerin, und mit ihr hat Einstein oft musiziert. Durch den ständigen Umgang mit Jüngeren hatte sich die Dame einige diktatorische Manieren angewöhnt und behandelte auch Einstein wie einen Schüler. »Sie ist sehr streng mit mir«, ächzte er. »Wie ein Feldwebel.« Als die Lehrerin erfuhr, daß Einstein wieder nach Zürich zurückgehen würde, mußte er versprechen, für einen musikalisch adäquaten Nachfolger zu sorgen. Einstein gab ohne Bedenken diese Zusage. Nach der Berufung von Philipp Frank wurde dieser tatsächlich aufgefordert, mit seiner Geige zu erscheinen. »Ich mußte ihr leider bekennen«, berichtete Frank, »daß ich noch nie in meinem Leben eine Geige in der Hand gehabt hatte.« Die Dame war sehr ungehalten: »Also hat Einstein mich doch getäuscht.«[53]

Wenn er gefragt worden wäre, was ihm in Prag das erfreulichste Erlebnis gewesen ist, hätte er wohl den Besuch seines Kollegen Ehrenfest genannt. Der ein paar Monate jüngere Paul Ehrenfest stammte aus Wien und lebte mit seiner russischen Frau Tatjana, ebenfalls eine Physikerin, in Sankt Petersburg. Dort erhielt er als Jude aber keine feste Anstellung, und das war der Anlaß seiner Reise. Ehrenfest und Einstein hatten bisher nur ein paar Briefe gewechselt, kannten sich jedoch noch nicht persönlich. Jetzt begründeten die beiden seelenverwandten Männer eine dauerhafte Freundschaft.

Ehrenfest kam am 23. Februar 1912. Mit der Zigarre im Mund, neben sich Frau Mileva, erwartete ihn Einstein am Bahnhof, und nach gutem österreichischen Brauch führte er ihn zuerst in ein Kaffeehaus. Schon bald verbissen sie sich in eine Diskussion über statistische Mechanik, das Spezialgebiet Ehrenfests. Das Gespräch wurde auf dem Weg zum Institut und im Arbeitszimmer Einsteins fortgesetzt. Am Abend überließ Einstein seinen Gast dem Kollegen Lampa und enteilte zum Quartettspiel. Später brachte Lampa den Besucher in die Třebízského ulice. Um Mitternacht kamen die beiden Einsteins nach Hause. Mileva kochte Tee, und die Diskussion ging bis früh um halb drei weiter.

Der nächste Tag war ein Samstag. Als Ehrenfest um acht Uhr aufstand, war Einstein schon fort. Gesellschaft beim Frühstück leistete ihm das zweijährige »Buberl«. Dann folgte er Einstein ins Institut, wo sie »sofort wieder ins Streiten« kamen. Es war aber natürlich kein »Streit« im landläufigen Sinne, vielmehr eine geistige Auseinandersetzung, bei der sich aus These und Antithese die Synthese ergibt.

Wie uns Stefan Zweig in seiner *Welt von gestern* schildert, zelebrierten damals auch junge Männer ihre Würde: »Sie gingen langsam, sie sprachen gemessen und strichen im Gespräch sich die wohlgepflegten Bärte.« Nichts von alledem bei Einstein. Auch in seinem Benehmen war er ein »moderner« Physiker: Diskutierend und gestikulierend stand er mit Ehrenfest um den großen Mitteltisch in seinem Arbeitszimmer. Zwischendurch setzten sie sich rittlings auf die Stühle mit der Lehne vor sich. Einstein berichtete von seinen neuen Überlegungen, das Relativitätsprinzip auf beschleunigte Bewegungen auszudehnen. Die dabei ins Spiel kommenden Kräfte hoffte Einstein als Schwerewirkung verstehen zu können. Auf diese Weise sollte sich eine neue Theorie der Gravitation aufbauen lassen.

Am Sonntag frühstückten sie gemeinsam. Dann spielten die beiden Männer eine Violinsonate von Brahms. Am Nachmittag zogen sie mit den beiden Söhnen und dem Kinderwagen durch die Stadt. Ehrenfest sah, daß Einsteins Mantel ein Loch hatte. Aber das störte weder ihn noch Mileva. In der Unterhaltung war Einstein ganz offen und sprach »oft ein derbes Wörtlein vor den Ohren des Jungen«, des achtjährigen Hans Albert.

Ehrenfest war glücklich. Die Begegnung mit Einstein hatte er ersehnt, noch mehr aber gefürchtet: Würde er vor diesem Geistesriesen nicht dastehen als eine unendlich kleine Größe, sozusagen als ein dx gegenüber einem nach Unendlich strebenden x? Jetzt wußte er: Er hatte die Prüfung bestanden. Und mehr als das. Ehrenfest fühlte die Sympathie Einsteins. »Ja, wir werden Freunde sein«, schrieb er am Abend in sein Tagebuch. »War furchtbar froh.«[54]

Ehrenfest wollte sich an einer deutschen oder österreichischen Hochschule habilitieren. Überall stellten sich diesem Wunsch Schwierigkeiten entgegen. Vielleicht hat ein »derbes Wörtlein« Einsteins auch den Antisemiten gegolten, die Ehrenfest, dem hochbegabten Forscher und Lehrer, den Eintritt in die akademische Laufbahn versperrten.

Natürlich hat damals niemand den wahren Hinderungsgrund offen ausgesprochen. Ressentiments wirken unterschwellig. Heute aber können wir den Beweis antreten. In den Archiven hat sich mancher Physikernachlaß erhalten. Wer sich die Mühe macht, den Briefwechsel der damaligen Gelehrten durchzusehen, findet neben großen Gedanken auch schäbige Vorurteile.

In Zürich waren Ehrenfests Gespräche mit Peter Debye, Einsteins Nachfolger an der dortigen Universität, enttäuschend verlaufen. Wir wissen, warum. Debye, der bedeutende niederländische Physiker und spätere Nobelpreisträger, war Antisemit. In einem Brief an seinen ehemaligen Lehrer Sommerfeld versuchte Debye, auch diesen gegen Ehrenfest aufzubringen: »Ein Jude wie er vom Hohenpriestertypus kann mit seiner Talmudlogik einen äußerst schädlichen Einfluß ausüben.«[55]

Tatsächlich war Ehrenfest alles andere als ein »Hoherpriester«. Wie viele bedeutende Menschen fühlte er schmerzlich die eigenen Grenzen. Er litt an Depressionen, die ihn oft unvermutet überfielen und ihm jede Daseinsfreude raubten.[56] Einstein wollte helfen. Konnte Ehrenfest nicht sein Nachfolger in Prag werden?

Der Plan erwies sich als undurchführbar. Ehrenfest war konfessionslos und nicht bereit, formal in den Schoß der mosaischen Religion zurückzukehren. In diesem Punkt dachte Einstein ganz pragmatisch. Es »wurmte« ihn geradezu, daß Ehrenfest den »Spleen der Konfessionslosigkeit« hatte. Einstein verhalf seinem Freund aber doch noch zu einer Berufung, einer höchst ehrenvollen obendrein, allerdings auf indirekte Weise.

Hendrik Antoon Lorentz, der große Klassiker der Physik, trat 1912 von seinem Lehrstuhl in Leiden zurück und wünschte sich Einstein zum Nachfolger. Als dieser zur Enttäuschung von Lorentz darauf nicht einging und an Zürich festhielt, fiel die Wahl auf Ehrenfest.

Nachfolger Einsteins in Prag wurde Philipp Frank. Damit kam, wie von der Fakultät gewünscht, ein überzeugter Positivist zum Zuge. Als sich Frank dem Dekan vorstellte, sagte dieser: »In Ihrem Fach verlangen wir nur eines von Ihnen: ein halbwegs normaler Mensch zu sein.«[57]

KAPITEL 8

Das Schloß Seelenruhe

Seit der Salzburger Tagung im September 1909 war Einsteins Ansehen ins Fabelhafte gewachsen. Viele Fakultäten dachten daran, ihn auf einen Lehrstuhl zu berufen, und einige hatten schon konkrete Schritte unternommen. Im August 1911 trat die Reichsuniversität in Utrecht mit ihm in Verbindung. Ein halbes Jahr später kam ein Brief von Lorentz, ob Einstein bereit wäre, »einem Rufe nach Leiden zu folgen«.

Die Wiener waren überzeugt, daß ein solcher Mann nicht nach Prag gehöre, sondern in die Haupt- und Residenzstadt. Sie boten ihm »unter der Hand eine Stelle mit 20000 Kronen«.[1] In Prag hatte er 8400 Kronen Jahresgehalt. In Zürich wollten es die alten Freunde jedoch »nicht auf dem Gewissen haben«, Einstein auf Dauer zu verlieren. An der Eidgenössischen Technischen Hochschule wurde für ihn ein neuer Lehrstuhl für theoretische Physik geschaffen.

Ohne langes Besinnen entschied sich Einstein für die Eidgenössische Technische Hochschule, wie das einstige Polytechnikum seit 1911 hieß. Hier hatte er vor der Jahrhundertwende studiert, und immer noch sprach er liebevoll von »unserem Poly«. In der Schweiz fühlte er sich wohl, und auch Mileva strebte zurück nach Zürich. Wer die Jahre seiner Entwicklung in einer demokratischen Gesellschaft zugebracht habe, kommentierte er, könne sich an das Kastenwesen, wie es in Prag herrsche, nicht recht gewöhnen.

Einsteins Berufung an die Eidgenössische Technische Hochschule änderte nichts am festen Vorsatz von Planck und Nernst, Einstein nach Berlin zu bringen. Sie waren und blieben überzeugt, daß Einsteins Platz nur die Hauptstadt des Deutschen Reiches sein könne. Hier gab es mehr Wissenschaftler als irgendwo sonst, und hier konnte jeder Gelehrte mit Recht sagen, was einst von Paris gegolten hatte: »Nous nous stimulons mutuellement.«

Seit der Gründung der Kaiser-Wilhelm-Gesellschaft am 11. Januar 1911 entstanden in Berlin-Dahlem in raschem Tempo große neue Forschungsinstitute. Bereits am 23. Oktober 1912 wurden das »Kaiser-Wilhelm-Institut für Chemie« und das »Kaiser-Wilhelm-Institut für physikalische Chemie und Elektrochemie« mit einem pompösen Festakt von Wilhelm II. eingeweiht. An das KWI für Chemie wurde Richard Willstätter berufen, der die Konstitution des Chlorophylls aufgeklärt hatte und kurze Zeit darauf den erwarteten Nobelpreis erhielt. Willstätter war nicht Direktor des Instituts, sondern nur »wissenschaftliches Mitglied«, was ihm Verwaltungsarbeit ersparen sollte. Ende 1912 kam das preußische Kultusministerium auf den Gedanken, an das Institut für physikalische Chemie unter ähnlichen Bedingungen Albert Einstein zu berufen.

Obwohl Fritz Haber, der Direktor des Kaiser-Wilhelm-Instituts, sehr positiv reagierte, trat dieser Plan zurück gegenüber einem anderen: für Einstein ein eigenes Kaiser-Wilhelm-Institut für physikalische Forschung zu gründen. Vor Jahren schon hatte der inzwischen verstorbene Ministerialdirektor Friedrich Theodor Althoff darüber ein ausführliches Gutachten eingeholt. Hier hieß es, daß man die besonders begnadeten Forscher von den Lehraufgaben entlasten müsse, damit sie ihre Arbeitskraft ungeschmälert der Wissenschaft widmen könnten. Die Wissenschaft bestimme die Entwicklung der Technik, und auf dieser beruhe die Macht des Staates.[2]

Eine neue Situation entstand durch die Wahl von Max Planck zum »beständigen Sekretar« der Preußischen Akademie der Wissenschaften am 23. März 1912. Die bescheidene Bezeichnung täuscht über die Bedeutung des Amtes. Jede der beiden Klassen der Akademie besaß zwei »beständige Sekretare«, und diese vier bildeten das Präsidium. Damit waren Planck und Nernst zur Realisierung ihres Plans nicht mehr auf die ihnen fernerstehende Kaiser-Wilhelm-Gesellschaft angewiesen. Die beiden Herren entfalteten eine rege Aktivität. Sie mußten die Mitglieder der Akademie für den Plan erwärmen, das preußische Kultusministerium zur Mitwirkung veranlassen und schließlich noch den

Industriellen Leopold Koppel geneigt machen, eine finanzielle Unterstützung zu leisten.

Am 12. Juni brachte Planck den Wahlvorschlag in die Sitzung der Mathematisch-physikalischen Klasse. Nernst erläuterte seinen Kollegen vertraulich, »daß der Plan, Einstein für die Akademie zu gewinnen, seine äußere Gestalt angenommen habe durch das Anerbieten des Herrn Kommerzienrat Koppel, den Betrag von 6000 M. jährlich zuzuschießen«.[3] Am 3. Juli wurde abgestimmt. Man zählte 21 weiße Kugeln und eine schwarze. Das war weit mehr als die erforderliche absolute Mehrheit aller Klassenmitglieder.

Eine entscheidende Rolle spielte der Text des »Wahlvorschlags«. Es handelte sich dabei um ein von Planck eigenhändig geschriebenes und von Nernst, Rubens und Warburg mitunterzeichnetes Gutachten, das die Verdienste Einsteins ins helle Licht rückte:

> Durch seine Arbeiten auf dem Gebiet der theoretischen Physik, die zu allermeist in den *Annalen der Physik* publiziert sind, hat sich Einstein in den Kreisen seiner Fachwissenschaft schon mit jugendlichen Jahren einen Weltruf erworben... Der eigenen reichen Produktivität gegenüber steht die besondere Begabung Einsteins, fremden neu auftauchenden Ansichten und Behauptungen schnell auf den Grund zu gehen und ihr Verhältnis zueinander und zur Erfahrung mit überraschender Sicherheit zu beurteilen.[4]

Planck lag sehr viel an der Berufung. Trotzdem fühlte er sich verpflichtet, eine Einschränkung zu machen: In seinen Spekulationen habe Einstein »gelegentlich auch einmal über das Ziel hinausgeschossen«, wie zum Beispiel in seiner Hypothese der Lichtquanten. Sogar hier ist Einstein schließlich Genugtuung zuteil geworden. Später nannte Arnold Sommerfeld das mit Einsteins Lichtquantenhypothese begründete Dualitätsprinzip »unter allen erstaunlichen Entdeckungen unseres Jahrhunderts die erstaunlichste«.[5]

Am 10. Juli kam die Angelegenheit erstmalig vor das Plenum der Akademie. Auf ausdrücklichen Wunsch der Kollegen verlas

Planck den Wahlantrag. Einwände bestanden schließlich nur noch »wegen der Mitwirkung eines Privatmannes an der Berufung eines neuen Mitglieds«.[6] Planck und Nernst waren sicher, diese Bedenken bis zur Schlußabstimmung ausräumen zu können.

Am Abend des folgenden Tages, am 11. Juli 1913, fuhren die beiden Gelehrten in Begleitung ihrer Frauen mit dem Nachtzug nach Zürich. Am nächsten Tag verhandelten sie mit Einstein. Viel würde der Historiker für einen Mitschnitt dieses Gesprächs geben. Wir wissen nicht einmal, ob Einstein die Herren in seiner Wohnung Hofstraße 116 im Zürichbergviertel empfing oder in der Hochschule an der Rämistraße.

Planck und Nernst haben um Einsteins Zustimmung geworben, so viel ist sicher, und da werden sie wohl alle Argumente für Berlin ins Feld geführt haben: Die vielen bedeutenden wissenschaftlichen Einrichtungen und die große Zahl von Physikern in der Reichshauptstadt; das physikalische Kolloquium jeden Mittwoch und dazu alle 14 Tage am Freitag die Sitzungen der Deutschen Physikalischen Gesellschaft; die auf ihn zugeschnittene Stellung an der Akademie ohne jede Lehrverpflichtung, aber mit dem Recht, jederzeit Vorlesungen und Seminare an der Universität abzuhalten; die ungewöhlich hohe »Remuneration« mit 12 000 Mark jährlich, dazu 900 Mark Ehrensold; die für die Arbeit so angenehme Anonymität der Großstadt.

Max Planck war ein zurückhaltender Mann, dem es nur um die Sache ging, und er wird auch in diesem Fall das Gespräch weitgehend seinem Kollegen Nernst überlassen haben. Dieser verstand es, sein Gegenüber richtig zu nehmen. Wunderdinge erzählte man sich von dem Vertrag, den er mit der A.E.G. über die Verwertung seiner »Nernst-Lampe« geschlossen hatte. Obwohl sich die Erfindung als Fehlschlag herausstellte, soll Nernst die für die damalige Zeit unerhörte Summe von einer Million Mark erhalten haben. Ebenso geschickt hatte er 1910 mit dem belgischen Großindustriellen Ernest Solvay verhandelt und diesen veranlaßt, die für die Wissenschaft so wichtige »Quantenkonferenz« zu finanzieren.

Inzwischen hatte sich Solvay entschlossen, diese Konferenz zu einer regelmäßigen Einrichtung zu machen. Wahrscheinlich haben die drei Herren am Rande auch über den auf Ende Oktober 1913 angesetzten »Zweiten Solvay-Kongreß« gesprochen. Auf dem Programm stand die »Struktur der Materie«.

Einstein hatte politische Bedenken gegen Berlin. Er verabscheute das nationale Kraftmeiertum des deutschen Kaisers, der doch nur aussprach, was viele Deutsche dachten. Die »Machtreligion« und die »Autoritätsduselei« waren ihm zutiefst zuwider: »Der freie, unbefangene Blick ist dem Deutschen überhaupt nicht eigen.«[7] Seine Einstellung entsprach etwa der von Heinrich Mann. Dieser schrieb damals an einem Roman, mit dem er seinen Landsleuten den Spiegel vorhalten wollte und der den beißenden Titel *Der Untertan* erhielt. Das Buch wurde zwei Monate vor Kriegsausbruch abgeschlossen, konnte aber erst 1918 erscheinen. Einstein erhielt 1916 ein Vorausexemplar.

Von daher hatte es wenig Verlockendes für Einstein, nach Berlin zu gehen. Wie ist es Planck und Nernst dann doch gelungen, Einstein zu gewinnen? Vielleicht hat Nernst von einer preußischen Tradition anderer Art gesprochen: dem Verständnis für die Wissenschaft. Unter Berufung auf diese Tradition sei die Kaiser-Wilhelm-Gesellschaft gegründet worden, in der Industrielle und Bankiers, vor allem jüdische, mit Vertretern des Staates zum besten der Wissenschaft zusammenwirkten. Auch bei der Berufung der Mitarbeiter gebe es keine Vorurteile. So sei Fritz Haber, Einsteins Freund und wie Einstein selbst jüdischer Abstammung, Direktor des neuen »Instituts für physikalische Chemie und Elektrochemie« geworden.

Als begnadeter Forscher sei es Einsteins Pflicht, dort zu wirken, so mag Nernst weiter argumentiert haben, wo es eine Gelehrtenrepublik gebe, die seine Gedanken mit Verständnis aufnehme. Wer habe denn die Relativitätstheorie in der Welt durchgesetzt? Kein anderer als Planck! Und wer die Quantentheorie? »In aller Bescheidenheit«, so hören wir (mit einer gehörigen Portion Phantasie) den egozentrisch-eitlen Nernst sprechen, mit aller Bescheidenheit müsse er jetzt sich selbst nennen. Wie habe der Kollege Sommerfeld so treffend formuliert? »Hoch ist das Verdienst des Nernstschen Instituts zu veranschlagen, das uns in den planmäßigen Messungen der spezifischen Wärmen den anderen, nicht minder tragfähigen Grundpfeiler der Quantentheorie geliefert hat.«[8]

Einstein erbat sich eine Bedenkzeit von 24 Stunden. Die vier Berliner nutzten den Sonntag zu einem Ausflug auf den Rigi, von dem sich eine hinreißende Aussicht auf die Alpenkette und den Vierwaldstätter See bot. Einstein wollte sie am Abend am Hauptbahnhof Zürich abholen. Wenn er ihnen mit einem Taschentuch zuwinke, sollte das seine Zustimmung signalisieren. Als die beiden Paare am Abend zurückkehrten, sahen sie schon von weitem das weiße Tuch.

Die Physikhistoriker haben viel gerätselt, was für diesen Entschluß letztlich ausschlaggebend gewesen ist. Sicher spielte eine Rolle, daß er sich in Berlin »ganz der Grübelei« hingeben konnte. Sieben Jahre hatte er den besten Teil seiner Arbeitskraft mit der technischen Prüfung von Patentgesuchen verausgabt und weitere Jahre mit den Anfängervorlesungen, was ihm »kurios auf die Nerven« ging. Die Befreiung von Routineverpflichtungen kann aber nicht das einzige Motiv gewesen sein.

Cherchez la femme. Genaue Auskunft gibt uns jetzt der Ende 1993 erschienene Band 5 der Einstein-Edition mit den Briefen von 1902 bis 1914. Seine Ehe mit Mileva war gescheitert. Er nannte sie nur sein »Kreuz« und den »sauersten Sauertopf«, den es je gegeben habe.[9] Aus seinem »frostigen Heim« war jegliche Behaglichkeit geschwunden. Da erschien ihm seine Cousine Elsa doppelt und dreifach reizvoll, die jetzt als geschiedene Frau mit ihren beiden Töchtern in Berlin wohnte. Er kannte sie als einen innerlich heiteren Menschen, und schon aus Prag hatte er ihr geschrieben, es sei »jammerschade«, daß sie und er nicht in der gleichen Stadt lebten. Unter den vielen Briefen Einsteins an Elsa hat sich auch einer vom 3. April 1913 erhalten. Hier berichtete er von seinem Vortrag an der Sorbonne in Paris: »Ich wurde mit Ehrungen derart überhäuft, daß ich vor Scham vergehen zu müssen glaubte.«[10]

Das bringt uns auf die Frage, wie denn damals Einstein von den Koryphäen beurteilt worden ist. Da sich so viele Universitäten für ihn interessierten, hat früher oder später jeder Fachmann einmal sein Urteil abgeben müssen. Schon damals gab es keine Berufung ohne die entsprechenden Gutachten.

Die vertraulichen Stellungnahmen stehen jetzt in den Archiven zur Verfügung, und es läßt sich aus ihnen entnehmen, wie weit das Verständnis für Einstein ging. So kehrt sich für uns Heutige der Sinn der Gutachten um: Es wird zu einem Urteil über die Verfasser. Zu dem Stoß von Gutachten kommen die Bemerkungen, die sich in den damaligen Gelehrtenbriefen finden. Denn natürlich haben die Physiker ihren jungen Kollegen als eine Ausnahmeerscheinung angesehen und sich über ihn ihre Gedanken gemacht.

Plancks Meinung kennen wir schon. In seinem Gutachten für die Akademie ist, bis auf die Kritik an der Lichtquantenvorstellung, die Bedeutung Einsteins richtig erfaßt. Ebenfalls große Stücke auf Einstein hielt Lorentz. Er wollte sich »glücklich preisen«, wenn Einstein als sein Nachfolger nach Leiden ginge. Als ausgesprochen schwach empfinden wir den großen französischen Mathematiker Henri Poincaré. Zwar lobte er Einstein als einen »originellen Kopf«, mochte aber nicht glauben, daß sich seine physikalischen Vorhersagen alle bestätigen werden. Marie Curie rühmte an Einstein die »Klarheit des Geistes« und die Ausdehnung und Tiefe seiner Kenntnisse: »Wenn man in Betracht zieht, daß Herr Einstein noch sehr jung ist, so scheint es berechtigt, auf ihn die größten Hoffnungen zu gründen und in ihm einen der größten Theoretiker der Zukunft zu sehen.«[11]

Sommerfeld erwartete Wunderdinge von Einstein und zunächst einmal die prinzipielle Klärung des Quantenrätsels. Als er ihm dies in einem Brief direkt sagte, brachte er Einstein in Verlegenheit. Dieser mußte dem Münchner Kollegen gestehen, daß er »in der Quantensache nichts Neues zu sagen« wisse: »Ich beschäftige mich jetzt ausschließlich mit dem Gravitationsproblem.«[12]

Jahrelang hatte sich Einstein um die Formulierung einer in sich geschlossenen Theorie der Quanten bemüht. Jeder Weg, den er versuchsweise einschlug, endete im Abgrund: »Es war, wie wenn einem der Boden unter den Füßen weggezogen worden wäre.«[13] Das Gravitationsproblem erwies sich jedoch als keineswegs leichter. In Einsteins Briefen ist oft von dem »unbeschreiblich mühsamen Suchen« die Rede. Sein Humor aber verließ ihn nicht, und es ist noch heute eine Freude, seine Zeilen zu lesen:

Das eine ist sicher, daß ich mich im Leben noch nicht annähernd so geplagt habe und daß ich große Hochachtung für die Mathematik eingeflößt bekommen habe, die ich bis jetzt in ihren subtileren Teilen in meiner Einfalt für puren Luxus ansah.[14]

Während seines Hochschulstudiums hatte Einstein als den »faszinierendsten Gegenstand« die Maxwellsche Theorie der Elektrodynamik empfunden.[15] Damals war man von den Fernkräften Newtonscher Prägung (ausgedrückt etwa im Coulombschen Gesetz) übergegangen zum Konzept des sich zeitlich ausbreitenden Kraftfeldes. Die Revolution hatte aber vor der Schwerkraft haltgemacht. Hier war man – mangels besserem – bei dem alten Newtonschen Gesetz der Massenanziehung geblieben, das eine instantane Ausbreitung der Kraft implizierte. Schon Heinrich Hertz hatte 1889 seine Unzufriedenheit darüber zum Ausdruck gebracht.[16]

Die Spezielle Relativitätstheorie bot Einstein den Ansatz zur Lösung des Problems. Die Theorie von 1905 formuliert die Äquivalenz aller Koordinatensysteme, die sich gegeneinander mit gleichförmiger, geradliniger Geschwindigkeit bewegen. Schon 1907 stellte er die Frage: »Ist es denkbar, daß das Prinzip der Relativität auch für Systeme gilt, welche relativ zueinander beschleunigt sind?«[17]

Beschleunigungen bedeuten Kräfte. In einem berühmt gewordenen Gedankenversuch machte sich Einstein klar, was er später die »fruchtbarste Idee« seines Lebens nannte: Eine Beschleunigung ist prinzipiell nicht von der Wirkung eines Schwerefeldes zu unterscheiden. Wir zitieren die Fassung, die Einstein 1913 in Wien vorgetragen hat und die auch in sprachlicher Hinsicht den Charme seiner Persönlichkeit erkennen läßt:

Zwei Physiker, A und B, erwachen aus narkotischem Schlafe und bemerken, daß sie sich in einem geschlossenen Kasten mit undurchsichtigen Wänden befinden, versehen mit all ihren Apparaten. Sie haben keine Kenntnis davon, wo der Kasten angeordnet bzw. ob und wie er bewegt ist. Sie konstatieren nun, daß Körper, die sie in die Mitte des Kastens bringen und loslassen, alle nach derselben Richtung – sagen wir nach unten – mit der allen gemeinsamen Beschleunigung γ fallen. Was können die Physiker daraus schließen? – A schließt daraus, daß der Kasten ruhig auf einem Himmelskörper liege, und daß die Richtung nach unten diejenige nach dem Zentrum des Himmelskörpers sei, falls dieser kugelförmig sein sollte. B aber vertritt den Standpunkt, daß der Kasten durch eine außen an ihm angreifende Kraft in gleichförmig beschleunigter Bewegung nach »oben« von der Beschleunigung γ erhalten sein könne; ein Himmelskörper brauche nicht in der Nähe zu sein. Gibt es für die beiden Physiker ein Kriterium, nach dem sie entscheiden könnten, wer recht hat? Wir kennen kein derartiges Kriterium.[18]

Dabei wird die Gleichheit der schweren und trägen Masse vorausgesetzt, wie sie der ungarische Physiker Roland von Eötvös seit 1888 mit wachsender Genauigkeit nachwies. Einstein erinnerte sich später nicht mehr, wann ihm diese Versuche bekannt geworden sind. Wahrscheinlich hatte er schon zuvor die Gleichheit von schwerer und träger Masse als ein Axiom benutzt.*

Dieses Axiom führte Einstein zur Auffassung, daß die Relativitätstheorie von den gleichförmig gegeneinander bewegten auf beliebige Koordinatensysteme verallgemeinert werden mußte. Die damit automatisch ins Spiel kommenden Kräfte müssen als Gravitationswirkung interpretiert werden. Bis zur Aufstellung der damit postulierten »Allgemeinen Relativitätstheorie« dauerte es dann freilich noch sieben Jahre. Später sah er die »hauptsächlichste Schwierigkeit« in der Überwindung der gewohnten Auffassungen und konkret in der Erkenntnis, daß nicht den Koordinaten, sondern der Metrik die entscheidende Bedeutung zukommt. Die vorhandenen Massen erzeugen eine Krümmung des Raumes. Große Probleme bereitete auch die

* Ebenso war es bei der Ausarbeitung der Speziellen Relativitätstheorie mit dem Michelson-Experiment gewesen. Er ging von dem Axiom der Gleichheit der Lichtgeschwindigkeit für alle Beobachter aus, noch ehe er von den Experimenten hörte.

Mathematik. Die ursprüngliche Relativitätstheorie von 1905, meinte er damals, sei eine »Kinderei« gegenüber der gesuchten Verallgemeinerung.

Da war es ein Glücksfall, daß Einsteins alter Studienfreund Marcel Grossmann als Kollege an der Eidgenössischen Technischen Hochschule wirkte. Seit 1907 war er hier Professor für darstellende Geometrie. »Er fing sofort Feuer«, berichtete Einstein, und »durchmusterte die Literatur.«[19] Dabei fand er, daß das mathematische Problem durch Riemann, Ricci und Levi-Cività bereits behandelt und gelöst war. 1913 veröffentlichten die beiden Freunde ihren *Entwurf einer verallgemeinerten Relativitätstheorie und einer Theorie der Gravitation*. Der physikalische Teil stammte von Einstein, der mathematische von Grossmann.[20]

Daraufhin gab Arnold Sommerfeld, der es gut mit Einstein meinte, den Rat, er solle doch nach außen den Anteil Grossmanns nicht zu stark betonen. Einstein aber kannte seinen Freund und wußte, daß Grossmann niemals den Anspruch erheben würde, als Mitentdecker zu gelten: »Er half mir nur bei der Orientierung über die mathematische Literatur, trug aber materiell nichts zu den Ergebnissen bei.«[21]

Viele Wissenschaftler sind in Prioritätsfragen kleinlich. Engherzig war Einstein nie, aber in seinen jüngeren Jahren hat er auf die Anerkennung durch die Kollegen Wert gelegt. Als Johannes Stark die Formel $E = mc^2$ auf Planck zurückführte und nicht auf ihn, übermittelte er dem Experimentalphysiker sein »Befremden«, lenkte aber sofort ein, als Stark eine beruhigende Erklärung abgab: »Die Leute, denen es vergönnt ist, zum Fortschritt der Wissenschaft etwas beizutragen, sollten sich die Freude über die Früchte gemeinsamer Arbeit nicht durch solche Dinge trüben lassen.«[22] In seiner späteren Abgeklärtheit hielt es Einstein überhaupt für überflüssig, wie ein alter Geizhals seine »paar Ergebnisse« als Eigentum zu verteidigen.

Immer tiefer versenkte sich Einstein in das Problem der Gravitation, so daß er, wie Sommerfeld bedauernd registrierte, »für alles andere taub« wurde. Sein Engagement veranlaßte ein paar Kollegen, sich ebenfalls dem Thema zuzuwenden. Im Sommer 1913 meinte Max Planck, daß gegenwärtig auf diesem Gebiet »die

Theorien fast hageldicht herunterprasseln«.[23] Das war übertrieben.

Außer der Einsteinschen Theorie gab es noch drei andere: eine von Max Abraham, eine von Gustav Mie und eine von Gunnar Nordström. Einstein sah sofort, daß die Abrahamsche Theorie »vom invariantentheoretischen Standpunkt inkonsequent« war und spottete über das »stattliche Roß«, dem »drei Beine fehlen«. Die Gravitationstheorie von Mie betrachtete Einstein als ein Phantasieprodukt. Sie habe eine »verschwindend kleine innere Wahrscheinlichkeit«. Die Theorie des finnischen Astronomen Nordström aber hielt er für »sehr vernünftig«. Sie zeige »einen widerspruchsfreien Weg« auf, »um ohne Äquivalenzhypothese durchzukommen«:

> Nach Nordström besteht wie bei mir eine Rotverschiebung der Sonnenspektrallinien, aber keine Krümmung der Lichtstrahlen im Gravitationsfeld. Die Untersuchungen bei der nächsten Sonnenfinsternis müssen zeigen, welche der beiden Auffassungen den Tatsachen entspricht.[24]

Einstein hatte sich schon in Prag mit dem Einfluß der Schwerkraft auf die Ausbreitung des Lichtes befaßt und darüber mit einem seiner Hörer gesprochen, einem Assistenten am Institut für kosmische Physik. Dieser vermittelte die Verbindung zu dem an der Berliner Sternwarte tätigen jungen Astronomen Erwin Freundlich. Bald entwickelte sich ein reger Gedankenaustausch, und Einstein spornte Freundlich im Sommer 1913 an: »In dieser Sache könnt Ihr Astronomen im nächsten Jahr der theoretischen Physik einen geradezu unschätzbaren Dienst leisten.« Tatsächlich fuhr Freundlich mit einer kleinen Expedition im Juni 1914 zur Beobachtung der am 21. August stattfindenden Sonnenfinsternis auf die Krim, und Einstein klagte nach Kriegsausbruch: »Mein guter Astronom Freundlich wird in Rußland statt der Sonnenfinsternis die Kriegsgefangenschaft erleben. Mir ist bange um ihn.«[25]

Später hat man leidenschaftlich erörtert, ob der Krieg kommen mußte. Einstein vertrat, in der Physik und in der Politik, einen strengen Determinismus. Hierin wollen wir ihm nicht recht geben und es lieber mit Golo Mann halten, der gesagt hat, daß damals Krieg in der Luft lag, aber auch Friede: »Und es blieb den Menschen bis zuletzt die Wahl.«[26]

Von einer Vorahnung des Unheils finden wir jedenfalls bei Einstein keine Spur. Als es Ende 1912 in Österreich zu einer Teilmobilmachung gegen Serbien kam, um den ungeliebten Nachbarn den Zugang zur Adria zu verwehren, maß Einstein dem »Säbelgerassel wenig Bedeutung« zu. Für Politik engagierte er sich damals noch nicht. Er war vollauf mit seinen wissenschaftlichen und persönlichen Problemen beschäftigt.

Für die ersten Augusttage des Jahres 1913 hatte er sich mit Marie Curie zu einer Bergtour verabredet. Er wanderte mit der berühmten Kollegin über den Malojapaß hinunter zum Comer See. Mit von der Partie waren Mileva, sein Sohn Hans Albert und Marie Curies Töchter Irène und Eve. Von ihrer Tour sandten sie Postkarten an einige Freunde, darunter Paul Langevin. Zwei Jahre war es nun her, seit von den Zeitungen die Liaison zwischen Marie Curie und Paul Langevin enthüllt worden war, und sie hatte sich tief verletzt ganz in sich zurückgezogen. Auch der zweite Nobelpreis, diesmal ungeteilt und für Chemie, der ihr kurz darauf zuerkannt wurde, konnte sie nicht aus der Erstarrung reißen. Wir empfinden deshalb die Worte Einsteins wenig taktvoll, mit der er seiner Cousine Elsa die berühmte Kollegin beschrieb:

> Frau Curie ist sehr intelligent, aber eine Häringsseele, das heißt arm an jeglicher Art Freude und Schmerz. Ihr fast einziger Gefühlsausdruck ist das Schimpfen über Dinge, die sie nicht mag. Und eine Tochter hat sie, die ist noch ärger – wie ein Grenadier. Diese ist ebenfalls sehr begabt.[27]

Tatsächlich erhielt 20 Jahre später auch Irène Curie den Nobelpreis, und zwar für die Entdeckung der künstlichen Radioaktivität. Eve Curie aber schrieb eine (später auch verfilmte) rührende Lebensbeschreibung der Mutter, in der sie neben ihrem Genie vor allem ihre Zartheit und Feinfühligkeit rühmte.[28]

Intellektuell ist Einstein bei der Bergwanderung auf seine Kosten gekommen. Emotional hatte er offenbar mit allen drei Frauen seine Probleme, am ausgeprägtesten mit Mileva, worüber aber nichts in seinem Brief an Elsa zu finden ist. Vielleicht hielt er sich an die junge englische Erzieherin der Curie-Töchter, die die Tour ebenfalls mitgemacht hat und ungewöhnlich gut aussah. Einstein war geübt, eine ungute Stimmung an sich abgleiten zu lassen. Die körperliche Bewegung und die Ungebundenheit taten ihm wohl, und nach den wenigen Tagen fühlte er sich »sehr erquickt«. Dann mußte er wieder ins Joch, um seine literarischen Schulden zu tilgen.

Im September besuchte er mit Mileva seine Schwiegereltern in Kać. Am 23. mußte er in Wien »aufs Trapez«. Für die Jahresversammlung der Deutschen Naturforscher und Ärzte hatte er ein Referat über die Allgemeine Relativitätstheorie übernommen. »Auch die Kongresse nehmen jetzt die Dimensionen des 20. Jahrhunderts an«, sagte der Bürgermeister der Stadt Wien in seiner Begrüßungsansprache. Mit über 5000 Teilnehmern und über 800 Vorträgen war es die größte Veranstaltung in der über neunzigjährigen Geschichte der Gesellschaft.

Eröffnet wurde der »Monster-Kongreß« am 22. September im großen Saal des Parlamentsgebäudes. Der Geschäftsführer berichtete von den zurückliegenden »unruhigen Wochen und Monaten«, in denen »der politische Horizont schwer umdüstert« gewesen sei: »Mehr als einmal drohten die kriegerischen Ereignisse auch unseren Staat zu ergreifen.«[29] Gemeint waren der erste und zweite Balkankrieg, die letzten Konflikte, die noch lokalisiert werden konnten. Der Redner führte das auf den »Friedenswillen der beiden mächtigen Monarchen« zurück, »die sich auch in diesen schwierigen Zeiten als die rechten Friedenskaiser bewährt« hätten. Die gesamte Versammlung stimmte ein in das dreimalige Hoch auf Franz Joseph I. und Wilhelm II., »die Erhalter des Friedens und die Schützer der Wissenschaft«.

Wie immer bei den Naturforscherkongressen spielten die gesellschaftlichen Veranstaltungen eine große Rolle. Den Höhepunkt bildete der Empfang bei Hofe. Neben »nahezu sämtlichen Kongreßteilnehmern« kamen der Ministerpräsident Graf Stürgkh und sechs Minister in den großen Redoutensaal der Hofburg. »Seine k. und k. Hoheit, der durchlauchtigste Herr Erzherzog Karl Franz Josef«, der den greisen Kaiser vertrat, wurde »von der Festversammlung mit Hochrufen empfangen«. Wie man tags darauf in der *Wiener Zeitung* las, zeichnete er den Geschäftsführer der Naturforscherversammlung, den Ministerpräsidenten, den deutschen Botschafter und ein paar andere Herren durch längere Konversation aus.[30]

Von der Affäre Alfred Redl verlautete offiziell kein Wort, um so mehr hörte man in den Gesprächen am Rande. Der österreichische Generalstabsoffizier hatte die Mobilisierungspläne an Rußland und Frankreich verraten. Nach der Enttarnung wollte der Chef des Generalstabs die Affäre vertuschen, weshalb der Oberst zum sofortigen Selbstmord gezwungen und ein Ehrenbegräbnis angeordnet wurde. Da brachte Egon Erwin Kisch den Fall an die Öffentlichkeit. Das alles hatte sich Ende Mai in Wien abgespielt. In den vier Monaten waren immer neue schockierende Details über die Spionagetätigkeit Redls, seine Männerfreundschaften und seine Verschwendungssucht bekannt geworden. Bei dem deutschen Verbündeten weckte der Fall neue Besorgnis über den inneren Zustand der Doppelmonarchie. »Alles morsch!« meinten viele der aus dem Deutschen Reich angereisten Naturforscher und Ärzte, was zu heftigen Debatten mit den Österreichern führte.

Einstein sprach am zweiten Tag des Kongresses im großen Hörsaal des Physikalischen Instituts über den »gegenwärtigen Stand des Gravitationsproblems«. Der Vortrag wurde als Gemeinschaftsveranstaltung der mathematischen, physikalischen und astronomischen Abteilung des Kongresses durchgeführt. Der Saal war voll besetzt; offiziell gezählt wurden 350 Hörer.

Es gibt ein vom Platz des Vortragenden aus aufgenommenes Erinnerungsphoto, das im linken Teil des Saales 160 Herren und 18 Damen zeigt. So ungefähr haben wir uns das Bild vorzustellen, das sich Einstein am 23. September 1913 vom Vortragspult bot. Er blickte auf eine Versammlung von bärtigen Männern. Alle hatten im Knopfloch die kreisrunde Plakette, die sie als »wirkliche Teilnehmer« des Kongresses auswies. Die älteren Herren trugen Vollbärte, die Vierzigjährigen Schnurrbärte und Schmisse. Glattrasiert waren nur wenige. Im Mittelgang sieht man den dreißigjährigen Max Born, mit dem sich Einstein bald anfreundete. Born war auf der Hochzeitsreise. Er hatte Sonderdrucke der letzten Arbeiten Einsteins im Koffer, mit denen er sich (»sehr zum Ärger meiner jungen Frau«) stundenlang beschäftigte. Zur Versöhnung bummelten sie mit Borns Wiener Freund über den Ring, wo dieser alle Augenblicke einen guten Bekannten traf, einen »Poldi« oder »Ferdi«, die er ihnen dann als den jungen Grafen Lobkowitz oder den Hofschauspieler Huber vorstellte.[31]

Große neue Ergebnisse hatte Einstein in Wien nicht zu bieten. Seine Theorie war mit einem damals unter Physikern gebräuchlichen Wort nur ein »Halbfertigfabrikat«. Den Feldgleichungen der Gravitation fehlte eine wichtige mathematische Eigenschaft, die der allgemeinen Kovarianz, und Einstein schwankte zwischen Zuversicht und Zweifel. Auch sah er nur eine einzige experimentelle Prüfungsmöglichkeit, die Lichtablenkung am Sonnenrand, die sich aus der Theorie zu 0,86 Bogensekunden ergab: »Hoffentlich führt die Sonnenfinsternis des Jahres 1914 schon die wichtige Entscheidung herbei.«[32]

Zum Glück für Einstein und seine Theorie ist es durch den Kriegsausbruch 1914 nicht zu den Beobachtungen gekommen. Hätte die unter Leitung von Erwin Freundlich stehende Sonnenfinsternisexpedition tatsächlich exakte Daten erbracht, wäre damit das in Einstein gesetzte Vertrauen ernstlich erschüttert worden. Aus der endgültigen Form der Allgemeinen Relativitätstheorie, die er am 4. November 1915 der Preußischen Akademie vorlegte, ergab sich für die Lichtablenkung am Sonnenrand der doppelte Betrag, 1,75 Bogensekunden.

Nach dem Vortrag und der lebhaften Diskussion ergriff der Mathematiker Walther von Dyck das Wort, ein eleganter Herr mit schwarzem Spitzbart, der wie ein Künstler aussah. Er war schon vor ein paar Wochen aus München gekommen, um in der Hofbibliothek an den Kepler-Manuskripten zu arbeiten. Er warb in seinem Referat für eine neue große Edition der Schriften und Briefe des großen Astronomen.

Am nächsten Tag sprachen Max von Laue und Walter Friedrich über die Entdeckung der Röntgenstrahlinterferenzen, die ihnen im Vorjahr geglückt war. Großes Interesse fanden auch die neuen Resultate auf dem Gebiet der Radioaktivität. In der Physik hatte man es bisher immer mit streng kausalen Gesetzlichkeiten zu tun gehabt. Der Zerfall der schweren Atome in leichtere Elemente war jedoch nur nach Wahrscheinlichkeiten bestimmt.

Haben sich die Physiker Gedanken gemacht, wohin ihre Forschungen einmal führen könnten? Georg Christoph Lichtenberg, der Göttinger Physiker und Aphoristiker, hat 1783, als die Erfindung der »Montgolfiere« bekannt wurde, den heißen Wunsch geäußert: »O wenn doch jemand den Schlüssel zu dem heiligen Gewölbe fände, wo vermutlich noch Tausende solcher Dinge verborgen liegen!« Im Scherz hat Lichtenberg dann einige Prognosen gemacht: »Wer will sagen, ob wir nicht unser Leben dereinst wieder auf halbe Jahrtausende ausdehnen; dem Walfisch Zaum und Gebiß ins Maul legen, und mit Sechsen von Pol zu Pol fahren, unter und über dem Wasser; die magnetischen Pole der Erde umkehren, oder zur bequemeren Findung der Meeres-Länge ein paar neue in Cayenne und Borneo anlegen.«[33] 100 Jahre später hätte ein seriöser Gelehrter so nicht schreiben dürfen. Im Studium und Beruf wurden die Wissenschaftler angehalten, sich nur über das Meßbare und Beweisbare auszusprechen. Sie wußten aber alle, daß aus der Wissenschaft technische Anwendungen hervorgehen, erstaunlicherweise meist gerade dort, wo man es am wenigsten vermutet hätte.

Das letzte große Beispiel waren die von Heinrich Hertz 1886 entdeckten elektromagnetischen Wellen. Für Hertz selbst lag die Bedeutung im Beweis für die zeitliche Ausbreitung einer vermeintlichen Fernkraft. Hier knüpfte auch Einstein mit seiner Gravitationstheorie an. Noch viel wichtiger aber wurde die Hertzsche Entdeckung durch die Anwendung in der drahtlosen Telegraphie und in der Rundfunktechnik.

Jeder Mensch erlebte vor seinen Augen, wie Wissenschaft und Technik alle Lebensverhältnisse umgestalteten. Die große Mehrheit der Zeitgenossen glaubte mit Werner von Siemens, daß »das Licht der Wahrheit«, wie man metaphorisch für die Wissenschaft sagte, die Menschheit »nicht auf Irrwege führen« könne, sondern notwendig »auf eine höhere Stufe des Daseins heben« müsse. Kein Fachmann aber wagte es, darüber zu spekulieren, wie das Leben auf dieser »höheren Stufe des Daseins« beschaffen sein würde. Diese Lücke füllte seit Jules Verne der Zukunftsroman. 1913 erschienen zwei technische Utopien, *Der Tunnel* des Deutschen Bernhard Kellermann und *The World Set Free* des Engländers Herbert George Wells.

Kellermanns Industrieroman schildert im Reportagestil den Bau eines Eisenbahntunnels zwischen Nordamerika und Europa. Als das gigantische Bauwerk nach 26 Jahren eröffnet wird, ist es technisch bereits überholt. Das Buch wurde der erste Bestseller des 1886 gegründeten S. Fischer Verlages. Auf höherem Niveau stand der Roman des Engländers über die *Befreite Welt*. Während Kellermann in seiner Utopie lediglich die vorhandene Technik ins Gigantische steigerte, überschritt Wells den Bereich des Bekannten und beschrieb neue Ergebnisse der Forschung, die zu epochalen Innovationen führen. Wells hatte sich autodidaktisch gute wissenschaftliche Kenntnisse angeeignet und stand mit Frederick Soddy in Verbindung, einem Pionier der radioaktiven Forschung. Mit erstaunlicher Treffsicherheit schilderte Wells die Entdeckung der »induzierten Radioaktivität« im Jahre 1933, die eine technische Nutzung der im Atom eingeschlossenen Energie ermöglicht. »Es liegt nicht an mir, Konsequenzen zu bedenken«, läßt Wells den Entdecker sagen. »Würde ich alle Unterlagen verbrennen, käme innerhalb einiger Jahre ein anderer zu denselben Ergebnissen.«[34]

Der Schriftsteller sah ganz klar, daß die Wissenschaft je länger je mehr die wirtschaftliche und rüstungstechnische Stärke eines Industriestaates bestimmt. Viele Gelehrte und Ministerialbeamte haben das ebenfalls gewußt. Nicht umsonst erfreute sich die Wissenschaft der kräftigen Unterstützung des Staates. War sich Einstein schon damals über diese Rolle der Wissenschaft im klaren? Er hat sich 1920 deutlich darüber ausgesprochen, daß die technische Nutzung der Atomenergie »im Bereich der Möglichkeit« liegt. Dann aber war auch eine Anwendung im Krieg nicht auszuschließen. Wahrscheinlich hat ihn, wie viele andere, erst der Weltkrieg darauf gestoßen: Die edle Wissenschaft besitzt eine »böse Rückseite«.

Doch zurück zu Einsteins letztem Jahr in Zürich.

Seit 1. Oktober 1912 wirkte er als Ordinarius für theoretische Physik an der Eidgenössischen Technischen Hochschule. Auch an der Universität Zürich gab es eine Professur für theoretische Physik, ein Extraordinariat, das 1909 für ihn geschaffen worden war. Seine Nachfolge hatte hier zunächst Peter Debye angetreten, bis dieser nach Göttingen geholt wurde.

»Zum Schönsten, was die Physik erlebt hat«[35], gehörte nach Einstein die Entdeckung der Röntgenstrahlinterferenzen, die Max Laue im April 1912 in München geglückt war. Sie brachte Laue die Berufung an die Universität Zürich und kurze Zeit später auch den Nobelpreis.[36] Damals konnte er seinem Namen auch ein »von« hinzufügen. Dieses Avancement aber verdankte er nicht seinen eigenen Leistungen, sondern denen seines Vaters, der als preußischer Militärbeamter in den erblichen Adelsstand erhoben wurde.

Laue erinnerte sich gern an seine Züricher Zeit und die vielen Dispute mit Einstein über die Allgemeine Relativitätstheorie: »Er war vollkommen im Bannkreis dieser Ideen und kam... immer wieder im Gespräch darauf zurück, manchmal von einem ganz anderen Gegenstand plötzlich darauf überspringend.«[37] Auch Laue hatte sich auf dem Gebiet der Relativitätstheorie einen Namen gemacht als Autor der 1910 erschienenen ersten Monographie.

Überall ging es voran in der Physik. Von Aachen hörten sie, daß Johannes Stark dort eine große Entdeckung gemacht hatte: die Aufspaltung der Spektrallinien im elektrischen Feld. Das sei doch wieder einmal ein Zeichen, meinte Max Planck, »daß hinter dem Mann etwas steckt«. Im Probieren habe er allerdings mehr Glück als im Studieren. Auch Einstein sah sofort die Bedeutung der Entdeckung. Von der Person des »rasenden Fortissimo« aber wollte er nichts wissen. Ein Freund hatte ihm berichtet, daß »Stark vollkommen übergeschnappt« sei und mit jedem Menschen »krakeele«. Von einem jungen Heidelberger Kollegen wußte er, daß auch der dortige Ordinarius Philipp Lenard »ein verdrehter Kerl« war: »So ganz aus Galle und Intrige zusammengesetzt.« Die beiden Psychopathen entwickelten sich später zu fanatischen Antisemiten und Nationalsozialisten, und Einstein geriet in die schwersten Auseinandersetzungen mit ihnen.

Ende Oktober 1913 nahm Einstein am zweiten Solvay-Kongreß in Brüssel teil, wo man wieder – wie zwei Jahre zuvor – im engsten Kreise über die Grundfragen der Wissenschaft debattierte. Dort beeindruckte ihn vor allem der Engländer William Bragg, der damals die Grundlagen der Röntgenstrukturanalyse schuf: »Es ist unglaublich, wieviel dieser Mann über die Raumstruktur der Kristalle und die Röntgenstrahlen schon herausgebracht hat.«[38]

Von Nernst wurde Einstein in eine heftige Debatte verwickelt, die aber, wie er registrierte, ihren freundschaftlichen Beziehungen »merkwürdigerweise« keinen Abbruch tat. Beim festlichen Diner mußte er, vom Tagungspräsidenten Lorentz gebeten, den Toast auf den belgischen Chemieindustriellen Ernest Solvay ausbringen, den Gastgeber und Sponsor der Tagung: »Alle, die mich als geistesgegenwärtigen Diskussionsredner ohne Furcht und Tadel kennen, waren gaudiert über das Faktum, daß mich die Gewalt des Wortes beim Essen und Trinken so vollkommen verläßt.«[39]

Vom wichtigsten, was damals in der Physik vorging, hörte man in Brüssel mit keinem Wort. In drei großen Aufsätzen in der Zeitschrift *Philosophical Magazine* hatte Bohr die Quantentheorie des Atoms begründet. »Bei aller Kenntnis des Einzelnen ist sein Blick unverrückbar auf das Prinzipielle gerichtet«, urteilte Einstein später über den kongenialen Kollegen: »Er ist zweifellos einer der größten Erfinder unserer Zeit auf dem Gebiete der Wissenschaft.«[40]

Stellen wir uns vor, im Jahre 1913 hätte es eine Meinungsumfrage unter den deutschen Physikern gegeben: Wer ist der größte zeitgenössische Theoretiker? Zweifellos wäre Einstein ganz nach vorne gekommen. Den ersten Platz hätte er aber wohl nicht erreicht. Auch die Wissenschaft war noch nicht so schnelllebig wie heute, und die Altmeister wurden in hohen Ehren gehalten. Mehr als Originalität zählte die Würde. So wäre wohl Hendrik Antoon Lorentz an erster Stelle genannt worden, Max Planck an der zweiten und Einstein erst an der dritten. Aus dem historischen Abstand urteilen wir heute anders. Natürlich war Einstein die Nummer eins. Eine neue Welt begann sich den Physikern im Experiment zu erschließen. Die tradierten Prinzipien reichten zur Erklärung nicht mehr aus, was aber Lorentz und Planck, die großen »Klassiker«, nicht wahrhaben wollten. Enttäuscht hatte Wilhelm Wien 1908 nach dem Mathematikerkongreß in Rom registriert, daß sich Lorentz »nicht als Führer der Wissenschaft erwiesen« habe. Das gleiche können wir von Planck sagen, der noch 1913 die Lichtquantenvorstellung ablehnte und dem auch die Einsteinsche Gravitationstheorie »gar nicht recht« zusagte.

Hätte man damals die Frage etwas anders gestellt und wissen wollen, welchem Gelehrten man am meisten für die Zukunft zutraute, wäre Einstein zweifellos ganz oben plaziert worden. Er hat die hohen Erwartungen nicht enttäuscht. Noch heute gilt seine 1915 vollendete Allgemeine Relativitätstheorie als eine der genialsten Schöpfungen des Menschengeistes. Trotzdem war Niels Bohr noch wichtiger für die Weiterentwicklung des Fachs. Ebenso kometenhaft wie Einstein 1905 tauchte Bohr 1913 am Himmel der Physik auf und hatte dort Erfolg, wo Einstein gescheitert war, beim Quantenproblem.

Noch am Ende des Lebens erschien es Einstein »wie ein Wunder«, daß der sechs Jahre jüngere dänische Forscher Niels Bohr der Schwierigkeiten Herr wurde. Ihm reichte die damalige »schwankende und widerspruchvolle Grundlage«, und er errichtete ein stabiles Gebäude, die von zwei sogenannten Quantenpostulaten bestimmte Bohrsche Atomtheorie: »Das ist höchste Musikalität im Reiche des Gedankens.«[41] Nach allem, was wir wissen, kannte Einstein keinen Konkurrenzneid. Vielmehr freute er sich, daß es nun einen so fähigen Mitstreiter gab.

Wie ging es Einstein persönlich? Nach der Naturforscherversammlung hatte er seine Cousine in Berlin besucht, und er fühlte sich von nun an »nicht mehr der gleiche als vorher«: Er habe jetzt jemanden, an den er »mit ungetrübtem Vergnügen denken« und für den er leben könne. Das »halbe Jährchen«, das sie beide noch trenne, werde bald überstanden sein. Elsa hatte ihn dringend gebeten, ihre Briefe, die sie an die Züricher Institutsadresse richtete, zu vernichten, und daran hielt er sich. Sie aber bewahrte seine Briefe. Man fand sie nach ihrem Tode in einem Umschlag mit der Aufschrift: »Besonders schöne Briefe aus bester Zeit.«[42]

Ende November 1913 muß Elsa sehr energisch geworden sein, denn in seiner Antwort schreibt er, es tue ihm wohl, wenn er von ihr »etwas Derbes« gesagt bekomme: »Denn sonst werde ich allenthalben als Heiliger und schalenloses Ei traktiert, was ich doch Gottseidank beides nicht bin.« Elsa drängte auf Scheidung, und wie hunderttausend andere Männer erklärte er seiner Geliebten die Schwierigkeiten: »Glaubst Du, es sei so leicht sich scheiden zu lassen, wenn man von der Schuld des anderen Teils keinen Beweis hat, wenn letzterer raffiniert und – mit Respekt zu sagen – verlogen ist?«[43] Er schilderte Elsa, daß er Mileva »wie eine Angestellte« behandle, der er allerdings nicht kündigen könne. »Ich habe mein eigenes Schlafzimmer und vermeide es, mit ihr allein zu sein. In dieser Form halte ich das Zusammenleben ganz gut aus.«

»Du kannst Dir kaum vorstellen, wie sehr ich mich auf das Frühjahr freue, in erster Linie auf Dich«, heißt es in diesem Brief von Ende November 1913. Auch auf Haber und Planck freue er sich: »Letzterer kommt mir geradezu rührend freundschaftlich entgegen, vom ersteren weißt Du das Gleiche.« Es gab aber auch andere Stimmungen, und Schweizer Freunden gegenüber sagte er, daß er nicht ohne ein »gewisses Unbehagen« das »Berliner Abenteuer« näherrücken sehe. Das kann man politisch interpretieren: Einstein war Pazifist, und in Berlin gab es, wie schon Voltaire konstatiert hatte, mehr Bajonette als Bücher. Beim Wort vom »Berliner Abenteuer« mag Einstein aber auch an die Konfrontation seiner Frau mit seiner Geliebten gedacht haben.

Trotz aller Probleme war es eine wunderbare Zeit für Einstein, und er fühlte sich – von gelegentlichen Anwandlungen abgesehen – frisch und kampfesfroh. Die wissenschaftliche Kontroverse mit Max Abraham und Gustav Mie bereitete ihm ausgesprochenes Vergnügen. »Figaro-Stimmung« meldete er seinem Freund Heinrich Zangger: »Will der Herr Graf ein Tänzlein wagen? Er soll's mir sagen! Ich spiel' ihm auf.«[44]

Mileva aber verfiel immer tiefer in Depressionen. Sie heulte ihm »unausgesetzt vor von Berlin und ihrer Angst vor den Verwandten«. Sie fühlte sich verfolgt und glaubte, Ende März habe ihre letzte ruhige Minute geschlagen. »Nun, etwas Wahres ist dabei«, kommentierte er: In Berlin lebte nicht nur Cousine Elsa, sondern es sollte auch Einsteins Mutter Pauline in die Reichshauptstadt übersiedeln, um ihrem Bruder den Haushalt zu führen. »Meine Mutter ist sonst gutmütig, aber als Schwiegermutter der wahre Teufel. Wenn sie bei uns ist, dann ist alles wie von Sprengstoff erfüllt.«[45]

Da half nur die gewohnte Flucht in die Wissenschaft. Kurz vor dem Umzug nach Berlin meldete Einstein seinem Freund Besso begeistert seinen Erfolg in der Gravitationstheorie: »Ich habe geschafft wie ein Wilder, und, was das Beste ist, mit großem Erfolg.«[46] Als Nachschrift kam eine kalte Dusche von Mileva: »Ich muß gestehen, daß ich nur mit einem gewissen Grauen an mein Leben dort denke und daß ich glaube, daß das nur eine vielleicht verschlimmerte Wiederholung vom Prager Aufenthalt gibt.« Die Psychologen nennen das eine »self-fulfilling prophecy«.

Einstein wollte noch Ende März 1914 einen Kongreß in Paris besuchen, sagte aber seine Teilnahme ab, um früher in Berlin sein zu können. Er komme »haleluja allein«, schrieb er Elsa, »weil mein Kreuz mit den Kindern auf Befehl des Arztes nach Locarno gehen muß zur Erholung«.[47] Als theoretischer Physiker war er den Umgang mit Symbolen gewohnt und schrieb für Mileva, sein »Kreuz«, das Zeichen +. Ein paar Jahre später wurde dann Elsa das Opfer seiner Taktlosigkeit.

Mileva kam erst Ende April 1914, einen Monat nach Einstein, mit den Kindern nach Berlin. Noch stärker als vordem klammerte sie sich an ihn. Sie wollte keinen der vielen neuen Kollegen ihres Mannes kennenlernen, nicht Max Planck, diesen wunderbaren Menschen, nicht seinen neuen Freund, den vitalen und witzigen Fritz Haber, und auch nicht Walther Nernst, den erfolgreichen und eitlen Grandseigneur.

Einsteins Briefe an die Freunde enthüllen seine völlige Verständnislosigkeit für die Probleme Milevas. Einen Mann wie ihn nennen wir heute einen »Macho«. Statt ihr zuzuhören und auf sie einzugehen, war er ärgerlich über ihre Unselbständigkeit. »Das einzige, was ihr fehlt«, meinte er, »ist einer, der über sie herrscht.«

Wenn Einstein am Mittwoch im Physikalischen Kolloquium diskutierte, am Donnerstag in die Akademie ging und jeden zweiten Freitag zur Physikalischen Gesellschaft, vergaß er den häuslichen Jammer. Wie ein Kind lebte er im Augenblick. Keiner der Kollegen, die seine treffenden Bemerkungen und sein lautes Lachen hörten, hätte geglaubt, daß seine Ehe am Auseinanderbrechen war. »Hier ist es ungeheuer anregend«, schrieb er am 25. Mai 1914 an Ehrenfest. »Franck und Hertz haben gefunden, daß Elektronen an Hg-Atomen... bei 4,8 Voltgeschwindigkeit

Freunde im Widerspruch: Albert Einstein mit Fritz Haber am 1. Juli 1914

ihre ganze kinetische Energie verlieren... Wundervolle Umkehrung des lichtelektrischen Phänomens. Eklatante Bestätigung der Quantenhypothese.«

Ehrenfest kam über Pfingsten nach Berlin. Am Freitagabend stieg er am Bahnhof Friedrichstraße aus dem Zug und fuhr mit der Autodroschke durch den Tiergarten nach Charlottenburg. In der Wilmersdorfer Straße 93 aber war kein Einstein zu finden. In seinem Brief vom 25. Mai hatte Einstein seinen »lieben Ehrenfest« sehr freundlich eingeladen, bei ihm zu wohnen, »zumal die Verbindung überallhin bequem ist«. Auf dem Briefumschlag stand hinten eingedruckt »Charlottenburg – Wilmersdorfer Straße 93«. Das war die Adresse seines Onkels Jacob Koch. Wahrscheinlich hatte sich Einstein bei einem Besuch mit dem Briefpapier seines Onkels versorgt. An die Verwirrung, die er damit anrichten würde, dachte er nicht. Jetzt mußte Ehrenfest erst einmal die richtige Adresse ermitteln. Einstein wohnte in Dahlem, Ehrenbergstraße 33, ganz in der Nähe der neuen Kaiser-Wilhelm-Institute.

Aus Ehrenfests Tagebuch geht nicht hervor, ob er dem Freund die Leviten gelesen hat, daß er ihn nach einer langen Eisenbahnfahrt noch unnötig durch halb Berlin schickte. Später einmal, in anderem Zusammenhang, nannte er Einstein einen »Schlampsack«.

Wie sie es immer taten, sprachen die Freunde über alles, was sie bewegte, und insbesondere über Gravitation und Solipsismus. Durch Kornfelder gingen sie ins Kaiser-Wilhelm-Institut für physikalische Chemie, wo Einstein sein Arbeitszimmer hatte, fuhren in die Stadt, um Kollegen zu besuchen und Einkäufe zu machen, und saßen am Abend lange beieinander.

Einmal besuchten sie, vom Dienstmädchen mißtrauisch beäugt, Einsteins Cousine Elsa in der Haberlandstraße. Mit der Untergrundbahn waren sie dann schnell wieder in Dahlem-Dorf, von wo sie auf lehmigen Wegen zu Fuß nach Hause gingen. An diesem Abend sprachen die vertrauten Freunde dann noch bis früh um halb zwei über Mileva.

Kurze Zeit später faßte Einstein den Entschluß, sich von seiner Frau zu trennen. »Wer würde es aushalten, ohne jeden Zweck sein Leben lang etwas in seiner Nase stecken zu haben, was für ihn einen odiosen Geruch hat, mit der Nebenverpflichtung, ein freundliches Gesicht zu machen?«[48]

Anfang Juli begannen in Berlin die Schulferien, und um diese Zeit muß es gewesen sein. Aus der Schweiz kam der treue Freund Michele Besso, um Mileva und die Kinder zurück nach Zürich zu begleiten. Es war ein rechter Trauerzug zum Bahnhof. Einstein hat nur zweimal in seinem Leben geweint. Als 1902 sein Vater starb und jetzt, als seine Familie ihn verließ. Er faßte sich freilich bald, und nun empfand er ein unbeschreibliches Behagen, daß er sein »Schloß Seelenruhe« wiedergefunden hatte. »Ich hause ganz allein in meiner großen Wohnung in ungeschmälerter Beschaulichkeit«, meldete er Ehrenfest nach Leiden.[49] Und ein paar Monate später: »Der Entschluß, mich zu isolieren, gereicht mir zum Segen.«[50] Der Freund hing sehr an seiner Frau Tatjana. Deshalb setzte Einstein hinzu: »Du kannst dies jedenfalls gar nicht verstehen.«[51]

KAPITEL 9

Sonnenfinsternis

Wir wissen nicht, wo Einstein den Kriegsausbruch erlebt hat, in seiner großen Wohnung in Dahlem, vielleicht sogar in Gesellschaft seiner Cousine, oder in Nernsts »Chateau« in Treuenbrietzen. Schon immer hatte er sich als Außenseiter gefühlt, aber noch nie so stark wie jetzt, als die Menschen jubelten, daß sie einen großen Krieg erleben durften. Berlin kam ihm vor wie ein veritables Irrenhaus, und er schien der einzige, der seinen Verstand behalten hatte. »Unglaubliches hat nun Europa in seinem Wahn begonnen«, schrieb er an seinen Freund Ehrenfest: »In solcher Zeit sieht man, welch trauriger Viehgattung man angehört.«[1]

Bei den Auseinandersetzungen mit Mileva hatte er es zuletzt aufgegeben, auf ihre Gedanken und Gefühle einzugehen. Während sie unter der Trennung litt, fühlte er sich wohl wie schon lange nicht mehr: »Ich döse ruhig hin in meinen friedlichen Grübeleien und empfinde nur eine Mischung von Mitleid und Abscheu.« Wie er sich von ihr zurückgezogen hatte, distanzierte er sich jetzt innerlich von seinen Kollegen. Er wollte nicht in jedem Gespräch polemisch werden.

In der Beschäftigung mit der Wissenschaft fielen Ekel und Zorn über die nationale Borniertheit von ihm ab: »Ich fange nun an, mich in dem wahnsinnigen Gegenwartsrummel wohlzufühlen in bewußter Loslösung von allen Dingen, die die verrückte Allgemeinheit beherrschen. Warum soll man als Dienstpersonal im Narrenhaus nicht vergnügt leben können?«[2]

Seit seiner Schulzeit in Aarau war Einstein zum scharfsichtigen Beobachter und Kritiker der politischen Zustände im Deutschen Reich geworden. Niemals aber hatte er sich öffentlich engagiert. Jetzt trat er aus seiner Reserve heraus und setzte sich für die Ziele der Kriegsgegner ein.

Im »Bund Neues Vaterland« traf sich Einstein regelmäßig mit seinen Berliner Gesinnungsfreunden. Spitzbübisch freute er sich, wenn es wieder einmal gelungen war, den Anhängern verbotene pazifistische Literatur ins Gefängnis zu schmuggeln. Er war bei solchen Aktionen ungemein erfinderisch. Seine Vorschläge auszuführen sei keineswegs leicht gewesen, berichtete eine Schweizer Studentin, und sie habe viel Wachsamkeit und List entwickeln müssen: »Damals empfand ich es – offen gesagt – als eine gewisse Rücksichtslosigkeit, denn man exponierte sich mit solchen Hilfsaktionen immer sehr, und ich selber mußte mich wiederholt vor einem Kriegsrichter verantworten.«[3]

Das Engagement für die pazifistische Bewegung war Einstein eine Herzensangelegenheit, und doch beschäftigte ihn die Politik sozusagen nur nebenbei. Sein Hauptinteresse galt immer, das ganze Leben hindurch, der Wissenschaft.

Im Dezember 1914 und Januar 1915 arbeitete er mit dem fast gleichaltrigen Kollegen Johannes Wander de Haas zusammen in einem Laboratorium der Physikalisch-Technischen Reichsanstalt. Einstein war theoretischer Physiker. Noch auf seine »alten Tage«, scherzte er, habe ihn die »Leidenschaft für das Experiment« gepackt. Bei den Versuchen ging es um die magnetischen Eigenschaften der Atome. 1913 hatte Niels Bohr genial angeknüpft an die Arbeiten von Planck und Einstein und ein Atommodell auf neuer, noch unsicherer Grundlage entwickelt. Wenn man dieses Modell ernst nimmt, müssen die um den Atomkern kreisenden Elektronen ein magnetisches Moment und einen mechanischen Drehimpuls hervorrufen. Das Verhältnis der beiden Größen läßt sich messen und erlaubt einen Schluß auf die Natur der bewegten Ladungsträger.

Wie sieht das Experiment aus? Ein dünner Eisenzylinder ist an einem Glasfaden aufgehängt und von einer senkrecht gestellten Spule umgeben. Schickt man durch die Spule einen Strom, entsteht im Eisen ein Magnetfeld, und die atomaren Magnete orientieren sich in Feldrichtung. Dabei wird auf den Zylinder ein Drehmoment ausgeübt. Das ist der Einstein-de-Haas-Effekt.

Die beiden Physiker kamen nun auf die Idee, die Wirkung durch Anwendung von Wechselstrom zu multiplizieren. Die Amplitude der entstehenden und mit einem Lichtzeiger markierten Torsionsschwingung hängt von der Frequenz des Wechselstroms ab; sie hat ein Maximum im Fall der Resonanz. Diese maximale Amplitude wird gemessen und daraus die interessierende Größe berechnet, das Verhältnis des magnetischen Moments zum Drehimpuls der Atome.

Am 15. Februar 1915 trug Einstein vor der Physikalischen Gesellschaft über die Ergebnisse seiner Versuche mit de Haas vor. Er bekräftigte die Vorstellung: In den Atomen kreisen Elektronen um den Kern.[4] Später stellte sich heraus, daß sich alles doch ganz anders verhielt. Im Vertrauen auf die Theorie hatte Einstein den alten Fehler gemacht, die Genauigkeit der Messungen zu überschätzen. Die Idee war genial, die Durchführung dilettantisch. Das Verhältnis von magnetischem Moment zu Drehimpuls ist in Wirklichkeit doppelt so groß wie angegeben. Wie man ein paar Jahre später lernte, hat das magnetische Moment des Atoms seine Ursache nicht in kreisenden Elektronen, sondern im sogenannten »Spin« dieser Teilchen.

Die Experimente in der Reichsanstalt waren nur eine Beschäftigung am Rande, eine kleine Zerstreuung zwischendurch, bis Einstein sich wieder am Problem der Allgemeinen Relativität festbiß. Planck hielt das Problem für unlösbar. Auch Laue schien den prinzipiellen Erwägungen nicht zugänglich. »Die Gravitationstheorie findet ihren Weg in die Köpfe der Kollegen wohl noch lange nicht«, meinte Einstein damals. Nur Tullio Levi-Cività in Padua habe den Witz erkannt, »weil ihm die verwendete Mathematik geläufig« sei: »Die Korrespondenz mit ihm ist ungewöhnlich interessant; sie ist mir gegenwärtig die liebste Beschäftigung.«[5]

Da Italien Anstalten machte, auf der Seite der Alliierten in den Krieg einzutreten, betonte Einstein demonstrativ seine Liebe zur italienischen Sprache und Kultur. So ein »echt italienischer Brief«, schrieb er dem Kollegen, mache ihm das größte Vergnügen. Er habe als junger Mensch über ein halbes Jahr in Italien verbracht: »Die schönsten Jugenderinnerungen werden in mir lebendig.«[6]

Im Juni 1915 verbrachte Einstein eine Woche in Göttingen und war vom Niveau der Mathematik beeindruckt. Berlin könne sich auf diesem Gebiet mit Göttingen nicht messen. Er hielt sechs zweistündige Vorlesungen über seine Gravitationstheorie und erlebte die Freude, »die dortigen Mathematiker vollständig zu überzeugen«.[7] Anschließend ging er mit Elsa und ihren beiden Töchtern für einige Wochen nach Sellin auf Rügen. Im September fuhr er in die Schweiz, um die Söhne zu sehen. Auf der Rückreise wurde beim Grenzübertritt in Konstanz sein Paß beanstandet. Es fehlte der Sichtvermerk des deutschen Konsulats in Zürich. Einstein saß ein paar Tage in Kreuzlingen fest, genoß die ländliche Stille und besuchte aus Langeweile das Lehrerseminar: »Treffe ich da einen als Lehrer, der früher mein Hörer war. Ist das nicht vergnüglich?«[8]

Ein paar Tage später kam es zur großen Sternstunde der Physik. Jetzt bewährte sich seine Engelsgeduld, die schon seine Schwester beim Spiel des Neunjährigen beobachtet hatte. Diesmal aber waren es keine Kartenhäuser, die er aufführte, sondern ein fest gegründetes und stabiles Gedankengebäude.

Am Problem der Gravitation arbeitete er nun seit sieben Jahren, und zuletzt war ihm alles andere zur Nebensache geworden. Schon oft hatte er sich vor dem Ziel gesehen, und immer wieder mußte er erfahren, daß es eine Täuschung war. »Die Serie meiner Gravitationsarbeiten ist eine Kette von Irrwegen«, gestand er dem verehrten Altmeister Hendrik Antoon Lorentz. Allmählich aber kam er der Lösung doch näher, und im Oktober 1915 hatte er »eine der aufregendsten, anstrengendsten Zeiten« seines Lebens, allerdings auch eine der erfolgreichsten.

Einstein erkannte: Seine bisherigen bereits in den Sitzungsberichten der Preußischen Akademie publizierten Resultate waren »gänzlich haltlos«; er mußte wieder zurückgehen zu den schon vor drei Jahren mit Marcel Grossmann in Zürich erwogenen Feldgleichungen. Damals war er zu dem Ergebnis gelangt, daß diese ein notwendiges Wahrheitskriterium nicht erfüllen, in erster Näherung das Newtonsche Massenanziehungsgesetz zu ergeben. Jetzt stellte sich dieser Test als fehlerhaft heraus. Die seinerzeitigen Feldgleichungen waren doch (im Prinzip) die richtigen gewesen:

> Das Herrliche, was ich erlebte, war nun, daß sich nicht nur Newtons Theorie als erste Näherung, sondern auch die Peri-

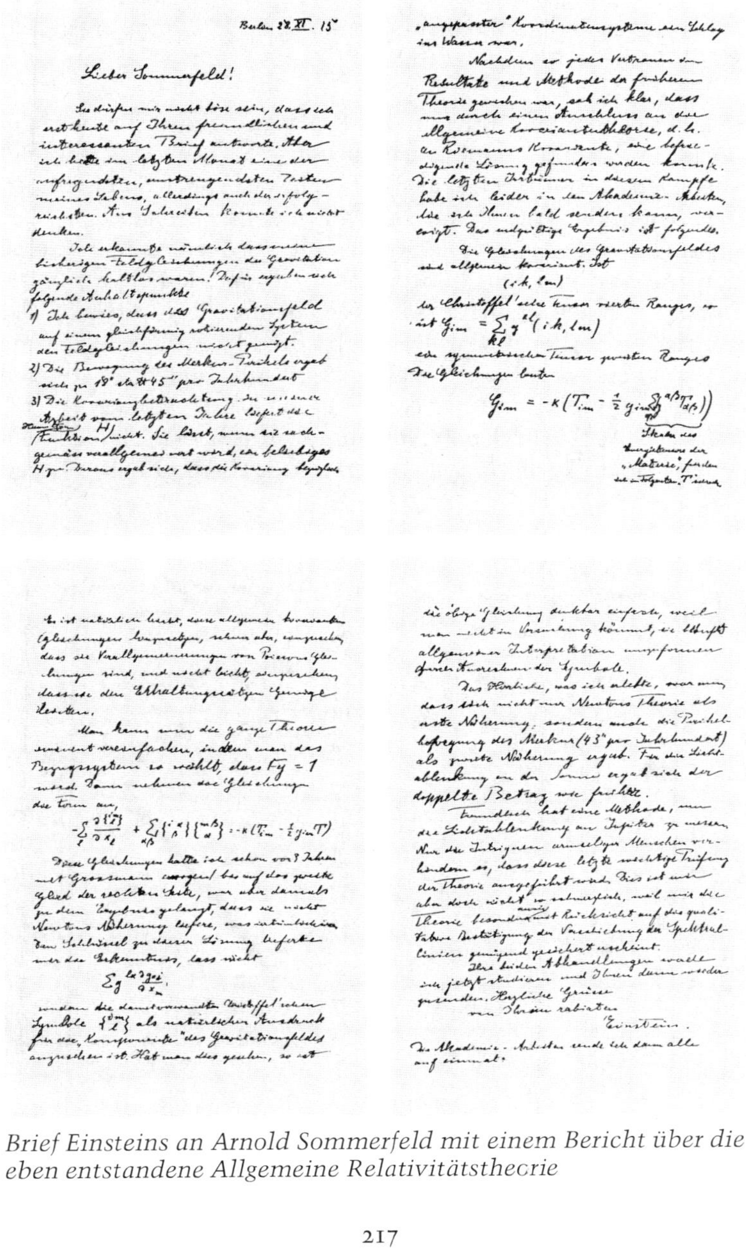

Berlin 28. XI. 15

Lieber Sommerfeld!

Sie dürfen mir nicht böse sein, dass ich erst heute auf Ihren freundlichen und interessanten Brief antworte. Aber ich hatte im letzten Monat eine der aufregendsten, anstrengendsten Zeiten meines Lebens, allerdings auch der erfolgreichsten. Ans Schreiben konnte ich nicht denken.

Ich erkannte nämlich, dass meine bisherigen Feldgleichungen der Gravitation gänzlich haltlos waren! Dafür ergaben sich folgende Anhaltspunkte
1) Ich bewies, dass das Gravitationsfeld auf einem gleichförmig rotierenden System den Feldgleichungen nicht genügt.
2) Die Bewegung des Merkur-Perihels ergab sich zu 18" statt 45" pro Jahrhundert.
3) Die Kovarianzbetrachtung in meiner Arbeit vom letzten Jahre liefert die Hamilton-Funktion H nicht. Sie lässt, wenn sie sachgemäss verallgemeinert wird, ein beliebiges H zu. Daraus ergab sich, dass die Kovarianz bezüglich „angepasster" Koordinatensysteme ein Schlag ins Wasser war.

Nachdem so jedes Vertrauen in Resultate und Methode der früheren Theorie gewichen war, sah ich klar, dass nur durch einen Anschluss an die allgemeine Kovariantentheorie, d. h. an Riemanns Kovariante, eine befriedigende Lösung gefunden werden konnte. Die letzten Irrtümer in diesem Kampfe habe ich leider in den Akademie-Arbeiten, die ich Ihnen bald senden kann, verewigt. Das endgültige Ergebnis ist folgendes.

Die Gleichungen des Gravitationsfeldes sind allgemein kovariant. Ist
(ik, lm)
der Christoffel'sche Tensor vierten Ranges, so ist $G_{im} = \sum_{kl} g^{kl}(ik, lm)$ ein symmetrischer Tensor zweiten Ranges. Die Gleichungen lauten

$$G_{im} = -\kappa\left(T_{im} - \frac{1}{2} g_{im} \sum g^{\alpha\beta} T_{\alpha\beta}\right)$$

Skalar des Energietensors der „Materie", fortan im Folgenden T genannt.

Es ist natürlich leicht, diese allgemein kovarianten Gleichungen hinzusetzen, schwer aber, einzusehen, dass sie Verallgemeinerungen von Poissons Gleichungen sind, und nicht leicht, einzusehen, dass sie den Erhaltungssätzen Genüge leisten.

Man kann nun die ganze Theorie eminent vereinfachen, indem man das Bezugssystem so wählt, dass $\sqrt{-g} = 1$ wird. Dann nehmen die Gleichungen die Form an

$$-\sum_l \frac{\partial \left\{ {im \atop l} \right\}}{\partial x_l} + \sum_{\alpha\beta} \left\{ {i\alpha \atop \beta} \right\} \left\{ {m\beta \atop \alpha} \right\} = -\kappa\left(T_{im} - \frac{1}{2} g_{im} T\right)$$

Diese Gleichungen hatte ich schon vor 3 Jahren mit Grossmann erwogen bis auf das zweite Glied der rechten Seite, war aber damals zu dem Ergebnis gelangt, dass sie nicht Newtons Näherung liefere, was irrtümlich war. Den Schlüssel zu dieser Lösung lieferte mir die Erkenntnis, dass nicht

$$\sum g^{l\alpha} \frac{\partial g_{i\alpha}}{\partial x_m}$$

sondern die damit verwandten Christoffel'schen Symbole $\left\{ {im \atop l} \right\}$ als natürlicher Ausdruck für die „Komponente" des Gravitationsfeldes anzusehen ist. Hat man dies gesehen, so ist die obige Gleichung denkbar einfach, weil man nicht in Versuchung kommt, sie behufs allgemeiner Interpretation umzuformen durch Ausrechnen der Symbole.

Das Herrliche, was ich erlebte, war nun, dass sich nicht nur Newtons Theorie als erste Näherung, sondern auch die Perihelbewegung des Merkur (43" pro Jahrhundert) als zweite Näherung ergab. Für die Lichtablenkung an der Sonne ergab sich der doppelte Betrag wie früher.

Freundlich hat eine Methode, um die Lichtablenkung an Jupiter zu messen. Nur die Intriguen armseliger Menschen verhindern es, dass diese letzte wichtige Prüfung der Theorie ausgeführt wird. Dies ist mir aber doch nicht so schmerzlich, weil mir die Theorie besonders auch mit Rücksicht auf die qualitative Bestätigung der Verschiebung der Spektrallinien genügend gesichert erscheint.

Ihre beiden Abhandlungen werde ich jetzt studieren und Ihnen dann wieder zusenden. Herzliche Grüsse von Ihrem rabiaten

Einstein.

Die Akademie-Arbeiten sende ich dann alle auf einmal.

Brief Einsteins an Arnold Sommerfeld mit einem Bericht über die eben entstandene Allgemeine Relativitätsthecrie

helbewegung des Merkur (43" pro Jahrhundert) als zweite Näherung ergab. Für die Lichtablenkung an der Sonne ergab sich der doppelte Betrag wie früher.[9]

So heißt es in einem Brief an den Kollegen Arnold Sommerfeld. »Denk Dir meine Freude..., daß die Gleichungen die Perihel-Bewegungen Merkurs richtig liefern!« schrieb er auch an Ehrenfest: »Ich war einige Tage fassungslos vor freudiger Erregung.«[10]

Am 4. November 1915 legte er der Preußischen Akademie eine neue Abhandlung vor, betitelt *Zur Allgemeinen Relativitätstheorie*.[11] In den neun Druckseiten manifestiert sich eine der größten Kulturleistungen des 20. Jahrhunderts. Die Bedeutung dieser Arbeit, sagte Planck später, könne nur »an den Leistungen Johannes Keplers und Isaac Newtons gemessen« werden.

In den Auslagen der Buchhandlungen sah man damals den neuen Roman *Tycho Brahes Weg zu Gott*. Die Berliner Kollegen

777

SITZUNGSBERICHTE 1915.

XLIV.

DER

KÖNIGLICH PREUSSISCHEN

AKADEMIE DER WISSENSCHAFTEN.

4. November. Gesamtsitzung.

Vorsitzender Sekretar: Hr. Waldeyer.

*1. Hr. Dressel las über einige Medaillons aus der römischen Kaiserzeit im Königlichen Münzkabinet.

Für ein durch moderne Überarbeitung und Ergänzung zum Theil entstelltes Marmorrelief des Kapitolinischen Museums (Helbig, Führer I³ n. 845) giebt die Wiederholung des Bildes auf Medaillons des Marcus und Commodus die richtige Erklärung: es stellt nicht eine der Salus opfernde Frau dar, sondern Salus selbst, die ihre Schlange speist. — Der auf der Vorderseite einiger Medaillons des Commodus dargestellte Amazonenschild bezieht sich auf den kaiserlichen Beinamen *Amazonius*. Die Deutung des auf diesen Münzen mit dem Kaiserbildnisse gepaarten weiblichen behelmten Kopfes auf Marcia, die amazonenhafte Geliebte des Commodus, ist abzulehnen. — Das Berliner Exemplar eines Medaillons des Kaisers Gordianus III. mit dem Tempel der *Nike hoplophoros* (vgl. Cohen n. 370) läßt erkennen, daß die im Tempel befindliche Kultstatue eine geflügelte, mit Helm, Panzer und Lanze ausgerüstete Figur ist, also die Siegesgöttin in einer bisher nicht bekannten Auffassung darstellt.

2. Hr. Einstein überreichte eine Mitteilung: »Zur allgemeinen Relativitätstheorie«.

Auf Riemanns Theorie der mit dem Krümmungsmaß zusammenhängenden Kovarianten mehrdimensionaler Mannigfaltigkeiten werden neue Feldgleichungen der Gravitation gegründet. Diese Gleichungen sind kovariant gegenüber allen Transformationen von der Determinante 1.

3. Vorgelegt wurden das mit Unterstützung der Akademie bearbeitete Werk M. Lidzbarski, Das Johannesbuch der Mandäer, Tl. 2 (Giessen 1915 und Aeschyli Tragoediae ed. U. de Wilamowitz-Moellendorff. Ed. minor (Berolini 1915).

Das korrespondierende Mitglied der philosophisch-historischen Klasse Hr. Wilhelm Windelband in Heidelberg ist am 22. Oktober verstorben.

Zur allgemeinen Relativitätstheorie.

Von A. Einstein.

In den letzten Jahren war ich bemüht, auf die Voraussetzung der Relativität auch nicht gleichförmiger Bewegungen eine allgemeine Relativitätstheorie zu gründen. Ich glaubte in der Tat, das einzige Gravitationsgesetz gefunden zu haben, das dem sinngemäß gefaßten, allgemeinen Relativitätspostulate entspricht, und suchte die Notwendigkeit gerade dieser Lösung in einer im vorigen Jahre in diesen Sitzungsberichten erschienenen Arbeit[1] darzutun.

Eine erneute Kritik zeigte mir, daß sich jene Notwendigkeit auf dem dort eingeschlagenen Wege absolut nicht erweisen läßt; daß dies doch der Fall zu sein schien, beruhte auf Irrtum. Das Postulat der Relativität, soweit ich es dort gefordert habe, ist stets erfüllt, wenn man das Hamiltonsche Prinzip zugrunde legt; es liefert aber in Wahrheit keine Handhabe für eine Ermittelung der Hamiltonschen Funktion H des Gravitationsfeldes. In der Tat drückt die die Wahl von H einschränkende Gleichung (77) a. a. O. nichts anderes aus, als daß H eine Invariante bezüglich linearer Transformationen sein soll, welche Forderung mit der der Relativität der Beschleunigung nichts zu schaffen hat. Ferner wird die durch Gleichung (78) a. a. O. getroffene Wahl durch Gleichung (77) keineswegs festgelegt.

Aus diesen Gründen verlor ich das Vertrauen zu den von mir aufgestellten Feldgleichungen vollständig und suchte nach einem Wege, der die Möglichkeiten in einer natürlichen Weise einschränkte. So gelangte ich zu der Forderung einer allgemeineren Kovarianz der Feldgleichungen zurück, von der ich vor drei Jahren, als ich zusammen mit meinem Freunde Grossmann arbeitete, nur mit schwerem Herzen abgegangen war. In der Tat waren wir damals der im nachfolgenden gegebenen Lösung des Problems bereits ganz nahe gekommen.

Wie die spezielle Relativitätstheorie auf das Postulat gegründet ist, daß ihre Gleichungen bezüglich linearer, orthogonaler Transfor-

[1] Die formale Grundlage der allgemeinen Relativitätstheorie. Sitzungsberichte XLI, 1914, S. 1066—1077. Im folgenden werden Gleichungen dieser Abhandlungen beim Zitieren durch den Zusatz »a. a. O.« von solchen der vorliegenden Arbeit unterschieden.

Die große Arbeit in den Sitzungsberichten der Preußischen Akademie wußten, daß Max Brod die Figur des jugendlichen Kepler (des eigentlichen Romanhelden) nach dem Bilde Einsteins geformt hatte. Für den Kenner trat gerade jetzt die Parallele zu Einstein ganz deutlich hervor.

Fast 300 Jahre war es her, seit Johannes Kepler seine *Harmonice mundi* vollendet hatte. Inmitten eines schrecklichen Religionskrieges, der das Land und die Herzen verwüstete, fand er Abstand zu den »schäbigen und schändlichen Streitereien«, indem er sich in die von Ewigkeit zu Ewigkeit geschaffenen kosmischen Harmonien vertiefte. Das war auch Einsteins Arcanum. Er fühlte sich »unausgesetzt sehr deprimiert über das endlos Traurige«, das man erleben müsse: Offenbar brauchten die Menschen stets ein Hirngespinst, »demzuliebe sie einander hassen« könnten. »Früher war's der Glaube, jetzt ist es der Staat.« In seiner Wissenschaft suchte er Trost und innere Ruhe. Wenn er aber vom »Ausbluten des Feindes vor Verdun« las, was bedeutete, daß auf *beiden* Seiten verblendete Heerführer Hunderttausende in den Tod trieben, dann half »selbst die gewohnte Flucht in die Physik« nicht mehr. Auch der älteste Sohn Plancks war bei dem vergeblichen Sturm auf die Festung gefallen. Wie stets erfüllte Planck alle seine Pflichten, aber Einstein sah ihm den nagenden Kummer an.

In seiner *Harmonice mundi* ließ Kepler den Leser teilhaben an seiner Freude über die »helle Sonne wunderbarster Erkenntnisse«, womit er seine Entdeckung des dritten Planetengesetzes meinte. Überschwenglich beschrieb er die vom Weltenschöpfer eingerichtete »Sphärenmusik«, die Konsonanzen in der Bewegung der Planeten, die dem Menschen nicht durch das Ohr, wohl aber durch den Verstand, den mathematisch geschulten Verstand, faßbar werden. Auch Einstein hatte keine Scheu, von seiner Begeisterung zu berichten: »Dem Zauber dieser Theorie«, schrieb er in seiner Akademieabhandlung, »wird sich kaum jemand entziehen können, der sie wirklich erfaßt hat; sie bedeutet einen wahren Triumph der durch Gauß, Riemann, Christoffel, Ricci und Levi-Civita begründeten Methode des allgemeinen Differentialkalküls.«[12]

»Das Buch der Natur ist in mathematischer Sprache geschrieben«, hatte schon Galileo Galilei gesagt, der große Zeitgenosse Keplers: Ohne die Buchstaben dieser Sprache zu kennen, die Kreise, Dreiecke und anderen geometrischen Figuren, sei es nicht möglich, auch nur ein einziges Wort in diesem großen Buch zu verstehen, das Gott aufgeschlagen dem Menschen vor Augen halte. Mit einfacher Geometrie und Arithmetik kam man nicht mehr aus in der Physik des 20. Jahrhunderts. Für ein tieferes Verständnis waren und sind eine gehörige mathematische Vorbildung und eine entsprechende Abstraktionsfähigkeit unabdingbar.

Das machte manchen Zeitgenossen zornig. Der Arzt und Schriftsteller Alfred Döblin sagte: Kopernikus, Kepler und Galilei könne er begreifen. Die neue Theorie aber, die »abscheuliche Relativitätslehre«, schließe ihn »und die ungeheure Menge aller Menschen, auch der denkenden, auch der gebildeten, von ihrer Erkenntnis aus«. Die Naturwissenschaftler von heute mit Einstein an der Spitze hätten sich zu einer »Bruderschaft« entwickelt, die sich »freimaurerischer Zeichen und beinah einer spiritistischen Klopfsprache bedient«.[13]

Damit hatte Döblin den Finger auf einen wichtigen und bedenklichen Punkt gelegt: Zwar ist die moderne Physik keine »schreckliche Mißgeburt« und kein »verarmtes Kunstgebilde«, wie Döblin meinte, vielmehr handelt es sich um Strukturen höchster Schönheit und Symmetrie, die sich dem Forscher offenbaren. Die Harmonien von Makrokosmos und Mikrokosmos finden ihr adäquates Abbild in einer mathematisch formulierten Theorie. Diese Kulturleistung erschließt sich aber nur einem verhältnismäßig kleinen Kreis entsprechend vorgebildeter Spezialisten. Alle anderen können die Bedeutung der benutzten Symbole und den Sinn der Theorie nicht erfassen.

Der englische Chemiker und Romancier Charles Percy Snow hat deshalb 1959 von den »zwei Kulturen« gesprochen. Die eine, die musisch-literarische, steht allen Gebildeten offen, die andere, die mathematisch-naturwissenschaftliche, ist dem gewöhnlichen Sterblichen unzugänglich, der die höhere Mathematik nicht mitbringt, diesen »goldenen Schlüssel« in den Elfenbeinturm.

In der Physik war die Mathematisierung am weitesten fortgeschritten. Mit der Allgemeinen Relativitätstheorie wurden abermals neue Höhen erreicht. Sogar die engeren Fachkollegen, die theoretischen Physiker, kamen mit den Vorstellungen Einsteins nicht gleich zurecht. Erwin Schrödinger in Wien fand die Theorie schön und aufregend, »aber schwierig, fast zum Fürchten«, und der damals siebenunddreißigjährige Max Born meinte, daß er »zwar noch nicht alt« sei, »aber schon zu alt und belastet«, als daß er zu den Weiterentwicklungen beitragen könnte.

Im bisherigen Selbstverständnis der Kollegen war die Physik in erster Linie eine experimentelle Wissenschaft. Das höchste Ansehen besaß der Ordinarius, der zugleich das Regiment über ein großes Universitätslaboratorium führte. Das änderte sich jetzt. Die Physik beschäftigte sich mit Grundlagenproblemen wie der Struktur des Mikrokosmos und Makrokosmos, und Adolf von Harnack, der Präsident der Kaiser-Wilhelm-Gesellschaft, nannte die theoretischen Physiker die »wahren Philosophen des 20. Jahrhunderts«.

Zwar spielte das Experiment weiterhin eine Rolle, die Richtung aber wurde nun von der Theorie bestimmt.* Abgeklärte Geister wie der alte Röntgen gestanden, es wolle ihnen noch nicht in den Kopf hinein, daß man »so ganz abstrakte Betrachtungen und Begriffe« gebrauchen müsse, um die Naturerscheinungen zu erklären. Philipp Lenard und Johannes Stark aber entwickelten Aggressionen. Über Lenards psychopathische Reaktionen auf den Erfolg anderer konnte man nur den Kopf schütteln. Auch bei Stark spielte der Neid eine gehörige Rolle.

Der Oberpfälzer Bauernsohn war ein begabter Experimentator, aber es mangelte ihm, wie ein kritischer Kollege feststellte, an »theoretischer Klarheit«. Auch mit der Mathematik hatte er seine Schwierigkeiten. Ursprünglich war Stark von Einstein recht angetan gewesen und hatte ihm sogar eine Professur in Deutschland verschaffen wollen. Jetzt aber erfüllte ihn Zorn über den Lärm, der so völlig unberechtigt, wie er meinte, um die Allgemeine Relativitätstheorie gemacht wurde.

* Es kamen auch wieder andere Zeiten, wie in der Kern- und Elementarteilchenphysik. Hier förderten die Experimente Fakten zutage, an die kein Theoretiker gedacht hatte.

Anfang 1917 stießen Lenard und Stark darauf, daß sich bereits vor längerer Zeit ein in Stargardt in Pommern wirkender Schulphysiker namens Paul Gerber mit der Perihelbewegung des Merkurs beschäftigt hatte. In zwei Abhandlungen von 1898 und 1902 hatte dieser Schulmann die Formel angegeben, die Einstein Ende 1915 aus seiner Theorie ableitete. Lenard sorgte für den Wiederabdruck der seinerzeitigen Publikationen in den vielgelesenen *Annalen der Physik*, und Freund Stark meinte, daß sie »physikalisch gut durchdacht« und »sympathischer« seien als so manche theoretische Arbeit unserer Tage. Diese täuschten mit einer Art didaktisch-mathematischer Zauberei die Lösung schwieriger physikalischer Probleme vor.[14] Das war ein Seitenhieb auf Einstein.

Die Gelegenheit schien günstig. Lenard wollte »eine Äther-Erklärung der Gravitation« liefern und der Allgemeine Relativitätstheorie den »Pferdefuß« zeigen. Stark versprach die unverzügliche Publikation in dem von ihm herausgegebenen *Jahrbuch der Radioaktivität und Elektronik*. Die an Gerber geknüpften Hoffnungen brachen jedoch schnell zusammen. Der Astronom Hugo Seeliger und der Physiker Max von Laue zeigten, daß Gerber einen willkürlichen Ansatz gerade so eingerichtet hatte, daß sich die richtige Formel ergibt. Bei Einstein dagegen handelte es sich um eine konsistente Ableitung aus der Theorie. Lenard mußte seinen Freund Stark telegraphisch bitten, das Manuskript zurückzuhalten. Die Arbeit konnte erst 1918 nach gehöriger Umarbeitung erscheinen. Lenard trug alles zusammen, was sich an Einwänden gegen die Einsteinsche Theorie vorbringen ließ. Für den Kenner war dieses Elaborat nicht überzeugend.

In der Entwicklung jeder Wissenschaft kommt es, und nicht nur einmal, zur Konfrontation des Neuen mit dem Alten. Fast 300 Jahre zuvor hatte sich Galilei mit den aus der Antike überkommenen Ansichten auseinandersetzen müssen. Mit Bedacht wählte er in seinen beiden wichtigsten Werken – dem *Saggiatore* von 1623, dem *Dialogo* von 1632 und den *Discorsi* von 1638 – die Form des Dialogs. Er konnte dabei die Ansichten des Aristoteles und seine eigenen Ergebnisse einander gegenüberstellen und dem Leser einprägsam die Überlegenheit der »Nuova Scienza« demonstrieren.

Diese Methode benutzte nun auch Einstein. Er schrieb 1918 einen *Dialog über die Einwände gegen die Relativitätstheorie.* Ein »Relativist« und ein »Kritikus« diskutieren miteinander. Wie bei Galilei der fiktive »Simplicio« die Meinung des Aristoteles vertritt, ist es bei Einstein der »Kritikus«, der – wie Einstein erläutert – die gleichen »drastischen Worte« verwendet, »die Lenard neulich über den Gegenstand geäußert hat«.[15]

Einstein vermochte seine Kontrahenten natürlich nicht zu überzeugen. Daß sich der Mensch unter dem Eindruck der besseren Argumente seines Gegners für belehrt erklärt, gehört wie in der Politik auch in der Wissenschaft zu den Ausnahmen. Eher wird er Ausflüchte suchen oder, wie damals Lenard und Stark, mit verdoppelter Wut reagieren.

Im Jahre 1962 hat der amerikanische Wissenschaftshistoriker Thomas S. Kuhn ein Buch über *Die Struktur wissenschaftlicher Revolutionen* veröffentlicht, das von Historikern, Soziologen und Naturwissenschaftlern viel diskutiert worden ist. Seither wissen wir: Mit einer wissenschaftlichen Revolution sind immer Erschütterungen verbunden. Auch in der exakten Wissenschaft besitzen die Gelehrten Emotionen. Ein anerkannter Fachvertreter, der durch jahrzehntelange Arbeit ein bestimmtes Weltbild gleichsam verinnerlicht hat, reagiert fast immer mit Empörung, wenn ihm dieses von jungen Kollegen demontiert wird.

Eine neue Dimension erreichte die Auseinandersetzung, als nach der wissenschaftlichen Umwälzung auch der Staat zusammenbrach und eine neue politische Ordnung entstand. »Nicht die Front hat versagt, sondern die Heimat«, meinte Lenard, als er in Heidelberg die heimkehrenden Soldaten sah, diesen, wie er sich ausdrückte, »Trauerzug von Verratenen«. Von Anfang an fühlte er sich Adolf Hitler »dankbar verbunden«.[16] Sein Haß gegen den Wissenschaftler Einstein floß zusammen mit dem Haß gegen den Juden, den Pazifisten und den Demokraten. Am 1. August 1920 gab Lenard das Zeichen zum Angriff, und bald ging es laut und häßlich zu im ehedem so stillen »Tempel der Wissenschaft«.

Wie aber erlebte Einstein das letzte Kriegsjahr und die Revolution? Von seinen Kollegen sagte er, daß ihre politischen Ansichten »das Produkt einer Massenpsyche« seien, gekennzeichnet »durch den Namen Bismarck«. Als Rettung für Deutschland sah er nur eine »rasche und radikale Demokratisierung nach dem Vorbild der Westmächte«. Der Welt wäre viel Leid erspart geblieben, wenn es schon damals und nicht erst nach dem Zweiten Weltkrieg zu dieser »raschen und radikalen Demokratisierung« gekommen wäre.

Wissenschaftlich gesehen erfüllten sich die Hoffnungen Einsteins. »Die Allgemeine Relativitätstheorie findet geradezu begeisterte Aufnahme bei den Fachgenossen«, berichtete er dem Freunde Zangger nach Zürich: »Wie ist es nur möglich, daß diese kulturliebende Zeit so gräßlich amoralisch ist? Ich komme immer mehr dazu, alles andere gegen die Nächstenliebe und Menschenfreundlichkeit gering einzuschätzen.«

Professor Heinrich Zangger, der einflußreiche Direktor des Gerichtsmedizinischen Instituts der Universität Zürich, hatte sich schon 1912 erfolgreich für Einsteins Berufung an die Eidgenössische Technische Hochschule eingesetzt. Der große Physiker war aber damals nur drei Semester in Zürich geblieben. Jetzt wurde Zangger erneut aktiv. Im August 1918 erhielt Einstein einen Ruf auf eine Doppelprofessur an der ETH und an der Universität Zürich. In Deutschland herrschten katastrophale Zustände, und in der Schweiz hoffte man, daß er unter diesen Umständen zurückkehren werde. »Daß die allgemeinen Verhältnisse dort mir mehr Sympathie einflößen, brauche ich nicht erst zu sagen«:

> Wenn Du aber sehen würdest, wie schöne Beziehungen sich zwischen meinen nächsten Kollegen (besonders Planck) und mir herausgebildet haben und wie mir hier alle entgegengekommen sind und stets entgegenkommen, wenn Du ferner vergegenwärtigst, daß meine Arbeiten erst durch das Verständnis, das sie hier gefunden haben, zur Wirkung gelangt sind, dann wirst Du doch begreifen, daß ich mich nicht entschließen kann, dieser Stätte den Rücken zu kehren.[17]

Dieses Schreiben war an seinen Jugendfreund Michele Besso gerichtet. Es bestätigt abermals, daß es tatsächlich die deutschen Physiker waren, namentlich Planck und Nernst, die Einstein, als er noch ein unbekannter Beamter am Patentamt in Bern war, in der wissenschaftlichen Welt zur Anerkennung gebracht haben.

Am 9. November 1918 rief der Berliner Arbeiter- und Soldatenrat zum Generalstreik auf. Der Kaiser dankte ab, und die Volksbeauftragten übernahmen die Regierungsgewalt. Einstein begrüßte die Revolution ohne Vorbehalt: »Bisher ging alles glatt, ja imposant«, schrieb er am 11. November an seine Mutter: »Ich bin sehr glücklich über die Entwicklung der Sache. Jetzt wird es mir erst recht wohl hier.«[18]

Nach dem Vorbild der Arbeiter- und Soldatenräte konstituierte sich an der Universität Berlin ein »Studentenrat«. Der Rektor und die Dekane wurden abgesetzt und verhaftet. Erst ein paar Monate zuvor war die Zarenfamilie von »den Roten« ermordet worden, und die Frauen der Betroffenen zitterten um das Leben ihrer Männer. Einstein sollte helfen. Unter den Berliner Professoren genoß er den Ruf eines »Obersozi«.

Er hatte sich damals mit Max Born und dem Psychologen Max Wertheimer angefreundet, und scherzhaft nannten sie sich das »Kleeblatt gleichgesinnter Steckenpferdreiter«. Mit der Straßenbahn fuhren sie zum Reichstagsgebäude. Schwerbewaffnete Soldaten mit roten Armbinden verwehrten den Zutritt. Schließlich wurde Einstein von einem Journalisten erkannt, und sie durften passieren.

In den Sitzungssälen tagten die vielen »revolutionären Ausschüsse«. Es ging um die politische Neugestaltung Deutschlands. Überall rangen die Sozialdemokraten, auch »Mehrheitssozialisten« genannt, mit den radikalen »Unabhängigen« und den noch radikaleren Spartakisten. Als »alter Demokrat, der nicht hat umlernen müssen«, plädierte Einstein vor dem »Studentenrat« für eine parlamentarische Demokratie und gegen das sowjetische Rätesystem.

In der Angelegenheit der verhafteten Professoren erklärten sich die Studenten für unzuständig. Schließlich wurden Einstein, Born und Wertheimer zu Friedrich Ebert ins Reichskanzlerpalais geschickt. Er gab ihnen eine Empfehlung an den zuständigen Volksbeauftragten, und »die Sache war im Handumdrehen erledigt«.[19] Frohgestimmt fuhren sie nach Hause. Alle drei waren von dem Gehörten und Gesehenen tief beeindruckt. »Die jetzige Leitung scheint ihrer Aufgabe wirklich gewachsen zu sein.«

25 Jahre später, in der letzten Phase des Zweiten Weltkrieges, erinnerte Einstein seinen Freund Max Born an dieses Ereignis. Er mußte im Jahre 1944 bitter lachen, daß er einmal geglaubt hatte, »aus den Kerlen dort ehrliche Demokraten« machen zu können: »Wie naiv wir doch gewesen sind als Männer von 40 Jahren!«

In der Revolutionszeit von 1918 aber ließ sich Einstein, wie er damals ausdrücklich gesagt hat, »nicht aus dem Optimismus bringen«.[20] Einige Opportunisten, »Helden von gestern«, drängten sich »schweifwedelnd« an ihn, weil sie hofften, daß er ihren »Sturz ins Leere« aufhalten könne: »Drollige Welt.« Als »drollig« empfand Einstein auch die Sitzungen der Akademie: »Die alten Leutchen sind größtenteils desorientiert und schwindlig. Sie empfinden die Zeit wie einen traurigen Karneval.«[21]

Mit seinen politischen Ansichten stand Einstein allein. Während die Kollegen »alles unsagbar elend und blödsinnig« fanden, sah er die politische und wirtschaftliche Ordnung unseres Planeten voranschreiten. Arnold Sommerfeld sprach ihn darauf an: »Ich höre, daß Sie an die neue Zeit glauben und an ihr mitarbeiten wollen.« »Es ist wahr, daß ich von dieser Zeit mir was erhoffe«, erwiderte Einstein: »Ich bin der festen Überzeugung, daß kulturliebende Deutsche auf ihr Vaterland bald wieder so stolz sein dürfen, wie je – mit mehr Grund als vor 1914.«[22] Damit hat Einstein recht behalten. In den zwanziger Jahren schufen Künstler, Schriftsteller und Regisseure in Deutschland unvergängliche Meisterwerke, und ein Yehudi Menuhin und ein Vladimir Horowitz mußten hier den Durchbruch schaffen, bevor sie in der Welt anerkannt wurden. Womöglich noch ausgeprägter trat die Spitzenstellung in der Wissenschaft hervor. »Die Schätzung der deutschen Wissenschaft selbst im feindlichen Ausland ist allgemein bekannt«, hieß es 1919 in einer Drucksache des Reichsinnenministeriums.

Das bezog sich vor allem auf die Allgemeine Relativitätstheorie. Die Nachricht von Einsteins neuer Lehre war mitten im Kriege von Berlin nach London gelangt. Der ehrwürdige

Hendrik Antoon Lorentz hatte als Niederländer auch und gerade jetzt seine Aufgabe darin gesehen, die Kommunikation aufrechtzuerhalten, die immer eine wesentliche Voraussetzung für das Gedeihen der Wissenschaft ist. Wie Einstein und Freundlich in Berlin beschäftigten sich nun auch in London Physiker und Astronomen mit der Frage der experimentellen Überprüfung. Nach dem Waffenstillstand faßten die Royal Society und die Royal Astronomical Society den Entschluß, dazu die am 29. Mai 1919 in den Tropen stattfindende Sonnenfinsternis zu nutzen.

Wie es sein muß, enthielt Einsteins Theorie als Näherung das alte Newtonsche Gravitationsgesetz. Alle Argumente für Newton galten also auch für Einstein. Dann aber sollten sich auch Unterschiede bemerkbar machen. Schließlich hatte Einstein drei Effekte gefunden, wo seine Allgemeine Relativitätstheorie zu anderen Aussagen führt: die Perihelbewegung des Merkur, die Rotverschiebung der Spektrallinien und die Lichtablenkung an der Sonne. Die am Sonnenrand stehenden Sterne müssen sich um einen winzigen Betrag nach außen (vom Sonnenzentrum weg) verschieben. Weil das Licht der Sonne die Sterne

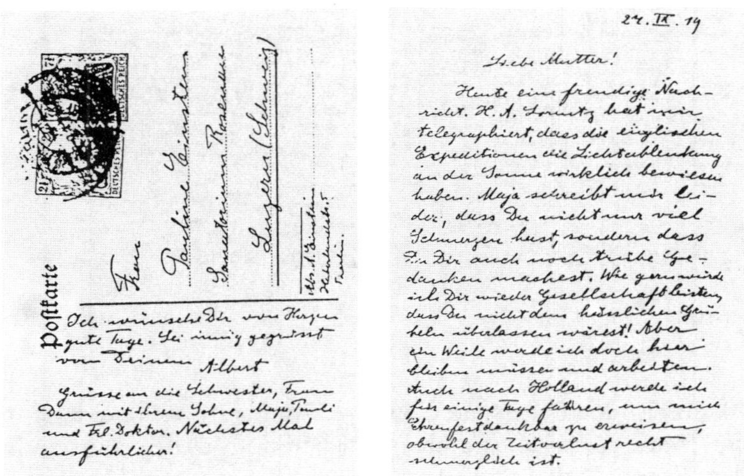
Postkarte

Frau Pauline Einstein
Sanatorium Rosenau
Luzern (Schweiz)

Abs. A. Einstein
Haberlandstr. 5
Berlin

Ich wünsche Dir von Herzen gute Tage. Sei innig gegrüsst von Deinem Albert

Grüsse an die Schwester, Frau Dunn mit ihrem Sohne, Maja, Paul und Frl. Doktor. Nächstes Mal ausführlicher!

27. IX. 19

Liebe Mutter!

Heute eine freudige Nachricht. H. A. Lorentz hat mir telegraphiert, dass die englischen Expeditionen die Lichtablenkung an der Sonne wirklich bewiesen haben. Maja schreibt mir leider, dass Du nicht nur viel Schmerzen hast, sondern dass Du Dir auch noch trübe Gedanken machest. Wie gern würde ich Dir wieder Gesellschaft leisten, dass Du nicht dem hässlichen Grübeln überlassen wärest! Aber eine Weile werde ich doch hier bleiben müssen und arbeiten. Auch nach Holland werde ich für einige Tage fahren, um mich Ehrenfest dankbar zu erweisen, obwohl der Zeitverlust recht schmerzlich ist.

Postkarte an Einsteins Mutter

weit überstrahlt, läßt sich nur bei einer totalen Sonnenfinsternis (wenn der Mond das Licht der Sonne abdeckt) feststellen, ob dieser Effekt tatsächlich vorhanden ist.

Die britischen Gelehrten entsandten zwei Expeditionen zur Beobachtung der Sonnenfinsternis: die eine nach Nordbrasilien, die andere auf die portugiesische Insel Principe vor der afrikanischen Küste. Die Auswertung der Photographien nahm Monate in Anspruch. Ende Oktober konnte man von den Fachleuten erfahren, daß »die genaue Vermessung der Platten exakt den theoretischen Wert für die Lichtablenkung ergeben« habe.

In einer gemeinsamen Sitzung der Royal Society und der Royal Astronomical Society am 6. November 1919 wurde das Ergebnis offiziell bekanntgegeben. Am folgenden Tage befaßte sich das britische Unterhaus mit dem Thema, und nun verloren auch die Engländer ihr Phlegma: Sie bestürmten die Fachleute mit der Frage, ob Newton von dem Deutschen geistig besiegt worden sei.

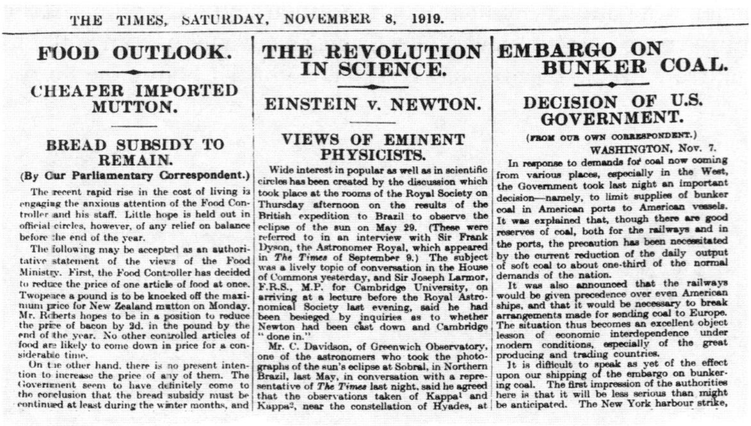
THE TIMES, SATURDAY, NOVEMBER 8, 1919.

FOOD OUTLOOK.

CHEAPER IMPORTED MUTTON.

BREAD SUBSIDY TO REMAIN.

(By Our Parliamentary Correspondent.)

The recent rapid rise in the cost of living is engaging the anxious attention of the Food Controller and his staff. Little hope is held out in official circles, however, of any relief on balance before the end of the year.

The following may be accepted as an authoritative statement of the views of the Food Ministry. First, the Food Controller has decided to reduce the price of one article of food at once. Twopence a pound is to be knocked off the maximum price for New Zealand mutton on Monday. Mr. Roberts hopes to be in a position to reduce the price of bacon by 2d. in the pound by the end of the year. No other controlled articles of food are likely to come down in price for a considerable time.

On the other hand, there is no present intention to increase the price of any of them. The Government seem to have definitely come to the conclusion that the bread subsidy must be continued at least during the winter months, and

THE REVOLUTION IN SCIENCE.

EINSTEIN v. NEWTON.

VIEWS OF EMINENT PHYSICISTS.

Wide interest in popular as well as in scientific circles has been created by the discussion which took place at the rooms of the Royal Society on Thursday afternoon on the results of the British expedition to Brazil to observe the eclipse of the sun on May 29. (These were referred to in an interview with Sir Frank Dyson, the Astronomer Royal, which appeared in *The Times* of September 9.) The subject was a lively topic of conversation in the House of Commons yesterday, and Sir Joseph Larmor, F.R.S., M.P. for Cambridge University, on arriving at a lecture before the Royal Astronomical Society last evening, said he had been besieged by inquiries as to whether Newton had been cast down and Cambridge "done in."

Mr. C. Davidson, of Greenwich Observatory, one of the astronomers who took the photographs of the sun's eclipse at Sobral, in Northern Brazil, last May, in conversation with a representative of *The Times* last night, said he agreed that the observations taken of Kappa^1 and Kappa^2, near the constellation of Hyades, at

EMBARGO ON BUNKER COAL.

DECISION OF U.S. GOVERNMENT.

(FROM OUR OWN CORRESPONDENT.)

WASHINGTON, Nov. 7.

In response to demands for coal now coming from various places, especially in the West, the Government took last night an important decision—namely, to limit supplies of bunker coal in American ports to American vessels. It was explained that, though there are good reserves of coal, both for the railways and in the ports, the precaution has been necessitated by the current reduction of the daily output of soft coal to about one-third of the normal demands of the nation.

It was also announced that the railways would be given precedence over even American ships, and that it would be necessary to break arrangements made for sending coal to Europe. The situation thus becomes an excellent object lesson of economic interdependence under modern conditions, especially of the great producing and trading countries.

It is difficult to speak as yet of the effect upon our shipping of the embargo on bunkering coal. The first impression of the authorities here is that it will be less serious than might be anticipated. The New York harbour strike,

Aufsatz in der »Times«

Abermals einen Tag später, am 8. November 1919, fand man in der *Times* einen Aufsatz überschrieben mit »Die Revolution in der Wissenschaft« und »Einstein gegen Newton«. Die *Times* zitierte namhafte britische Gelehrte, wonach die Newtonsche

Theorie gestürzt sei und Professor Einstein in mindestens zwei seiner drei Vorhersagen recht bekommen habe.[23]

Der Korrespondent der *Times* bat Einstein, für die englischen Leser über seine Theorie zu schreiben. Es war ihm willkommen, sein »Gefühl der Freude und der Dankbarkeit den englischen Astronomen und Physikern gegenüber auszudrücken«. Der Hauptreiz der Theorie liege in ihrer logischen Geschlossenheit: »Wenn eine einzige... Konsequenz sich als unzutreffend erweist, muß sie verlassen werden; eine Modifikation erscheint ohne Zerstörung des ganzen Gebäudes unmöglich.«[24] In einem Nachsatz fügte Einstein einen kleinen Scherz hinzu, dessen Wahrheit und tiefere Bedeutung sich bald offenbaren sollte: »Heute werde ich in Deutschland als ›deutscher Gelehrter‹, in England als ›Schweizer Jude‹ bezeichnet. Sollte ich aber einst in die Lage kommen, als ›bête noire‹ präsentiert zu werden, dann wäre ich umgekehrt für die Deutschen ein ›Schweizer Jude‹ und für die Engländer ein ›deutscher Gelehrter‹.«[25]

In der Wissenschaft, so sagt man, wirft eine gelöste Frage mindestens drei neue auf. Jetzt gab es also die lange gesuchte Feldtheorie der Gravitation, und unter den vielen neuen Fragen, die sich stellten, war die nach der zeitlichen Ausbreitung der Kraft. Existiert bei der Gravitation ein Pendant zu den elektrischen Wellen? Einstein kam zu einer bejahenden Antwort. Aus mathematischen Gründen glaubte er zeitweise, daß es diese »Gravitationswellen« doch nicht geben könne, aber schließlich waren die Physiker (Einstein eingeschlossen) von der Realität dieser Wellen überzeugt.

Ein ganz anderes Problem war der tatsächliche experimentelle Nachweis der Gravitationswellen. Hier schien zu Lebzeiten Einsteins die Lage hoffnungslos. Erst als 1967 die Pulsare entdeckt wurden, hochkompakte Neutronensterne, änderte sich die Situation. Durch systematische Durchmusterung des Himmels mit Radioteleskopen wurden Doppelpulsare gefunden, die auf elliptischen Bahnen um einen gemeinsamen Schwerpunkt kreisen. Die amerikanischen Physiker Joseph H. Taylor und Russell H. Hulse studierten seit 1974 den nach ihnen benannten Doppelpulsar und wiesen nach, daß dieses Sternsystem durch Abstrahlung von Gravitationswellen ständig Energie verliert, und zwar gerade so viel, wie die Allgemeine Relativitätstheorie verlangt. Für diesen indirekten Nachweis der Gravitationswellen wurden die beiden Forscher 1993 mit dem Nobelpreis für Physik ausgezeichnet. Der Wunsch besteht weiter, diese Wellen (und womöglich ihre Teilcheneigenschaften) auch einmal direkt experimentell zu fassen. So wird Einstein auch in Zukunft den Physikern zu tun geben.

Erkenntnissuche ist ein unendlicher Prozeß. Es konnte natürlich keine Rede davon sein, daß bereits im Jahre 1919 die »letzte Wahrheit« über den Bau des Kosmos entschleiert worden sei »durch einen Orakelspruch aus der Tiefe des Himmels« (womit die Beobachtungen bei der Sonnenfinsternis am 29. Mai gemeint waren). So nämlich las man es am 8. Oktober 1919 im *Berliner Tageblatt* unter der Überschrift »Die Sonne bracht' es an den Tag«.[26]

Wenn Einstein den schwülstigen Aufsatz aus der Feder des Schriftstellers Alexander Moszkowski gelesen hat, dann nur mit Kopfschütteln. Ein paar Monate später beachtete er grundsätzlich nichts mehr, was über ihn geschrieben wurde. Elsa aber freute sich wie ein Kind über jeden Superlativ. Objektiv war es ein Fehler, daß sich Einstein überhaupt mit Moszkowski eingelassen hatte. Lise Meitner kommentierte: »Einstein war in puncto Menschen sehr naiv.« Moszkowski hatte eine verhängnisvolle Neigung, seine fehlende Sachkenntnis durch übertriebenes Pathos zu ersetzen. Böswillige Zeitgenossen hielten seine Ergüsse für bestellte Arbeit und meinten, daß für Einstein die Reklame der kleineren Geister doch wohl höchst angenehm sei.[27]

Die Berliner Kollegen wußten, daß ihm die Lobeshymnen peinlich waren, und glaubten, daß seine Cousine dahintersteckte. Nachdem er Elsa kennengelernt hatte, meinte der Industrielle Hermann Anschütz-Kaempfe, jetzt sei ihm manches klar geworden, »was zu dem bescheidenen und klaren Wesen Einsteins nicht recht stimmen wollte«.[28] Einstein scherzte damals, daß wie das Deutsche Reich auch er jetzt eine neue Regierung hätte («Elsa!«). Groß aber kann ihr Einfluß nicht gewesen sein. Er lebte sein Leben nach innerem Gesetz und ließ sich auch von Elsa nichts sagen.

Die Revolutionswirren verzögerten die Scheidung von Mileva. »Jetzt hätte ich einvernommen werden sollen an einem hiesigen

Die eigenhändig angefertigten Scherenschnitte; auf die Titelseite des Kinderbuchs geklebt

Gericht«, berichtete er seinem Freund Michele. Die Mitteilung aber erreichte ihn nicht rechtzeitig: »Unterdessen sind die Akten wieder nach Zürich zurückgesandt worden.«[29] Am 11. Februar 1919 wurde die Ehe endlich geschieden. Am 2. Juni heiratete Einstein seine Cousine Elsa; auch sie hatte eine gescheiterte Ehe hinter sich.

Vielleicht um sich seiner neuen Familie bewußt zu werden, hat Einstein in den Weihnachtstagen Scherenschnitte von sich, Elsa und seinen beiden Stieftöchtern Ilse und Margot angefertigt. »Noch nie habe ich meinen Mann nach getaner Arbeit so beglückt gesehen wie nach Vollendung dieser Silhouetten«, berichtete Elsa: »Ich glaube, er hatte ein ähnliches Glücksgefühl wohl kaum nach Vollendung seiner Gravitationslehre«:

> Nachts elf Uhr faßte er den kühnen Entschluß. Wir mußten uns in Reih und Glied aufstellen und gegen 1 Uhr hatte er sein Werk vollbracht, und wie stolz war er dann![30]

Tatsächlich sind ihm die Scherenschnitte glänzend gelungen, und er stellte damit erneut sein künstlerisches Talent unter Beweis.

Gegen Jahresende nahm Elsa die schwerkranke Mutter Einsteins zu sich. Nach einer Unterleibsoperation hatte Pauline Einstein die letzten Jahre in einem Sanatorium in Luzern gelegen, und ihr Zustand war hoffnungslos. Auch die Schweizer Krankenschwester, die die Mutter schon in Luzern gepflegt hatte, und Einsteins Schwester Maja wurden in der Wohnung untergebracht. Noch 30 Jahre später erinnerte sich Einstein dankbar an die »treue Fürsorge« von Dr. Hans Mühsam am Krankenbett seiner Mutter. Er hat sich mit dem Arzt angefreundet und den geistigen Austausch nach 1933 durch lange Briefe an den nach Haifa emigrierten Mühsam aufrechterhalten.

Der Erfolg des Sohnes war die letzte große Freude der Mutter. Obwohl sie in jungen Jahren als Frau eines Fabrikanten eine gesellschaftlich respektable Stellung erreicht hatte, war sie nie eine »Dame« geworden. Nach dem frühen Tode ihres Mannes und der Liquidation der Firma hatte sie sich, wie ihre Tochter Maja berichtete, »zwar schwer, aber verständig in die veränderten Lebensbedingungen« gefügt. Um wirtschaftlich über die Runden zu kommen, war sie Haushälterin bei einem Witwer in Heilbronn geworden. Den Ruhm ihres Albert empfand sie mit Genugtuung als sozialen Wiederaufstieg.

»Zur weiteren Nahrung für Mamas ohnehin schon gehörigen Mutterstolz« hatte ihr Einstein einmal aus der *Vossischen Zeitung* einen Aufsatz über seine Theorie besorgt. Womit konnte man der Schwerkranken sonst eine Freude machen? Ob die Mutter Zeitungsaufsätze über ihren Albert systematisch gesammelt hat, wissen wir nicht. Wenn ja, müssen zuletzt ganze Stöße zusammengekommen sein.

Einstein stöhnte über den »von den Zeitungsschreibern bewerkstelligten Ruhm«.[31] Sein ärgster Feind sei jetzt der Postbote, von seiner Sklaverei käme er nicht mehr los:

> Dazu habe ich meine todkranke Mutter im Hause, muß infolge der »großen Zeit« in unzählige Sitzungen etc., kurz, ich bin nichts mehr als ein Bündel armseliger Reflexbewegungen.[32]

Um dem »lebhaften Betrieb« in der Haberlandstraße nicht zu stark ausgesetzt zu sein, erhielt Einstein ein separates Arbeitszimmer im Parterre des Hauses, weit genug entfernt von der Wohnung im vierten Stock. Später konnte er ein noch günstigeres »Retiro« in einem turmartigen Ausbau unter dem Dach beziehen. Er grübelte schon damals über eine »Weiterführung der Relativitätstheorie«, stieß aber immer wieder an eine Wand. Durch das Leiden der Mutter fühlte er sich »wie gelähmt«. Der Tod am 20. Februar 1920 kam als Erlösung. Pauline Einstein war 62 Jahre alt geworden. »Trost gibt es nicht«, schrieb er an Hedwig Born, die Frau seines Freundes: »Alle müssen wir Schweres tragen, denn es ist mit dem Leben untrennbar verbunden.«[33]

An diesem 20. Februar 1920 vermißte man Einstein in der Physikalischen Gesellschaft. Die Sitzung war stark besucht. Max

Photographie der verfinsterten Sonne

von Laue zeigte die Photographie der vom Mond verfinsterten Sonne, die die englischen Kollegen aufgenommen und ihm jetzt überlassen hatten:

> Der Saal wird verdunkelt; es erscheint das Bild der verfinsterten Sonne, von ihrem Strahlenkranze umgeben. Und rings herum, kaum sichtbar, mit Tinte markiert, ein paar kleine

> Sternchen. Sonst nichts. Mit knappen Worten erklärt v. Laue, was sie bedeuten, wie gut... Theorie und Beobachtung sich decken. Ein Zweifel sei vor diesem Bilde nicht mehr möglich. Knapp, klar, streng sachlich, keine zwei Minuten. Die zwingende Gewalt der Wahrheit bedarf keines großen, klingenden Wortschwalls. Und doch fühlt jeder, daß hier Menschengeist triumphiert hat. Das Licht zuckt wieder auf, die Sitzung ist geschlossen. An der Wandtafel hängt die Originalphotographie. Hart drängen sich Gelehrte und Laien, um die sechs oder sieben unscheinbaren weißen Pünktchen zu sehen, die Welten stürzen und Welten bauen.[34]

Einstein war immer aktuell. Den eben zitierten Bericht fand man am 21. Februar im *Berliner Tageblatt*. Tags zuvor war es um seine Vorlesung an der Universität gegangen, bei der ihn die Studenten »mit stürmischem Jubel« empfangen hatten. Bei ihm wurde, wie er später einmal gesagt hat, »jeder Piepser zum Trompetensolo«.

Am 25. Februar las auch Thomas Mann in den *Münchner Neuesten Nachrichten* über die Einsteinsche Theorie. Eine Woche später fand er im *Neuen Merkur*, einer kulturpolitischen Monatsschrift, eine einschlägige erkenntnistheoretische Erörterung.[35] Seit 1913 arbeitete der Dichter am *Zauberberg*. Es handelte sich, wie er selbst gesagt hat, um einen »Zeitroman in doppeltem Sinne«: In der kleinen Welt eines Lungensanatoriums in Davos spiegelt sich eine ganze Epoche, die Zeit vor dem Ersten Weltkrieg, und im Mittelpunkt der endlosen Gespräche, die die Patienten miteinander führen, steht die »reine Zeit selbst«. Auch Einstein hatte in seiner Speziellen Relativitätstheorie die Zeit zum Gegenstand seiner Untersuchung gemacht. Die geistvollen Betrachtungen im *Zauberberg* liegen aber auf einer ganz anderen Ebene, und Thomas Mann hat ausdrücklich einen Einfluß Einsteins ausgeschlossen. Der Dichter empfand, als er jetzt den Aufsatz des Wiener Philosophen Arthur Kaufmann im *Neuen Merkur* überflog, Genugtuung über die ihm eigene »seismographische Empfindlichkeit«: Er hatte die »Urgenz« des »Problems der Zeit« antizipiert.[36]

KAPITEL 10

Eine neue Größe der Weltgeschichte

Obwohl seine Ausführungen sehr knapp und phantasiefrei waren, versetzten sie die Anwesenden in einen Begeisterungstaumel. Um ihn entstand ein lebensgefährliches Gedränge, und zahlreiche Personen küßten seine Hände und Kleidungsstücke. Schließlich mußte der arme Mann von Saalordnern weggebracht werden. Die Rede ist nicht von einer Papstreise nach Polen, sondern von Einsteins Aufenthalt in New York.[1]

Er hat sich oft mit dem Märchenkönig Midas verglichen. Diesem wurde alles, was er berührte, zu Gold. Die Erfüllung seines Wunsches aber erwies sich als schrecklicher Fluch. Ihm gehe es so wie Midas, sagte Einstein, mit dem Unterschied, daß »alles zum Zeitungsgeschrei werde«.[2] Während Midas ein verdientes Schicksal erlitt, hatte Einstein nie nach Publicity gestrebt. Er wollte ein kontemplatives Leben führen und in Ruhe nachdenken über die Welt und ihre Kräfte. Das war seit 1920 nicht mehr möglich. Alle Welt schrieb ihm, und er hatte Alpträume, weil er die Post nicht mehr bewältigen konnte. Ständig mußte er Stellungnahmen zu diesem und jenem abgeben. Die hinterhältigen Methoden, wie manche Journalisten ihn zu einem Interview nötigten, hat er einmal witzig beschrieben. Die Sache war ihm allerdings alles andere als amüsant.[3]

Einstein ist oft nach den Ursachen für das große öffentliche Interesse gefragt worden. Er hat jedesmal geantwortet, der Rummel sei ihm ganz unverständlich. Er könne nicht begreifen, »warum die Relativitätstheorie mit ihren dem praktischen Leben so entfernten Begriffen und Problemstellungen in den breitesten Schichten der Bevölkerung eine so lebhafte, ja leidenschaftliche Resonanz gefunden« habe.[4] Einstein hätte die Begeisterung wohl leicht erklären können, die auch mit der Sache zu tun hatte, aber noch mehr mit seiner Person. Er wollte aber keine Selbstbespiegelung. Heute fällt es jedenfalls nicht schwer zu erklären, warum Einstein innerhalb eines einzigen Jahres – November 1919 bis Oktober 1920 – zu Weltruhm gekommen ist.

Die damaligen Vorgänge werfen ein helles Licht auf die Zeit unmittelbar nach dem Ersten Weltkrieg, als die Menschen ihre Orientierung verloren hatten und nach neuen Werten suchten.

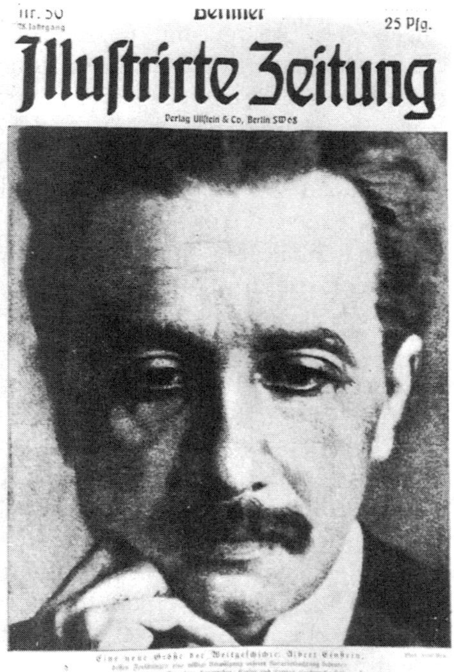

Die »Berliner Illustrirte« am 14. Dezember 1919

Man erkennt auch, was alles zusammenkommen muß, damit eine Sache und ein Mensch in den Zeitungen thematisiert werden.

Die erste Stufe zur Berühmtheit ist die Anerkennung durch die Fachkollegen. Soziologen nennen das die »Insider-Reputation«. Die hat sich Einstein in den Jahren seit 1905 erworben. Bei der Salzburger Naturforscherversammlung 1909, als er zum erstenmal an einem wissenschaftlichen Kongreß teilnahm, waren alle Physiker neugierig auf ihn. Und Max Planck rühmte die Spezielle Relativitätstheorie als eine kopernikanische Tat.

Die zweite Stufe ist das Interesse eines weiteren Kreises. Im Falle Einstein waren das die Philosophen und die philosophisch Gebildeten, die gehört hatten, daß durch ihn »Kant entthront« worden sei. Als er am 24. Mai 1911 in Prag vor dem deutschen naturwissenschaftlich-technischen Verein »Lotos« über das Relativitätsprinzip sprach, kamen die Gebildeten der Stadt und füllten den großen Hörsaal bis auf den letzten Platz.

In der dritten Stufe zur Berühmtheit erwacht die Neugier des großen Publikums, und die Zeitungen steigen ein. Am 14. Dezember 1919 erschien die *Berliner Illustrirte* mit einem großen Titelphoto: »Eine neue Größe der Weltgeschichte: Albert Einstein, dessen Forschungen eine völlige Umwälzung unserer Naturauffassung bedeuten und den Erkenntnissen eines Kopernikus, Kepler und Newton gleichwertig sind.«

Diesen Durchbruch zum großen öffentlichen Interesse hatte der Zeitgeist bewirkt. Die Anerkennung der Einsteinschen Theorie durch britische Gelehrte war in Deutschland nach dem verlorenen Ersten Weltkrieg Balsam für den verletzten Nationalstolz. »Als alles, was deutsch hieß, in der Welt verfemt war«, ließ sich das *Berliner Tageblatt* vernehmen, »als deutsche Macht und deutsche Ehre bei unseren Feinden für ebenso wertlos galten wie deutsches Geld, hat die deutsche Wissenschaft bewiesen, daß in unserem Volke noch Kraft für neues Werden lebt und die Achtung des Auslands für ihre Gedankenwelt errungen.«[5]

Weil sie der Royal Society Respekt abnötigte, wurde die Allgemeine Relativitätstheorie als nationale Tat gefeiert. Die rechtsgerichtete *Tägliche Rundschau* berichtete am 13. Februar 1920, die berühmte gelehrte Gesellschaft habe Einstein ihre goldene Medaille zuerkannt, ihm allerdings zuvor die »offenbar auf Bejahung wartende Frage« vorgelegt, daß er doch wohl Schweizer oder Holländer sei. »Als Professor Einstein darauf selbstverständlich wahrheitsgemäß mitteilte, daß er deutscher Staatsangehöriger sei, wurde die ihm zugeteilte goldene Medaille seitens der englischen Herren wieder zurückgezogen.«[6] Für den Kenner war ersichtlich, daß diese Meldung falsch sein mußte:

Einstein besaß das Bürgerrecht von Zürich und reiste mit einem Schweizer Paß. Wesentlich in unserem Zusammenhang ist jedoch etwas anderes: Einstein wurde in den ersten Monaten des Jahres 1920 in allen Zeitungen, auch in der Rechtspresse, als aufrechter Deutscher gefeiert. In ihrem Kommentar bestätigte die *Tägliche Rundschau* Einstein ausdrücklich »Vornehmheit der Gesinnung«.[7]

In großer Zahl fand man in den Zeitungen Aufsätze über Einsteins Theorie. Oft hatten die Verfasser den Wesenskern selbst nicht recht verstanden, wie Alexander Moszkowski, der im *Berliner Tageblatt* publizierte. Dieser hatte anderen Berichterstattern jedoch eines voraus: Er erhielt seine Informationen direkt von Einstein. Den sachlichen Stil, den der Meister so vollendet beherrschte, konnte er seinem Interpreten freilich nicht vermitteln.[8]

Im Februar 1920 hielt Einstein an der Universität Berlin Vorlesungen über seine Theorie. Auch darüber wurde spaltenlang berichtet:

> Eine Viertelstunde vor Beginn sind alle Sitzplätze, Gänge und Galerien besetzt... Endlich erscheint Einstein, mit stürmischem Jubel empfangen,... dankt und setzt sofort da ein, wo er in der letzten Woche aufgehört... Angehörige aller Fakultäten sind erschienen... Und diese erleben das herrliche Schauspiel, wie ein Mensch mit einem Zauberstabe überlegen die Welt gestaltet. Klar, sachlich, jedes Wort ein Hammerschlag. Auch der Laie muß verstehen, welchen Grund das Ausland hat, uns um diesen Gelehrten zu beneiden.[9]

Oft ist eine Sensation ein paar Tage später bereits ein »alter Hut«. Ein Thema kann schnell »zu Tode geritten« und durch andere Themen verdrängt werden. Im Falle Einstein kam es anders.

Die Gelehrten, die Akademiemitglieder und die Universitätsprofessoren, besaßen überall das höchste Ansehen. Als scharfe Angriffe einsetzten, auf seine Person und seine Theorie, war das für die Zeitgenossen ganz unerwartet, und viele Menschen, Fachleute wie Laien, fühlten sich veranlaßt, Stellung zu beziehen. So hielt sich das Thema in den Zeitungen und wurde, wie die Journalisten sagen, zu einem »Dauerbrenner«.

Wir haben von dem hohen Sozialprestige der Gelehrten gesprochen. Wie ist es dann möglich, muß man fragen, daß es überhaupt zu den Angriffen auf Einstein und zu Massenkundgebungen gegen ihn kommen konnte? Dazu brauchte es einen anderen angesehenen Gelehrten, einen Nobelpreisträger, der in seiner Verblendung die Einsteinsche Theorie vor den Kollegen und vor der Öffentlichkeit als Täuschung und Lügenwerk verunglimpfte.

Diesen unheilvollen Part spielte der Heidelberger Physiker Philipp Lenard. Wie schon bei Kriegsausbruch 1914, als sich sein Haß in erster Linie gegen England richtete, befand er sich 1919 erneut in einem Zustand der höchsten Erregung und Erbitterung. Schuld an allem waren für ihn jetzt »die Juden«. Ende des Jahres verabschiedete er seine Studenten in die Weihnachtsferien mit den Worten: »Wir sind ein ehrloses Volk, weil wir ein wehrloses Volk sind. Wer sich nicht wehrt, ist nichts wert. Wem verdanken wir unsere Wehrlosigkeit? – Den jetzigen Machthabern. Arbeiten Sie daran, daß wir im nächsten Jahre eine andere Regierung haben.«[15] Reichspräsident Ebert, Reichskanzler Bauer und seine Minister hießen bei Lenard nur die »November-Verbrecher«. Wie hatten diese Männer überhaupt an die Macht gelangen können? Man möchte es nicht glauben: Die antisemitischen Hetzreden von Anton Drexler und Adolf Hitler in München gaben Lenard, so seine eigenen Worte, eine »vernunftgemäße, einleuchtende Aufklärung«.[16]

Weil in der Physik nicht mehr von seinen Leistungen die Rede war, sondern nur noch von Einsteins Lichtquanten, Einsteins Masse-Energie-Äquivalenz und Einsteins Relativitätstheorie, mußte es sich um »typisch jüdische Blendwerke« handeln. Insbesondere die Allgemeine Relativitätstheorie, über die nun schon die Zeitungen schrieben, war ihm ein typischer »Judenbetrug«. Das hätte man, meinte er, »mit mehr Rassenkunde auch von vornherein vermuten dürfen«, da Einstein der Urheber war.

Zu allem Überfluß war es Lenard gewesen, der 1906 auf Wunsch des preußischen Kultusministeriums und, wie wir ihm durchaus glauben, mit »großer Freude« den Plan für ein universitätsunabhängiges »Institut für physikalische Forschung« ausgearbeitet hatte. Hier wollte er unbelastet von Vorlesungsverpflichtungen seine wissenschaftlichen Ideen verfolgen. Als das Institut mit großer Verspätung endlich 1917 als Einrichtung der Kaiser-Wilhelm-Gesellschaft realisiert wurde (wenn auch nur im juristischen Sinne), mußte er erleben, daß ausgerechnet sein Intimfeind Einstein zum Direktor ernannt wurde.

Am 1. August 1920 erhielt Lenard Besuch in seinem Heidelberger Institut am Philosophenweg. Es kam ein jüngerer Herr aus Berlin, ein, wie es hieß, »hübscher dunkelhaariger Mann von etwa 30 Jahren«.[17] Er stellte sich als Paul Weyland vor und berichtete dem Geheimrat, daß er »Einsteins Machenschaften« und die ganze Art seines Vorgehens systematisch »als undeutsch« bekämpfen wolle. Er plane die Gründung einer »Arbeitsgemeinschaft deutscher Naturforscher zur Erhaltung reiner Wissenschaft«. Diese Absichten kamen Lenard überaus gelegen, war er doch schon lange überzeugt, »daß eine Bekämpfung des Einsteinschen Einflusses nötig« sei.[18] Der Mann schien ihm »sehr tatkräftig«, und Lenard fand, er müsse unterstützt werden. Deshalb schickte ihn der Geheimrat gleich zu seinem Freund Johannes Stark, damit »keine Zersplitterung unsere Absichten hindert«.

Eine Bewegung braucht einen Kopf und einen Säbel. Mit Paul Weyland war das ausführende Organ gefunden, der völkisch gesinnte und antisemitische Agitator, der die Parolen aufgriff und Hiebe austeilte. Am 6. August eröffnete Weyland die Kampagne mit einem Aufsatz in der *Täglichen Rundschau*. Schon die Überschrift war eine Fanfare: »Einsteins Relativitätstheorie – eine wissenschaftliche Massensuggestion«. Spöttisch nannte er Albert Einstein einen neuen »Albertus Magnus«. Der Vergleich kommt uns heute naheliegend vor: In seiner Epoche konnte jeder der beiden als der größte unter den Gelehrten gelten, Albertus Magnus im 13., Albert Einstein im 20. Jahrhundert. Weyland aber vermochte mit seinen abgeschmackten Witzchen weder dem einen noch dem anderen gerecht zu werden:

> Herr Albertus Magnus ist neu erstanden, guckte in die ernsten Arbeiten stiller Denker wie Riemann, Minkowski, Lorentz,

Mach, Gerber, Palágyi und andere mehr, räusperte sich und sprach ein großes Wort gelassen aus. Die Wissenschaft staunte, die Öffentlichkeit war starr. Alles brach zusammen. Herr Einstein spielte mit der Welt Fangball. Er brauchte nur zu denken, und flugs relativierte sich alles Geschehen und Werden.[20]

Weil er von der Sache nichts verstand, verwendete Weyland lange Zitate aus den Schriften Lenards. Und zum Schluß kündigte er an, die deutsche Wissenschaft werde »demnächst geschlossen gegen Einstein auftreten« und »mit ihm zu Gericht« gehen.

Wer war Paul Weyland, daß er es wagen durfte, die Opposition der deutschen Gelehrten gegen Einstein anzukündigen? Er scheint »gar kein Fachmann zu sein«, konstatierte Einstein: »Arzt? Ingenieur? Politiker? Ich konnt's nicht erfahren.«[21] Was damals Einstein und die Berliner Physiker beschäftigt hat, dem sind später die Historiker nachgegangen. Dem Hamburger Physikhistoriker Andreas Kleinert ist es gelungen, den Nachlaß Paul Weylands ausfindig zu machen. Erhebendes ist nicht zutage gekommen. Weyland war ein Hochstapler und Betrüger, der in seinem armseligen Leben immer wieder mit dem Gefängnis Bekanntschaft gemacht hat, dazu ein primitiver Antisemit und Antidemokrat. Den Weimarer Staat diffamierte er als eine »aus Dreck und Jauche geborene Republik«. Nach dem Zweiten Weltkrieg ging Weyland in die Vereinigten Staaten und arbeitete dort als Zuträger für das FBI, als dieses in der McCarthy-Ära Material über den als Kommunisten verdächtigten Einstein sammelte.

In seinen *Sternstunden der Menschheit* hat Stefan Zweig geschrieben, daß auch einmal ein ganz Unwürdiger die Weltbühne betreten könne, um alsbald wieder zurückzusinken in das Nichts. Jedenfalls ist nun die Rolle Weylands aufgeklärt, und wir wissen: Ohne die Unterstützung Lenards hätte es dieser Gernegroß niemals gewagt, eine Kampagne gegen Einstein in Gang zu setzen.

Am 24. August 1920 organisierte Paul Weyland im großen Saal der Berliner Philharmonie eine Massenversammlung gegen die Relativitätstheorie. Im Foyer lagen antisemitische Hetzblätter, und hier konnte man in der Pause die neueste Schrift Lenards für sechs Mark kaufen. In seiner Rede zog Weyland alle Register, und

Max von Laue staunte, wie da die schwierigsten wissenschaftlichen Themen auf Bierzeltniveau behandelt wurden. Hauptangriffspunkt war die »Lobhudelei« für Einstein in den Zeitungen. »Wenn Herr Einstein gewollt hätte«, schimpfte Weyland, hätte er jahrelang Zeit gehabt, diesem Geschreibsel, diesem »Schwall von Verherrlichung und Bewunderung«, ein Ende zu bereiten.[22] Durch eine einzige Äußerung wäre ihm das möglich gewesen.

Diese Behauptung ist mit Sicherheit falsch. In einem demokratischen Staat kann niemand, auch keine Behörde, unerwünschte Themen unterdrücken. Allerdings hatte sich Einstein gegenüber der »Lobhudelei« recht gleichgültig verhalten: »Ich lese nichts, was über mich gedruckt wird, außer wirklich Sachliches.« Das konnte sich ein Mann wie Weyland nicht vorstellen.

Weil der Redner bei der »Einstein-Presse« verweilte und Zitat um Zitat vorlas, mahnten Zwischenrufe: »Zur Sache!« Paul Weyland reagierte auf seine Weise: »Es sind entsprechende Maßnahmen getroffen, um Skandalmacher an die Luft zu setzen.«[23] Es folgten »Ausfälle gegen die Professorenclique« und Klagen über die geistige Verflachung unseres Volkes: »Daneben klang ganz schwach eine antisemitische Note an«, berichtete die *Vossische Zeitung*, »und zum Schlusse [wurde] Herrn Einstein ohne weiteres vorgeworfen, daß seine Formeln über die Perihelbewegung des Merkurs einfach abgeschrieben worden seien.«[24]

Der Geschmähte war selbst im großen Saal anwesend. Mit seiner Stieftochter saß er in seiner Loge; ab und zu lächelte er. Es war wohl eher ein schmerzliches Lächeln als ein belustigtes.

Nach den persönlichen Vorwürfen der »Reklamesucht« und des »Plagiats« kam Weyland endlich, von den Zwischenrufern gemahnt, zur Relativitätstheorie. Diese war für ihn nichts weiter als eine »Massensuggestion«, Produkt einer geistig verwirrten Zeit, wie sie anderes Abstoßende schon die Menge hervorgebracht habe. So steigerte sich der Demagoge bis zu dem Satz: Die Relativitätstheorie ist wissenschaftlicher Dadaismus.

Damit war die Verbindung hergestellt zwischen »entarteter Wissenschaft« und dem, was später einmal, während des Dritten Reiches, »entartete Kunst« heißen sollte. Der Vergleich der Allgemeinen Relativitätstheorie mit dem im Gefolge des Ersten Weltkrieges entstandenen Dadaismus war diabolisch: Die Formeln Einsteins mußten auf den physikalischen Laien tatsächlich so unverständlich wirken wie das Wortgestammel dadaistischer Gedichte. Zudem besaß Einstein, wie man wußte, pazifistische und sozialistische Sympathien – was der politischen Tendenz der Dadaisten entsprach.

So sollte gegen den »Dadaismus« und gegen den »wissenschaftlichen Dadaismus« der Relativitätstheorie das »gesunde Volksempfinden« mobilisiert werden. Diese Taktik wurde später von den Nationalsozialisten zur Meisterschaft entwickelt.

Als zweiter Redner des Abends trat der Physiker Ernst Gehrcke auf. »Obwohl er den alten Kohl wieder aufwärmte«, berichtete Max von Laue, »war seine ruhige, sachliche Art zu reden eine Erholung nach Weyland, der sich mit dem gewissenlosesten Demagogen messen kann.«[25]

Nach der ersten Veranstaltung kündigte die »Arbeitsgemeinschaft« (von Max von Laue die »Schimpfgemeinschaft« genannt) 20 weitere Großkundgebungen mit illustren Rednern an: den Physikern Philipp Lenard und Otto Lummer, dem Astronomen Max Wolf und dem Philosophen Melchior Palágyi. Am 27. August meldete das *Berliner Tageblatt*, daß Einstein, des Kampfes müde, Berlin und Deutschland verlassen wolle. »Daß sich *diese* Leute dazu hergeben, mit einem gemeinen Ehrabschneider, wie es dieser Weyland ist, an einem Strange zu ziehen, ist schlechthin unbegreiflich«, berichtete Max von Laue aufgebracht an Arnold Sommerfeld: »Jedenfalls hat gerade dies Einstein zu seinem Entschluß gebracht. Ein Individuum wie Weyland hätte ihn am Ende kalt gelassen.«[26] Unter allen Umständen wollte der selbst national denkende Max von Laue verhindern, »daß national sein wollende Kreise einen Mann vertreiben, auf den Deutschland stolz sein konnte, wie nur auf ganz wenige«. Man käme sich manchmal vor, »als lebte man in einem Tollhaus«.[27] Gemeinsam mit seinen Kollegen Walther Nernst und Heinrich Rubens veröffentlichte er in den Berliner Zeitungen eine Ehrenerklärung für Einstein.

Mit »wahrer Wut« verfolgte auch Arnold Sommerfeld in München die Hetze gegen Einstein. In einem herzlich abgefaßten

Schreiben appellierte er an den berühmten Kollegen, in Deutschland auszuharren: »Ich hoffe, Sie haben inzwischen schon wieder Ihr philosophisches Lachen gefunden und das Mitleid mit Deutschland, dessen Qualen sich wie überall in Pogromen äußern. Aber nichts von Fahnenflucht!«[28]

Einstein empfand es als »drollig«, daß man gerade ihn mahnte, nicht »fahnenflüchtig« zu werden. Er war Pazifist und verachtete jeden, der »mit Vergnügen in Reih und Glied zu einer Musik« marschiert. In der Sache freilich besaß das Engagement Sommerfelds das größte Gewicht, sprach dieser doch »als Mensch und als Vorsitzender der Physikalischen Gesellschaft«. Dazu kam ein offener Brief des preußischen Kultusministers Konrad Haenisch: »Wo sich die Besten für Sie einsetzen, wird es Ihnen um so leichter fallen, solch häßlichem Treiben keine weitere Beachtung zu schenken.«[29]

Vielleicht noch mehr als das Eintreten der »Besten« hat Einstein die Solidaritätsbekundungen der einfachen Menschen gefreut, die ihn zu Hunderten erreichten. Da meldete sich ein Jude »aus größter Verehrung« und munterte ihn auf: »Den Kopf stets

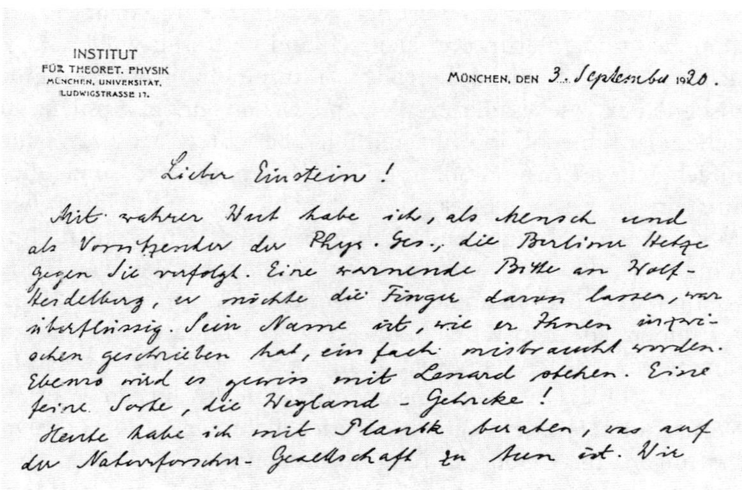

INSTITUT
FÜR THEORET. PHYSIK
MÜNCHEN, UNIVERSITÄT,
LUDWIGSTRASSE 17.

MÜNCHEN, DEN 3. September 1920.

Lieber Einstein!

Mit wahrer Wut habe ich, als Mensch und als Vorsitzender der Phys. Ges., die Berliner Hetze gegen Sie verfolgt. Eine warnende Bitte an Wolf-Heidelberg, er möchte die Finger davon lassen, war überflüssig. Sein Name ist, wie er Ihnen inzwischen geschrieben hat, einfach misbraucht worden. Ebenso wird es gewiss mit Lenard stehen. Eine feine Sorte, die Weyland – Gehrcke!

Heute habe ich mit Planck beraten, was auf der Naturforscher-Gesellschaft zu tun ist. Wir

Solidaritätskundgebung Arnold Sommerfelds für Einstein

hoch!«[30] Ein Volksschullehrer aus Niederschlesien schrieb, Einsteins Genius sei »für Abermillionen ein Lichtbringer geworden«[31], und ein Berliner war entrüstet, »daß in dem schon so geschmähten Deutschland eine deutsche Größe vor dem deutschen Volk in den Schmutz getrampelt« werde.[32]

Mit den vielen Beweisen der freundschaftlichen Gesinnung gewann Einstein die Überzeugung, daß es falsch wäre, Berlin und den Kreis seiner »bewährten Freunde« zu verlassen.

Weyland aber, von dem die Erschütterungen ausgingen, hatte mit der Ankündigung weiterer Massenveranstaltungen gegen die Relativitätstheorie nur geblufft. Die berühmten Namen, die als Redner zur Verfügung stehen sollten, waren von ihm einfach mißbraucht worden. Nicht einmal Lenard (der doch in der Sache völlig mit ihm übereinstimmte) wollte zu einem Vortrag nach Berlin kommen. So suchte der »Schriftwart der Einstein-Gegner«, wie er sich nannte, verzweifelt nach geeigneten Referenten. Dabei unterlief ihm ein verhängnisvoller Fehler. Er wandte sich an eine Reihe von Gelehrten und bot Geld für ihre Beteiligung: »Geschäftlich dürfte bei der Sache ein Gewinn von etwa 10 000 bis 15 000 Mark für Sie herauskommen.«[33] Der Brief wurde veröffentlicht, und Weyland war erledigt. Er ging ins Ausland, wo sich seine Spur durch seine Betrügereien und Zechprellereien weiterverfolgen ließ.

Was hat der Hochstapler letztlich erreicht? Von den so großmäulig angekündigten 20 Massenversammlungen waren gerade zwei zustande gekommen: die erste am 24. August mit Paul Weyland und Ernst Gehrcke und die zweite am 2. September mit Ludwig Glaser, der sich später als ähnlicher Psychopath erwies. Die Wirkung jedoch war beachtlich. In der öffentlichen und veröffentlichten Meinung setzte, allerdings begrenzt auf den rechten Teil des politischen Spektrums, ein Umschwung ein. Nach wie vor gab es eine große Mehrheit von Bewunderern und eine sehr positive Berichterstattung.

Daneben aber meldeten sich von nun an auch scharf ablehnende Stimmen. Ein krasses Beispiel ist der *Völkische Beobachter* vom 3. Januar 1921 mit einem von Adolf Hitler verfaßten Beitrag: »Wissenschaft, einst unseres Volkes größter Stolz, wird heute gelehrt durch Hebräer, denen diese Wissenschaft nur

Mittel ist... zur bewußten planmäßigen Vergiftung unserer Volksseele und dadurch zur Herbeiführung des inneren Zusammenbruchs unseres Volkes.«[34]

Heute spricht man unter Journalisten vom »Tontaubeneffekt«. Ein von der Presse zur »Very Important Person« hochstilisierter Zeitgenosse wird unversehens nach allen Regeln der Kunst »abgeschossen«. Wirkliche oder vermeintliche Verfehlungen werden breit ausgewalzt und der ehedem Gerühmte unsanft aus den Wolken zur Erde zurückgeholt.

Ein solches Schicksal widerfuhr nun Einstein. In seinem Fall war es aber, wie gesagt, nur die rechte Seite, die ihn mit Schmähungen überzog. Die auf politische Motive zurückgehende scharfe Kritik veranlaßte die liberalen und demokratischen Zeitungen zu verstärktem Engagement. Die Zahl der Veröffentlichungen nahm nicht ab, sondern stieg weiter. »Die Bücher, in denen eine Ausdeutung und Veranschaulichung der Relativitätstheorie versucht wird«, so das *Berliner Tageblatt*, »mehren sich fast mit Lichtgeschwindigkeit.«[35]

Einstein ließ niemanden gleichgültig. Er zwang die Menschen, Stellung zu beziehen. So sandten Ende August 1920 Alexander Moissi, Max Reinhardt, Stefan Zweig und andere Persönlichkeiten des Theater- und Kulturlebens eine Sympathiekundgebung an Einstein: »Entrüstet über die alldeutsche Hetze gegen Ihre hervorragende Persönlichkeit versichern wir Sie in wahrhaft internationaler Gesinnung der Sympathie aller freien Menschen, die stolz sind, Sie in ihrer Reihe zu wissen und zu den Führern der Weltwissenschaft zu zählen.«[36]

Wenn Weylands Ziel wirklich ein sachliches war, nämlich der »Reklame« für die Relativitätstheorie ein Ende zu bereiten, dann hat er genau das Gegenteil erreicht. Es gab fortan noch mehr Rummel. »Die Welt ist ein sonderbares Narrenhaus«, berichtete Einstein einem Freund. »Gegenwärtig debattiert jeder Kutscher und jeder Kellner, ob die Relativitätstheorie richtig sei.« Die Überzeugung werde dabei durch den politischen Standort bestimmt.[37]

In diesem Jahr 1920 weckte die Versammlung der deutschen Naturforscher und Ärzte Interesse wie noch nie. Weder Hannover noch eine andere große Stadt konnten die 2000 Tagungsteilnehmer wegen der allgemeinen Ernährungs- und Wohnungsnot aufnehmen, und die Organisatoren entschlossen sich, nach Bad Nauheim zu gehen.

Sechs Jahre hatte der Kongreß nicht stattfinden können. Jetzt aber wollten die deutschen Gelehrten vor der Öffentlichkeit Rechenschaft ablegen, daß sie während des Krieges weitergearbeitet und damit dem Vaterland gedient hatten. Hauptthemen waren die Ernährungslage des deutschen Volkes, die Herstellung und Bedeutung des Stickstoffdüngers, der Bau der Atome und die Relativitätstheorie. Diese werde in ganz anderem Geiste zur Verhandlung kommen als in »jenen tumultarischen Versammlungen in Berlin«, sagte Friedrich von Müller, der Vorsitzende der Gesellschaft, in seiner Eröffnungsrede am Vormittag des 20. September.

Arnold Sommerfeld hatte vor dem Kongreß mit Max Planck beraten und dem Münchner Internisten »eine scharfe Abwehr gegen die wissenschaftliche Demagogie und eine Vertrauenskundgebung«[38] für Einstein in den Mund gelegt. Wie verabredet sagte der Vorsitzende der Naturforschergesellschaft:

> Wissenschaftliche Fragen von solcher Schwierigkeit und solch hoher Bedeutung lassen sich nicht in Volksversammlungen mit demagogischen Schlagwörtern und in der politischen Presse mit gehässigen persönlichen Angriffen zur Abstimmung bringen. Sie werden vielmehr im engen Kreis der eigentlichen Fachgelehrten eine sachliche Würdigung finden, die der Bedeutung ihres genialen Schöpfers gerecht wird.[39]

Am 23. September um neun Uhr eröffnete Planck die Vormittagssitzung der mathematisch-physikalischen Sektion. Der große Saal des Badehauses Nr. 8 und die Galerie waren voll besetzt. Lise Meitner, die Planck seit ihrer Assistentenzeit bei ihm gut kannte, erlebte zum ersten und einzigen Mal den verehrten Geheimrat äußerlich merklich aufgeregt: »Ich hatte vor der Sitzung ein längeres Gespräch mit Planck, wo er mir sagte, wie immer diese Sitzung ausgehe, dürfe Deutschland nicht Einstein verlieren... Er habe von Einstein das Versprechen bekommen, daß Einstein nichts unternehmen werde, ohne vorher sich mit Planck zu beraten.«[40]

Zuerst kamen mit ihren Vorträgen Hermann Weyl (Zürich), Gustav Mie (Halle), Max von Laue (Berlin) und Leonhard Grebe (Bonn), dann folgte die Diskussion über diese vier Referate. Erst ganz zum Schluß angesetzt war die Generaldiskussion, bei der Philipp Lenard das Wort ergreifen wollte. Auf diese Weise hofften die Organisatoren, die Erregung dämpfen zu können. Aber nur wenige gaben auf und verließen den Saal. Die meisten, so der Sonderkorrespondent des *Berliner Tageblattes*, »harren in der Schwüle tapfer der Dinge, die da kommen sollen«. Hinter dem Journalisten stand Paul Weyland. Auf dem Boden dieser wissenschaftlichen Versammlung hielt sich der »Berliner Einstein-Töter« im Hintergrund, wie es ironisch im Tagungsbericht hieß, und gab sein gespanntes Interesse »nur durch nervöses Schütteln der Mähne und leise Beifallsrufe bei Lenards Worten zu erkennen«.[41]

Schwer empfand Planck seine Verantwortung. Die deutsche Wissenschaft rang um ihre Anerkennung in der Welt. Ein Tumult beim Kongreß der größten und ältesten wissenschaftlichen Gesellschaft des Landes mußte katastrophale Auswirkungen auf das Ansehen des deutschen Geistes zur Folge haben. Als ein Gegner der Relativitätstheorie den Zeitungsartikel kritisieren wollte, den Einstein gegen Paul Weyland geschrieben hatte, erklärte Planck kurz und scharf, das gehöre nicht zur Sache, und entzog ihm das Wort.

Dann war es soweit. Es begann, was Einstein später den »Hahnenkampf über Relativität« genannt hat. Ruhig, ein wenig zeremoniell, erteilte Planck abwechselnd Einstein und Lenard das Wort.

Einstein: »Die Erscheinungen im [bremsenden] Zuge sind die Wirkungen eines Gravitationsfeldes, das induziert ist durch die Gesamtheit der näheren und ferneren Massen.«
Lenard: »Ein solches Gravitationsfeld müßte doch auch anderweitig noch Vorgänge hervorrufen, wenn ich mir sein Vorhandensein anschaulich machen will.«
Einstein: »Was der Mensch als anschaulich betrachtet, ist

großen Änderungen unterworfen, ist eine Funktion der Zeit. Ein Zeitgenosse Galileis hätte dessen Mechanik auch für sehr unanschaulich erklärt. Diese anschaulichen Vorstellungen haben ihre Tücken, genau wie der viel zitierte gesunde Menschenverstand.«[42]

An dieser Stelle verzeichnete das Protokoll »Heiterkeit«. Nach vier Stunden schloß Planck die Versammlung. Wenigstens waren äußerlich die Formen akademischer Auseinandersetzungen gewahrt geblieben. »Da die Relativitätstheorie es leider noch nicht zustande gebracht hat, die zur Verfügung stehende absolute Zeit von 9 bis 1 Uhr zu verlängern, muß die Sitzung vertagt werden.«[43] Einen solchen Kalauer hatte man von Planck noch nicht gehört. Ihm war eine schwere Last von der Seele genommen.

Die Zeitungen berichteten seitenlang über den Zusammenstoß mit Lenard. Einstein bedauerte, daß er sich »so tief in Humorlosigkeit verloren habe«. Nichts aber stimulierte stärker das Interesse der Zeitgenossen. Was ein paar Jahre später Carl Zuckmayer für seinen *Fröhlichen Weinberg* registrierte, galt auch für die Relativitätstheorie: Die Verlage zählten hochbefriedigt die Skandale, weil jeder die Verkaufsziffern in die Höhe trieb.

Von dem großen Aufsatz in den *Annalen der Physik* über *Die Grundlage der allgemeinen Relativitätstheorie* hatte Johann Ambrosius Barth 1916 einen Sonderdruck in Buchform mit einer Auflage von 1500 Exemplaren in den Handel gebracht. Die zweite Auflage mit 1000 Exemplaren erschien im Mai 1920, die dritte und vierte mit je 2000 Exemplaren im September 1920 und September 1921. Auf ausdrücklichen Wunsch Einsteins tragen auch diese Auflagen die Jahreszahl 1916. Für Korrekturen und Ergänzungen hatte er keine Zeit und wollte auf diese Weise kenntlich machen, »daß es sich um einen Abdruck der Schrift von 1916 handelt«. Die Sammler unterscheiden heute die verschiedenen Auflagen auf Grund der Papierqualität. Die Originalauflage wurde auf gutes und starkes Papier gedruckt, und auch der Umschlag ist stärker als bei den Nachdrucken.[44]

Als vorerst letzte Auflage erschien 1929 die fünfte. Der Verleger konnte sie 1933 »dem Schicksal der Vernichtung, das eigentlich für sie vorgesehen war«, entziehen, und auch diese

1000 Exemplare erreichten nach und nach die Interessenten. Nach langjähriger Unterbrechung wandte sich Arthur Meiner, der Inhaber des Verlages, am 3. Mai 1946 wieder an Einstein: Das Werk, das zu den klassischen Grundlagen der Physik gehöre, müsse »auch der jüngeren Generation zur Verfügung stehen«. Meiner schlug eine Neuauflage von wieder 1000 Exemplaren vor. Einstein antwortete: »Nach alledem, was in Deutschland geschehen ist, habe ich mich entschlossen, nichts mehr in einem deutschen Verlag erscheinen zu lassen.«[45]

Auch für das *Handbuch der Radiologie* hatte Einstein – bereits 1912 – einen Aufsatz über die Spezielle Relativitätstheorie geschrieben. Wie oft bei solchen Sammelwerken verzögerte sich das Erscheinen. Nach dem Ausbruch des Krieges beschloß die Akademische Verlagsgesellschaft in Leipzig, das Projekt auf bessere Zeiten zu verschieben. Am 2. Januar 1922 bat Professor Erich Marx als Herausgeber des Handbuchs, Einstein möge das Manuskript »um einen kurzen Abriß der Allgemeinen Relativitätstheorie« erweitern. Einstein fehlte die Zeit. Als der Verlag das Manuskript in der ursprünglichen Fassung veröffentlichen wollte, telegraphierte Einstein: »Veraltet, Einwilligung unmöglich.« Das eigenhändig geschriebene Manuskript von 72 Seiten wurde 1995 von Sotheby's in New York auf einen Wert zwischen vier und sechs Millionen Dollar geschätzt.

Am erfolgreichsten gestaltete sich die Zusammenarbeit mit dem Verlag Friedrich Vieweg & Sohn in Braunschweig. 1917 erschien die erste Auflage der »gemeinverständlich« gekennzeichneten Schrift *Über die spezielle und die allgemeine Relativitätstheorie* mit 2000 Exemplaren. Das Buch wurde ein Best- und Longseller. Die Verkaufszahlen spiegeln das Interesse an Einstein und seiner Theorie:

1. Auflage 2000 Exemplare 1917
2. Auflage 1500 Exemplare 1917
3. Auflage 3000 Exemplare 1918
4. Auflage 3000 Exemplare 1919
5. Auflage 4500 Exemplare 1920 (Januar)
6. Auflage 4500 Exemplare 1920 (Februar)
7. Auflage 4500 Exemplare 1920 (März)

8. Auflage 6000 Exemplare 1920 (April)
9. Auflage 6000 Exemplare 1920 (Juni)
10. Auflage 10000 Exemplare 1920 (August)
11. Auflage 5000 Exemplare 1920 (November)
12. Auflage 5000 Exemplare 1920 (November)

»Um das 50. Tausend mehr hervortreten zu lassen«, berichtete der Verlag, »haben wir den jetzigen Neudruck Ihrer ›Relativitätstheorie‹ geteilt und geben zunächst die erste Hälfte als 11. Auflage (46.–50. Tausend) aus.« Nach dem Ende des Zweiten Weltkrieges wollte Vieweg so schnell wie möglich eine Neuauflage veranstalten. Einstein aber verweigerte auch hier seine Zustimmung: »Nach dem Massenmord der Deutschen an meinen jüdischen Brüdern will ich es nicht, daß noch Publikationen von mir in Deutschland herauskommen.«[46]

Zu den vielen Einstein-Anekdoten gehört, daß er eingehende Schecks geistesabwesend als Lesezeichen benutzte und dann nicht mehr finden konnte. Tatsächlich ist der als Vergütung für die 10. Auflage ausgestellte Verrechnungsscheck in Höhe von 14400 Mark in der Wohnung verschwunden. Damals fungierte die Stieftochter Ilse als Sekretärin. Sie hat ausdrücklich bestätigt, daß er nicht schuld sein könne, da er auf Reisen war. Es muß wohl Elsa gewesen sein, die den Scheck verbummelte.

Auch die bei Methuen in London erschienene englische Übersetzung *Relativity: The Special and the General Theory. A Popular Exposition* war erfolgreich. Die erste Auflage erschien 1920, die 12. im Jahre 1939, die 13. 1944 und die 14. 1946.

Als Einstein Anfang des Jahres 1920 berühmt wurde, interessierte sich das Publikum für jeden einzelnen Vortrag, den er hielt. Auf Vermittlung von Arnold Berliner, des Herausgebers der renommierten Zeitschrift *Die Naturwissenschaften*, mit dem sich Einstein angefreundet hatte, übernahm der Verlag Julius Springer die Veröffentlichung seiner Antrittsvorlesung in Leiden über *Äther und Relativitätstheorie*. Auch der Akademievortrag über *Geometrie und Erfahrung* erschien bei Springer. »Ich unterlasse es absichtlich, Sie bei jeder Gelegenheit mit Anträgen zu bestürmen«, schrieb damals Ferdinand Springer an Einstein. Er wolle aber natürlich durch diese Zurückhaltung keinen Nachteil gegenüber anderen Verlagen erleiden. Dennoch erschienen Einsteins 1921 in Princeton gehaltene Vorträge nicht bei Springer, sondern wiederum bei Friedrich Vieweg.

Etwa um die Zeit der Nauheimer Naturforscherversammlung stiftete ein in Paris lebender reicher Amerikaner einen Preis von 5000 Dollar für die beste Erklärung der Relativitätstheorie. Die Abhandlung sollte nicht mehr als 3000 Wörter (etwa zwölf Schreibmaschinenseiten) umfassen und im *Scientific American* veröffentlicht werden. Die Zeitschrift übernahm auch die Organisation des Wettbewerbes.

300 Essays liefen ein; aus der ganzen Welt beteiligten sich die Fachleute. Die Zeitschrift verriet später, daß auch der berühmte Philosoph Moritz Schlick, der Mathematiker George David Birkhoff und der Physiker Edward Neville da Costa Andrade Aufsätze eingesandt hatten. »Der einzige, der sich das nicht zugetraut hat, bin ich«, scherzte Einstein. Gekrönt wurde die Einsendung unter dem Pseudonym »Zodiaque«.[47] Es stellte sich heraus, daß es sich um einen Prüfer im britischen Patentamt handelte. Das war ein witziger Zufall, hatte doch Einstein von 1902 bis 1909 als »technischer Experte« am »Eidgenössischen Amt für geistiges Eigentum« eine vergleichbare Stelle innegehabt.

Unter den Bewerbern war auch der dreißigjährige Hans Schimank, ein Dozent an den Technischen Staatslehranstalten in Hamburg, aus dem später einer der ersten Physikhistoriker in Deutschland wurde. Als Schimank damals einem befreundeten Buchhändler und Verleger von seiner Beteiligung an dem Preisausschreiben erzählte, forderte dieser ihn auf, das Manuskript zu erweitern. So erschien noch 1920 Schimanks 32 Seiten starke Broschüre über die Einsteinsche Theorie. Sie zeichnet sich durch Klarheit aus und kann noch heute als Einführung dienen. Die Abhandlung ist in Gesprächsform abgefaßt, und der Autor spricht durch einen fiktiven »Doktor«. Dieser wird zum Abschluß mit leiser Ironie gefragt: »Beabsichtigen Sie übrigens, die Flut der Schriften über die Einsteinsche Theorie durch ein weiteres Werk zu vermehren?«[48]

Bis zum Herbst 1923 zählte eine Bibliographie 3775 Arbeiten über »Relativität«, davon 1435 in deutscher, 1150 in englischer und 690 in französischer Sprache.

Darunter war viel Makulatur. Als das »Drolligste« empfand Einstein die zahlreichen in den Genfer *Archives des sciences* abgedruckten Aufsätze von Edouard Guillaume. Dieser war Beamter am Patentamt in Bern und ehemaliger Kollege, und Einstein verfolgte aus diesem Grund dessen Veröffentlichungen. Es gelang ihm aber nicht, mit den von Guillaume eingeführten Begriffen wie der »temps universel« einen physikalischen Sinn zu verbinden, und er kam schließlich zum Ergebnis, »daß Guillaumes Ausführungen überhaupt kein klarer Gedanke zugrunde liegt«.

Einstein gab im September 1920 eine entsprechende Mitteilung an die Genfer Zeitschrift und kommentierte in einem Brief: »Da spricht einer im wissenschaftlichen Jargon zu erleuchteten Fachleuten jahrelang den traurigsten Unsinn und zwar ungestraft, ohne zurechtgewiesen zu werden. Da sieht man so recht deutlich, auf welch schmaler Basis von urteilsfähigen Köpfen die in der Gelehrten-Schafherde herrschenden Urteile und Wertungen ruhen.«[49] Guillaume blieb kein Einzelfall. Die Relativitätstheorie wurde zum Tummelplatz von verkannten Genies, und bis auf den heutigen Tag erscheinen »Verbesserungen« und »Widerlegungen«.[50]

Zu den vielen Schriften über die Einsteinsche Theorie wurde 1920 erstmalig eine Biographie angekündigt. Am 7. Oktober erschien eine große Anzeige im *Börsenblatt*, um auf ein »Buch von Weltbedeutung« aufmerksam zu machen, das, wie es hieß, »auch noch für spätere Zeiten als eine der bedeutsamsten Erscheinungen der deutschen – ja der ganzen Weltliteratur gewürdigt werden« würde. Es handelte sich um die Gespräche Alexander Moszkowskis mit Einstein, denen der Schriftsteller, »einem Wunsche Einsteins entsprechend«, eine »freie literarische Form« gegeben habe: Das Buch behandle »Probleme höchster Ordnung, die interessantesten Fragen der Wissenschaft, des Lebens und der Kultur«, es führe zu »Erkenntnissen, die nur ein ganz großer Forscher wie Einstein« zu erschließen vermochte.[51]

Heute würde man über eine derart bombastische Ankündigung nur lachen. Damals dachte man anders. Die Veröffentlichung einer Biographie über einen noch jungen, erst zweiundvierzigjährigen Forscher oder jedenfalls von Gesprächen mit ihm galt als nicht seriös.[52] Eine ganze Reihe von Freunden, darunter Max von Laue, Paul Ehrenfest und Max Born, appellierten an Einstein, er müsse das Opus verbieten: »Dies Buch wird Ihr moralisches Todesurteil bedeuten. Es würde nachträglich die beste Bestätigung für die Anschuldigung der eigenen Reklame sein.«[53]

Einstein verstand, daß er handeln mußte. In einem eingeschriebenen Brief teilte er Moszkowski mit, das Buch dürfe nicht erscheinen. Der Schriftsteller hatte sich jedoch gesichert: Er sei »kontraktlich fest gebunden«; das Werk gehöre gar nicht mehr ihm, sondern dem Verlag. Gegen den Vorwurf der »Reklame« aber setzte er sich zur Wehr: »Meine ganze schriftstellerische Vergangenheit bürgt dafür, daß ich keine Reklameschriften verfasse. Hier vollends liegt ein Buch vor, das sich literarisch und wissenschaftlich auf einem Niveau abseits jeder Reklamemöglichkeit hält.«[54]

Ob es Einstein gelungen wäre, unter Hinweis auf seine geistige Urheberschaft die Veröffentlichung der »Gespräche« dennoch zu verhindern, mag dahingestellt bleiben. Er hatte getan, was er konnte, und Moszkowski sogar mit dem Abbruch der Beziehungen gedroht. Gerichtlich vorgehen wollte er nicht. Als Einstein sah, daß das Buch doch erscheinen würde, meinte er, Moszkowski sei ihm doch lieber als Lenard. Dieser stänkere aus Liebe zur Stänkerei, Moszkowski dagegen nur, um Geld zu verdienen: »Ich werde alles, was meiner wartet, erleben wie ein unbeteiligter Zuschauer und mich nicht mehr wie in Nauheim in Erregung versetzen lassen. Es ist mir ganz unbegreiflich, daß ich mich durch schlechte Gesellschaft so tief in Humorlosigkeit verloren habe.«[55]

Moszkowskis Buch erschien im Januar 1921, »ohne daß die Erde erzitterte«, wie Einstein anmerkte, »und ohne daß ich darin gelesen hätte«. Es erinnert an Eckermanns *Gespräche mit Goethe*. Moszkowski sagte, und damit hatte er recht, daß es Eckermann durch Goethes Redseligkeit entschieden leichter gehabt habe: »Eckermann hatte gar nicht nötig zu fragen, herauszuholen, Themen anzuschlagen, da die Schleusen der Mitteilung bei seinem Gegenüber ohnehin stets offen standen.« Er dagegen habe »höchst einschränkende Bedingungen« vorgefunden. Es sollte nicht über Persönliches gesprochen werden, sondern nur über Themen »sub specie aeterni«.[56]

Wie beurteilen wir heute dieses Buch? Der Verfasser hat leider recht wenig von der Sache verstanden. Bei physikalischen und philosophischen Erörterungen ahnt man nur, was Einstein wohl gemeint haben könnte. Trotzdem ergeben sich, wie der Titel verspricht, interessante »Einblicke in seine Gedankenwelt«. Das ist vor allem bei den historischen und biographischen Exkursen der Fall.

In Einsteins Turmzimmer in der Haberlandstraße, erfahren wir, hingen drei Porträts: von Newton, Faraday und Maxwell. Insbesondere für Newton habe er eine geradezu schwärmerische Verehrung besessen.[57] Auf die Frage, ob sich nicht in den Phasen besonderer Kreativität in Einsteins Seele Tumulte abspielten und ob er »denn überhaupt einmal richtig schlafen« könne, sagte Einstein: »Ich unterbreche, wann ich will, und komme zur Schlafenszeit von aller Schwierigkeit los.« Eine denkerische Traumarbeit, die beim Dichter und Komponisten den Tag in die Nacht hineinspinnt, liege ihm fern. Allerdings sei er in der allerersten Zeit, als ihm die Spezielle Relativitätstheorie aufging, »von allerhand nervösen Konflikten heimgesucht« gewesen.[58]

Den Bildungswert der alten Sprachen hielt Einstein für überschätzt. Dagegen plädierte er für eine polytechnische Erziehung: »Keiner dürfte mir aufwachsen, der... nicht als Schreiner, Buchbinder, Schlosser oder was es sei, ein brauchbares Gesellenstück geliefert hätte.«[59]

Auch zur Berühmtheit Einsteins hatte Moszkowski etwas zu sagen:

> Tausende von Menschen, die sich sonst ihr Leben lang niemals um Lichtschwingungen und Gravitation gekümmert hatten, wurden... ergriffen und emporgetragen, wenn auch nicht zum Begreifen, so doch zu dem Wunsche nach Erkenntnis. Und alle verstanden doch so viel, daß hier aus der Gedankenarbeit eines stillen Gelehrten eine Heilsbotschaft... ergangen war... Da war der Mann, der nach den Sternen gegriffen hatte, in dessen Lehre mußte man sich vertiefen, um die irdische Plage zu vergessen.[60]

Warum konnte Moszkowski das nicht in schlichteren Worten ausdrücken? Ein schwülstiger Stil, glaubte er wohl, mache erst den »richtigen« Schriftsteller. Er hätte auch diesbezüglich, wie schon gesagt, von seinem verehrten Vorbild lernen können. Einstein war »zeitlebens ein Freund des wohlerwogenen, nüchternen Wortes und der knappen Darstellung«. Als Antwort auf den Vorwurf der »Reklame« schrieb Einstein: »Von hochtönenden Phrasen und Worten bekomme ich eine Gänsehaut, mögen sie von sonst etwas oder von Relativitätstheorie handeln. Ich habe mich oft lustig gemacht über Ergüsse, die nun zuguterletzt mir aufs Konto gesetzt werden.«[61]

Im April 1922 kam sogar ein Film über die Relativitätstheorie in die Lichtspielhäuser, »der auch dem Laien zeigen sollte, worum es sich bei diesen subtilen Fragen handelt«.[62] An Einsteins Berühmtheit fehlte nun nichts mehr. Jeden Tag brachte die Post neue Stöße von Briefen. Kollegen baten um genauere Erläuterungen, Laien machten auf vermeintliche Fehler aufmerksam und schlugen Verbesserungen vor, Bewunderer wollten seine Unterschrift oder sein Photo, andere brachten ihre Entrüstung zum Ausdruck, und wieder andere sprachen ihm Mut zu.

Am Anfang machte er noch den Versuch, jede ernsthafte Zuschrift zu beantworten. Da sandte ein Max Hasse in Magdeburg die Druckbogen seiner Broschüre über *Das Einsteinsche Relativitätsprinzip*. Einstein las das Elaborat und machte am Rand Korrekturvorschläge, damit der Verfasser »einige kleine Böcke daraus entfernen« könne. Schließlich erfreute er ihn noch mit einem liebenswürdigen Brief: »Ihre populäre Darstellung scheint mir in der Tat dem Geiste des Nichtphysikers in glücklicher Weise entgegenzukommen.«[63]

Erfreut war auch eine Dame, die ihm im Februar 1920 sein Photo zusandte, das sie sich gekauft hatte. Sie bat, ihr eine Widmung auf die Rückseite zu schreiben. Das tat Einstein:

Wo ich geh' und wo ich steh'
Stets ein Bild von mir ich seh',
Auf dem Schreibtisch, an der Wand,
Um den Hals am schwarzem Band.

Männlein, Weiblein wundersam
Holen sich ein Autogramm.
Jeder will ein Kritzel haben
von dem hochgelehrten Knaben.

Manchmal denk' in all dem Glück
Ich im lichten Augenblick:
Bist verrückt du etwa selber
Oder sind die andern Kälber?[64]

Eine andere Dame, eine Französin, sandte ihm ihr Buch *L'Intuition et l'amour* mit der handschriftlichen Widmung: »A l'illustre Professeur Einstein hommage d'une metaphysicienne Française«. Ein Freund, der die Sendung entgegennahm, bemerkte: »Das Einpackpapier riecht nach Parfüm.«[65]

Exaltiert an den »hochverehrten Herrn Professor«, das »wunderbare Sonnenkind«, schrieb auch Else Lasker-Schüler: »Vielleicht wissen Sie, daß ich eine Dichterin bin«:

> Darf ich Sie mal stören, und darf ich mal kommen eine halbe Stunde, Ihnen etwas erzählen, Ihnen mein neuestes Buch bringen?[66]

Die Zahl der einlaufenden Briefe wuchs lawinenartig, und Einstein stöhnte, er werde »so furchtbar überschwemmt mit Anfragen, Einladungen, Aufforderungen«, daß er nachts träume: »Ich brate in der Hölle, und der Briefträger ist der Teufel und brüllt mich unausgesetzt an, indem er mir einen neuen Pack Briefe an den Kopf wirft, weil ich die alten noch nicht beantwortet habe.«[67]

Unter der Post waren täglich neue Einladungen zu Gesellschaften und zu Vorträgen. Jeder wollte sich mit Einstein schmücken. »Ich kann gar nicht verstehen«, schrieb er an Sommerfeld auf dessen dringliche Aufforderung, »daß man soviel Wert darauf legt, daß ich persönlich über Relativität vortrage.« Und ein andermal: »Den gewünschten Vortrag will ich gern halten, obwohl mir nicht klar ist, was ich damit leisten könnte. Neues von Interesse habe ich nicht zu sagen, und das Alte pfeifen schon alle besseren Spatzen von den Dächern.«[68]

Als er dem Grafen Arco, einem bekannten Rundfunkpionier und Direktor der Firma Telefunken, ein »Privatissimum« zugesagt hatte, dieser ihn aber ebenfalls zu einem Vortrag drängte, antwortete Einstein mit einem Gedicht:

Ich bleib' beim Privatissimum,
Perhorreszier das Publikum.
Bin sonst als wie der Orgelmann,
Der nichts als drehn und drehen kann,
Bis es der Spatz vom Dache pfeift,
Und es der letzte Lump begreift.[69]

KAPITEL 11

Ein Kulturfaktor ersten Ranges

Auch aus dem Ausland gelangten dringliche Vortragseinladungen an Einstein. Seine ersten Reisen führten ihn in die Nachbarländer, die im Krieg mit dem Deutschen Reich verbündet oder neutral geblieben waren: nach Prag, Wien, Leiden, Oslo und Kopenhagen.

Die deutschen Diplomaten berichteten übereinstimmend, daß »das Wirken Professor Einsteins nur als sehr günstig bezeichnet werden« könne. Obwohl er naturalisierter Schweizer und jüdischer Abstammung sei, betrachte man ihn als Repräsentanten der deutschen Wissenschaft. In einer Aufzeichnung der deutschen Botschaft in Madrid heißt es, daß er »mit Ehrungen aller Art« überhäuft worden sei. Man könne ohne Übertreibung sagen, »daß seit Menschengedenken kein ausländischer Gelehrter eine so begeisterte und außergewöhnliche Aufnahme gefunden« habe.[1]

Die Reise nach Prag im Januar 1921 schilderte Philipp Frank, der Amtsnachfolger Einsteins an der deutschen Universität. Frank holte den Gast am Bahnhof ab: »Er war kaum verändert, sah immer noch wie ein wandernder Violinvirtuose aus mit dem Gemisch von Kindlichkeit und Selbstbewußtsein, das die Leute an ihm so sehr anzog, aber auch manchmal kränkte.«[2]

Unangemeldet besuchte Einstein die Kollegen der tschechischen Universität. Er wollte damit seine Sympathie für den neuen tschechoslowakischen Staat zum Ausdruck bringen. Die tschechischen Professoren aber waren mehr erschreckt als erfreut, »als der lebendige Einstein, dessen Bild an der Wand hing«, in Person vor ihnen stand.

Einstein schätzte Tomáš Masaryk, den Staatspräsidenten der jungen Republik, und schlug ihn damals »als Beschützer unterdrückter Nationalitäten« zum Friedensnobelpreis vor. Zehn

Jahre später hat Einstein wegen eines vom Obersten Gerichtshof in Brünn verurteilten Wehrdienstverweigerers mit Masaryk korrespondiert. Er war beeindruckt und gerührt, als ihm der hochbetagte und vielbeschäftigte Staatsmann ausführlich und handschriftlich antwortete.

In Prag sprach Einstein vor der Volksbildungsgesellschaft »Urania«. Das Publikum war animiert wie Kinder im Advent, die den Nikolaus erwarten: »Man wollte nicht verstehen, sondern einem aufregenden Ereignis beiwohnen.«[3] Beim anschließenden Empfang gab es, wie üblich, eine Menge von Ansprachen. Als Einstein an der Reihe war, sagte er: »Es wird Ihnen vielleicht angenehmer und verständlicher sein, wenn ich Ihnen, statt eine Rede zu halten, ein Stück auf der Geige vorspiele.«

Philipp Frank begleitete Einstein anschließend auf seiner Reise nach Wien. Hier sprach er in einem riesigen Konzertsaal vor etwa 3000 Menschen: »Das Publikum befand sich noch stärker als in Prag in einem merkwürdig erregten Zustand, in dem es schon gar nicht mehr darauf ankommt, was man versteht, sondern nur darauf, daß man in unmittelbarer Nähe einer Stelle ist, wo Wunder geschehen.«[4] Unter den Hörern war auch der achtzehnjährige Karl Popper, der sich später nur noch daran erinnern konnte, daß er sich »wie betäubt« fühlte: »Das Ganze ging völlig über mein Verständnis hinaus.«[5]

Einstein wohnte im Hause des Kollegen Felix Ehrenhaft. Als die Hausfrau bemerkte, daß der Gast in der Wohnung barfuß ging, glaubte sie, er hätte seine Hausschuhe vergessen, und kaufte ihm ein Paar. Am nächsten Morgen mußte sie feststellen, daß er sie nicht benutzte. Darauf angesprochen, erklärte er Hausschuhe und Socken als »unnötigen Ballast«. Frau Ehrenhaft ließ seine Hose aufbügeln; zum Vortrag ging Einstein trotzdem mit der zweiten, ungebügelten. Den ganzen Tag war das Haus von Neugierigen umlagert, die den berühmten Gelehrten sehen wollten. Zur Besuchszeit gab es einen Andrang wie noch nie. Wer zum Bekanntenkreis gehörte, nutzte die Chance, Einstein zu sehen.

Er war nun, wie die *Berliner Illustrirte Zeitung* gesagt hatte, »eine neue Größe der Weltgeschichte«. Das machte ihn für die Menschen, aber auch für politische Gruppen und den Staat interessant. In einem Bericht für das Auswärtige Amt wies der deutsche Geschäftsträger in London schon im September 1920 darauf hin, daß Einstein »gerade im gegenwärtigen Augenblick für Deutschland ein Kulturfaktor ersten Ranges« sei. Mit diesem Mann ließe sich »wirkliche Kulturpolitik treiben«.[6]

Vor den deutschen Politikern hatten das die Zionisten erkannt, denen es um die Schaffung eines eigenen jüdischen Staates in Palästina ging. Es war nicht leicht, Einstein für die zionistische Sache zu gewinnen. Er wollte nicht einen neuen Nationalstaat schaffen, sondern die Idee des Nationalstaates überwinden. Der aggressive Antisemitismus in Deutschland aber überzeugte ihn, daß es keine andere Lösung des jüdischen Problems gab. Auf Wunsch des Zionistenführers Chaim Weizmann sagte Einstein zu, mit nach Amerika zu kommen, um für die geplante hebräische Universität in Jerusalem Geld zu sammeln.

An Bord der »Rotterdam« auf der Reise in die Vereinigten Staaten Ende März 1921; rechts von Einstein der Zionistenführer Chaim Weizmann

Die Reise mit dem niederländischen Dampfer »Rotterdam« hat Einstein als Erholung und Abenteuer empfunden. »Er war jung und fröhlich«, berichtete Vera Weizmann, »und flirtete mit mir.« Elsa versicherte, daß sie nicht eifersüchtig sei: Für intellektuelle Frauen habe ihr Albert nichts übrig![7] Chaim Weizmann hat später einem befreundeten Zionisten manche Denkwürdigkeit aus seinem Leben erzählt, woraus dann seine sogenannte »Autobiographie« entstanden ist. Wir stellen uns vor, daß Weizmann in den langen gemeinsam verbrachten Stunden während der Überfahrt viele Episoden zum besten gegeben hat. Als er nach dem Besuch des Realgymnasiums im weißrussischen Pinsk zum Chemiestudium nach Deutschland kam, sei er erstaunt und schockiert gewesen, daß sein Jiddisch den Deutschen ganz unverständlich war. In Berlin habe er dann regelmäßig das Theater besucht und sich mit einem Textbuch in der Hand die richtige Aussprache eingeprägt.[8]

Bei der Ankunft im Hafen von New York am 2. April 1921 kamen zur Begrüßung der Bürgermeister, der Oberrabbiner und ein paar Dutzend Journalisten. In einer improvisierten Pressekonferenz wurde Einstein zuerst nach einer kurzen und verständlichen Erklärung der Relativitätstheorie gefragt. Darauf war er vorbereitet: »Wenn Sie die Antwort nicht gar zu ernst nehmen wollen und sie nur als eine Art Spaß ansehen, so kann ich Ihnen das so erklären: Früher hat man geglaubt, wenn alle Dinge aus der Welt verschwinden, so bleiben noch Raum und Zeit übrig. Nach der Relativitätstheorie verschwinden aber Zeit und Raum mit den Dingen.«[9] Dann wollten die Journalisten wissen, ob Chaim Weizmann die Theorie verstanden hätte. Weizmann gab eine witzige Antwort: »Auf der langen Überfahrt wurde mir von Einstein die Theorie oft erklärt, und jetzt weiß ich, daß *er* sie verstanden hat.«

Die amerikanischen Journalisten bemühten sich sichtlich um Höflichkeit und redeten den großen Physiker respektvoll mit »Dr. Einstein« an: »Ist es richtig, Dr. Einstein, daß in der ganzen Welt überhaupt nur zwölf Menschen die Theorie begriffen haben?« Natürlich bestritt Einstein diese Feststellung und erklärte, in Berlin verstünden alle seine Studenten die Theorie. Darauf kam man auf die Massenbegeisterung für die Relativitätstheorie, und Einstein behauptete wie immer, dieses psychologische Phänomen nicht erklären zu können. Nach weiterem Frage-und-Antwort-Spiel schloß Einstein: »Nun gut, meine Herren! Ich hoffe, ich habe mein Examen bestanden.«[10]

Erst jetzt konnten die Einsteins an Land gehen. Die zu Hunderten zählende Menge war tief befriedigt. Einstein sah tatsächlich so aus, wie ihn die Pressephotos gezeigt hatten: die Haare in wirrer Unordnung, die Kleidung ramponiert, in der einen Hand die Pfeife, in der anderen den Geigenkasten.

Einstein war »gar nicht gern« nach Amerika gefahren, wo er der zionistischen Sache als »Renommierbonze und Lockvogel« dienen mußte.[11] Jetzt fand er das Land »bei aller Betriebsamkeit und Geschäftigkeit« interessant und bewunderungswürdig. Er mußte sich »herumzeigen lassen wie ein prämierter Ochse, unzählige Male in großen und kleinen Versammlungen reden, unzählige wissenschaftliche Vorlesungen halten«. Aber es lohnte sich. Er konnte »etwas wirklich Gutes« tun und hat sich »tapfer und ungeachtet aller Proteste von Juden und Nichtjuden für die jüdische Sache« eingesetzt.[12] Als Präsident des Staates Israel hat Chaim Weizmann später die Reise als »milestone in the awakening of Jewish America for Zion« gewürdigt.[13]

Die Sammelaktion für die Universität Jerusalem brachte dem Zionismus einen großen finanziellen und moralischen Erfolg. Dieser »stellt wirklich ein jüdisches Ideal dar, das dem jüdischen Volk wieder Freude an seiner Existenz geben kann«, schrieb er dem Freund Paul Ehrenfest: »Die Universität erscheint soweit finanziell gesichert, daß mit der für den Aufbau besonders wichtigen medizinischen Fakultät bald begonnen werden kann. Nicht die Reichen, sondern der Mittelstand hat dies ermöglicht, insbesondere die 6000 jüdischen Ärzte Amerikas.«[14]

In seinem Testament hat Einstein seinen wertvollsten Besitz, die literarischen Rechte an seinen Schriften und Briefen, an die »Hebrew University« übertragen. So kann man sagen, daß Einstein noch heute, 40 Jahre nach seinem Tode, der einmal übernommenen Aufgabe dient.

Einstein nützte aber auch der deutschen Sache. Von einigen amerikanischen Universitäten waren Einladungen gekommen, und er hielt Vorträge an der Columbia University und dem City

College in New York und der National Academy of Sciences in Washington. Besonders beachtet wurden seine Vorlesungen an der Princeton University, die an vier Tagen hintereinander stattfanden, vom 10. bis 13. Mai 1921.

Seit Ende des Weltkriegs waren erst zweieinhalb Jahre vergangen, und von der Deutschfeindlichkeit macht man sich heute nur noch schwer einen Begriff. Von der Verachtung für alles Deutsche wurde nur die Wissenschaft ausgenommen. Wenn eine Wiederanknüpfung der alten freundschaftlichen Beziehungen überhaupt möglich war, mußte sie von der Wissenschaft ausgehen.

Für seine Zuhörer hat nichts deutlicher unterstrichen, daß er ein deutscher Gelehrter war und aus der Hauptstadt des gehaßten Reiches kam, als sein Vortrag in deutscher Sprache. Und das Unglaubliche geschah. Professoren und Studenten hörten mit nach vorn gebogenen Ohren zu. Ihren Respekt besaß er bereits, und durch seine ungezwungene Natürlichkeit gewann er auch ihre Herzen. Vielen Amerikanern wurde wieder bewußt, was sie ein paar Jahre verdrängt hatten, daß sie deutscher Abstammung waren und noch recht gut Deutsch verstanden.

Einsteins Princetoner Vorträge sind bald darauf in Englisch als *The Meaning of Relativity* bei der Princeton University Press sowie bei Methuen in London und in Deutsch als *Vier Vorlesungen über Relativitätstheorie* bei Vieweg erschienen. In späteren Auflagen wurde der Titel in *Grundzüge der Relativitätstheorie* geändert. Die französische Übersetzung besorgte Maurice Solovine, der alte Freund aus der Berner Zeit, der jetzt in Paris lebte. Als bald darauf Solovine ebenfalls nach Amerika reisen wollte, gab Einstein als Summe seiner eigenen Erfahrungen den Rat: »Selbstbewußtes Auftreten in Amerika überall erforderlich, sonst kriegt man nirgends bezahlt und wird gering eingeschätzt.«[15]

Nach dem Ende der Vorträge wurde Einstein von seinen Hörern umringt, und es entwickelte sich ein lebhaftes Gespräch. Bei dieser Gelegenheit erfuhr Einstein, daß Dayton C. Miller das berühmte »Michelson-Experiment« auf dem Mount Wilson bei Pasadena in Kalifornien wiederholt und dabei doch einen »Ätherwind« festgestellt habe. Nun beruht aber die Spezielle Relativitätstheorie auf dem Postulat, daß die Lichtgeschwindigkeit für alle Beobachter die gleiche ist, wonach es einen »Ätherwind« gar nicht geben kann.

Den Mathematiker Oswald Veblen hat tief beeindruckt, wie gelassen Einstein reagierte. Er war nicht im mindesten besorgt: »Raffiniert ist der Herrgott, aber boshaft ist er nicht.« Diesen Ausspruch hat Veblen dann im Mathematischen Institut der Princeton University in Stein meißeln lassen. Als Abraham Pais 1982 seine große Einstein-Biographie veröffentlichte, nahm er als Titel die erste Hälfte dieses Satzes *(Subtle Is the Lord).*

Als in Princeton das »Institute for Advanced Study« gegründet wurde und Einstein als Emigrant nach Princeton kam, diente das Mathematische Institut, die sogenannte »Fine-Hall«, als vorläufiges Domizil. Hier fand Einstein im Lesezimmer über dem Kamin seine eigenen Worte. Er ist oft um eine Erläuterung gebeten worden und sagte dann: »Die Natur verbirgt ihr Geheimnis durch die Erhabenheit ihres Wesens, aber nicht durch List.«[16]

Auch Einsteins Kollege und Freund Max Born ließ sich nicht aus der Ruhe bringen: »Der Michelson-Versuch gehört zu den Dingen, die praktisch a priori sind; ich glaube kein Wort von dem Gerücht.«[17]

Diese Sicherheit war ein Stachel für manche Experimentalphysiker: Hatte es nicht immer geheißen, jede Theorie, und sei sie noch so schön, müsse sofort aufgegeben werden, wenn der Versuch gegen sie entscheidet? Jetzt zeigte sich, daß auch die mathematische Struktur einer Theorie ein Wahrheitskriterium sein konnte. Von Anfang an war Einstein von der Speziellen Relativitätstheorie überzeugt, und nicht anders verhielt es sich bei seiner Gravitationstheorie. In einem Brief vom Februar 1916 an seinen Kollegen Sommerfeld hieß es: »Von der Allgemeinen Relativitätstheorie werden Sie überzeugt sein, wenn Sie dieselbe studiert haben werden. Deshalb verteidige ich sie Ihnen mit keinem Wort.«

Von der Princeton University, die zu den alten und vornehmen Universitäten des Landes gehörte, erhielt Einstein auch einen Ehrendoktor. In einer deutschen Ansprache feierte ihn der Rektor als neuen Kolumbus der Naturwissenschaften, der einsam durch die fremden Meere des Denkens fährt.[18] »Princeton is generally considered the most charming University town in America«, hatte ihm der Dekan in seiner Einladung geschrieben. Es gefiel Einstein tatsächlich in dem »England bis ins Kleinste« nachempfundenen Princeton, und das hat ihm später den Entschluß erleichtert, das Universitätsstädtchen zu seinem Lebensmittelpunkt zu machen.

Die längste Zeit hielten sich die Einsteins in New York auf, wo damals ein Drittel aller amerikanischen Juden lebte. Zu den vielen Verehrern, die ihn in seinem Hotel besuchten, gehörte Dr. Max Talmey, der ihn seinerzeit in München so viele Anregungen vermittelt hatte. Talmey fand es tief bedauerlich, daß Einsteins Vorträge all den Zeitgenossen unverständlich bleiben mußten, die kein Deutsch verstanden. Er meinte, man müsse eine internationale Kunstsprache erfinden, die ein intelligenter Mensch innerhalb weniger Monate erlernen könne. Einstein bedauerte, daß eine solche Sprache noch nicht existiere, äußerte jedoch gleichzeitig Zweifel, ob die Einführung gelingen werde. Offensichtlich war Einstein die Existenz der Kunstsprachen Esperanto und Ido unbekannt geblieben. Mit seiner Skepsis, die Akzeptanz betreffend, hat er aber recht behalten. Heute existiert dieses Problem nicht mehr. »Broken English« ist zur internationalen Sprache geworden.

Der äußere Höhepunkt des Amerikaaufenthalts war ein Besuch im Weißen Haus. Präsident Harding sprach nur Englisch, und Einstein verstand kein Wort. Die einzige Verständigung bestand darin, daß sie sich beide nach dem Dinner miteinander photographieren ließen.

Die Rückreise führte Einstein und Frau Elsa zunächst nach Liverpool, wo sie am Morgen des 8. Juni von einer Delegation der Universität erwartet wurden. Mit am Pier stand zu Einsteins Beruhigung Erwin Freundlich, den er gebeten hatte, als Dolmetscher auszuhelfen. Elsa Einstein konnte zwar etwas Englisch, aber den physikalischen Themen war sie nicht gewachsen.[19]

Nach einigen Zeitungsinterviews, der Besichtigung der Universität Liverpool und einem Dinner im Club der Universität fuhren die Einsteins weiter nach Manchester. Hier hielt Einstein im großen Auditorium der Universität vor über 1000 Zuhörern

Albert und Elsa Einstein auf der Rückreise nach Europa Anfang Juni 1922

die »Adamson-Vorlesung«. Vor seinem Referat erhielt Einstein vom Vizekanzler die Ehrendoktorwürde und stand, geschmückt mit Doktorhut und Doktorkleid, wieder einmal, wie er zu sagen pflegte, »als Pfingstochse« vor dem Publikum. Seinen Vortrag über die Relativitätstheorie hielt er auf deutsch. Der *Manchester Guardian Weekly* berichtete, daß die »Brillanz seiner Diktion, im Verein mit dem freundlichen Zwinkern, das ständig um seine Augen lag, auch während der schärfsten Beweisführung« den Eindruck auf die Zuhörer nicht verfehlte.[20]

In London wohnte Einstein im Hause von Viscount Haldane. Dieser war in die Geschichte eingegangen als der Mann, der in letzter Stunde den Weltkrieg hatte verhindern wollen. Als britischer Kriegsminister kam er 1912 nach Berlin, um doch noch ein Flottenabkommen und damit eine politische Verständigung zwischen dem Empire und dem Reich zustande zu bringen. Die Mission scheiterte, weil Tirpitz jede Rüstungsbegrenzung ablehnte.

Einstein besaß sehr dezidierte Ansichten über Tirpitz, Falkenhayn und Ludendorff, und wir dürfen lange Gespräche zwischen Haldane und Einstein über die Ursachen des Ersten Weltkriegs und die Notwendigkeit einer Verständigung annehmen. Sicher hat Haldane das Gespräch auch auf die Relativität gelenkt. Das Thema war seit vielen Jahren sein Steckenpferd. Er hatte gerade ein dickes Buch über *The Reign of Relativity* herausgebracht und erhoffte von Einsteins Besuch ein verstärktes Interesse des Publikums. Innerhalb von drei Monaten erschienen drei Auflagen. Obwohl man hier auch einiges über Einsteins Relativitätstheorie nachlesen konnte, hatte das Buch mit Physik kaum etwas zu tun, sondern behandelte in sehr allgemeiner und wenig präziser Form die Relativität des Wahrheitsbegriffs. Von einer »endgültigen Wahrheit« dürfe erst dann gesprochen werden, wenn eine These von allen nur möglichen Standpunkten aus als »wahr« befunden werde.

Mit dieser schwammigen Relativitätsphilosophie konnte Einstein nichts anfangen, und wir stellen uns vor, daß er dem Thema ausgewichen ist, so gut er konnte. Viel interessanter für ihn waren die politischen Ansichten Haldanes. Hielt dieser die Erfüllung des Versailler Vertrags für notwendig, und wie sollte das geschehen, ohne das Reich zu überfordern?

Einstein blieb fünf Tage in London. Gleich nach der Ankunft am 10. Juni führte ihn Viscount Haldane zum Burlington House, und hier nahm er an einer Versammlung der Royal Astronomical Society teil. Arthur Stanley Eddington, der britische »Relativitätsapostel«, war kurz zuvor zum Präsidenten gewählt worden. Es war Eddington eine besondere Genugtuung, daß gerade er Einstein in London willkommen heißen konnte.[21]

Am Abend gab Haldane in seinem Stadtpalais ein festliches Dinner. Die *Times* berichtete minuziös, wer bereits zum Abendessen geladen war (der Erzbischof von Canterbury, die Präsidenten der Royal Society und der Royal Astronomical Society, der Philosoph Professor Alfred North Whitehead) und wer »nur« eine Einladung zum anschließenden Empfang besaß (unter anderem George Bernard Shaw und der Politologe Harold Laski). Auch der Premierminister Lloyd George gehörte zu den geladenen Gästen, mußte aber auf strikte Anweisung des Arztes kurzfristig absagen.[22]

Schon früher hatte Lord Haldane dem Erzbischof erzählt, daß die Relativitätstheorie auch auf die Theologie große Auswirkungen habe. Das bereitete dem geistlichen Würdenträger schlaflose Nächte. Der Zusammenstoß der Darwinschen Lehre mit den religiösen Dogmen hatte dem Atheismus ungeheuren Auftrieb gegeben, und eine Neuauflage des Konfliktes zwischen Kirche und Wissenschaft war ihm ein »nightmare«. Der Erzbischof nutzte die Gelegenheit, den Begründer der Theorie nun selbst zu fragen. »Glauben Sie kein Wort«, beruhigte ihn Einstein: »Die Relativitätstheorie ist abstrakte Wissenschaft. Sie verträgt sich mit jeder Weltanschauung.«

Vielleicht hat G.B.S., wie Shaw genannt wurde, auch bei dieser Dinnerparty im Hause Haldanes seine These über die Aussöhnung zwischen Deutschland und England zum besten gegeben. Vier Jahre seien Engländer und Franzosen als sogenannte »Waffenbrüder« einander schrecklich auf die Nerven gegangen. Die Deutschen habe der Engländer aber nur als kleine graue Figuren in der Ferne wahrgenommen: »Zu persönlichen Reibereien gab es keine Gelegenheit. Unbelastet von negativen Erfahrungen können wir mit der Annäherung beginnen.«[23]

Der folgende Tag gehörte den Journalisten. Einstein gab Interviews, und er und Haldane wurden stundenlang photographiert. Eine besonders gelungene Aufnahme, die beide Herren nebeneinander in nachdenklicher Stimmung zeigt, schmückte am folgenden Wochenende die Titelseite der Illustrierten *The Sphere*.[24]

Eine weibliche Berichterstatterin des *Manchester Guardian* sprach mit Elsa Einstein und zeichnete ein überaus freundliches Bild. Für einen großen Gelehrten müsse Elsa, schrieb sie, die ideale Frau sein: Sie sei eine eigenständige Persönlichkeit, und doch ginge sie ganz auf im Dienste ihres Mannes.[25] Die Journalistin konnte nicht wissen, daß Einstein die Fürsorge Elsas als lästig empfand. Im Freundeskreis äußerte er sich oft abfällig über die Ehefrauen, die wie Elsa auf ihre Möbel fixiert seien: »Auf der Reise bin ich aber das einzige Möbelstück, und meine Alte kann sich nicht enthalten, den ganzen Tag um mich zu kreisen und an mir etwas zu verbessern.«[26]

Am 13. Juni wurden die Einsteins von Haldane zur Westminster Abbey geführt, wo Einstein am Grabe Isaac Newtons einen Kranz niederlegte. Einstein verehrte diesen »leuchtenden Geist«, der »wie kein anderer dem abendländischen Denken, Forschen und praktischem Gestalten die Wege gewiesen hat«.[27] Am Nachmittag hielt er im King's College London einen großen Vortrag über die Relativitätstheorie. Aus Sorge vor deutschfeindlichen Kundgebungen war der Zutritt nur nach dem Kauf einer Eintrittskarte für 5 Schillinge 2 Pence gestattet. Der Gesamterlös sollte – um Proteste besser abfertigen zu können – der Kriegsversehrtenhilfe zugute kommen.

Als Einstein in Begleitung des Rektors, der Dekane und des deutschen Botschafters den Hörsaal betrat, wurde er mit einer stürmischen Ovation begrüßt. Der Saal war bis auf den letzten Platz gefüllt, und entlang den Wänden standen Scharen von Studenten. Haldane führte seinen Gast ein: »We are here for a purpose: to give a British welcome to a man of genius.« Die Antwort war ein donnernder Applaus.[28] Viscount Haldane wies Einstein im Areopag des Geistes gleich den richtigen Platz zu, »ohne ängstliche Bedenken«, wie der Berichterstatter des Wochenblattes *The Nation* trocken kommentierte. »Sie sind in Gegenwart des Newton des 20. Jahrhunderts«, informierte Haldane sein Publikum: Dieser Mann habe eine größere Revolution im menschlichen Denken bewirkt als Kopernikus, Galilei und selbst Newton.[29]

Einstein sprach genau 45 Minuten. Der Berichterstatter rühmte die geistige Klarheit des Referenten: »Einstein hatte keine Notizen, er stockte nicht und wiederholte sich nicht. Der logische Aufbau war über jedes Lob erhaben. Man saß da und fragte sich, wieviel von dieser exzellenten Darbietung praktisch an die Zuhörerschaft verschwendet war. Für wie viele bedeutete dieses klare Deutsch nur eine unverständliche Geräuschkulisse?«[30] Den Zuhörern ging es jedoch erst in zweiter Linie, wenn überhaupt, um das physikalische Verständnis. Sie empfanden die politische Bedeutung des Besuches und dankten Einstein nach dem Ende seines Vortrags mit minutenlangem Beifall.

Anschließend gab Ernest Barker, der »Principal« des King's College, ein festliches Dinner zu Ehren seines Gastes. Dabei hielt er eine bemerkenswerte Rede in deutscher Sprache, die ganz auf Aussöhnung zwischen den ehemaligen Kriegsgegnern angelegt war. »Wenn auf Ihre Anordnung die geraden Linien aus dem Universum verbannt wurden«, wandte er sich an Einstein, »so gibt es doch eine Gerade, die immer bleiben wird, die gerade Linie des Rechts und der Gerechtigkeit«:

> Mögen unsere beiden Nationen dieser geraden Linie Seite an Seite auf parallelem Weg folgen, der, Euklid zum Trotz, sie einander und mit den anderen Nationen in Freundschaft zusammenführen wird.[31]

Die Wochenschrift *The Nation* konstatierte einen definitiven »Wendepunkt in den Nachkriegs-Gefühlen«; auch der deutsche Botschafter und Haldane selbst waren dieser Auffassung: Einsteins Empfang in England werde dazu beitragen, den Weg zu einer Verbesserung der Beziehungen zu ebnen.

Nach der Rückkehr fand Einstein bei den deutschen Kollegen unverändert die alten Ressentiments, und er mahnte: »In Amerika und England habe ich überall ehrlichen Verständigungswillen, Hochachtung für die geistigen Arbeiter Deutschlands und Bewunderung gefunden. Also weg mit dem alten Groll. Man kann es, ohne sich das Geringste zu vergeben.«[32]

In den politischen Kreisen Berlins stießen die Erfahrungen, die Einstein »drüben« gesammelt hatte, auf großes Interesse. Da gab es den Grafen Kessler, einen hochgebildeten Diplomaten und Weltbürger, der Genaueres wissen wollte: »Einstein und seine Frau«, notierte er, »antworteten auf meine Fragen ganz unbefangen, es seien in der Tat große Triumphe gewesen.« Das Tagebuch Harry Graf Kesslers ist heute eine wichtige historische Quelle: »Einstein drehte die Sache etwas ironisch und skeptisch und meinte, er wisse nicht, warum eigentlich die Leute sich so für seine Theorien interessierten, und die Frau erzählte mir, ihr Mann habe immer gesagt: Er komme sich vor wie ein Schwindler, wie ein Hochstapler, der den Leuten gar nicht das bringe, was sie von ihm erwarteten.«[33]

Die demokratischen Politiker und die Diplomaten hatten begriffen, wie wichtig jetzt die Wissenschaft zur Einleitung einer erfolgreichen Aussöhnungspolitik war. Im Herbst 1921 bot die Reichsregierung das Botschafteramt in Washington Adolf von

Harnack an. Der Plan scheiterte, weil Harnack als evangelischer Kirchenhistoriker nur die alten Sprachen beherrschte.

Besonders belastet waren die Beziehungen zu Frankreich, und jedem Einsichtigen war klar, daß die Versöhnungspolitik vor allem hier ansetzen mußte. Einstein betrachtete es für die Gelehrten beider Länder als Pflicht, eine enge Zusammenarbeit einzuleiten. In einem großen Aufsatz auf der ersten Seite des *Figaro* berichtete ein französischer Journalist von seinem »Gespräch mit Einstein«. Letztendlich werde, meinte Einstein auf eine entsprechende Frage, die politische Entwicklung Deutschlands zur Demokratie hin verlaufen, »aber erst nach einer bestimmten Zahl von Oszillationen«.[34]

Die deutschen Kollegen beanstandeten die kritischen Passagen über Vorkriegsdeutschland, das er »militarisée, caporalisée à outrance« genannt hatte. Arnold Sommerfeld wollte, daß Einstein das Interview dementiere, aber dieser versicherte ihm: »Es ist, was ich gesagt habe, nur in französischer bengalischer Beleuchtung... Auch die Bemerkung über meine Ansicht betreffs der zukünftigen politischen Entwicklung Deutschlands, die übrigens nur heilsam wirken kann, trifft zu.«[35]

Zu Beginn des Jahres 1922 erhielt er drei Einladungen nach Paris: die erste von der Liga für Menschenrechte, die zweite von der französischen philosophischen Gesellschaft, die dritte vom Collège de France. Diese ging auf Einsteins Freund Paul Langevin zurück, der in seiner Einladung ausdrücklich geschrieben hatte: »Das wissenschaftliche Interesse erfordert die Wiederanknüpfung der Beziehungen zwischen den deutschen Gelehrten und uns. Sie können dieser Aufgabe besser dienen als jeder andere und würden Ihren Kollegen in Deutschland und in Frankreich und darüber hinaus unserem gemeinsamen Ideal einen großen Dienst leisten.«[36]

Während sich Amerika und England gegenüber eine freundlichere Einstellung andeutete, blieben die deutschen Gelehrten, was Frankreich betraf, noch ganz auf Boykott eingestellt. Auch in Frankreich zeigten sich Regierung und Öffentlichkeit unversöhnlich.

Mit Rücksicht auf seine Berliner Kollegen lehnte Einstein die Einladung zunächst ab. Er hatte jedoch das Gefühl, damit »mehr dem Weg des kleinsten Widerstands« als seiner wahren Pflicht zu folgen: »Ein Gespräch mit Minister Rathenau bewirkte, daß sich dies Gefühl zu einer festen Überzeugung verdichtete.« Einstein entschloß sich, doch nach Paris zu fahren.

Eine Woche vor dieser Reise gaben die Einsteins ein großes Abendessen, »dem dieses wirklich liebe, fast noch kindlich wirkende Ehepaar eine gewisse Naivität verlieh«. Harry Graf Kessler registrierte an weiteren Gästen den »steinreichen Koppel«, den Präsidenten der Physikalisch-Technischen Reichsanstalt Emil Warburg und den Bankier Franz von Mendelssohn. »Eine Ausstrahlung von Güte und Einfachheit entrückte selbst diese typische Berliner Gesellschaft dem Gewöhnlichen und verklärte sie durch etwas fast Patriarchalisches und Märchenhaftes.«

Als sich die Gäste verabschiedet hatten, blieb Graf Kessler, und sie plauderten zu dritt in der Sofaecke. Einstein wußte, daß seine Reise nach Frankreich von den Berliner Universitätskreisen mißbilligt wurde: Aber diese Kreise seien wahrhaft fürchterlich. Ihn überkomme ein Ekel, wenn er daran denke. Und er hoffe, in Paris etwas für die Wiederaufnahme der Beziehungen zwischen deutschen und französischen Gelehrten erreichen zu können.[37] Das Gespräch wandte sich dann der Einsteinschen Theorie zu, und der späte Gast sagte, er fühle mehr ihre Bedeutung, als daß er sie wirklich begreife. Einstein lächelte: Die Bedeutung der Theorie liege »in der Verknüpfung von Materie, Raum und Zeit, im Nachweis, daß keines von diesen dreien für sich allein bestünde, sondern jedes immer von den beiden anderen bedingt sei.« Er verstehe nicht, warum sich die Leute so darüber aufregten. Als Kopernikus die Erde aus ihrer Rolle als Mittelpunkt der Schöpfung stürzte, sei wohl das Aufsehen begreiflich gewesen. Aber was ändere seine Theorie an der Vorstellungswelt der Allgemeinheit? Diese Theorie vertrage sich mit jeder vernünftigen Weltanschauung oder Philosophie; man könne mit ihr Idealist oder Materialist, Pragmatist oder sonst was sein![38]

»Ich komme am 28. [März] abends mit dem einzigen in Betracht kommenden Zuge an«, schrieb Einstein an seine Freunde in Paris. Diesmal reiste er allein. Paul Langevin und Charles Nordmann fuhren ihm die vier Stunden zur belgischen Grenze entgegen. Den lieben Kollegen Langevin hatte er bei der Solvay-Konferenz 1911 in Brüssel kennengelernt. Der Astronom Nordmann war ein neuer Verehrer. Aus seiner Feder stammte das Buch *Einstein et l'Univers*, das in Frankreich viel Anklang fand. Im Vorwort hieß es in Anspielung auf den Krieg und den Chauvinismus: »Wenn der flüchtige Lärm, der heute noch unsere Ohren erfüllt, verstummt sein wird, dann wird Einsteins Lehre aufragen wie ein sicherer Leuchtturm an der Schwelle dieses traurigen und kleinen zwanzigsten Jahrhunderts.«[39]

Auf der letzten Station vor Paris erhielten sie die verabredete Nachricht der Polizei. Am Gare du Nord seien große Scharen von aufgeregten jungen Leuten versammelt, offensichtlich Studenten, und ständig kämen neue. Die Polizei befürchtete eine patriotische Demonstration gegen Einstein und empfahl, auf dem unbeleuchteten Gepäckperron auszusteigen. Einige Beamte würden sie von dort wegbringen. Einstein hatte eine diebische Freude an dem Versteckspiel. Unbemerkt verließ er mit den beiden Freunden den Bahnhof und stieg in die Metro. Langevin hatte ihm ein streng geheim gehaltenes »pied-à-terre«, das heißt einen »Unterschlupf«, besorgt. Am nächsten Tag erfuhr Einstein aus den Zeitungen, daß er große Ovationen versäumt hatte. Die Studenten wollten ihm einen begeisterten Empfang bereiten. Trotzdem war er froh, dem Spektakel entkommen zu sein.

»Seit dem Waffenstillstand hat man hier solche Begeisterung nicht mehr erlebt«, berichtete die *Liberté*, und die Zeitschrift *L'Illustration* erschien mit einem Titelphoto des Gelehrten: »Le grand physicien Einstein à Paris.« Die satirische Zeitschrift *Canard enchainé* machte sich lustig über die »Angstmeier«, die bei aller Sympathie für Einstein nicht wagten, offen zu sagen, daß dieser ein Deutscher sei: »Einstein ist ein holländischer Schweizer von der französischen Akademie der Wissenschaften in Berlin. Noch ein oder zwei sensationelle Entdeckungen, und er wird in kürzester Frist Franzose werden und, bei etwas Geduld, schließlich sogar von einer unserer ältesten bretonischen Familien abstammen.«[40]

Tatsächlich konnte man die Preußische Akademie der Wissenschaften in der zweiten Hälfte des 18. Jahrhunderts insofern eine französische nennen, als die Amtssprache französisch war und die französischen Mitglieder mit dem Präsidenten Maupertuis an der Spitze durch die starke Neigung Friedrichs II. zur französischen Kultur eine Vorzugsstellung einnahmen. Das war freilich lange her, und im Ersten Weltkrieg hatte sich die Akademie mit nationalistischen Appellen hervorgetan.

Am 31. März hielt Einstein seinen ersten Vortrag im Collège de France. Der Hörsaal war zu klein, und für viele gab es keine Sitzplätze mehr. Auf einem Photo sieht man viele Zuhörer, gut gekleidete Herren, die vor und neben der Tafel stehen.

In Paris war ein Vortrag in deutscher Sprache unmöglich. Außer ein paar Elsässern hätte ihn niemand verstanden, und er stöhnte: »Wenn nur mein Schnabel besser französisch gewetzt wäre.«[41] Am Gymnasium in München und in der Kantonsschule in Aarau hatte er Französisch gelernt, aber er sprach es nur langsam und mit starkem Akzent. Gelegentlich gab es kleine Pausen, wenn er nach dem rechten Ausdruck suchte. Langevin saß in der ersten Reihe und sagte ihm halblaut vor. Manchmal kam Einstein statt des französischen ein englisches Wort über die Lippen, und er murmelte »assumption«, offenbar etwas unsicher, und Langevin flüsterte ihm zu »hypothèse«. Dem Verständnis der Zuhörer kam dieses Verfahren jedoch entgegen. Es ließ Zeit zum Mitdenken.

Natürlich war es auch hier im Grunde unerheblich, was Einstein sagte und wie er es sagte. Der Auftritt als solcher zählte. »Einstein in Paris? Das ist der Anfang der Gesundung der Völker vom Wahnsinn, der Sieg des Erzengels über den Dämon des Abgrunds.« So schrieb ein etwas schwärmerisch veranlagter junger französischer Anwalt.[42] Die Kriegspropaganda hatte in den Köpfen der Franzosen ein Zerrbild vom Deutschen und vom deutschen Professor erzeugt. In seinem Buch über *Professor Dr. Wilhelm Siegfried Knatschke*[43] verspottete ein Elsässer einen fiktiven, aber angeblich typischen vierschrötigen und tölpelhaften deutschen Gelehrten. Manche Hörer mochten jetzt überrascht feststellen, daß Einstein in nichts diesem »grand savant allemand« glich. Einsteins bescheidenes Auftreten, sein scheues Lächeln und der verträumt-melancholische Blick gewannen ihm auch hier die Herzen.

Am 3., 5. und 7. April folgten Diskussionsveranstaltungen in einem noch größeren Hörsaal, dem »Amphitheater der Physik«. Paul Painlevé, der große französische Mathematiker und Staatsmann, nutzte die Gelegenheit, Einstein nach einigen Ergebnissen der Speziellen Relativitätstheorie zu fragen, die ihm unverständlich geblieben waren. Es amüsierte das Publikum, wie da zwei gegensätzliche Temperamente einander mit vollendeter Höflichkeit traktierten: Einstein immer ruhig, mit »jener geduldigen Sanftmut«, die ihre Quelle in der absoluten Sicherheit habe, Painlevé mit lebhaften Gesten und »ganz verfärbt vom Andrang hitzigen Blutes«, wie ein gefangenes Raubtier »ohne Unterlaß herumlaufend in der engen Arena vor der Tafel«.[44]

Um auch andere Gelehrte noch zu Wort kommen zu lassen, beschränkte Paul Langevin als Sitzungsleiter die Diskussionsbeiträge auf jeweils 20 Minuten. In der Speziellen Relativitätstheorie besitzt jeder Beobachter seine eigene Zeit, und deshalb fügte Langevin seiner Ankündigung hinzu, scheinbar um Klarstellung bemüht: »20 Minuten auf meiner Uhr.« Das war einer jener typischen Physikerwitze, über die Einstein schallend lachen konnte.

Sogleich meldete sich der Schweizer Physiker Edouard Guillaume, dessen abstruse Aufsätze in der Genfer Zeitschrift *Archives des sciences* Einstein schon im Vorjahr als »völlig unsinnig« qualifiziert hatte. Jetzt konnte er sich, wie Charles Nordmann berichtete, in »barmherziger Stimmenthaltung« üben, »indem er vorgab, nichts verstanden zu haben«. Französische Physiker übernahmen es, Guillaume abzufertigen. »So wurde jener Vorfall beendet, von dem man nicht sagen kann, ob er eher possenhaft oder peinlich war.«[45]

Die Diskussion wurde wie üblich beim Abendessen im kleinen Kreise fortgesetzt. Die Stimmung war gelöst, und die Kollegen behandelten ihn »wie einen alten Freund ohne Reserve«. Auch bei den politischen Diskussionen gab es keinen Mißklang. Einstein spürte nichts von Haß oder Siegestrunkenheit; die starken Spannungen zwischen Paris und Berlin wurden mit Trauer und Sorge registriert.[46] Wenn das Gespräch von der Politik auf die Wissenschaft überging, wurde es fröhlich. Wahrscheinlich gab hier Langevin den Scherz über

Paul Painlevé zum besten, der dann später auch Einstein zugeschrieben wurde. Wie viele andere hatte sich Painlevé zunächst sehr kritisch gegen die Relativitätstheorie ausgesprochen, bis auch er zu einem begeisterten Anhänger wurde. So prägte Langevin das Bonmot: »Painlevé hat tief über die Relativitätstheorie nachgedacht; aber leider hatte er schon zuvor darüber publiziert. Vielleicht ist er diese Reihenfolge von der Politik her gewöhnt.«[47]

Noch waren die Schatten der Vergangenheit nicht verscheucht. Die Französische Physikalische Gesellschaft weigerte sich, einen Vortrag Einsteins anzusetzen. In der Académie des Sciences wußte man bis zuletzt nicht, ob Einstein erscheinen würde. Der Präsident, der unter allen Umständen eine Begegnung vermeiden wollte, hielt sich zu Beginn der Sitzung in der Bibliothek versteckt und ließ sich holen, als sicher war, daß die »Luft rein« bleiben würde. Später von Journalisten zur Rede gestellt, erklärte er, sein Gewissen erlaube ihm nicht, einen »Boche« zu empfangen, solange Deutschland nicht Mitglied des Völkerbundes sei. Wie man erfuhr, hatte es eine Verabredung von 30 Mitgliedern gegeben, im Falle, daß Einstein kommen sollte, geschlossen den Saal zu verlassen. Die liberale Zeitung *L'Œuvre* höhnte daraufhin, es bliebe nur zu hoffen, ein Deutscher werde nie ein Heilmittel gegen Tuberkulose oder Krebs erfinden. Die Gelehrten seien solche Nationalisten, daß sie lieber ihre Landsleute krepieren ließen, als ein solches Medikament anzuwenden.[48]

Alles in allem war der Besuch ein großer Erfolg für Einstein und die Anerkennung der deutschen Wissenschaft. Was den Deutschen 1914 nicht gelungen sei, die Eroberung von Paris, habe jetzt Einstein erreicht, der »Hindenburg der germanischen Wissenschaft«, meinte das rechtsgerichtete *Journal*. Halb ernst und halb ironisch konstatierte der Berichterstatter: »Kein Zweifel, die Deutschen sind uns über.«[49]

Die Karikaturisten stürzten sich auf das Thema. Eine Zeichnung zeigte eine Matrone, an der sichtlich der Zahn der Zeit genagt hatte. Sie betrachtet sich im Spiegel und rühmt Einstein als einen Mann von Welt, denn der habe gesagt, es gebe keine Zeit.

Eine andere Karikatur zeigte Damen in eleganten Abendroben mit der Unterschrift »Welche Lobeshymnen!«. Die Damen sprechen von ihren Couturiers, meinte ein Herr. »Mais non«, widersprach ein anderer: »Il s'agit d'Einstein.«[50]

Die deutsche Botschaft berichtete ausführlich an das Auswärtige Amt über »das geglückte Auftreten Einsteins in Paris«. Presseangriffe seien vereinzelt geblieben und hätten scharfe Erwiderungen liberaler Zeitungen hervorgerufen. In dem zeitgeschichtlichen Dokument heißt es:

> Wenn der Besuch Einsteins ohne größeren Mißton, ja sogar sehr befriedigend verlaufen ist, ist dies hauptsächlich auf zweierlei Gründe zurückzuführen. Einmal handelte es sich bei Einstein um eine Sensation, die der geistige Snobismus der Hauptstadt sich nicht entgehen lassen wollte. Zum anderen war Einstein für Paris sorgfältigst »möglich« gemacht worden dadurch, daß in der Presse allenthalben schon vor seinem Eintreffen festgestellt wurde, er habe das »Manifest der 93« nicht unterzeichnet, er habe im Gegenteil ein Gegenmanifest unterschreiben wollen, seine oppositionelle Haltung zur deutschen Regierung während des Kriegs sei bekannt, endlich sei er überhaupt Schweizer und nur aus Deutschland gebürtig. Wie aber dem auch sei, es unterliegt keinem Zweifel, daß Herr Einstein, der eben schließlich doch als Deutscher angesehen werden mußte, deutschen Geist und deutscher Wissenschaft hier Gehör verschafft und neuen Ruhm erworben hat.[51]

Auf der Rückreise besuchte Einstein die Schlachtfelder des Weltkriegs, »les régions devastées«, wo vier Jahre lang der mörderische Stellungskrieg gewütet hatte. Mit Langevin, Nordmann und Solovine sah er die zerschossenen Dörfer, die von der Artillerie umgepflügten Felder und die Soldatenfriedhöfe. »Alle Studenten Deutschlands müssen hierhergebracht werden«, sagte Einstein, »alle Studenten der Welt, damit sie sehen, wie häßlich der Krieg wirklich ist.«[52]

Charles Nordmann schrieb in der Zeitschrift *L'Illustration* über die gemeinsame Autofahrt am 9. April 1922 durch die sanfte Landschaft der Ile-de-France, die Einstein ausnehmend gefiel. Um so trauriger stimmten die immer noch sichtbaren Verwüstungen, und schließlich konnte Einstein nur noch ein Wort hervorbringen: »Schrecklich.« Beim Mittagessen in dem im Krieg völlig zerstörten Reims, wo die einzigen bewohnbaren Häuser Neubauten waren, beobachtete Charles Nordmann am Nebentisch zwei höhere französische Offiziere in Begleitung einer distinguierten Dame. Sie erkannten Einstein, und als die Physiker nach dem Essen aufstanden, erhoben sich die beiden Offiziere und die Dame und grüßten Einstein mit einer tiefen Verbeugung.[53]

Was er hier gesehen hatte, konnte er ein Leben lang nicht vergessen: »Heldentum auf Kommando, sinnlose Gewalttat und die leidige Vaterländerei, wie glühend hasse ich sie, wie gemein und verächtlich erscheint mir der Krieg; ich möchte mich lieber in Stücke schlagen lassen, als mich an einem so elenden Tun beteiligen.«[54] Von der Aufarbeitung der Vergangenheit erwartete Einstein nicht viel »für die moralische Gesundung der beiden Länder«. Viel wichtiger erschien ihm die Zusammenarbeit zum Wiederaufbau der zerstörten Gebiete.[55]

Für die deutschen Pazifisten war die Aussöhnung mit Frankreich das wichtigste politische Ziel. Das »Deutsche Friedenskartell«, dem der »Bund Neues Vaterland« und 14 weitere Organisationen angehörten, stellte seine große Kundgebung im Reichstag unter den Leitgedanken: »Eine Brücke über dem Abgrund.« Unter lebhaftem Beifall begrüßte der französische Hauptredner als Ehrengast Albert Einstein. Dieser habe durch seine Reise nach Paris den Beweis erbracht, daß die fruchtbare Zusammenarbeit zwischen den beiden großen Völkern keine Utopie sei.[56]

Die Nationalisten reagierten mit Ausbrüchen des Hasses. Unter den Berliner Professoren tat sich der längst emeritierte, jetzt fünfundsiebzigjährige Altphilologe Ulrich von Wilamowitz-Moellendorff hervor. Er machte kein Hehl aus seinen Ressentiments gegen »schmachtlippige oder heimtückische Pazifisten«, gegen den »korrupten Parlamentarismus« und gegen das »gallisch-romanische Wesen«, das auf »das spezifisch Germanische wie ein Gift« wirke.[57]

Zur gleichen Zeit verleumdete Philipp Lenard den deutschen Außenminister Walther Rathenau als »Erfüllungspolitiker«. Im Jahr zuvor war Matthias Erzberger einem Attentat zum Opfer gefallen. Offen sagte Lenard seinen Studenten, »nun sei doch auch für Rathenaus Beseitigung die Zeit gekommen«.[58] Am 24. Juni 1922 wurde dieser deutsche Patriot auf seinem Weg ins Auswärtige Amt von zwei ehemaligen Offizieren erschossen.

»Hier sind erregte Zeiten seit dem abscheulichen Mord an Rathenau«, berichtete Einstein an die Freunde in Paris. »Ich werde auch immer gewarnt, habe mein Kolleg aufgegeben und bin offiziell abwesend«[59]

Anfang Juli fuhr er mit seiner Frau auf einige Tage nach Kiel zu Hermann Anschütz-Kaempfe, dem Erfinder des Kreiselkompasses. Er gestand dem Industriellen, daß er müde sei von Berlin mit allem, was daran hänge. Anschütz-Kaempfe erschrak, als Einstein von ihm wissen wollte, ob er ihn in seiner Fabrik brauchen könne:

> Das steht nun natürlich außer Frage, denn ich verdanke ihm schon manchen guten Rat in technischen Fragen und war immer erstaunt und begeistert von seiner Art und seinem Geschick, mit dem er sich in technische Dinge vertiefen konnte.[60]

Einstein war enthusiastisch bei dem Gedanken, in Kiel die Ruhe zu finden, die er in Berlin so schmerzlich vermißte, daß er schon ein altes Haus kaufen wollte, eine romantische Villa mit einem verwilderten Garten. Im oberen Stockwerk entdeckte er ein paar abseits gelegene Zimmer, die ihm für seine Gedankenarbeit wie geschaffen schienen. Aus dem Erwerb wurde nichts. Bei ruhiger Überlegung fand er es doch besser, in Berlin zu bleiben. Die Episode zeigt uns den scheinbar so rationalen Einstein von einer anderen Seite. Auch er kannte den Wunsch, aus dem Alltag auszubrechen, und ließ sich von einem spontanen Impuls bestimmen. Sein Traum von einem eigenen Haus am See, wo er nach Herzenslust segeln konnte, erfüllte er sich Ende 1929 als verspätetes Geschenk zum 50. Geburtstag.

Bei seinem überraschenden und ebenso schnell wieder zurückgenommenen Entschluß, nach Kiel und zur Technik überzugehen, spielte der Schock über den Mord an Rathenau eine gehörige Rolle. »Er hatte nur das Gefühl: fort von hier«, erklärte

Elsa dem Industriellen. »Ich glaube, er sieht ein, daß dies mit der Stille eine Illusion ist. Besser als hier in Berlin kann er nirgends untertauchen.«[61]

Die deutschen Gelehrten wollten die Wissenschaft freihalten von den politischen Kämpfen. Das erwies sich als unmöglich. Im September stand die Jahresversammlung der Deutschen Naturforscher und Ärzte bevor, und es galt das Jahrhundertjubiläum zu feiern. Die Gesellschaft war 1822 von Lorenz Oken in Leipzig gegründet worden. Deshalb ging man zur Jubelfeier 1922 wiederum in die alte Messestadt. Es sollte die Gelegenheit genutzt werden, um vor der Welt den Rang der deutschen Wissenschaft zu demonstrieren.

Vorsitzender der Gesellschaft war Max Planck, und Einstein hatte ihm einen Vortrag über »Das Relativitätsprinzip in der Physik« zugesagt. Am 7. Juli erhielt Planck einen Brief Einsteins, der ihn »wie ein Blitz aus heiterem Himmel« traf. Es seien ihm Warnungen zugegangen, teilte Einstein mit, wonach er »mit an erster Stelle auf einer schwarzen Liste stehe«. Deshalb sehe er sich genötigt, vorerst jedes öffentliche Auftreten zu unterlassen, er könne den übernommenen Vortrag nicht halten.[62]

»So weit sind wir also nun glücklich gekommen«, klagte Planck, »daß eine Mörderbande... einer rein wissenschaftlichen Gesellschaft ihr Programm diktiert.« Planck war so außer sich, daß er Schimpfworte gebrauchte. An seinen früheren Schüler und Freund Max von Laue schrieb er: »So weit haben es die Lumpen wirklich gebracht, daß sie eine Veranstaltung der deutschen Wissenschaft von historischer Bedeutung zu durchkreuzen vermögen.«[63]

Auf Bitten Plancks übernahm Max von Laue den Vortrag über die Relativitätstheorie. »Das endgültige Programm wird also einfach Laues Name an Stelle desjenigen von Einstein bringen«, berichtete Planck an die Kollegen: »Rein sachlich genommen hat dieser Wechsel vielleicht sogar den Vorteil, daß diejenigen, welche immer noch glauben, daß das Relativitätsprinzip im Grunde eine jüdische Reklame für Einstein ist, eines besseren belehrt werden.«[64]

Die Antisemiten aber waren unbelehrbar. Philipp Lenard und seine Freunde blieben dabei: Es sei »mit dem Ernst und der

Würde« der Wissenschaft unvereinbar, wenn eine angeblich »in höchstem Maße anfechtbare Theorie voreilig und marktschreierisch in die Laienwelt getragen« werde. Die Einstein-Gegner ließen ein Flugblatt drucken, sandten es an die Zeitungen und verteilten es an die Tagungsteilnehmer.[65] »Im ersten Augenblick dachte ich, der Handzettel sei wohl das Werk eines Verrückten«, berichtete Werner Heisenberg. Er hatte gerade sein viertes Studiensemester hinter sich und war auf den Rat seines verehrten Lehrers Arnold Sommerfeld zur Naturforscher-

Die Leitung der „Gesellschaft Deutscher Naturforscher und Ärzte" hat es für richtig gehalten, unter den wissenschaftlichen Darbietungen der Leipziger Jahrhundertfeier Vorträge über Relativitätstheorie auf die Tagesordnung einer großen, allgemeinen Sitzung aufzunehmen. Es muß und soll dadurch wohl der Eindruck erweckt werden, als stelle die Relativitätstheorie einen Höhepunkt der modernen wissenschaftlichen Forschung dar.

Hiergegen legen die unterzeichneten Physiker, Mathematiker und Philosophen entschiedene Verwahrung ein. Sie beklagen aufs tiefste die Irreführung der öffentlichen Meinung, welcher die Relativitätstheorie als Lösung des Welträtsels angepriesen wird, und welche man über die Tatsache im Unklaren hält, daß viele und auch sehr angesehene Gelehrte der drei genannten Forschungsgebiete die Relativitätstheorie nicht nur als eine unbewiesene Hypothese ansehen, sondern sie sogar als eine im Grunde verfehlte und logisch unhaltbare Fiktion ablehnen. Die Unterzeichneten betrachten es als unvereinbar mit dem Ernst und der Würde deutscher Wissenschaft, wenn eine im höchsten Maße anfechtbare Theorie voreilig und marktschreierisch in die Laienwelt getragen wird, und wenn die Gesellschaft Deutscher Naturforscher und Ärzte benutzt wird, um solche Bestrebungen unterstützen.

Dr.-Ing. L. C. Glaser, Würzburg,
Prof. Dr. F. Lipsius, Leipzig,
Prof. Dr. M. Palagyi, Darmstadt,
Dr. L. Kühn-Frobenius, Berlin,
Geh. Rat Prof. Dr. P. Lenard, Heidelberg,
Prof. Dr. J. Riem, Berlin,
Dr. H. Fricke, Charlottenburg,
Prof. Dr. K. Strehl, Hof,
Dr. K. Geißler, Eisenach,
Prof. Dr. E. Gehrcke, Berlin,
Prof Dr. S. Mohorovicic, Agram,
Dr. K. Vogtherr, Karlsruhe,
Dr. R. Orthner, Linz,
Dr. J. Kremer, Graz,
Dr. St. Lothigius, Stockholm,
Dr. V. Nachreiner, Neustadt a. d. H.,
Prof. Dr. M. Wolff, Eberswalde,
Dr. A. Krauße, Eberswalde,
Geh. Rat Prof. D. Dr. E. Hartwig, Bamberg.

Der rote Handzettel

versammlung nach Leipzig gekommen. Dem jungen Heisenberg brach eine große Hoffnung zusammen: »Ich war so überzeugt gewesen, daß wenigstens die Wissenschaft vom Streit der politischen Meinungen... vollständig ferngehalten werden könnte.«[66]

Heisenberg hat den Vortrag Laues über »Das Relativitätsprinzip in der Physik« gehört. Da jedoch in dem ihm vorliegenden Programm der Name Einstein ausgedruckt war, glaubte er, der Gelehrte vorne am Rednerpult, den er in der großen Halle schlecht sehen konnte, sei Einstein.[67] Erst als er am Ende seines Lebens das Ereignis in seiner Autobiographie schilderte, wurde er von Lesern auf seinen Irrtum aufmerksam gemacht.

Zur Leipziger Tagung waren aus Stockholm der Geograph Sven Hedin und der Physikochemiker Svante Arrhenius gekommen, und einer von ihnen muß Max von Laue vertraulich in Kenntnis gesetzt haben: Die Verleihung des Nobelpreises an Einstein sei beschlossene Sache. Laue wußte, daß sein verehrter Freund eine Reise nach Japan beabsichtigte, und schrieb ihm sofort von bevorstehenden Ereignissen, »welche für den Dezember Deine Anwesenheit in Europa wünschenswert machen«.[68]

Einstein aber änderte seine Pläne nicht. Nach dem Mord an Rathenau war ihm die Reise doppelt erwünscht: Er wollte das ferne exotische Land kennenlernen und gleichzeitig für einige Monate aus der gereizten politischen Atmosphäre herauskommen. Am 7. Oktober 1922 gingen die Einsteins in Marseille an Bord des japanischen Schiffes »Kitano Maru«. Am folgenden Tag verbrachten sie bis zur Abfahrt noch einige angenehme Stunden im Hafen: »Freudige Begrüßung durch dicke russische Jüdin, die mich als Juden erkennt.«[69]

Einstein hatte sich mit Reiselektüre versorgt. Zuerst nahm er sich Bergsons Buch über *Relativität und Zeit* vor und dann Kretschmers *Körperbau und Charakter*. Der französische Philosoph, den er in Paris kennengelernt hatte, schien ihm »mehr sprachliches Geschick als psychologische Tiefe« zu besitzen. Von Kretschmer aber fühlte er sich wie »mit einer Zange gepackt«. Sein innerstes Wesen wurde ihm erschreckend bewußt:

In Gleichgültigkeit verwandelte Hypersensibilität. In Jugend innerlich gehemmt und weltfremd. Glasscheibe zwischen Subjekt und anderen Menschen. Unmotiviertes Mißtrauen. Papierene Ersatzwelt. Asketische Anwandlungen.[70]

Die Fahrt ging durch die Meerenge von Messina, vorbei an Kreta und durch den Sueskanal. Im Roten Meer sah er zwei Haifische »mit gewaltiger Rückenflosse und Schwanzflossen«. In Colombo setzten sie aufs Land: »Wir fuhren in einzelnen Wägelchen, die von herkulischen und doch so feinen Menschen im Laufschritt gezogen wurden. Ich habe mich sehr geschämt, an einer so abscheulichen Menschenbehandlung mitschuldig zu sein.«[71]

In Singapur wurden sie von Zionisten erwartet und herzlich begrüßt. Der »unermüdliche Weizmann« hatte beschlossen, »die Reise zionistisch zu verwerten«. Es gab deshalb einen Besuch beim »jüdischen Krösus von Singapur«, der ihn an den verehrten Hendrik Antoon Lorentz erinnerte. Es waren nur »dessen glänzende, wohlwollende Augen durch vorsichtig schlaue ersetzt«, und der Gesichtsausdruck sprach »mehr von schematischer Ordnung und Arbeit als – wie bei Lorentz – von Menschenliebe und Gemeinsinn«.[72]

Am 9. November erreichten sie Hongkong. Bei der Besichtigung des Chinesenviertels auf der Festlandsseite fiel ihm »der geringe Unterschied zwischen Männern und Weibern« auf: »Ich begreife nicht, was für eine Art Reiz der Chinesinnen die zugehörigen Männer so fatal begeistert, daß sie sich gegen den formidablen Kindersegen so schlecht zu wehren vermögen.«

Auf der Fahrt nach Norden entlang der chinesischen Küste erreichte die »Kitano Maru« ein Funkspruch[73]: Die Schwedische Akademie der Wissenschaften gab bekannt, daß sie den Nobelpreis für Physik an Albert Einstein verliehen habe. Schon lange hatte Einstein mit der Auszeichnung gerechnet. Verblüffend war nur die Begründung der Schwedischen Akademie. Er erhielt den Preis nicht für die Spezielle Relativitätstheorie mit ihren fundamentalen Aussagen über Raum und Zeit und auch nicht für die Allgemeine Relativitätstheorie, die die Schwerkraft als Eigenschaft der vierdimensionalen Welt erklärte. Vielmehr wurde er »für seine Verdienste um die theoretische Physik, besonders für die Entdeckung des für den photoelektrischen Effekt geltenden Gesetzes« ausgezeichnet.

Dieses Gesetz folgt unmittelbar aus der Annahme, daß das Licht aus einzelnen Quanten oder »Photonen« besteht, wie Einstein 1905 gezeigt hatte. Der Photoeffekt ist aber nur ein Phänomen unter vielen anderen, die nicht im Rahmen der klassischen Physik, wohl aber mit Hilfe des Quantenkonzeptes verstanden werden könnten. Hier befanden sich die Gutachter jedoch auf sicherem Boden, weil die Vorhersagen Einsteins durch den Amerikaner Millikan und andere Physiker bereits experimentell bestätigt worden waren.

Die Begründung enthüllt eine bemerkenswerte Unsicherheit der Schwedischen Akademie gegenüber theoretischen Arbeiten. Im Kreise der Kenner gab es damals Kopfschütteln und Gelächter. Als Werner Heisenberg zehn Jahre später ebenfalls den Nobelpreis erhielt, spottete Wolfgang Pauli: »Der Vergleich mit früheren Begründungen für die Erteilung des Nobelpreises (namentlich die an Einstein) und die Durchsicht der Statuten der Nobelstiftung lassen es mich als sicher annehmen, daß Du den Preis für Deine berühmte und bis heute unwiderlegte hydrodynamische Dissertation bekommen hast. Denn diese hat ja den unmittelbarsten Zusammenhang mit physikalischen Experimenten, auf den die Nobelstiftung einen so großen Wert legt.«[74]

Die Verleihung des Nobelpreises für die Erklärung des Photoeffektes hatte jedoch auch ihr Gutes, insofern damit auf die Bedeutung Einsteins für die Entwicklung der Quantentheorie aufmerksam gemacht wurde.

Im Jahre 1900 hatte Max Planck bei der Herleitung des Gesetzes der Schwarzen Wärmestrahlung, um eine fünfjährige Arbeit endlich abschließen zu können, zum erstenmal von einem Quantenansatz Gebrauch gemacht. »Kurz zusammengefaßt«, erläuterte Planck später, müsse er »die ganze Tat als einen Akt der Verzweiflung bezeichnen«. Denn von Natur sei er friedlich und bedenklichen Abenteuern abgeneigt: »Aber eine theoretische Deutung mußte um jeden Preis gefunden werden, und wäre er noch so hoch.«[75]

Diese Worte, mit denen Planck selbst beschrieben hat, wie er an der Jahrhundertwende die Quantentheorie begründete, sind von den Kollegen vielfach mißverstanden worden. Die Physiker haben gemeint, daß Planck im Jahre 1900 das auf Leibniz zurückgehende Kontinuitätsprinzip bewußt gestürzt und zu Quantensprüngen seine Zuflucht genommen habe. Dazu paßten gar zu gut die Formulierungen von seiner »Verzweiflung« und von dem »Opfer an seinen physikalischen Überzeugungen«. In Wirklichkeit bestand dieses »Opfer« in etwas ganz anderem, im Verzicht auf die Planck lieb gewordene axiomatische Auffassung der Thermodynamik. Das bedeutete gleichzeitig die Annahme eines ganz anderen Standpunktes, der auf der Vorstellung von Atomen beruhte und die Anwendung der Wahrscheinlichkeitsrechnung ermöglichte. Noch kurz vor der Jahrhundertwende hatte Planck diese Auffassung heftig bekämpft.

Durch die Arbeiten Einsteins, Smoluchowskis und Perrins wurde die Atomvorstellung den Physikern innerhalb kurzer Zeit zu einer Selbstverständlichkeit. Sie konnten nun selbst nicht mehr verstehen, wie anders sie noch vor wenigen Jahren gedacht hatten, und damit war ihnen auch die Fähigkeit abhanden gekommen, Plancks Wort vom »Opfer an seinen physikalischen Überzeugungen« richtig zu beziehen. Die Physiker meinten, daß Planck an Stelle kontinuierlicher Energieübergänge bewußt Quantensprünge gesetzt habe. Tatsächlich hat aber Planck, wie gesagt, nicht im entferntesten daran gedacht, daß sich seine Formel $\varepsilon = h \cdot \nu$ nur durch Quantensprünge erklären läßt. Erst Einstein erkannte den revolutionären Charakter der Arbeiten Plancks. Gegen den Widerstand des konservativen Max Planck entwickelte Einstein das Quantenkonzept weiter, bis Niels Bohr 1913 mit seinem Atommodell einen Durchbruch erzielte.

Einstein hatte den (im Vorjahr nicht vergebenen) Nobelpreis für 1921 erhalten. Gleichzeitig gab die Schwedische Akademie die Verleihung des Preises für 1922 an Niels Bohr bekannt. In der Bescheidenheit des großen Mannes empfand Bohr Genugtuung, daß alle Kollegen, auf deren Arbeiten er aufgebaut hatte, vor ihm ausgezeichnet worden waren. Rutherford hatte den Chemiepreis für 1908, Planck den Physikpreis für 1918 erhalten. Im Falle Einstein war zwar die Verleihung zur gleichen Zeit erfolgt, jedoch rangierte dieser in der Anciennität des Preises ein Jahr vor ihm. Noch am gleichen Tage sandte Bohr dem Japanreisenden seine

Gratulation. Einstein war – als er sie mit Verspätung erhielt – entzückt: »Besonders reizend finde ich Ihre Angst, Sie könnten den Preis vor mir bekommen. Echt bohrisch!«[76]

Am 13. November, vormittags um zehn Uhr, legte die »Kitano Maru« in Schanghai an. Noch auf dem Schiff wurden die Einsteins vom deutschen Konsul und seiner Frau und einem »ansehnlichen Häufchen« japanischer und amerikanischer Journalisten empfangen. Im Tagebuch Einsteins wird der Nobelpreis mit keinem Wort erwähnt, und es heißt nur, die Journalisten hätten ihre »gewohnten Fragen« gestellt. Aus einem Bericht der chinesischen Zeitung *Ming Guo Daily* geht aber hervor, daß natürlich von der hohen Auszeichnung die Rede war. Er werde die offizielle Mitteilung vom schwedischen Konsulat erhalten: »Doctor was enjoyed.«[77]

Am Abend gab es ein formidables Festessen im Hause eines reichen Chinesen und in Anwesenheit des deutschen Konsuls, des Rektors der Universität Schanghai und anderer Professoren. »Endloses, ungeheuer raffiniertes Fressen«, notierte Einstein, »einem Europäer unvorstellbare, geradezu lasterhafte Schlemmerei mit schmalzigen, hin und her übersetzten Reden, hievon eine von mir.«[78]

Am 17. November trafen die Einsteins im japanischen Hafen Kobe ein. Der deutsche Konsul, der deutsche Verein, Zionisten und japanische Professoren waren zur Begrüßung gekommen: »Großer Trubel«. Im Salon improvisierte Einstein eine Pressekonferenz mit Scharen von Journalisten. Endlich konnten sie – unter lebhafter Anteilnahme des Publikums – an Land gehen. Nach »kurzem Verschnaufen« fuhren sie in Begleitung der Professoren mit der Bahn nach Kioto. Vom Hotel, einem großen Holzbau, bot sich ein herrlicher Blick auf die Stadt: »Gemeinsames Essen, zierliche Formen. Bedienung in kleinem Seperatzimmer. Japaner schlicht, fein, überhaupt sehr sympathisch.«[79]

Am nächsten Tag ging es in zehnstündiger Bahnfahrt im Aussichtswagen vorbei an Seen und Meeresbuchten nach Tokio. Das eindrucksvollste Bild bot beim Sonnenuntergang der schneebedeckte Fudschi, der heilige Berg Japans. Am Bahnhof hatte sich eine riesige Menschenmenge versammelt. Die Einsteins waren »völlig geblendet von unzähligen Magnesiumblitzen«.

Als Einstein seinen ersten Vortrag an der Keio-Universität zum Thema Relativitätstheorie hielt, war der Hörsaal mit 2000 Hörern voll besetzt. Er begann um halb zwei und überließ alle paar Minuten dem Übersetzer das Wort. Um vier gab es eine Stunde Pause, und dann kamen nochmals zwei Stunden Vortrag und Übersetzung.[80]

Hinterher machte sich Einstein Vorwürfe: Fünfeinhalb Stunden waren entschieden zuviel. Beim nächsten Vortrag, diesmal in Kanda, kürzte Einstein. Während der Weiterfahrt mit der Eisenbahn aber bemerkte er, daß die Herren in seiner Begleitung leise miteinander sprachen und offensichtlich etwas auf dem Herzen hatten. Er mußte dringlich bitten, bis sie endlich verlegen mit der Sprache herausrückten. »Wir trauten uns nicht, Ihnen etwas davon zu sagen: Die Hörer des zweiten Vortrages waren beleidigt, weil es nicht auch so lange gedauert hat wie in Tokio. Sie haben das als eine Zurücksetzung empfunden.«[81]

Vom kaiserlichen Hof erhielten die Einsteins eine Einladung zum Chrysanthemumfest, das die Gemeinsamkeit der Kaiserlichen Familie mit dem Volk zum Ausdruck bringen soll. Die 3000 Japaner vergaßen aber völlig den Sinn der traditionellen Veranstaltung und interessierten sich weder für die Kaiserin noch für die kaiserlichen Prinzen, sondern nur für Einstein: »Alle Blicke waren auf Einstein gerichtet, jeder wollte dem berühmtesten Manne der Gegenwart wenigstens die Hand gedrückt haben.« Ein Admiral in voller Uniform drängte sich durch die Reihen, trat an Einstein heran und sagte: »I admire you!«[82]

Am 22. November besuchte Einstein die Redaktion der populärwissenschaftlichen Zeitschrift *Kaizo*. Vor dem Eingang wurden sie von den festlich gekleideten Angestellten erwartet. Der Verleger Yamomoto »strahlte mit seinen Kinderaugen unter großer Hornbrille«. Unter viel Verbeugungen überreichten die japanischen Herren das neueste Heft mit einer Grußadresse in deutscher Sprache.[83] Einstein war – was kritische Beobachter mit Erstaunen vermerkten – als Gast dieser Zeitschrift nach Japan gekommen. Sein Vertrag mit Yamomoto hatte nach Meinung des deutschen Botschafters »sogar etwas Demütigendes für Einstein«. Er durfte außerhalb der vorgeschriebenen Vorlesungen nicht öffentlich reden. »Seine gelehrten Worte flossen in Yen verwandelt in die Taschen des Herrn Yamomoto.«[84]

Ein Gelehrter seines Ranges hätte leicht Einladungen der renommiertesten Hochschulen erhalten können. Prestige aber kümmerte ihn nicht. Er wollte gerne nach Japan, und aus purer Bequemlichkeit hatte er das erste Angebot angenommen. Diese negativen Aspekte traten jedoch völlig in den Hintergrund. Die Reise wurde zum Triumphzug. Zu den Vorträgen kam das gesamte japanische Volk, vom höchsten Würdenträger bis zum geringsten Rikschakuli. Das Programm enthielt viele Exkursionen zu den Sehenswürdigkeiten und private Einladungen. Die Einsteins waren begeistert: »Feine Lebensform, lebendiges Interesse für alles, Kunstsinn, intellektuelle Naivität bei gutem Verstand – ein feines Volk in einem malerischen Land.«[85]

Am 10. Dezember sprach er in der alten Hauptstadt Kioto von 10 bis 12 und von 13 bis 15 Uhr über die Spezielle und die Allgemeine Relativitätstheorie. Am gleichen Tag wurden in Stockholm die Nobelpreise verliehen. Einstein hatte eine diebische Freude, daß er diesem Spektakel entronnen war.

Im allgemeinen betrachtet es ein Laureat als eine Ehrenpflicht und Auszeichnung, zu den Feierlichkeiten in die Schwedische Hauptstadt zu reisen. Es ist sogar üblich, Frau und Kinder mitzubringen. Sie sollen den erhebenden Augenblick miterleben, wenn der Preisträger im großen Saal der Akademie aus der Hand des schwedischen Königs den Preis entgegennimmt, bestehend aus Goldmedaille, Urkunde und Scheck. Einstein schätzte derlei Feierlichkeiten nicht, und es kam ihm gelegen, daß die Ostasienreise seine Anwesenheit in Stockholm unmöglich machte. Elsa Einstein aber war enttäuscht und mit Recht. Wenn das »Albertle« sich schon nicht wie ein normaler Sterblicher verhielt, warum konnte er dann nicht wenigstens ein »normaler Nobelpreisträger« sein? Es ist ihm erst später klar geworden, daß durch sein Fehlen in Stockholm diplomatische Verwicklungen entstanden und infolgedessen noch größere »theatralische Effekte«.

Im Falle der Abwesenheit eines Laureaten sehen die Statuten der Nobelstiftung vor, daß der Botschafter seines Landes den Preis entgegennimmt. Infolgedessen ersuchte die Königlich Schwedische Akademie Rudolf Nadolny, den deutschen Botschafter in Stockholm, Einstein bei den Feierlichkeiten zu vertreten. Kurze Zeit darauf meldete sich der Gesandte der Eidgenossenschaft mit der Frage, wie sich die Feier gestalte: Einstein sei Schweizer Bürger. Nadolny sandte ein Telegramm an das Auswärtige Amt und, da die Antwort auf sich warten ließ, ein zweites Telegramm an die Universität Berlin. Dieses wurde am 4. Dezember von der Akademie beantwortet: »Einstein ist Reichsdeutscher.«[86]

Damit hatte der schweizerische Gesandte nicht gerechnet. Seiner Feststellung zufolge war Einstein zwar in Württemberg geboren, aber in der Schweiz naturalisiert. »Infolge meines bestimmten Hinweises beruhigte er sich jedoch«, berichtete Nadolny nach Berlin: »Er nahm mit der Bemerkung, daß Einstein wohl auch allgemein als Deutscher angesehen werden und wahrscheinlich auch selbst jetzt als solcher gelten wolle, von weiteren Versuchen, ihn für sich zu reklamieren, in freundlicher Weise Abstand.«[87]

Es war also der deutsche Botschafter, der am 10. Dezember 1922 an Einsteins Stelle auftrat: bei der feierlichen Verleihung der Preise durch König Gustav im großen Saal der Musikakademie und bei dem anschließenden Bankett im Festsaal des Grandhotels. In seinen Dankesworten betonte der Botschafter, daß Einstein nicht nur ein bedeutender Forscher sei, sondern auch ein »begeisterter Priester der Völkerverständigung«. Er gab der Freude des deutschen Volkes Ausdruck, »daß wieder einmal einer von den Seinen etwas für die ganze Menschheit hat leisten können«, und fügte diplomatisch die Hoffnung an, »daß man auch in der Schweiz, die dem Gelehrten lange Jahre Heimat und Arbeitsmöglichkeit geboten hat, an dieser Freude Anteil nimmt.«[88]

Zwei Tage später traf die erbetene Stellungnahme des Auswärtigen Amtes ein. Einstein sei doch Schweizer Bürger! Jetzt war die Frage der Staatsbürgerschaft zu einem Politikum geworden. Mit seinem Amt an der Akademie habe Einstein auch die preußische Staatsangehörigkeit erworben, sagten die Juristen. Anders sei es nur, wenn er sich bei seiner Berufung »von der preußischen Staatsangehörigkeit ausdrücklich habe befreien lassen«. Über diesen Punkt war aber aus den Akten nichts zu entnehmen. Einstein selber gab an, er habe 1914 darauf Wert gelegt, daß

»bezüglich seiner Staatsangehörigkeit keinerlei Änderung eintrete«.[89] Das ließ sich auch auf seine Schweizer Staatsangehörigkeit beziehen, von der unbestritten war, daß er sie weiterhin besaß.

Das Ergebnis der langwierigen juristischen Prüfung war also, daß Einstein seit 1914 Doppelstaatler war: Schweizer und Deutscher.

KAPITEL 12

Vom Bonzen zum Ketzer

Am 10. Dezember 1922, als der Festakt in Stockholm begann, war es in Kioto bereits Abend geworden. Seinen vierstündigen Vortrag hatte er hinter sich, und nun besichtigte Einstein das kaiserliche Schloß: »Der Schloßhof gehört zum schönsten, was ich je an Architektur gesehen habe.« Besonders beeindruckte ihn die Verehrung der Japaner für ihre alten deutschen Lehrer. Für Robert Koch gab es sogar, wie er erfuhr, einen eigenen Tempel: »Reine Seelen wie sonst nirgends unter Menschen. Man muß dieses Land lieben.«[1]

Am folgenden Tag ging es in die Fabrik- und Handelsstadt Osaka. Nach einem großen Empfang am Bahnhof mit Bürgermeister und Studenten wurden ihm im Hotel die Honoratioren vorgestellt. Am Nachmittag holte man ihn zu einem opulenten Festessen mit Militär-Trompetenmusik. Am Ende seiner Grußadresse bat Professor Sata die Anwesenden, sich zu erheben »und Bansai auf Herrn Professor Einstein und die deutsche Nation zu rufen«. Einstein notierte im Tagebuch: »Reden mit viel Pathos, auch von mir.« Als er spät in sein Hotel zurückkam, gab es noch einen Mißklang: »Große Entrüstung der zu Hause gelassenen Gattin.«[2]

Am 14. Dezember war Einstein wieder in der alten Kaiserstadt Kioto: »Feierliches Mittagessen mit Professoren der Universität. Große Studentenversammlung. Ansprachen des Rektors und [des] Vertreters der Studentenschaft in tadellosem Deutsch (sehr herzlich).«[3]

Die Studenten baten Einstein, ihnen von der Entstehung der Relativitätstheorie zu berichten. Der Vortrag interessiert noch heute. Einstein erzählte, daß auch er ursprünglich von der Existenz des Äthers überzeugt war. Ein Jahr lang habe er sich mit der Schwierigkeit herumgeschlagen, daß die Invarianz der Lichtgeschwindigkeit für alle Beobachter dem Additionstheorem der Geschwindigkeiten widerspricht. Ein Besuch bei seinem Freund Michele Besso habe dann die Entscheidung gebracht. Es sei ein besonders schöner Tag gewesen.* Er habe Besso mit dem Problem konfrontiert, und in der Diskussion seien alle Aspekte zur Sprache gekommen. Am nächsten Tag sei er wieder zu Besso gegangen und habe ohne ein Wort der Begrüßung zu ihm gesagt: »Herzlichen Dank. Ich habe das Problem vollständig gelöst.«[4] Deshalb findet sich in der berühmten Arbeit *Zur Elektrodynamik bewegter Körper* zum Schluß ein Dank an den »Freund und Kollegen M. Besso« dafür, daß dieser ihm bei der Arbeit an diesen Problemen »treu zur Seite stand«.

Am 20. Dezember erreichte Einstein eine Depesche des deutschen Botschafters in Tokio. In Berlin wurde gegen die Attentäter verhandelt, die einen Anschlag auf Maximilian Harden verübt hatten. Vor Gericht machte Harden die antisemitische Hetze verantwortlich und führte Einstein als Beispiel an: Dieser sei nach Japan gefahren, weil er sich in Deutschland nicht mehr sicher fühlte. Diese Nachricht tauchte auch in der japanischen Presse auf, und der Botschafter bat Einstein um ein Dementi. Er telegraphierte: »Angelegenheit zu kompliziert für Telegramm, Brief folgt.« Am Abend erledigte er seine Hausaufgabe:

> Die Hardensche Äußerung ist mir gewiß unangenehm, indem sie meine Situation in Deutschland erschwert; sie ist auch nicht ganz richtig, aber ganz falsch ist sie auch nicht. Denn Menschen, die die Zustände in Deutschland gut übersehen, sind tatsächlich der Meinung, daß für mich eine gewisse Lebensgefahr bestehe... Zu einem guten Teil war es die Sehnsucht nach dem fernen Osten, welche mich die Einladung nach Japan annehmen ließ, zu einem anderen Teil das Bedürfnis, aus der gespannten Atmosphäre unserer Heimat für einige Zeit herauszukommen.[5]

Am 23. Dezember ging es nach Moji. Es wurde ein turbulentes und anstrengendes Weihnachten. Der 25. ist als besonders »wil-

* Im Mai 1905.

der Tag« im Tagebuch festgehalten. Nach vielen Ansprachen, einem großen Festessen und Besichtigungen war er völlig erledigt, »tot«, wie er schrieb: »Mein Leichnam fuhr nach Moji zurück, wo er noch in eine Kinderweihnacht geschleppt wurde und den Kindern vorgeigen mußte.«[6]

Nach einem »rührenden Abschied« verließen die Einsteins am 29. Dezember Japan mit der »Hanura Maru«, einem großen und behaglichen Schiff. Das nächste Ziel war Palästina, das Land der Vorväter. Einstein hatte den dortigen »Stammesbrüdern« schon lange einen Besuch versprochen. Über Schanghai, Hongkong, Singapur und Colombo ging es nach Port Said.

> Am letzten heißen Tag Maskenfest der Passagiere. Japaner sind Virtuosen in dieser Kunst. Nette Bekanntschaften in der letzten Zeit gemacht. Griechischer Gesandter, der aus Japan heimkehrt; sympathische englische Witwe, die ein Pfund für die Jerusalemer Universität spendet trotz meiner Proteste; nicht zu vergessen das Ehepaar Okjuta, feine liebenswürdige japanische Kaufleute, mit denen wir viel plauderten auf dem Schiff.[7]

Die Einsteins blieben zwölf Tage in Palästina. Sie wohnten im Schloß des britischen Hochkommissars Sir Herbert Samuel, das für den deutschen Kaiser im wilhelminischen Stil erbaut worden war. Die vielseitige Bildung und die hohe, »mit Humor gemilderte« Lebensauffassung Sir Herberts machten Eindruck auf Einstein. Es entwickelten sich eine Freundschaft und später eine ausgedehnte Korrespondenz.

Nach einem Gang durch die Via Dolorosa und der Besichtigung der Grabeskirche hielt Einstein am Nachmittag des 6. Februar 1923 auf dem Mount Scopus in einem »Universitätsgebäude in spe« einen Vortrag in französischer Sprache über die Relativitätstheorie: »Ich muß mit hebräischer Begrüßung beginnen, die ich mühsam ablese. Nachher Dankworte (recht witzig) von Herbert Samuel.« Dieser Vortrag gilt heute als die erste Vorlesung an der Hebrew University of Jerusalem. Die offizielle Eröffnung fand freilich erst zwei Jahre später statt, am 1. April 1925.[8]

Am 13. Februar überreichte ihm die Ärzteschaft des Landes ein Ehrendiplom. Vor Aufregung blieb der Redner in seiner Grußadresse stecken, was Einstein sympathisch berührte: »Gottlob, daß es auch unter uns Juden weniger Selbstbewußte gibt.« Die Honoratioren erklärten ihm mit Nachdruck, daß sein Platz in Jerusalem sei: »Das Herz sagt ja, der Verstand nein.«

In Port Said setzten die Einsteins die Rückreise mit einem Schiff der »Oriental Line« bis Barcelona fort. Bei einem Zwischenaufenthalt in Marseille spürten sie wieder die alten Ressentiments. Es war gefährlich, Deutsch zu sprechen, und die Bahnhofsbeamten weigerten sich, ihr Gepäck zum Transport nach Berlin anzunehmen.

Sie blieben eine Woche in Barcelona (»viel Mühe, aber liebe Menschen«) und fuhren dann nach Madrid. Auch hier hatte er Vortragsverpflichtungen einzulösen. Am Bahnhof wurden die Einsteins von einer Delegation spanischer Professoren, von der deutschen Kolonie, dem deutschen Botschafter und vielen Schaulustigen begeistert begrüßt. »Daß Reporter und Photographen nicht fehlten, versteht sich von selbst«, heißt es in einem Bericht.[9]

Am 7. März war er zur Audienz beim König und der Königinmutter. »Letztere zeigt ihre Wissenschaft«, mokierte sich Einstein. »Man merkt, daß niemand ihr sagt, was er denkt.« Anderntags erhielt er nach »echt spanischen Reden mit zugehörigem bengalischen Feuer« einen Ehrendoktor. Den wievielten? Er wußte es nicht. Wie die deutsche Botschaft nach Berlin ans Auswärtige Amt berichtete, hatte »seit Menschengedenken kein ausländischer Gelehrter eine so begeisterte und außergewöhnliche Aufnahme« gefunden:

> Die Presse brachte täglich spaltenlange Berichte über sein Treiben und Tun; die wissenschaftlichen Mitarbeiter der bedeutenderen Zeitungen beschäftigten sich in langen Aufsätzen mit der Relativitätstheorie; in den Berichten über Einsteins Vorträge bemühten sich Journalisten, dem Laienpublikum in allgemeinverständlicher Form die großen physikalischen Probleme näherzubringen, »in die die Einsteinschen Entdeckungen neues Licht gebracht hätten«; die Zeitungsphotographen brachten in immer neuen Stellungen sein Bild und das der

Teilnehmer an den ihm zu Ehren veranstalteten Festlichkeiten. Die Karikaturistengriffel versuchten sich an der Wiedergabe seines prägnanten Kopfes, und bis in die volkstümlichen Witzblätter hinein beherrschten Einstein und das Wort »relativ« die Stunde.[10]

Als einen der »schönsten Tage« seines Lebens zählte er den Tag, an dem er einen durch »viele Lügen kaschierten Ausflug« nach Toledo unternahm:

> Ein begeisterter alter Mann, der Bedeutendes über Greco geschrieben haben soll, führt uns [durch] Straßen und Marktplatz... Herrliches Bild von Greco in kleiner Kirche (Beerdigung eines Nobile) gehört zum tiefsten, was ich sah.[11]

In Madrid lebten Verwandte, die Cousine Lina Kocherthaler mit ihrem Mann Kuno. Mit ihnen verbrachten die Einsteins viele fröhliche Stunden. Einmal wurde im Hause musiziert, einmal gingen sie in ein einfaches kleines Tanzlokal.

Über Zaragoza, wo Einstein drei Vorträge zugesagt hatte, traten die Einsteins die Heimreise an. Insgesamt war sein Besuch »ein voller und ungetrübter Erfolg«. Er hatte auch in Spanien der deutschen Wissenschaft einen unschätzbaren Dienst erwiesen. Ausschlaggebend war nicht zuletzt das »schlichte und sympathische Wesen des Gelehrten«.[12]

Mitte März 1923 kam Einstein nach Berlin zurück. Am 5. April hörte er in der Mathematisch-physikalischen Klasse der Akademie einen Vortrag seines Freundes Max von Laue, und eine Woche später trug er selbst im Plenum »Eine Bemerkung zur Allgemeinen Relativitätstheorie« vor.

Wenn die Gespräche mit seinen Akademiekollegen auf die Politik kamen, mußte Einstein an sich halten. Die deutschen Gelehrten besaßen keine großen Sympathien für den demokratischen Staat. Auch bei der so wichtigen Aussöhnung mit den ehemaligen Kriegsgegnern sperrten sie sich. Wieder mußte Einstein vorangehen.

Im Jahre 1920 hatte der Völkerbund seine Arbeit in Genf aufgenommen. Noch war das Deutsche Reich ausgeschlossen, aber das Völkerbundskomitee für intellektuelle Zusammenarbeit hatte Einstein 1922 neben anderen berühmten Gelehrten wie Marie Curie und Henri Bergson zum Mitglied berufen.

Nach der Rückkehr von der Japanreise trat Einstein aus dem Komitee aus, weil nach seiner Meinung der Völkerbund das Ideal einer internationalen Organisation nicht nur nicht verkörperte, sondern sogar diskreditierte. Er entschloß sich aber später, im Mai 1924, doch zur weiteren Mitarbeit, um des hohen Zieles willen, der Verständigung zwischen den Völkern. Denn wenn auch die Gelehrten selbst in ihrer überwiegenden Mehrheit noch im Chauvinismus gefangen waren: im Prinzip war die Wissenschaft wie geschaffen als Schrittmacher der Versöhnung, denn sie selbst konnte nur gedeihen durch die gute Zusammenarbeit aller ihrer Adepten unabhängig von Rasse, Religion und politischer Überzeugung.

In der Physikalischen Gesellschaft erfuhr Einstein, daß bei der badischen Regierung gegen seinen Intimfeind Lenard ein Disziplinarverfahren lief. Nach dem Mord an Rathenau im letzten Jahr war für den Tag der Beerdigung Staatstrauer angeordnet worden. Lenard aber hatte in seinem Heidelberger Institut demonstrativ arbeiten lassen. Nun mußte an der Universität Berlin durch den Tod von Heinrich Rubens die Professur für Experimentalphysik neu besetzt werden. Einige national gesinnte Physiker schlugen vor, Lenard in die Reichshauptstadt zu berufen und das Disziplinarverfahren damit gegenstandslos zu machen. Planck erklärte den Plan sofort für undurchführbar: »Nicht weil ich den Gegensatz zu Einstein fürchte.« Vielmehr könne Lenard nicht mehr als »weitsichtiger Führer der Jugend« gelten:

> Das Schlimme ist nicht, daß er einseitig ist,... aber, daß er das nicht fühlt, daß er vielmehr subjektive Anschauungen mit objektiven Tatsachen verwechselt, daß er Gebiete zu beherrschen glaubt, die er eben tatsächlich nicht beherrscht, daß er die Grenzen seiner Bedeutung nicht recht kennt und anerkennt.[13]

Während der langen Abwesenheit Einsteins hatte seine Stieftochter Ilse als Sekretärin auftragsgemäß die Post geöffnet und in dringenden Fällen einen Zwischenbescheid gegeben. Zu den Fragen, die offen geblieben waren, gehörte die Übergabe des Nobelpreises. Einstein wollte, daß ihm Medaille und Urkunde über die diplomatische Vertretung der Schweiz zugestellt würden.[14] Um weitere Komplikationen zu vermeiden, wählte die Nobelstiftung jedoch als Vermittler die schwedische Gesandtschaft in Berlin. Ende April 1923 erschien der Missionschef selbst in der Haberlandstraße.

Weil die Geldentwertung rapide voranschritt, wurden die Preissumme in der Schweiz angelegt und die Zinsen, wie es der Scheidungsvertrag vorsah, für Mileva, Hans Albert und Eduard bestimmt. Als Einstein seine diesbezüglichen Anordnungen nach Zürich übermittelte, erhielt er von seinem ältesten Sohn einen »frechen und häßlichen Brief«[15]. Hans Albert war inzwischen 19 Jahre alt, studierte an der Eidgenössischen Technischen Hochschule in Zürich und fühlte sich zum Schutz seiner Mutter aufgerufen. Daß sich sein Sohn derart entschieden auf die Seite Milevas stellte, wirkte auf Einstein wie ein Schock. Er sagte die geplante Ferienreise mit ihm ab. Paul Ehrenfest aber redete seinem Freund energisch ins Gewissen: »Wäre nicht so viel Ernst mit der ganzen Sache verbunden, ich hätte hell über diese *knabenartige* Reaktion von Dir gelacht.« Hans Albert »müßte doch ein kalter Egoist oder ganz verschlafener Lümmel sein, wenn er nicht von Zeit zu Zeit Don-Quijote-artig für Mileva aufs Streitroß stiege.«[16]

Einstein war bei menschlichen Problemen hilflos. Obwohl ihn Ehrenfest mahnte, seinen Sohn sofort kommen zu lassen und sich mit ihm auszusprechen, konnte Einstein seinen Groll nicht überwinden. Er antwortete nicht auf Ehrenfests Brief und legte statt dessen die Angelegenheit dem Fabrikanten Hermann Anschütz-Kaempfe vor. Mit diesem arbeitete er über Probleme des Kreiselkompasses. Auf dessen Einladung verbrachte Hans Albert ein paar Tage in Lautrach im Allgäu, dem Landsitz des Industriellen. Nach dem Willen Einsteins mußte Anschütz mit dem Sohn ein Experiment anstellen. Zuerst sollte er ganz allgemein mit Hans Albert über die Angelegenheit sprechen, ihn sodann aber mit der Tatsache konfrontieren, daß er, Anschütz, den bewußten »frechen und häßlichen Brief« kenne:

Wenn er davon nicht viel Notiz nimmt, dann hat er nur im Dusel geschrieben. Dann ist es gut. Wenn er aber erschrickt und verlegen wird,... dann zeigt es, daß er nicht offen geredet hat und sich quasi ertappt fühlt. Dann möchte ich ihn lieber nicht sehen.[17]

In der Physik spricht man mit einem Ausdruck Newtons von einem »experimentum crucis«, einem Experiment, das dem Forscher zuverlässig den richtigen Weg weist. Aus seiner Wissenschaft wußte Einstein jedoch, daß man niemals alles auf eine Karte setzen darf und Versuche nur dann eine klare Antwort geben, wenn man die Verhältnisse bereits weitgehend überblickt. Noch mehr gilt das in der Psychologie. Man muß einen Menschen schon sehr gut kennen, um aus einzelnen Reaktionen zuverlässige Schlüsse ziehen zu können. Geradezu absurd aber ist es, daß sich Einstein nicht selbst mit seinem Sohn unterhalten wollte, sondern diese delikate Aufgabe einem Fremden übertrug: »Ich verlasse mich übrigens völlig auf Ihre Fingerspitzen«, schrieb er Anschütz: »Wie Sie es beurteilen, so werde ich es für richtig halten.«[18]

Da wundert man sich doch: Einstein hat nach der Trennung von Mileva ernsthaft erwogen, seinen Sohn zu sich zu nehmen und nicht in eine Schule zu schicken, sondern selbst zu erziehen. Seine Grenzen waren ihm also nicht bewußt. Staunen muß man auch darüber, wie gut Hans Albert diese seelischen Verwundungen verarbeitet hat. Aus ihm ist schließlich ein respektabler Professor der Hydraulik, glücklicher Familienvater und vor allem ein ausgeglichener Mensch geworden.

Ob der artifizielle Test tatsächlich durchgeführt wurde, wissen wir nicht. Jedenfalls geht aus einem späteren Brief an Ehrenfest hervor, daß er sich mit seinem Ältesten ausgesöhnt und im August und September mit ihm und Eduard einige herrliche Segelwochen in Kiel verbracht hat.

Bei diesem merkwürdigen Verhalten dem Sohn gegenüber kommt uns Einsteins Urteil über »die Weiber« wieder in den Sinn, wie er es einmal in einem Brief an Besso formuliert hat.*

* Vgl. S. 12.

Es beruhte nicht auf der eigenen Lebenserfahrung, sondern auf der Lektüre Schopenhauers. Im menschlichen Bereich brauchte Einstein Krücken. Es ist deshalb gut zu verstehen, daß er immer recht rasch dieses schwierige Gebiet verließ und sich wieder seiner Wissenschaft zuwandte, wo er sich mit Gewandtheit bewegte.

Mit der Verleihung des Nobelpreises übernimmt jeder Laureat die Verpflichtung, einen Vortrag über sein Arbeitsgebiet zu halten. Einstein fuhr deshalb Ende Juli 1923 noch vor seinem Segelurlaub nach Göteborg, wo mit der 300-Jahr-Feier der Stadt auch die skandinavische Naturforscherversammlung stattfand. Er hielt zwei Vorträge: einen fachwissenschaftlichen vor 50 Kollegen in der Technischen Hochschule und einen populären vor 2000 Zuhörern in der Stadthalle und in Anwesenheit des Königs. Auch hier ging es nicht ab ohne festliches Diner. Als der Tagungssekretär die Arrangements überprüfte, stellte er fest, daß man Einstein einen falschen Platz zugewiesen hatte: »Ich vertauschte die Tischkarten und gab den Ehrenplatz Einstein.« Als dieser kam, suchte er vergeblich am unteren Ende und wurde vom Sekretär im Triumph zum »richtigen« Platz geleitet.[19]

Im September erhielt Planck Nachrichten aus den Vereinigten Staaten. Die Experimente von Dayton C. Miller hätten inzwischen ergeben, daß doch ein »Ätherwind« vorhanden sei. »Unmöglich ist ja schließlich nichts in dieser rätselvollen Welt«, meinte Planck. Einen gewissen Glauben an eine für uns faßbare Harmonie habe er sich aber doch bewahrt. Dieser Glaube würde erschüttert, »wenn alle neuen Zusammenhänge, die uns durch die Relativitätstheorie erschlossen worden sind, nun wieder preisgegeben werden müßten«.[20] Auch die anderen Kollegen, Einstein, Laue und Paschen, waren dieser Ansicht. Wiederholungen der Versuche bestätigten schließlich wie erwartet die Spezielle Relativitätstheorie.

Einsteins Ostasienreise war auch eine Flucht aus der politischen Gewitterstimmung gewesen. Die Lage hatte sich indes keineswegs entspannt. Anfang 1923 waren französische und belgische Truppen in das Ruhrgebiet eingerückt, und die Reichsregierung rief die Bevölkerung zum passiven Widerstand auf.

Die deutschen Physiker entschlossen sich, ihre Tagung im September 1923 demonstrativ in Bonn abzuhalten. Wie das gesamte linksrheinische Gebiet war die Stadt gemäß den Bestimmungen des Versailler Vertrags bereits seit 1920 von französischen Truppen besetzt.

Viele Kollegen fühlten sich aus nationaler Solidarität zur Teilnahme verpflichtet. Max Born war unsicher und fragte seinen verehrten Freund. Einstein mißbilligte den Entschluß. In Anspielung auf die deutsche Machtpolitik vor dem Ersten Weltkrieg nannte er die Tagung im besetzten Gebiet das »moralische Äquivalent einer Flottendemonstration gegen Frankreich«. Aber auch er fuhr nach Bonn: »Die Wölfe können aus ihrer Haut nicht heraus, und man muß kameradschaftlich mit ihnen heulen.«[21]

Runde der Berliner Physiker; von rechts nach links sitzend: Otto Hahn, Fritz Haber, Lise Meitner, James Franck, Ingrid Franck, Albert Einstein, Hertha Sponer; stehend: Gustav Hertz, Peter Pringsheim, Otto von Baeyer, Wilhelm Westphal, Walter Grotrian; von den neun Männern sind im Laufe der Jahre fünf mit dem Nobelpreis ausgezeichnet worden

Nach vier Tagen mußte die Versammlung vorzeitig geschlossen werden, weil die Reichsbahn eine Verdreifachung der Preise ankündigte.

Der passive Widerstand fügte den Okkupationsmächten schweren Schaden zu, richtete aber dabei die deutsche Wirtschaft völlig zugrunde. Die Mark fiel ins Bodenlose. »Unser Geld wird immer ranziger«, kommentierte Einstein. »Man hat in dieser Pleite jedes Gefühl für Zehnerpotenzen verloren.«[22]

Am 23. August bildete Stresemann eine große Koalition. Alle seine Versuche, zu einem Ausgleich mit Frankreich zu kommen, scheiterten an der Intransigenz Poincarés. Am 23. September sah sich der Reichskanzler genötigt, den Widerstand abzubrechen, was die Deutschnationalen einen »Akt der schwächlichen Unterwerfung« nannten. Eine Welle des Hasses gegen die »Erfüllungspolitiker« ging durch das Volk. Im besetzten Gebiet versuchten gleichzeitig kleine Gruppen von Separatisten die Regierungsgewalt an sich zu reißen. »Es geht wieder heiß zu im Deutschen Reich«, schrieb Hermann Anschütz-Kaempfe an Einstein: »Hoffentlich geht der alte, heilige Kasten nicht jetzt aus dem Leim.«[23]

Mit einem »Marsch auf Berlin« wollte Adolf Hitler die »Judenregierung« gewaltsam beseitigen. Am 30. Oktober hetzte er auf einer Massenkundgebung im Zirkus Krone gegen Ebert und Stresemann: »Feige Menschen wählen sich die Feigsten zu Führern.« In München herrschte Ausnahmezustand. Die vollziehende Gewalt lag in den Händen des Generalstaatskommissars Gustav Ritter von Kahr. Er sympathisierte mit den Zielen der Nationalsozialisten, widersetzte sich aber dem Drängen Hitlers auf sofortiges »Losschlagen«.

Am Abend des 8. November stürmte Hitler mit seinen Gefolgsleuten eine Versammlung im Bürgerbräukeller, auf der Kahr vor den Spitzen der Behörden eine programmatische Rede hielt. Mit General Otto von Lossow und Oberst Hans von Seißer wurde der Generalstaatskommissar in ein Nebenzimmer geführt. Dort nötigte Hitler die drei Männer, seinen Umsturzplänen zuzustimmen. Die Reichsregierung wurde für abgesetzt erklärt. Hitler proklamierte eine neue nationale Regierung, deren Führung er selbst übernehmen wollte. Die Rechtsradikalen triumphierten:

An dem Tage, an dem fünf Jahre zuvor die Republik ausgerufen worden war, werde das »Judenregiment« hinweggefegt.

Auf die Nachricht von diesen Ereignissen ließ Stresemann noch am späten Abend des 8. November eine Kabinettssitzung einberufen, an der auch der Reichspräsident teilnahm. Zufällig war damals eine Journalistin in der Reichskanzlei, Antonina Vallentin, die sich später mit den Einsteins anfreundete. Sie hat überliefert, wie Stresemann kreidebleich seinem Sekretär und ihr zurief: »Finis Germaniae.«[24]

Schon seit Anfang der Woche herrschte Aufruhr im Berliner Scheunenviertel. Eine nach Zehntausenden zählende Menge plünderte die Geschäfte der ostjüdischen Immigranten:

> Es ist aufgeputschter Rassenhaß, nicht Hunger, der sie zum Plündern treibt. Jedem Passanten mit jüdischem Aussehen gehen sofort einige Burschen nach, um ihn im gegebenen Augenblick anzufallen.[25]

Der Berichterstatter des *B.T.* beobachtete Szenen, die, wie er notierte, manches Vorkommnis im zaristischen Rußland in den Schatten stellten: »Man hat nicht nur jüdische Geschäfte geplündert, Juden in ihren Wohnungen aufgesucht und mißhandelt, man hat einzelnen von ihnen die Kleider vom Körper gerissen und sie nackt auf die Straße gejagt, während johlende Menschen ihnen nachliefen und auf sie einschlugen.«[26] Der Pöbel drängte sich in den Straßen um den Alexanderplatz, und von weitem schon hörte man das Geschrei: »Schlagt die Juden tot.«

Elsa Einstein war fast wahnsinnig vor Angst.[27] Was in der Haberlandstraße 5 konkret vorgefallen ist, wissen wir nicht. Wahrscheinlich hat ein anonymer Anrufer im Jargon der Deutschvölkischen angekündigt: Nun sei endlich auch für Einsteins Beseitigung die Zeit gekommen.[28] Jetzt werde Judenblut spritzen. Planck sprach später mit seiner üblichen Zurückhaltung von »abscheulichen Vorgängen« und »infamen Dunkelmännern«.[29]

Vor allem um Elsa zu beruhigen, entschloß sich Einstein zur Abreise. Bei seinem Freund Ehrenfest in Leiden stand ihm immer ein »ruhiges Stübchen« zur Verfügung. Polizei bewachte den Bahnhof. Dafür hatte Frau Elsa gesorgt. Sie tat noch ein übriges und ließ – ohne daß er davon erfuhr – »zwei handfeste junge Kerle« im gleichen Abteil mit ihm nach Holland fahren.[30]

Als Planck am Abend des 9. November in die Haberlandstraße kam, wußte man bereits, daß der Putsch zusammengebrochen war. Planck folgte einer vor Tagen ausgesprochenen Einladung. Elsa empfing den Geheimrat mit der Frage, ob er den letzten Brief ihres Mannes nicht erhalten habe. Jetzt erfuhr Planck von den Vorgängen und war bestürzt, als ihm Elsa eröffnete, ihr Mann habe nun keine Lust mehr, sich weiterhin diesen Anpöbelungen auszusetzen.[31]

Zum drittenmal stand Einstein vor der Frage, ob er nicht besser Deutschland für immer verlassen sollte. Schon nach der Massenversammlung in der Philharmonie im August 1920 hatte er daran gedacht, in Berlin alles aufzugeben. Nach dem Mord an Walther Rathenau im Juni 1922 waren ihm erneut solche Gedanken gekommen. Planck richtete einen beschwörenden Appell an Einstein. Er möge, das sei seine, Plancks, »herzlichste und dringendste Bitte«, keinen Schritt unternehmen, der seine »Rückkehr nach Berlin endgültig und für alle Zeiten unmöglich machen würde«. Planck fürchtete »Anerbieten und Einladungen verlockender Art«, die Einstein in diesem Augenblick erreichen könnten: »Das Ausland beneidet uns ja schon lange um diesen unseren kostbaren Schatz«:

> Aber denken Sie doch auch an diejenigen, die Sie hier lieben und verehren, und lassen Sie diese nicht allzusehr büßen für die bodenlose Gemeinheit einer bissigen Meute, derer wir unter allen Umständen Herr werden müssen.[32]

Einstein blieb sechs Wochen in Leiden. Als er gegen Jahresende zurückkam, hatte sich die Lage entspannt. Die neu eingeführte Rentenmark gab den Menschen Vertrauen in die wirtschaftliche und politische Stabilität. Es begannen die guten Jahre der Weimarer Republik.

Im Januar 1924 erschien *Die Neue Rundschau*, die literarische Monatsschrift des S. Fischer Verlags, mit einer Bestandsaufnahme des europäischen Geisteslebens: Der »populärste Mann« des Kontinents sei kein Staatsmann, kein Volkswirtschaftler, sondern »sehr charakteristisch und sehr paradox« der »Mathematiker Einstein«, dessen Lehre strukturell die seelische Situation symbolisiere, »den Abbruch der Kausalität«.[33]

Verfasser war der Literaturkritiker Willy Haas. Er hatte Einstein gründlich mißverstanden. Gerade er wollte an der Kausalität festhalten. »Zu einem Verzicht auf die strenge Kausalität möchte ich mich nicht treiben lassen«, konstatierte Einstein damals ausdrücklich in einem Brief. »Der Gedanke, daß ein einem Strahl ausgesetztes Elektron *aus freiem Entschluß* den Augenblick und die Richtung wählt, in der es fortspringen will, ist mir unerträglich.« Da könne er gleich »Angestellter in einer Spielbank« werden.[34]

Dieser Brief Einsteins vom 29. April 1924 ist eine Auseinandersetzung mit Niels Bohr. Um endlich zu einer Lösung des noch immer offenen Quantenproblems zu kommen, war der große dänische Physiker bereit, das fundamentale Gesetz von der Erhaltung der Energie und des Impulses zu opfern. Bei der Emission und Absorption von Strahlung durch das Atom sollte dieses »Staatsgrundgesetz der Physik« nicht mehr im Einzelprozeß erfüllt sein, sondern nur noch im statistischen Mittel.

Bohr hatte den jungen und bekannt kritischen Wolfgang Pauli bei dessen Forschungsaufenthalt in Kopenhagen zu Ostern 1924 von seiner Auffassung überzeugen können. Jedoch wurde Pauli bald unsicher und nutzte im September die Versammlung der Deutschen Naturforscher und Ärzte in Innsbruck zu einem langen Gespräch mit Einstein. Dessen Argumente bestärkten ihn, gegen Bohrs Auffassung an der strengen Gültigkeit des Energie- und Impulssatzes festzuhalten.

In einem ausführlichen Brief berichtete Pauli nach Kopenhagen und versicherte in einer für ihn typischen Wendung, daß er sich seine wissenschaftliche Überzeugung nicht »auf Grund irgendeiner Art von Autoritätsglauben« bilde. Im vorliegenden Fall sei dies sowieso logisch unmöglich, »da die Meinungen zweier Autoritäten einander so sehr widersprechen«.[35] Für uns ist in diesem Zusammenhang wichtig, daß Einstein ganz selbstverständlich als »Autorität« in Fragen der Atomphysik galt. Pauli sprach nur aus, was die Insider empfanden. So meinte auch Ehrenfest damals, »daß kein lebender Mensch so tief in die eigentlichen Abgründe der Quantentheorie geblickt hat wie Ihr zwei [Einstein und Bohr], und daß niemand außer Euch wirklich sieht, wie vollkommen radikal neue Konzeptionen nötig sind.«[36]

Diese Wertung sollte sich bald ändern. Innerhalb weniger Monate entwickelte sich Einstein aus einem »Führer der Wissenschaft« zu einem Außenseiter.

Im Frühjahr 1925 stieg die Spannung im Kreis der jungen Atomphysiker. Wolfgang Pauli hielt den bisher eingeschlagenen Weg für völlig verfehlt und stöhnte, halb im Ernst und halb im Scherz, er wäre lieber Filmkomiker geworden und hätte nie etwas von Atomen gehört: »Nun hoffe ich aber doch, daß Bohr uns mit einer neuen Idee retten wird. Ich lasse ihn dringend darum bitten!«[37] Das war am 21. Mai. Die rettende Idee kam knapp drei Wochen später von dem dreiundzwanzigjährigen Werner Heisenberg.

In seiner Autobiographie berichtete Heisenberg von einer Bergtour, die er damals mit Freunden unternahm. Im Tal lag Nebel, der beim Aufstieg dichter wurde, so daß sie schon fürchteten, nicht einmal mehr den Rückweg zu finden. Plötzlich aber sahen sie durch den Nebel über sich die Sonne, und bald erkannten sie zwischen Nebelschwaden die Kante einer hell beleuchteten Felswand. Heisenberg erschien diese Situation ein Gleichnis für den Stand der Atomphysik: »Wir waren offenbar schon in jenen Bereich gelangt, in dem zwar der Nebel oft undurchdringlich dicht war, in dem es aber sozusagen über uns schon heller wurde.« Um im Bild zu bleiben: Werner Heisenberg war es, der den jungen Bergwanderern voranschritt und der sich als erster einen Durchblick auf den Gipfel – und damit über den einzuschlagenden Aufstieg – verschaffte: Die Vorstellung von Elektronenbahnen im Atom mußte als irreführend ausgemerzt und durch das Konzept der Übergänge von einem Zustand in den anderen ersetzt werden.

»Gespräche im Umkreis der Atomphysik« hat Heisenberg seine Autobiographie im Untertitel genannt. In den intensiven Diskussionen zwischen Bohr und Heisenberg, Heisenberg und Pauli, Pauli und Kramers, zu zweit, zu dritt oder in größerer Runde, entstanden die fruchtbaren neuen Ideen. An diesen Gesprächen hatte Einstein keinen Anteil. Während sich der Durchbruch zur neuen Quantentheorie anbahnte, fuhr er für zwei Monate nach Südamerika.

Begleiten sollte ihn die noch unverheiratete Stieftochter Margot; sie wurde jedoch krank und mußte absagen. Dafür kümmerte sich die Schriftstellerin Else Jerusalem um ihn, die er auf dem Schiff kennenlernte und die er nur seine »Pantherkatze« nannte: »Necke mich viel mit Pantherkatze, die mich unausgesetzt ergründet. Sie ist amüsant in ihrer ernsten und impertinenten Art; Jüdin von russischem Typus.«[38]

Auf der Reise hat er sich auch mit dem Psychologen Carl Jesinghaus angefreundet: »Still und fein, weiß auch ziemlich viel.« Sie speisten zusammen und sprachen über das Wesen der Religion, über Riemannsche Geometrie und über Kausalität. Jesinghaus machte ihn auf den Einfluß der Inkakultur auf die argentinische Unterhaltungsmusik aufmerksam: »Da muß herrliches untergegangen sein an diesem Volk.«[39]

Buenos Aires erschien ihm als ein »südlich gemildertes New York«. Zum Programm gehörte auch ein Besuch bei *La Prensa*, der größten Zeitung Argentiniens. Hier bekam er die riesigen Druckpressen zu sehen. Als man ihn mit naivem Stolz fragte, was er davon hielte, gab er die klassische Antwort: »Jetzt müßte man noch die Maschine erfinden, die das Zeug alles liest.«[40]

Am 28. März hielt er »in überfülltem Saal bei Siedehitze« seine erste Vorlesung: »Jugend ist immer erfreulich, weil interessiert für die Dinge. Sympathischer Unterrichtsminister war auch da.« Nach Vorträgen in La Plata und Cordoba, wo er überall von der Gesellschaft herumgereicht wurde, notierte er: »Bin schrecklich menschenmüde. Der Gedanke, noch so lange herumziehen zu müssen, lastet schwer auf mir.« Neben den Kollegen interessierten sich für ihn besonders die Juden und die Deutschen. Einmal heißt es im Reisetagebuch: »Drollige Gesellschaft, diese Deutschen. Ich bin ihnen eine stinkende Blume, und sie stecken mich doch immer wieder ins Knopfloch.«[41]

Vernachlässigt aber fühlte sich die »Pantherkatze«, und Einstein schenkte ihr seine Photographie mit einem Vierzeiler.

Auf dem Rückweg hielt er noch Vorträge in Montevideo und Rio de Janeiro. Am besten gefiel es ihm in Uruguay: »Diese Leute erinnern an Schweizer und Holländer. Bescheiden und natürlich. Hol' der Teufel die großen Staaten mit ihrem Fimmel. Ich würde sie alle in kleinere zerschneiden, wenn ich die Macht dazu hätte.« Natürlich gab es auch in Montevideo ein großes Bankett:

> Ich saß neben Präsident und einem Minister und unterhielt mich vortrefflich. Wacht am Rhein statt deutscher Hymne gespielt! Deutscher Gesandter und ich schmunzelten. Die Menschen waren rührend und ohne Zeremoniell. Aber ohne Smoking geht's nicht.[42]

In einem Bericht des deutschen Gesandten an das Auswärtige Amt in Berlin hieß es, der Gelehrte sei eine ganze Woche »das Tagesgespräch der Stadt und das Thema der Zeitungen« gewesen: »Einstein hat durch sein einfaches, sympathisches Auftreten hier einen vorzüglichen Eindruck hinterlassen. Da er überall als ›sabio aleman‹ gefeiert wurde (die schweizerische Staatsangehörigkeit, die er daneben besitzt, wurde kaum beachtet), so ist sein Besuch für die deutsche Sache sehr nützlich gewesen.«[43]

Zur Weiterfahrt benutzte er den französischen Dampfer »Voldivia«: »Sehr dreckig und klein, aber freundliche Mannschaft.« In Rio de Janeiro mußte er »ein letztes Mal aufs Trapez«:

> Diese paar Tage Affenkomödie werde ich mit Gottes Hilfe noch aushalten. Dann kommt dafür eine sehr schöne lange Heimreise. Ich kann mir ein regelmäßiges, stilles Leben kaum noch vorstellen, so viel Unruhe und Wechsel liegen hinter mir.[44]

Am 11. Juni 1925 nahm Einstein wieder an einer Akademiesitzung in Berlin teil. Das war gerade um die Zeit, als Werner Heisenberg der Durchbruch zur langgesuchten Quantentheorie gelang. Weil er unter Heuschnupfen litt, hatte sich der junge Privatdozent von Göttingen nach Helgoland geflüchtet: »Es war ziemlich spät in der Nacht. Ich rechnete es mühsam aus, und es stimmte. Da bin ich auf einen Felsen gestiegen und hab' den Sonnenaufgang gesehen und war glücklich.«[45] Den Ansatz zur Lösung – daß eine physikalische Theorie nur prinzipiell beobachtbare Größen enthalten dürfe – hatte er Einstein abgeschaut. Am 28. Juli 1925 ging

Heisenbergs Manuskript *Über quantentheoretische Umdeutung kinematischer und mechanischer Beziehungen* an die *Zeitschrift für Physik*.

Das Manuskript enthielt noch keine fertige Theorie, wohl aber deren Umrisse. An die Stelle der üblichen physikalischen Größen sollten »quadratische Schemata« treten, und Heisenberg gab ein paar Hinweise, wie man mit diesen Größen addiert und multipliziert.

Heisenbergs Multiplikationsregel inspirierte seinen akademischen Lehrer Max Born. Nach »acht Tagen intensiven Denkens und Probierens« erinnerte sich Born an eine mathematische Vorlesung, die er einmal als Student gehört hatte: Bei Heisenbergs »quadratischen Schemata« mußte es sich um die sogenannten »Matrizen« handeln. In Zusammenarbeit mit dem jungen Pascual Jordan erarbeitete Born die mathematischen Grundlagen der neuen Theorie. Als Heisenberg zu Semesterbeginn wieder nach Göttingen zurückkehrte, wurde zu dritt gerechnet und diskutiert.[46]

In einem Brief an Hedwig Born sprach Einstein von seiner Bewunderung: »Die Heisenberg-Bornschen Gedanken halten alle in Atem, das Sinnen und Denken aller theoretisch interessierten Menschen. An die Stelle einer dumpfen Resignation ist eine bei uns Dickblütern einzigartige Spannung getreten.«[47]

Born und Heisenberg haben sich über diese Worte sicher gefreut. In Wirklichkeit war Einstein von der Theorie jedoch keineswegs überzeugt. »Heisenberg hat ein großes Quantenei gelegt«, äußerte er sich gegenüber Ehrenfest. »In Göttingen glauben sie daran (ich nicht).«[48] Später machte er auch gegenüber Born kein Hehl aus seiner Skepsis: »Die Quantenmechanik ist sehr achtunggebietend. Aber eine innere Stimme sagt mir, daß das doch nicht der wahre Jakob ist. Die Theorie liefert viel, aber dem Geheimnis des Alten bringt sie uns kaum näher.«[49]

Im Frühjahr 1926 trug Heisenberg in Berlin im Physikalischen Kolloquium über Quantenmechanik vor. Anschließend forderte Einstein seinen jungen Kollegen auf, mit ihm in die Haberlandstraße zu kommen. Born und Sommerfeld hatten ihm von Heisenbergs unerhörter Begabung und seinem »netten, bescheidenen Wesen« erzählt. Im Arbeitszimmer Einsteins oben unter dem Dach sprachen sie über die erkenntnistheoretischen Grundlagen der Quantenmechanik. Ausgangspunkt war für Heisenberg die Einsicht, daß die Physiker mit den Bahnen der Elektronen im Atom eine Vorstellung benutzt hatten, die der Beobachtung grundsätzlich unzugänglich war. Deshalb hatte er seine Theorie auf andere Größen aufgebaut, die sogenannten »Übergangswahrscheinlichkeiten«.

Zum Erstaunen Heisenbergs übte Einstein gerade daran Kritik: »Aber Sie glauben doch nicht im Ernst, daß man in eine physikalische Theorie nur beobachtbare Größen aufnehmen kann!« Darauf konnte Heisenberg nur erwidern: »Ich dachte, daß gerade Sie diesen Gedanken zur Grundlage Ihrer Relativitätstheorie gemacht hätten? Sie hatten doch betont, daß man nicht von absoluter Zeit reden dürfe, da man diese absolute Zeit nicht beobachten kann.«[50]

Tatsächlich war es Einstein gewesen, der wie ein Leuchtturm den Weg zur Göttinger Quantenmechanik gewiesen hatte. Und jetzt mißfiel ihm die neue Theorie, die ihre Entstehung doch nur der konsequenten Anwendung seines eigenen Prinzips verdankte! Heisenberg lernte, daß auch in der Physik jeder neue Gedanke erst mühsam durchgesetzt werden mußte.

Wie Einstein fühlte sich der damals in Zürich wirkende österreichische Physiker Erwin Schrödinger von der neuen Quantenmechanik »abgeschreckt, um nicht zu sagen abgestoßen«. Sie wirkte auf ihn als Herausforderung, eine andere, »schönere« Quantentheorie zu finden, und wirklich gelang ihm im Januar 1926 mit seiner »Wellenmechanik« ein großer Wurf. Auch er hatte sich die Anregung bei Einstein geholt.

20 Jahre zuvor war von Einstein das Dualitätsprinzip in die Physik eingeführt worden: Das Licht verhält sich, den Umständen entsprechend, einmal als Welle, ein andermal als Strom von Korpuskeln. Jetzt hörte Einstein von seinem Freund Paul Langevin, daß in einer in Paris eingereichten Doktorarbeit dem Elektron eine Wellenerscheinung zugeordnet wurde. Auf sehr spekulative Weise versuchte der junge französische Physiker zu verstehen, wie die Quantenbedingungen zustande kommen. Wie Einstein erfuhr, handelte es sich um Louis de Broglie, dessen 17 Jahre älteren Bruder Maurice er aus der Vorkriegszeit von den

Solvay-Kongressen her kannte. Die beiden entstammten einem alten Herzogsgeschlecht.

Einstein war von der Idee überzeugt, und bei jeder Gelegenheit betonte er: »Wenn es auch verrückt aussieht, so ist es doch durchaus gediegen.« Auf dieser Grundlage befaßte er sich mit den Eigenschaften eines aus materiellen Korpuskeln bestehenden Gases. Einstein demonstrierte in seinen Formeln, daß auch zwischen den Molekülen Interferenzeffekte auftreten: Auch die Materie muß Welleneigenschaften wie das Licht besitzen.

Seit Januar 1926 publizierte Schrödinger seine berühmte »Wellenmechanik« in einer Reihe von Abhandlungen unter dem Titel *Quantisierung als Eigenwertproblem*. An Einstein schrieb er dankbar: »Übrigens wäre die ganze Sache sicherlich nicht jetzt und vielleicht nie entstanden (ich meine, nicht von meiner Seite), wenn mir nicht durch Ihre zweite Gasentartungsarbeit auf die Wichtigkeit der de Broglieschen Ideen die Nase gestoßen worden wäre.«

Einstein studierte die neue Theorie und verwendete zur Prüfung ein interessantes wissenschaftstheoretisches Kriterium: »Wenn ich zwei Systeme habe, die gar nicht miteinander gekoppelt sind, und E_1 ein quantenmäßig möglicher Energiewert des ersten, E_2 ein solcher des zweiten Systems ist, so muß $E_1 + E_2 = E$ ein solcher des aus beiden bestehenden Gesamtsystems sein.«[51] Als er sich überzeugte, daß diese Bedingung erfüllt ist, war er auch von der Richtigkeit der Theorie überzeugt. Zu diesem Vorgehen hat später einmal Wolfgang Pauli ganz im Sinne Einsteins gesagt, daß bei der Beurteilung einer physikalischen Theorie ihre logische und mathematische Struktur mindestens ebenso wichtig sei wie ihre Beziehung zur Empirie.

Durch die Göttinger Matrizenmechanik und die Schrödingersche Wellenmechanik kam Bewegung in die Atomphysik. Bisher hatte es überhaupt keine Theorie gegeben. Jetzt besaß man zwei, die nach Ausgangspunkt, Konzeption, Methode und Formulierung offensichtlich grundverschieden waren. Es kam darum als Überraschung, als Schrödinger im März 1926 die mathematische Äquivalenz beweisen konnte.

In diese Entwicklung fiel am 1. Oktober 1926 die Emeritierung Plancks. Er war es, der am Anfang des Jahrhunderts mit seinem berühmten Vortrag vor der Deutschen Physikalischen Gesellschaft die Entwicklung der Quantentheorie eingeleitet hatte. Die Neubesetzung des Planckschen Lehrstuhls besaß eine eminente wissenschaftspolitische Bedeutung. »Berlin geht schwanger mit Plancks Nachfolger«, berichtete Einstein. »Ich bin gottlob abseits und brauche mich nicht mehr am Wettrennen der Geister zu beteiligen.«[52]

Schließlich kam eine imponierende Liste zustande: 1. Sommerfeld, 2. Schrödinger, 3. Born. Das waren die bedeutendsten Vertreter der theoretischen Physik. Trotzdem wissen wir heute, daß Kommission und Fakultät zu vorsichtig gewesen sind. Der beste Mann war Heisenberg. Tatsächlich hatte er schon ernsthaft zur Diskussion gestanden. Mit seinen 25 Jahren schien er für diese herausgehobene Position jedoch noch zu jung. Berufen wurde schließlich Erwin Schrödinger. Einstein schätzte den neuen Kollegen und dessen betont österreichischen Stil. Politisch und wissenschaftlich verstand er sich ausgezeichnet mit ihm.

Zur Entwicklung der Quantentheorie konnte freilich Schrödinger nichts Wesentliches mehr beitragen. Auch Einstein war jetzt, wie er früher oft gescherzt hatte, »ins stationäre und sterile Alter« gekommen, in dem man »über die revolutionäre Gesinnung der Jungen wehklagt«. Daß nun die langgesuchte Theorie für den Mikrokosmos des Atoms endlich gefunden war, wollte Einstein nicht wahrhaben. Aber nur, wer sich auf den Boden der neuen Theorie stellte, konnte weiter ein »Führer der Wissenschaft« sein.

Für die Physiker ging es nun um das richtige Verständnis des neuen Kalküls. Anfang 1927 stellte Werner Heisenberg seine »Unschärferelation« auf, und etwa gleichzeitig formulierte Niels Bohr sein »Komplementaritätsprinzip«. Da Heisenberg damals als junger Dozent neben Bohr in Kopenhagen wirkte und ein intensiver Gedankenaustausch zwischen beiden stattfand, spricht man von der »Kopenhagener Deutung« der Quantentheorie.[53] Einstein war mit dieser Interpretation ganz und gar nicht einverstanden. Gelegenheit, seine Kritik vorzubringen, bot Ende Oktober 1927 der Solvay-Kongreß. Zum fünften Male kamen die Koryphäen der Physik in Brüssel zusammen, und wieder präsidierte der ehrwürdige Hendrik Antoon Lorentz. Zum erstenmal teilnehmen durften die hochbegabten jungen Forscher Heisenberg, Pauli, Dirac und Kramers, alle überzeugte Anhänger Bohrs.

Wie üblich gab es vorbereitete Referate zum Rahmenthema »Elektronen und Photonen« mit anschließender Aussprache. Die wichtigsten Diskussionen fanden jedoch nicht im Konferenzraum statt, sondern bei den Mahlzeiten und auf dem Weg vom Hotel zum »Institut Solvay«. Diese Gespräche wurden zu einem Dialog und Duell zwischen Einstein und Bohr. Es war ein Kampf zwischen Titanen. Auch sonst tonangebende Physiker spielten da nur eine Statistenrolle. »Alle ganz überragend BOHR«, konstatierte Paul Ehrenfest. »Erst ganz und gar nicht begriffen, dann Stück für Stück alle überwindend.« Ehrenfest hatte seinen Mitarbeitern versprechen müssen, ausführlich von den Brüsseler Tagen zu erzählen. Und wie die jungen Adepten in Leiden erfuhren auch die Physiker in Kopenhagen und in Göttingen von den Diskussionen und dem Sieg Bohrs über Einstein:

> Schachspielartig. Einstein immer neue Beispiele. Gewissermaßen perpetuum mobile zweiter Art, um die Ungenauigkeitsrelation zu durchbrechen. Bohr stets aus einer dunklen Wolke von philosophischem Rauchgewölke die Werkzeuge heraussuchend, um Beispiel nach Beispiel zu zerbrechen. Einstein wie die Teuferl in der Box: Jeden Morgen wieder frisch herausspringend.[54]

Am letzten Tag kam Einstein mit einem neuen Gedankenversuch, bei dem die Farbe des Lichtquants durch das Gewicht der Lichtquelle vor und nach Aussendung bestimmt werden sollte: »Da hier die Schwerkraft ins Spiel gebracht wurde«, berichtete Heisenberg, »mußte man die Theorie der Gravitation, also die Allgemeine Relativitätstheorie, zur Analyse heranziehen. Es war ein besonderer Triumph, daß Bohr am Abend gerade unter Benützung der Einsteinschen Formeln... zeigen konnte, daß auch in diesem Experiment die Unbestimmtheitsrelationen gewahrt blieben.«[55]

Die jungen Physiker waren alle »fast rückhaltlos pro Bohr und gegen Einstein«. Im Hotel, vor allen Kollegen, sagte Ehrenfest: »Einstein, ich schäme mich für Dich, denn Du verhältst Dich jetzt hier bei der Quantentheorie genauso wie die Gegner der Relativitätstheorie.« Das stimmte nur bedingt. Zwar kämpfte Einstein intellektuell mit vollem Einsatz, aber er fühlte sich dennoch Bohr freundschaftlich verbunden. Und er achtete die neue Theorie als bedeutsame Leistung, wenn auch als Lösung auf Abruf. 1931 hat er sogar Heisenberg und Schrödinger zum Nobelpreis vorgeschlagen und gesagt, daß die Quantentheorie »ohne Zweifel ein Stück endgültiger Wahrheit« enthalte. Gibt es von Einsteins Gegnern ein ähnliches Urteil über die Relativitätstheorie?

Als zum 70. Geburtstag Einsteins ein großer Sammelband erschien, in dem die Kollegen seine Lebensleistung würdigten, wurde von Niels Bohr die »Diskussion mit Einstein« in den Mittelpunkt seiner Laudatio gestellt. Einstein hat in seiner hier ebenfalls abgedruckten Erwiderung noch einmal betont, daß er den Fortschritt voll anerkenne, den die statistische Quantentheorie gebracht habe.[57] Der mit der Kopenhagener Deutung vollzogene Abschluß der Theorie brachte dennoch den großen Wendepunkt in seinem Leben. Die jungen Physiker datierten erst von hier den Beginn des »goldenen Zeitalters« ihrer Wissenschaft. Die Schwierigkeiten in der Atomphysik waren beseitigt, und noch ausgeprägter als in den früheren Jahren wandten sich gerade die begabtesten jungen Menschen dieser Wissenschaft zu.

Einstein aber stand von nun an abseits, und die großen Entwicklungen gingen an ihm vorbei. Er verstand und verfolgte nicht mehr, was sich in der Atomphysik und in der sich aus dieser entwickelnden Kernphysik abspielte. Seit 1905, also über 20 Jahre lang, hatte er mit seinen Ideen die Wissenschaft stimuliert. Diese Zeit war nun vorbei. Im Scherz meinte er oft, er habe sich von einem »Bonzen« zu einem »Ketzer« entwickelt. Das ist durchaus zutreffend. Niels Bohr dagegen wurde zu einem wahren »Vater der Atomphysiker«, der die begabtesten jungen Physiker um sich scharte und von dem ständig wissenschaftliche Anregungen ausgingen.

In ihren intellektuellen Fähigkeiten waren Einstein und Bohr vergleichbar. Auch ihr Interesse richtete sich gleichermaßen auf die großen prinzipiellen Probleme, und nach einem persönlichen Nutzen fragte keiner von ihnen. Sie unterschieden sich aber erheblich in ihrem Sozialverhalten.

Niels Bohr war eine ungewöhnlich dialogisch veranlagte Persönlichkeit und ein hervorragender akademischer Lehrer. Junge Physiker aus aller Welt kamen zu ihm nach Kopenhagen, um hier die Physik an der Quelle zu lernen. Nach einem Arbeitstag im Institut für theoretische Physik am Blegdamsvej saßen sie oft am Abend in seiner Wohnung um ihn geschart und waren gespannt, was er diesmal sagen würde. Seine Themen reichten von der Genetik zur Religion, von der Politik zur modernen Kunst. »Ich will nicht behaupten, daß Bohr immer recht hatte«, berichtete Otto Robert Frisch, »doch er regte immer zum Denken an und war niemals trivial. Wie oft radelte ich durch die Straßen Kopenhagens nach Hause, trunken vom Geist des platonischen Dialogs.«[58]

Nichts von alledem bei Einstein. Er besaß kein eigenes Institut, und er wollte keines. Zwar war er seit 1917 nominell Direktor des Kaiser-Wilhelm-Instituts für Physik mit Max von Laue als seinem Stellvertreter, aber das Institut existierte nur auf dem Papier. Er hätte leicht Räume und Stellen für Mitarbeiter haben können: »Das Ministerium tut, was es mir von den Augen ablesen kann.«

Schüler im eigentlichen Sinne hatte Einstein nicht. So gab es bei ihm auch nicht die fröhlichen Abendgesellschaften mit jungen Menschen. Statt dessen plauderte er mit einem zufälligen Besucher, oder er zog sich in sein Schlafzimmer zurück und dachte weiter über seine Theorien nach. Am nächsten Morgen fand dann das Hausmädchen auf seinem Nachttisch ganze Stapel von Zetteln: »Da hatte er Berechnungen und sonst was aufgeschrieben.«[59]

Am Physikalischen Kolloquium am Mittwoch und an den Sitzungen der Deutschen Physikalischen Gesellschaft jeden zweiten Freitag hat Einstein regelmäßig teilgenommen. Er griff lebhaft in die Diskussionen ein, und manche treffende Bemerkung ist überliefert. Einmal wurde über eine Arbeit diskutiert, die das Verschwinden des elektrischen Widerstandes bei sehr tiefen Temperaturen behandelte. Der notorisch eitle und egozentrische Walther Nernst war unendlich stolz auf sein Wärmetheorem und kam auch bei dieser Gelegenheit darauf zu sprechen: »Der Verfasser hätte sich diese Arbeit wirklich sparen können, denn das Resultat folgt einfach aus meinem Wärmetheorem.« Worauf sich Einstein erhob und sagte: »Ja – wenn man an Ihr Wärmetheorem glaubt.«[60]

Auch mit Kollegen, wie seinem Freund Ehrenfest, konnte Einstein stundenlang über physikalische Probleme diskutieren, und er war jedesmal ganz bei der Sache. Wenn sich der Besucher dann wieder verabschiedete, hat er das hingenommen und die Arbeit allein fortgesetzt.

Wissenschaft ist ein soziales Phänomen. Anders als Einstein hat sich Bohr intensiv um die Organisation des Wissenschaftsbetriebs gekümmert. Zu Ostern 1929 waren, unabhängig voneinander, Pauli, Kramers und andere frühere Schüler Bohrs zu Besuch nach Kopenhagen gekommen. Bohr entschloß sich, die Gelegenheit zu einer kleinen Tagung zu nutzen. Im engsten Kreis konnten einige aktuelle Probleme wirklich ausdiskutiert werden. Dieses Symposium wurde zu einer jedes Jahr stattfindenden regelmäßigen Einrichtung, und es hat wesentlich zur Entwicklung der Atom- und Kernphysik beigetragen. Carl Friedrich von Weizsäcker sprach von den »wissenschaftlich fruchtbarsten und im Verlauf humansten Tagungen«, die er je erlebt habe.

So entwickelte sich Bohr zum Vater der Atomphysiker. Einstein aber war bloß ein »alter Knochen«, mit dem man nichts mehr anfangen konnte. Er nannte sich einen »Einspänner«, und wie in der Familie hat er sich auch in der »scientific community« abgekapselt und sich wenig oder gar nicht darum gekümmert, was die Menschen in seiner Umgebung bewegte. In der Physik ist er seit 1927 seinen Weg allein gegangen. Zwar besaß auch er einen Assistenten, mit dem er die mathematische Seite seiner physikalischen Ideen durchgesprochen hat. Vier Jahre wirkte in dieser Stellung der aus Graz stammende Walther Mayer. Er hat auch die Vortragsreisen nach Amerika mitgemacht und für Einstein gedolmetscht. Mayer war aber kein »Resonanzboden« für die Ideen Einsteins, wie es etwa Werner Heisenberg, Wolfgang Pauli oder Hendrik Antoon Kramers für Niels Bohr gewesen sind. Mayer war ein Helfer, und es ist sicher kein Zufall, daß ihn Einstein in seinem Tagebuch »Mayerchen« nennt. Im Bereich der Physik war es im Grunde nicht anders als in der Ehe. Auch Elsa konnte ihm kein Partner sein.

Eines der stärksten Motive für den Künstler und Gelehrten, so hatte er in seiner Festrede zum 60. Geburtstag Plancks gesagt, sei die »Flucht aus dem Alltagsleben mit seiner schmerzlichen Rauheit«. Nicht im Kreis der Familie, sondern nur allein in seinem Turmzimmer fand Einstein die innere Ruhe. »An was ich fast die ganzen Tage und die halben Nächte gegrübelt und gerechnet habe, ist nun fertig und auf sieben Seiten zusammengepreßt unter dem Namen ›einheitliche Feldtheorie‹.« So heißt es 1929 in einem Brief an seinen Freund Michele Besso.[51]

Die Arbeit erregte große Aufmerksamkeit. Statt der üblichen 50 Sonderdrucke für den Buchhandel ließ die Akademie 1000 Exemplare herstellen. Sie waren bereits nach drei Tagen nahezu ausverkauft. Das Londoner Kaufhaus Selfridge stellte die sieben Seiten nebeneinander aufgeklebt in ein Schaufenster.

Die Kenner waren weniger angetan. Pauli hatte eine Menge von Einwänden und übermittelte sie Einstein in der gewohnten direkten Weise: »Und wo bleibt ferner die Deutung der Perihelbewegung des Merkur und der Lichtablenkung durch die Sonne? Die scheinen doch bei Ihrem weitgehenden Abbau der Allgemeinen Relativitätstheorie verloren zu gehen. Ich halte jedoch an dieser schönen Theorie fest, selbst wenn sie von Ihnen verraten wird.«[62]

Da war sogar Einstein etwas pikiert. Er mußte aber doch – ein paar Jahre später – Pauli recht geben. Inzwischen aber hatte er eine neue Variante seiner Theorie ersonnen und glaubte nun abermals, das Richtige getroffen zu haben. Nach ein paar Jahren entschwanden die Hoffnungen wieder. »Das eigentliche Ziel bleibt mir unerreichbar, wenn es auch manchmal in greifbare Nähe gerückt scheint«, gestand er schließlich seinen Freunden: »Es ist hart, aber doch beglückend; hart, weil das Ziel zu groß ist für meine Kräfte, aber beglückend, weil es immunisiert gegen die Zwischenfälle des persönlichen Daseins.«[63]

Nur ganz selbständige Charaktere können sich dem Druck der herrschenden Meinung entziehen. Wenn jemand, gehörte Einstein zu diesen. In seiner Wissenschaft war er 1905 weit vorausgeeilt. Nach einigen Jahren folgten ihm die Kollegen. 1927 schlug er sich seitwärts, und jetzt blieb er allein. Das störte ihn nicht weiter, denn von der Politik her kannte er es nicht anders. Noch immer galten in Deutschland pazifistische Überzeugungen als anstößig, und seine Akademiekollegen empfanden es als Provokation, wenn er sie in der Öffentlichkeit verfocht.

So gab es schon in den zwanziger Jahren gelegentlich Geplänkel. Als der große Hendrik Antoon Lorentz sein 50. Doktorjubiläum feierte, verfaßte Einstein die Glückwunschadresse der Akademie:

> Wer Arbeiten von Ihnen gelesen, ein Kolleg von Ihnen gehört oder einem Kongreß beigewohnt hat, den Sie leiteten, kennt den einzigartigen Zauber, der von Ihrer Persönlichkeit ausgeht. Überlegene Einsicht, Kenntnis der Dinge und Menschen, Schlichtheit des Wesens, erquickenden Humor und grenzenlose Güte hat die Natur in Ihnen vereinigt. Sie litten wie wenige unter dem Unglück Europas und unter dem Hader, der noch immer die wissenschaftliche Welt unserer Tage entzweit. Sie haben sich mit aller Kraft bemüht, die Wunden zu heilen und wieder einträchtige Zusammenarbeit herbeizuführen.[64]

Dieser Abschnitt mußte gestrichen werden, um eine »sehr unerfreuliche und der Person des Jubilars sehr wenig würdige Debatte« im Plenum der Akademie zu vermeiden. Der mit seiner völkischen Gesinnung hervorgetretene Germanist Gustav Roethe hatte die angeblich »deutschfeindliche« Gesinnung des großen niederländischen Physikers beanstandet. Da half nichts, daß Planck erklärte, Lorentz sei keineswegs deutschfeindlich, wohl aber »franzosenfreundlich«.

Ende Oktober 1927 hatte Lorentz die wichtige fünfte Solvay-Konferenz mit dem gewohnten Takt und großer Umsicht geleitet. Drei Monate danach traf die Hiobsbotschaft in Berlin ein, daß

»leider Lorentz sehr ernst krank« sei. Er hatte sich, im 75. Lebensjahr, eine Rotlaufinfektion zugezogen. Zwei Wochen später stand Einstein am Grabe des »größten und edelsten Zeitgenossen«. Er hielt eine zu Herzen gehende kurze Ansprache über den nun dahingegangenen Führer der Wissenschaft. »Alle folgten ihm freudig, denn sie fühlten, daß er nie beherrschen, sondern stets nur dienen wollte.«[65]

Im Frühjahr 1928 war auch Einstein »nahe am Abkratzen«. Er überanstrengte sich während einer Reise in die Schweiz und erlitt einen Herzanfall. Er hatte es übernommen, bei der Eröffnung des ersten Davoser Hochschulkurses den großen Festvortrag zu halten. Der Hauptgedanke der neuen Einrichtung war, den vielen an Tuberkulose erkrankten Studenten geistige Nahrung zu bieten. In seinen einleitenden Worten begrüßte Einstein ausdrücklich diese Kurse und sagte, daß mäßige geistige Arbeit der Gesundung ebenso nützlich sei wie mäßige körperliche Anstrengung.[66]

Hier in Davos hatte Katia Mann 1912 ein halbes Jahr in einem Sanatorium verbracht und Thomas Mann, als er seine Frau für drei Wochen besuchte, sich die Anregung zum *Zauberberg* geholt. Im Jahre 1928 erreichte der Roman bereits eine Auflage von 100 000. Ob Einstein das voluminöse Werk mit seinen 1200 Seiten gelesen hat, wissen wir nicht. Ganz sicher aber hat ihm sein Schwiegersohn davon erzählt. Als enger Mitarbeiter des alten Samuel Fischer und Herausgeber der *Neuen Rundschau* fühlte sich Rudolf Kayser dem Werk Thomas Manns verpflichtet.

Einstein war mit einer ganzen Reihe von Medizinern gut befreundet, und auch mit ihnen mag er über den *Zauberberg* gesprochen haben. In der Ärzteschaft gab es viel Kritik an diesem Roman. Der Laie werde sich, meinte man, »ein ganz falsches Bild über Heilstätten und das Innenleben in diesen Heilstätten« machen.[67] In der Schilderung Thomas Manns betrieben die beiden Internisten, Hofrat Behrens und sein Assistent Dr. Krokowski, ihr Handwerk allzu routiniert und nonchalant.

Vielleicht hat Einstein am 18. März 1928 bei seinem Vortrag vor den 250 kranken Studenten in Davos an den *Zauberberg* gedacht. Er mochte sich ein wenig wie Ludovico Settembrini fühlen, der an den jungen Ingenieur Hans Castorp appelliert, sich nicht in der Krankheit zu verlieren, sondern ein geistig aktives Leben zu führen.

Der Schriftsteller Settembrini war Rationalist und Freimaurer, und in einem der langen Gespräche stieß er einmal den Satz hervor: »Die Metaphysik ist das Böse.«[68] Die Metaphysik wird dabei verstanden als das Erfahrungsjenseitige und Übersinnliche. Auch Einstein lehnte jeden Aberglauben scharf ab. Er war, wie man mit Recht gesagt hat, ein Mann der Aufklärung.[69] Auf eine briefliche Anfrage erklärte Einstein kategorisch: »Der mystische Zug unserer Zeit, welcher sich besonders in dem Wuchern der sogenannten Theosophie und dem Spiritismus zeigt, ist für mich nur ein Symptom von Schwäche und Zerfahrenheit.«[70]

Von Davos fuhr Einstein in das nicht weit entfernte Zuoz, wo ein Berliner Bekannter, der Generaldirektor der Firma Osram, ein Ferienhaus besaß. Einstein unterbrach den Aufenthalt, weil er als Zeuge in einem Patentprozeß vor dem Reichsgericht in Leipzig aussagen mußte. Nach langer Bahnfahrt kam er spät in der Nacht zurück und schleppte seine schwere Tasche den steilen Abhang hinauf. Eben erst hatte er weise von einer »mäßigen, der Gesundheit zuträglichen Anstrengung« gesprochen. Was er jetzt tat, war aber »mehr, als der Gesündeste ohne Strafe ausgehalten hätte«, wie János Plesch sagte. Einstein erlitt einen Schwächeanfall. Die Ärzte verordneten absolute Bettruhe. Es stellte sich heraus, daß er schon im letzten Jahr ohnmächtig geworden war, als er in einer Flaute auf den Havelgewässern sein schweres Segelboot zurück zur Anlegestelle ruderte.

Nach ein paar Tagen wurde Einstein in ein Krankenhaus nach Zürich verlegt. Anfang April durfte er nach Hause, mußte aber weiterhin im Bett bleiben. Nun bestätigte sich, daß »mäßige geistige Arbeit der Gesundheit nützlich ist«. Er erhielt seine Post und durfte sie beantworten. Einer Gruppe von Autographensammlern schrieb er: »Sie haben mein verhärtetes Herz (das gegenwärtig auch erweitert ist) durch Ihre Ausdauer gerührt.«[71] In gewohnter Weise scherzte Einstein, daß er »von der Liebe und dem Autographenhunger der Zeitgenossen« verfolgt werde. Im Stadtviertel erhalte nur einer mehr Post, erfuhr er vom Briefträger, nämlich der Gerichtsvollzieher.

So konnte das nicht fortgehen. Frau Elsa fragte bei der »Jüdischen Waisenhilfe«, und am 13. April 1928 betrat Helene Dukas mit Herzklopfen das Zimmer Einsteins, um sich als neue Sekretärin vorzustellen. Er begrüßte sie mit Worten, die ihr alle Befangenheit nahmen, weil sie unter Schwaben anheimelnd wirken: »Hier liegt eine alte Kindsleich.« Die Mutter von Helene Dukas stammte aus Hechingen wie Elsa Einstein. Fortan hat sie ihr Leben in den Dienst Einsteins gestellt. 27 Jahre lang, bis zum Tode des großen Physikers, war sie seine Sekretärin und dann weitere 27 Jahre, zusammen mit Otto Nathan, seine Nachlaßverwalterin.

Als erstes mußte sie das preußische Kultusministerium anrufen: »Als ein im Autoritätsglauben aufgewachsenes deutsches Schulmädchen war das eine harte Nuß für mich... Zum ersten Male erfuhr ich nun, welche Wirkung der magische Name ›Einstein‹ hatte. Es ging nämlich alles glatt wie am Schnürchen.«[72]

Einstein war zu einer Institution geworden. Mit Staunen registrierte Helene Dukas sein Engagement für die internationale Verständigung, die sozial Benachteiligten und die zionistische Sache. Seine Erkrankung hinderte ihn, Ende Mai 1928 nach London zu fahren, wo Sitzungen des Akademischen Rates und des Kuratoriums der Hebräischen Universität stattfanden. Es standen wichtige Entscheidungen an über die innere Struktur der Universität, und es sollte ein »akademischer Leiter« gewählt werden (wofür wir heute »Gründungsrektor« sagen). In einem neunseitigen Memorandum brachte Einstein seine Auffassung zur Geltung.[73]

Im Sommer schickte János Plesch seinen Patienten mit Frau und Freundin nach Scharbeutz, einem Bad an der Lübecker Bucht. Seit ein paar Jahren hatte Einstein eine Geliebte, Toni Mendel, eine Österreicherin und Witwe eines Chefarztes, die gebildet war, sehr gut aussah und viel und gerne lachte. »Er wird blödsinnig verwöhnt von vier Frauen, die um ihn sind«, berichtete Elsa. Neben ihr und Toni Mendel waren Tochter Margot da und Helene Dukas: »Ilse und Rudolf kommen auch, dann ist das Familienidyll komplett.«[74]

Einstein war Bewegungsverbot auferlegt, und er scherzte, daß er es sich in so schöner Natur gerne gefallen lasse, »sich vom Tier zur Pflanze herunterzuentwickeln«. Von einer Pflanze unterscheide er sich nur mehr durch das ihm verbliebene Vermögen, »schlechte Witze zu machen«.[75] In einem damals in den Illustrierten veröffentlichten Photo sieht man Einstein im Liegestuhl. Über die Kleider hat er noch einen Bademantel angezogen. Er sieht erholt aus, war aber in Wahrheit noch so schwach, daß er nicht einmal die kürzesten Wege allein gehen konnte. Auf dem Röntgenbild zeigten sich ein stark vergrößertes Herz und eine aneurysmatische Ausbuchtung der Aorta.[76] Er war noch nicht 50 Jahre alt.

Einstein wurde später in Amerika von seinen Ärzten zur Vorsicht geraten, da ein Platzen des Aneurysmas unweigerlich zum Tode führen müsse. Er antwortete: »Dann soll es platzen.«

Trotzdem hat er seither sehr vorsichtig gelebt und ist 76 Jahre alt geworden. Am 18. April 1955 diagnostizierten die Ärzte im Princeton Hospital als Todesursache »Rupture of Arteriosclerotic Aneurysm of Abdominal Aorta«.[77]

KAPITEL 13

Einstein privat

In Physikerkreisen wurde Elsa Einstein sehr kritisch beurteilt. Sie besitze weder seine geistige Größe, sagten die Kollegen, noch seine Bescheidenheit. Als Alexander Moszkowski 1920 die erste Biographie über Einstein verfaßte, glaubten viele, daß Elsa dahintersteckte. Max Born bemühte sich, das Erscheinen zu verhindern, und schrieb sehr energisch an seinen Freund Einstein. Der Brief enthält eine Kritik an dessen Naivität und indirekt eine noch schärfere an Elsas Geltungssucht: »Es geht um alles, was mir (und Planck, Laue usw.) teuer ist. Du verstehst das nicht, Du bist ein kleines Kind. Man liebt Dich, und Du mußt gehorchen, und zwar einsichtigen Leuten (nicht Deiner Frau).«[1]

Als die Einladung der Universität Princeton an ihn gelangte, dort Vorlesungen über die Relativitätstheorie zu halten, stellte Einstein so hohe Forderungen, daß er Entrüstung hervorrief. Er redete sich damit heraus, daß ihm gute Freunde in Holland diesen Rat gegeben hätten, aber andere machten für den Fauxpas Elsa verantwortlich. Glücklicherweise kam er ein paar Monate später aus ganz anderen Gründen nach Amerika, im Dienste der zionistischen Sache. Er konnte die Vorträge doch noch halten zu den in der akademischen Welt üblichen Konditionen und damit den ungünstigen Eindruck seiner überhöhten Forderungen korrigieren.

Elsa Einstein war früher Schauspielerin und Rezitatorin gewesen und hatte großen Beifall erhalten, wenn sie die Gedichte *Nicht heut* von Hermann Hesse und *Da draußen ging die stille Nacht* vortrug. Es fiel ihr nicht ganz leicht, völlig im Schatten ihres Mannes zu stehen. In Gesellschaft bildete er den Mittelpunkt; jeder wollte sich mit dem berühmten Gelehrten unterhalten. »Und niemand kümmert sich um mich«, klagte Elsa.[2]

Wenn die Einsteins auf ihr Drängen in Gesellschaft gewesen waren oder selbst einmal eine Einladung gegeben hatten und dann ihre Meinungen austauschten, imitierte Einstein zum Jubel seiner Stieftöchter und nicht ohne Talent den einen oder anderen der Gäste. Das war dann das Stichwort für Elsa. Sie konnte sich in die Rolle eines jeden Menschen versetzen und ihn in Redeweise, Mimik und Gesten nachahmen. »Manch würdiges Vorbild ahnte nicht, wieviel Heiterkeit es in die Familie brachte«, berichtete ein Besucher: »Elsa Einstein machte das wirklich glänzend.«[3]

Mit Einstein verheiratet zu sein war nicht einfach. Er besaß Eigenheiten, die man schwer ertragen konnte. Wenn er sich wie oft in ein Thema verbissen hatte, gab es für ihn kein normales Sozialverhalten. Als 1926 der Philosoph Hermann Friedmann zu Besuch kam, zog er sich mit dem Gast sogleich in sein Turmzimmer zurück. Elsa brachte als aufmerksame Hausfrau ein Tablett mit Erfrischungen und wollte mit den üblichen Fragen beginnen: »Hatten Sie eine angenehme Reise? Wie geht es Ihrer lieben Frau?« Einstein unterbrach: »Du störst. Du weißt gar nicht, wie du störst.«[4]

Immer mußte Elsa auf Taktlosigkeiten gefaßt sein. Ungeniert nannte er sie vor Besuchern »meine Alte« und machte sich über ihren »Geldhunger« lustig. Mileva, seine »Verflossene«, habe sich bei der Scheidung mit den Zinsen aus dem Nobelpreis begnügt, den er damals noch gar nicht besaß: »Elsa hätte mich nicht weggegeben für diese Taube auf dem Dach.«[5]

Einstein kam bald zur Überzeugung, daß auch seine zweite Ehe ein Fehlschlag war. Wenn es nach ihm gegangen wäre, hätte er erst gar nicht geheiratet. Er schätzte die Aphorismen des Göttinger Physikers Georg Christoph Lichtenberg, und wir stellen uns vor, daß er im Familienkreis gerne zitierte, was dieser geistesverwandte Spötter in seiner Vorlesung über die Anziehung ungleichnamiger und die Abstoßung gleichnamiger elektrischer Ladungen vorgebracht hatte: Dieses Naturgesetz sei allgemeiner, als man glaube. »Denn Personen, die vorhero als ungleichnamig sich sehr stark angezogen hätten, stießen einander heftig ab, sobald sie gleichnamig geworden wären.«[6]

Die stärkste Belastung für die Ehe waren Einsteins Affären. Er wirkte wie ein Magnet auf Frauen, und es gab oft peinliche

Szenen, wenn ihm die Damen allzu sichtbare Avancen machten. Auch Einstein war »kein Kind von Traurigkeit«. So hatte – man erinnert sich – der von den Damen begünstigte Willy Brandt seine Seitensprünge umschrieben.

Einstein fühlte sich stark angesprochen von allem Weiblichen. In der weiten Verwandtschaft und bei befreundeten Familien gab es ein paar junge Frauen, die Einstein ausgesprochen gerne um sich sah. »Sie sind ja die Liebe meines Mannes«, heißt es einmal in einem Brief Elsas an die Tochter des Musikologen Alfred Einstein. Ein andermal erwähnte er dem ärztlichen Freund Hans Mühsam gegenüber seine »Schwärmerei für Eure Nichte«. Auf der Palästinareise hatte es ihm ein Fellachenmädchen angetan, das mit Brotkneten beschäftigt war, und Frau Elsa mußte ihn gewaltsam losreißen.[7] Auf der Fahrt nach Südamerika war er zwei Monate allein, und schon auf der Hinreise befreundete er sich mit der Schriftstellerin Else Jerusalem. Die »Pantherkatze« wich ihm in Argentinien nicht mehr von der Seite.

Einsteins Geliebte Toni Mendel war eine attraktive und gutsituierte Dame, mit der er sich einmal in der Woche traf. Wenn sie kam, verließ Frau Einstein das Haus. »Sie hat sozusagen das Feld geräumt«, kommentierte das Hausmädchen. Oft ging Einstein mit seiner Toni in ein Konzert, und Frau Mendel schickte dann ihren Chauffeur, der ihn abholte. Über sich und ihr Verhältnis zu dem großen Physiker hat sie gedichtet:

Bin ein wahrer Philosoph,
Drum mach' Einstein ich den Hof.
Kauf ihm alles, was es gibt,
Was ein alter Sünder liebt.

Das Hausmädchen hat einmal mitangehört, wie sich Elsa bei ihren Töchtern bitter beklagte. Ilse und Margot aber sagten: »Du mußt dich eben damit abfinden, oder dich von Albert trennen.« Das Hausmädchen kommentierte: »Die Töchter haben da nur von Albert gesprochen, nicht wie sonst von Vater Albert. Und da hörte ich, wie Frau Professor weinte.«

Eifersuchtsszenen gab es häufig. Dann ging Elsa stolz und kühl lächelnd durch die Wohnung und sprach mit ihrem Mann nur noch das Nötigste. In solchen Fällen bemühte sich Einstein, dieses Verhalten zu ignorieren. Bestärkung mag er bei seinem Schopenhauer gefunden haben, der die Monogamie als »widernatürlich« gegeißelt und konstatiert hatte, daß »jeder Mann viele Weiber« brauche.

Ein Geheimnis machte Einstein aus seiner Neigung nicht. Als sich eine Dame um Rat an ihn wandte, die unter der Untreue ihres Mannes litt, antwortete er:

> Sie werden wohl wissen, daß die meisten Männer (wie auch nicht wenige Frauen) von Natur nicht monogam veranlagt sind. Die Natur schlägt umso mächtiger durch, wenn Sitte und Umstände dem betreffenden Individuum Widerstände in den Weg stellen. Erzwungene Treue aber ist für alle Beteiligten eine bittere Frucht.[8]

Wie jene Dame litt auch Elsa entsetzlich unter der »polygamen Veranlagung« ihres Mannes. Sie fühlte sich ständig zurückgesetzt, auch gegenüber seinen Kollegen, für die er alle, wie sie meinte, mehr Zeit hatte als für sie. Um zu wissen, was ihn beschäftigte, fragte sie manchmal die Besucher und brachte diese damit in eine peinliche Lage. »Elsa vermutete stets, daß ich besser informiert sei als sie selbst«, erzählte auch der Architekt Konrad Wachsmann.

Elsa hielt ihrem Manne vor, daß er sich nicht um sein Äußeres kümmere. Aber auch sie ließ sich gehen. Ihr Gesicht war schwammig geworden und das Haar grau. Das Essen schmeckte ihr »nur allzu gut«, wie Tochter Margot sagte. »Die dicke Tunte auf dem Bild bin natürlich ich«, kommentierte sie einmal selbst ein Familienphoto. Besucher schenkten ihr regelmäßig Pralinen, denen sie nicht widerstehen konnte. Ihr fehlte, was seinerzeit auch Mileva so schmerzlich vermißt hatte: die Zuwendung des Lebenspartners.

Wirklich dankbar war Elsa ihrem Manne aber für seine väterliche Zuneigung zu ihren Töchtern. Ihre beiden »Mädels« machten der besorgten Mutter »oft Herzweh«: Sie waren ganz »ungeeignet für das, was man Lebenskampf nennt«. Die zarte und durchgeistigte Ilse arbeitete ein paar Jahre als Privatsekretärin für

Einstein. Sie heiratete 1926 Rudolf Kayser, einen Lektor des S. Fischer-Verlages, der die Redaktion der Literaturzeitschrift *Neue Rundschau* leitete. In einem Brief an seine Schwester nennt ihn Einstein einen »recht netten Mann«, der ihm George Bernard Shaws Werke in deutscher Übersetzung verehrt habe. Die lese er nun »mit solcher Gewissenhaftigkeit, wie wenn es meine Pflicht und ich ein Preuße wäre«.[9]

Nach dem Mord an Walther Rathenau hatte der selbst erschütterte Kayser das Augustheft 1922 der *Neuen Rundschau* dem Andenken des großen Mannes gewidmet und dafür Stellungnahmen bedeutender Zeitgenossen gesammelt. Einsteins Beitrag war der kürzeste, verurteilte aber am entschiedensten den Geist, der einen solchen Mord möglich macht.

Kayser spielte im S. Fischer Verlag eine wichtige Rolle. In seiner Verlagsgeschichte beschreibt ihn Peter de Mendelssohn als einen »graziösen Schriftsteller« und einen »fleißigen, dabei eher weichen und empfindsamen, zuweilen ängstlichen, vor Komplikationen zurückscheuenden, aber überaus liebenswerten Mann«.[10] Seine Ehe war glücklich. 1928 hat Rudolf Kayser eine Biographie über den erfolgreichen Romancier Stendhal veröffentlicht, der mit bürgerlichem Namen Henri Beyle hieß, und er hat das Buch seiner Ilse gewidmet. Wie schon Max Brod in seinem Kepler-Roman einige Züge Einsteins auf seinen Helden übertragen hatte, erinnern auch einige Stellen in Kaysers Biographie an Einstein, etwa wenn er über die Studienjahre Beyles in Grenoble schreibt: »Seine Haare trug er lang, er wollte die halbe Stunde, die das Haarschneiden ihn gekostet hätte, der Mathematik nicht entreißen.«[11]

Was Einstein betrifft, ließ der sich tatsächlich nicht bewegen, zum Friseur zu gehen. Wenn es gar zu schlimm wurde, griff Frau Elsa selbst zur Schere. Sie war stark kurzsichtig, trug jedoch keine Brille, sondern nur ein Lorgnon. Weil sie bei dieser Prozedur mit der einen Hand die Schere, mit der anderen das Haar halten mußte, konnte sie kaum sehen, was sie tat. Das Ergebnis war dementsprechend. Einige Photographien zeigen, wie Elsa ihren Albert gerupft hatte.

1930 veröffentlichte Kayser unter dem Pseudonym Anton Reiser eine Biographie seines Schwiegervaters. Das Buch durfte auf dringenden Wunsch Einsteins jedoch nur in Englisch erscheinen. Im Vorwort hat Einstein gesagt, daß der Verfasser ihn gut von seiner privaten Seite her kenne. Aber gerade hierin war Kayser sehr diskret.[12]

Leider ist er auch nicht auf die Beziehung zu Gerhart Hauptmann eingegangen. Einstein schätzte den berühmten Schriftsteller. Als 1928 dessen dramatische Dichtung *Till Eulenspiegel* erschien, erhielt Einstein von Frau Hedwig Fischer ein Exemplar, und es hat ihm »sehr große Freude gemacht«:

> Hauptmann ist ein ganz einzigartiger Kerl unter den deutschen Schriftstellern. Er schöpft unmittelbar aus dem Volkstümlichen, immer saftig, nie sentimental, und so frei vom Konventionellen, menschlich und literarisch. Im Tragischen nie stelzbeinig, sondern immer schlicht. Nur wenn er symbolisch wird, wirkt er ein bißchen wie ein Bauer im Smoking.[13]

Einstein besaß ein ausgeprägtes Sprachgefühl. Die Gesichtspunkte, die er hier bei Hauptmann als positiv hervorhob, beachtete er selbst, wenn er einen Brief schrieb. Er schöpfte aus dem Volkstümlichen und war saftig, wo es sich machen ließ. »Sie geben mir's für zwei Sünden auf den Popo«, scherzte er mit seinem Freund Solovine. Als sich Max Born vehement gegen die Spekulation in der Physik aussprach, obwohl er doch früher selbst eine sehr spekulative nichtlineare Elektrodynamik aufgestellt hatte, hielt ihm Einstein das Sprichwort entgegen: »Junge Huren, alte Betschwestern!« Ein andermal hatte Einstein zum Tode eines Industriellen kondoliert, und von der Witwe war der Dank für die Anteilnahme in gedrechselten Phrasen gekommen. Aufs höchste belustigt gab er das Schreiben weiter und nannte es das »fidele Bekenntnis einer schönen, auf Stelzen geborenen Seele«. Da sei süß sterben. Und weil andere ebenfalls ihren Spaß haben sollten, setzte er hinzu: »Auch Wertheimer zeigen!«

Einstein war ein wissenschaftlicher Schriftsteller von Rang. Seine klassische Arbeit von 1905 *Zur Elektrodynamik bewegter Körper* überzeugt den Kenner auch in sprachlicher Hinsicht. Sie habe »die ganze Frische einer genialen Ergießung«, sagt der Harvard-Physiker und Einstein-Forscher Gerald Holton.[14] Auch von daher erscheine es glaubwürdig, daß sie innerhalb von fünf bis sechs Wochen niedergeschrieben wurde, wie Einstein berichtet hat.

Der niederländische Physiker Hendrik Antoon Kramers, der Nachfolger Ehrenfests in Leiden, hat sich in seiner Antrittsvorlesung mit dem Thema »Physiker als Stilisten« befaßt und konstatiert bei Einstein oft unerwartete Winkelzüge des Gedankenganges. Sie erinnerten an die überraschende Art, in der ein großer Komponist plötzlich ein neues Thema auftauchen lasse, und seien kennzeichnend für Einsteins Genie.[15]

Wenn sich Einstein mit einem wissenschaftlichen Werk beschäftigte, achtete er auch auf die Sprache. Von seinen Zeitgenossen hat er diesbezüglich den Mathematiker und Philosophen Bertrand Russell gerühmt, der wie er Pazifist war und gegen die Hochrüstung kämpfte, und Sigmund Freud, den Begründer der Psychoanalyse. »Wenn Einstein meinen Stil und meine Darstellungskunst lobt, zeigt das nur, ein wie wohlmeinender Mensch er ist«, meinte Freud etwas pikiert einem Schüler gegenüber. »Er möchte mich anerkennen – für den Inhalt meiner Schriften fehlt ihm aber das Verständnis. Darum lobt er wenigstens den Stil.«[16] Wir glauben, daß Einstein die Sprachkunst des Seelenanalytikers durchaus nicht nur aus Verlegenheit gerühmt hat.

Was Gerhart Hauptmann betrifft, ist er damals von Einstein wie von den meisten Zeitgenossen wohl zu hoch bewertet worden. Der »Dichterfürst«, wie er sich gern nennen ließ, Frau Margarethe und Sohn Benvenuto kamen oft in die Haberlandstraße. Benvenuto hatte zwei kurze Ehen hinter sich und bemühte sich nun um Margot, während Einstein Frau Margarethe mit Komplimenten traktierte.

Ein Gast bei Einsteins hat einen Besuch der Hauptmanns miterlebt: »Es war etwa so, als hätte ein unsichtbarer Inspizient ›Ihr Auftritt, Familie Hauptmann‹ gerufen.« Die drei kamen vom Hotel Adlon, wo sie, wie Frau Margarethe erzählte, eine Kleinigkeit gegessen hatten. »Offensichtlich hatte Gerhart Hauptmann zu dieser Kleinigkeit größere Mengen getrunken, denn er verbreitete einen leichten Weinnebel und wirkte sehr aufgekratzt.«[17] Der Dichter sprühte Geist und zitierte unentwegt aus Goethe und seinen eigenen Werken.

Gerhart Hauptmann fühlte sich als der Olympier des 20. Jahrhunderts und zelebrierte seine Bedeutung. Solche Selbstinszenierungen hatte vor ein paar Jahren Thomas Mann bei einem Zusammentreffen mit dem schlesischen Dichter in einem Bozener Hotel erlebt und im *Zauberberg* verarbeitet. Bekanntlich tritt dort im Ablauf der Handlung »zu elfter Stunde« ein Kolonialholländer namens Pieter Peeperkorn auf, den man als eine boshafte Karikatur Hauptmanns auffassen muß. Dieser Mynheer Peeperkorn macht durch die majestätische Erscheinung und die »zwingenden Kulturgebärden« tiefen Eindruck auf die Patienten. Er führt große Reden, vor allem, wenn er getrunken hat, und jeder glaubt, Bedeutendes zu vernehmen; in Wahrheit gibt er nur abgerissene Worte von sich. »Doch wirkte auch seine Betrunkenheit nicht gering und beschämend, nicht als ein Entwürdigungszustand«, schrieb Thomas Mann ironisch, »sondern verband sich mit der Majestät seiner Natur zu einer großartigen und ehrfurchtgebietenden Erscheinung.«[18]

So erlebten auch die Einsteins Gerhart Hauptmann. »Wann immer das Gespräch auf einen berühmten Mann kam, fragte er: ›Und wohin gehöre ich? Wer bin ich für die Welt?‹ Bis auf Einstein beeilte sich dann die Teetafel um eine gebührliche Einordnung. Die Ironie, mit der selbst seine Frau nicht sparte, schien er gar nicht zu spüren.«

Einstein beobachtete die zwanghafte Selbstdarstellung mit einem vielsagenden Lächeln. Einig mit Gerhart Hauptmann war er sich nur, wenn der das Gespräch wieder einmal auf das ewig Weibliche lenkte. Unverblümt vertrat dabei Gerhart Hauptmann die Auffassung, daß eine Ehe zu dritt den Vorzug verdiene gegenüber der konventionellen Verbindung von Mann und Frau. An dieser Stelle mischte sich die zurückhaltende Margot mit einem energischen Protest ins Gespräch. Benvenuto werde seine Probleme kaum durch eine Ehe mit zwei Frauen lösen.

Margot war Bildhauerin und Schülerin von Professor Kurt Harald Isenstein in Lichterfelde. Immer stand ein von ihr modelliertes Tonfigürchen auf Einsteins Schreibtisch. Margot heiratete schließlich im Dezember 1930 einen weltmännisch auftretenden Russen.

Mit Elsa und Margot 1929

Die scheue und verletzliche Margot bewunderte ihren »Dima«. Dieser Dimitri Marianoff leitete bei der sowjetischen Handelsmission in Berlin die Abteilung Filmvertrieb. Er hatte viele Damenbekanntschaften und verstand sich auf den Umgang mit Frauen. Auch Elsa liebte ihren Schwiegersohn: »Mein Marianoff ist ein Zigeuner«, meinte sie, »aber ein feiner und interessanter.« Die Hausangestellte erzählte, daß er ihr immer etwas mitgebracht habe, Theaterkarten oder Leckereien aus dem Russischen Laden. Im Frühjahr 1933, als die Einsteins, die Kaysers und die Marianoffs längst ausgereist waren, kamen noch viele Mahnungen ins Haus. Marianoff hatte nach allen Seiten Blumen verschenkt, die Rechnungen aber nicht bezahlt.

Als er nach der Emigration in Paris auf Abwege geriet, war Elsa sehr deprimiert: »Sie können mir glauben«, schrieb sie einer Freundin, »er ist im Grunde seiner Seele ein sehr anständiger, sogar ein nobler Mensch.« Die Einsteins seien schuld daran, meinte sie entschuldigend, daß er den Zusammenhang mit Rußland und damit seinen Halt verloren habe.[19]

Auch Dimitri Marianoff schrieb über Einstein, als seine Ehe mit Margot schon geschieden war. Dazu hat er sich mit einer Amerikanerin liiert. Die 1944 in New York erschienene Biographie enthält viele Fehler, und Einstein hat sich von diesem Buch ausdrücklich distanziert. In die deutschen Bibliotheken ist es durch die Zeitumstände gar nicht gekommen.[20]

Am 14. Mai 1925 wurde Hans Albert volljährig. Einstein war hellauf entsetzt, als er erfuhr, daß sein Ältester bereits im »suggestiven Bann« einer »sehr energischen und zielbewußten Evastochter« stand und sich mit Heiratsplänen trug. Wieder mußte Hermann Anschütz-Kaempfe eingreifen. Hans Albert wurde nach München beordert, in das kultivierte Stadthaus des Industriellen, und Anschütz-Kaempfe redete dem jungen Mann zu »wie einem kranken Pferd«. Schließlich holte man auch noch die Braut telegraphisch herbei: »Sie war ihrer Sache vollkommen sicher und hat offenbar das Gefühl, den [Hans] Albert ganz gängeln zu können.«[21]

Mit der Heirat war Einstein ganz und gar nicht einverstanden. Wie sich seine Eltern seinerzeit gegen seine Verbindung mit Mileva aufgelehnt hatten, opponierte er jetzt ebenso heftig und ebenso vergeblich. Seine Mutter hatte ihn damals gewarnt, eine ältere Frau zu heiraten: »Bis du dreißig bist, ist sie eine alte Hex'.«[22] Jetzt sprach er ähnlich häßlich über seine Schwiegertochter, die »Schachtel«, die »ganz klein ist, einen Kropf... [und] die Mutter im Irrenhaus hat und zehn Jahre älter ist.«[23]

Daß Hans Albert die Ingenieurlaufbahn einschlug, paßte ihm ebenfalls nicht. »Ich sollte ursprünglich auch Techniker werden«, erklärte Einstein seinem Freund Heinrich Zangger: »Aber der Gedanke, die Erfindungskraft auf Dinge verwenden zu sollen, welche das werktägliche Leben noch raffinierter machen mit dem Ziel öder Kapitalschinderei, war mir unerträglich.«[24] Diesem Freund gegenüber klagte er, seine Jungen hätten von ihm »die Schreibfaulheit geerbt«, wie er von seinem Vater: »Es ist dies eigentlich der einzige Besitz, der sich in meiner Familie forterbt, einige intellektuelle Fähigkeiten und einen gewissen Trotz abgerechnet.«[25]

Sein 1910 geborener zweiter Sohn Eduard machte Einstein durch seine vielen Krankheiten große Sorgen, und er sinnierte: »Ob es nicht besser wäre, wenn er Abschied nehmen könnte, bevor er das Leben richtig gekannt hat?«[26] Als Halbwüchsiger entwickelte sich »Tete« zu einem geistvollen Bücherwurm: »Er dichtet, spielt Bach auswendig, ist aber recht kindlich und unpraktisch.« Der hoch aufgeschossene »Lieblingsjunge« des Vaters schaffte 1929 noch das Abitur in Zürich, mußte aber dann nach einem Selbstmordversuch in eine Nervenheilanstalt. »An Albert nagt es; er wird schwer damit fertig. Viel schwerer, als er zugibt.« Mit großem Mitgefühl beobachtete Elsa ihren Mann: »Er strebt stets danach, gänzlich unverwundbar in allen menschlichen Angelegenheiten sein zu können. Ist es auch weit mehr, als alle Menschen, die ich kenne. Aber diese Begebenheit war und ist schrecklich für ihn.«[27]

Die Wissenschaft besteht darin, die schwierigeren Probleme auszuklammern und die leichteren zu lösen. Auch was sein Leben betraf, war Einstein ein Meister dieser Methode. Er schickte Geld und überließ die Sorge um Eduard seiner ersten Frau und seinen Züricher Freunden. Auch in der zweiten Ehe schienen ihn die Probleme seiner Frau und der Familienmitglieder recht gleichgültig zu lassen, und er beschränkte sich auf witzige Kommentare. Als Dimitri Marianoff auftauchte und seiner jüngeren Stieftochter den Hof machte, gratulierte er ironisch: Er hätte nie gedacht, daß es Margot doch noch einmal zu einem Liebhaber bringen würde.

Eines Tages bemerkte Frau Elsa mit Schrecken, daß ihr schönes Familiensilber auf mysteriöse Weise stückweise verschwand. Sie wurde zornig, als ihr Albert nur wieder mit den gewohnten Scherzen reagierte. Schließlich stellte sich heraus, daß es kein anderer gewesen sein konnte als die »Stütze der Hausfrau«. Das Mädchen wurde entlassen, und Frau Elsa mußte sich nach einer neuen Hilfe umsehen.

Bei der Stellenvermittlung sah sie ein großes, blondes Mädchen von 20 Jahren, das ihr sofort gefiel. Die neue Hausangestellte ging gleich mit zur Polizei, um die gestohlenen Sachen abzuholen. Sie hat dann das Mittagessen gekocht, grüne Bohnen und Hammelkotelett, und sich damit beim Hausherrn bestens eingeführt. Die »gute, tapfere Herta«, wie sie bei den Einsteins später hieß, blieb sechs Jahre, bis Juni 1933, als alle Familienmitglieder ausgereist waren. Sie hat auch dann nichts auf ihre Herrschaft kommen lassen: »Von der menschlichen Seite waren die Einsteins ganz groß.« Den tiefsten Eindruck machte ihr, daß »Herr Professor« zu jedermann in dem gleichen freundlich-scherzenden Ton sprach, ob es ein Hausierer war oder der Dichterfürst Gerhart Hauptmann.

János Plesch, ein häufiger Gast, hat ihr geraten, alles aufzuschreiben, was sie im Hause sehe und höre. Einmal werde sie damit viel Geld machen können: »Das hat er wörtlich so zu mir gesagt.« Nach der Machtergreifung interessierte sich aber nur die Gestapo für ihre Beobachtungen. Die Nationalsozialisten wollten Einstein »volks- oder staatsfeindliche Bestrebungen« nachweisen, um seinen Besitz in Deutschland beschlagnahmen zu können. Die Vernehmungen erbrachten jedoch nur, daß Geheimrat Planck, Professor Max von Laue und Generalmusikdirektor Erich Kleiber zu den häufigsten Gästen gehört hatten und nie »verdächtige Gespräche« hinter verschlossenen Türen geführt worden waren.

Später kamen doch noch die Historiker. In den siebziger Jahren meldete sich bei Herta Waldow, wie das Hausmädchen nach ihrer

Verheiratung hieß, der Einstein-Forscher Friedrich Herneck. Ein Tagebuch besaß sie zwar nicht, aber, wie sich herausstellte, ein recht gutes Gedächtnis. Herneck hat lange Gespräche mit ihr geführt und die Tonbandaufnahmen publiziert. Das Bändchen gibt recht zuverlässig Auskunft, wie es damals in der Haberlandstraße zuging.

Einstein hatte eine große Vorliebe für Pilz- und Spargelgerichte, aber auch Reis, Spaghetti und Salate aß er gern. Wenn es Erdbeeren gab, vertilgte er Unmengen: »Im allgemeinen war Herr Professor im Essen aber anspruchslos.« Filets, die es selten gab, mußten gut durchgebraten sein, »well done«, wie es in der kulinarischen Fachsprache heißt. Er mochte es nicht, wenn das Fleisch innen noch rot war, und pflegte dann zu sagen: »Ich bin doch kein Tiger.«

Einladungen zu Abendgesellschaften hat es förmlich geregnet. Einstein aber wollte nicht als »Tafelaufsatz« dienen und schimpfte, wenn Elsa eine Zusage gegeben hatte. Schon das Umziehen betrachtete er als Zumutung. Für Eleganz fehlte ihm jeder Sinn: »Man trägt doch nur deshalb geputzte Schuhe, damit niemand sagen kann, man habe ungeputzte Schuhe.« Einmal hatte Harry Graf Kessler einen erlesenen Kreis von Gästen zum Abendessen geladen: »Einstein majestätisch trotz seiner übergroßen Bescheidenheit und Schnürstiefeln zum Smoking. Er ist etwas fetter geworden, die Augen aber immer noch fast kindlich strahlend und schalkhaft.«[28]

Ein anderes Mal waren die Einsteins mit ein paar prominenten Gästen zum Diner bei Samuel Fischer. Das Gespräch kam auf die Astrologie. Gerhart Hauptmann stand ihr bedingt positiv gegenüber. »Aber Einstein lehnte sie absolut und so schroff, wie bei seiner konzilianten Natur denkbar, ab.« Das Gespräch wurde immer wieder durch Alfred Kerr, den berühmten und gefürchteten Theaterkritiker, mit faden Witzeleien unterbrochen. Insbesondere machte sich Kerr lustig über den lieben Gott. Graf Kessler wollte ihn zur Raison bringen und sagte, er solle doch Einstein nicht unnötig verletzen. Der große Physiker sei tief religiös. »Was«, sagte Kerr, »nicht möglich! Da muß ich ihn doch gleich mal fragen.« Und er wandte sich an Einstein: »Also, lieber Professor, Sie sollen tief religiös sein?« Einstein antwortete mit

Gelassenheit: »Gewiß, wie man es nehmen will. Wenn man mit unseren beschränkten Mitteln in die Natur einzudringen vermag, so findet man hinter allen für uns noch erkennbaren Zusammenhängen etwas ganz... Ungreifbares, Unerklärliches. Die Ehrfurcht vor diesem jenseits des uns Greifbaren Waltenden ist meine Religion.«[29]

Als ihm damals das Buch *Es gibt keinen Gott* zugesandt wurde, antwortete er dem Verfasser, daß er die Lektüre als religiöse Erbauung empfunden habe. Der Titel sei jedoch falsch gewählt, es müsse heißen »Es gibt keinen persönlichen Gott«.

Etwa um diese Zeit erhielt Einstein das Telegramm eines New Yorker Rabbiners: »Glauben Sie an Gott? Bezahlte Antwort 50 Worte.« Seine berühmt gewordene Antwort lautete:

> Ich glaube an Spinozas Gott, der sich in der gesetzlichen Harmonie des Seienden offenbart, nicht an einen Gott, der sich mit Schicksalen und Handlungen der Menschen abgibt.[30]

Einstein hat Gesellschaften als Zeitverschwendung angesehen. Auch ins Kino und Theater ist er nur selten gegangen. Einer Anekdote zufolge hat der Schriftsteller Ferenc Molnár Einstein einmal provoziert, indem er sich über seine Geigenkünste lustig machte. In diesem Punkt sei der große Physiker empfindlich gewesen: »Warum lachen Sie, Molnár? Ich lache auch nicht in Ihren Lustspielen.« In Wirklichkeit hat Einstein wohl nie eines der anspruchslosen Boulevardstücke gesehen.

Einsteins Frau und seine Stieftöchter waren stark literarisch interessiert. Elsa hatte früher im Harmoniumsaal aus Werken von Liliencron, Hofmannsthal und Dauthendey vorgetragen. In der Wohnung standen die Ausgaben von Goethe und Schiller, und die »tapfere Herta« erinnerte sich auch an Dostojewski und Gottfried Keller. Sie durfte sich nehmen, was sie lesen wollte.

Schon als junger Mann hatte Einstein die philosophische Literatur fleißig studiert, soweit sie sich auf das Erkenntnisproblem bezog. Außerordentlich schätzte er Schopenhauer. Oft holte er sich einen der abgegriffenen Bände aus dem Bücherschrank, und man sah ihm bei der Lektüre das Vergnügen an. Schopenhauer hat die Mißstände in der Gelehrtenrepublik witzig glossiert, etwa wenn er schrieb, daß sich die Gelehrten nie einig werden könnten, nur darin, »einen wirklich eminenten Kopf, wenn er sich zeigen sollte, nicht aufkommen zu lassen, da er allen zugleich gefährlich wird«.

An dieser Stelle der *Parerga und Paralipomena* mag Einstein an seinen verehrten Kollegen Max Planck gedacht haben, der in dem akademischen Getriebe eine bewunderungswürdige Ausnahme bildete. Was er für recht hielt, hat er durchgeführt, auch wenn es ihm persönlich Nachteile brachte. So betrieb er vor dem Ersten Weltkrieg die Berufung Einsteins nach Berlin, obwohl er genau wußte, daß ihn dieser in den Schatten stellen würde.

Romane und Lyrik hat Einstein nicht viel gelesen. Von Shakespeare kannte er die Dramen und Lustspiele, von Tolstoi *Krieg und Frieden*, *Anna Karenina* und *Auferstehung*. Begeistert haben ihn *Die Brüder Karamasow* von Dostojewski.

Seine Lieblingslektüre war der *Don Quijote* von Cervantes. Der Held der Geschichte besitzt ein gänzlich antiquiertes Weltverständnis, in dem die »Ritterehre« und die Liebe zu einer »hohen Frau« die entscheidende Rolle spielen, und kommt fortwährend mit der Wirklichkeit in Konflikt. Einstein mochte da an so manchen Kollegen denken, der wie weiland der »Ritter von der traurigen Gestalt« gegen Windmühlen antrat. Dayton C. Miller mit seinen ewigen Bemühungen, doch noch eine »Bewegung des Äthers« nachzuweisen, war ein solcher Fall.

Politische Literatur lag ihm näher. So war er sehr angetan von Shaws *Wegweiser für die moderne Frau zum Kapitalismus und Sozialismus* und las »mit freudiger Bewunderung« zwei Drittel »trotz fieberhafter Arbeit an eigenen Problemen«. Es entstand gerade die »Einheitliche Feldtheorie«, die sich freilich bald (um mit ihm selbst zu reden) als »ein Schlag ins Wasser« erwies.

Einstein besaß starke sozialistische Sympathien und versuchte zu verstehen, warum sich Shaw eigens an die Frauen wandte. Einsteins Erklärung hat wenig mit Politik zu tun, um so mehr mit seinem Frauenbild. Shaw spreche wohl vor allem deshalb die Leserinnen an, meinte er, weil »die Frauen mit ihren großen gegenseitigen Abstoßungskräften, mit ihrem Festhalten an gesellschaftlichen Traditionen und ihrem Sexus-Bedürfnis« das mächtigste hemmende Moment gegen die Einführung des

Sozialismus bildeten.[31] Zum Thema »Frau« notierte er damals den Vierzeiler:

Was hat der liebe Gott gedacht,
Als die Weiber er gemacht?
Heilig tun sie in's Gesicht –
Hinten rum schämt man sich nicht.[32]

Wie Gustave Flauberts *Madame Bovary* sind wir von der Lektüre unseres Helden unversehens zur Libido gekommen. Zurück zu Shaws *Wegweiser zum Sozialismus*: Einstein hatte das Buch von Hedwig Fischer erhalten, der Frau des Verlegers, und in seinem Dank schrieb er, er wolle gern zur Verbreitung beitragen »und dabei seinen rasselnden Namen benutzen«. Auch einen kurzen Werbetext hatte er schon entworfen, in dem er Shaw den »Voltaire unserer Tage« nannte.[33]

Als der S. Fischer Verlag im November 1929 eine billige Sonderausgabe der *Buddenbrooks* für 2,85 RM herausbrachte, dazu noch Thomas Mann im Dezember den Nobelpreis für das vor 30 Jahren entstandene Werk erhielt und innerhalb von zwei Monaten 700 000 Exemplare verkauft wurden, wollte auch Einstein nicht gänzlich ahnungslos sein. Die Lektüre machte ihm aber kein Vergnügen, und er sprach von einer Strafarbeit.

Eine Rundfrage der *Literarischen Welt* an einige große Gelehrte ergab, daß sie alle mit der zeitgenössischen Literatur nichts anfangen konnten.[34] Einstein war also hierin keine Ausnahme. Auf die Frage einer anderen Redaktion nach den Neuerscheinungen, die ihm den stärksten Eindruck gemacht hatten, nannte er sechs Titel: *Kulturgeschichte der Neuzeit* von Egon Friedell; *Vom weißen Kreuz zur roten Fahne*, die Lebenserinnerungen von Max Hölz; den *Wegweiser für die moderne Frau zum Kapitalismus und Sozialismus* von George Bernard Shaw; *Das Totenschiff* von B. Traven; den *Aufstand der Fischer von St. Barbara* von Anna Seghers und *Zwischen Wasser und Urwald* von Albert Schweitzer.[35]

Der Zauberberg von Thomas Mann und *Der Steppenwolf* von Hermann Hesse fehlen. Maßgebend für die Auswahl war offensichtlich nicht die literarische Qualität, sondern die politische

Tendenz. Von den genannten sechs Autoren waren zwei Kommunisten (Hölz und Seghers), zwei Sozialisten (Traven und Shaw) und zwei Linksliberale (Friedell und Schweitzer).

Ein tiefes Bedürfnis war ihm die Musik. In Konzerte ging er regelmäßig. Ausgesprochen Freude hat es ihm gemacht, wenn er gebeten wurde, bei einem Wohltätigkeitskonzert aufzutreten. Über sein musikalisches Können gehen die Meinungen auseinander. »Er hatte einen Strich wie ein Holzfäller«, sagte ein Kollege, der viel von Musik verstand. »Ein großer Mensch bleibt groß in allem«, meinte dagegen der Cellist Alexander Barjansky: »Wie Einstein Mozart spielte, war einzig. Ohne ein Virtuose zu sein und vielleicht deswegen hat er die Tiefe und Tragik des Mozartschen Genies so selbstverständlich auf seiner Geige wiedergegeben.«[36] Brigitte B. Fischer, die Tochter des alten Samuel Fischer und Frau des Verlegers Bermann-Fischer, fand, daß Einstein sehr musikalisch war, aber »keinen wirklich großen Ton« hatte.

Der Arzt János Plesch berichtete, daß sich Einstein auf seine Auftritte sorgfältig vorbereitet habe: »Es gibt viel begabtere Techniker als ihn, aber ich glaube keinen, der mit innigerem Ernst und tieferem Empfinden musizierte.« Gerade hier habe Einstein die Diskrepanz zwischen Können und Wollen gefühlt. In diesem Punkt muß man aber Plesch korrigieren: Diese Diskrepanz hat Einstein noch stärker in seiner Physik empfunden. Denn es zeigte sich, daß seine ursprünglichen Hoffnungen auf eine »Einheitliche Feldtheorie«, die Gravitation und Elektrodynamik verbinden sollte, verfrüht waren.

Auch der Schwiegersohn Rudolf Kayser bewertete Einsteins musikalische Fähigkeiten hoch. Er erzählte die Geschichte von dem Kritiker, der nicht wußte, daß Einstein Physiker war, und der in seiner Besprechung schrieb: »Einstein spielt ausgezeichnet. Sein Weltruhm aber ist unbegründet. Es gibt viele ebensogute Geiger.« Als sich einmal die Konzerte häuften, die Einstein gab, bemerkte ein Witzbold, daß nun Fritz Kreisler die physikalischen Vorlesungen übernehmen müsse.[37]

Einstein spielte auch gern Klavier, meistens Phantasien, die an Mozart erinnerten. Sobald jedoch ein Fremder eintrat, brach er ab: »Diese Musik war streng privat und nicht für fremde Ohren bestimmt.« Plesch erzählte, daß auf seinem Besitz in Gatow in einem am Wasser gelegenen Pavillon eine Orgel stand, auf der Einstein stundenlang improvisierte: »Er merkte nicht, daß sich in kurzer Zeit auf dem Fluß, in Kähnen und Jachten, ein andachtsvolles Publikum angesammelt hatte, um diesen wunderbaren Harmonien zu lauschen. Es war *nicht* die Neugier, Einstein zu hören, die sie lockte und in Bann hielt, denn keiner ahnte, wer das Instrument spielte. Es war allein der Zauber seines Spiels.«[38]

Als Einstein von einer Illustrierten um seine Meinung über Johann Sebastian Bach gefragt wurde, antwortete er: »Was ich zu Bachs Lebenswerk zu sagen habe: Hören, spielen, lieben, verehren – und das Maul halten.« Im gleichen Jahr 1928 kam von einer anderen Zeitschrift anläßlich des 100. Todestages eine ähnliche Anfrage nach Schubert. Da fiel ihm im Augenblick keine passende Sentenz ein, und er beschränkte sich auf eine Reproduktion des über Bach Gesagten. Später hat er dann einmal »Bach, Mozart und einige alte Italiener und Engländer« als seine »Lieblinge in der Musik« bezeichnet. Auch Schubert sei ihm »einer der liebsten wegen seines ungeheuer vollkommenen Gefühlsausdruckes«.[39] In Musiktheorie und Musikgeschichte hielt er sich dagegen für »recht unwissend«.[40]

Am 12. April 1929 hörte Einstein das berühmte Konzert in der Philharmonie, das Bruno Walter dirigierte und das für Yehudi Menuhin die Weltkarriere eröffnete. Die Reinheit und Versunkenheit seines Spiels versetzte die Zuhörer in Ekstase. Einstein stürmte über die Bühne in das Künstlerzimmer und umarmte den Dreizehnjährigen: »Jetzt weiß ich, daß es einen Gott im Himmel gibt.«[41]

»Der kleine Yehudi hat also mit einem Schlage das mächtige Berlin erobert«, schrieb das *Berliner Tageblatt*, »so ganz freimütig und schlicht, wie einstmals der kleine David den Riesen Goliath ganz einfach mit seiner Schleuder umlegte.«[42] Musikfreunde bedauerten, daß Alfred Einstein das Konzert versäumt hatte. Der renommierte Musikkritiker war zum Musikfest nach Genf gereist. Er war mit Albert Einstein nicht verwandt, wie man oft liest, aber es bestanden freundschaftliche Beziehungen, und der Physiker nannte ihn scherzhaft seinen »Vetter«. Im Konzert faßte der Kritiker gelegentlich »den Mut« (wie er sich ausdrückte), den großen Physiker anzusprechen.

Alfred Einstein wurde 1880 in München geboren und hat dort ebenfalls das Luitpold-Gymnasium besucht. Er erinnerte später seinen berühmten Namensvetter an die gemeinsamen Singstunden, bei denen der eineinhalb Jahre Ältere ihn öfter an den Haaren gezogen habe. Einige Male gelangte für Alfred Einstein bestimmte Post versehentlich in die Haberlandstraße. Darunter war die für die Karriere des Musikologen wichtige Anstellung als Kritiker des *Berliner Tageblattes*. Einsteins Sekretär, damals ein Jurastudent, scherzte im Auftrag des Meisters, »daß der Herr Professor mit wachsendem Erstaunen von seiner Berufung an das B.T. Kenntnis« genommen habe.

Als der junge Physiker Wolfgang Yourgrau einmal ein Kammerkonzert besuchte, sah er in der Reihe vor sich den bewunderten Einstein. Er machte seine Mutter diskret aufmerksam, die aber nicht richtig zuhörte und sich mit ihrer überlauten Altstimme vernehmen ließ: »Wer ist dieser Mensch mit dem Kragen voller Schuppen?«

Später erlitt Yourgrau einen schweren Eisenbahnunfall. Er lag mit gebrochenen Armen und Beinen und einer Gehirnerschütterung viele Monate in einem Berliner Krankenhaus. Einstein erfuhr davon und kam regelmäßig zweimal in der Woche zu Besuch, allein oder gemeinsam mit Elsa: »Beide saßen sie auf unbequemen Stühlen an meinem Bettende. Einstein war scheu, befangen... Frau Professor war von echter mütterlicher Wärme erfüllt und berichtete regelmäßig meiner Mutter über meinen Gesundheitszustand, ja sie schrieb sogar meinem Vater nach Brüssel. Kein Verwandter, kein Freund, kein Kollege brachten mir so viel Rücksichtnahme und echte Fürsorge entgegen wie die Einsteins.«[43]

Yourgrau erinnerte sich, wie Einstein von Mozarts Genie schwärmte und über den Einfluß Galileis auf die Relativitätstheorie sprach: »Einstein wollte nett sein, und so erzählte er mir, daß ich vom Glück begünstigt wäre, weil Schrödinger mich sehr mochte.« Der große Physiker hatte auch erfahren, daß Yourgrau erst sehr spät sprechen gelernt hatte, und vertraute ihm an, daß das auch bei ihm der Fall gewesen war. »Merkwürdigerweise wußte er auch, daß ich seit vielen Jahren an einem schier unheilbaren Stottern litt... Er versicherte mir, daß... Stottern und Stammeln vorübergehende Erscheinungen wären und viel leichter geheilt werden könnten als Lispeln.«

Einstein besaß einen großen Bekanntenkreis. Neben den Physikern bildeten wohl die Musiker das Hauptkontingent. Auch mit zahlreichen Schriftstellern war er befreundet. Hier schufen die internationale Gesinnung und der Pazifismus die Gemeinsamkeit.

Unter den vielen Menschen, die sich an Einstein herandrängten, war auch der Arzt János Plesch. Der umtriebige Ungar besaß eine große Privatpraxis und sammelte Berühmtheiten. In einer Beurteilung der Universität Berlin hieß es, er sei ein »übergeschäftiger Modearzt mit unersättlichem Geltungsbedürfnis«. Plesch besaß ein luxuriöses Haus in der Budapester Straße und eine Villa in Gatow. Hier hat er manches Wochenende mit Einstein verbracht. Gelegentlich wurden noch ein paar prominente Gäste zum Abendessen eingeladen. Er schmückte sich mit Einstein.

Einmal ließ sich bei einer solchen Gelegenheit der penetrante Gestank nicht mehr vornehm übergehen, der aus einer in der Nähe gelegenen Kläranlage stammte. Der Berliner Oberbürgermeister, der unter den Gästen war, entschuldigte sich bei Einstein. Der aber versicherte, daß ihm der Geruch nichts ausmache: »Ich revanchiere mich von Zeit zu Zeit.«

Einstein hat ganze Wochen allein auf dem Landsitz verbracht, sich selbst bekocht und das Eremitenleben genossen. Als sein 50. Geburtstag heranrückte, wich er schon ein paar Tage vorher nach Gatow aus. Am 14. März kam Elsa mit den Töchtern und dem Schwiegersohn, um im engsten Familienkreis zu feiern. Einstein durfte seine ältesten Hosen und seinen Pullover tragen und fühlte sich wohl. Als er hörte, daß ihn die Zeitungsleute vergeblich gesucht hatten, freute er sich wie ein Lausbub über den gelungenen Streich.

Rudolf Kayser mochte an den 50. Geburtstag Thomas Manns denken, der vier Jahre zuvor mit einem Festakt im Alten Rathaussaal in München und einer Matinee im Residenztheater gefeiert worden war. Der S. Fischer Verlag und die *Neue Rundschau* hatten sich dabei »redlich ins Zeug gelegt«. In seiner Tischrede war Thomas Mann auf die Bedeutung seines Werkes und die

Fragwürdigkeit des Ruhms eingegangen: »Wenn man sieht, was aus hellem Ruhm mitunter binnen fünfzig, binnen zwanzig Jahren wird, so mag einem wohl bangen. Niemand von uns weiß, in welchem Rang er vor der Nachwelt stehen, vor der Zeit bestehen wird.«[44] In der Tat machte man sich unter Kennern lustig über den einst hochgerühmten Paul Heyse, den Nobelpreisträger von 1910, und auch bei Gerhart Hauptmann schätzte man neuerdings viele Arbeiten als kitschig und dilettantisch ein.

Später hat Alfred Einstein die Frage nach der Bewertung »musikalischer Größe« gestellt und gemeint, daß auch hier das Urteil erheblichen Schwankungen unterliege. Für seine Generation sei Richard Wagner das beste Beispiel: Auf den großen Rausch folgte die große Ernüchterung, und dann wuchs die Bewunderung wieder ins Ungemessene.

Da war es in der Physik anders. Die Altmeister wie Kepler, Galilei und Newton standen seit Jahrhunderten in hohen Ehren, und wer sich wie Einstein ernsthaft mit ihrem Werk befaßte, konnte seine Bewunderung nicht versagen. Über Newton hatte er 1919 in der *Times* geschrieben: »Seine klaren und großen Ideen werden als Fundament unserer ganzen modernen Begriffsbildung... ihre eminente Bedeutung in aller Zukunft behalten.«[45] Zwar ist die Allgemeine Relativitätstheorie umfassender als das Newtonsche Gravitationsgesetz; dieses aber wird durch die neue Theorie nicht überflüssig, sondern bleibt weiter bestehen als Näherung, die für die meisten Aufgaben völlig ausreicht. Einsteins erklärtes Ziel war es damals, die Allgemeine Relativitätstheorie durch Einbeziehung anderer Naturkräfte zu einer »Weltformel« zu erweitern. Das ist bis heute nicht gelungen. Sollte es eines Tages eine umfassende Theorie aller Naturkräfte geben, würde dadurch die Allgemeine Relativitätstheorie nicht außer Kraft gesetzt, sondern bliebe als Näherung weiter gültig.

Während also der Dichter immer wieder zweifelnd fragte: »Was wird wohl von meinem Werk übrigbleiben, die Buddenbrooks oder der Joseph?«, hatte der große Physiker die Sicherheit: Seine Leistungen waren nicht mehr fortzudenken aus der Wissenschaft. Obwohl Einstein nicht vorankam auf dem Weg zu einer »Einheitlichen Feldtheorie«, blieb ihm der Trost: »Das Hauptsächlichste, was ich gemacht habe, [ist] zu dem selbstverständlichen Bestande unserer Wissenschaft geworden.«[46]

So erfüllte sich der Wunsch des Volksschülers, der ihm zum 50. Geburtstag gratulierte: »Bleiben Sie lange berühmt.« Während die Familie in Gatow feierte, nahmen in der Stadtwohnung Helene Dukas und das Hausmädchen die in Massen eingehenden Briefe und Telegramme in Empfang. Unterbringen konnten sie die Zusendungen schließlich nur noch in großen Waschkörben. »Auch Blumen gab es in Hülle und Fülle«, berichtete Herta. »Das ganze Gästezimmer war damit voll, weil in den anderen Räumen nicht mehr genug Platz war.«[47]

Die Geburtstagsbriefe kamen von guten Bekannten, Freunden und Kollegen, aber ebenso von Menschen, die seinen Lebensweg nur einmal gekreuzt hatten und ihn nun daran erinnerten. Auch ganz Unbekannte gratulierten und drückten ihre Verehrung aus. Aus München schrieb der alte Lehrer, der ihm am Luitpold-Gymnasium Religionsunterricht erteilt hatte. »Wie oft habe ich es bedauert«, antwortete Einstein, »nicht fleißiger gewesen zu sein im Studium der Sprache und Literatur unserer Väter.«

Ein ehemaliger Klassenkamerad, der es zum Steueroberinspektor gebracht hatte, sandte die in den *Münchner Neuesten Nachrichten* erschienene Notiz des Direktors seines (inzwischen umbenannten) alten Münchner Gymnasiums. Dieser hatte sich die Schulakten angesehen und dementierte nun öffentlich die Gerüchte über die angeblich schlechten Noten Einsteins. »Die Richtigkeit der Notiz kann ich selbst bezeugen«, kommentierte der Klassenkamerad, »da ich, solange ich seinerzeit neben Ihnen saß, sowohl in den Sprachen wie vor allem in der Mathematik, besonders bei Schulaufgaben immer sehr viel profitiert habe.«[48]

Auch von der Aarauer Kantonsschule meldeten sich zwei ehemalige Klassenkameraden. Der Jugendfreund, mit dem Einstein 1896 auf Wandertour in Italien gewesen war, erinnerte ihn daran, wie sie nachts den Sternenhimmel betrachtet hatten und Einstein ihm sagte, daß der Anblick »gewaltigen Eindruck« auf ihn mache.

Die Deutsche Liga für Menschenrechte sandte ein Telegramm: »Gleich groß als Gelehrter wie als Vorkämpfer sozialen und internationalen Fortschritts werden Sie heute von den freiheitlichen Menschen aller Völker in gleicher Verehrung gefeiert. Wir wünschen Ihnen, daß Sie mit uns ein neues Zeitalter sozialer Kultur anbrechen sehen.«[49] Ein »Jude aus der Menge« schrieb: »In Gedanken schart sich heute Ihr zerstreutes Volk, stolz, beglückt und gerührt um Sie.« Vielleicht am meisten gefreut hat sich Einstein über das Geschenk eines Arbeitslosen, der ein kleines Päckchen Tabak geschickt hatte: »Der Tabak ist relativ wenig, aber von einem guten Feld.«[50]

Unter den Gratulanten war auch Sigmund Freud, der Einstein als »Sie Glücklicher« ansprach. Sie hatten sich zwei Jahre zuvor in Berlin im Hause von Freuds Sohn Ernst kennengelernt. »Verehrter Meister«, antwortete Einstein, »warum betonen Sie bei mir das Glück?«:

> Sie, der Sie in die Haut so vieler Menschen, ja der Menschheit geschlüpft sind, hatten doch keine Gelegenheit, in die meine zu schlüpfen.[51]

Es waren so viele Zuschriften, daß Einstein nicht jedem einzeln danken konnte. Alle aber erhielten eine Kopie seines Gedichtes:

> Jeder zeiget sich mir heute
> Von der allerbesten Seite.
> Und von nah und fern die Lieben
> Haben rührend mir geschrieben
> Und mit allem mich beschenkt
> Was sich so ein Schlemmer denkt –
> Was für den bejahrten Mann
> Noch in Frage kommen kann.[52]

Alfred Kerr benutzte die Aufführung von Leonhard Franks *Die Ursache* in den Kammerspielen zu einer exaltierten Huldigung. Seine Besprechung im *Berliner Tageblatt* war wie üblich in durchnumerierte Abschnitte gegliedert. Bereits unter IV kam der Kritiker auf den von ihm hoch verehrten Gelehrten: »Denn alles ist Einstein. Oh teurer Mann, der du jeden Gedanken an diesen Tag erfüllst: im tiefen Bewußtseinsglück für uns, daß du atmest und wandelst; zu deinem Auge fliegt ein unaussprechlicher Gruß.«[53]

Die Verbindung zu Einstein stellte Kerr etwas willkürlich her mit der »Relativität« der künstlerischen Wirkung. Wie Viscount Haldane und viele andere Zeitgenossen war auch Kerr dem populären Irrtum erlegen, Einstein habe die Relativität aller Werte festgestellt.[54] Dabei gab es, was der Kritiker nicht wissen konnte, einen wirklich engen Zusammenhang. Einstein und Frank machten beide die deutsche Schule für die politische und soziale Fehlentwicklung verantwortlich. Einstein notierte: »Das deutsche Volk ist durch Jahrhunderte hindurch von einer sich ewig erneuernden Schar von Schulmeistern und Unteroffizieren sowohl zu emsiger Arbeit und mancherlei Wissen als auch zu sklavischer Unterwürfigkeit und zu militärischem Drill und Grausamkeit erzogen worden.«[55]

Leonhard Frank schilderte in seinem Stück die eigenen Erfahrungen mit seinem Volksschullehrer in Würzburg. Der zum seelischen Krüppel verbogene junge Mann, um dessen Schicksal es geht, wird zum Mörder an seinem alten Lehrer und sagt in der Gerichtsverhandlung: »Ich bin der Meinung, daß fast alle Verbrechen durch die falsche Erziehung... verursacht werden.«[56]

Das wertvollste Geburtstagsgeschenk hatte sich der Berliner Oberbürgermeister ausgedacht. Er wußte, wie sehr Einstein das Landleben liebte. Ein paar Monate vor dem 14. März 1929 war er in die Haberlandstraße gekommen und hatte angekündigt, die Stadt wolle ihm, dem »größten Sohn Berlins«, als Ausdruck des Stolzes und der Dankbarkeit ein Haus am Wasser zur Verfügung stellen. Einstein war ein bedürfnisloser Mensch, und das Streben nach Reichtum und Besitz erschien ihm verächtlich. Jetzt gestand er, daß er sich seit langem doch etwas wünschte, ein kleines Haus in ländlicher Stille.

Der Magistrat von Groß-Berlin hatte vor einigen Jahren das Gut Neu-Cladow erworben und bot Einstein das schön gelegene Kavaliershaus an. Bei der Besichtigung mußte Elsa Einstein jedoch feststellen, daß die frühere Eigentümerin noch im Hause wohnte. Die Stadt hatte ihr die Nutznießung auf Lebenszeit eingeräumt. Daraufhin vereinbarte der Oberbürgermeister mit

Einstein, daß ihm statt dessen ein schönes Seegrundstück bei Gatow geschenkt werden sollte.

Der junge Architekt Konrad Wachsmann, ein Gropius-Schüler, begleitete Frau Einstein nach Gatow. Elsa war begeistert von dem Blick auf die Havel und den schönen alten Bäumen. Der Architekt aber hielt das Grundstück für ungeeignet. Es lag direkt neben einem Motorbootclub.[57] Als die beiden berichteten, was sie gesehen hatten, gab Einstein dem Architekten recht: »Dann kann ich gleich in ein Strandbad ziehen.« Wachsmann hatte sich auf den Bau von Holzhäusern spezialisiert und zeigte seinen Entwurf. Am Patentamt in Bern hatte Einstein gelernt, technische Zeichnungen zu lesen. Animiert erläuterte er die Details seinen drei Damen.

Für den Architekten war es die erste Begegnung mit Einstein. Frau Elsa hatte ihn zum Abendessen eingeladen, und es gab Aufschnitt, Salat und Tee. Seine Sekretärin Helene Dukas stellte Einstein mit den Worten vor: »Ohne sie wüßte keiner, daß ich noch lebe, denn sie schreibt alle meine Briefe.« Als das Hausmädchen kam, um nachzuschenken, erklärte Einstein: »Das ist die wichtigste Person im Hause und außerdem der einzige Mensch, der sich bei uns mit vernünftigen und wirklich notwendigen Dingen beschäftigt.«[58]

Einstein betrachtete unschlüssig die Schale mit dem Salat, und Margot sagte: »Du sitzt da wie Ben vor seinen Artischocken.« Ben war Benvenuto Hauptmann. Margot erzählte, daß sie neulich bei den Hauptmanns zum Essen eingeladen war. Es gab Artischocken, die Benvenuto noch nicht kannte und mißtrauisch beäugte. »Das ist ein Salat«, belehrte Gerhart Hauptmann, »der aus dem Boden einer distelartigen Pflanze gemacht wird.« Benvenuto empört: »Und so was soll ich essen? Ich bin doch kein Kaninchen.«

Einstein lachte los. Er warf Messer und Gabel auf den Teller, konnte sich nicht mehr beruhigen und wiederholte mit erstickter Stimme: »Ich bin doch kein Kaninchen.« Schließlich lachten alle, aber nicht über Benvenuto, sondern über Einstein.[59]

Für Konrad Wachsmann war es ein unvergeßlicher Abend. Er hatte den weltberühmten Gelehrten als Bauherrn gewonnen. 50 Jahre später erzählte er einem Berliner Journalisten, auf welch abenteuerliche Weise er den Auftrag ergattert hatte. Als er im Büro die Zeitungen durchsah, stieß er auf die Notiz, daß sich Einstein ein Holzhaus bauen lassen wolle. Von dieser Sekunde habe für ihn festgestanden: Er, Konrad Wachsmann, werde dieses Haus bauen. So sei er frech wie Oskar mit Firmenwagen und Chauffeur nach Berlin gekommen, habe in der Haberlandstraße 5 geläutet und es geschafft, obwohl er keine Empfehlung hatte, von Frau Elsa eingelassen zu werden. Das Glück war mit ihm. Elsa brannte darauf, das Havelgrundstück kennenzulernen. Sie nahm seinen Vorschlag an, sogleich nach Gatow zu fahren.

Einen Architekten also besaß Einstein nun und auch einen Vorentwurf. Noch aber fehlte der Bauplatz. Der 14. März 1929 kam, und die Welt feierte Einstein. Wo blieb das Geschenk der Stadt? Die Journalisten setzten dem Oberbürgermeister mit Fragen zu, und dieser sah keinen Ausweg, als zu bekräftigen, daß es bei der Zusage bleibe: Einstein werde in dem Kavaliershaus in Neu-Cladow »ein Wohnrecht auf Lebenszeit« erhalten. Einstein dementierte. Er fand es unmöglich, eine Witwe von Haus und Hof zu vertreiben.

Um zu retten, was noch zu retten war, trafen die Herren eine neue Verabredung: Einstein solle sich selbst ein geeignetes Grundstück suchen. Die Stadt werde alle Kosten übernehmen. Tatsächlich fand Einstein rasch einen geeigneten Platz. Eine befreundete Dame, die in Caputh lebte und dort ein unbebautes Grundstück besaß, hatte von dem Hin und Her in der Zeitung gelesen. Sofort bot sie ihr Grundstück den Einsteins an. Es lag auf einem kleinen Hügel, etwa zehn Minuten von der Bootsanlegestelle entfernt, und man hatte einen herrlichen Blick auf die Havelseen. Bei der Besichtigung waren alle von der Aussicht und den alten Kiefern begeistert.

Am 2. Mai 1929 befaßte sich die Berliner Stadtverordnetenversammlung mit der geplanten Ehrengabe an den »größten Gelehrten unseres Jahrhunderts«. Es erwies sich jedoch als unmöglich, sogleich zur Abstimmung zu schreiten, wie sich das der Oberbürgermeister gedacht hatte. Im Ältestenrat gab es Widerspruch, und es ist leicht zu erraten, von welcher Seite. Die Beschlußfassung mußte auf die nächste nichtöffentliche Sitzung verschoben werden.[60]

Nun platzte Einstein der Kragen. Er verzichtete auf das Geschenk und erwarb das Grundstück aus eigenen Mitteln. Der erste Entwurf, auf den der junge Architekt sehr stolz war, gefiel Einstein allerdings überhaupt nicht, und er beanstandete vor allem das flache Dach: »Ich will kein Haus, das wie ein Karton mit riesigen Schaufenstern aussieht.« Schließlich traf Wachsmann aber doch noch den Geschmack Einsteins. Sein neuer Entwurf sah zwei integrierte Baukörper vor. Das zweigeschossige Haupthaus sollte ein Ziegeldach erhalten.

Im Sommer 1929 wurde gebaut. Die Einsteins mieteten ein großes altes Haus in der Nähe, und Elsa ging regelmäßig auf die Baustelle, um den Fortgang der Arbeiten zu kontrollieren. Im Oktober war das Haus fertig, und der Bauherr freute sich riesig, trotz der »durch dasselbe erzeugten Pleite«. Es roch wie in einem Sägewerk nach frischem Holz. Die Einsteins haben es noch vor Wintereinbruch möbliert, und in einem Brief an seine Schwester schrieb er: »Das Segelschiff, die Fernsicht, die einsamen Herbstspaziergänge, die relative Ruhe; es ist ein Paradies.«

Wenn bei Einstein je Groll gegen den Berliner Oberbürgermeister zurückgeblieben sein sollte, so hatte er seit Oktober wohl nur noch Mitgefühl. Gustav Böß geriet unverdientermaßen in den Verdacht, er habe von den Gebrüdern Sklarek, dubiosen Geschäftsleuten, ein wertvolles Geschenk entgegengenommen, eine Pelzjacke für seine Frau. Der Oberbürgermeister wurde durch die Presseangriffe regelrecht »fertiggemacht«. Obwohl sich schließlich seine Unschuld herausstellte, blieb ihm nur noch der Rücktritt.[61]

In das ereignisreiche Jahr 1929 fiel auch die Verleihung einer neuen Ehrendoktorwürde, diesmal durch die mathematisch-naturwissenschaftliche Fakultät der Universität Paris. Während sich die übrigen Ehrendoktoren mit starkem Beifall begnügen mußten, wurde Einstein durch minutenlange Ovationen ausgezeichnet. Auch die Akademie der Wissenschaften wollte nicht mehr (wie 1922) abseits stehen, und der deutsche Botschafter berichtete voller Genugtuung an das Auswärtige Amt:

> Ich übertreibe nicht, wenn ich sage, daß Professor Einstein... in der hiesigen Gelehrtenwelt und darüber hinaus... eine

> Achtung und ein Interesse genießt, wie kein anderer deutscher Gelehrter der Gegenwart. Überall wurde er mit größter Wärme und ungezwungenstem Respekt aufgenommen, und ein Gespräch mit ihm wurde allgemein als hohe Ehre empfunden... Als sich Professor Einstein in der Sitzung der Akademie zeigte, wurde er sofort von den anwesenden französischen Fachgenossen aufgefordert, in ihrer Mitte Platz zu nehmen.[62]

Einstein war gänzlich uneitel, und all die Auszeichnungen und Ehrendiplome, die er erhielt, interessierten ihn nicht. Seine Freunde meinten sogar, daß er nicht einmal wußte, wie die Nobelmedaille aussah. Die beiden goldenen Medaillen, die ihm die Royal Society und die Royal Astronomical Society verliehen hatten und die auf diplomatischem Wege an die Preußische Akademie gelangten, hat er sich dort erst nach mehreren Mahnungen abgeholt.

Als die amerikanische Barnard-Medaille, die nur alle vier Jahre vergeben wird, an Niels Bohr fiel, stand in der Zeitung, das letzte Mal habe sie Einstein erhalten. Einstein zeigte Elsa die Zeitung und fragte: »Stimmt denn das?« Bei einer Akademiesitzung monierte Walther Nernst, daß er den »Pour le mérite« nicht trage: »Die Frau hat es wohl vergessen? Toilettenfehler.« Aber Einstein entgegnete: »Nicht vergessen, nein, nicht vergessen. Ich habe ihn nicht anlegen wollen.«[63] János Plesch fragte ihn einmal, ob es in der Gelehrtenrepublik nicht doch etwas gebe, was ihm Freude mache. »Was mir Freude macht? Die Anerkennung durch die Fachkollegen.«

Schon 1920 hatten ihn die deutschen Physiker durch die Verleihung der Ehrenmitgliedschaft ihrer Gesellschaft auszeichnen wollen. Sie mußten davon Abstand nehmen, als Lenard und seine Freunde ihre scharfe Opposition ankündigten. Jetzt holten die Physikerkollegen die Ehrung in anderer Form nach.

Plesch war dabei, als Einstein die goldene Max-Planck-Medaille erhielt. Der Tag blieb ihm unvergeßlich, weil sich am Rande politische Radauszenen abspielten. Reichspräsident und Reichsregierung hatten diesen 28. Juni 1929 pathetisch zu einem »Tag der Trauer« proklamiert. »Zehn Jahre sind verflossen, seit in Versailles deutsche Friedensunterhändler gezwungen waren, ihre Unterschrift unter eine Urkunde zu setzen, die für alle Freunde des Rechts und eines wahren Friedens eine bittere Enttäuschung bedeutete.«[64]

Einstein war zum Mittagessen bei Plesch, legte sich nach dem Kaffee hin und schlief eine halbe Stunde. Die Festsitzung sollte um fünf Uhr beginnen. Um halb vier sagte Einstein: »Ich werde wohl meinen Leuten etwas erzählen müssen.« Er setzte sich an

Nummer 27
7. Juli 1929
Zeitbilder
Beilage zur Vossischen Zeitung

Verleihung der Max-Planck-Medaille an Max Planck und Albert Einstein am 28. Juni 1929

Pleschs Schreibtisch, nahm eine zufällig daliegende Schusterrechnung und notierte auf der Rückseite seine Rede.

Auf dem Wege zum Physikalischen Institut müssen sie die etwa 1000 völkischen und nationalsozialistischen Studenten gesehen haben, die in die Bannmeile um das Regierungsviertel eingebrochen waren. Singend und johlend zogen die Demonstranten durch die Behrenstraße, und man hörte sie rufen: »Deutschland erwache! Nieder mit dem Versailler Vertrag! Weg mit der Kriegsschuldlüge!«[65]

Der große Physikalische Hörsaal war voll besetzt. 50 Jahre zuvor hatte der damals einundzwanzigjährige Max Planck an der Universität München zum Doktor promoviert. Die Deutsche Physikalische Gesellschaft nahm das goldene Doktorjubiläum zum Anlaß, die Goldmedaille zu stiften für »besondere Verdienste um die theoretische Physik, insbesondere für solche Arbeiten, welche an Plancks Werk anknüpfen«.[66]

Der Vorsitzende der Gesellschaft, der Bonner Physiker Hermann Konen, überreichte Max Planck zwei Medaillen. Die erste war für ihn selbst bestimmt, die zweite gab Planck an Einstein weiter. Und dann trat Einstein ans Vortragspult. Was ihm in der Familie nicht möglich war, dem Kollegen gegenüber konnte er es – seine Gefühle zum Ausdruck zu bringen:

> Wie soll ich in Worte fassen, was mich bewegt, da ich in diesem Augenblicke vor dem verehrten Meister und vor dem Freunde stehe, mit dem mich das gleichgerichtete Streben durch so viele Jahre verbindet.[67]

Nach dem Festessen gingen Einstein und Plesch noch »auf ein Bier«. Die Medaille mit dem schönen Relief von Planck gab er Plesch, der sie jahrelang aufbewahrte. Einstein hat nicht mehr danach gefragt. Anschließend übernachtete Einstein bei Plesch in der Budapester Straße und fuhr am nächsten Tag wieder hinaus nach Caputh.

Schon den ersten Sommer im gemieteten Haus hat Einstein sehr genossen. Ausgesprochen behaglich fühlte er sich dann in den eigenen vier Wänden. In Caputh war sein Leben freier als in der Stadt. Manchmal blieb er stundenlang in seinem Zimmer und arbeitete, manchmal ging er schon ganz früh zum Segeln, oder er machte einen Streifzug durch die Wälder. Noch nie hatte es bei Einstein eine feste Tageseinteilung gegeben. Jetzt legte er sich überhaupt keinen Zwang mehr an. Wenn er mit dem Segelboot unterwegs war, vergaß er die Zeit. Herta berichtete, daß er manchmal erst spät heimkehrte und alle in Sorge um ihn waren.

Im Herbst brachte Einstein viele Pilze von seinen Spaziergängen heim. Er hatte es gern, wenn ihn dabei der »Purzel« begleitete. Der Langhaardackel gehörte einem Handwerker im Ort, aber er war fast ständig bei den Einsteins. Hier fand er es wohl interessanter. Viel Spaß machte auch ein zugelaufener Kater. Einmal hatte Herta in Potsdam Fisch gekauft, und Elsa legte dem Peter einen ganzen Bückling vor: »Da kriegte der Kater richtig Angst«, erzählte das Hausmädchen: »Er ging erst lange um den Bückling rum, dann packte er ihn im Genick, als wenn der noch lebte. Wir haben uns alle sehr amüsiert.«[68]

Einstein gefiel es so gut in Caputh, daß er ganz umziehen wollte. Dazu ist es nicht gekommen. Die Einsteins wohnten nur die Sommermonate draußen. Ihren Aufenthalt haben sie jedoch solange wie möglich ausgedehnt, oft bis Ende Oktober oder Anfang November.

Zum Haus in Caputh gehörte der »Tümmler«, Einsteins geliebter Jollenkreuzer, den er sein »dickes Segelschiff« nannte. Es

Einstein in seinem Turmzimmer; an der Wand ein Porträt des von ihm verehrten Isaac Newton

war eine Sonderanfertigung aus massivem Mahagoni mit einer Segelfläche von 20 Quadratmetern. Freunde hatten ihm das Boot zum 50. Geburtstag geschenkt. Oft blieb Einstein den ganzen Tag auf dem Wasser. Vom Segeln verstand er etwas, und der Architekt berichtete, daß ihm Einstein einen »richtigen Fachvortrag« über die Kraftübertragung vom Wind auf die Segel gehalten habe.

Natürlich kannten die Wassersportler das Boot. Als ein Berliner Physiker einmal auf dem Schielowsee segelte, zeigte er seinem Sohn den Tümmler. »Sieh mal, dort drüben den Onkel Einstein.« Der Junge betrachtete die Gestalt mit den langen weißen Haaren und fragte dann: »Vati, warum ist der Onkel Einstein eine Tante?«[69]

KAPITEL 14

Finis Germaniae

Ende des Jahres 1929 kam George Sylvester Viereck, ein deutsch-amerikanischer Schriftsteller und Verehrer Sigmund Freuds, mit »sechsundzwanzig Schicksalsfragen an Große der Zeit« in die Haberlandstraße. Als er vor der Wohnungstür stand, hörte er »die Klänge einer elfischen Musik« und sah beim Eintreten, wie Einstein seine Geige zudeckte, liebevoll, »wie eine Mutter ihr Kind zu Bett legt«. Wäre er nicht Physiker geworden, sagte Einstein, dann vermutlich Musiker: »Ich denke oft an Musik. Ich erlebe meine Tagträume in Musik. Ich sehe mein Leben in musikalischen Formen.«[1]

»Wenn Sie sich entschlossen hätten, Musiker zu werden«, meinte Viereck, »würden Sie Richard Strauß und Arnold Schönberg in den Schatten stellen. Vielleicht hätten Sie uns die Sphärenmusik geschenkt, oder eine vierdimensionale Musik.« Einstein äußerte Zweifel, ob er in der Musik schöpferisch etwas von Belang geleistet hätte: »Aber ich weiß, daß mir die meiste Lebensfreude aus meiner Geige kommt.«

Zuerst saßen sie im Wohnzimmer bei Obstsalat und Himbeersaft, die Frau Einstein servierte, dann gingen sie nach oben in Einsteins kleine Dachstube. Viereck hatte in diesem geheimen Schlupfwinkel »seltsame Geräte« und »kostbare alte Bücher« erwartet. »Dem Doktor Faust eifert Einstein nicht nach. Da sind ein paar Bücher, auch ein paar Bilder: Faraday, Maxwell, Newton. Ich sah weder Dreiecke noch Kreise. Einsteins einziges Werkzeug ist sein Kopf.«[2]

Vom Arbeitstisch ging der Blick über einen Ozean von Dächern: »Hier ist er allein mit seinen Gedanken und seinen Berechnungen. Hier entsprangen, Pallas gleich, seinem Kopfe die Theorien, welche für die moderne Wissenschaft Umwälzung bedeuteten. Hier stört kein Besucher den Flug seiner

Gedanken. Selbst seine Frau betritt dies Allerheiligste nur mit Zögern.«[3]

Viereck entschuldigte sich, daß er Einstein mit seiner Bitte nach einem Interview überfallen habe: »Ich setze einem Menschen die Pistole auf die Brust und verlange von ihm nicht seine Uhr, aber seine Weltanschauung.« Wie ein paar Monate zuvor der New Yorker Rabbiner, wollte nun auch Viereck von Einstein wissen: »Glauben Sie an Gott?« »Ich bin kein Atheist«, antwortete Einstein: »Ich weiß nicht, ob ich mich als Pantheisten bezeichnen kann. Das Problem ist für unseren begrenzten Geist zu gewaltig.«

Viereck sandte sein Interview an den verehrten Lehrer nach Wien. Sigmund Freud fand es das beste, was Viereck je gelungen sei. Er habe Einstein, »diesen seltenen Menschen, [und] das Echte, Wahrhafte, fast Naive seiner Größe, seine Freiheit von ungezählten menschlichen Schwächen, treffend herausgebracht«.[4] Heute ist der Biograph von dem 1931 veröffentlichten Interview enttäuscht. Vierecks Fragen waren nicht originell genug. Wie hundert andere Journalisten ließ er sich die vierte Dimension und die Relativitätstheorie erklären. Als seine bedeutendsten Kollegen nannte Einstein den kürzlich nach Berlin berufenen Österreicher Erwin Schrödinger und den jungen Werner Heisenberg. »Dann ist da natürlich noch Planck«, soll Einstein gesagt haben, »der Vertreter der Mengenlehre.« Natürlich hat Einstein von der Quantentheorie gesprochen, aber Viereck konnte wohl seine eigenen Notizen nicht mehr richtig entziffern. »Ich bat Einstein nicht«, heißt es da zum Erstaunen des Lesers, »mir die Mengentheorie zu erklären. Ich weiß, daß sie noch viel schwerer zu verstehen ist als die Relativität.«[5]

Wir dürfen freilich von einem Interview anno 1929 nicht zuviel erwarten. Wenn uns Viereck heute nicht mehr viel Neues bieten kann, so kommt das hauptsächlich daher, daß uns jetzt fast alles, was von Einstein und über Einstein gesagt worden ist, in den Bibliotheken und – als mit Abstand wichtigste Sammlung – in den Einstein Archives zur Verfügung steht. Deshalb kennen wir sein Leben, seine Ansichten und seine Überzeugungen sehr genau.

Er glaubte an einen Schöpfer, der sich in der »wunderbaren Ordnung und Gesetzlichkeit des Seienden« manifestiert, er stand dem Sozialismus positiv gegenüber, ohne sich selbst einen Sozialisten zu nennen, und er hielt nicht viel von Freuds Psychoanalyse. Wir wissen, was er über Richard Wagner dachte (»die musikalische Persönlichkeit unbeschreiblich widerwärtig«), über Tolstoi (»ein wahrhaft moralischer Führer von weltweitem Einfluß«) und über Albert Schweitzer (»Nach meiner Meinung der einzige Mensch in der westlichen Welt, der eine mit Gandhi vergleichbare übernationale moralische Wirkung gehabt hat«).

Die wichtigste historische Quelle sind heute Einsteins Briefe. Wenn er auf diesem Wege mit seinen Freunden plauderte, fand er meist den wesentlichen Punkt der Sache oder der Person, um die es ging. Er behandelte die Dinge von einer hohen Warte, und man begreift, daß ihn viele Zeitgenossen zum Vorbild genommen haben. Merkwürdig berührt uns an seinem Weltbild allerdings der Determinismus. Nicht nur in der Physik sei alles vorherbestimmt, meinte er, sondern auch in der Menschenwelt, und er bekräftigte bei vielen Gelegenheiten: »Ich bin überzeugter Determinist.«[6]

In der Politik trat er für internationale Verständigung und für die Demokratie ein, als die große Mehrheit noch dem Nationalismus verhaftet war. In der Wissenschaft hatte er, allen anderen voraus, neue Wege beschritten. In der Frage des Determinismus blieb er um ein halbes Jahrhundert und mehr zurück. Der amerikanische Historiker Felix Gilbert hat sogar gemeint: An seinem Denken gemessen gehöre Einstein eigentlich in das Zeitalter der Aufklärung.[7]

Einer der größten Mathematiker des 18. Jahrhunderts, Pierre-Simon de Laplace, hat sich ein fiktives Wesen erdacht, einen »Weltgeist«, der in der Lage sein soll, den augenblicklichen Zustand des Universums vollständig zu registrieren, und der zudem alle wirksamen Kräfte kennt: »Nichts wäre ungewiß für ihn, und Zukunft wie Vergangenheit wäre seinem Blick gegenwärtig.«[8] Einstein sagte ganz ähnlich, daß die »Scheidung zwischen Vergangenheit, Gegenwart und Zukunft nur die Bedeutung einer wenn auch hartnäckigen Illusion« besitze.[9] Die Welt ist ein abschnurrendes Uhrwerk. Alles, was geschieht, hat seinen festen Platz in der räumlichen und zeitlichen Ordnung des Ganzen.

Im Determinismus gibt es keinen Platz für die Willensfreiheit. Auch hierin war Einstein konsequent. Im Interview mit Viereck hat er sich darüber ausführlich geäußert. Die gleichen Gedanken stehen auch – besser formuliert – in seinem Aufsatz *Wie ich die Welt sehe*:

> An die Freiheit des Menschen im philosophischen Sinne glaube ich keineswegs. Jeder handelt nicht nur unter äußerem Zwang, sondern auch gemäß innerer Notwendigkeit. Schopenhauers Spruch »Ein Mensch kann zwar tun, was er will, aber nicht wollen, was er will« hat mich seit meiner Jugend lebendig erfüllt.[10]

Der Determinismus war für Einstein eine Quelle der Toleranz. Er erläuterte das in dem zitierten Aufsatz und noch deutlicher in einem Brief:

> Die deterministische Auffassung führt, wenn sie lebendig genug in einem Menschen ist, zu einer milderen und verständnisvolleren Einstellung gegen den Mitmenschen, zu einer Dämpfung der Haßgefühle. Hierin liegt vielleicht die größte Wohltat, die Spinoza der Menschheit gebracht hat.[11]

Einstein war ein großer Verehrer Spinozas, und sein Weltbild stimmt in den wesentlichen Punkten mit dem des großen Philosophen überein. Seine Antwort auf die Frage des New Yorker Rabbiners »Glauben Sie an Gott?«, in der sich Einstein zu Spinozas Gott bekennt, haben wir schon zitiert. Im gleichen Jahr 1929 schrieb Einstein in einem Brief:

> Wir Spinoza-Anhänger sehen unseren Gott in der wunderbaren Ordnung und Gesetzlichkeit des Seienden.[12]

Spinoza hat im 17. Jahrhundert gelebt, als Galilei und Kepler die neuzeitliche Naturwissenschaft begründeten. Ebenso kausal bestimmt wie die Bewegungen der Planeten am Himmel waren für diesen Philosophen das menschliche Fühlen und Handeln. Es ist merkwürdig, daß ihm Einstein hierin folgte, und uns drängt sich die Frage auf: Wenn man von der Determiniertheit aller Vorgänge überzeugt ist und die Willensfreiheit leugnet, wird man da nicht zum Fatalisten? Bekanntlich stand Einstein *nie* auf dem Standpunkt des Laisser-faire, sondern er hat sich immer – oft als leuchtendes Beispiel – politisch engagiert. Auf diese Ungereimtheit ist er wiederholt angesprochen worden. Er meinte, »daß die theoretische Einstellung zum Determinismus auf Forderungen der praktischen Ethik nicht den geringsten Einfluß« habe. Abweichend von dieser Aussage hoffte er sogar, daß der Spinozist – weit entfernt vom Laisser-faire – sogar im besonderen Maße seine gesellschaftliche Verantwortung empfinde und danach handle. In einem Statement für die »Spinoza Society of America« heißt es:

> Die Erkenntnis von der kausalen Gebundenheit der menschlichen Handlungen soll uns auf eine höhere Stufe des Handelns führen, das nicht ein blindes Reagieren des Gefühls sein soll.[13]

Wir haben heute kein Problem mit der Willensfreiheit. Der Mensch kann auch ganz anders handeln, und deshalb ist jede Vorhersage auf den Gebieten der Politik und der Wirtschaft mit Vorsicht zu genießen. Im Fin de siècle war man jedoch vom Determinismus vollkommen überzeugt. Deshalb hat der Berliner Physiologe Emil Du Bois-Reymond in seinem berühmten Vortrag 1880 die Willensfreiheit zu den sieben großen Welträtseln gerechnet. Wie setzte sich Einstein mit dieser Schwierigkeit auseinander? Er sagt, die Willensakte seien bereits im »notwendigen Ablauf des Geschehens« enthalten. Einem französischen Schriftsteller erklärte er:

> Wenn ich Sie richtig erfaßt habe, plagt Sie der Konflikt zwischen der rein kausalen Einstellung Spinozas und der Einstellung, die auf aktives Bemühen im Dienste der sozialen Gerechtigkeit gerichtet ist. Meiner Meinung nach besteht hier kein

wirklicher Konflikt, denn unsere seelischen Spannungen, und zwar nicht nur die Leidenschaften, sondern auch der Drang zur Herbeiführung einer gerechteren Gesellschaftsordnung, gehören zu den Faktoren, die mit allen anderen zusammen an der Kausalität teilhaben.[14]

Diese Argumentation ist nicht stichhaltig. Das sieht man wohl am besten, wenn man sich zunächst auf physikalische Systeme beschränkt und die in den letzten Jahren entwickelte Chaostheorie heranzieht. Der Verlauf hängt im allgemeinen sehr empfindlich von den Anfangsbedingungen ab. Anders als Laplace meinte, kann die Zukunft nicht vorausgesagt werden.

Das gilt natürlich noch viel mehr von den politischen Ereignissen. Jeder Beobachter sah das gefährliche Anwachsen der Nationalsozialisten, aber es war nicht vorherbestimmt, daß Adolf Hitler 1933 die Macht in Deutschland an sich reißen sollte. Es habe doch alles »nur an einem Haar gehangen«, meinte Max Born, und Carl Zuckmayer schrieb in seiner Autobiographie:

»Too little and too late« sagte man in Amerika zu Beginn des Zweiten Weltkriegs über die Anstrengungen der Westmächte, Hitlers Machtgier zu dämmen. Zu wenig und zu spät... war auch das, was wir, die deutschen Intellektuellen, versucht haben.[15]

An Zuckmayer lag es nicht. Bereits mit seinem *Fröhlichen Weinberg* hatte der Dramatiker die Phrasen von »Blut und Boden« lächerlich gemacht. Nun entdeckte er im *Hauptmann von Köpenick* einen neuen Stoff. Sein ganzes Leben hatte sich der Schuster Wilhelm Voigt vergeblich um Aufenthaltsbewilligung und Arbeit bemüht. Erst in dem Augenblick, in dem er eine Hauptmannsuniform anzieht, wird er zur Respektsperson, und die Zeitgenossen, die ihn zuvor getreten haben, stehen stramm. Wenn auch die Geschichte mehr als 20 Jahre zurücklag, so drohte der Nation schon wieder eine neue Uniformvergötzung. Nach der Wahl am 14. September 1930 zogen die Nationalsozialisten als zweitstärkste Fraktion in den Reichstag. Demonstrativ trugen alle 107 Abgeordneten der NSDAP die braune Parteiuniform.

Wie vor dem Ersten Weltkrieg der Schuster Voigt nutzten auch in den zwanziger Jahren die Hochstapler die Schwächen der Gesellschaft. Ein gewisser Harry Domela trat 1926 in Erfurt und Weimar als »Prinz Wilhelm von Preußen« auf, und die sogenannten »besseren Stände« waren geradezu glücklich, sich vor der »Königlichen Hoheit« wieder im alten Vasallengeist zu üben. Einstein kannte seine Pappenheimer: »Gegen die angestammte Knechts-Seele hilft keine Revolution.«[16]

Zuvor hatte Domela in Heidelberg als »Prinz Lieven« die Gastfreundschaft der Saxo-Borussen in wahrhaft »vollen Zügen« genossen. Das Gespräch bestand im Austausch vorgestanzter Klischees, und keiner der Corpsstudenten bemerkte die Unbildung des Hochstaplers. Im Gegenteil: Domela kopierte mühelos die schnarrende Sprechweise und erregte Bewunderung mit seiner »vollendeten Erziehung«.

Später beschrieb er seine Erlebnisse und demaskierte damit die aufgeblasene Selbstüberhebung und den reaktionären Geist in den Studentenverbindungen.[17] In der *Weltbühne* stellte Kurt Tucholsky die Memoiren Domelas neben Heinrich Manns *Untertan*. Auch Einstein war überzeugt, daß Domela mit seiner Gesellschaftskritik wirklich etwas sehr Großes geleistet habe. Als dieser sich einer Zeitung gegenüber auf die Empfehlung Einsteins berief, wollte ihm der Redakteur keinen Glauben schenken, und Einstein mußte ihm die Authentizität seines Schreibens ausdrücklich bestätigen: »Mag Domela ein etwas leichtes Bürschchen sein. Er hat... ein wirkliches Kulturdokument in seinem Buch geschaffen.«

Auch ein anderer Hochstapler kreuzte Einsteins Weg. Wir meinen Paul Weyland, der sich 1920 zum Sprecher einer »Gesellschaft deutscher Naturforscher zur Erhaltung reiner Wissenschaft« aufgeplustert hatte und Einstein in der Berliner Philharmonie entgegengetreten war. Wie sich herausstellte, gab es diese »Gesellschaft« überhaupt nur in Gestalt von Briefköpfen, die sich Weyland hatte drucken lassen. Bei einer Reise nach New York kam Weyland auf den Einfall, die Zweckbestimmung seiner Ein-Mann-Gesellschaft, die ihm ursprünglich die Hauptsache gewesen war, einfach wegzulassen und als »President of the Association of German Natural Scientists« aufzutreten. Das ließ an die große »Gesellschaft Deutscher Naturforscher und Ärzte« denken, an deren Spitze jeweils die berühmtesten deutschen Gelehrten standen. Auch ein falscher Doktortitel gehörte zur Ausstattung. Damit wurde Weyland sogar von der *New York Times* für voll genommen. Er gewährte ein Interview, und die Zeitung berichtete zum Erstaunen der Kenner über »Acetylene as Motor Fuel«: Das neue Verfahren, aus billigen Rohstoffen (Wasser und Kalziumkarbid) Azetylen herzustellen und dieses als Kraftstoff zu verwenden, werde eine Revolution in der Automobilindustrie herbeiführen.[18]

Als Weyland nach dem Zweiten Weltkrieg in die Vereinigten Staaten übersiedelte, kehrte er zu seiner alten Obsession zurück und denunzierte Einstein als gefährlichen Kommunisten. Ob er davon erfahren hat, wissen wir nicht. Wir wissen aber, daß sich Einstein oft selbst als Schwindler empfand, wenn Tausende kamen, um ihn zu sehen und zu hören, und er das Gefühl hatte, daß er den Menschen gar nicht das biete, was sie von ihm erwarteten.

Ende 1930 kam Einstein nach fast zehn Jahren wieder in die Vereinigten Staaten. Diesmal war er vom California Institute of Technology in Pasadena zu Vorträgen eingeladen. Die Begeisterung der Amerikaner war noch größer als bei seiner ersten Reise 1921, was Einstein kopfschüttelnd registrierte: »Haben einen Narren an mir gefressen.«

Auf dem Schiff waren Elsa und er »fürstlich untergebracht«, und er fühlte sich ein wenig »unbehaglich als Hochstapler und indirekter Ausbeuter, der unnötige Arbeit beansprucht«. Am 2. Dezember verließ die »Belgenland« den Hafen von Antwerpen. In Southampton gewann er »wieder den Eindruck von der Macht Englands«. Alles ging still und sicher seinen Gang:

> In England sind sogar die Reporter zurückhaltend. Ehre, wem Ehre gebührt. Einmaliges Nein genügt. Die Welt kann da noch viel lernen – nur ich will es nicht und kleide mich stets nachlässig, auch bei dem heiligen Sakrament des Dinners.[19]

Auf dem Atlantik tobte ein Sturm. Das Schiff krachte in allen Fugen, aber der hohe Wellengang konnte ihnen nichts anhaben:

»Der Arzt sagt, ältere Leute werden nicht seekrank. Scheint zu stimmen.« Die 20 Jahre jüngere Helene Dukas aber sah aus »wie eine Leiche auf kurzem Urlaub«.

Einstein studierte »fleißig Quantenmechanik« und empfand sie wieder als »unnatürlich«. Mit seinem Assistenten Walther Mayer diskutierte er »Prinzipielles zur Quantentheorie« und bewunderte dessen »Konsequenz und Ordnung im Arbeiten«. »New York in drohender Sicht«, notierte er am 8. Dezember, und tatsächlich wurde die Ankunft drei Tage später »ärger als die phantastischste Erwartung«:

> Scharen von Reportern kamen bei Long Island auf's Schiff... Dazu ein Heer von Photographen, die sich wie ausgehungerte Wölfe auf mich stürzten. Die Reporter stellten ausgesucht blöde Fragen, die ich mit billigen Scherzen beantwortete, die mit Begeisterung aufgenommen wurden.[20]

Die Stadt hatte eine neue Sensation. Ob die Zeitungen das Interesse an Einstein erst erzeugten oder ob sie nur das lieferten, was das Publikum begehrte, blieb unentschieden. Jedenfalls fühlten sich von den sieben Millionen drei Gruppen besonders angezogen: Die zwei Millionen Juden, die Million New Yorker deutscher Abstammung und die Pazifisten.

Der deutsche Generalkonsul hatte es sich nicht nehmen lassen, Einstein noch auf dem Schiff zu begrüßen. Sein »dicker Adlatus«, der Hilfskonsul Schwarz, führte die Einsteins gleich am ersten Tag durch Manhattan. Das Abendessen nahmen sie bei Professor Michaelis. Dann wurde musiziert; schließlich kamen noch ein paar Philosophen, und es ging um erkenntnistheoretische Fragen. Die Einsteins wohnten nicht im Hotel, sondern blieben auf der »Belgenland«. Sie wollten ihre Reise durch den Panamakanal bis nach Kalifornien fortsetzen. Bei Elsa hatte sich »so was wie ein Heimatgefühl« entwickelt: »Nur das Heimkommen des Nachts war natürlich nicht so bequem.«[21] Dafür gab es die »biederen Wächter«, die Einstein »gegen die vielen zudringlichen Leute« schützten.

Am zweiten Tag verlangten die Zionisten ihr Recht. Menachim Mendel Ussishkin organisierte eine »riesige Komödie«

mit Ansprachen, Tonfilmen und einem Gedenkbuch nachträglich zum 50. Geburtstag. In seiner Rede wandte sich Ussishkin »in seiner fanatischen Weise« direkt an Einstein: »Sie gehören uns.«

Zum Mittagessen war der Gelehrte vom Herausgeber der *New York Times* eingeladen, was mehr zählte als ein Besuch beim Präsidenten. In seiner Antwort auf die »hohen Reden« nannte er sich einen »nackten Indianer nur mit Pfeil und Bogen«, der den Yankees nicht gewachsen sei. Anschließend brachte man ihn zur

1931

Riverside-Kirche, wo eine der vielen Heiligenfiguren am Portal Einsteins Gesichtszüge trug.

Am dritten Tag seines New Yorker Aufenthalts erhielt er in einem großen Festakt aus den Händen des Bürgermeisters die Schlüssel der Stadt: »Zeremonie mit großer Menschenmenge drin und draußen.« Seine Antwort auf die witzige Rede von Bürgermeister Walker empfand er selbst als »kurz und dürftig«. Natürlich wurde die Szene gefilmt, und zum Abschluß konnte man die Feier nochmals auf der Leinwand sehen. Nach einem gedrängten Programm nahm Einstein spät am Abend noch im Madison Square Garden an der Feier des jüdischen Lichterfestes teil und wurde in der riesigen Halle von 18 000 Menschen jubelnd begrüßt.

Am folgenden 13. Dezember, dem vierten Tag seines Aufenthalts, besuchte er nacheinander Charles Liebman, Rabindranath Tagore und Fritz Kreisler (»nebst Megäre in Schlafhaube«). Bei Professor Liebman ging es um die Organisation der Wissenschaft. Der indische Philosoph war seit seiner Reise nach Moskau »entzückt und eingeseift von Rußland« und hatte hier das Ideal für sein Land gefunden. Der berühmte Geiger schließlich erzählte ihm, daß er manche seiner klassischen Funde – selbst komponiert habe. Nach dem Mittagessen bei Henry Goldmann hörte er ein Konzert in der Metropolitan Opera und freute sich, »nach wunderbarer Aufführung der Pastorale«, Toscanini in der Pause die Hand zu drücken. Den Tee nahm er bei John D. Rockefeller. »Abends Besuch in der New Historical Society«, heißt es im Tagebuch. »Rede über Kriegsdienst-Verweigerung«.

Gemeint ist die berühmt gewordene Rede im Ritz-Carlton. Hier rief er die Jugend der Welt zur Ablehnung des Wehrdienstes auf. Wenn nur zwei Prozent eines Jahrgangs die Einberufung verweigerten, käme überall Sand in die Militärmaschine: »Keine Regierung würde es wagen, eine so große Zahl von Menschen in's Gefängnis zu werfen.«[22] Damit wurde Einstein, so Freund Nathan, »zu einer Heldenfigur in der internationalen Friedensbewegung«. Auf dem Campus der amerikanischen Universitäten sah man in den folgenden Monaten viele Studenten mit dem Sticker »Zwei Prozent!«.

Am fünften und letzten Tag in New York stand noch ein Besuch bei einer »netten gesunden Familie« auf dem Programm, die ein herrliches Anwesen am Atlantik bewohnte. Abends ging es zurück auf's Schiff. Mit »Konfetti und sonstigen Verabschiedungen« und nach »vielen Belästigungen« verließ die »Belgenland« endlich um Mitternacht den Hafen: »Gefühl großer Befreiung«.

Einstein genoß die Reise: »Aus Kuba aber telegraphieren schon wieder die Juden.« In Havanna wurde er »vor neugierigen Affengesichtern« herumgeschleift: »Akademie, geographische Gesellschaft, alles das gleiche.« Der touristische Höhepunkt war die Fahrt durch den Panamakanal. Der deutsche Geschäftsträger hatte ein Programm zusammengestellt mit einem Besuch im deutschen Klub, beim Staatspräsidenten und einem Abendessen »in phantastischem Garten mit melancholischem Jazz«. Von der Handelskammer erhielt er »mit forscher strammer Rede einen Panama-Hut von großer Kostbarkeit«. Zahlreiche Photographien zeigen ihn mit diesem Hut. Die letzten Tage brachten eine »Bombenhitze«. Am Weihnachtsabend gab Einstein ein Violinkonzert mit dem Schiffsorchester: »Passagiere werden zudringlicher. Ewiges Photographieren.«

Am 31. Dezember erreichte die »Belgenland« San Diego. »Nun ist die gute Zeit zu Ende«, schrieb Elsa an ihr Berliner Reisebüro. »Besonders traurig ist der Professor. So losgelöst, so unerreichbar war er auf diesem Schiff.«[23]

Natürlich ging es nicht ohne großen Empfang mit Bürgermeister und Honoratioren. Die Ankunft in Kalifornien »mit Blumenwagen und Meeres-Jungfrauen« konnte man auch in Deutschland in der *Tönenden Wochenschau* sehen, und im nebligen Göttingen beneidete ihn Hedwig Born »um die Apfelsinenbäume und den blauen Himmel«.[24]

Die Einsteins wohnten in Pasadena in einer kleinen Villa, einem »Knusperhäuschen mit Schindeldach«. Ein paar Stunden nach ihrem Einzug »kam alles photographiert und ausführlich beschrieben im Käsblatt von Pasadena«. Die 15 Kilometer nördlich von Los Angeles gelegene Universitätsstadt schien ihm ein »Riesengarten mit rechtwinkligen Straßen und Villen in Gärtchen mit Palmen, kleinblättrigen Eichen und Pfefferbäumen«. Auf seinen Spaziergängen erkannten ihn die Menschen und lächelten ihm zu.

Drei Jahre zuvor waren auf ihrer Weltreise Erika und Klaus Mann ebenfalls nach Pasadena gekommen und wandelten auf den »traumhaft schönen Straßen und Alleen«, wo nur Millionäre wohnten und wo alles duftete und glänzte: Man sei ganz allein auf dem Trottoir, denn nur Narren gingen zu Fuß, der Vernünftige sitze im Rolls-Royce.[25]

Wissenschaftlich war Pasadena für Einstein »recht interessant«. Als Emeritus lebte hier mit fast 80 Jahren der ehrwürdige Albert Abraham Michelson. Sein Hauptinteresse war seit jeher auf die Messung der Lichtgeschwindigkeit gerichtet, und er hatte damit – wider Willen – die sichere experimentelle Grundlage der Speziellen Relativitätstheorie geschaffen. Als Chairman des Executive Board und Direktor des Norman Bridge Laboratory spielte Robert Andrews Millikan »die Rolle des lieben Gottes«. Er hatte viele Jahre auf die Prüfung der Einsteinschen Beziehung beim Photoeffekt verwandt. 1923 war ihm dafür als zweitem Amerikaner nach Michelson der Nobelpreis für Physik verliehen worden. Bedeutende Forscher waren auch Richard Tolman, der über kosmologische und astrophysikalische Probleme arbeitete, und Charles St. John, der Direktor des Mount-Wilson-Observatoriums. Nach dem Vorbild dieser Sternwarte hatte Erwin Freundlich die technische Einrichtung des Einstein-Turms geplant.[26]

Einsteins offizieller Beitrag zum wissenschaftlichen Leben des »Caltech« bestand in der Teilnahme an den Kolloquien, wobei ihm der »sympathische Ton« auffiel. Er trug auch selbst über die Ursachen der Veränderlichkeit der Sonnenrotation vor.

Bald wurde Einstein wieder von der Politik eingeholt. In Hollywood ließ ihm Carl Laemmle das Meisterwerk seiner »Universal Film« vorführen: *All Quiet on the Western Front.* Es handelte sich um die Verfilmung des berühmten Kriegsromans *Im Westen nichts Neues* von Erich Maria Remarque. In Berlin hatten die Nationalsozialisten die Vorführungen systematisch gestört und schließlich ein Verbot durchgesetzt. Jetzt gab Einstein sein Urteil über diese Entscheidung der deutschen Behörden einem Journalisten zu Protokoll: »Eine diplomatische Niederlage nach außen und eine bedenkliche Schwäche gegenüber der Straße.«

Der Filmproduzent Carl Laemmle stammte aus Laupheim bei Ulm und war mit 17 Jahren völlig mittellos in die Vereinigten Staaten gekommen. Jetzt gehörte ihm ein Teil von Hollywood, die »Universal City«. Laemmle hing an der alten Heimat, und obwohl er seit fast einem halben Jahrhundert in den USA lebte, ließ er sich immer noch täglich die Lokalzeitung aus Laupheim kommen. 1923 hatte Laemmle zu Geld- und Kleiderspenden zugunsten der durch die Inflation verarmten deutschen Bevölkerung aufgerufen und für Transport und Verteilung auf eigene

Kosten gesorgt. Diese Hilfsaktion verdiente um so mehr Anerkennung, als es in den Vereinigten Staaten damals noch starke antideutsche Emotionen gab und Laemmle den Boykott seiner Filme riskierte.[27]

Am Mittagessen nahm auch Charlie Chaplin teil. Er glaubte seit langem, daß »Wissenschaftler und Philosophen sublimierte Romantiker« seien, und fand seine Theorie bei Einstein bestätigt. In seinen Lebenserinnerungen erzählte er, Einstein habe sich »ruhig und sanft« gegeben: »Doch fühlte ich, daß in seinem Inneren ein hochemotionelles Temperament verborgen war, und daß aus dieser Quelle seine außerordentlichen intellektuellen Energien kamen.«[28]

Bei der Besichtigung der Filmateliers nahm Elsa den berühmten Regisseur und Schauspieler beiseite: »Laden Sie doch den Professor zu sich nach Hause ein. Er würde sicher Freude daran haben.« An diesem Abend erzählte Elsa, wie merkwürdig sich Einstein angestellt habe, als ihm die Idee zur »Einheitlichen Theorie« gekommen war. Er sei besonders einsilbig gewesen, habe viel Klavier gespielt und sich dabei Notizen gemacht: »Dann ging er hinauf in sein Arbeitszimmer und sagte, er wolle nicht gestört werden.« Zwei Wochen lang habe er seine Mahlzeiten allein eingenommen. Schließlich sei er ganz blaß mit zwei Bogen Papier in die Wohnung gekommen: »Das ist es.«[29]

In der kleinen Runde sprach man auch über Geistererscheinungen, damals die große Mode in Hollywood. Was Einstein davon hielte? Der lächelte nur und schüttelte den Kopf. Es ist leicht zu erraten, daß es auch um Chaplins neuesten Film *City Lights* ging. Vielleicht berichtete der Gastgeber von den dramaturgischen Schwierigkeiten und dem Besuch von Egon Erwin Kisch und Upton Sinclair in seinen Ateliers. Mit dem sozialistischen Schriftsteller Upton Sinclair, der in Pasadena lebte, war Chaplin seit langem befreundet, und der hatte ihm eines Tages den »rasenden Reporter« mitgebracht. Acht Tage lang probten sie mit immer neuen Ideen die Schlüsselszene, die den ganzen Film trägt und die der Zuschauer blitzartig erfassen muß.[30]

Elsa bat um eine Einladung zur Uraufführung am 30. Januar 1931 in Los Angeles. »Ich glaube nicht«, kommentierte Chaplin,

»daß sich die beiden klar darüber waren, worauf sie sich da einließen.« Viele hunderttausend Schaulustige füllten die Straßen, und mit einer Eskorte von Polizeiwagen pflügte die große Limousine durch die Menge. Immer wieder sprangen Verehrer aufs Trittbrett, und Chaplin rief: »Be careful with your feet!« Als die Menschen Einstein im Auto entdeckten, waren sie außer sich vor Begeisterung. »Mir jubeln sie zu, weil mich jeder versteht«, sagte Chaplin, »und Ihnen, weil Sie keiner versteht.«[31] Wie bei jeder Uraufführung hatte er Lampenfieber und wurde immer blasser. Die Zuschauer gingen jedoch von der ersten Szene an mit. Auch er lachte herzlich über seine eigenen Einfälle. Es war ihm eine Genugtuung, als er sah, daß sich Einstein die Augen wischte: »Ein weiterer Beweis dafür, daß Wissenschaftler unheilbare Gefühlsmenschen sind.«

Auch mit Upton Sinclair ist Einstein – wie vor ihm Erika und Klaus Mann – in freundschaftliche Verbindung getreten.[32] »Um das Haupt amerikanischer Dichter ist kein Nimbus«, sagten die »literarischen Mann-Zwillinge«, wie sie damals nicht ganz korrekt genannt wurden. Den Romancier beschrieben sie als mager und nicht sehr groß: »Typisches amerikanisches Gesicht mit dem länglichen Kinn. Vor lebhaft hellen, pfiffigen Augen der Zwikker.« 40 Bücher habe er schon geschrieben. Jedes diene der gleichen Aufgabe: »aufzudecken das Böse, zu verhöhnen das Rückständige, weiterzuhelfen der Menschheit«.[33]

In seinem jüngsten Buch hatte der Schriftsteller 1928 den Fall »Sacco-Vanzetti« aufgegriffen, einen offensichtlichen Justizmord, und Einstein lobte: Die »Schärfe und Treffsicherheit« seiner Gesellschaftskritik erinnere an Voltaire.[34]

Nach einem Aufenthalt von zwei Monaten fuhren die Einsteins mit der Eisenbahn quer durch den Kontinent zurück nach New York. Am Bahnhof in Chicago wurde er von etwa 200 bis 300 Pazifisten mit stürmischem Jubel begrüßt, und er nutzte den kurzen Aufenthalt zu einer Ansprache von der Plattform des Zuges.

Am 4. März kam Einstein zu früher Stunde in New York an. Hier wiederholten sich die Ausbrüche von Massenhysterie, die er schon im Dezember erlebt hatte. 16 Stunden waren bis zur Abfahrt des Schiffes, und 16 Stunden stand er im Mittelpunkt des öffentlichen Interesses. Die Menschen hatten wirklich einen »Narren an ihm gefressen«. Besonders ausgesetzt war er dem Ansturm der Tonfilm-Journalisten, die für den »laufenden Yard« hohe Prämien erhielten.

Höhepunkt des Tages war ein Riesenbankett im Hotel Astor, der Auftakt einer großen Sammelaktion für die jüdische Kolonisation in Palästina. Eine Eintrittskarte kostete 100 Dollar, und trotzdem wurde die erhoffte Teilnehmerzahl von 1000 noch überschritten.

> Die bei dem Festessen veranstaltete Sammlung ergab – einschließlich des Überschusses aus dem Bankett – eine Summe von nahezu einer Viertelmillion Dollar. Die nach hiesigem Gebrauch übliche Art der öffentlichen Aufforderung von Einzelpersonen zu Spenden machte keinen sehr erbauenden Eindruck. Die größte Zeichnung in Höhe von $ 50000 erfolgte durch [den Bankier] Felix Warburg. Einzelzeichnungen christlicher Teilnehmer von mehreren tausend Dollar lösten Beifallsstürme aus.[35]

Als Einstein endlich am späten Abend an Bord des HAPAG-Dampfers »Deutschland« ging, erwarteten ihn am Pier noch etwa 1000 Pazifisten. Sie riefen »No war for ever« und versuchten, mit ihm aufs Schiff zu gelangen.

In einem Bericht nach Berlin zog das deutsche Generalkonsulat das Resümee: Der Besuch Einsteins ist als »Gewinn für das Ansehen Deutschlands« zu werten, denn er sei »in der Hauptsache gerade als deutscher Gelehrter genannt und gefeiert worden«. Die Wirkung hätte freilich noch stärker sein können, wenn er sich weniger für zionistische und pazifistische Zwecke »hätte ausnutzen lassen«. Mutatis mutandis konnten dies die Zionisten und die Pazifisten ebenso sagen.

Auch Einstein zog ein Resümee. Er hatte begriffen, daß die Vereinigten Staaten das »mächtigste, technisch fortschrittlichste Land der Erde« geworden waren. Sie besaßen einen gewaltigen Einfluß »auf die Gestaltung der internationalen Verhältnisse«:

> Es muß sich daher in diesem Lande die Überzeugung durchsetzen, daß seine Bewohner eine hohe Verantwortung tragen auf dem Gebiet der internationalen Politik. Die Rolle des untätigen Zuschauers ist dieses Landes nicht würdig und müßte auf die Dauer für alle verhängnisvoll werden.[36]

Mitte März 1931 war Einstein wieder in Berlin. In der Akademie reichte er eine kosmologische Arbeit ein und hörte einen »blöden Philologen-Vortrag über typische Bagatelle«: »Aus was für einer Schatulle hat Augustus gewisse Spenden an die Öffentlichkeit bestritten?«

Ende April ging er schon wieder auf Reisen. Seinen Besuch im Christ Church College Oxford hatte Frederick Lindemann arrangiert. Der Physiker Lindemann war ein ungewöhnlicher Mensch und starker Charakter am Rande des Exzentrischen. Als wissenschaftlicher Berater Churchills gelangte er im Zweiten Weltkrieg zu großem politischen Einfluß. Lindemanns Vater stammte aus dem Elsaß, die Mutter war Engländerin, und er selbst fühlte sich ganz und gar als Brite. Er hatte aber in Deutschland studiert und sprach fließend Deutsch. Jetzt stellte er sich seinem berühmten Gast ganz zur Verfügung. Einmal besuchten sie einen nach modernsten Gesichtspunkten bewirtschafteten Gutshof:

> Feine Trinkgelegenheit für Kühe; diese machen mit der Schnauze durch Druck ein Wasserventil auf, so daß das Wasser fließt, solange sie auf den Verschluß drücken. Bald wird es auch für Kühe Wasserklosetts geben. Es lebe die Kultur![37]

Tief beeindruckt war Einstein von der politischen Reife der Engländer: »Wie armselig sind unsere Studenten dagegen!« Ein Frage-und-Antwort-Spiel mit den Philosophen, die keineswegs alle seiner Meinung waren, empfand er als höchst angenehm: »Wenn ich dagegen den Kongreß von Nauheim vergleiche – armseliges Deutschland.«

Wie wirkte Einstein auf seine englischen Kollegen? Es sei ganz leicht gewesen, mit ihm in Kontakt zu kommen, berichtete einer der Tutoren. Er hätte aber nicht den Eindruck gehabt, in Gegenwart eines Weisen oder tiefen Denkers zu sein. Einstein sei ein ganz ehrlicher Mensch, der recht naiv über die menschlichen Dinge urteile.[38] Bei ihren Besprechungen saßen die Professoren um einen mit grünem Billardtuch bezogenen Tisch. Einsteins Nachbar beobachtete, wie der große Physiker einen Stoß Blätter auf den Knien hielt und Bogen um Bogen mit seinen Gleichungen füllte.

Auf der Rückfahrt von Southampton kam vor Cuxhaven so starker Nebel auf, daß der Kapitän Anker werfen ließ:

> Ich habe mich drahtlos an- und abgemeldet; ein kleines Vermögen umsonst vertelegraphiert. Nie wieder! So lange es etwas zu essen gibt, ist es aber schön auf dem Schiff, besonders wenn man eine so herrliche Luxuskabine hat – und angegafft wird wie der Orang im Zoo.[39]

In Caputh hatte Elsa inzwischen alles für den Sommer vorbereitet. »Es könnte so gut und schön sein, wenn es um einen herum nicht so traurig bestellt wäre.« Inflation und Wirtschaftskrise hatten auch die ehedem wohlhabenden Verwandten getroffen, und Elsa jammerte, daß sie »große Geldopfer« bringen mußten.[40]

Die Zahl der Arbeitslosen stieg kontinuierlich, und die rigorosen Sparmaßnahmen Brünings waren offensichtlich nicht der Weisheit letzter Schluß. Auch Einstein dachte darüber nach, wie man es besser machen könnte. »Und mir armen Hascherl erzählt er dann immer die jeweilige Lösung«, berichtete Elsa: »Ich bin jedesmal durchdrungen, daß dies der richtige Weg wäre, und will ihn veranlassen, dem Luther oder Brüning dies klarzulegen. Dann sagt er: ›Ach was‹ – und schon ist er wieder erfüllt von seinen [physikalischen] Gleichungen.«[41]

Genau ein Jahr nach ihrer ersten Kalifornienreise fuhren Einstein und Frau Elsa wieder nach Pasadena. Einstein erklärte, daß er dieses Zigeunerleben auf seine alten Tage »nicht nur aus angeborenem Drang« führe, »sondern auch wegen der wackligen Verhältnisse im sogenannten Vaterland«. Von seinen Reisen könne man sagen: »Notwendig, aber schön.«[42]

Ein alter Schulkamerad vom Luitpold-Gymnasium in München, der jetzt für die HAPAG tätig war, holte sie in Antwerpen vom Bahnhof ab. Er brachte sie zur »Portland«, einem kleinen Schiff von 6700 Tonnen. Einstein schilderte den Schulfreund als einen »biederen, etwas verpreußten Bayern, der gern säuft, Schach spielt, Lasker kennt und ziemlichen Humor hat«.

Gemeint war der Schachmeister Emanuel Lasker, der auch zum Bekanntenkreis Einsteins gehörte. Der Physiker hatte ihn im Hause des Schriftstellers Alexander Moszkowski kennengelernt und auf gemeinsamen Spaziergängen viel mit ihm diskutiert. Der Gedankenaustausch sei etwas einseitig gewesen und er, Einstein, »mehr der Empfangende als der Gebende«. Das Schachspiel selbst als intellektueller Machtkampf hat Einstein dagegen stets abgestoßen. Zwar ist auch die Physik ein geistiges Ringen, und es geht darum, die eigene Position zu verteidigen und die des Gegners anzugreifen. Letztlich ist hier das Ziel aber immer, wenigstens im Prinzip, der Konsens, während der Sinn des Schachspiels darin besteht, den Partner zu schlagen, um nicht selbst geschlagen zu werden. Eine Synthese aus These und Antithese, wie so oft in der Physik, gibt es beim Schach nicht.

Auf der »Portland« fühlten sich die Einsteins behaglich. In seinen Tagebuchnotizen lesen wir, daß er »durch sorgfältiges Essen« seinen Bauch wirksam bekämpfte und täglich ein Meerwasserbad nahm: »Dies und die Ferne der Menschen tun mir sehr wohl.« Sie hatten sich mit Lektüre versorgt, und Einstein las die *Kulturgeschichte der Neuzeit* von Egon Friedell. Er war beeindruckt von dem »ungeheuren Wissen« und »feinen Geist« des Verfassers, der in Wien als Theaterkritiker, Regisseur und Schauspieler lebte: »Auf den Kerl hat mich Toni aufmerksam gemacht.« Gemeint war Toni Mendel, Einsteins Geliebte.

Auf den letzten Seiten stieß Einstein freilich auf »blühenden Unsinn«. Friedell stellte die Relativitätstheorie und die pseudowissenschaftliche »Welteislehre« auf die gleiche Stufe und hielt beide typisch für die Epoche: Alle Wahrheiten eines Zeitalters bildeten »ein zusammenhängendes Planetensystem«.[43] »Was tut's«, meinte Einstein weise: »Das Gute daran ist um so amüsanter.« Nicht ganz falsch lag Friedell aber, als er die Relativitätstheorie »das größte geistige Ereignis« des Jahrhunderts nannte:

Die europäische Menschheit habe den »triftigsten Anlaß«, von einer »kopernikanischen Tat« zu reden, und es sei nicht unwahrscheinlich, »daß spätere Generationen einmal von unseren Tagen als dem Zeitalter Einsteins sprechen werden«.[44]

Vom Deck der »Portland« aus beobachtete er die Möwen, und dabei rang er sich dazu durch, »Zugvogel für den Lebensrest« zu sein. Er wollte seine Stellung bei der Preußischen Akademie zwar nicht völlig aufgeben, sich aber doch in den Vereinigten Staaten sozusagen ein zweites Standbein schaffen. Das zur Verwirklichung notwendige Angebot konnte er getrost der Zukunft überlassen. Er wußte, daß man sich in Pasadena und vielen anderen Universitäten für ihn interessierte. Wie er es auszudrükken pflegte: Wenn man auch mit dem »alten Knochen« nichts anfangen konnte, haben wollte man ihn doch.

Dieses Mal wohnten die Einsteins im Athenäum, dem Klubhaus des California Institute of Technology. Auch Geheimrat Hermann Schmitz, der Finanzdirektor der I.G. Farben, war hier untergebracht. Einstein hatte ihn vor einem halben Jahr bei einem Empfang in der Reichskanzlei getroffen. Jetzt kam das Gespräch sofort auf die Wirtschaftskrise, und Einstein schüttelte den Kopf: »Dieser Mann verteidigt allen Ernstes die Rückkehr zum primitiven Handwerk und Abkehr von der Maschine. Das erscheint unglaublich bei einem so klugen Menschen.«[45]

Dr. Walther Mayer und Helene Dukas waren in Berlin geblieben, und Einstein hatte – wie wir seinem Tagebuch entnehmen – Probleme mit der riesigen Korrespondenz: »Bewältigung mit dünner und ungewöhnlich dummer Sekretärin schwierig.«

Auf dem Campus traf er wie schon im Vorjahr viele interessante Menschen. Mit Moritz Schlick diskutierte er für und gegen den Positivismus und rühmte in seinem Tagebuch dessen »feinen Kopf«. Auch den Physiker Paul S. Epstein empfand er als »besonders nett und fein«. Der Mathematiker Oswald Veblen war, wenn er ihn alleine hatte, ein »netter, bescheidener Kerl«, sonst aber betrug er sich etwas »bonzenhaft«. Er lernte auch J. Robert Oppenheimer kennen, der später als der wissenschaftliche Leiter des amerikanischen Atombombenprojekts weltberühmt wurde.

Einstein beobachtete seine Zeitgenossen, er ironisiert ihre Schwächen, aber niemals überhob er sich. Eine Eintragung wie die im Tagebuch von Thomas Mann wäre bei ihm undenkbar: »Gut unterhalten, obgleich kraft meiner Überlegenheit eigentlich immer nur das Meine gesagt wird.«[46]

An einem Sonntagvormittag kam auch Abraham Flexner ins Athenäum, der sich mit Gedanken trug, mit Hilfe reicher Gönner in Princeton in der Nähe von New York ein kleines Forschungsinstitut auf höchstem Niveau zu gründen. Er wollte mit Mathematik und theoretischer Physik beginnen und das Arbeitsgebiet nach und nach ausdehnen. Noch aber war von Einsteins Beteiligung keine Rede, und im Tagebuch findet sich nichts über dieses Gespräch. Hingegen lesen wir unter dem 4. Februar 1931: »Die junge Dennis will mit mir ein Liebesabenteuer behufs Reklame. Versucht es nun mit Fressalien.«

Auf der Rückreise mit dem Schiff entlang der Küste Mexikos und durch den Panamakanal genoß Einstein die »beneidenswert ruhige Umgebung«. Er bedankte sich bei Hedwig Fischer für die schönen Bücher, die sie den Einsteins als Reiselektüre gesandt hatte: »Bald naht die Vertreibung aus dem Paradies, welche leider ohne dazugehörigen Sündenfall übermorgen vonstatten gehen wird.«[47]

Wieder in Berlin, erlebte Einstein am 10. April 1932 die Wiederwahl Hindenburgs zum Reichspräsidenten. Der Sieg des greisen Heerführers über Hitler konnte bei überzeugten Demokraten keine Hoffnungen wecken.

Nur ein einziges Mal nahm Einstein an einer Klassensitzung der Akademie teil, dann mußte er schon wieder nach Oxford. Elsa blieb zu Hause und berichtete ihrer Freundin, daß Albert im Christ Church College »so eine Art klösterlichen Lebens« führe.[42] Auch der Chronist weiß nichts von einer Versuchung.

Zufällig kam Abraham Flexner nach Oxford. Der amerikanische Wissenschaftsorganisator nutzte die Gelegenheit zu einem langen Gespräch mit Einstein. Bei schönem Frühlingswetter gingen die beiden Männer im Garten des College auf und ab. Flexner nannte die Namen einiger Mathematiker, die er für das neue Institut vorgesehen hatte. Einstein war so enthusiastisch, daß Flexner ihn fragte, ob er nicht auch kommen wolle. Schließlich verabredeten sie ein weiteres Gespräch. Flexner plante eine Reise nach Berlin, und Einstein lud ihn zu einem Besuch nach Caputh ein.

Er freute sich schon mächtig auf sein »Landhäusel« und sein Segelboot. Was den Umzug aus der Stadtwohnung betraf, konnte er getrost alles Elsa überlassen. Sie war eine gute schwäbische Hausfrau und hatte den Stolz, ihrem Albert alles recht zu machen.

Was die Politik betraf, war ihr »sehr beklommen zu Mute«. Reichskanzler Heinrich Brüning hatte als treuer Vasall die Wiederwahl Hindenburgs betrieben, jetzt aber, nur ein paar Wochen später, forderte ihn der Reichspräsident zum Rücktritt auf. Damit sollte der Weg freigemacht werden für eine Regierung der »nationalen Konzentration«, also mit Einschluß der Nationalsozialisten.

Ende Mai erschien Abraham Flexner in Caputh. Vom Nachmittag bis zum späten Abend sprachen sie über das geplante Forschungsinstitut in Princeton. Wieder registrierte Flexner mit Genugtuung das starke Interesse des berühmten Gelehrten. Wenn Einstein mitmachte, war die Anerkennung des neuen »Institute for Advanced Study« in der »scientific community« gesichert. Sie wurden sich über alle Vertragspunkte rasch einig, und nur die Anstellung seines Mitarbeiters Walther Mayer als »Associate«, auf die Einstein den größten Wert legte, führte zu einer längeren Diskussion. Am Schluß verabschiedete Einstein seinen Gast: »Ich bin Feuer und Flamme dafür!«[48]

Die Vereinbarung sah aber keine völlige Übersiedlung Einsteins in die Vereinigten Staaten vor. Er wollte nur während der Winterhalbjahre in Princeton sein, für die sechs Sommermonate aber seine Stellung bei der Preußischen Akademie – bei halbierten Bezügen – beibehalten. Verwachsen fühlte er sich freilich weniger mit dem Geistesleben der Reichshauptstadt als mit seinem Segelboot in Caputh.

Ein oder zwei Tage später kam Elsas Freundin Antonina Vallentin nach Caputh. Es war ihr letzter Besuch im »Landhaus Einstein«. Am Abend zuvor hatte die Journalistin ein Gespräch mit General Hans von Seeckt geführt, der nach seiner vorzeitigen Verabschiedung für die Deutsche Volkspartei in den Reichstag gegangen war. Seeckt warnte eindringlich: Einstein sei in Deutschland seines Lebens nicht mehr sicher.[49]

Elsa freute sich wie immer auf den Besuch der charmanten Vierzigjährigen, dieser »exzeptionellen Erscheinung« mit dem »klugen Köpfchen«. Frau Einstein berichtete vom Besuch Flexners. Albert wolle nur für die Wintermonate nach Princeton gehen, weil er sich von Berlin nicht trennen könne. »Aber das ist irrsinnig!« In der Aufregung wurde Antonina Vallentin heftig. Elsa aber hatte sich abgewöhnt, mit ihrem Mann zu argumentieren. Er ließ sich nicht umstimmen.[50] Plötzlich stand der Hausherr im Türrahmen. Er hatte einen herrlichen Segeltag auf seinem »Tümmler« verbracht und strahlte vor Lebensfreude und Behagen. In seiner Gegenwart fühlte sich Antonina Vallentin gar nicht mehr sicher, ob ihr Rat, Deutschland zu verlassen, der richtige war. Seine Ruhe und Zuversicht besiegten alle Bedenken.

Einstein brachte sie zum letzten Postomnibus, und um Mitternacht stieg sie in Potsdam in die Stadtbahn nach Berlin. Mit ihr fuhr eine lärmende Schar von jungen Männern, Söhne aus sogenannten guten Familien, Nationalsozialisten allesamt, die von einer Veranstaltung ihrer Partei kamen und wie Angetrunkene wirkten. In vulgären Ausdrücken sprachen sie davon, daß sie es, wenn es einmal soweit war, den »Judenschweinen« geben würden. Insbesondere abgesehen hatten sie es auf den Berliner Polizeivizepräsidenten Dr. Bernhard Weiß, den sie nach Goebbels nur »Isidor« nannten. »Er wird gekillt« war ihr Refrain. Zum Entsetzen der Journalistin berauschten sie sich an der Vorstellung, die Frau des Präsidenten nackt durch die Straßen Berlins zu jagen und vorne und hinten anzuzünden.[51] Am nächsten Tag rief Antonina Vallentin in Caputh an. Die Einsteins hatten kein Telephon, und die Journalistin mußte einen Nachbarn bitten, Elsa zu holen. Mit aller Eindringlichkeit schilderte sie die Begegnung, die ihr wie ein Menetekel künftigen Unheils erschien.

Antonina Vallentin war nur kurz zu Besuch in Berlin, und bevor sie nach Paris zurückkehrte, wiederholte sie noch einmal in einem langen Brief alle ihre Argumente. »Bei Albert ist das nicht so einfach«, antwortete Elsa: »Er hat sich auf sein Caputh eingestellt, ganz und gar. Lebt hier göttlich wie nirgends. Erklärt mir auch, es bringe ihn vorerst keiner dazu, fortzugehen. Er kennt keine Angst.«[52] Auf Bitten seiner Frau unterließ er aber die langen einsamen Spaziergänge. Walther Mayer mußte ihn begleiten. Er sollte sich auch politisch zurückhalten und keine Aufrufe mehr unterschreiben. »Wäre ich so, wie du mich haben willst«, antwortete er, »wäre ich eben nicht der Albert Einstein.«[53]

Antonina Vallentin gehörte zu den wenigen wirklich emanzipierten Frauen. Sie stammte aus Lemberg und hatte an der Universität Berlin mit einer kunsthistorischen Arbeit promoviert. Sie war Kulturkorrespondentin des *Manchester Guardian* gewesen und die erste beim Völkerbund akkreditierte weibliche Berichterstatterin. In Genf lernte sie ihren Mann kennen, den französischen Diplomaten Julien Luchaire. Einstein kannte ihn gut von seiner Tätigkeit im Komitee für intellektuelle Zusammenarbeit.

Die Arbeit des Komitees war durch die Gründung des »Instituts für intellektuelle Zusammenarbeit« in Paris auf eine breitere Grundlage gestellt worden. Einstein erinnerte sich mit Schrekken an das feierliche Bankett zur Einweihung am 16. Januar 1926, als er nach dem neu ernannten und sehr eloquenten Generaldirektor Luchaire ohne Manuskript und nur nach einigen Stichworten eine Rede in Französisch halten mußte. Gerade ihn hatte man hören wollen mit seinen schlechten Sprachkenntnissen und dem notorischen Mangel an rednerischem Talent!

In Deutschland betrachtete man das Institut in Paris nicht ganz zu Unrecht als französisch dominiert. Eine viel bessere Presse als ihr Mann hatte Antonina Vallentin, wie sie sich als Schriftstellerin auch nach der Verheiratung weiterhin nannte. Besondere Anerkennung erwarb sie sich mit ihrer Stresemann-Biographie, die 1930 erschien, ein Jahr nach dem Tode des großen Staatsmannes. Elsa stand völlig im Banne des »grandiosen Buches«, und Einstein war eine »wandelnde Reklame« dafür. Er sprach jeden, den er traf, darauf an. Stresemann unterscheide sich vom Politiker gewohnten Schlages wie das Genie vom Fachmann: »Hierin lag der Zauber und die Kraft seiner Persönlichkeit.«[54]

Nach dem Krieg schrieb der amerikanische Historiker Felix Hirsch, ein früherer politischer Redakteur am *Berliner Tageblatt*, eine sehr viel gewichtigere Biographie Stresemanns. Er wollte sein Buch mit einem Kapitel über das gegenwärtige Bild des deutschen Reichskanzlers und Außenministers abschließen und bat Einstein um eine Stellungnahme. Der aber war kurz angebunden: Daß Stresemann seinen Landsleuten Vernunft gepredigt habe, müsse anerkannt werden. »Ich neige aber zu der Überzeugung, daß er zwar schlauer, aber nicht besser war als seine politischen Gegner.«[55] Von allem, was deutsch war, hatte sich Einstein distanziert. So ging Felix Hirsch leer aus, während er seinerzeit für Antonina Vallentin eine gedankenvolle Einleitung geschrieben hatte, in der er Stresemanns Aussöhnungspolitik und die Fähigkeit der Verfasserin zur dramatischen Verdichtung rühmte.

Elsa hatte sich mit der 15 Jahre jüngeren Journalistin angefreundet. Antonina Vallentin gehörte zu den »klügsten Frauen«, die ihr je begegnet waren: »Sie wären imstande, Geschichte zu machen!« Trotz der intensiven geistigen Arbeit hatte die »liebe Tosia«, wie Elsa Einstein bewundernd registrierte, nichts von ihrem weiblichen Charme verloren. Auch ihre Ehe mit dem französischen Diplomaten Julien Luchaire war glücklich: »Zu alle den herrlichen Gaben noch ein so beneidenswertes Schicksal: Der Mann, dem Sie angehören, liebt Sie mit seiner ganzen Seele«.[56] Ein paar Jahre später mußte Elsa freilich erfahren, daß auch bei Monsieur Luchaire die polygame Veranlagung hervortrat und Tosia leiden mußte, wie sie gelitten hatte.

Im Sommer 1932 eröffnete Frau Luchaire ihrer Freundin, daß sie eine Biographie Einsteins schreiben wolle. Elsa brachte es nicht über sich, gleich zu sagen, daß dieses Projekt bei dem Betroffenen auf den heftigsten Widerstand stoßen werde. Als sie mit ihrem Albert darüber sprach, reagierte er wie befürchtet: »Frau Luchaire muß warten, bis ich das Zeitliche gesegnet habe.« Einstein schärfte seiner Frau ein, dieses »wortgetreu zu bestellen«:

Albert ist ein scheuer Mensch. Ja, das ist schwer zu begreifen. Aber es ist doch so. Wenn man denen, die ihm so oft Eitelkeit vorwerfen, erklären will, daß er demütig und ohne die »normale« Selbstgefälligkeit ist, dann belächeln sie diese Behauptung.[57]

Und Elsa erläuterte ihrer Freundin: Wenn sie ein »armes Hascherl« wäre, »das voraussichtlich einen blöden Schmarrn zusammenschriebe«, und wenn das Ganze dann womöglich nur im Ausland erschiene, dann, ja dann würde er wohl seine Zustimmung geben:

> Aber sie sind eine feine Psychologin, eine Schriftstellerin par excellence, Sie leuchten da hinein bis in alle Tiefen und Abgründe, Sie sind ein ganz gefährlicher Mensch in dieser Hinsicht! Und er soll dann seziert werden, er, der sich so oft selbst nicht ausstehen kann, und der sich immer wieder dagegen sträubt, im Mittelpunkt zu stehen.[58]

Zwei Jahre später, als die Einsteins schon in Princeton lebten, unternahm Antonina Luchaire einen neuen Vorstoß. Und wieder holte sich Elsa bei ihrem Mann eine Abfuhr: »Als ich in der vorsichtigsten und diplomatischsten Art an ihn herankam, da ergriff er die Flucht und rief mir etwas Häßliches zu«:

> Er wird sich nie dazu herbeilassen, Ihnen Modell zu sitzen für seine Biographie. Er würde Ihnen sagen, er habe einige sehr tiefe, wundervolle Gedanken gehabt und habe dieselben niedergeschrieben. Ein paar Seiten davon seien das, was man unsterblich nennt. Sonst aber sei alles Dreck, und er selbst wäre ein Mensch mit vielen Fehlern wie alle.[59]

Die Biographie erschien erst 1954 zum 75. Geburtstag Einsteins. Wertvoll sind nur die wenigen Szenen, die die Verfasserin selbst miterlebt hat, und die wörtlichen Zitate aus den Briefen Elsas, die die Stimmung bei den Einsteins widerspiegeln. Vor dem Erscheinen hat Antonina Vallentin ihr Manuskript Einstein zur Einsicht übersandt. Er las es nicht, einer Regel folgend, an die er sich seit seiner »Zeitungsberühmtheit« strikt hielt: »Auf diese Weise wird man nicht verdorben durch Lob und nicht deprimiert durch

Tadel. Ich denke, es hätte gar manchem genützt, wenn er sich dieses Rezept zu eigen gemacht hätte.«[60] Das war ein kleiner Seitenhieb auf die Eitelkeit einiger Zeitgenossen.

Auch der Physikochemiker David Reichinstein trug sich 1932 mit dem Gedanken, eine Biographie zu verfassen. Einstein bat ihn nachdrücklich, eine Publikation in deutscher Sprache zu unterlassen. Ihm würden dadurch die Menschen in seiner persönlichen Umgebung entfremdet, weil sie ihn für »eitel und reklamesüchtig« halten müßten: »Wenn mir auch an solchen Meinungen an und für sich nicht viel gelegen ist, so erschweren sie mir das Leben doch erheblich und schaffen eine gespannte Atmosphäre, während ich eine harmlose über alles liebe.«[61]

Das Buch erschien trotzdem Ende 1932. In seinem Fach war Reichinstein nach dem Urteil Einsteins ein »leider etwas unklarer Kopf«. Das bestätigte sich auch auf dem literarischen Gebiet. Die Biographie ist ein Ärgernis. Wie Einstein seinerzeit Moszkowski verziehen hatte, verzieh er später auch Reichinstein, daß dieser die seit Jahren bestehende, aber sehr lose persönliche Bekanntschaft »zu Geld gemacht« hatte. Reichinstein befand sich in Not und war ein »armer Schlucker«, das männliche Pendant zum »armen Hascherl«. Trotz allem setzte sich Einstein nach 1933 für den Flüchtling ein und schrieb an Max Born: »Hilf ihm, wenn Du kannst, aber sei vorsichtig mit Empfehlungen.«[62]

Nach dem Hitler-Putsch vom 8. November 1923 hatte Stresemann bereits mit dem Schlimmsten gerechnet. Nach der Stabilisierung der Mark war es jedoch zu einer wirtschaftlichen und kulturellen Blütezeit gekommen, und später sprach man von den »goldenen zwanziger Jahren«. Als aber Ende 1929 die Weltwirtschaftskrise einsetzte und die Arbeitslosenzahl nach oben ging, zeigte sich, wie wenig gefestigt der demokratische Staat noch war. Die politische Unreife des Wählers und das Verhältniswahlsystem ohne Sperrklauseln führten zu einer heillosen Zersplitterung der Stimmen. Zugleich wurden die beiden Parteien, die den Staat zerstören wollten, die NSDAP auf der Rechten und die KPD auf der Linken, immer stärker. Reichskanzler Brüning hatte sich nicht mehr auf eine Reichstagsmehrheit gestützt, sondern auf den Reichspräsidenten. Noch weiter nach rechts gehen wollte der neue Reichskanzler Franz von Papen.

Unter dem Ministerpräsidenten Otto Braun und seinem Innenminister Carl Severing war Preußen ein Bollwerk der Demokratie. Am 20. Juli 1932 erklärte Franz von Papen die rechtmäßige preußische Regierung für abgesetzt. Am 31. Juli erreichte die NSDAP bei den Reichstagswahlen 37 Prozent der Stimmen und wurde mit 230 Mandaten zur mit Abstand stärksten Fraktion.

Nun mußte Einstein als prominenter Pazifist, Jude und Demokrat ständig auf Anpöbelungen gefaßt sein. Elsa berichtete damals von einem Ereignis vom Herbst 1931, das also ein Dreivierteljahr zurücklag:

> Auf der Fahrt mit der Stadtbahn, wie üblich in der dritten Klasse, erkannten ihn zwei junge Nationalsozialisten. Der eine stieß den anderen an, und sie tuschelten miteinander. Dann nahmen beide ihr Parteiabzeichen vom Revers.[63]

»Möglich, daß sie das heute nicht mehr täten«, setzte Elsa hinzu. Zur Beruhigung der Familie verschwand Einstein für fünfeinhalb Wochen. Er wohnte einige Zeit bei seinem Freund Paul Ehrenfest in Leiden und quartierte sich dann allein irgendwo in Belgien in der Nähe von Spa ein. Hier lernte er den Architekten Henry van de Velde kennen und unterhielt sich mit ihm über das Arbeitslosenproblem und die »wohltätige Haltung«, die König Albert in dem Konflikt einnahm.

Elsa war der schöne Sommer verdorben. Im Spätjahr erschien ihr die märkische Landschaft besonders reizvoll, und sie wurde ganz elegisch bei dem Gedanken, sich von ihren Kindern und von Caputh bald trennen zu müssen. Dabei sollte es doch nur um eine weitere Vortragsreise nach Pasadena gehen. »Albert segelt noch täglich«, hieß es am 29. September: »Es ist, als müsse er sich noch vollsaugen und vollpfropfen mit dieser Lust.«[64]

Am 15. November feierte Gerhart Hauptmann seinen 70. Geburtstag. Von der Reichsregierung wurde die Prominenz aus Politik, Kunst und Literatur zu einer Festveranstaltung von *Gabriel Schillings Flucht* ins Staatstheater geladen mit Werner Krauß und Elisabeth Bergner in den Hauptrollen. Der Dichter saß mit Frau Margarethe und Dr. Franz Bracht, dem von Papen eingesetzten »Reichskommissar für Preußen«, in der Proszeniumsloge. Graf Kessler fand das Stück verstaubt; die Probleme interessierten heute niemanden mehr. Er hatte seinen Platz im Parkett in der zweiten Reihe und beobachtete vor sich die Einsteins, die Kardorffs und Heinrich Mann. In der Pause nach dem ersten Akt beugte sich Staatssekretär Simon zu Einstein und fragte, wie er das Stück beurteile: »Na, wenn schon!« Kessler notierte: »Die treffendste Formulierung des Gefühls, das es auslöst.«[65]

Aus Anlaß seines Geburtstages erhielt Gerhart Hauptmann die große goldene Staatsmedaille. Bereits am Vormittag hatte die rechtmäßige preußische Regierung dem Dichter die Verleihungsurkunde überreicht. Am Abend nach der Festveranstaltung empfing er aus der Hand des Reichskommissars die Medaille und eine zweite Ausfertigung der Urkunde. »Haben Sie auch Hauptmann gebührend gefeiert?!« fragte Elsa ihre Freundin Antonina: »Hier und in 50 anderen Städten wollt's kein Ende haben:«

> Vergleichen Sie den Albert mit ihm. An seinem 50. ist er geflohen in die Einsamkeit.[66]

Am 1. Dezember besuchte Einstein zum letztenmal eine Sitzung der Preußischen Akademie der Wissenschaften. Er hörte einen Vortrag über den Ausbau der Sternwarte Berlin-Babelsberg in den vergangenen zwölf Jahren. Die ursprünglich für die Ausrüstung mit wissenschaftlichen Instrumenten bestimmte »ziemlich bedeutende Summe« habe sich in der Inflation leider »verflüchtigt«. Durch das »stets verständnisvolle Eingehen der zuständigen Stellen« und der Notgemeinschaft sei aber doch noch vieles verwirklicht worden.[67]

Einer der letzten Briefe Einsteins aus Deutschland war an Sigmund Freud gerichtet. Das Internationale Institut für geistige Zusammenarbeit in Paris hatte ein halbes Jahr zuvor den großen Physiker gebeten, mit einer Persönlichkeit seiner Wahl in einen Gedankenaustausch über Kriegsursachen und Kriegsverhütung einzutreten. Der Dialog sollte in vielen Sprachen publiziert werden und mithelfen, die Spannungen zwischen den Völkern abzubauen. Einstein hatte sich für Freud als Partner entschieden und war von dessen Analyse beeindruckt: »Sie haben da wirklich etwas Herrliches hergegeben.« In seinem Dankesbrief vom 3. Dezember 1932 bezeichnete sich Einstein als »Wurm an der Angel, der den wunderbaren Fisch zum Anbeißen« bewogen habe.[68]

Die Broschüre *Warum Krieg?* mit den Beiträgen Einsteins und Freuds erschien im folgenden Jahr, als die Weltlage grundstürzend anders geworden war. Die »Wirkung auf Menschen« sei »etwas Unberechenbares«, hatte Einstein in seinem Brief bemerkt. Das bestätigte sich auch hier. Im Jahre 1933 geschah in Deutschland so viel Unerwartetes und Erschreckendes, daß die wohlgemeinte Schrift gänzlich unbeachtet blieb.

Am 5. Dezember ging Einstein mit Frau Elsa zum amerikanischen Generalkonsulat. Dort mußte er den üblichen langen Fragebogen ausfüllen. Dabei gewann er den Eindruck, man wolle ihm das Einreisevisum verweigern und suche nur noch einen Vorwand. Eine amerikanische Frauenliga, die »Daughters of the American Revolution«, hatte gegen den geplanten Besuch Protest erhoben. Dieser war vom State Department dem Generalkonsulat in Berlin übermittelt worden. Entsprechende Presseberichte aber wurden von den Amerikanern energisch dementiert. Binnen 24 Stunden erhielt Einstein sein Visum.

Der Zwischenfall veranlaßte ihn zu einem witzigen Seitenhieb auf die »patriotischen Weiblein«: Noch nie habe er »von Seiten des schönen Geschlechts so energische Ablehnung gegen jede Annäherung gefunden«.[69] Wahrscheinlich wußte Einstein nicht, mit wem er es zu tun hatte. Sonst wäre sein Protest wohl eine Spur grimmiger ausgefallen. Die »Daughters of the American Revolution« hielten sich für die nordamerikanische Aristokratie, bildeten aber in Wahrheit nur einen reaktionären Klüngel. Sie machten von sich reden, als sie der Sängerin Marian Anderson als einer Schwarzen ihre Kongreßhalle verweigerten. Daraufhin erklärte Eleanor Roosevelt ihren Austritt und stellte Marian Anderson den Garten des Weißen Hauses zur Verfügung, wo die Sängerin von einer riesigen Menschenmenge begeistert gefeiert wurde.

In den Vorjahren hatten die Einsteins ihren Haushalt schon im Oktober von Caputh in die Haberlandstraße zurückverlegt. Jetzt blieben sie bis zum letzten Tag draußen. Am 10. Dezember holte sie János Plesch in Caputh ab und brachte sie mit seinem Wagen zum Lehrter Bahnhof, wo sie von Ilse und Margot verabschiedet wurden. Einstein war heiter, und es ging ihm die Frage durch den Kopf, wie man die Dirac-Gleichung durch eine einfachere ersetzen könnte. Elsa aber fühlte schmerzlich die bevorstehende lange Trennung von ihren »Mädels«.[70]

In Antwerpen beobachtete er interessiert das Getümmel im Hafen. »Export scheint gesteigert seit letztem Jahr.« Aus Brüssel war Onkel Caesar Koch mit Tochter Suzanne angereist, um seinen berühmten Vetter zu begrüßen. Am Abend kam der Freund Paul Langevin aus Paris. Es ging um eine Aktion der europäischen Geistesarbeiter gegen den Nationalismus. »Sie werden in einiger Zeit hören, was sie ausgerichtet haben, diese zwei Prachtskerle!« meinte Elsa gegenüber Antonina Vallentin.[71]

Die Einsteins hatten sich mit vielen schönen Büchern versorgt, und auf der Fahrt durch den Kanal und die Biskaya las er in

An Bord der »Deutschland« im Dezember 1932

den Märchen Andersens. Zwar schien ihm die »Größe der Konzeption« der schlichten Volksmärchen und -sagen nicht erreicht, trotzdem hielt er Andersen für einen »begnadeten Dichter«. Am besten gefiel ihm die *Chinesische Nachtigall*.[72]

KAPITEL 15

Die Völkerwanderung von unten

»Einstein verstehen heißt die Welt des zwanzigsten Jahrhunderts verstehen.« Dieser Satz des Physikers Philipp Frank ist auch für die politische Entwicklung der Epoche richtig. Einsteins analytische Fähigkeiten erlaubten ihm Einsichten, wie sie damals kein Gelehrter besaß. Nur ein paar Abgeordnete und Journalisten mögen so klar wie er das Wesen des Nationalsozialismus durchschaut haben. Die Machtergreifung am 30. Januar 1933 war für ihn eine »Völkerwanderung von unten«, ein »Zertrampeln des Feineren durch das Rohe«. Wie im Krieg müsse man sich wieder daran gewöhnen, »täglich von gräßlichen Gewalttätigkeiten zu lesen mit dem Bewußtsein, daß das meiste nicht ans Licht der Öffentlichkeit kommt«.[1]

Wie es in der Physik Kriterien gibt zur Beurteilung einer Theorie, lassen sich auch in der Politik objektive Maßstäbe an ein Herrschaftssystem anlegen. Die entscheidenden Prüfsteine sind dabei die Menschenrechte und der Umgang mit der Opposition. Nach dem Brand des Reichstages am Spätabend des 27. Februar 1933 ließen die sofortige Schuldzuweisung und die Verhaftung der kommunistischen Abgeordneten keinen Zweifel am Charakter des neuen Regimes. »Minderwertige und gemeine Naturen« waren zur Herrschaft gelangt, und diese prägten »ihren niederen Sinn dem Volke auf«.

Einstein befand sich damals in Pasadena in Kalifornien. In einer Presseerklärung gab er am 11. März bekannt, daß er nicht mehr nach Deutschland zurückkehren werde:

> Solange mir eine Möglichkeit offensteht, werde ich mich nur in einem Land aufhalten, in dem politische Freiheit, Toleranz und Gleichheit aller Bürger vor dem Gesetz herrschen. Zur politischen Freiheit gehört die Freiheit der mündlichen und

schriftlichen Äußerung politischer Überzeugung, zur Toleranz die Achtung vor jeglicher Überzeugung eines Individuums. Diese Bedingungen sind gegenwärtig in Deutschland nicht erfüllt. Es werden dort diejenigen verfolgt, die sich um die Pflege internationaler Verständigung besonders verdient gemacht haben.[2]

Die Gebildeten im Lande haben dieses klare Wort Einsteins damals nicht verstanden. Zu Recht hatte der jüdische Physiker Siegfried Czapski schon zur Jahrhundertwende konstatiert, daß man an der deutschen Universität ein guter Mathematiker, Naturforscher und Philologe werden könne. Was jedoch die staatsbürgerliche Erziehung angehe, verlasse man die Alma mater nach einem Studium von vier Jahren »ebenso ungebildet, unwissend und unfähig wie der gewöhnlichste Philister«.[3]

Die Deutschen erwarteten von Hitler die Beseitigung der Arbeitslosigkeit und die Revision des Versailler Vertrages, und das reichte, in ihm eine »gewaltige Hoffnung« zu sehen. So formulierte es am 7. April 1933 Otto Hahn. Der Direktor des Kaiser-Wilhelm-Instituts für Chemie und spätere Entdecker der Kernspaltung hatte schon früher seine politische Ahnungslosigkeit offenbart. Bei einer Abendgesellschaft mußte er sich einmal von der Frau eines bekannten Berliner Publizisten sagen lassen: Er sei doch sonst an exaktes Denken gewöhnt und müsse das auch auf die Politik anwenden.[4]

Einer der wenigen Lichtblicke für Einstein war die »verantwortungsbewußte Haltung« von Heinrich und Thomas Mann. Die übrigen zur geistigen Führung Berufenen hätten »nicht den Mut und die Charakterstärke« aufgebracht, eine Trennungslinie zu den Machthabern zu ziehen.

Das zeigte sich kraß im Verhalten seiner Kollegen in der Preußischen Akademie der Wissenschaften. Seit Mitte März hörte man in Berlin von den politischen Kundgebungen Einsteins in Amerika. Der »Vorsitzende Sekretar« Heinrich von Ficker war entrüstet. Nach einer Rücksprache mit Planck forderte er Einstein zur Stellungnahme auf.

Planck ging durchaus davon aus, daß sich Einstein nur von der »heiligsten Überzeugung und Gewissenspflicht« leiten ließ. Aber auch er mißbilligte die öffentlichen Erklärungen und legte Wert auf die Feststellung, daß ihn in politischer Hinsicht »eine abgrundtiefe Kluft« von Einstein trenne. Als Präsident der Kaiser-Wilhelm-Gesellschaft hoffte er sogar, daß nach Mussolinis Vorbild sich nun »die persönlichen Beziehungen zu den Ministern des Reiches und der Länder womöglich noch enger gestalten« würden.[5] Die Ressentiments der führenden Nationalsozialisten gegenüber der Wissenschaft hätten ihm bekannt sein müssen. Es war schon richtig, was Einstein 15 Jahre zuvor zu Ehrenfest gesagt hatte: Planck war den öffentlichen Dingen gegenüber »wie ein Kind«. Politik begriff er so wenig »wie eine Katze das Vaterunser«.

Bis Ende des Monats spitzte sich die Situation weiter zu. Am 23. März verabschiedete der Reichstag das Ermächtigungsgesetz, und Hitler erhielt, scheinbar legal, diktatorische Vollmachten. Die SA machte Jagd auf Juden und politische Gegner. Die ersten Konzentrationslager füllten sich. Einstein verfaßte eine scharfe Erklärung und stellte sie der »Internationalen Liga zur Bekämpfung des Antisemitismus« zur Verfügung:

> Die Akte brutaler Gewalt und Unterdrückung, die gegen alle Menschen mit freier Gesinnung und insbesondere gegen die Juden gerichtet sind, haben das Gewissen aller Länder aufgerüttelt... Wir können hoffen, daß die Gegenwehr stark genug sein wird, um Europa vor einem Rückfall in die Barbarei längst entschwundener Epochen zu bewahren.[6]

Die Nationalsozialisten schäumten. Ce n'est que la vérité, qui blesse. Der im Preußischen Kultusministerium als Reichskommissar eingesetzte (und spätere Reichserziehungsminister) Bernhard Rust forderte die Einleitung eines Disziplinarverfahrens. Daraufhin nahm es Planck auf sich, an Einstein zu schreiben: Jetzt gebe es nur noch einen Ausweg, den freiwilligen Rücktritt. Nur so könne er seinen Freunden »ein unabsehbares Maß von Kummer und Schmerz« ersparen. Mit anderen Worten: Sie müßten ihn sonst ausschließen.

Diesen Brief erhielt Einstein erst am 5. April. Er hatte jedoch schon am 28. März, noch vom Schiff aus, auf der Rückreise nach

Europa, sein Amt niedergelegt. Zwei Tage später nahm die Akademie den Austritt zur Kenntnis. Abermals zwei Tage später, am 1. April 1933, folgte der »Tag des Judenboykotts«. »Es hätte den Nazis gar zu schön gepaßt, an diesem Tage auch den Hinauswurf Einsteins aus der Akademie veröffentlichen zu können«, meinte Max von Laue: »Die Wut, daß er ihnen durch seinen Austritt zuvorgekommen war, war im Ministerium unbeschreiblich.«[7]

Einstein bedeutete für die Nationalsozialisten nicht einfach nur ein Wissenschaftler jüdischer Abstammung, dessen Tätigkeit als Staatsbeamter für das Dritte Reich untragbar war. Das hohe Ansehen, ja die Verehrung, die Einstein in weiten Kreisen genoß, und die Überzeugungskraft seines schlichten Auftretens hatten Einstein auch in der Politik zu beträchtlichem Einfluß verholfen. Als überzeugter Demokrat und Pazifist hatte er den Bestrebungen der Nationalsozialisten und Deutschnationalen entgegengewirkt und war so seit Jahren Zielscheibe heftigster Angriffe gewesen.

Bernhard Rust war ungehalten, daß sich die akademischen Körperschaften und Universitäten nicht zu dem »unerhörten Verhalten« Einsteins äußerten. Ultimativ forderte er eine öffentliche Erklärung der Akademie. Zur Beratung ließ er keine Zeit. So hat der Klassensekretar Ernst Heymann die gewünschte Erklärung in Abwesenheit der drei anderen Sekretare praktisch im Alleingang abgefaßt und an die Presse gegeben:

> Die Preußische Akademie der Wissenschaften hat mit Entrüstung von den Zeitungsnachrichten über die Beteiligung Albert Einsteins an der Greuelhetze in Frankreich und Amerika Kenntnis erhalten. Sie hat sofort Rechenschaft von ihm gefordert... Die Preußische Akademie der Wissenschaften empfindet das agitatorische Auftreten Einsteins im Auslande um so schwerer, als sie und ihre Mitglieder seit alten Zeiten sich aufs engste mit dem preußischen Staate verbunden fühlt und bei aller gebotenen strengen Zurückhaltung in politischen Fragen den nationalen Gedanken stets betont und bewahrt hat. Sie hat aus diesem Grunde keinen Anlaß, den Austritt Einsteins zu bedauern.[8]

Jede Kritik an den Machthabern galt als »Greuelpropaganda«. Dieser 1914 aufgekommene Begriff bezeichnete ursprünglich alle Nachrichten über die Kriegsverbrechen der Deutschen. Damals hatten die Alliierten die wirklich verübten Untaten weit übertrieben und die deutschen Soldaten zu »Hunnen« stilisiert, die belgischen Kindern die Hände abhacken. Es war ein diabolisch-genialer Schachzug des Reichspropagandaministers, die nur zu berechtigte Kritik des Auslands an den Gewalttaten seit Februar 1933 als angebliche »Greuelpropaganda« unglaubwürdig zu machen.

Die Akademie veröffentlichte ihre Stellungnahme am 1. April 1933. An diesem Tage wurden von der SA die Universität Unter den Linden besetzt, jüdische Professoren und Assistenten aus ihren Institutsräumen gewiesen, beschimpft und mißhandelt. SA-Mannschaften drangen in Gerichtssäle ein und unterbrachen die jüdischen Richter. In der Stadt wurde die Bevölkerung am Betreten jüdischer Geschäfte gehindert. Bei den Willkürmaßnahmen fungierten SA und SS als »Hilfspolizei«, handelten also im Auftrag der neuen Machthaber. Auch in anderen Städten tobte sich der organisierte »Volkszorn« aus. 20 Jahre später erhielt Einstein einen Brief eines jüdischen Arztes, der in Hamburg praktiziert hatte. Dieser berichtete, daß damals die »wildgewordene Canaille« ein schönes Einstein-Bild in seinem Sprechzimmer, das Geschenk eines Patienten, zertrümmert habe.

Max von Laue war empört, als er die offizielle Verlautbarung der Akademie in der Zeitung fand. Er beantragte eine außerordentliche Plenarsitzung. Bei »voller Anerkennung der Unvereinbarkeit der politischen Äußerungen Einsteins mit seiner bisherigen Stellung« sollte die Akademie vor der Öffentlichkeit feststellen, in ihm »eines der genialsten Mitglieder zu verlieren, die sie überhaupt besessen hat«.[9]

Bedauerlicherweise war Planck nicht in Berlin. Am 23. April stand sein 75. Geburtstag bevor, und er war mit seiner Frau nach Sizilien gereist. Planck besaß als Präsident die Verantwortung für die Kaiser-Wilhelm-Gesellschaft und als einer der vier »Beständigen Sekretare« auch für die Akademie. Es kam selten vor, daß gegen seinen Willen entschieden wurde. Laue sandte ein Telegramm nach Taormina: »Persönliche Anwesenheit hier dringend erwünscht.« Planck aber begriff Laues Sorge nicht. Ein Brief aus Taormina, gerichtet an den Generaldirektor der KWG, enthüllt seine Ahnungslosigkeit. Er kenne seinen verehrten und lieben Kollegen Max von Laue zu gut, heißt es da, »um nicht zu wissen, daß er sehr aufgeregt und dann etwas urteilslos« sein könne.[10]

In Abwesenheit Plancks wurde die Sitzung am 6. April zu einem Desaster. Mit einem ausdrücklichen »Dank für sein sachgemäßes Handeln« billigte das Plenum die Erklärung Heymanns. Laues Antrag fiel durch. Statt dessen genehmigten die Akademiker einen Brief an Einstein mit neuen Vorwürfen. Den Text hatte der Vorsitzende Sekretar Heinrich von Ficker entworfen:

> Von einem Mann, der unserer Akademie so lange angehört hat, hätten wir mit Bestimmtheit erwartet, daß er ohne Rücksicht auf seine eigene politische Einstellung sich auf die Seite derer gestellt hätte, die unser Volk in dieser Zeit gegen die Flut von Verleumdungen verteidigt haben. Wie machtvoll hätte im Ausland in diesen Tagen zum Teil scheußlicher, zum Teil lächerlicher Verdächtigungen gerade Ihr Zeugnis für das deutsche Volk wirken können.[11]

Am 28. März waren die Einsteins, wiederum mit der »Belgenland«, in Antwerpen eingetroffen. Sie wurden vom Bürgermeister und von Professoren der Universität Gent im Namen des belgischen Königs willkommen geheißen. Einstein hatte sich früher mit Albert I. und Königin Elisabeth angefreundet, und »die Königs«, wie er die beiden nannte, kümmerten sich jetzt um sein persönliches Wohlergehen.

Für ein paar Tage wohnten sie als Gäste bei einem physikalischen Kollegen, dann ging es nach Le Coq, einem Badeort an der belgischen Küste. Hier stand ihnen ein kleines Haus in den Dünen zur Verfügung, die Villa »La Savoyarde«. Im Erdgeschoß gab es eine Küche und ein Wohnzimmer mit einer großen Veranda, im Obergeschoß drei Schlafzimmer. Das reichte. Als aber später aus Berlin Margot und Helene Dukas kamen, wurde es eng.

Arbeiten konnte Einstein nur im Wohnzimmer, und erneut bewährte sich seine Konzentrationsfähigkeit. Die Anwesenheit von Besuchern störte ihn nicht bei der Arbeit. Seine Verpflichtungen waren größer als je zuvor. Viele Menschen wandten sich in ihrer Not an ihn, und er hatte Mühe, die Post zu bewältigen. »Ich laufe hinter meinen Korrespondenzen und sonstigen Pflichten drein wie ein alter Hund hinter einem elektrischen Tram«[12], schrieb er an Freunde. Schweizerischem Sprachgebrauch entsprechend hieß es für ihn »das Tram«.

In Deutschland erschien eine Propagandabroschüre mit dem Titel *Juden sehen dich an*. Dem unbedarften Zeitgenossen wurde eine »Galerie von Volksverderbern« vorgeführt, in Wahrheit von Regimegegnern, und man hatte sich bemüht, möglichst unvorteilhafte Photographien zu finden. Alle Niedertracht hatte es jedoch nicht vermocht, Einsteins Gesichtszüge und seinen melancholischen Blick zu entstellen.

Das Elaborat war Julius Streicher gewidmet, dem Gauleiter von Franken und Herausgeber des *Stürmer*, der schon manchen »prominenten Juden zur Strecke« gebracht habe. Auch nichtjüdische Persönlichkeiten hatten Aufnahme gefunden wie etwa Konrad Adenauer, der »Großprotz von Köln«. Für die Herausgeber der Broschüre bedeutete also offenbar der Begriff Jude soviel wie Regimegegner. Über Einstein hieß es: »Erfand eine stark bestrittene Relativitätstheorie. Wurde von der Judenpresse und dem ahnungslosen deutschen Volk hoch gefeiert, dankte dies durch verlogene Greuelhetze gegen Adolf Hitler im Auslande. (Ungehängt.)«[13]

Die Broschüre war, meinten viele, »ganz einfach eine Aufforderung zum Mord«. König Albert beorderte zwei Detektive zum Schutze Einsteins nach Le Coq. Die Bevölkerung wurde dringend gewarnt, Fremden Hinweise auf seinen Aufenthaltsort zu geben.

Philipp Frank, der Nachfolger in Prag, der sich auf der Rückreise von London spontan entschloß, Einstein zu besuchen, hatte jedoch keine Mühe, sich zur Strandvilla durchzufragen. Er ging durch die mit Weidenbüschen und Kiefern bewachsenen Dünen und sah schon aus der Ferne zwei ziemlich robuste Männer in einem Gespräch mit Frau Einstein. »Als mich die beiden erblickten, stürzten sie sich auf mich. Frau Einstein war erschrocken aufgesprungen und sah kreidebleich aus.«[14] Einstein selbst aber lachte über die Treuherzigkeit seiner Nachbarn, die einem Wildfremden vertrauensselig den Weg gewiesen hatten.

Nicht zum Lachen war Einstein das Verhalten seiner Berliner Kollegen. Die Auseinandersetzung mit der Akademie hatte ihn stärker betroffen, als er sich eingestehen mochte. Er zeigte seinem Prager Kollegen das Gedicht, das er fabriziert hatte, um über seinen Ärger hinwegzukommen.

Als Philipp Frank zehn Jahre später seine Einstein-Biographie schrieb, erinnerte er sich nur noch an die ersten beiden Zeilen. In den »Einstein Papers«, dem handschriftlichen Nachlaß, findet man unter »Verses and limericks« die vollständige Fassung. Hier seien drei Strophen zitiert:

Euer Briefchen fein und zart
Klang so traut nach deutscher Art.
Weil ich nichts wollt' schuldig bleiben,
Tat ich diese Verschen schreiben.
...

Froh in hoher Halle wohnen,
Glücklich wir, die Epigonen.
Bleibt der Geist auch meistens fort,
Fehlt doch nie das große Wort.
...

Wer da Greuelmärchen dichtet,
Grimmig wird von uns gerichtet.
Wenn er gar die Wahrheit spricht,
Dann verzeihen wir's ihm nicht.

Das bezog sich auf das vom Plenum am 6. April genehmigte Schreiben an Einstein, wonach die Akademie mit Entrüstung von seiner »Beteiligung an der Greuelhetze in Frankreich und Amerika« Kenntnis erhalten habe. Gerade in diesen Tagen hätte ein Zeugnis Einsteins »für das deutsche Volk sehr machtvoll« im Ausland wirken können.

Einstein gab Philipp Frank auch seine offizielle Korrespondenz mit der Akademie zu lesen, und Frank bewunderte die Entschiedenheit seiner Antwort. »Ein solches Zeugnis, wie Sie es mir zumuten«, hatte Einstein am 12. April geschrieben, wäre »einer Verneinung aller der Anschauungen von Gerechtigkeit und Freiheit gleichgekommen, für die ich mein Leben lang eingetreten bin«:

> Ein solches Zeugnis wäre nämlich nicht, wie Sie sagen, ein Zeugnis für das deutsche Volk gewesen, es hätte sich vielmehr nur zugunsten derer auswirken können, die jene Ideen und Prinzipien zu beseitigen suchen, die dem deutschen Volk einen Ehrenplatz in der Welt-Zivilisation verschafft haben.[15]

Für ihn sei das Ganze auch eine psychische Befreiung, erklärte Einstein seinem Besucher. Das Bewußtsein, deutschen Boden nicht mehr betreten zu können, wiege für ihn »nicht schwerer, als dem Quotienten des Flächeninhaltes dieses Landes und der Erdoberfläche entspricht«.[16] Dieser Quotient aber ist winzig klein. Elsa mochte das nicht hören. Sie hing innerlich an Deutschland: »Du darfst doch nicht ungerecht sein. Du hast mir oft gesagt, wenn du von dem physikalischen Kolloquium nach Hause kamst, daß man eine solche Zusammenstellung von ausgezeichneten Physikern wohl heute nirgends in der Welt finden wird.« »Ja«, erwiderte Einstein, »vom rein wissenschaftlichen Standpunkt war das Leben in Berlin wirklich oft sehr schön. Aber es hat immer wie ein Druck auf mir gelastet, und ich habe lange ein böses Ende vorhergeahnt.«[17]

Besonders viel sprach Einstein von Planck und Laue, dem großen und dem kleinen Max, wie die Insider sagten. Nach seiner Rückkehr von Sizilien hatte Planck den Fall noch einmal im Plenum der Akademie zur Sprache gebracht. Einsteins Bedeutung, gab er zu Protokoll, könne »nur an den Leistungen Johannes Keplers und Isaac Newtons gemessen werden«. Er müsse dies aussprechen, damit nicht die Nachwelt einmal auf den Gedanken komme, »daß die akademischen Fachkollegen nicht im Stande waren, seine Bedeutung für die Wissenschaft voll zu begreifen«. Diesen schönen Worten fügte er einige weniger schöne hinzu: Es sei tief zu bedauern, daß Herr Einstein selber durch sein politisches Verhalten sein Verbleiben in der Akademie unmöglich gemacht hat.[18]

Planck empfand für Einstein eine weit über die übliche Kollegialität hinausgehende, tief im Herzen wurzelnde Sympathie. Und doch fügte es sich, daß er wie seinerzeit bei der Aufnahme Einsteins in die Akademie jetzt bei der Verabschiedung gerade das betonte, was sie beide trennte. Am Leibniz-Tag 1914 waren es ein paar wissenschaftliche Meinungsunterschiede, die er in seiner Erwiderung auf Einsteins Antrittsrede vorgebracht hatte; im Frühjahr 1933 ging es um die politische Weltanschauung. Er stehe dem Nationalsozialismus fern, erklärte Planck seinem Kollegen Einstein in einem Brief vom 13. April. Aber auch dessen politisches Verhalten sei ihm unverständlich, insbesondere die Kriegsdienstverweigerung.

Auch die anderen Mitglieder der Akademie dachten ganz ähnlich. Der Klassensekretar Ernst Heymann verfaßte als »Aktenvermerk« ein politisches Sündenregister Einsteins. Schon lange vor der »nationalen Revolution« seien dessen politische, »die Wehrhaftigkeit schwer erschütternden Äußerungen« für »viele, ja wohl für alle Mitglieder der Akademie kaum noch erträglich« gewesen.[19] Für die deutschen Gelehrten galt eben die Loyalität zum Staat als oberste Pflicht und nicht das Eintreten für die politische Freiheit und die Menschenrechte.

Allerdings beschlich Planck schon damals das Gefühl, daß der Fall später »nicht zu den Ruhmesblättern der Akademie« gehören werde. Dafür sei Einsteins wissenschaftliche Bedeutung »zu sehr überragend«. Jedenfalls machte das Verhalten der »vornehmsten wissenschaftlichen Behörde des Staates« im Ausland den denkbar schlechtesten Eindruck.

In einem Leserbrief an die *Times* erinnerte der Kulturhistoriker A. S. Yahuda an den Besuch des großen Gelehrten in England 1921, zweieinhalb Jahre nach Ende des Krieges, mit dem eine Bresche in die Deutschfeindlichkeit geschlagen worden war. Am King's College in London habe Einstein in deutscher Sprache über die Relativitätstheorie vorgetragen und sich die Herzen seiner Hörer erobert: »Es folgte eine überwältigende, minutenlange Ovation.« Der deutsche Botschafter sei tief beeindruckt gewesen von dieser Demonstration der Sympathie und Bewunderung und habe in bewegten Worten für den großen Dienst gedankt, der Deutschland von Einstein geleistet worden sei. Und nun werde dem Volke eingeredet, Einstein habe dem Ansehen des Landes geschadet![20]

Einsteins Ausscheiden aus der Akademie war der Auftakt zu Massenentlassungen an den Hochschulen. Am 7. April 1933 trat das »Gesetz zur Wiederherstellung des Berufsbeamtentums« in Kraft. Die Benennung des »Gesetzes« war plumpe Täuschung. Es ging nicht um das Berufsbeamtentum, sondern um die Vertreibung der »Nichtarier« und der politisch Andersdenkenden. Zehntausende mußten ihren Lebenskreis und ihre Heimat verlassen und kamen als Flüchtlinge in ein fremdes Land mit einer fremden Sprache. Viele ältere Menschen, die nicht mehr die Kraft hatten, ihr Leben noch einmal von vorne zu beginnen, und die in Deutschland verwurzelt waren, begingen Selbstmord.

Die Vertreibungsaktion traf das deutsche Geistesleben ins Mark. »They soon will be a nation of fifth rank, as far as scientific culture is concerned«, meinte damals der niederländische Physiker Samuel Goudsmit. Einen Eindruck vom Umfang des Schadens erhält man an Hand einer Zusammenstellung der Physik-Nobelpreisträger. Davon haben acht Wissenschaftler Deutschland verlassen müssen. Einige, wie Einstein, Schrödinger und Franck, besaßen den Preis schon damals. Andere, wie Bethe, Stern und Goeppert-Mayer, prägten, was man übrigens schon 1933 voraussehen konnte, die Physik der vierziger, fünfziger und sechziger Jahre und wurden später ausgezeichnet. Und die Nobelpreisträger sind nur die Spitze des Eisbergs. Bis Ende 1935 wurden 1202 Professoren und Dozenten entlassen, das sind 15 Prozent des Lehrkörpers der deutschen Universitäten und Hochschulen.

Nach dem Ersten Weltkrieg waren die deutschen Gelehrten besorgt gewesen, daß die wirtschaftliche Not eine Stagnation der Wissenschaft zur Folge haben könne. Eine Unterbrechung der Arbeit, mahnten sie, bedeute das definitive Ende. In seiner plastischen Sprache hatte Adolf von Harnack die Gefahr beschworen: »Es ist wie mit einem Hochofen; wenn er nicht fort und fort gespeist wird, erkaltet er, und schon eine kurze Pause bringt ihn zum Erlöschen.«[21]

Die Weimarer Republik hatte sich als noch wissenschaftsfreundlicher erwiesen als das Kaiserreich. In vielen Disziplinen, ganz besonders in der theoretischen Physik, war es zu einer neuen Blüte gekommen. Jetzt aber, unter der Regierung Hitler, die sich »national« nannte und dem Reich eine führende Rolle in der Welt erkämpfen wollte, erlosch in großen Teilen die Glut der Wissenschaft.

Durch die Vertreibung der jüdischen Künstler und Gelehrten wuchs Einstein eine neue Aufgabe zu. »Bei der beispiellosen Härte des jüdischen Schicksals« war seine »Bereitschaft zu helfen eine unbedingte«. Viele Wissenschaftler wandten sich in ihrer Not an ihn. Die Weltwirtschaftskrise hatte alle Industrieländer erfaßt, und überall gab es eine hohe Arbeitslosigkeit. Verständlich darum, daß die Flüchtlinge die größten Schwierigkeiten hatten, eine neue Stellung zu finden. Als es Wolfgang Pauli nicht gelang, einen älteren Kollegen unterzubringen, mußte wieder Einstein helfen. »Ich habe schon mehrere Briefe wegen Herrn Kottler bekommen«, stöhnte dieser: »Die Bevorzugung junger Leute ist in Amerika noch viel ausgesprochener als in Europa.«[22]

Einstein hat einmal gesagt, daß er bei der Beurteilung eines Zeitgenossen immer mehr dahin gelange, gegen »Nächstenliebe und Menschenfreundlichkeit« alles andere gering einzuschätzen.[23] Man darf diesen Maßstab getrost auf ihn selbst anlegen. Aus seinen Briefen spricht das Mitgefühl mit den Verfolgten: Es blute ihm das Herz, schrieb er an Max Born, wenn er an die vielen jungen Wissenschaftler denke, die noch keinen Namen hätten und damit keine Aussicht, irgendwo unterzukommen.

Als ihn Born bat, sich für einen bestimmten Mathematiker einzusetzen, antwortete Einstein: Wenn er ein einziges Mal einen Mittelmäßigen empfehle, sei es aus mit seinem Kredit, und er werde nie mehr helfen können. »Es ist traurig, daß man die Menschen behandeln muß wie Pferde, wo es nur darauf ankommt, wie sie laufen und ziehen können.« Solche kurzen Bemerkungen, kommentierte Born, seien der Nährboden, »aus dem meine Frau und ich immer wieder die Liebe zu dem Menschen Einstein zogen.«[24]

Die Tätigkeit als Stellenvermittler kostete Einstein viel Mühe und ließ ihn kaum mehr zur eigenen Arbeit kommen. Es war nicht seine Art, zu klagen, sondern er scherzte: Nun habe er »mehr Professuren als verständige Gedanken« in seinem Hirn. »Wenn Sie jüdische, aus Deutschland geflüchtete Akademiker sehen«, schrieb er an die Freunde, »dann veranlassen Sie sie, sich mit mir in Verbindung zu setzen«. Es war ein Jammer, daß der Aufbau der Hebräischen Universität steckengeblieben war. Sie hätte jetzt als »eine Art geistiger Zuflucht«[25] dienen können. Einstein dachte zeitweise daran, irgendwo anders, vielleicht in England, für die vertriebenen Professoren und Studenten eine Flüchtlingsuniversität zu gründen.

Die Idee ließ sich nicht verwirklichen. Er mußte sich darauf beschränken, die Hilfsorganisationen, die sich in vielen Ländern gebildet hatten, moralisch zu unterstützen. Gegenüber seinem alten Berliner Freund Gustav Bucky betonte Einstein, daß er keineswegs, wie dieser gemeint hatte, im Mittelpunkt der Aktivitäten stehe: »Ich sitze an einem abgelegenen Ort und habe weder Organisationstalent noch konstante Beziehungen zu den in Betracht kommenden Kreisen. Ich kann nur dann und wann in besonders markanten Fällen intervenieren auf Grund des Vertrauens, das die Menschen in mich setzen.«[26]

In Abstimmung mit Einstein fuhr Ehrenfest Anfang Mai für ein paar Tage nach Berlin, um zu sehen, was er für die jüdischen Kollegen tun konnte. Im Gespräch mit Max Planck beobachtete er, wie furchtbar dieser Mann litt »mit all den Widersprüchen in seinem Gewissen«. Er meinte die Spannung zwischen der unbedingten Loyalität zum Staat und seinem Sinn für Recht und Gesetz. Auch ein paar andere nichtjüdische Forscher und Industrielle machten durch ihre klare Haltung Eindruck auf Ehrenfest, namentlich der fast siebzigjährige Walther Nernst und der »Prachtskerl« Max von Laue: »Er bemüht sich mit solcher verbissenen Hartnäckigkeit, daß alle seine nervösen Störungen wie Stottern in den Hintergrund treten.«[27]

In einer spontanen Eingebung besuchte Ehrenfest auch Johannes Stark, den neuen Präsidenten der Physikalisch-Technischen Reichsanstalt. »Robustus« oder »Giovanni Fortissimo«, wie ihn Einstein nannte, war eben erst vom nationalsozialistischen Innenminister Wilhelm Frick in sein Amt eingesetzt worden. Stark, der rabiate Gegner der modernen Physik, hatte immerhin in seinen jüngeren Jahren einen Ruf als bedeutender Experimentator erworben. Vier Stunden lang diskutierte und rang Ehrenfest mit ihm, und am Ende hoffte er, wie er Einstein berichtete, daß sein Gespräch »gelegentlich ein klein wenig korrigierend wirken könnte«.

Unmöglich ist das nicht. Zwar hatte Stark früher, in der »Kampfzeit«, wie die Nationalsozialisten sagten, Adolf Hitler in einer Broschüre verherrlicht. Jetzt aber sah er auch die Kehrseite. Er gehörte überhaupt zu den Menschen, die immer und überall die Kehrseite sahen, was ihm 1933 – obwohl er ein alter Parteigenosse war – ein paar Einsichten ermöglichte. In einem ungewöhnlich kritischen Brief an seinen Freund Lenard hieß es, daß sie beide im nationalsozialistischen Führerkreis nicht geschätzt seien: »Erstens sind wir alt und allein schon darum minderwertig; zweitens haben wir etwas geleistet, und dies empfinden viele in der Umgebung Hitlers als einen Vorwurf für sich; drittens sind wir Männer der Wissenschaft, denen nicht große Worte, sondern nur klare Erkenntnisse imponieren, und Wissenschaft ist Hitler grundsätzlich unsympathisch.«[28]

Ein wahres Wort: Wissenschaft war Hitler grundsätzlich unsympathisch. Deshalb sah der »Führer« auch ungerührt zu, als der Wissenschaft durch die Vertreibungsaktion der schwerste Schaden entstand.

Die Beamten in der Reichskanzlei arbeiteten zunächst in der gewohnten Weise weiter, und so erhielt Max Planck als Präsident der Kaiser-Wilhelm-Gesellschaft eine Gratulation Hitlers zum 75. Geburtstag. Planck nutzte die Gelegenheit. In seinem Dankschreiben bat er den Reichskanzler, »über die augenblickliche Lage und die weiteren Pläne der Gesellschaft mündlich« berichten zu dürfen.[29] Am 16. Mai vormittags elf Uhr erhielt er einen Termin.

Planck brachte den Fall Fritz Haber zur Sprache, »ohne dessen Verfahren zur Gewinnung des Ammoniaks aus der Luft«, wie er Hitler erläuterte, »der vorige Krieg von Anfang an verloren gewesen wäre«. Sich für Einstein einzusetzen wäre sinnlos gewesen. In allem reizte dieser die Nationalsozialisten. Er war Jude und Pazifist, besaß eine internationale Gesinnung und hatte mit der Relativitätstheorie »wissenschaftlichen Dadaismus« hervorgebracht. Die Leistungen Habers aber mußten, dachte Planck, auch einem Adolf Hitler einleuchten. Als Vater des Gaskriegs war er bei den Alliierten als Kriegsverbrecher verfemt.

Auf Plancks Argumente antwortete Hitler wörtlich: »Gegen die Juden an sich habe ich gar nichts. Aber die Juden sind alle Kommunisten, und diese sind meine Feinde, gegen sie geht mein Kampf.«[30] Auf die Bemerkung Plancks, »daß es unter den Juden doch alte Familien gebe mit bester deutscher Kultur und daß man doch Unterschiede machen müsse«, erwiderte Hitler: »Das ist nicht richtig. Jud ist Jud; alle Juden hängen wie Kletten zusammen... Es wäre die Aufgabe der Juden selber gewesen, einen Trennungsstrich... zu ziehen. Das haben sie nicht getan, und deshalb muß ich gegen alle Juden gleichmäßig vorgehen.«

Dagegen erlaubte sich Planck noch den Einwand, »daß es aber geradezu eine Selbstverstümmelung wäre, wenn man wertvolle Juden nötigen würde auszuwandern, weil wir ihre wissenschaftliche Arbeit nötig brauchen und diese sonst in erster Linie dem Ausland zugute komme«. Damit aber war der Dialog zu Ende. Hitler »erging sich in allgemeinen Redensarten«, sprach immer schneller und »schaukelte sich in eine solche Wut hinauf«, daß Planck nichts übrigblieb, als zu verstummen und sich zu verabschieden.

Immerhin hatte Planck die Zusicherung erhalten, »daß über das neue Beamtengesetz hinausgehend nichts von der Regierung unternommen werde, das die Wissenschaft erschweren könnte«. Für Hitler gab es nie Bedenken, heute ein feierliches Versprechen zu geben und es morgen zu brechen. Das konnte sich Planck nicht vorstellen. Als Ende Mai der junge Werner Heisenberg zu ihm nach Berlin kam, gab Planck eine im ganzen recht positive Schilderung seines Gesprächs mit dem »Haupt der Regierung«. Da das Beamtengesetz einen Passus enthält, wonach Frontkämpfer des Ersten Weltkriegs *nicht* entlassen werden sollten, zog Heisenberg in seinem unverbesserlichen Optimismus den Schluß, daß alles doch nicht so heiß gegessen werde.

Heisenberg hatte eine fruchtbare Zeit als junger Forscher in Göttingen verbracht, der Hochburg der Mathematik und Physik, und er war nun erleichtert, daß »die politische Umstellung ohne irgendeine Schädigung der Göttinger Physik vor sich gehen« werde: James Franck, Max Born und Richard Courant könnten, meinte er naiv, ihre Lehr- und Forschungstätigkeit in Göttingen ungehindert fortsetzen. Weil Max Born schon ausgereist war, schrieb Heisenberg seinem alten Lehrer, er möge doch nach Deutschland zurückkehren: »Vielleicht wird in nicht allzu ferner Zeit das Leben hier so ruhig werden, daß Sie spüren, wieviel Ihre Arbeit einem bestimmten Kreis von Menschen bedeutet. Und mehr können wir doch nie erreichen.«

Der Brief Heisenbergs war gut gemeint, hat aber damals Max Born sehr zornig gemacht. Es war insbesondere eine Passage, die Borns Unwillen erregte. Er wisse, schrieb Heisenberg, »daß es unter denen, die in der neuen politischen Situation führen, auch Menschen gibt, um derentwillen sich ein Ausharren durchaus lohnt«. Es werde sich sicher im Lauf der Zeit das Häßliche vom Schönen scheiden.[31]

Diesen Brief Heisenbergs vom 2. Juni hat Max Born in Abschrift an Paul Ehrenfest gesandt mit dem bitteren Kommentar, daß sich daraus die Einstellung der deutschen Kollegen hinlänglich ergebe. Wir gehen davon aus, daß auch Einstein von diesem Brief erfahren und sich damit seine Meinung über Heisenbergs politische Naivität bestätigt hat.

Einstein war bereits in der Anfangsphase des Dritten Reiches überzeugt, »daß jede Aktion, die auf einen Verbleib der Juden in Deutschland abzielt, der Vernichtung Vorschub leistet«. Er machte sich überhaupt keine Illusionen über den Charakter des Regimes.

Einstein hat wenig gehalten von der politischen Urteilsfähigkeit seiner Kollegen. Einer aber wurde von ihm immer gerühmt, sein alter Freund Max von Laue: »Bei ihm war es interessant zu beobachten, wie er sich schrittweise von den Traditionen der Herde losgerissen hat unter der Wirkung eines starken Rechtsgefühls.« Wahrscheinlich meinte Einstein damit, daß auch Laue 1933 noch geglaubt hatte, der Gelehrte solle sich nicht in die politischen Händel mengen. Am 14. Mai berichtete Laue in einem Brief an Einstein über die Ereignisse in Berlin und »die vollkommene Ohnmacht, etwas dagegen zu tun«. Berlin sei ihm

»trotz Planck und manchen anderen« mit dem Fortgehen Einsteins verödet:

> Aber warum mußtest Du auch *politisch* hervortreten! Ich bin weit entfernt, Dir aus Deinen Anschauungen einen Vorwurf zu machen. Nur, finde ich, soll der Gelehrte damit zurückhalten. Der politische Kampf fordert andere Methoden und andere Naturen, als die wissenschaftliche Forschung. Der Gelehrte kommt in ihm in der Regel unter die Räder.[32]

Im 18. Jahrhundert hatte Voltaire wie ein Löwe gegen ein zu Unrecht ergangenes Todesurteil gekämpft. Nach seinem Vorbild handelte Emile Zola, als er den Fall Dreyfus aufgriff und mit seinem *J'accuse* das Gewissen der Nation aufrüttelte. Dieser bis auf die französische Aufklärung zurückgehenden Tradition fühlte sich Einstein verpflichtet, und er erwiderte Laue: »Deine Ansicht, daß der wissenschaftliche Mensch in den politischen, d.h. menschlichen Angelegenheiten in weiterem Sinne, schweigen soll, teile ich nicht. Du siehst ja gerade an den Verhältnissen in Deutschland, wohin solche Selbstbeschränkung führt. Es bedeutet, die Führung den Blinden und Verantwortungslosen widerstandslos überlassen.«[33]

Stefan Zweig plante ein gemeinsames Manifest der von Deutschland zurückgestoßenen Künstler und Gelehrten, um »dem gleichgeschaltenen Deutschland in einer ebensolchen Geschlossenheit und nicht in kraftloser Zersplitterung« entgegenzutreten. Es sollte ein »klassisches und dauerndes Stück deutscher Prosa«, ein »bleibendes kulturhistorisches Dokument« entstehen, »gemeinsam von den Besten verfaßt und von allen unterzeichnet«.[34] Als der Brief in Le Coq eintraf, war Einstein gerade in Oxford, und an seiner Stelle antwortete Elsa:

> Es wäre nett, wenn Sie ihn daran auch ein bissel mitschreiben lassen würden, denn außer seiner Mathematik schreibt er noch einen sehr guten Stil; das wissen so wenige.[35]

Elsa kannte die kleinen Schwächen des großen Mannes. Wie auf sein Geigenspiel war Einstein stolz auf seine in der Tat oft witzigen und zugespitzten Formulierungen. Mit einem großen Schriftsteller freilich konnte er sich nicht messen.*

Leider hat sich der von Stefan Zweig geplante »würdige Epilog«, die »granitene Darlegung unseres unverrückbaren Standpunktes«, nicht realisieren lassen. »Unsere jüdischen Intellektuellen sind einzeln genommen prachtvolle Kerle«, meinte Einstein. »Es scheint aber beinah hoffnungslos, sie in einigermaßen beträchtlicher Zahl an denselben Wagen spannen zu wollen. So scheinen wir uns in der Hauptsache mit dem unsichtbaren Bande begnügen zu müssen, welche unsere Feinde um uns gelegt haben.«[36]

Einstein ließ sich jedoch nicht entmutigen. Er betrachtete es in dieser Zeit als seine wichtigste Aufgabe, die Welt vor dem Dritten Reich zu warnen: »Heute könnte man die deutschen Machthaber noch auf ökonomischem Wege zur Strecke bringen ohne Blutvergießen«, meinte er, »während in ein paar Jahren große Blutopfer gewiß und der Erfolg recht zweifelhaft wäre«.[37] Eine Wirtschaftsblockade, wie sie Einstein vorschwebte, hätte wohl nur eine noch stärkere Solidarisierung der Deutschen mit den nationalsozialistischen Führern zur Folge gehabt. Das ist ein nebensächlicher Irrtum. Es ging in der damaligen Situation noch gar nicht um die konkreten Schritte. Die Welt mußte überhaupt erst auf die Gefahr aufmerksam werden. Und in diesem Punkt sah Einstein ganz klar: Die demokratischen Staaten konnten sich nur noch mit politischer Festigkeit und militärischer Stärke gegen das Dritte Reich behaupten. Mit der ihm eigenen Konsequenz suspendierte Einstein seinen Pazifismus.

Viele Pazifisten waren damals von Einstein tief enttäuscht. In einem sehr naiven Brief schrieb Lord Arthur Ponsonby, der im Ersten Weltkrieg für seine Überzeugung ins Gefängnis gegangen war, Hitler sei doch kein Narr und werde nie einen Krieg führen. Einstein hielt ihm entgegen:

> Wissen Sie nicht, daß in Deutschland fieberhaft gerüstet wird? Und daß die gesamte Bevölkerung nationalistisch ver-

* Man vergleiche seinen Brief an Thomas Mann vom 6. Dezember 1935, S. 429.

> hetzt und zum Kriege gedrillt wird? Ich hasse Militär und Gewalt jeder Art. Ich bin aber fest davon überzeugt, daß heute dieses verhaßte Mittel den einzigen wirksamen Schutz bildet.[38]

Es ist schon erstaunlich, wie richtig Einstein bereits im Jahr der Machtergreifung die politische Situation beurteilt hat. Die Ausbreitung des pazifistischen Gedankens zum gegenwärtigen Zeitpunkt könne nur dazu führen, erklärte er, daß »Frankreich und Belgien wehrlos einer deutschen Invasion ausgesetzt werden«.[39] Die Kriegsmüdigkeit würde von den Nationalsozialisten als Einladung verstanden. Genauso ist es ein paar Jahre später gekommen. Die deutschen Generäle hatten die Schreckensvision des Frankreichfeldzugs von 1914 vor Augen und Sorge vor einer Wiederholung. Auch viele andere Zeitgenossen, so Max Born noch im April 1940, hielten Frankreich für »unendlich stark«. Hitler aber wußte um die innere Schwäche dieses Landes, und deshalb wagte er den Krieg.[40]

Worin liegt die Bedeutung Einsteins für unser Jahrhundert? Er begründete die neue Physik, die unsere Weltsicht und unser Denken zutiefst verändert hat und deren Einfluß auf dem Wege über die technischen Anwendungen womöglich noch größer gewesen ist. Einstein war aber auch ein Homo politicus, ein furchtloser Kämpfer gegen das Unrecht. Er hat seinen guten Namen und sein Ansehen eingesetzt, um die Welt gegen den Nationalsozialismus aufzurütteln. Einstein war einer der großen Gegenspieler Hitlers.

Die Bedeutung Voltaires erblicken wir heute in erster Linie gar nicht mehr in seinem schriftstellerischen Werk, sondern im Kampf gegen Vorurteil und Intoleranz. Einsteins physikalische Leistungen werden auch noch in 100 und 500 Jahren Bewunderung erregen. Aber vielleicht wird man sagen: Noch wichtiger als seine Physik war sein politisches Engagement.

In einem Brief an Thomas Mann Ende April 1933 begrüßte Einstein diesen ausdrücklich als Mitstreiter. Anders als Einstein »bedrückte und beängstigte« den großen Schriftsteller der Bruch mit seinem Lande: »Damit ich in diese Rolle gedrängt wurde, mußte wohl wirklich ungewöhnlich Falsches und Böses geschehen.« Die »nationale Revolution« sei ihrem Wesen nach *nicht* »Erhebung«, was ihre Träger auch sagen und schreien mochten, »sondern Haß, Rache, gemeine Totschlagelust und kleinbürgerliche Seelenmesquinerie«:

> Es kann nichts Gutes von dort kommen,... weder für Deutschland noch für die Welt, und bis zum äußersten vor den Mächten gewarnt zu haben, die dieses moralische und geistige Elend brachten, wird gewiß einmal ein Ehrentitel sein für uns, die nun auch möglicherweise dabei zu Grunde gehen.[41]

In der Tat: Nicht einmal im Ausland konnte man als Regimegegner seines Lebens sicher sein. Um sein eigenes Schicksal machte sich Einstein jedoch nie Gedanken. Sorgen bereitete ihm dagegen seine Stieftochter Ilse Kayser. Sie wollte Berlin nicht verlassen, und Einstein warnte vergeblich: »Es braucht nur eine meine Person betreffende Angelegenheit in der Weltpresse aufzutauchen.«[42] Einige Erlebnisse überzeugten die Kaysers schließlich, daß es keinen Sinn hatte, noch weiter in Deutschland auszuharren. Wenn auf der Straße Juden angepöbelt wurden, verdrückten sich die Passanten halb neugierig und halb beschämt auf die andere Seite. »Das war die deutsche Zivilcourage«, meinte ein Beobachter, »für die der Deutsche kein Wort hat, weil ihm die Sache fehlt.«[43]

Anfang April 1933 kam es zu einer Haussuchung in der Wohnung Einsteins. Zwischen sechs und sieben Uhr früh läutete es an der Tür: »Kriminalpolizei.« Anwesend war nur die Hausangestellte. Sie ließ sich die Polizeimarken zeigen, dann traten die drei oder vier zivil gekleideten Beamten ein. Sie fragten aber nicht nach Einstein, sondern nur nach Dr. Marianoff.[44] Der aber war kurz zuvor nach Paris abgereist. Er hatte zuletzt im Zimmer Einsteins gewohnt, und die Polizisten durchsuchten vor allem diesen Raum. Sie fanden aber nichts und verabschiedeten sich höflich.

Ein Kriminalassistent blieb zurück. Das Hausmädchen sollte keine Gelegenheit haben, die Kaysers vorzuwarnen. Dorthin begaben sich die übrigen Herren. Durch die Vernehmung hatten sie erfahren, daß Margot, die Frau Marianoffs, bei ihrer Schwester und ihrem Schwager wohnte. Ilse Kayser war krank und brauchte Pflege. Diesen zweiten Teil der Polizeiaktion hat Einsteins Sekretärin Helene Dukas geschildert:

> Es kamen ein Polizeibeamter – in Zivil – und zwei uniformierte SA-Leute, die aber nur dabeistanden. Die Fragen stellte der Polizei-Beamte, dem offensichtlich die Sache gegen den Strich ging. Er fragte wegen »Material für Greuelpropaganda« und ob sie kürzlich von ihrem Vater gehört hätten. Margot gab keine Antwort, ebenso ihr Schwager – nur, daß sie nichts wüßten. Dabei lag auf dem Tisch ein Brief Einsteins, in dem er sich über Hitler lustig gemacht hatte. Der Polizeibeamte sagte dann: »Da Sie ja anscheinend kürzlich nichts von Ihrem Vater gehört haben, wissen Sie wohl auch nichts« und verabschiedete sich höflich.[45]

Dieser Bericht weicht in zwei Punkten von dem des Hausmädchens ab. Für Helene Dukas waren zwei SA-Männer in Uniform beteiligt, für Herta Schiefelbein nur Beamte in Zivil. Die Sekretärin berichtete vom polizeilichen Interesse an Einstein, während das Hausmädchen sagte, es sei nur um Dr. Marianoff gegangen. Beide Schilderungen stammen aus den siebziger Jahren, und die Ereignisse lagen vier Jahrzehnte zurück. In solchen Fällen sind Widersprüche in den Zeugenaussagen fast unvermeidlich.

Sechs Wochen später, gegen Ende Mai oder Anfang Juni, gab es eine zweite Haussuchung in der Haberlandstraße. Die Einsteins hatten sich entschlossen, die Wohnung aufzulösen, und die Einrichtung wurde verpackt. Margot war ihrem Mann nach Paris gefolgt. Ilse Kayser und Helene Dukas halfen dem Hausmädchen bei der Arbeit.

Diesmal kamen fünf bis sechs Männer in SA-Uniform. Ilse mußte ihnen alle Schränke aufschließen, dann wurden die drei Frauen ins Bibliothekszimmer gesetzt. »Erst hörten wir sie rumlaufen, ziemlich lange. Dann wurde es still.« Als die Hausangestellte die Tür zum Gang öffnete, sah sie sofort, was geschehen war: Die bereits zusammengerollten Teppiche waren verschwunden. Auch viele Bilder fehlten, das Silber und Teile der

Garderobe. Der Portier berichtete, daß die SA-Männer mit einem Lastwagen weggefahren seien. Auf dem Revier zeigten die Beamten ein auffällig geringes Interesse, die Anzeige aufzunehmen. Die Hausangestellte sagte immer wieder, »man müßte doch feststellen können, wer diese Leute waren«. Die »tapfere Herta« hatte natürlich recht. Aber der Staat wollte die Gaunereien der SA nicht untersuchen. Außerdem dienten sie einem höheren Zweck: der Einschüchterung der Juden.

Der Autor hat vor Jahren in einer Rundfunksendung dargestellt, wie Einstein 1933 behandelt worden ist. Daraufhin meldete sich ein Hörer, der sich noch nachträglich schämte. Er hatte damals ein Gebetbuch als Geschenk angenommen, das von seinem Neffen bei der geschilderten Aktion gestohlen worden war. Der Hörer überließ mir den seinerzeitigen Brief seines Neffen als Dokument des Zeitgeistes. So also sprachen SA-Männer von Einstein:

> Hiermit übersende ich Dir ein seltenes Dokument. Für Dich hat es bestimmt einen Wert. Es handelt sich um das Gebetbuch und den Gebetsriemen des bekannten Relativitätsapostels Einstein, der ja augenblicklich im Ausland sitzt. Ich habe bei einer Haussuchung bei ihm es an mich genommen. Es handelt sich wahrscheinlich um ein altes Erbstück der Familie.[46]

Gestützt auf einen Erlaß des preußischen Innenministers, aber darum nicht minder unrechtmäßig, wurden die Bankkonten gesperrt und das Geld schließlich eingezogen, worüber sich Frau Elsa sehr aufgeregt hat. Sie wollte ihren Mann veranlassen, dagegen vorzugehen. Er aber lehnte kategorisch ab, seinen Einfluß für seine Privatangelegenheiten zu gebrauchen: »Die Deutschen mögen mein bißchen Geld fressen.«[47]

Die Möbel aus der Stadtwohnung konnten nach Amerika gebracht werden. Gerettet wurden auch mit Hilfe der französischen Botschaft die wissenschaftlichen Manuskripte und die unersetzliche Korrespondenz, jedenfalls soweit sie in der Haberlandstraße lagen. Beschlagnahmt wurde dagegen das Sommerhaus in Caputh mit der gesamten Einrichtung, obwohl nicht er der Eigentümer war, sondern seine beiden Stieftöchter, sowie das »dicke Segelschiff«, sein geliebter Tümmler.[48] Da die Einsteins bis zum Tag der Abreise am 10. Dezember 1932 in Caputh gelebt haben, sind damit auch die Briefe aus der letzten Zeit in Deutschland verloren.

Nach all diesen Ereignissen wird man sich nicht wundern, daß Einstein recht deutliche Worte gefunden hat. »Du weißt, daß ich nie besonders günstig über die Deutschen dachte (in moralischer und politischer Beziehung)«, konstatierte er gegenüber Max Born. »Ich muß aber gestehen, daß sie mich doch einigermaßen überrascht haben durch den Grad ihrer Brutalität und Feigheit.« Dabei glaubte Einstein keineswegs, daß die Deutschen im Durchschnitt einen schlechteren Charakter hätten. Vielmehr war er überzeugt von der »weitgehenden Gleichheit« aller Völker und Rassen, »von allem, was zusammen Junge haben kann«.[49] Die Deutschen seien aber seit vielen Generationen als Rekruten und Schüler im Untertanengeist erzogen worden.[50]

In Le Coq erhielt Einstein, man glaubt es kaum, »mehr haßerfüllte Briefe von den Juden als von den Nazis«. In Deutschland täuschten sich viele Menschen – Juden und Nichtjuden – über den wahren Charakter des Regimes. In ihrer Ahnungslosigkeit meinten sie, der nationalsozialistische Terror gegen die Juden sei eine Folge der von Einstein ausgehenden »Provokationen«.

Inzwischen wissen wir es definitiv. Für Hitler gab es zwei große und unverrückbare Ziele: die Eroberung von »Lebensraum« im Osten und die Beseitigung der Juden. Es ist das Trauma vieler Israelis, daß die Generation ihrer Väter und Großväter sich zuwenig gewehrt hat. Die europäischen Juden sind »wie Schafe zur Schlachtbank« gegangen.[51] Einstein kann man diesen Vorwurf nicht machen, und er wird auch deshalb heute von der Judenheit als großer Vorkämpfer verehrt.

Damals aber machten die deutschen Juden Einstein dafür verantwortlich, daß ihnen in Deutschland so Schreckliches angetan wurde:

> Ist es nicht tragisch, daß dieselben Menschen, für die er ein Abgott war, ihn nun mit Dreck bewerfen? Sie sind... derart eingeschüchtert, daß sie statement auf statement abgeben, mit

den schönsten Versicherungen, wie wohl es ihnen gehe. Und wie sie alle doch nichts mit Einstein zu tun hätten und haben wollten.[52]

Aber Einstein war, wie sich Elsa tröstete, »unverwundbar«. Er wußte, daß man dem Dritten Reich nur kompromißlos und mit Härte gegenübertreten durfte. Er nahm in Kauf, daß er gerade von den Menschen mißverstanden wurde, die sich ihm besonders verbunden gefühlt hatten: den Pazifisten und den Juden.

In Le Coq bei Ostende lebte Einstein sozusagen vor der Haustür Englands. Dreimal fuhr er über den Kanal: Die erste Reise im Juni führte ihn nach Oxford und Glasgow, wo er Vorträge über die Relativitätstheorie hielt. Die zweite Reise Mitte Juli diente dem politischen Gedankenaustausch und die dritte im September der Flüchtlingshilfe.

In England traf er mit führenden Staatsmännern und Parlamentsabgeordneten zusammen, und hier sind seine Warnungen vor dem Dritten Reich ernst genommen worden. Einstein verstand kein Englisch. Vielleicht war eine Verständigung über das Französische möglich, oder es hat bei den wichtigsten Begegnungen ein Begleiter gedolmetscht. Jedenfalls war Einstein hochbefriedigt von einem Treffen mit Winston Churchill: »Es wurde mir völlig klar, daß diese Leute gut vorgebaut haben und entschlossen und bald handeln werden.«[52]

Ende August erschien das *Braunbuch über Reichstagsbrand und Hitler-Terror* mit der Anklage, die Nationalsozialisten selbst hätten den Reichstag in Brand gesteckt als Vorwand zur Unterdrückung der Opposition. Auf dem Titelblatt stand Einsteins Name, und Unbeteiligte konnten den Schluß ziehen, er sei einer der Verfasser. Tatsächlich hatte er dabei aber keine aktive Rolle gespielt und nur seinen Namen zur Verfügung gestellt, um der Publikation größere Aufmerksamkeit zu sichern. Das Braunbuch dokumentierte die Gewalttaten der SA und SS und die Zustände in den ersten Konzentrationslagern. Darunter befand sich ein Augenzeugenbericht aus der »Hölle von Sonnenburg«. Einem Gefangenen war die Flucht gelungen, und er schilderte den Zustand, in dem sich Carl von Ossietzky befand: »Gebückte Haltung, eingefallenes Gesicht, gelbe krankhafte Gesichtsfarbe, nervöses Gestikulieren mit den Händen, schlotternder Gang.«[54]

Die Nationalsozialisten kümmerten sich nicht viel um die Weltöffentlichkeit, und die Untaten gingen weiter. Am 31. August wurde in Marienbad der Kulturphilosoph Theodor Lessing ermordet. In der »Galerie der Volksverderber«, wie es in der Broschüre *Juden sehen Dich an* hieß, stand Lessing als sogenannter »Lügenjude« direkt neben Einstein.

»Er war ihnen längst nicht so gefährlich wie mein Mann«, meinte Elsa nicht zu Unrecht. »Er spielte auch nicht diese große Rolle in kultureller und politischer Hinsicht.«[55] Nun war sie ganz aufgelöst, hatte »keine ruhige Minute mehr« und wollte »am liebsten losheulen«.

In dieser Situation drängte Elsa ihren Mann, die dritte Englandreise früher als geplant anzutreten. Der Rechtsanwalt und Unterhausabgeordnete Oliver Locker-Lampson hatte versprochen, ihn auf seinem Landsitz sicher unterzubringen.

Am 9. September erschienen Zeitungsmeldungen: »Price on Einstein offered by Nazis.«[56] Er selbst erblickte in dieser angeblichen Kopfprämie eine Entwarnung: Denn wenn wirklich ein Anschlag geplant war, würde er kaum öffentlich angekündigt. Als er aber die würgende Angst Elsas sah, ließ er sich doch zur Abreise bewegen.

Das kleine Holzhaus in Norfolk an der Nordseeküste, in dem Einstein wohnte, wurde zu einem Wallfahrtsort für Berufene und Unberufene. Der Abgeordnete nutzte die Gelegenheit, sich seinen Wählern in Erinnerung zu bringen. Seine beiden Sekretärinnen erhielten Jagdflinten und posierten mit Einstein und Locker-Lampson für den Ortsphotographen. Als der Schwiegersohn zu Besuch kam, scherzte Einstein, daß ein Eindringling eher durch die Schönheit der Damen entwaffnet würde als durch ihre Gewehre.

Dimitri Marianoff besuchte Einstein im Auftrag einer französischen Tageszeitung, für die er einen allgemeinverständlichen Aufsatz über die Relativitätstheorie verfassen sollte. Er gestand, daß er dazu nicht in der Lage war. Einstein diktierte ihm den ganzen Artikel. So wurde er dann ein paar Tage später gedruckt. Marianoff meinte, die Leser hätten kein Wort verstanden.[57]

Hier in Cromer erhielt Einstein die Nachricht vom Selbstmord seines besten Freundes. Am 25. September hatte Paul Ehrenfest zuerst seinen mongoloiden Sohn und dann sich selbst umgebracht. Obwohl Ehrenfest als bedeutender Physiker anerkannt war und seine Studenten ihn geradezu in ihr Herz schlossen, zerquälte er sich mit Selbstzweifeln. »Daß die französischen Physiker mit Sympathie auf mich reagieren, freut mich sehr«, hatte er auf einen aufmunternden Brief Einsteins geschrieben: »Ich aber gefalle mir selbst rapid weniger und weniger bis zum aus der Haut fahren.«[58]

Einstein hatte immer versucht zu helfen und mahnte: »Jammere nicht und sei kein Selbstschänder. Von dem Menschenrechte, mit dem Alter immer dümmer und fauler zu werden, dürfen wohl auch wir Gebrauch machen.«[59] Und ein andermal heißt es: »Himmeldonnerwetter, was bist Du für ein labiler Kerl. Wenn nichts an Dir wäre, als dein einzigartiges kritisches und Lehr-Talent, könntest Du schon seelenruhig Dein Bäuchlein in der Fakultät herausstrecken.«[60]

Nach Ehrenfests Tod fand sich ein Brief an die Freunde, der bereits im Jahr zuvor entstanden war und in dem er die Tat (»Selbstmord und zwar nach vorhergehender Tötung von Wassik«) beschrieben und begründet hatte. Einstein verfaßte einen einfühlsamen Nachruf, in dem er Ehrenfests verhängnisvolle Neigung zu übermäßiger Selbstkritik auf »verständnislose und egozentrische Lehrer« zurückführte, die »schweren, untilgbaren Schaden im kindlichen Gemüte« angerichtet hätten.[61]

Am 3. Oktober war Einstein bei einer Großveranstaltung in der Royal Albert Hall die »chief figure«, wie sich die *Times* ausdrückte. Die Not der deutschen Flüchtlinge hatte in England zur Gründung von nicht weniger als vier Hilfsorganisationen geführt. Gemeinsam traten sie nun im größten Saal Londons vor die Öffentlichkeit, und Einstein erwies sich wieder als Magnet. Alle 10 000 Plätze waren besetzt. Auf den Zufahrtsstraßen zeigten sich ungewöhnlich viele Polizisten. Im Saal selbst waren 1000 Studenten aufgeboten, die, wenn erforderlich, Provokationen rasch unterbinden konnten. Es gab aber nur eine einzige kurze Störung durch eine Frauenstimme, die fast unbemerkt blieb.[62]

Auf der Bühne neben Einstein saßen die Physiker Ernest Rutherford und James Jeans, der Nationalökonom Sir William Beveridge, der Bischof von Exeter, Commander Locker-Lampson und der frühere Außenminister Sir Austen Chamberlain. In den letzten Jahren war in England die Stimmung ausgesprochen deutschfreundlich gewesen. Das hatte sich nach der Machtergreifung schlagartig geändert. Leidenschaftlicher als die Franzosen fühlten nun die Briten »antideutsch oder richtiger anti-Nazi«: eine »Art von enttäuschter Liebe«, wie der letzte demokratische Botschafter des Reiches in London erklärte.[63]

Einstein hatte schon ein paarmal einen Anlauf genommen, Englisch zu lernen. Die Vokabeln wollten aber in dem »alten Hirnkasten« nicht haften. Er konnte nicht verstehen, was Ernest Rutherford und James Jeans sagten, und wir stellen uns vor, daß seine Gedanken zur Einheitlichen Feldtheorie abschweiften. Als

In der Royal Albert Hall am 3. Oktober 1933; von links nach rechts: Oliver Locker-Lampson, Albert Einstein, Ernest Rutherford, Austen Chamberlain

Musikfreund hatte er gewiß schon von der schlechten Akustik des riesigen Konzertsaals gehört, und vielleicht überlegte er sich auch, wie in dem ovalen Raum das Echo zustande kam, das jeden Dirigenten zur Verzweiflung brachte.

Dann kündigte Rutherford Einstein als nächsten Redner an: »Ladies and gentlemen, my old friend and colleague, Professor Einstein!« Wie ein Mann erhoben sich die Zehntausend und applaudierten. Erst nach Minuten kam Einstein zu Wort. Er mahnte die Staatsmänner, durch eine kluge Bündnispolitik »ein kriegerisches Abenteuer für jeden Staat von vornherein als aussichtslos« erscheinen zu lassen. Einstein erhielt fortgesetzt lebhaften Beifall, und es war unverkennbar, daß ihm die Menschen Sympathie und Anerkennung bekunden wollten. Zum erstenmal in seinem Leben trug er in Englisch vor. Wahrscheinlich hatte Locker-Lampson oder eine der Sekretärinnen sein Manuskript übersetzt. Die schärfsten Passagen gegen das Dritte Reich jedoch fehlten.

Die Veranstalter wollten die Machthaber in Deutschland nicht unnötig reizen. Oberstes Ziel sollte die Flüchtlingshilfe sein, nicht eine geistige Offensive. Aus kommunistischen Kreisen gab es deshalb harsche Kritik. Der »International Labor Defense« verteilte ein Flugblatt, in dem die Behauptung aufgestellt wurde, die Veranstalter mißbrauchten Professor Einstein für ihre politischen Zwecke: »Sie versuchen, die antifaschistischen Gefühle in sichere Kanäle zu lenken.«[64] Das war eine Unterstellung. Es ging um Hilfe für Menschen in drängender Not, und die Beteiligten waren mit großem Idealismus bei der Sache.[65] Freilich wissen wir heute, daß Rücksicht auf die Machthaber in Deutschland übel angebracht war.

Die vielen Wochen in der ländlichen Stille hatten Einstein über alle Maßen gefallen, und er registrierte, »wie fördernd die Gleichmäßigkeit eines an äußeren Eindrücken armen Lebens für die schöpferisch bemühten Menschen ist«. Die Leuchttürme vor der Küste von Cromer gaben ihm den abwegigen Gedanken ein, daß die eintönige Arbeit eines Leuchtturmwärters von Gelehrten übernommen werden könnte. Als der Text seiner Rede schon fertig war, fügte er zuletzt noch eine entsprechende Passage ein: »Wäre es nicht möglich, derartige Stellen für junge Menschen zu reservieren, die sich dem Nachdenken über wissenschaftliche Probleme z. B. auf mathematischem oder philosophischem Gebiete widmen wollen?«[66]

Für die 10 000 Zuhörer kam der Vorschlag überraschend, und viele werden ihn wohl als neuen Beweis für die sprichwörtliche Weltfremdheit des deutschen Professors aufgefaßt haben. Nur die wenigsten machten sich klar, daß hier Einsteins tiefe Unzufriedenheit über die Abhängigkeit des Forschers vom Staat zum Ausdruck kam. In eine Situation, wie er sie zuletzt mit der Preußischen Akademie erlebt hatte, wäre man im alten Griechenland nie gekommen. In der Antike durfte die Wissenschaft nur um ihrer selbst willen betrieben werden, nicht aber um einen Beruf daraus zu machen und davon zu leben. Das Unzeitgemäße des griechischen Vorbilds lag darin, daß sich unter diesen Bedingungen nur Begüterte den Luxus der Kontemplation erlauben konnten. Deshalb der Gedanke, Leuchttürme und Leuchtschiffe mit jungen Wissenschaftlern zu besetzen. Die langen Mußestunden ließen genug Zeit zur Forschung. Diese liefe sozusagen unter privater Flagge. Das Geld käme aus einem ganz anderen Topf. Als Leuchtturmwärter unterstanden sie der Küstenwache; als Forscher waren sie niemandem verpflichtet.

Nach Einstein ergriffen noch Commander Locker-Lampson und Sir Austen Chamberlain das Wort. Der ehemalige Außenminister und Friedensnobelpreisträger sprach von der Stimmung gegen Deutschland. Vor wenigen Monaten hätte man leicht einen vollen Saal bekommen, wenn es darum ging, freundschaftliche Gefühle für Deutschland zu bekunden. Jetzt sei dieser Saal gefüllt mit Menschen, deren Solidarität den Flüchtlingen gelte, die die deutsche Regierung aus ihrer Heimat verjagt habe.

Mit Hochrufen für Einstein ging die Versammlung zu Ende. Als er die Bühne verließ, sangen die Engländer »For he's a jolly good fellow«. Hunderte folgten ihm noch zum Auto, klopften ihm den Rücken, umarmten ihn und wünschten ihm Glück.[67]

Die Rede in der Albert Hall war Einsteins Abschiedsvorstellung in Europa. Mit seiner Frau, seinem Assistenten und seiner Sekretärin verließ er für immer den alten Kontinent. Durch die

Vertreibung der vielen deutschen Gelehrten ging die Führung in der Wissenschaft auf die Vereinigten Staaten über. Paul Langevin kommentierte: Der »Papst der Physik« hat seinen Sitz in die Neue Welt verlegt.

KAPITEL 16

In der Neuen Welt

Am 16. Oktober 1933 trafen die Einsteins, Dr. Mayer und Helene Dukas mit der »Westernland« in New York ein. Herbert H. Maas, ein bekannter Anwalt und Trustee des Institute for Advanced Study, holte sie an der Quarantänestation ab. Er übergab ein Schreiben Abraham Flexners. Wie schon in einem vorausgehenden Telegramm warnte der Institutsdirektor: Einstein solle sich mit Presseerklärungen und Interviews strikt zurückhalten. Es gebe in diesem Lande Gruppen unverantwortlicher Nazis, und seine Sicherheit hinge davon ab, daß er jede Publicity meide.

Edgar Bamberger, der Sohn des Stifters, brachte sie mit dem Wagen nach Princeton. »Der Ort ist reizend«, berichtete Elsa, »ganz englisch angehaucht, Stil Oxford in höchster Potenz.«[1] Zuerst wohnten sie in einem kleinen, sehr gemütlichen Hotel, wo sie auch alle Mahlzeiten einnahmen. Nach ein paar Wochen zogen sie in ein großes und behagliches, inmitten alter Parkanlagen ausnehmend schön gelegenes Haus am Library Place.

Unzufrieden war nur Walther Mayer, der Assistent Einsteins. Zeitgenossen schilderten ihn als einen stillen und schüchternen Menschen. Jetzt aber rebellierte er. Er hatte seinem Meister seit 1929 treu gedient und ihn auf vielen Reisen begleitet; er wollte nun mit seinen 46 Jahren nicht länger das Faktotum sein. Einstein blieb nichts übrig, als Dr. Mayer nachdrücklich für eine selbständige Stellung zu empfehlen und sich nach einem neuen Assistenten umzusehen.

Am 2. November besuchten einige junge Leute, die in Newark einen Albert-Einstein-Klub gegründet hatten, ihr Idol. Einer brachte ein selbst gezeichnetes Porträt, und Einstein signierte, wie er es schon in vielen Fällen getan hatte. Eine Lokalzeitung, der *Sunday Ledger*, machte daraus eine Titelgeschichte: »Einstein, the Immortal, Shows Human Side as Host of Newark Club

Boys in Princeton«.[2] Zwei Wochen später gab Einstein im Waldorf Astoria Hotel in New York ein Wohltätigkeitskonzert. Darauf sandte der Institutsdirektor Abraham Flexner eine ernste Mahnung: Die Kollegen und die Stifter verabscheuten derartige Auftritte. Sie seien geeignet, sein Ansehen herabzusetzen, denn man müsse glauben, er suche die Publicity.

Gegen so viel »Fürsorge« blieb nur energischer Protest. Flexner hatte an Frau Einstein geschrieben, und nun antwortete sie:

> Mein Mann ist Ihnen sehr dankbar für den Schutz, den Sie ihm angedeihen lassen. Aber allzuweit darf die Sache nicht gehen, sonst fühlt er sich unfrei, und das wollen Sie doch nicht... Niemals hätte einer der Präsidenten der [Berliner] Akademie auch nur im leisesten den Mut gehabt, diesem Manne irgendwelche Vorschriften zu machen.[3]

Am nächsten Tag wurde Einstein noch deutlicher:

> Ich habe mich gleich Ihnen über die Taktlosigkeit der Jungens vom Einstein-Club aufgehalten. Andererseits muß ich Ihnen aber offen sagen, daß mir Ihre wiederholten Einmischungen in meine Privatangelegenheiten unbegreiflich, ja sogar untragbar erscheinen. Kein aufrechter Mann kann sich derartiges gefallen lassen, und ich gedenke es auch nicht zu tun.[4]

Flexner aber hatte immer noch nicht verstanden, und es kam zum Eklat. Franklin D. Roosevelt wollte den großen Gelehrten persönlich in den Vereinigten Staaten willkommen heißen. Als der Sekretär des Präsidenten die Einladung telephonisch Helene Dukas übermittelte, schaltete sich Flexner ein und erklärte, er könne dazu seine Zustimmung nicht geben. Einstein erfuhr erst einige Tage später davon und verbat sich energisch jede weitere Bevormundung. Um sein Mißfallen ganz deutlich zu machen, ließ er eine Einladung in Flexners Haus zurückgehen. An Eleanor Roosevelt aber schrieb er, er hätte sich schon immer gewünscht, »den Mann kennenzulernen, der mit gigantischer Energie das größte und schwierigste Problem unserer Zeit« angepackt habe.

Der Besuch fand schließlich am 24. Januar 1934 statt, zweieinhalb Monate später, als vom Präsidenten ursprünglich geplant. Die Einsteins kamen an der Union Station in Washington an und wurden dort abgeholt. Der Präsident und Eleanor Roosevelt gaben ein Abendessen im kleinen Kreis und behielten die Einsteins über Nacht im Weißen Haus. Das Gespräch kam auf das erwähnte »größte und schwierigste Problem unserer Zeit«, die Arbeitslosigkeit, und sehr wahrscheinlich auch auf den Nationalsozialismus und die Flüchtlingsfrage. Der Präsident verstand und sprach ausgezeichnet Deutsch, und Frau Elsa, die beim Dinner neben ihm saß, sagte ihm auf gut schwäbisch, »er solle so wüscht wie möglich« zum deutschen Botschafter sein. »Dann hat er herzlich gelacht«, wie Elsa später Freunden erzählte.[5]

In König Albert von Belgien und Königin Elisabeth entdeckten die Roosevelts und die Einsteins gemeinsame Bekannte. Am nächsten Morgen fühlte sich Einstein zu einem Gedicht an »die Königs« animiert. Die Verse haben sich in Elsas Handschrift erhalten:

> In der Hauptstadt stolzer Pracht,
> Wo das Schicksal wird gemacht,
> Kämpfet froh ein stolzer Mann,
> Der die Lösung schaffen kann.
>
> Beim Gespräche gestern Nacht
> Herzlich Ihrer ward gedacht,
> Was berichtet werden muß –
> Darum send' ich diesen Gruß.

Einstein zählte sich zu den Glücklichen, die immer im Wolkenkuckucksheim lebten, wohin der Lärm des Tages nicht dringen könne. Wie vordem über seine Kollegen an der Akademie mokierte er sich nun über Abraham Flexner. Als dieser für das neue Institut ein Bulletin vorbereitete und deshalb von Einstein wissen wollte, was er 1934/35 zu forschen gedenke, antwortete Einstein: »Was würde eine Frau sagen, wenn sie eine programmatische Erklärung darüber abgeben sollte, was für Kindern sie in den nächsten fünf Jahren das Leben zu schenken gedenkt?«[6]

Einstein war, wie sich Elsa ausdrückte, noch immer der »König der Schnorrer«.[7] Wenn er zugunsten der Flüchtlinge ein Konzert gab, konnte man einen vollen Saal erwarten. Sein Name zog »mächtig wie kein anderer«.

Frau Elsa aber wurde nicht heimisch in der neuen Umgebung. Ein liebevolles Eingehen auf ihre Probleme konnte sie von Albert nicht erwarten. Sie fühlte sich oft »unendlich allein«. In Berlin hatte sie wenigstens ihre Töchter um sich gehabt.

Margot lebte in einer kleinen Wohnung in Paris. Ilse und Rudolf Kayser hatten sich in den Niederlanden ein Häuschen gemietet. Der Schwiegersohn war immer noch, wie die Einsteins ungehalten registrierten, begeistert von Berlin. Er sei »etwa alle zwei Monate dort« und fände immer noch eine Entschuldigung für die Zustände in Deutschland: »Unglücklich verliebt ins Blonde.«[8] Einstein hätte ihm eine Professur für deutsche Literatur an einer New Yorker Universität verschaffen können. Aber der Schwiegersohn wollte nicht. Elsa Einstein mißbilligte seine Einstellung: »Nur in Europa ist das Heil, und Amerika ist kulturlos, und man kann da nicht leben.«[9]

Im Frühjahr wurde Ilse krank. Sie war bald so schwach, daß an eine Seereise und die Übersiedlung nach Amerika nicht mehr zu denken war. Margot nahm ihre Schwester zu sich nach Paris in ihre kleine Wohnung. Die Schwestern waren ein Herz und eine Seele: »Ich habe dergleichen bei anderen noch nie gesehen«, meinte Elsa: »So ist Ilses Leiden Margots Leiden.«[10] Als sich Elsa entschloß, nach Paris zu fahren, war die Tuberkulose schon so weit fortgeschritten, daß sie nur noch den Tod der geliebten Tochter miterleben konnte. »Es war eine Bestialität. Man sagt, die Zeit lindere. Aber ich glaub's nicht.«[11]

Währenddessen erholte sich Einstein prächtig in dem gemieteten Sommerhaus in Watch Hill an der Küste von Rhode Island. Außer dem Zirpen der Grillen und dem Rauschen des Meeres war kein Laut zu hören. »Er hat es ja überall gut, wo er ist«, kommentierte Elsa. Er lasse nichts an sich herankommen, was ihn in seiner inneren Ruhe stören könnte. Wie gewohnt hing er seinen Gedanken nach, bis Helen Dukas mit dem Schreibblock kam:

Die Post bringt täglich hundert Sachen
und jede Zeitschrift sperrt den Rachen.
Was tut der Mensch in solcher Pein?
Er schweigt und denkt: laßt mich allein.

Elsa und Margot sorgten sich um Rudolf Kayser. Seit dem Tod seiner Ilse besaß er keinen Lebenswillen mehr. Er hatte 15 Pfund verloren und sah erbarmungswürdig aus. Einstein aber fehlte der Sinn, daß in diesem Augenblick witzige Kommentare unangebracht waren: »Sie doktern an dem neuen Witwer herum, der große Mühe hat, sich in der Freiheit zurechtzufinden.«[12]

In ihr könne nie mehr so etwas wie Freude aufkommen, klagte Elsa. Ilse habe zuviel von ihr mitgenommen. Ihr Mann aber sei kaum verwundbar: »Er ist ein herrlicher Ethiker. Bewirkt viel Gutes, schafft Wertvolles, aber Einzelschicksale zählen bei ihm nicht.«[13]

Elsas Freundin Antonina Vallentin hatte ihre Absicht nicht aufgegeben, eine Biographie Einsteins zu verfassen. Weil auf die Zustimmung des Helden nicht zu rechnen war, schlug sie vor, seine allgemeinverständlichen Vorträge und Aufsätze gesammelt herauszugeben. »Wenn ich's ihm richtig mundgerecht mache«, meinte Elsa, »wird er wohl nichts dagegen haben.«[14]

Sie berichtete ihrer Freundin, daß auch ihr der Gedanke schon gekommen war, all das Schöne, das ihr Mann geschrieben hatte, in einem Bändchen gesammelt zu edieren: »Lachen Sie nicht, im Selbstverlag. Ich wollte das mit unserer Sekretärin zusammen bearbeiten.« Besonders wertvoll erschienen Elsa der Aufsatz zum 200. Todestag Newtons (1927), sein wissenschaftliches Glaubensbekenntnis *Wie ich die Welt sehe* (1930) und die Rede zum 60. Geburtstag Plancks (1918). Vor allem diese Rede über *Die Motive des Forschens* gehörte für Elsa »zum besten, was er je geschrieben hat«.[15] Einstein nannte hier die Physiker »etwas sonderbare, verschlossene, einsame Kerle« und charakterisierte den Gefühlszustand, der zu großen wissenschaftlichen Leistungen befähigt, als »dem des Religiösen oder Verliebten ähnlich«.

Das Projekt wurde tatsächlich verwirklicht. Der aus Deutschland geflüchtete Verleger Fritz H. Landshoff hatte in Amsterdam den Querido-Verlag gegründet, um den emigrierten Schriftstellern eine neue geistige Heimat zu geben. Zu den Werken von Bert Brecht, Lion Feuchtwanger, Hermann Kesten, Heinrich Mann und Anna Seghers paßte ausgezeichnet Einsteins Sammelband *Mein Weltbild*. Ein Herausgeber ist in diesem Buch nicht genannt. In seinen Memoiren sagte Landshoff, es sei Einsteins Schwiegersohn gewesen.[16] Das ist plausibel. Rudolf Kayser lebte damals in Amsterdam. Er kam gelegentlich nach Deutschland, von Heimweh getrieben, und es ist denkbar, daß er bei Max von Laue und anderen Freunden die Texte zusammengesucht hat. Vielleicht hat Kayser auch mit Antonina Vallentin kooperiert. Von wem das mit J. H. gezeichnete Vorwort stammt, wissen wir nicht. Vielleicht sind die Initialen nur eine Tarnung:

> Albert Einstein glaubt an den Menschen, an eine friedliche Welt der gegenseitigen Hilfe und an die hohe Mission der Wissenschaft. Für diesen Glauben will unser Buch eintreten in einer Zeit, die an jeden Menschen die Forderung zur Nachprüfung seiner Gesinnung und seiner Gedanken stellt.[17]

Die nach dem Krieg im Europa-Verlag Zürich erschienenen Auflagen wurden von dem Schriftsteller Carl Seelig betreut; das Vorwort hat er (mit Billigung Einsteins) als nicht mehr zeitgemäß fortgelassen. Inzwischen sind bei Ullstein etwa 150000 Exemplare als Taschenbuch herausgekommen. Ergänzt wird diese Publikation durch einen zweiten, zuerst 1950 erschienenen Sammelband *Out of My Later Years (Aus meinen späten Jahren)*.

Am Institute for Advanced Study arbeitete Einstein damals mit zwei Physikern zusammen, dem Russen Boris Podolsky und dem jungen Amerikaner Nathan Rosen. Sie beschäftigten sich zu dritt mit der Frage, ob die quantenmechanische Beschreibung der physikalischen Realität als vollständig betrachtet werden dürfe. Einstein griff damit die Diskussion wieder auf, die er 1927 bei der Solvay-Konferenz mit Niels Bohr geführt hatte.* Die Abhandlung der drei Autoren in der *Physical Review*[18] führte zu einigem Aufsehen.

* Siehe S. 314f.

»Einstein hat sich wieder einmal zur Quantenmechanik öffentlich geäußert,... gemeinsam mit Podolsky und Rosen – keine gute Kompanie übrigens.« Mit diesen Worten wandte sich der fünfunddreißigjährige Wolfgang Pauli an den gleichaltrigen und kongenialen Werner Heisenberg:

> Bekanntlich ist das jedes Mal eine Katastrophe: »Weil, so schließt er messerscharf, nicht sein kann, was nicht sein darf« (Morgenstern).[19]

»Immerhin möchte ich zugestehen«, spottete Pauli, »daß ich, wenn mir ein Student in jüngeren Semestern solche Einwände machen würde, diesen für ganz intelligent und hoffnungsvoll halten würde.« Das war eine groteske Übertreibung, zeigt aber doch den Verlust an Ansehen, den Einstein bei den Insidern erlitten hatte. Im weiteren Kreis der Kollegen war freilich sein Prestige ungebrochen. Deshalb nahm sich Pauli die Zeit, »diejenigen durch die Quantentheorie geforderten Tatbestände zu formulieren, die Einstein besondere geistige Beschwerden machen«. Er redete seinem Leipziger Kollegen zu, eine Erwiderung zu verfassen. Heisenberg hatte vor zwei Jahren den Nobelpreis erhalten und konnte, wie Pauli meinte, mit diesem »Heiligenschein« auf größere Aufmerksamkeit rechnen. Niels Bohr aber hatte schon selbst das Wort ergriffen. In seiner Erwiderung betonte er die Notwendigkeit, »endgültig auf das klassische Kausalitätsideal zu verzichten und unsere Haltung gegenüber dem Problem der physikalischen Wirklichkeit von Grund auf zu revidieren«.[20]

Bis auf den heutigen Tag spielt das sogenannte »Paradoxon von Einstein, Podolsky und Rosen« eine große Rolle in der wissenschaftshistorischen und philosophischen Literatur. Für die Physiker war mit der Stellungnahme Bohrs der Fall erledigt. Durch seine Intervention hatte Bohr noch einmal bekräftigt, daß die »Kopenhagener Interpretation« der Quantentheorie die einzig sinnvolle und mögliche war. Nur Einstein und ein paar ältere Kollegen konnten sich mit dieser Auffassung nicht befreunden. Ihre Opposition hatte jedoch keine große Bedeutung. Es handelte sich nicht mehr um ein wissenschaftliches Problem, sondern nur noch um ein psychologisches. Was sich hier abspielte, hat Planck in seiner Selbstbiographie treffend beschrieben: Eine neue wissenschaftliche Wahrheit setze sich nie in der Weise durch, »daß ihre Gegner überzeugt werden und sich als belehrt erklären«. Vielmehr werde die heranwachsende Generation von vornherein mit den neuen Einsichten vertraut gemacht, und die Gegner stürben allmählich aus.[21]

Auch Einstein gehörte jetzt zu den unbelehrbaren alten Knaben, von denen man nichts Rechtes mehr für die Wissenschaft erwarten durfte. In der Auffassung der Quantentheorie nahm er einen geradezu reaktionären Standpunkt ein. Ganz unfruchtbar waren auch seine immer neuen Ansätze, doch noch zu einer »Einheitlichen Feldtheorie von Gravitation und Elektrizität« durchzustoßen. Elsa glaubte noch an ihn. Ihrer Freundin Antonina Vallentin schrieb sie im Februar 1936, er habe »Großes« in letzter Zeit vollbracht, »das Höchste und Tiefste, was er [je] geschaffen«.[22]

Wenn er auch seine geradezu sagenhafte Schöpferkraft eingebüßt hatte: die Beharrlichkeit war ihm geblieben. Wolfgang Pauli, den man das »Gewissen der Physik« nannte, weil er alle Fehlentwicklungen scharf geißelte, machte sich lustig darüber, daß Einsteins »nie versagende Erfindungsgabe sowie seine hartnäckige Energie« den Physikern durchschnittlich pro Jahr eine neue Feldtheorie beschere. Diese würde von ihm dann eine Zeitlang als »definitive Lösung« betrachtet:

> So könnte man... beim Erscheinen einer neuen Arbeit über diesen Gegenstand versucht sein, auszurufen: »Die Feldtheorie Einsteins ist tot. Es lebe die [neue] Feldtheorie Einsteins.«[23]

Einstein war sich dieses Umstandes durchaus bewußt. Schuld sei der »physikalische Teufel«, der ihn unerbittlich »am Schlawittich« habe:

> [Er] foppt mich, indem er mir die Fata morgana der nahen Lösung vorgaukelt, um mir nach einiger Zeit wieder die Zunge herauszustrecken.[24]

Es bleibe ihm der Trost, schrieb Einstein seiner Schwester, daß das Hauptsächliche, was er gemacht habe, »zu dem selbstverständlichen Bestande unserer Wissenschaft« gehöre. In der »scientific community« blieb er weiterhin die verehrte Sagengestalt. Wenn er, was selten genug der Fall war, an einem physikalischen Kongreß teilnahm, stand er weiterhin wie selbst-

Segelurlaub

verständlich im Mittelpunkt und mußte sich wie ein Pfingstochse angaffen lassen.

Ende Juni 1935 erhielt Einstein einen neuen Ehrendoktor, diesmal von der Harvard-Universität. Gleichzeitig mit ihm wurde Thomas Mann ausgezeichnet, und die 5000 bis 6000 Zuschauer spendeten den beiden Emigranten demonstrativen und lang anhaltenden Beifall. Seinem Verleger Gottfried Bermann-Fischer berichtete T. M., wie ihn die Insider nannten, seine und Einsteins Ehrenpromotion sei »nicht ohne Anteilnahme des Präsidenten Roosevelt zustande gekommen«.[25] Wie im Jahr zuvor die Einsteins, wurden nun auch Thomas Mann und Frau Katia vom Präsidenten privat ins Weiße Haus eingeladen. Der große Schriftsteller lebte damals noch in Küsnacht bei Zürich und kam erst 1938 in die Vereinigten Staaten. Zwei Jahre lehrte er dann in Princeton. Gemeinsam war den beiden Emigranten die kompromißlose Haltung gegenüber den Nationalsozialisten.

Einstein war im Oktober 1933 mit einem Sichtvermerk für befristeten Aufenthalt ins Land gekommen. Er brauchte jetzt ein neues Visum ohne zeitliche Begrenzung. Ein solches konnte ihm nur ein amerikanischer Konsul ausstellen – und die gab es nicht innerhalb des Landes. Die Einsteins fuhren deshalb mit Margot und Helen Dukas auf die Bermudas und blieben ein paar Tage in diesem Traumland. Nach fünf Jahren, so sah es das Gesetz vor, konnten sie dann die amerikanische Staatsbürgerschaft erwerben.

Im Sommer 1935 mieteten die Einsteins ein herrliches Haus in Old Lyme, Connecticut, an der Atlantikküste. Hier hatte früher Charles Lindbergh gewohnt, und alles war so vornehm, daß sie in den ersten Tagen nur am Gesindetisch in der Küche aßen. Wie schon im Vorjahr verbrachte Einstein viele Stunden auf seinem Segelboot. Wieder hatte sein Freund Gustav Bucky ein Ferienhaus in der Nähe gemietet, und die beiden Familien waren viele Stunden zusammen. Glücklicherweise ging es diesen Sommer ohne Segelunfall ab.

Die Entwicklung in Europa bedrückte Einstein, und er klagte: »Der Herrgott scheint dem Teufel für dort Generalprokura gegeben zu haben.« Mit seiner Politik der Erpressung und Überrumpelung schritt das Dritte Reich von Erfolg zu Erfolg. Die Olympischen Spiele 1936 wurden von den Nationalsozialisten zu einer glänzenden Selbstdarstellung genutzt. Einmal ist es aber doch gelungen, dem Regime eine große moralische Niederlage beizubringen: Am 10. Dezember 1936 verlieh die Nobelstiftung ihren Friedenspreis an den deutschen Pazifisten Carl von Ossietzky.

Aus dem mutigen Kämpfer hatten die Nationalsozialisten in den Konzentrationslagern Sonnenburg und Esterwegen ein »zitterndes, totenblasses Etwas« gemacht. Seine politischen

Freunde, vor allem Kurt Grossmann in Prag und Hellmut von Gerlach in Paris, die als Pazifisten ausgebürgert worden waren, setzten eine Kampagne in Gang, die große Resonanz in der freien Welt fand. Einstein fürchtete zunächst, daß sein Eingreifen nur zu einer weiteren Verschlechterung der grauenvollen Lage des Häftlings führen würde. Im Oktober 1935 aber schrieb er doch an das Nobelkomitee. Kurze Zeit später erfuhr er von dem Brief, den in der gleichen Sache Thomas Mann nach Oslo gesandt hatte. Von diesem Meisterstück der Ironie war Einstein beeindruckt und empfand bedauernd, daß er für Ossietzky nur in »jener trockenen Weise« habe eintreten können, die nun einmal Leuten seines Metiers anhafte.[26]

In seinem Plädoyer hatte Thomas Mann die Preisverleihung doppelsinnig eine »befreiende Tat« genannt. Tatsächlich führten bereits die Kampagne und die damit verbundene öffentliche Aufmerksamkeit dazu, daß Ossietzky in das Virchow-Krankenhaus Berlin gebracht wurde. Hier blieben ihm noch einige verhältnismäßig ruhige Monate, bis er an den Folgen der Mißhandlungen am 4. März 1938 starb.[27]

Unter dem Eindruck dieser Ereignisse verbot die Reichsregierung deutschen Staatsbürgern für alle Zukunft die Annahme des Nobelpreises und stiftete einen mit 100000 Mark dotierten Nationalpreis. »Es könnte einem das Herz umdrehen«, kommentierte Max Planck, »wenn man an den krassen Unverstand auf deutscher Seite denkt.«[28] Johannes Stark aber, der alte Nationalsozialist, begrüßte die Entscheidung. Für ihn war bereits die Verleihung des Physik-Nobelpreises an Heisenberg »eine Demonstration des jüdisch beeinflußten Nobelkomitees gegen das nationalsozialistische Deutschland« gewesen.

Wenn er ins Ausland fuhr, berichtete Max von Laue von dort regelmäßig dem alten Freund in Princeton über die neuesten Schandtaten von »Giovanni Fortissimo«. Nach dem Krieg wurde Einstein von der Spruchkammer um sein Urteil gebeten, und er hat (wie schon erwähnt) geantwortet, daß man diesen »höchst egozentrischen Menschen« mit seinem »ungewöhnlich starken Geltungsbedürfnis« nie ganz ernst nehmen konnte. Obwohl sogar von den nationalsozialistischen Funktionären als »alter Trottel« mißachtet, besaß Johannes Stark in seiner Doppelfunktion als Präsident der Physikalisch-Technischen Reichsanstalt und Präsident der Notgemeinschaft der Deutschen Wissenschaft gefährlichen Einfluß.

Auch über andere Vorkommnisse wurde Einstein von seinem Freund Laue in Kenntnis gesetzt, und es war nur gut, daß er sich nichts machte aus dem Treiben der Menschen:

> Lenz verficht die These, Du wärst gar nicht der Alleinschuldige an der Relativitätstheorie, vielmehr sei Henri Poincaré Dein Spießgeselle. Er tut dies mit der ausgesprochenen Absicht, die Theorie von dem Vorwurf zu reinigen, sie sei nur jüdischem Geiste entsprungen, um sie dadurch – wie soll ich mich ausdrücken – im Dritten Reich hoffähig zu machen. Denn wenn auch Poincaré sie aufgestellt hat, so ist... sie eigentlich doch arisch.[29]

Im Oktober 1935 erhielt Laue die Genehmigung zu einer Reise in die Vereinigten Staaten. Als er in Princeton eintraf, waren gerade die Möbel und die große Bibliothek aus Berlin angekommen, die Frau Elsa »unter großen Komplikationen und ungeheuren Geldopfern« dort herausgeholt hatte. Die Bücher zu sichten und zu plazieren machte eine »Riesenarbeit«, aber nach einer Woche fühlte sich Elsa »aus dem Gröbsten raus« und konnte nun endlich den alten Freund ihres Mannes gastlich aufnehmen.[30]

Die Einsteins hatten sich ein altes Haus gekauft, Mercer Street 112, und umbauen lassen. Es war 120 Jahre alt, »für amerikanische Verhältnisse also urväterlich«:

> Es ist ein Haus im reinen Kolonialstil, liegt mitten im schönsten Teil von Princeton; nach rückwärts hat es einen zauberhaft schönen Garten. Ganz das krasse Gegenteil von Caputh, das so amerikanisch-hypermodern anmutete.[31]

Das Haus in Caputh hatte den Stieftöchtern gehört. Jetzt wurde Elsa als Eigentümerin eingetragen. Er wollte keinen Besitz.

Die großen Möbelwagen standen noch vor der Tür, als Frau Elsa ihre Augenlider anschwellen fühlte. Ein paar Tage später bestätigte der Augenarzt in New York die schlimmen Befürchtungen. Das Ödem war Folge einer schweren Nieren- und Herzinsuffizienz. Strenge Bettruhe wurde verordnet. Den Einzug in das neue Heim hatte sie sich anders vorgestellt. Nach vier Wochen durfte sie für ein paar Stunden am Tag aufstehen. Tochter

Mit Elsa und Margot, um 1935

Margot sah mit großer Sorge ihren hektischen Aktionismus. Da halfen kein Bitten und kein Schimpfen.

Gerade als sich Margot für ein paar Tage in New York aufhielt, erlitt Elsa einen Herzanfall. Margot erschrak, als sie zurückkam. Aus der Mutter war eine »verzitterte, hilflose, alte Frau« geworden:

> Albert sagte, wie immer so ruhig: »Sie war am Abkratzen; es war sehr bös.« Nur sehr blaß sah er aus und etwas besorgt.[32]

Nach einigen Wochen stabilisierte sich der Zustand, und sie konnte sich wieder bei ihrer Freundin Antonina Vallentin melden: »Ich muß die Buchstaben malen... Das Zittern gehört zum Krankheitsbild.« Mit ihrer Tochter hatte sie ihre Fröhlichkeit und ihren Lebenswillen verloren: »Käme jetzt mein Ilschen herein, wäre ich sofort ganz gesund.« Mit Rührung beobachtete sie, wie ihr Albert »elend und gedrückt herumging«. Nie hätte sie gedacht, daß er derart an ihr hängen würde: »Das tut auch gut.«

In seinen Briefen spürt man davon nichts. Den Sommerurlaub verbrachte Einstein am Saranac Lake im Norden des Staates New York. Seinen Freunden berichtete er, daß sie »hier oben alle wohl und vergnügt« seien. In üblicher Weise glossierte er seine Zeitgenossen. Der Bürgermeister hatte Einstein ein Segelboot zur Verfügung gestellt, »ad maiorem dei gloriam«, wie Einstein ironisch anmerkte. Offenbar ging es dem Bürgermeister vor allem darum, für seine edle Tat in die Zeitungen zu kommen.

Um ihn brauchte sich Elsa nicht zu sorgen; er war sichtlich in guter Verfassung. Herzweh aber machte ihr Margot, die sich nach der Trennung von Dima »jämmerlich alleine« fühlte: »Albert ist ungerecht zu ihr.« Wenn Elsa nachts keinen Schlaf finden konnte, trieb sie der Gedanke um, daß nach ihrem Tode Margot kein Heim mehr haben würde. Denn gewiß nähme Albert eine andere Frau ins Haus. Das ist, wie wir wissen, nicht geschehen. Dennoch lastete der Gedanke an »die andere«, die nach ihr kommen würde, wie ein Alpdruck auf Elsa.

Am 3. Dezember 1936 diktierte sie ihr Testament und vermachte Haus und Grundstück Mercer Street 112 ihrer Tochter Margot. Die acht Zeilen von Einsteins Hand und mit ihrer Unterschrift haben sich im Einstein-Archiv erhalten. Am 20. Dezember 1936, vier Tage vor Weihnachten und einen Monat vor ihrem 61. Geburtstag, starb Elsa Einstein.

In den Zeitungen stand, Einsteins »Guide, Guard, Mentor« sei mit 58 Jahren verstorben. Das war keine journalistische Nachlässigkeit. In der Sterbeurkunde waren offiziell 58 Jahre, 11 Monate und 2 Tage als erreichtes Alter ausgewiesen. Elsa war über drei Jahre älter als ihr Albert und hatte sich bei der Registrierung in Princeton um genau zwei Jahre jünger gemacht.

Einen Monat nach dem Tod Elsas fand Einstein unter seiner Post einen Brief des alten Freundes und Kollegen Max Born. Es ging um zwei Wissenschaftler, denen Einstein helfen sollte. In seiner Antwort berichtete er in der üblichen Kürze auch von seinem persönlichen Wohlergehen: Er habe sich in Princeton vortrefflich eingelebt, »hause wie ein Bär in seiner Höhle« und fühle sich mehr zu Hause als je in seinem wechselvollen Leben. Nach der Schilderung, wie gut er es doch getroffen habe, fährt Einstein wie beiläufig fort: »Diese Bärenhaftigkeit ist durch den Tod der mehr mit den Menschen verbundenen Kameradin noch gesteigert.« Born hat es als sehr merkwürdig empfunden, daß Einstein den Tod seiner Frau gleichsam nur nebenbei anzeigt.[33] Elsa hatte schon recht gehabt: Einstein war ein »herrlicher Ethiker«. Seine Sorge galt dem jüdischen Volk und der Behauptung der Demokratie gegen die Fluten des Nationalsozialismus. Und natürlich seiner Wissenschaft. Da durfte er sich nicht im Jammer über ein einzelnes Menschenschicksal verlieren.

Auch von Mitgefühl für Mileva, die als geschiedene Frau einsam in Zürich lebte und mit der Sorge für den schizophrenen

Das Haus Mercer Street 112

Sohn Eduard beladen war, finden wir keine Spur. Während er die Einsamkeit als »köstlich« empfand, litt Mileva unter ihrem Schicksal. Als Otto Nathan in Flüchtlingsangelegenheiten nach Europa fuhr, besuchte er in Einsteins Auftrag auch die »teure Ehemalige« in Zürich. Einstein konnte es nicht lassen, über die Unglückliche und ihre »ungewöhnliche Häßlichkeit« zu spotten. Gegenüber dem Junggesellen Nathan, der Mileva noch nicht kannte, meinte er: »Anbinden brauchen Sie sich nicht zu lassen wie der selige Odysseus bei den Sirenen.«[34]

Als sich Carl Seelig für seine Biographie nach Mileva erkundigte, schrieb er ihm, daß sich seine Verflossene mit der Trennung und Scheidung innerlich nie abgefunden habe: »Es bildete sich eine Einstellung heraus, die an das klassische Beispiel der Medea erinnert.«[35] In der Argonautensage wird Medea, getrieben von der Furie der Rachsucht, zur Mörderin der Nebenbuhlerin und der eigenen Söhne, als sich ihr Gemahl Jason einer anderen Frau zuwendet.

Übrigens war Einstein auch hart gegen sich selbst. In seinem Leben hatte er viele Schläge einstecken müssen. Sein Lieblingssohn lebte in einer geschlossenen Anstalt, zu seinem Ältesten hatte er ein sehr distanziertes Verhältnis, und Stieftochter Margot, die mit im Hause lebte, brütete über ihr Schicksal und vermochte sich zu nichts aufzuraffen. Wirklich treffen konnte persönliche Unbill Einstein nicht, und geklagt hat er nie. Schon gar nicht beeindruckten ihn die Vermögensverluste durch die Vertreibung aus Deutschland.

Elsa war oft überwältigt von schmerzlichen Gefühlen, wenn sie an die »vielen besonders schönen Dinge« dachte, die noch von ihren Großeltern und Urgroßeltern stammten und die in Deutschland zurückgeblieben waren. Von ihm hörte man nie ein Wort des Bedauerns. Dabei war doch das Haus in Caputh sein ruhender Pol gewesen und die Stunden auf dem »Tümmler« sein Jungbrunnen. Wenn er von Berlin und Caputh sprach, dann nur mit den gewohnten Scherzen: Ja, Segelschiff und Freundinnen seien in Berlin geblieben. »Hitler hat aber nur ersteres genommen, was für letztere beleidigend ist.«

Der geliebte »Tümmler« war bereits am 16. August 1933 beschlagnahmt und zugunsten des Landes Preußen eingezogen worden. Die Gemeinde Caputh schrieb das Schiff Ende Februar 1934 zum Verkauf aus; es ging schließlich an einen Zahnarzt aus der Gegend. Als »Rechtsgrundlage« für die entschädigungslose Enteignung des Sommerhauses in Caputh diente die am 24. März 1934 vom Reichsinnenminister verkündete Ausbürgerung. Daß das Haus Einstein gar nicht selbst gehörte, sondern seinen Stieftöchtern, spielte keine Rolle. Nach den entsprechenden nationalsozialistischen Gesetzen hätte jedoch bewiesen werden müssen, daß das Grundstück »zur Förderung kommunistischer oder volks- oder staatsfeindlicher Bestrebungen gebraucht worden« ist. Die mit dem Vorgang befaßten Behörden – das Landratsamt und das Regierungspräsidium – konnten diesen Nachweis nicht erbringen, auch nicht, wie sie gehofft hatten, »durch geschickte Vernehmung der damaligen Hausangestellten«. Schließlich machte es sich das preußische Finanzministerium leicht, indem es als »allgemein bekannt« konstatierte, daß Einstein »marxistische Bestrebungen« gefördert habe und auf dem Grundstück in Caputh in diesem Sinne tätig gewesen sei.

Enteignung und Ausbürgerung haben, wie gesagt, auf ihn nicht den mindesten Eindruck gemacht. Wie über den Verlust seines Eigentums scherzte er über den verspäteten Entzug der Staatsangehörigkeit. Schon am 28. März 1933 hatte er seinen Austritt aus der Preußischen Akademie erklärt und kurz darauf seinen deutschen Paß bei der Botschaft in Brüssel abgegeben. Erst ein Jahr danach folgte die offizielle Ausbürgerung. Im Jahre 1949 kam er belustigt auf diese Vorgänge zurück: »Nachdem ich meinen Verzicht schon erklärt hatte, wurde ich noch mit Pomp von der Hitlerregierung hinausgeworfen. Es ist [dies] einigermaßen analog mit dem Fall Mussolini, der bekanntlich aufgehängt wurde, obwohl er ohnehin schon tot war.«

»Nichts von dem Schweren tritt wirklich an ihn heran«, hatte Elsa konstatiert: Albert sei in der glücklichen Lage, »alles von sich abschütteln zu können«. Nach ihrem Tod übernahm Helen Dukas zu den vielen Pflichten auch noch den Haushalt. Die intelligente und tatkräftige Sekretärin kannte den großen Gelehrten besser als jeder andere und verlor trotzdem nie ihre Scheu. Ihr ganzes Leben hat sie in den Dienst Einsteins gestellt.

Für ihn war das überaus bequem. Sein Leben ging weiter wie gewohnt.

Seit Oktober 1936 war Leopold Infeld wissenschaftlicher Mitarbeiter. In seiner polnischen Heimat gab es für ihn als Juden keine Aussicht, jemals eine Professur zu erhalten. Nach einem Forschungsaufenthalt bei Max Born in Cambridge (England) hatte ihm das Institute for Advanced Study ein kleines Stipendium bewilligt. Einstein nannte es selbst »bemerkenswert«, daß er in seinem Leben »ausschließlich mit Juden zusammengearbeitet habe«.[36]

Antisemiten behaupteten, die Juden hingen »wie Kletten« aneinander: Wo ein Jude sei, sammelten »sich sofort andere Juden aller Art«. Gewiß wirkten die ständige Diskriminierung und Verfolgung als permanenter Appell. Aber auch die Juden waren keine Übermenschen in puncto Hilfsbereitschaft. Vielmehr beklagte ein Kenner wie Einstein, daß die Solidarität der amerikanischen Juden sehr zu wünschen übriglasse. Aus Angst, Mißfallen zu erregen, sabotierten die »saturierten Juden« in den bisher verschonten Ländern die Aufnahme der deutschen Juden, »wie früher letztere die Aufnahme der Ostjuden«.[37]

Infeld hat später über sein *Leben mit Einstein* ein Buch geschrieben. Als er sich nach der Ankunft in Princeton bei Einstein meldete, erwartete er ein kurzes Gespräch über den Antisemitismus in Polen und seine Zusammenarbeit mit Born über die nichtlineare Elektrodynamik. Statt dessen kam Einstein gleich zur Sache: »Können Sie Deutsch?« »Ja.« Der große Physiker ergriff ein Stück Kreide und ging zur Tafel: »Vielleicht kann ich Ihnen sagen, woran ich arbeite.«[38]

Einstein hatte damals noch einen zweiten Assistenten, den Amerikaner Banesh Hoffmann. Auch er schrieb später über Einstein. Seine Biographie, die 1972 erschien, ist die erste Darstellung, die volle Anerkennung verdient.[39]

Ein Unstern schwebte über den Biographien. An allen hatte Einstein etwas auszusetzen. Auch an der von Philipp Frank, die wir als die beste der zu Lebzeiten erschienenen Biographien ansehen, kritisierte er, sie sei nicht geschrieben, weil sich der Autor einen Herzenswunsch erfüllen wollte, sondern weil Frank als Immigrant in den Vereinigten Staaten »keine Stellung und nichts zu beißen« hatte.[40] Wir empfinden als Hauptmangel, daß Frank kaum historische Dokumente benutzt hat und sich weitgehend auf sein Gedächtnis verließ. Banesh Hoffmann dagegen konnte mit Hilfe von Einsteins Sekretärin das gesamte Einstein-Archiv heranziehen. Auf dem Einstein-Symposium in Princeton 1979 hat er dann noch genauer über die Arbeitsweise des großen Physikers berichtet.

Bei den Diskussionen zu dritt sprach Einstein mit Rücksicht auf Hoffmann Englisch. Wenn sie jedoch auf Schwierigkeiten stießen, fiel Einstein ins Deutsche zurück. Oft stellte sich dann die Lösung ein. Funktionierte auch das nicht, blickte Einstein seine beiden Mitarbeiter gedankenverloren an und sagte auf Englisch, aber mit einer falschen, aus dem Deutschen übernommenen Wortstellung: »I will a little think.« Dann steckte er den Finger in sein Haar und drehte Locken, während er auf und ab ging oder mit ganz entspanntem Gesicht einfach stehenblieb: »Es schien, als ob er in einem ganz anderen Teil des Universums weilte und nur sein Körper hier anwesend war. Infeld und ich hielten uns ganz still.«[41] Bezeichnend ist, daß Hoffmann später nicht mehr angeben konnte, wie lange diese Absencen dauerten. Jedenfalls kam Einstein nach einer Weile wieder zur Erde zurück, blickte seine beiden Mitarbeiter an, lächelte und sagte, sie sollten diesen oder jenen Weg probieren.

Auch der polnische Mathematiker Stanisław M. Ulam war über das »sonderbare Englisch« erstaunt. In einer Diskussion deutete Einstein auf die Tafel und sagte: »She is a very good formula.«[42]

Einstein wollte aus der Allgemeinen Relativitätstheorie die Bewegungsgleichungen ableiten und die Verbindung zur Quantentheorie finden. Seine beiden jungen Mitarbeiter Infeld und Hoffmann waren tief beeindruckt, daß er nie über Schwierigkeiten klagte und nie verzagte:

> Obwohl Einstein höchst verständnisvoll, geduldig und freundlich war, war die Zusammenarbeit mit ihm nicht leicht. Die Ursache lag im Reichtum seiner Ideen, in dem Umstand, daß er mir immer voraus war, womit er mich, durch seine eigene unaufhörliche Leistung, stets zwang, in einem Zustand

> dauernder aufgeregter Aktivität zu leben. Wollte ich nicht zurückbleiben, mußte ich unausgesetzt arbeiten, versuchen, die ernsten Schwierigkeiten zu überwinden, denen wir begegneten.[43]

Der erste Teil des Problems, die Ableitung der Bewegungsgleichungen, wurde gelöst. Dabei handelte es sich um eine beachtliche Leistung, durch die die Theorie im Prinzipiellen wesentlich vereinfacht wurde. Was aber die Verbindung zur Quantentheorie betraf, konnte Infeld nachweisen, daß es eine solche nicht gab. Es faszinierte ihn, wie sich Einstein abmühte, in der Beweisführung einen Fehler zu entdecken, um schließlich zuzugeben, daß sein junger Mitarbeiter recht hatte.

Nach einem Jahr ging Infelds Stipendium zu Ende. Als die von Einstein beantragte Verlängerung abgelehnt wurde, fand Infeld einen unkonventionellen Ausweg. Er hatte Hemmungen, sich Einstein zu eröffnen; dieser jedoch reagierte aufgeschlossen und nach einiger Überlegung sogar enthusiastisch. Infeld wollte gemeinsam mit Einstein ein allgemeinverständliches wissenschaftliches Werk schreiben. Dafür würde jeder Verleger einen Vorschuß zahlen.

Das Thema »Relativitätstheorie« verwarf Einstein als zu abgegriffen und schlug statt dessen vor, die »Hauptideen der Physik in ihrer logischen Entwicklung« darzustellen.

> Als wir das erste Mal über diesen Plan sprachen, war Einstein krank. Er lag ohne Nachthemd oder Pyjama im Bett und hatte den Don Quijote auf dem Nachttisch... Der Gedanke an unser Buch regte ihn an. Er setzte sich im Bett auf und sagte: »Es ist ein Drama, ein Drama der Gedanken und Ideen. Es sollte jeden, der die Wissenschaft liebt, gefangennehmen und zutiefst interessieren.«[44]

Die Formulierung des Textes übernahm Infeld. Er dachte in Polnisch, diskutierte mit Einstein auf Deutsch und schrieb in Englisch. Alle zwei Wochen kam er in die Mercer Street, um das Geschriebene vorzulesen. »Langsam«, mahnte Einstein, »damit ich jedes Wort verstehe.« Meist hatte er nur wenig auszusetzen.

Dann wurde das nächste Kapitel besprochen. Einstein war engagiert bei der Sache, und nie spielte er bei Meinungsverschiedenheiten seine Autorität aus.

Infeld schrieb jeden Tag etwa 1000 Wörter, das sind drei Druckseiten, und nach sechs Monaten war das Buch fertig. Der New Yorker Verlag gab sich große Mühe mit der Herstellung, und *The Evolution of Physics* wurde »Buch des Monats«, was eine große Verbreitung garantierte. Bei Simon and Schuster fragte man Infeld, wie Einstein die Ausstattung beurteile, und um die Verlagsmitarbeiter nicht zu schockieren, antwortete er, Einstein sei mit allem sehr zufrieden. In Wirklichkeit hatte sich Einstein das Buch überhaupt nicht angesehen. Abgeschlossene Arbeiten interessierten ihn nicht. Als die *New York Times* anrief und ihn um ein »Statement« bat, antwortete er: »Was ich über das Buch zu sagen habe, steht in dem Buch.«[45]

Auch das Magazin *Life*, das im allgemeinen keine Buchbesprechungen veröffentlichte, wollte seine Leser auf die Publikation aufmerksam machen. Dazu wurden Photos von Einstein benötigt. In einem langen Brief nach Princeton bat der Verleger seinen Autor geradezu händeringend um Zustimmung und erklärte, ein solcher Bericht sei durchaus »im Einklang mit der Würde und der Bedeutung des Werkes«. Zur Erleichterung Richard L. Simons stimmte Einstein zu, allerdings unter einer Bedingung: Lotte Jacobi, die ihm »schon von Berlin her durch ihre vortrefflichen Bilder bekannt« sei, müsse den Auftrag erhalten.[46] So konnte wieder einem Immigranten geholfen werden.

Mit der deutschen Übersetzung war Einstein nicht zufrieden. Er hatte sie aus Mitleid einem »langweiligen Kollegen« übertragen. Immerhin hielt er den deutschen Buchtitel *Die Physik als Abenteuer der Erkenntnis* für besser als *The Evolution of Physics*, »weil er das psychologische bzw. subjektive Moment in den Vordergrund stellt«.[47] Nach dem Krieg hat der Paul Zsolnay Verlag in Wien die Übersetzung unverändert übernommen, den Titel aber Einsteins Intention zuwider in *Die Evolution der Physik* geändert.

Für den heutigen Leser wohl am interessantesten ist der erkenntnistheoretische Standpunkt Einsteins. Er erklärte die phy-

physikalischen Begriffe und Theorien als freie Schöpfungen des menschlichen Geistes: Sie ergeben sich *nicht*, wie sehr man dies auch glauben mag, zwangsläufig aus dem Verhalten der Außenwelt.[48] In dieser wichtigen Frage hatte Einstein seinen Standpunkt verändert. 20 Jahre zuvor, in der berühmten Rede zum 60. Geburtstag Plancks über die »Motive des Forschens«, war von ihm betont worden, daß zwar kein logischer Weg von der Erfahrung zur Theorie führe, aber trotzdem »die Welt der Wahrnehmung das theoretische System praktisch eindeutig bestimmt«. In jüngeren Jahren stand er also der Mehrheitsmeinung der Physiker näher. Viele Kollegen waren überzeugt, daß sich nach der experimentellen Ausforschung eines Naturbereichs das theoretische System mit Notwendigkeit ergibt.

Das Institute for Advanced Study war eine Fluchtburg für Immigranten. Oft hörte man, seine Hauptaufgabe sei die Aufnahme der vertriebenen Spitzenforscher. Auch für Klaus Mann, der im Sommer 1938 nach Princeton kam, bedeutete es eine Überraschung, als er erfuhr, Abraham Flexner habe das Institut »ganz unabhängig von unserem Hitler« gegründet. Die Formulierung »unser Hitler« war bittere Ironie. Der junge Schriftsteller hatte ein paar Jahre zuvor in seinem Roman *Mephisto* die würdelose Anpassung des großen Regisseurs und Schauspielers Gustaf Gründgens an das neue Regime gegeißelt. »Dieses Buch ist nicht gegen einen Bestimmten geschrieben«, erklärte Klaus Mann, »vielmehr gegen den Karrieristen, gegen den deutschen Intellektuellen, der den Geist verkauft und verraten hat.«[49]

Als der »deutsche Student in Princeton«, wie er sich nannte, einmal »in einer dieser vielen Alleen« unterwegs war, da kam jemand ihm entgegen, den er »von weitem schon« erkannte:

> Mir blieb das Herz stehen, noch nie einen Mythos auf mich zuschreiten gesehen!... Er erschrak ein bißchen, als ich auf ihn zusprang – atemlos, wie nach einem langen Lauf. »Verzeihung«, sagte ich, und jetzt kommt das beschämend Idiotische, »dürfte ich vielleicht um ein Autogramm bitten?«[50]

Klaus Mann begleitete ihn ein paar Schritte, und der Gelehrte erkundigte sich, wie es ihm in Amerika zumute sei. Dann erzählte Einstein die Geschichte von dem deutschen Anwalt, die sich auch in seinen Briefen findet. Er habe diesen jungen Juristen, der sich hier nur mit Mühe durchbringen konnte, gefragt, ob er unter Heimweh leide. »Ich? Wieso?« sei dessen Antwort gewesen. »Ich bin doch kein Jude.«

Mit seiner Schwester Erika schrieb Klaus Mann damals ein Buch über die deutsche Kultur im Exil, das in englischer Übersetzung im April 1939 erschien. Hier schilderte Klaus Mann die unerwartete Begegnung. Einstein habe ihm gesagt, es sei viel zu schön in Amerika, als »daß man irgendwohin Sehnsucht haben dürfte, und nach dem Deutschland des Herrn Hitler schon gleich nicht«. Motto des Buches war der Einstein zugeschriebene Ausspruch über die Immigranten in den Vereinigten Staaten: »Exiled to Paradise«.

In einem fiktiven Interview beantwortete Erika Mann einige damals vielgestellte Fragen, so die nach der »Pfeffermühle«, ihrem politisch-literarischen Kabarett, mit dem sie zuerst in München und dann in Zürich gegen den Nationalsozialismus aufgetreten war: »Es gab 1034 Vorstellungen in Europa, noch nach Hitler; bis der Protest der deutschen Regierung dem ein Ende setzte.« Wie aber konnte es überhaupt geschehen, daß Deutschland gerade in einer Zeit, in der die Wissenschaften und die Künste in höchster Blüte standen, in die Hände Hitlers fiel? »Wir kannten ihn, und wir wußten, daß er den Untergang bedeuten würde. Viel zu spät haben wir unsere Kräfte gegen ihn gespannt, unsere viel zu schwachen Kräfte.«

Erika und Klaus Mann berichteten auch von einem Konzert, das Adolf Busch und Rudolf Serkin in New York gaben. »Es war wunderbar«, hörten sie in der Pause eine vertraute Stimme, und als sie sich umwandten, sahen sie Einstein, der von Princeton gekommen war. »Das ist Deutschland«, sagte er, »das ist das wahre und beste Deutschland; was für ein Glück, daß wir es überall wiederfinden, wo solche Musik gemacht wird; und was für ein Beweis, wenn wir noch einen nötig hätten – gegen diese Rassenidiotie. Kann man sich ein schöneres Zusammenspiel, ein reineres ineinander Aufgehen denken, als das, was diesen beiden, dem hellen und dem dunklen, dem ›Arier‹ und dem jungen Juden gegeben ist?«[51]

Nach der Machtergreifung hatte Busch alle Konzerte in Deutschland abgesagt, was Einstein damals Anlaß war, dem großen Geiger ausdrücklich zu danken: »In solcher Zeit wird Streu und Weizen deutlich geschieden.« Als im Oktober 1938 die Faschisten die Judengesetze des Dritten Reiches in Italien einführten und damit diesem Land »den Stempel der Unkultur und Unhumanität« aufdrückten, lehnte Busch auch dort alle Auftritte ab.[52]

Auch Einsteins Schwester war von den neuen Gesetzen betroffen. Seit 14 Jahren lebte sie mit ihrem Mann, dem Maler Paul Winteler, in einem wunderschönen »Zigeunernest« in der Toskana. Zeitweise war es ihnen nicht leicht geworden, den kleinen Gutshof zu halten. Sie nahmen Pensionsgäste, und der große Bruder mußte helfen. Aber Maja war ein sonniges Gemüt und hatte die Schwierigkeiten bald vergessen. »In einer halben Stunde Tramfahrt sind wir im herrlichen Florenz«, schwärmte sie, »und auch die Gegend ist unglaublich reizvoll.«[53] Jetzt mußte sie Haus und Hof verlassen.

Wahrscheinlich um Einstein finanziell nicht zu sehr zu belasten, entschlossen sie sich zur Trennung. Paul Winteler blieb in Colonnata, während Maja nach Princeton übersiedelte. Ihren Mann hat sie nicht wiedergesehen. Dafür aber stand sie mit ihrem Bruder bald »wieder genau so innig zusammen, wie als ganz junge Leute«.[54]

Einstein fühlte sich als »so eine Art ambulantes Hilfskomitee« im Nebenberuf. Es hagle Briefe, »ganze Stöße voll von verfolgten und verweifelnden Opfern der Verhältnisse«:

> Marie Dr[eyfus] habe ich etwas Geld geschickt und helfe der Ulmer Verwandtschaft auszuwandern. Bei den Jungen ist es leicht, bei den Alten schwierig. Solche Leute wie Paul Moos müssen ins nahe Ausland in Sicherheit gebracht und bescheiden versorgt werden. Ich werde einen großen Teil meiner Einkünfte auf solche permanenten Leistungen verwenden müssen. Gumpertz' müssen auch heraus.[55]

Unter der Post war der »Notschrei« des Psychiaters Otto Juliusburger, eines alten Berliner Freundes. Die deutschen Behörden hatten ihm systematisch alle Verdienstmöglichkeiten abgeschnitten, und in einem erschütternden Brief bat er »innigst um Hilfe«.[56] Er konnte gerettet werden, bevor die Judentransporte aus Berlin begannen, weil Einstein ihm die Überfahrt bezahlte.

Hilfe brauchte auch der Musikwissenschaftler Alfred Einstein. Nach der Emigration hatte er zunächst in Mezzomonte bei Florenz ein »Retiro« gefunden, mußte aber 1939 weiterwandern und kam schließlich mit Frau und Tochter nach New York. Als Albert Einstein in einem privaten Kreis in Princeton Dora Panofsky traf, die Frau des berühmten Kunsthistorikers, benutzte er die Gelegenheit, »sein Liedchen zu pfeifen«. Mit Abraham Flexner, dem Direktor des Instituts, könne er leider nicht sprechen, denn dieser sei »kleinlich genug«, jedes Wort als »Eingriff in seine Herrscherrechte« zu betrachten.[57]

Der Musikwissenschaftler konnte, wie Albert Einstein in einer Empfehlung schrieb, »jeder Universität zur Zierde gereichen«. Alfred Einstein erhielt schließlich eine Professur am Smith College in Northampton im Staat Massachusetts, wo er sich neben seiner erfolgreichen Lehrtätigkeit weiter intensiv mit dem Werk Mozarts beschäftigte. Für die Zusendung eines Manuskripts dankte ihm der Physiker in gewohnter Weise: Er beneide ihn um seinen »wohlflüssigen amerikanischen Mist«, der seine sei »noch dickflüssiger als Pech«, was ihn freilich nicht hindere, »ihn gelegentlich zu praktizieren«.[58]

Wahrscheinlich hat ihm der »Vetter« manches von seinen Mozart-Studien berichtet: Erst die Briefe, die man in Deutschland nicht vollständig zu drucken gewagt hätte, enthüllten Mozarts gesamte Persönlichkeit und auch das »Menschlich-Allzumenschliche«.[59] Wie wir heute wissen, verhält es sich ähnlich mit den Briefen Einsteins. Otto Nathan und Helen Dukas, die für den Nachlaß verantwortlich waren, haben dafür gesorgt, daß seine persönlichen Probleme und Bekenntnisse nicht an die Öffentlichkeit gelangten. Erst jetzt, mit dem Fortschreiten der Edition, lernen wir auch bei Einstein das »Menschlich-Allzumenschliche« kennen. Es kann aber ebensowenig wie bei Mozart unsere Verehrung für den großen Mann mindern; es hilft uns im Gegenteil, die tief in der Persönlichkeit verborgenen Kräfte und damit das Genie ein Stück besser zu verstehen.

Ende September 1938 kam Thomas Mann als Gastprofessor nach Princeton, das sich, wie Einstein kommentierte, immer mehr zum »Immigrationsolymp« auswachse. In einem Telephonat der beiden Olympier am 2. Oktober gestand Einstein, daß er »noch nie in seinem Leben so unglücklich war«.[60] Der Verrat an der Tschechoslowakei werde sich »bitter rächen«.[61] Auf dem Wege der Erpressung hatte Hitler im sogenannten »Münchener Abkommen« die Abtretung des Sudetenlandes erreicht.

Thomas Mann war gewillt, einen »Schlag gegen das Geziefer« zu führen, und arbeitete an einem Manifest, das »etwas Trost und Stärkung in eine Welt hinaustragen sollte, die durch die jüngsten Triumphe des Unrechts und der Gewalt in schwere moralische Verwirrung gesetzt« war.[62] Seinen Aufruf »An die gesittete Welt«

Albert Einstein und Thomas Mann in Princeton 1938; Photo von Lotte Jacobi

hat der Dichter nicht veröffentlicht, aber Kopien an Freunde versandt. Vielleicht bezieht sich hierauf Einsteins Bemerkung, die Rolle als Prediger des demokratischen Ideals kleide einen deutschen Immigranten »nicht ganz natürlich in den Augen kritischer Amerikaner«.[63]

Im Ringen um die öffentliche Meinung waren beide, Thomas Mann und Albert Einstein, Gegenspieler Hitlers. Wie stark ihre Wirkung dabei in den einzelnen Ländern gewesen ist, absolut genommen und relativ zueinander, läßt sich kaum nachmessen. Thomas Mann hat sich mehr Zeit für diese Aufgabe genommen, während es Einstein wohl leichter fiel, die Herzen der Menschen zu erreichen. Manche Zeitgenossen stießen sich an der Arroganz des großen Dichters. Durch die inzwischen edierten Tagebücher ist diese Schwäche noch viel deutlicher geworden. Einmal saß Thomas Mann mit Frau Katia, seinen Söhnen Klaus und Golo und der Tochter Elisabeth beim Abendessen, als er die Frage aufwarf, welchem Schriftstellerkollegen wohl »die Palme der Minderwertigkeit« gebühre: Stefan Zweig, Emil Ludwig, Lion Feuchtwanger oder Erich Maria Remarque.

Bei Einstein ist ein solches Verhalten undenkbar. Freudig spendete er auch einer bescheidenen Leistung seine Anerkennung, und nie hätte er einen Kollegen als »wissenschaftlich minderwertig« qualifiziert. Nach dem Zweiten Weltkrieg schrieb Max von Laue eine *Geschichte der Physik*, und Einstein lobte dieses schwache Werk überschwenglich. Es sei wirklich verdienstlich, daß einer, der die großen Entwicklungslinien so verständnisvoll überblicke, »das große Drama hinstellt, gereinigt vom Staub der belanglosen Einzelheiten«.[64]

Hart in seinem Urteil war Einstein jedoch hinsichtlich der menschlichen Qualitäten seiner Zeitgenossen. Als derselbe Max von Laue 1918 von seiner Frankfurter Professur zurück nach Berlin strebte, unterstellte ihm Einstein, daß er Plancks Nachfolger werden wollte: »Der Arme! Nervöse Subtilität.« Von Arnold Sommerfeld sagte Einstein, daß diese Persönlichkeit für ihn »aus Gott weiß was für einem unterbewußten Grunde etwas nicht ganz Reines in ihrem Klange« habe.[65]

Thomas Mann und Albert Einstein sahen einander häufig. Beide hatten sie Probleme mit dem Englischen, und darum verkehrten sie lieber in Immigrantenkreisen. Einmal waren sie im Hause des Physikers Allen Shenstone eingeladen. Thomas Mann hatte soeben erfahren, daß er von einer dreiundfünfzigköpfigen Jury zum Autor »of the most distinguished literary work of the entire post-1918 period« gewählt worden sei, und er mag davon erzählt haben. In seinem Tagebuch vermerkt der Dichter als Gäste »Einstein und seine Schwester, einen italienischen Professor mit Frau und einen Ungarn«.[66] Bei der Edition der Tagebücher schrieb Peter de Mendelssohn in seinem Kommentar: »Irrtum TMs; Einstein hatte keine Schwester.«[67] Wer sich irrte, war aber nicht Thomas Mann, sondern der Herausgeber. Maja Winteler hatte, wie erwähnt, im Hause ihres Bruders Zuflucht gefunden, und mit ihr verstand er sich viel besser als je mit seinen Frauen.

Zweieinhalb Jahre waren Albert Einstein und Thomas Mann Nachbarn in Princeton, bis der Schriftsteller nach Pacific Palisades in Kalifornien zog. Aus der gemeinsamen Princetoner Zeit sind insgesamt acht Besuche Einsteins bei Thomas Mann nachgewiesen. Viel öfter noch sahen sich der Physiker und der Schriftsteller bei Einladungen in den Häusern anderer Immigranten, so bei dem Mathematiker Hermann Weyl und dem Physiker Rudolf Ladenburg.[68]

Die »blanken und kugelrunden Kinderaugen Einsteins« prägten sich Thomas Mann ein.[69] Er hat sich mit seiner Frau und seinen Kindern am Rande auch über Einstein unterhalten, wobei von dessen Augen die Rede gewesen sein muß. Jedenfalls spricht Klaus Mann in seinen Büchern über Einsteins »wunderbare Augen, Sternenaugen«, und Katia Mann in ihren *Ungeschriebenen Memoiren* mit einem negativen Touch von seinen »Glupschaugen«.[70] Obwohl Katia Mann die Tochter des Münchner Mathematikprofessors Alfred Pringsheim war und selbst einige Semester Physik und Mathematik studiert hatte, konnte sie mit Einstein nichts anfangen und sprach ihm sogar das politische Verständnis ab.

Es ist die Vermutung nicht ganz abwegig, daß Thomas Mann bei der Gestaltung seiner Romanfiguren auch Einstein als Modell verwendet hat. In den *Bekenntnissen des Hochstaplers Felix Krull* trifft der Held, der seine Rolle als Marquis de Venosta genießt, auf der Fahrt nach Lissabon im Speisewagen den Professor Kuckuck, der ihn »mit Sternenaugen« mustert, wobei Felix Krull gar nicht sagen kann, »worauf eigentlich das Sternenartige seines Blickes« beruhe. Im Gespräch holt der Professor weit aus und kommt auch auf den Kosmos zu sprechen. Ohne Dinge, die den Raum ausfüllen, sagt er, ähnlich wie es Einstein immer gesagt hat, »gäbe es keinen Raum und auch keine Zeit«. Einmal in Fahrt, macht es dem Professor ausgesprochen Vergnügen, den wißbegierigen jungen Mann zu belehren, und er findet kein Ende. Auch das ist eine Eigenschaft Einsteins.[71]

Am 28. Januar 1939 erhielt Thomas Mann aus der Hand des Physikers die Einstein-Medaille »for humanitarian services«. Sie war drei Jahre zuvor von der Zeitschrift *Jewish Forum* gestiftet worden. In seiner Dankrede rühmte Thomas Mann den Begründer der Relativitätstheorie als »weltberühmten Repräsentanten« einer Wissenschaft, in der »Dinge vor sich gehen, phantastischer als alles, was Dichtung ersinnen könnte, und wichtiger, verändernder für den Menschen und sein Weltbild als alles, was Literatur zu leisten vermag«.[72]

Thomas Mann war immer sehr stolz auf seine Antizipationen. Hat er je erfahren, daß sich seine Worte auf die Atomenergie beziehen lassen? Gerade um diese Zeit entdeckten die Physiker in der Spaltung des Urans den Prozeß, der die Freisetzung der im Atom eingeschlossenen Energie gemäß Einsteins Formel $E = mc^2$ ermöglicht. Der von einem Neutron ausgelöste Prozeß liefert selbst wieder zwei bis drei Neutronen, weshalb der Vorgang von einem Urankern auf den nächsten übergreift und eine Kettenreaktion zustande kommt. Einstein selber hat, als er Thomas Mann die Einstein-Medaille überreichte, noch nichts von diesen sensationellen Entdeckungen gewußt. Er kümmerte sich nicht um die neue Kernphysik und war damit, wie Arnold Sommerfeld witzig kommentierte, »nach amerikanischem Maßstab ein ganz ungebildeter Mensch«.

Genau einen Monat später hörte Einstein im Hause Thomas Manns mit 40 anderen Gästen aus New York und Princeton den Rezitator Ludwig Hardt. Neben ihm saß Erich von Kahler, mit dem er angeregt plauderte. Als er am 14. März 1939 seinen 60. Geburtstag feierte, hielt sich der Kulturphilosoph deshalb »für befugt«, ihm »einen speziellen Glückwunsch zu senden«:

> Alle Wünsche für Sie persönlich sind heute, das wissen Sie, gleichbedeutend mit Wünschen für das jüdische Volk, für das Sie mit Ihren säkularen Arbeiten und mit Ihrem offenen Bekenntnis zeugen in einem Augenblick, wo es dieser eklatanten Bezeugung wie nie vorher bedarf.[73]

»Vielleicht freut es Sie zu erfahren«, schrieb János Plesch mit seinen Glückwünschen, »daß in letzter Zeit gelungen ist, die alte Frau Paul Ehrlich, Ehrenhaft und Frau, Arnold Rosé, Carl Neuberg, Franz und Carl Oppenheimer aus der Hölle zu retten.«[74]

Einstein hat viele hundert Telegramme und Briefe erhalten. Aus Deutschland kam ein einziger Gruß. Max von Laue war es gelungen, einen vertrauenswürdigen Boten zu finden. Er nutzte die Gelegenheit, mit dem alten Freund ein wenig zu plaudern. Während er zu Hause an seiner Schreibmaschine sitze, halte eben jetzt Julius Streicher in der großen Aula der Universität einen Vortrag über »Judentum und Wissenschaft«:

> Dein Werk aber ist und bleibt unerreichbar aller Leidenschaft, und es dauert, solange es eine Kulturmenschheit auf Erden gibt.[75]

Einsteins 60. Geburtstag war zugleich der »größte Tag« im Leben des »Führers«. Am 14. März 1939 proklamierte der Nationalistenführer Jozef Tiso in Preßburg die Unabhängigkeit der Slowakei. In der Reichskanzlei erlitt der tschechische Staatspräsident Emil Hácha spät in der Nacht einen Herzanfall, wurde aber dessenungeachtet gezwungen, »das Schicksal des tschechischen Volkes und Landes vertrauensvoll in die Hände des Führers des Deutschen Reiches« zu legen. Zu seinen Sekretärinnen sagte Adolf Hitler: »Ich werde als der größte Deutsche in die Geschichte eingehen.«[76] Zwei Stunden später – in Princeton war es Mitternacht – überschritten deutsche Truppen die Grenze.

Thomas Mann befand sich in diesen Tagen auf einer Vortragsreise durch die USA. Nach der Rückkehr besuchte er Einstein und überreichte mit seinen nachträglichen Glückwünschen einen

Strauß Rosen. Am Abend kam Einstein in das Haus Thomas Manns, und sie sprachen über den Aufsatz *Bruder Hitler*, in dem der Schriftsteller den pathologischen Charakter des »Führers« und seiner »Bewegung« analysierte. »Wagnerisch«, heißt es da, »auf der Stufe der Verhunzung ist das Ganze«.[77]

Auch Einstein hatte ein paar Jahre zuvor einige Betrachtungen über Adolf Hitler zu Papier gebracht:

> Dem Volke schmeichelte er durch jene romantischen Phrasen der Vaterländerei, an die es von der Vorkriegszeit her gewöhnt war, sowie durch jenen Schwindel von der Überlegenheit einer von den Antisemiten zu ihren besonderen Zwecken erfundenen »arischen« beziehungsweise »nordischen« Rasse. Die Verworrenheit seines Geistes macht es mir unmöglich zu beurteilen, bis zu welchem Grade er selbst an den Unsinn glaubte, den er unablässig predigte.[78]

Mit seinem rationalen Denken vermochte Einstein die Abgründe der menschlichen Seele nicht zu erfassen. Er hatte schon Schwierigkeiten, seinen Ältesten zu verstehen. Thomas Mann traf wohl das Richtige, als er in seinem Aufsatz bemerkte, daß Hitler den »alten Analytiker« Sigmund Freud, den »Entlarver der Neurosen«, zutiefst gehaßt haben muß. So stammt auch die unserer Meinung nach schärfste Seelenanalyse vom Neufreudianer Erich Fromm. In seinem Buch über die *Anatomie der menschlichen Destruktivität* diagnostiziert er Hitler als »klinischen Fall von Nekrophilie«.[79]

KAPITEL 17

Kettenreaktion

Mitte Juli 1939 erfuhr Einstein von den neuen Entwicklungen in der Kernphysik. Er verbrachte den Sommer in Peconic Grove auf Long Island, und hier erhielt er den Besuch der ungarischen Physiker Leo Szilard und Eugene Wigner. Mit beiden war er seit seiner Berliner Zeit befreundet.

Szilard hat später oft von dieser historischen Stunde berichtet. In brütender Sommerhitze suchten sie »Dr. Moore's Cabin«. Niemand kannte die Adresse, und als sie schon aufgeben wollten, sah Szilard einen Achtjährigen: »Weißt du vielleicht, wo hier Dr. Einstein wohnt?« »Ja, ich kann Ihnen den Weg zeigen.«[1]

Mit der Möglichkeit, die im Atom eingeschlossene Energie freisetzen zu können, hatte Einstein immer gerechnet. Er glaubte jedoch, daß er diesen Tag selbst nicht mehr erleben werde. Erst ein paar Monate zuvor, zu seinem 60. Geburtstag, hatte ihm die *New York Times* die Frage nach der Verwertbarkeit der Atomenergie vorgelegt. Die bisherigen Forschungsergebnisse ließen eine solche Erwartung noch nicht zu, war seine Antwort. Jetzt erfuhr er von der Uranspaltung und den Eigentümlichkeiten dieses Prozesses und machte kein Hehl aus seiner Überraschung: »Daran habe ich gar nicht gedacht.«[2]

Nach dem Ende des Zweiten Weltkriegs haben Bildjournalisten die historische Szene nachgestellt. Die Photographien zeigen Einstein und Szilard auf der Veranda des Ferienhauses in Peconic Grove. Wigner fehlt. Auf der am häufigsten publizierten Aufnahme blickt Szilard seinen Gesprächspartner aufmerksam an; in der Hand hält er ein Blatt Papier, und griffbereit daneben liegen Bleistift und Federhalter. Einstein saugt nachdenklich an einem Zigarillo.

Er schätzte seinen jetzt vierzigjährigen Kollegen. Gemeinsam hatten sie in Berlin eine neuartige elektromagnetische Pumpe entwickelt und mehrere Patente darauf genommen. In jeder Beziehung war Szilard ein origineller Kopf. Er besaß auch ein ausgeprägtes Gefühl für soziale Verantwortung und formulierte »Zehn Gebote« für das Sozialverhalten im Industriezeitalter. »Deine Taten sollen gerichtet sein auf ein würdiges Ziel«, heißt es da, »doch sollst Du nicht fragen, ob sie es erreichen; sie seien Vorbild und Beispiel, nicht Mittel zum Zweck.«[3]

Szilard war der erste, der an die Möglichkeit einer Kettenreaktion gedacht hat. Im Jahre 1932, als er als Privatdozent im Gästehaus der Kaiser-Wilhelm-Gesellschaft wohnte, war ihm das

Mit Leo Szilard

Buch *A World Set Free (Befreite Welt)* von Herbert George Wells in die Hand gekommen.

Nach seiner Flucht aus Deutschland lebte Szilard in London und las im September 1933 in der Zeitung von der Tagung der British Association for the Advancement of Science und einem Vortrag Lord Rutherfords. Der große alte Mann der Atomphysik war mit dem Wort zitiert, die Gewinnung von Atomenergie sei und bleibe ein Hirngespinst. Als Szilard durch die Straßen Londons lief, kam ihm an einer Verkehrsampel an der Southampton Row, gerade als das Licht auf Grün sprang, der Gedanke, daß eine

Kettenreaktion und damit eine Energiegewinnung mit Hilfe der von James Chadwick im Vorjahr entdeckten Neutronen möglich sein müsse.[4] Zwei Jahre später glaubte er am Element Indium einen entsprechenden Prozeß entdeckt zu haben, was sich schließlich als Irrtum herausstellte. So gab er 1938 die Idee auf, bis er ein paar Monate später von der Entdeckung Hahns und Straßmanns erfuhr.

Wie Einstein war Szilard von der unbedingten Loyalität der deutschen Physiker ihrem Staat gegenüber überzeugt, und er zweifelte nicht, daß sie sich mit Hochdruck an die Arbeit machen würden. Im Ersten Weltkrieg hatten die deutschen Chemiker ein Beispiel gegeben. Auf ihre Initiative war es 1915 zur Entwicklung und zum Einsatz von Giftgasen gekommen, der ersten der sogenannen »wissenschaftlichen Waffen«.

Damals hatten die Deutschen unter Verletzung des Völkerrechts das kleine Belgien überfallen und im Hafen von Antwerpen riesige Salpetervorräte erbeutet. Erst diese Beute ermöglichte dem Deutschen Reich, den Krieg fortzusetzen. Für einige Monate deckte der belgische Salpeter den im Stellungskrieg rasch steigenden Munitionsbedarf, bis die neuen Fabriken in Leuna genügend Synthesesalpeter herstellen konnten. Jetzt drohte auch hier eine Wiederholung in tausendfacher Vergrößerung. Belgisch-Kongo war der Hauptproduzent von Uran, und dieses wurde von der Union Minière in großen Mengen aus der Kolonie nach Belgien gebracht.

Noch aber war es keineswegs sicher, ob eine technische Nutzung der Atomenergie tatsächlich möglich sein würde. Viele Wissenschaftler hätten sich gescheut, in dieser Situation Alarm zu schlagen; sie wollten sich nicht zum Narren machen lassen. Einstein war frei von solcher Sorge, und deshalb konnte nur er die ihm von Szilard zugedachte historische Aufgabe erfüllen. Einstein hielt es jedoch nicht für angebracht, sich in dieser Angelegenheit an seine alte Freundin Elisabeth von Belgien zu wenden. Als Ergebnis der Unterredung entstand schließlich ein Brief, oder besser gesagt der Entwurf eines solchen, gerichtet an den belgischen Botschafter in Washington. Das Land müsse sicherstellen, heißt es hier, »daß die belgischen Mineralschätze nicht in die Hände von potentiellen Gegnern des Landes fallen können«.[5]

Der Brief wurde nicht abgesandt. Noch vor seinem Besuch bei Einstein hatte Szilard einen anderen deutschen Immigranten ins Vertrauen gezogen. Es handelte sich um Dr. Gustav Stolper, einen ehemaligen Reichstagsabgeordneten und Herausgeber der Zeitschrift *Der deutsche Volkswirt*. Dieser vermittelte ein Gespräch mit Dr. Alexander Sachs, dem Vizepräsidenten des New Yorker Bankhauses Lehman Brothers. Jetzt ließ sich Szilard von Sachs überzeugen, »daß diese Angelegenheit in erster Linie das Weiße Haus angeht«.

Der Text, den Szilard von Peconic Grove mitgebracht hatte, wurde zu einem Brief an den amerikanischen Präsidenten umgeschrieben. Am 19. Juli sandte er Einstein den neuen Entwurf und kam ein paar Tage später noch einmal nach Long Island.

Szilard wohnte in New York im King's Crown Hotel direkt gegenüber der Columbia University, wo er einen Lehrauftrag hatte. Wigner war inzwischen nach Kalifornien abgereist. Weil Szilard nicht fahren konnte, bat er Edward Teller, ihn zu chauffieren: »Ich glaube, daß es Ihnen Freude machen würde, ihn kennenzulernen«, schrieb Szilard über seinen jungen Kollegen an Einstein: »Er ist besonders nett.«[6] So kam Teller in Verbindung mit dem Thema Atomenergie. Es hat ihn zeitlebens nicht mehr

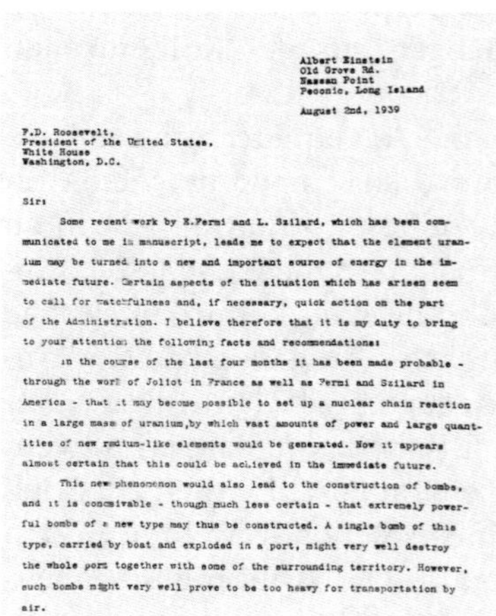

Albert Einstein
Old Grove Rd.
Nassau Point
Peconic, Long Island

August 2nd, 1939

F.D. Roosevelt,
President of the United States,
White House
Washington, D.C.

Sir:

Some recent work by E.Fermi and L. Szilard, which has been communicated to me in manuscript, leads me to expect that the element uranium may be turned into a new and important source of energy in the immediate future. Certain aspects of the situation which has arisen seem to call for watchfulness and, if necessary, quick action on the part of the Administration. I believe therefore that it is my duty to bring to your attention the following facts and recommendations:

In the course of the last four months it has been made probable - through the work of Joliot in France as well as Fermi and Szilard in America - that it may become possible to set up a nuclear chain reaction in a large mass of uranium, by which vast amounts of power and large quantities of new radium-like elements would be generated. Now it appears almost certain that this could be achieved in the immediate future.

This new phenomenon would also lead to the construction of bombs, and it is conceivable - though much less certain - that extremely powerful bombs of a new type may thus be constructed. A single bomb of this type, carried by boat and exploded in a port, might very well destroy the whole port together with some of the surrounding territory. However, such bombs might very well prove to be too heavy for transportation by air.

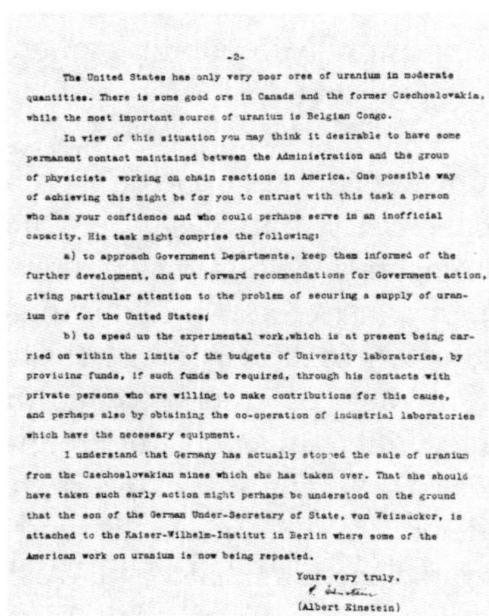

-2-

The United States has only very poor ores of uranium in moderate quantities. There is some good ore in Canada and the former Czechoslovakia, while the most important source of uranium is Belgian Congo.

In view of this situation you may think it desirable to have some permanent contact maintained between the Administration and the group of physicists working on chain reactions in America. One possible way of achieving this might be for you to entrust with this task a person who has your confidence and who could perhaps serve in an inofficial capacity. His task might comprise the following:

a) to approach Government Departments, keep them informed of the further development, and put forward recommendations for Government action, giving particular attention to the problem of securing a supply of uranium ore for the United States;

b) to speed up the experimental work, which is at present being carried on within the limits of the budgets of University laboratories, by providing funds, if such funds be required, through his contacts with private persons who are willing to make contributions for this cause, and perhaps also by obtaining the co-operation of industrial laboratories which have the necessary equipment.

I understand that Germany has actually stopped the sale of uranium from the Czechoslovakian mines which she has taken over. That she should have taken such early action might perhaps be understood on the ground that the son of the German Under-Secretary of State, von Weizsäcker, is attached to the Kaiser-Wilhelm-Institut in Berlin where some of the American work on uranium is now being repeated.

Yours very truly.

(Albert Einstein)

Der Brief an den amerikanischen Präsidenten

losgelassen. Nach dem Zweiten Weltkrieg wurde Teller zum »Vater der Wasserstoffbombe« und mahnte die amerikanische Regierung (ganz im Gegensatz zu Einstein) stets zu einer harten, kompromißlosen Haltung gegenüber der Sowjetunion.

Bei diesem zweiten Besuch entstand der Brief an den amerikanischen Präsidenten. Am 2. August sandte Szilard den deutschen Text zusammen mit einer englischen Übersetzung zur Unterschrift nach Peconic Grove. Szilard waren jedoch wieder Bedenken gekommen. Manche Formulierungen erschienen ihm allzu lapidar für das Verständnis des Nichtphysikers. Der Sendung beigefügt war deshalb noch eine zweite, etwas längere und über den deutschen Text hinausgehende Fassung. Darin stand »all das, was nötig ist, um dem Präsidenten ein klares Bild zu geben«. Einstein hielt ebenfalls den ausführlichen Brief für den besseren, unterschrieb aber für alle Fälle beide Versionen. Benutzt wurde schließlich die längere Fassung.

In diesem berühmten Brief vom 2. August 1939 habe Einstein, so liest man häufig, die Entwicklung der Atombombe empfohlen. Das ist so nicht richtig. Einstein gab zwei Empfehlungen: Er riet erstens, die belgischen Uranvorräte beizeiten in Sicherheit zu bringen. Einstein war überzeugt, daß die Deutschen keine Skrupel haben würden, das kleine Land ein zweites Mal ohne Kriegserklärung zu überfallen. Er wollte nicht, daß ihnen das zur Herstellung von Explosivmitteln millionenfach wirkungsvollere Uran ebenso zur Beute würde wie im Oktober 1914 der Salpeter. Einstein riet zweitens, die Forschungen zur technischen Nutzung der Kernenergie im großen Stil anlaufen zu lassen, um nicht eines Tages von den Deutschen unliebsam überrascht zu werden.[7]

Der Brief an Roosevelt war also nun formuliert. Wie aber konnte man erreichen, daß er wirklich gelesen und seine Tragweite verstanden würde? Sie brauchten einen Fürsprecher, eine angesehene Persönlichkeit, keinen Immigranten, sondern einen Mann des Establishments. Einstein spornte seine beiden ungarischen Freunde an: »Nun aber hoffe ich, daß Ihr endlich die inneren Widerstände überwindet; es ist immer bedenklich, wenn man etwas gar zu gescheit machen will.« Szilard antwortete: »Übrigens wollen wir es gar nicht zu gescheit machen und sind schon zufrieden, wenn wir es nicht zu dumm machen.«[8]

Sie erwogen, den populären Charles Lindbergh als Zwischenträger zu benutzen. Dieser aber stand, wie sich bald herausstellte, auf der Seite der Isolationisten, die eine Einmischung der Vereinigten Staaten in die europäischen Angelegenheiten ablehnten. Er war also »in der Tat nicht unser Mann«, wie es in einem Brief Szilards an Einstein hieß. Sie entschieden sich schließlich für Alexander Sachs, der Roosevelt gut kannte, weil er ihn früher in Fragen des New Deal beraten hatte.

Noch ehe sie wußten, ob eine Kettenreaktion im Uran tatsächlich möglich ist, gab es eine Kettenreaktion in der Weltpolitik. Am 24. August 1939 schloß das Dritte Reich mit der Sowjetunion einen Freundschaftsvertrag, am 1. September gab Hitler den Befehl zum Angriff auf Polen, und am 3. September erklärten Großbritannien und Frankreich dem Deutschen Reich den Krieg.

Einstein war geradezu »froh über die furchtbare Entscheidung«. Das Zusammenspiel Deutschlands mit der Sowjetunion aber empörte ihn. Die Schauprozesse, die Stalin gegen seine politischen Gegner inszenierte, stießen ihn ab, aber seine starken Sympathien für das sozialistische Experiment bestanden weiter. Wirklich erschüttert jedoch hat ihn der Pakt Stalins mit Hitler. »Vielleicht wird auch Stalins Schlauheit einmal zuschanden«, meinte er am 5. September gegenüber seinem Freund Nathan, »denn die Schlauheit hat beinah so kurze Beine wie die Lüge.«[9]

Die weltpolitischen Ereignisse hielten auch Roosevelt in Atem. Er brachte im Kongreß eine Revision des Neutralitätsgesetzes durch, um den Vereinigten Staaten eine stärkere Unterstützung Englands und Frankreichs zu ermöglichen. »Im übrigen steht die Diskussion über das Neutralitätsgesetz auf einem erbärmlichen Niveau«, heißt es in einem Brief Szilards an Einstein. »Man wird dabei Lindbergh gegenüber noch ganz milde gestimmt, denn er gibt wenigstens menschliche Töne von sich.«

Erst am 11. Oktober erhielt Sachs einen Termin beim Präsidenten. Mit anwesend war Roosevelts Sekretär und militärischer Berater General Edwin M. Watson. Sachs übergab Einsteins Brief vom 2. August und mit weiterem Material ein Memorandum

Szilards. Hier erläuterte dieser, daß zwei Arten von Kettenreaktionen denkbar seien, mit langsamen und mit schnellen Neutronen. Falls schnelle Neutronen verwendet werden könnten, was gegenwärtig noch ungeklärt sei, wäre es leicht, »außerordentlich gefährliche Bomben« zu bauen: »Die Zerstörungskraft dieser Bomben kann nur grob geschätzt werden, aber sie würde weit über alle militärischen Vorstellungen hinausgehen.«

Am Tag darauf ernannte der Präsident ein »Advisory Committee on Uranium«. Am 21. Oktober fand die erste Sitzung im »National Bureau of Standards« in Washington statt, dem amerikanischen Pendant zur Physikalisch-Technischen Reichsanstalt. Neben vier Vertretern der amerikanischen Regierung nahmen vier Wissenschaftler teil: die drei Ungarn Szilard, Wigner und Teller und der Italiener Enrico Fermi.

Starke Impulse aber gingen von dem Uranium Committee nicht aus. Szilard und Wigner fehlten weiterhin die Mittel zu größeren Arbeiten. Gleichzeitig kamen aus Deutschland beunruhigende Nachrichten. Die Uranforschungen wurden am Kaiser-Wilhelm-Institut für Physik konzentriert. Dieses war 1917 ausgerechnet für Einstein gegründet worden, und die amerikanische Rockefeller Foundation hatte noch 1937 die Mittel für den Bau und die Einrichtung zur Verfügung gestellt.

Am 7. März 1940 schrieb Einstein einen zur Eile drängenden Brief an Alexander Sachs, der in Wahrheit wieder für den Präsidenten bestimmt war. Roosevelt empfahl daraufhin eine Sitzung mit einem stark erweiterten Teilnehmerkreis. Auch Einstein selbst und andere von ihm vorgeschlagene Wissenschaftler sollten eingeladen werden.

Einstein aber sagte ab. Ganz abgesehen von den sprachlichen Problemen lag es ihm nicht, in einer großen Runde seine Vorstellungen zu entwickeln und durchzusetzen. Statt dessen schrieb er einen Brief an Lyman J. Briggs, den Vorsitzenden des Uranium Committee, in dem er die Schaffung einer »gemeinnützigen Organisation« anregte, »deren Aufgabe es wäre, die für die Atomforschung erforderlichen Mittel aus öffentlichen und privaten Quellen aufzubringen«.[10] Mit diesem Brief vom 25. April 1940 enden Einsteins Bemühungen, ein effektives Forschungs- und Entwicklungsprojekt in Gang zu setzen.

Ganz offensichtlich war eine neue »gemeinnützige Organisation« der falsche Weg. Hier handelte es sich um eine nationale Aufgabe, und folglich mußte die Regierung selbst die erforderlichen Mittel zur Verfügung stellen. Im Juni 1940 gründete Roosevelt das »National Defense Research Committee« (NDRC), um die amerikanische Wissenschaft für den vorauszusehenden Kriegseintritt der Vereinigten Staaten zu mobilisieren. Das Uranium-Committee unter Lyman Briggs wurde zu einem Unterausschuß des NDRC. Es dauerte aber auch jetzt noch viele Monate, ehe die wissenschaftlichen Arbeiten in dem nötigen Umfang anlaufen konnten. Erst eine abermalige Reorganisation und die Gründung des »Office of Scientific Research and Development« (OSRD) unter der Leitung von Vannevar Bush führten zu effektiven Organisationsstrukturen.[11]

Nach dem Überfall der Japaner auf die amerikanische Flotte in Pearl Harbor und dem Kriegseintritt der Vereinigten Staaten erkannten die Amerikaner den Ernst der Lage. James B. Conant, der Präsident der Harvard University, der eng mit Vannevar Bush kooperierte, war hellauf entsetzt, als ihm die »catastrophic possibilities« einer deutschen Atombombe bewußt wurden.[12]

Einstein hatte vom Tage der Machtergreifung an gewußt, daß ein Krieg kommen würde. »Die Zukunft steht grauenvoll vor jedem ernsten Menschen«, schrieb er im Juni 1940: »Ich wundere mich jeden Tag, daß der Himmel, die Bäume und die Vögel immer noch so sind wie ehedem.«[13] Nach dem Sieg der Deutschen über Frankreich meinte er in einem anderen Brief: »Jetzt müssen wir auch um die verfluchten Engländer zittern... Das Rezept ›Einer nach dem anderen‹ scheint immer noch zu funktionieren. Wir werden wohl zuletzt drankommen.«[14]

Einstein beurteilte die britische Politik recht kritisch, und der Abschluß des Münchener Abkommens durch Neville Chamberlain »und die Blase, die jetzt Englands Geschicke leitet«, hatte ihn tief empört. Jetzt weckte die Entschlossenheit der Briten, den Krieg fortzusetzen und wenn notwendig allein, auch Einsteins Sympathien. Nach dem Fall Frankreichs, Belgiens und der Niederlande waren auch dort viele Menschen gefährdet. Sie mußten in die Vereinigten Staaten gebracht und hier versorgt werden. Einstein kümmerte sich um den inzwischen einundsiebzigjährigen Mathematiker Jacques Hadamard, der »sowohl durch sein bedeutendes Lebenswerk als auch durch sein früheres unermüdliches Wirken für unsere Refugees« die Fürsorge »in höchstem Maße« verdiente.[15]

Nicht mehr gerettet werden konnte Theodor Wolff, der ehemalige Herausgeber des *Berliner Tageblattes*. Wolff lebte als Flüchtling in Frankreich und saß nach der deutschen Invasion in Nizza fest. Wie Einstein erfuhr, besaß er bereits das amerikanische Einreisevisum, aber die Franzosen verweigerten ihm, wahrscheinlich auf deutschen Druck, das »Visa de sortie«.[16]

Da mußte man froh sein, daß es seinerzeit nichts geworden war mit dem Lehrstuhl am »Collège de France«. Der französische Konsul in Ostende hatte Einstein, als er 1933 als Flüchtling in Belgien lebte, dieses Angebot persönlich überbracht, und der Gelehrte war dankbar darauf eingegangen. Einstein wollte absolut auf dem Lande leben, weshalb Elsa und er planten, sich nicht in Paris seßhaft zu machen, sondern in der von Einstein geliebten Landschaft der Ile-de-France, etwa eine Stunde Bahnfahrt entfernt.[17]

Am 6. April 1934 aber hatte sich Einstein in einem Brief an den französischen Botschafter außerstande erklärt, seine Tätigkeit am Collège de France aufzunehmen, und gesundheitliche Gründe geltend gemacht.[18] Antonina Vallentin berichtete anders: Der französische Unterrichtsminister habe sich mit seinem Plan nicht durchsetzen können, einen Lehrstuhl für Einstein zu gründen. Sie, Antonina Vallentin, sei darüber tief empört gewesen, und Elsa habe sie trösten müssen: »Es den Franzosen übelnehmen? Was für eine Idee! Im Grunde ist's besser so!«[19]

Der erwähnte Brief Einsteins vom 6. April 1934 stellt jedoch außer Zweifel, daß es den Lehrstuhl tatsächlich gegeben hat. Es mag jedoch sein, daß über den Umfang der Lehrverpflichtungen Meinungsverschiedenheiten aufgetreten sind und Einstein daraufhin kurzerhand abgesagt hat. Seine Neigung war ohnehin nicht sehr stark gewesen, schon wieder »die Zelte abzubrechen«, nachdem sie sich gerade in Princeton »ein bißchen festgesetzt« hatten.

Hinterher zeigte sich, daß die Stellung am Collège de France Einsteins Leben in ernstliche Gefahr gebracht hätte. Das sicherste Bollwerk für die jüdischen Flüchtlinge waren die Vereinigten Staaten.

Einstein hatte 1935 auf den Bermudas die amerikanische Staatsbürgerschaft beantragt. Am 22. Juni 1940 mußte er sich in Trenton, der Hauptstadt des Bundesstaates New Jersey, der vorgeschriebenen Prüfung unterziehen. Seine Englischkenntnisse wurden dabei als »fair to good« (genügend bis gut) festgestellt. Natürlich ging es auch hier nicht ohne Interview. Einstein plädierte dafür, den alten Völkerbund in neuer Form wiederaufleben zu lassen. Am 1. Oktober 1940 wurde er zusammen mit seiner Stieftochter Margot und seiner Sekretärin Helen Dukas auf die Verfassung vereidigt. Als »newly made citizen« gratulierte er Roosevelt zur Wiederwahl im November 1940. Als Jude und Immigrant fühlte er sich dem Präsidenten »verbunden und verpflichtet«.

»Besonders glücklich«, ein Amerikaner zu sein, war er am 7. Dezember 1941, dem »Tag von Pearl Harbor«. Amerika sei heute die ›Hoffnung aller aufrechten Menschen«. In einem in Deutsch abgefaßten Brief wandte er sich an den sowjetischen Botschafter in Washington: »Könnten Sie nicht auf Grund von

Mit Helen Dukas (links) und Margot bei der Vereidigung auf die amerikanische Verfassung am 1. Oktober 1940

Rußlands heutiger entscheidender Position es dahin bringen, daß Roosevelt den Eintritt Amerikas in einen zu erneuernden Völkerbund durchzusetzen versuchte?«[20]

Am Tag von Pearl Harbor sprach Einstein auch eine »Botschaft an Deutschland« auf Tonband, die seine ehemaligen Landsleute über Rundfunk erreichen sollte. Schon seit Oktober 1940 wandte sich Einsteins Schicksalsgenosse Thomas Mann einmal im Monat über BBC London an die Deutschen. Verglichen mit den meisterhaften Appellen des großen Schriftstellers wirkt Einsteins »Botschaft an Deutschland« hausbacken. Vielleicht hat es deshalb keine Fortsetzung gegeben.

Am 27. September 1942 setzte Thomas Mann seine deutschen Hörer vom Massenmord an den europäischen Juden in Kenntnis: »Und da wundert ihr Deutschen euch, entrüstet euch sogar darüber, daß die zivilisierte Welt beratschlagt, mit welchen Erziehungsmethoden aus den deutschen Generationen, deren Gehirne vom Nationalsozialismus geformt sind, aus moralisch völlig begriffslosen und mißgebildeten Killern also, Menschen zu machen sind.«[21]

Für sich selbst sah Einstein keine Möglichkeit, gegen den Holocaust aufzutreten. Als Stephen S. Wise für den American Jewish Congress zu einer Massenversammlung in New York aufrief, versprach sich Einstein keinen wirklichen Erfolg von einer solchen Kundgebung und empfahl statt dessen eine »zielbewußte Wiederholung in der Tagespresse«.

Einstein hatte in politischer und moralischer Beziehung nie »besonders günstig« von den Deutschen gedacht. Nach der Machtergreifung war er trotzdem überrascht von ihrer »Brutalität und Feigheit«. Er zweifelte, ob eine Umerziehung je Erfolg haben könne: »Die Deutschen sind ein durch schlechte Traditionen so übel verhunztes Volk, daß es schwer sein wird, eine Remedur durch vernünftige oder gar humane Mittel zu erreichen.«[22] János Plesch hat einmal gesagt, Einstein neige immer zum verzeihenden Verständnis, und man könne ihn sich kaum zum Feind machen. Wenn er aber einmal mit einem Menschen gebrochen habe, sei er unerbittlich. Diese Konsequenz zeigte er jetzt in seinen Gefühlen gegenüber den Deutschen: »Ich hoffe, sie werden sich am Ende des Krieges mit Gottes gütiger

Hilfe weitgehend gegenseitig totschlagen.«[23] Das »haarsträubende Verbrechen der Deutschen« müsse gesühnt werden: »Die Russen werden es schon machen, wenn es so weitergeht. Auf die anderen habe ich kein Vertrauen.«[24]

Einstein war Determinist und Spinozist, und von dieser Weltanschauung hat er gesagt, daß sie zu einer »Dämpfung der Haßgefühle« führe. Davon war jetzt nichts zu spüren. In einem Brief an Gertrud Warschauer, die Frau eines aus Deutschland geflohenen Rabbiners, gestand er seine Genugtuung, daß »die Deutschen ordentlich verbombt« werden:

> Warum es nicht offen sagen? Früher hätte ich nie geglaubt, daß ein Revanche-Gefühl so stark von mir Besitz nehmen könnte. Ich weiß auch, daß es dumm ist; denn ich weiß, daß die Kerle so sind, wie sie der Herrgott leider einmal gemacht hat (falls er sich überhaupt persönlich in dieses Geschäft eingelassen hat).[25]

Wie jedem guten Amerikaner war es auch Einstein ein Herzensbedürfnis, sich am »war effort«, den alliierten Kriegsanstrengungen, zu beteiligen. Er war darum sehr froh, als sich das »Office of Scientific Research and Development« an ihn wandte. Es ging um die entscheidende technische Frage: Wie kann man das Uran 235, den eigentlichen Kernsprengstoff, aus dem Natururan extrahieren, in dem es nur zu 0,7 Prozent enthalten ist?

Einstein skizzierte seine Lösung und übergab sie Ende 1941 Frank Aydelotte, dem neuen Direktor des Institute for Advanced Study. Das war sein einziger konkreter Beitrag zur Entwicklung der Uranbombe, und er hat nichts mehr in dieser Sache gehört. Es ist deshalb unbekannt geblieben, ob Einstein vor dem Abwurf der Atombombe von dem gigantischen »Manhattan Project« erfahren hat, das die amerikanische Armee seit Herbst 1942 mit Hochdruck vorantrieb.

Einsteins Notizen zur Isotopentrennung haben damals über Frank Aydelotte tatsächlich Vannevar Bush erreicht. Es stellte sich sehr schnell heraus, daß Einstein – wenn seine Geisteskraft wirklich fruchtbar gemacht werden sollte – genauer über das Problem informiert werden mußte. Die Behörden fürchteten jedoch das Sicherheitsrisiko. Einstein ins Vertrauen zu ziehen sei völlig ausgeschlossen, erklärte Bush. In Washington gebe es genügend Leute, »die seine ganze Lebensgeschichte durchforscht haben«. Mißfallen erregten wahrscheinlich Einsteins Nonkonformismus und seine Sympathien für die Sowjetunion.

Es waren die gleichen Leute in Washington, die auch im Fall von J. Robert Oppenheimer Sicherheitsbedenken anmeldeten. Hier setzte sich jedoch General Leslie R. Groves durch, der militärische Leiter des »Manhattan Project«. Er brauchte Oppenheimer dringend als wissenschaftlichen Kopf und Spiritus rector für die entstehende Großforschungsanlage in Los Alamos.

Einstein aber wurde nicht gebraucht. Er hatte sich nie mit Kernphysik beschäftigt, und Oppenheimer und seine Mitarbeiter glaubten ganz zu Recht, es ohne den Alten zu können, der vor einem Menschenalter die Tür in die neue Welt geöffnet hatte. Das bestätigte sich indirekt, als Niels Bohr nach seiner abenteuerlichen Flucht aus Kopenhagen zusammen mit seinem Sohn Aage nach Los Alamos kam. Er sollte dort die Physiker beraten, die die Atombombe entwickelten. Wie sich zeigte, waren alle Ideen Bohrs den genialen jungen Leuten auch schon gekommen.[26]

Einstein wollte jedoch unbedingt seinen Beitrag zu den Kriegsanstrengungen leisten. Frank Aydelotte versprach, er werde nach einer passenden Gelegenheit Ausschau halten. Schließlich erhielt Einstein einen Auftrag der amerikanischen Marine.

Am 14. März 1944 feierte Einstein seinen 65. Geburtstag, und einen Monat später wurde er vom Institute for Advanced Study in den Ruhestand versetzt. In seinem Tagesablauf änderte sich dadurch nichts. Er behielt weiter sein »Office« im Institut und setzte seine Studien wie gewohnt fort. In einem Brief vom 2. Juni 1944 berichtete Einstein, daß er es in Princeton »recht schön« habe und ganz ungestört arbeiten könne. Er spiele weiter die »alte Exzellenz«, die vorgezeigt werde, »wenn ausländische (hauptsächlich südamerikanische) Visitors unser Städtchen unsicher machen«:

> Ich lese ziemlich viel alte Literatur am Abend meinen Weibsleuten vor und habe viel Freude damit, besonders wenn mir der mathematische Teufel eine kurze Atempause gibt.[27]

Sein Hauptinteresse galt nach wie vor der »Einheitlichen Feldtheorie«. Zu normalen Zeiten hatte ihn der »mathematische Quälgeist«, wie er sich ausdrückte, unerbittlich »in seiner Zange«. Er war eine Obsession, von der er sich nicht losreißen konnte. Er ging kaum aus und schob alles »ad Kalendas Graecas«:

> Das kommt natürlich aus der instinktiven Überzeugung, daß die verbleibende Zeit und Kraft nicht ausreicht. Sie sehen, daß aus mir eine besondere Art von Geizhals geworden ist; in lichten Momenten sehe ich zwar, daß dieser Zeitgeiz ein Laster und eine Dummheit dazu ist. Aber gegen überlegene Kräfte richtet man nichts aus (nach Frl. Dukas: gegen eine Klistierspritze kann man nicht anpusten).
> Natürlich fühle ich mich sehr erleichtert durch die allseitigen Angriffe auf die Deutschen. Soviel aber als sie durch ihre Ruchlosigkeit verdient haben, können sie gar nicht kriegen.[28]

Den Sommer 1944 verbrachte Einstein wieder in Knollwood am Saranac Lake im Staate New York, »diesem ungemein malerischen Erdenwinkel«. Bei Einsteins Schwester Maja, die sich herzlich auf den Landaufenthalt gefreut hatte, traten plötzlich »unstillbare Schmerzen im Leib nebst anderen Störungen« auf, so daß der Arzt Krebsverdacht äußerte. Die genauere Untersuchung aber führte auf eine »weniger schlimme Diagnose«. Noch dazu hatte Einstein in diesen Tagen einen »für die Beteiligten ebenfalls mit Lebensgefahr verbundenen« Segelunfall.

»Aber diese persönlichen kleinen Dinge sind nichtig«, meinte Einstein am 6. September 1944, »bei dem Drama, das sich in Europa vollzieht.« Seit Beginn der Invasion waren gerade drei Monate vergangen, und die Alliierten hatten bereits den größten Teil Frankreichs und Belgiens befreit: »Ich bin dankbar dafür, daß ich diese Wendung habe erleben dürfen, die wie Gerechtigkeit aussieht.«[29] Seine Sorge war, die Deutschen könnten abermals zu billig davonkommen: »Vielleicht wäre es vorsichtiger, bald zu sterben, um nicht auch diesmal enttäuscht zu werden, wie in den Jahren zwischen 1918 und 1939. Die Enttäuschung war für mich fast noch bitterer als die des Ausbrechens des Ersten Weltkrieges.«[30]

Auch andere Immigranten fühlten die Distanz zu den ehemaligen Landsleuten. Thomas Mann notierte bitter und ironisch im Tagebuch: »Die deutschen Soldaten kämpfen mit äußerster Zähigkeit für den Sieg und die Verewigung des Nazi-Regimes – damit man wohl unterscheide zwischen Nazis und deutschem Volk.«[31] Für die Deutschen bestand der Sinn des Krieges zuletzt nur noch darin, den nationalsozialistischen Bonzen noch ein paar Wochen zu erkämpfen, bevor sie endgültig von dieser Welt abtreten mußten. »Nie hat ein Volk grausamere Herren gehabt, Machthaber, die erbarmungslos darauf bestanden, daß Land und Volk mit ihnen zugrunde gehen. Sollen *sie* nicht mehr sein, so soll es ein Deutschland überhaupt nicht mehr geben.« So hörte man Thomas Mann am 16. Februar 1945 über BBC London.

In Los Alamos traten die Entwicklungsarbeiten in das Endstadium. Die Fabriken in Oak Ridge (Tennessee) und in Hanford (Washington) lieferten nun in großen Mengen spaltbares Material, und auf Vorschlag von Otto Robert Frisch kam es im März 1945 zu einem spektakulären Versuch. Aus dem Uran 235 wurden eine große Kugel und ein noch größerer Hohlzylinder hergestellt. Die Kugel und der Hohlzylinder waren für sich unterkritisch, beide zusammen aber bildeten eine überkritische Masse. Man ließ nun die Kugel in einer geeigneten Führung durch den senkrecht gestellten Hohlzylinder frei fallen. Für Sekundenbruchteile waren die Bedingungen für eine Kettenreaktion erfüllt. Die Meßgeräte zeigten wie vorausberechnet einen unerhörten Anstieg des Neutronenflusses und der Energieproduktion. Die Physiker hatten, wie es Richard Feynman treffend beschrieb, den »Drachen am Schwanz gekitzelt«.[32]

Die Deutschen entgingen dem ihnen zugedachten Schicksal. Noch rechtzeitig brach ihr Widerstand zusammen. Im März 1945 war es Leo Szilard klar, daß die Atombombe, wenn überhaupt, nur noch gegen Japan eingesetzt werden konnte. Binnen kurzem würde auch die Sowjetunion die Atomwaffe entwickeln, und er sah einen neuen Rüstungswettlauf voraus. Nach fünf Jahren Krieg aber wollte die Welt endlich Frieden, und deshalb mußte eine Vereinbarung mit dem sowjetischen Alliierten zustandegebracht werden. In einem umfangreichen Memorandum faßte

Szilard seine Gedanken zusammen. Am 25. März kam er nach Princeton, um Einstein abermals um einen Brief an Roosevelt zu bitten.

Wußte Einstein vom »Manhattan Project«? In ganz Princeton gab es außer Wolfgang Pauli und ihm keinen einzigen Physiker mehr; auch an den anderen Universitäten fehlten gerade die besten Leute. Es war klar, daß sie sich alle mit Kriegsarbeiten beschäftigten. Ob Einstein daraus die richtigen Schlüsse zog oder ob gar einer der Beteiligten ihm gegenüber Andeutungen gemacht hat, ist nicht bekannt. Wir haben keinen Beweis, glauben aber doch, daß Einstein zumindest in Umrissen Bescheid wußte. Wolfgang Pauli war mit J. Robert Oppenheimer befreundet und hat mit diesem über seine Beteiligung korrespondiert. Oppenheimer betonte, wie wichtig es sei, die friedliche Grundlagenforschung auch im Krieg weiterzuführen.[33] Dieses Argument hat Pauli beeindruckt, und es ist denkbar, daß er mit Einstein darüber gesprochen hat.

Wie dem auch sei: Szilard mußte den Schein aufrechterhalten und durfte nur in ganz allgemeinen Wendungen von seinen Sorgen berichten, die die Gestaltung der Nachkriegszeit betrafen. Einstein verfaßte für Szilard einen Einführungsbrief an Roosevelt, in dem gesagt wird, er wisse nicht, um was es konkret gehe, habe aber alles Vertrauen zu seinem Kollegen. Zum Gespräch Szilards mit Roosevelt ist es nicht mehr gekommen. Am 12. April 1945 starb der Präsident der Vereinigten Staaten. »Selten ist es«, kommentierte Einstein, »daß einem, der das Herz auf dem rechten Fleck hat, auch das politische Genie und die Willensstärke zuteil wird, durch welche Gaben allein ein Mensch das historische Geschehen entscheidend und nachhaltig beeinflussen kann.«[34]

Den Sommer 1945 verbrachte Einstein wieder am Saranac Lake. Einmal kam aus Princeton Erich von Kahler zu Besuch, und sie verlebten einen schönen Tag miteinander. Kahler hätte etwas darum gegeben, so sagte er später, wenn es der 6. August gewesen wäre.

Wir wissen nicht, was an diesem denkwürdigen Tag in Einstein vorging. Helen Dukas hatte als erste die Meldung vom Abwurf der Uranbombe über Hiroschima im Rundfunk gehört. Als sie ihm die Nachricht übermittelte, sagte er nur: »O weh.«[35]

»Wir haben unaufhörlich an Sie gedacht«, schrieb ihm zwei Tage später Freund Kahler:

> In unser idyllisches Dasein hier ist die Atombombe geplatzt, und wir sind Tag und Nacht in schrecklicher Aufregung. Ich rede nicht einmal von dem Grauen, das einen beschleicht, wenn man denkt, daß so etwas in die Hände der Menschen gelegt ist – so wie wir sie kennen. Sogar die sicher hart gesottenen Flieger, die sie abgeworfen haben, scheinen dieses Grauen verspürt zu haben. Aber tatsächlich bedeutet das ja den unwiderruflichen Beginn der großen sozialen und ökonomischen Umwälzung unserer Epoche. Jetzt wird man sich zu entscheiden haben, und jetzt ist alles, was früher theoretisches Gerede war und was man als weltfremden Idealismus hat abtun und wegdisputieren können, mit einem Schlage ganz ernst geworden: Der Kampf um den Weltfrieden, der Kampf um die Demokratie, der Kampf um die sozialistische Ordnung ist in ein entscheidendes Stadium getreten.[36]

Am 8. August fiel eine zweite Atombombe auf Nagasaki, diesmal mit Plutonium als Sprengstoff. Zwei Tage später übermittelte die japanische Regierung ihre Bereitschaft zur Kapitulation.

Auf Anweisung von General Groves gab die amerikanische Armee unverzüglich einen Bericht über das »Manhattan Project« heraus. Im September übernahm die Princeton University Press das von Henry De Wolf Smyth verfaßte Werk, und bis Jahresende erschienen sechs Auflagen. J. Robert Oppenheimer, der wissenschaftliche Leiter des Projektes, wurde über Nacht berühmt, und die Physiker waren die »glamour boys« der Nation.

Einstein galt als der Mann, der letztlich alles in die Wege geleitet hatte. Er widersprach: »Ich betrachte mich nicht als den Vater der Atomenergie. Mein Anteil war ein sehr indirekter.« Mit bitterem Unterton fragte ihn später der Chefredakteur der japanischen Zeitschrift *Kaizo*: »Warum haben Sie an der Erzeugung der Atombombe mitgewirkt, deren fürchterliche Zerstörungsgewalt Ihnen wohlbekannt war?« Einstein antwortete sofort:

> Meine Beteiligung bei der Erzeugung der Atombombe bestand in einer einzigen Handlung: Ich unterzeichnete einen Brief an Präsident Roosevelt, in dem die Notwendigkeit betont wurde, Experimente im Großen anzustellen zur Untersuchung der Möglichkeit der Herstellung einer Atombombe.
> Ich war mir der furchtbaren Gefahr wohl bewußt, die das Gelingen dieses Unternehmens für die Menschheit bedeutete. Aber die Wahrscheinlichkeit, daß die Deutschen am selben Problem mit Aussicht auf Erfolg arbeiten dürften, hat mich zu diesem Schritt gezwungen. Es blieb mir nichts anderes übrig, obwohl ich stets ein überzeugter Pazifist gewesen bin. Töten im Krieg ist nach meiner Auffassung um nichts besser als gewöhnlicher Mord.[37]

Sein Mitarbeiter Ernst Straus ergänzte: Einstein sei immer wieder darauf zurückgekommen, wie sehr er seinen Brief an den Präsidenten bedaure; er habe das deutsche Uranprojekt überschätzt. Nie jedoch hörte Straus ein Bedauern über die Rolle, die Einsteins wissenschaftliche Entdeckungen in dieser Beziehung gespielt hatten.

Als Szilard nach dem Abwurf der Atombomben nach Princeton kam, erklärte ihm Einstein: »Ich glaube, daß die alten Chinesen Recht hatten. Es ist nicht möglich, alle Konsequenzen des eigenen Handelns vorauszusehen. Deshalb beschränkt sich der Weise ausschließlich auf die Kontemplation.«[38] Natürlich war Einstein nicht wirklich dieser Meinung. Vielmehr hielt er jetzt das politische Engagement des Bürgers für wichtiger als jemals zuvor. Eine auch von ihm unterzeichnete Erklärung berief sich auf den verstorbenen Franklin D. Roosevelt. Es handelte sich um das Manuskript seiner letzten Rede, die der amerikanische Präsident nicht mehr hatte halten können und die als sein politisches Testament betrachtet werden mußte:

> Der Bestand unserer Zivilisation hängt davon ab, daß wir die Wissenschaft der menschlichen Beziehungen pflegen: die

> Fähigkeit von Menschen verschiedenster Art in derselben Welt in Frieden zusammen zu leben und zusammen zu arbeiten.[39]

Das amerikanische Atombombenprojekt hatte die Bedeutung der Wissenschaft für die Welt des 20. Jahrhunderts erneut unter Beweis gestellt. Deshalb tauchte bei den Vereinten Nationen die Idee auf, unter dem Dach der Weltorganisation internationale Forschungsinstitute zu schaffen. Als Einstein nach seiner Meinung gefragt wurde, plädierte er wie Roosevelt dafür, zuallererst die »Wissenschaft der menschlichen Beziehungen« zu fördern:

> Wichtig und unverzichtbar ist vor allem ein großes Zentrum für soziologische Studien, in dem die Wege und Mittel zum besseren Verständnis unter den Völkern erforscht werden. Man sollte eine Methode erarbeiten, um zum Beispiel Geschichte ohne die Obsessionen der Vergangenheit zu lehren. Auf diese Weise könnte der Bann des Nationalismus gebrochen werden.[40]

Auch im Sommer und Herbst 1945 waren Einsteins Gedanken hauptsächlich auf die Feldtheorie gerichtet. »Sie werden schon sehen«, schrieb er am 18. August an Ernst Straus, »daß wir eine ziemlich einfache Lösung kriegen. Ob sie aber singularitätsfrei sein wird?? Darauf kommt es doch schließlich an.« Und im Postskriptum steht: »Es braucht viel Geduld, aber die Sache ist es wert!«

Am Ende des ersten Friedensjahres gab es noch große Freude und Aufregung im Kreis der Immigranten. Der Nobelpreis für Physik fiel an Wolfgang Pauli, der 1940 Aufnahme am Institute for Advanced Study gefunden hatte. Der Kunsthistoriker Erwin Panofsky, der mit Pauli seit seiner Hamburger Zeit befreundet war, improvisierte eine kleine Feier in seinem Haus, bei der sie gemeinsam Mozarts *Krönungskonzert* hörten. Nach drei Jahren vergeblicher Suche war Panofsky in einem winzigen Plattengeschäft in Philadelphia fündig geworden. Der Kunsthistoriker beschäftigte sich viel mit den frühen Niederländern, und er scherzte, für den heute nicht mehr üblichen Heiligenschein sei doch der Nobelpreis das beste Äquivalent.[41]

Nach sieben Jahren Unterbrechung wurden am 10. Dezember 1945 in Stockholm wieder Nobelpreise verliehen. Noch besaß Pauli nicht die beantragte amerikanische Staatsangehörigkeit, und deshalb stieß es auf Schwierigkeiten, zur Entgegennahme des Preises nach Schweden zu reisen. Beim Festbankett im Goldenen Saal des Stockholmer Rathauses kritisierte der Biochemiker Professor Theorell in seinem Toast indirekt das State Department in Washington: Wolfgang Pauli, der Entdecker des »Ausschließungsprinzips«, sei durch ein amerikanisches »Einschließungsprinzip« an der Teilnahme verhindert.[42] Der Vorwurf war unberechtigt. Die amerikanischen Behörden hatten Wolfgang und Franca Pauli eine zwei Monate gültige Ausreise- und Wiedereinreise-Erlaubnis ausgestellt, auf der es unter »Zweck der Reise« lapidar hieß: »To accept the Nobel Prize«.

Pauli entschloß sich aus freien Stücken, im Lande zu bleiben. So feierte ihn das Institute for Advanced Study an diesem 10. Dezember mit einem offiziellen Dinner für 100 Personen.[43] Die Festredner waren Hermann Weyl, Erwin Panofsky und Albert Einstein. Der Mathematiker Weyl hatte schon vor mehr als einem Vierteljahrhundert, als Pauli 19 Jahre alt war, mit ihm wissenschaftlich zusammengearbeitet. Weyl war tief beeindruckt, wie es Pauli schon in so jungen Jahren fertiggebracht hatte, sich die Relativitätstheorie zu eigen zu machen.

Erwin Panofsky erzählte von ihrer ersten Begegnung in einem Hamburger Ausflugslokal, wohin ein gemeinsamer Freund sie eingeladen hatte. Sie kamen gleich in ein intensives Gespräch, und als sie schließlich das Feld räumen mußten, weil mit Strickzeug bewaffnete Damen den Platz beanspruchten, bemerkten sie, daß der gemeinsame Freund und er seit drei Stunden in Schlagsahne gesessen hatten, Pauli zwischen ihnen aber verschont geblieben war. Hier hätte er zum erstenmal jenen rätselhaften »Pauli-Effekt« erlebt, der Menschen und Sachen in Paulis Umgebung träfe, ihn selbst aber unbehelligt lasse.[44]

Dann erhob sich Einstein: Er sei mit seiner Weisheit am Ende. Nun müsse Pauli vollenden, der 20 Jahre Jüngere, was er, Einstein, nicht mehr schaffen könne, die große Theorie, die alle Naturkräfte in sich schließt. Viele Zuhörer haben später bedauert, daß von der improvisierten Ansprache keine Aufzeichnung und kein Manuskript existieren. »Nie werde ich diese Rede vergessen«, sagte Pauli: »Er war wie ein König, der abdankt, und mich als eine Art ›Wahlsohn‹ zum Nachfolger einsetzt.«[45]

Pauli kehrte 1946 an die ETH nach Zürich zurück, weil jetzt vor allem der alte Kontinent eine »physikalische Blutzufuhr« benötigte. Er hat weiterhin eine große Rolle in seiner Wissenschaft gespielt, war aber skeptisch, ob die von Einstein ins Auge gefaßte »große Theorie« in absehbarer Zeit geschaffen werden könne. 1957 meinte er zu Erwin Schrödinger: »Man wird uns zur Physikergeneration zählen, der eine Synthese der Allgemeinen Relativitätstheorie mit der Quantentheorie nicht gelungen ist und die so wesentliche Probleme wie Atomistik der Elektrizität (Feinstrukturkonstante), Selbstenergie des Elektrons (und der übrigen sogenannten ›Elementar‹-teilchen) ungelöst zurückließ.«[46]

Ein Jahr später hat Werner Heisenberg seine »Einheitliche Feldtheorie«, die sogenannte »Weltformel«, vorgelegt, aber auch er ist – wie Einstein vor ihm – damit gescheitert. Da drängt sich die Frage auf: Warum hat Einstein eigentlich nicht Heisenberg seinen »Sohn im Geiste« genannt? Heisenberg hat doch sehr bewußt das gleiche Ziel verfolgt wie vor ihm Einstein. Die Frage rührt an Einsteins Emotionen. Einen Deutschen beurteilte er nach seiner politischen Einsicht und seinem Verhalten im Dritten Reich.

Bereits 1933 waren einige politisch törichte oder, wenn man will, auch bloß naive Äußerungen Heisenbergs nach Princeton gedrungen. Das Ausharren in Deutschland lohne sich, hatte Heisenberg damals gesagt, denn bald werde sich »das Häßliche vom Schönen scheiden«.[47] Bei einem Besuch in den Niederlanden 1943 stieß er Hendrik Casimir mit der Bemerkung vor den Kopf, daß »vielleicht ein Europa unter deutscher Führung das kleinere Übel« wäre.[48]

Natürlich kannte Einstein die Rolle Heisenbergs im deutschen Uranprojekt. Schon 1944 hatte ihm Born geschrieben, daß Heisenberg mit Volldampf für die Verbrecher arbeite, und nach dem

Krieg meinte Born sogar, sein einstiger Schüler sei »nett und klug wie ehedem, aber doch merklich angenazit«.[49] In Wirklichkeit schauderte Heisenberg vor dem Gedanken, seinem »Führer« eine Atombombe in die Hand zu geben, und hat die von ihm geleiteten Entwicklungsarbeiten ganz auf das Ziel Atomreaktor ausgerichtet. Niemand freilich weiß, wie sich Heisenberg und seine Mitarbeiter verhalten hätten, wenn der Befehl gekommen wäre, auf schnellstem Wege eine Atombombe zu bauen.

Glücklicherweise haben die nationalsozialistischen Führer die Bedeutung der Wissenschaft niemals begriffen, und deshalb haben sie sich um das deutsche Uranprojekt nicht gekümmert. In seiner ideologischen Verblendung hielt Adolf Hitler die moderne Physik für eine »jüdische Mache«. Es war ihm unvorstellbar, daß aus ihr eine ganz neue Technik und eine ganz neue Waffe hervorgehen könnten.

Nach dem Krieg wurden die deutschen Atomforscher von den Alliierten erst in Belgien und dann auf dem Gutshof Farmhall in England interniert. Auf die Frage nach ihrem rechtlichen Status sagten die britischen Offiziere, sie seien »detained under his Majesty's pleasure«. Deshalb nannten sie sich die »Detaineden«. Bei den Offizieren aber hießen sie nur die »Gäste«. Unter den zehn internierten Forschern war auch Einsteins alter Freund Max von Laue, obwohl er sich am deutschen Uranprojekt nicht beteiligt hatte. Als die zehn deutschen Gelehrten am 6. August 1945 vom Abwurf der amerikanischen Uranbombe auf Hiroschima hörten, waren sie verblüfft und erschüttert. »The Guests were completely staggered«, berichteten die Offiziere an ihre Vorgesetzten in London und Washington.

Der britische Geheimdienst hatte ohne Wissen der Deutschen eine Abhöranlage installiert, die alle Gespräche aufzeichnete. Die Alliierten wollten wissen, wie weit die Deutschen mit ihrem Uranprojekt gekommen waren und ob es Waffenentwicklungen gegeben hatte, von denen die Alliierten noch nichts wußten. Es bestätigte sich, daß Heisenberg keine Atombombe hatte bauen wollen. Aber warum haben die Deutschen ihr Ziel, einen energieliefernden Reaktor, nicht erreicht? Heisenberg führte den Mißerfolg auf das gestörte Verhältnis zum Staat zurück. Am 6. August 1945 erläuterte er in Farmhall seinen Kollegen: »Einerseits waren wir nicht hundertprozentig entschlossen, und andererseits brachte uns der Staat kein Vertrauen entgegen. Selbst wenn wir gewollt hätten, wäre es nicht leicht geworden, die Sache durchzukriegen.«[50]

»Ich danke Gott auf den Knien, daß wir keine Atombombe gebaut haben«, sagte Otto Hahn. Gerade weil er sein Land liebe, sei sein geheimer Wunsch ein Sieg der Alliierten gewesen. Wenn es ihm möglich gewesen wäre, hätte er die deutschen Kriegsanstrengungen sabotiert.

Walther Gerlach aber nahm das Scheitern ganz persönlich. Er ärgerte sich maßlos über eine Bemerkung des jungen Horst Korsching. Die Amerikaner, hatte der gesagt, seien fähig zu einer wirklichen Zusammenarbeit in größtem Maßstab: »Das wäre in Deutschland unmöglich gewesen. Da sagte jeder, der andere sei inkompetent.« Wütend verließ Gerlach den Aufenthaltsraum und ging auf sein Zimmer. Von dort hörte man ihn schluchzen. Es stellte sich heraus, daß er den Erfolg der Alliierten als Schlappe für die deutsche Wissenschaft ansah. Für diese Niederlage fühlte er sich persönlich verantwortlich als der organisatorische Leiter des deutschen Uranprojektes und »Bevollmächtigter des Reichsmarschalls für Kernphysik«. Der aufsichtführende britische Major aber kommentierte: »Er schien sich in der Lage eines besiegten Generals zu sehen, dem nur noch die Wahl blieb, sich zu erschießen.«

Insgesamt sechs Monate verbrachten die deutschen Atomforscher in Farmhall. Anfang Januar 1946 wurden sie entlassen, und von Göttingen berichtete Max von Laue über seine Erlebnisse nach Princeton an Rudolf Ladenburg. Bei nächster Gelegenheit zeigte dieser den Brief seinen Freunden und las daraus vor. So erfuhr auch Einstein vom Zwangsaufenthalt der deutschen Physiker in England, der Wirkung der Nachricht über die Hiroschima-Bombe und der »Reaktion des Kollegen Gerlach«, und er kommentierte: »Ich denke, der Brief hat einen gewissen Ewigkeitswert.«[51]

KAPITEL 18

Die Deutschen und die Juden

Nach dem Ende des Ersten Weltkriegs hatte Einstein alles tun wollen, um die Deutschen vor dem Hungertod zu retten. Er war bereit, nach Paris zu fahren, um Fürbitte bei den Siegern einzulegen.[1] Nach dem Zweiten Weltkrieg lehnte er jede Aktion zugunsten der Deutschen kompromißlos ab. »Wenn sie vollends besiegt sind und wie nach dem letzten Kriege über ihr Schicksal jammern«, meinte er schon 1944, »soll man sich nicht ein zweites Mal täuschen lassen.«[2]

Am 3. Dezember 1945 sandte ihm James Franck den Text eines Aufrufs, mit dem er und andere Immigranten an die amerikanische Öffentlichkeit appellieren wollten: Während die SA- und SS-Verbrecher in Gefängnissen und Lagern ausreichend ernährt würden, sei die Versorgung der Bevölkerung insgesamt so schlecht, daß die Menschen über sechzig und die Kinder unter zehn keine Überlebenschance hätten.[3]

Der »Franck Appeal« löste unter den Immigranten heftige Dispute aus. Thomas Mann war alles andere als begeistert, sah aber keine Möglichkeit, den Aufruf *nicht* zu unterschreiben. Auch Hermann Broch hatte »ernste Bedenken« und schlug einen »Nachtrag« vor. Ganz und gar gegen den Aufruf war Albert Einstein. Er schrieb an James Franck, er solle doch seine Hände von dieser »stinkenden Sache« lassen:

> Die »Tränenkampagne« der Deutschen nach dem letzten Kriege ist mir noch in zu guter Erinnerung, als daß ich auf diese Wiederholung hereinfallen könnte. Die Deutschen haben nach einem wohlerwogenen Plan viele Millionen Zivilisten hingeschlachtet, um sich an deren Stelle zu setzen. Wenn sie auch Dich geschlachtet hätten, wäre es sicher nicht ohne ein paar redliche Krokodilstränen abgegangen. Sie würden es wieder

machen, wenn sie nur könnten. Die paar weißen Raben, die es unter ihnen gegeben hat, ändern daran absolut nichts.[4]

Wie viele andere wurde Erich von Kahler in die »blutigsten Diskussionen« verwickelt und mußte seinen Standpunkt gegen »alle Extreme und Simplifikationen« verteidigen. Da gab es auf der einen Seite viele Deutsche, »die wieder in ihrer Erbitterung über die offenkundigen Sünden der Alliierten alles vergessen haben, was von ihrem Volk ausgegangen ist«. Auf der anderen Seite reagierten manche Immigranten, an sich »wohlgesinnte und kluge Menschen«, in dieser Frage »blindwütig summarisch«. Dazu gehöre Einstein, »der allzu emotionell gegen alles Deutsche eingestellt« sei.[5]

In seiner Berliner Zeit hatte Einstein wie alle deutschen Demokraten die Revanchepolitik des französischen Ministerpräsidenten Georges Clemenceau beklagt, weil sie die überfällige Aussöhnung zwischen den beiden Völkern blockierte. Der Versailler Vertrag sei von Männern gemacht, »die nur von Haß und Ressentiment geleitet und keiner im höheren Sinne vernünftigen Überlegung zugänglich waren«.[6] Als die Franzosen wegen einer minimalen Vertragsverletzung im Januar 1923 ins Ruhrgebiet einrückten, um sich dieses materielle Faustpfand zu sichern, notierte er im Tagebuch: »Sind in 100 Jahren nicht gescheiter geworden.«[7] Jetzt hatte er eine ganz andere Meinung und hielt die seinerzeitige unversöhnliche Politik des »Tigers« für richtig: »Es hätte diesen [Zweiten] Weltkrieg nicht gegeben, wenn man auf den weitblickenden Clemenceau gehört hätte.«

Es sei ganz falsch, sich Einstein im Alter als gütigen und abgeklärten Weisen vorzustellen, hat sein ehemaliger Mitarbeiter Cornelius Lanczos gesagt.[9] Gegenüber Deutschland befürwortete er eine ganz unnachgiebige Politik. In einem Brief an Hermann Broch, in dem es noch um den Franck Appeal ging, meinte er, die Nachbarvölker könnten nur durch eine Schwächung der deutschen Wirtschaftskraft »à la Clemenceau oder Morgenthau« gesichert werden.

Einsteins Freund Otto Nathan war bis 1933 Oberregierungsrat im Reichswirtschaftsministerium in Berlin gewesen und arbeitete im Zweiten Weltkrieg im amerikanischen Finanzministerium. Er wirkte an der Formulierung des sogenannten »Morgenthau-Planes« mit, der eine Umwandlung Deutschlands in einen Agrarstaat vorsah. Auch Einstein hielt es für notwendig, »eine bedeutende industrielle Macht in Deutschland dauernd zu verhindern«:

> Hiefür ist es nicht genügend, gegenwärtig vorhandene Produktionsmittel zu vernichten, sondern vor allem auch für später zu verhindern, daß die Deutschen selbständig über diejenigen Rohstoffquellen verfügen können, welche sie im letzten Jahrhundert so gefährlich gemacht haben.[10]

Einstein glaubte nicht, daß die Deutschen einen besonders schlechten Charakter hätten, vielmehr sind diese durchschnittlich nicht anders als andere Menschen auch: »Die Deutschen haben aber eine gefährlichere Tradition als die anderen Völker der sogenannten Zivilisation.«[11] In jeder Lebensgemeinschaft bilden sich nach Einstein »eine weitgehend einheitliche Mentalität und Wertskala« aus. Seit Bismarck und Treitschke herrsche in Deutschland der Militarismus: »Wenn einer es fertigbringt, sich davon loszulösen und seine eigenen Maßstäbe zu bilden, so ist er eine große Ausnahme, einer unter 1000 oder 10 000.«[12]

Ganz klar vertrat Einstein die These von der Kollektivschuld des deutschen Volkes. Nach dem schrecklichen Ende des Aufstands im Warschauer Getto meinte er:

> Die Deutschen als ganzes Volk sind für diese Massenmorde verantwortlich und müssen als Volk dafür gestraft werden, wenn es eine Gerechtigkeit in der Welt gibt und wenn das Bewußtsein der Völker für kollektive Verantwortlichkeit nicht vollends untergehen soll.[13]

Im Oktober 1946 wandte sich Arnold Sommerfeld an Einstein und bat ihn, »das Kriegsbeil zu begraben« und seine Mitgliedschaft in der Bayerischen Akademie der Wissenschaften zu erneuern. Einstein antwortete liebenswürdig im Ton, aber ganz hart in der Sache:

> Es war eine wirkliche Freude für mich, Ihre leibhaftigen Zeilen nach all den finsteren Jahren zu empfangen. So Furchtbares, wie wir erlebt haben, hätten wir uns wohl beide nicht träumen lassen... Nachdem die Deutschen meine jüdischen Brüder in Europa hingemordet haben, will ich nichts mehr mit Deutschen zu tun haben, auch nichts mit einer relativ harmlosen Akademie. Anders ist es mit den paar Einzelnen, die in dem Bereiche der Möglichkeit standhaft geblieben sind.[14]

Ohne Zögern hat Einstein die Korrespondenz mit den alten Freunden wiederaufgenommen: mit Max von Laue, Arnold Sommerfeld, Otto Hahn und vielen anderen. Auch Zuschriften von Unbekannten aus Deutschland wurden von ihm beantwortet, wenn auch oft recht distanziert. Eine »unwiderstehliche Aversion« aber fühlte er gegen alles, »was ein Stück des deutschen öffentlichen Lebens verkörpert«. Als er von Otto Hahn gebeten wurde, als auswärtiges Mitglied der neuen Max-Planck-Gesellschaft beizutreten, empfand es Einstein als schmerzlich, gerade Hahn, »d. h. einem der wenigen, die aufrecht geblieben sind und ihr Bestes taten während dieser bösen Jahre«, eine Absage senden zu müssen: »Aber es geht nicht anders. Die Ver-

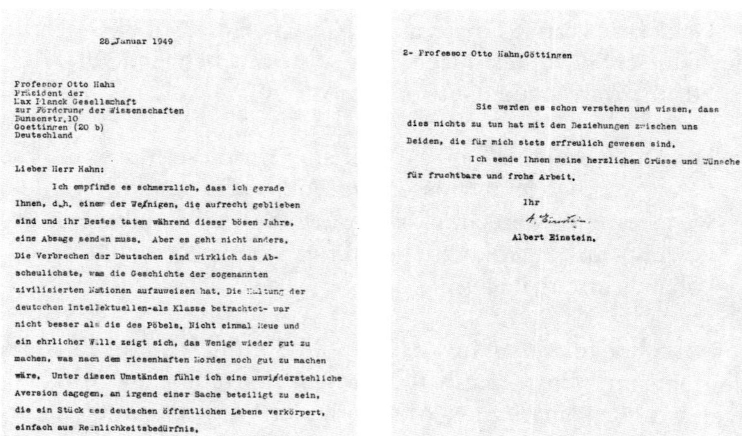

28 Januar 1949

Professor Otto Hahn
Präsident der
Max Planck Gesellschaft
zur Förderung der Wissenschaften
Bunsenstr.10
Goettingen (20 b)
Deutschland

Lieber Herr Hahn:

Ich empfinde es schmerzlich, dass ich gerade Ihnen, d.h. einem der Wenigen, die aufrecht geblieben sind und ihr Bestes taten während dieser bösen Jahre, eine Absage senden muss. Aber es geht nicht anders. Die Verbrechen der Deutschen sind wirklich das Abscheulichste, was die Geschichte der sogenannten zivilisierten Nationen aufzuweisen hat. Die Haltung der deutschen Intellektuellen-als Klasse betrachtet- war nicht besser als die des Pöbels. Nicht einmal Reue und ein ehrlicher Wille zeigt sich, das Wenige wieder gut zu machen, was nach dem riesenhaften Morden noch gut zu machen wäre. Unter diesen Umständen fühle ich eine unwiderstehliche Aversion dagegen, an irgend einer Sache beteiligt zu sein, die ein Stück des deutschen öffentlichen Lebens verkörpert, einfach aus Reinlichkeitsbedürfnis.

2- Professor Otto Hahn, Göttingen

Sie werden es schon verstehen und wissen, dass dies nichts zu tun hat mit den Beziehungen zwischen uns Beiden, die für mich stets erfreulich gewesen sind.

Ich sende Ihnen meine herzlichen Grüsse und Wünsche für fruchtbare und frohe Arbeit.

Ihr

A. Einstein.

Albert Einstein.

Absage an Otto Hahn

brechen der Deutschen sind wirklich das Abscheulichste, was die Geschichte der sogenannten zivilisierten Nationen aufzuweisen hat.«[15]

Sehr viel kürzer als den alten Kollegen fertigte Einstein den deutschen Bundespräsidenten ab. Theodor Heuss wollte den Orden »Pour le mérite« neu beleben und hatte angefragt, ob Einstein bereit sei, seine Mitgliedschaft zu erneuern:

> Nach dem Massenmord, den die Deutschen an dem jüdischen Volk begangen haben, ist es... evident, daß ein selbstbewußter Jude nicht mehr mit irgendeiner offiziellen Veranstaltung oder Institution verbunden sein will.[16]

In einem Brief an eine gute Bekannte kommentierte Einstein, er hätte »als verschimmeltes Mitglied« des Ordens wieder ernannt werden sollen; er habe sich's aber verbeten: »Es ist merkwürdig, daß diese Kerle so ganz ohne Würde und Takt sind.«[17] Uns will scheinen, als habe Theodor Heuss durchaus mit »Würde und Takt« bei Einstein angefragt. Bevor er mit seiner Bitte herausrückte, erinnerte er Einstein an die nun 35 Jahre zurückliegende Bekanntschaft. Im Ersten Weltkrieg hatte Einstein ein paarmal seine Mutter in Heilbronn besucht, wo Heuss als leitender Redakteur der demokratisch-liberalen Zeitung wirkte, und es war gelegentlich »zu halb familiären kleinen Begegnungen in einem befreundeten Kreis« gekommen.[18]

Die ablehnende Haltung Einsteins dem offiziellen Deutschland gegenüber wurde nach seinem Tode vom Nachlaßverwalter Otto Nathan weiter exekutiert. Als die Bundespost 1962 in ihrer neuen Dauerserie als Motiv für den 3-DM-Wert ein Kopfbild Einsteins verwenden wollte, protestierte Nathan. Die Post mußte die vorbereitete Briefmarke wieder zurückziehen.

In den vielen Gesprächen mit seinem großen Freund hatte Nathan dessen Ansichten sozusagen verinnerlicht. Wenn sich Einstein überhaupt an seine Zeit in Deutschland erinnern wollte, dann nur mit dem Gefühl, »wie naiv wir doch gewesen sind als Männer von 40 Jahren!«. Da hatte er einmal tatsächlich geglaubt, daß es möglich sei, »aus den Kerlen dort ehrliche Demokraten zu machen!«.[19]

Jetzt war er überzeugt, daß die Deutschen unverbesserliche Nationalisten und Militaristen sind. Bei ihrer »fixierten Mentalität« gebe es für sie »überhaupt keinen anderen Weg, als im Trüben zu fischen unter geschickter Ausnutzung der... Zwietracht zwischen Amerika und der Sowjetunion.«[20] In Wirklichkeit verurteilte Konrad Adenauer jede Schaukelpolitik und betonte die Notwendigkeit einer festen und eindeutigen Westbindung der Bundesrepublik. »Auf außenpolitischem Gebiet liegt unsere Linie fest«, konstatierte er im Sommer 1949: »Sie richtet sich darauf, ein enges Verhältnis zu den Nachbarstaaten der westlichen Welt, insbesondere auch zu den Vereinigten Staaten herzustellen.«[21]

Die Pläne zur Wiederbewaffnung hat Einstein scharf verurteilt. Einem Studienrat im württembergischen Schorndorf antwortete er 1952:

> Die Regierung Ihres Landes strebt in erster Linie nach Macht und zwar auf militaristischer Basis, gestärkt durch den amerikanisch-russischen Antagonismus. Sie wird also einer Propaganda zur Verbreitung einer übernationalen Ordnung einen eisernen Widerstand entgegenstellen, weil ihr unmittelbares Ziel, die möglichst rasche Wiederbewaffnung, durch eine solche Propaganda bedroht würde.[22]

Offensichtlich ist dies eine groteske Fehleinschätzung der deutschen Politik. Wohl in keinem anderen Land war die Bereitschaft so stark, auf die Souveränität zu verzichten und als Nation in einem vereinten Europa aufzugehen. Dagegen stieß die Wiederbewaffnung auf breite Ablehnung und wurde schließlich nur als notwendiges Übel akzeptiert.

Einstein verstand nicht mehr, was in Deutschland vorging. Er war fixiert auf den Militarismus der Deutschen und sah auch nach 1945 nur die alten Landsknechte, die es zweifellos noch gab, die aber doch ihr Ansehen und ihren Einfluß weitgehend verloren hatten. Er sah nicht das Umdenken in der deutschen Jugend, das schon in den letzten Kriegsjahren eingesetzt hatte. Er sah nicht, daß neue Ideale, das vereinte Europa vor allem, die alten Vorstellungen verdrängten. Dabei aber glaubte er weiterhin, die Deutschen zu kennen, wie er 1950 in einem Brief an den Senator von Montana schrieb, in dem er wieder einmal die »deutsche Gefahr« beschwor.

Vielleicht ist es erlaubt, eine Parallele zur Physik zu ziehen. Bei seinen hartnäckigen Versuchen, doch noch zu einer »Einheitlichen Feldtheorie« zu kommen, nahm er von den starken und schwachen Kernkräften überhaupt keine Notiz. Und ebenso registrierte er nicht die erstarkenden demokratischen Kräfte in Deutschland. Nachdem ihn in seiner Wissenschaft der Sinn für die Wirklichkeit verlassen hatte, geschah ihm das auch in der Politik.

Sorgsame Beobachter haben damals durchaus positive Entwicklungen wahrgenommen. Als der greise Max Planck am 28. März 1947 in Bonn einen Vortrag hielt, wurden ihm von der akademischen Jugend geradezu überwältigende Ovationen dargebracht. Für die überaus kritische Lise Meitner war gerade diese Tatsache Anlaß, auf einen in die Tiefe gehenden Wandel zu hoffen. Es sei doch ein gutes Zeichen, meinte sie , »wenn wieder ein Verständnis für Vornehmheit und Reinheit der Gesinnung aufkommt«.[23]

Einstein jedoch hatte nur Ablehnung für alles Deutsche. Auch das Bekenntnis der Westberliner zu Demokratie und Freiheit konnte ihn nicht beeindrucken. Dabei war der Regierende Bürgermeister Ernst Reuter ein alter politischer Freund aus der Zeit des Ersten Weltkriegs, als sie beide mit Otto Lehmann-Roßbüldt den »Bund Neues Vaterland« gründeten.

Bei einem Besuch Thomas Manns in München sprach Professor Hans Ludwig Held, der Kulturbeauftragte der Stadt, mit dem Dichter über seine Rückkehr in die alte Heimat. Im Tagebuch bekannte Thomas Mann seine »geheime Halb-Neigung«.[24] Derlei Sentimentalitäten gab es bei Einstein nicht. Er hatte mit den Deutschen gebrochen, ein für allemal.

In diesem Fall war das unterschiedliche Verhalten wohl keine Frage des Charakters. Zwar ist Thomas Mann »Israel immer gut« gewesen, und er hatte alles, »was Hitler-Deutschland diesem Stamm angetan, hundertmal als eine Menschheitsschande gebrandmarkt«.[25] Aber es gibt, wie Einstein zu sagen pflegte, keinen größeren Unterschied als den zwischen du und ich. Einstein gehörte selbst zu diesem »Stamm«, und die Deutschen hatten ihnen das Lebensrecht bestritten und sich daran gemacht, sie alle abzuschlachten. Die Solidarität mit dem jüdischen Volk empfand er nun als seine stärkste Bindung. Mit der größten Sympathie verfolgte er die Siedlung in Palästina und beteiligte sich an unzähligen Aktionen zur Unterstützung des Aufbaus.

Auch in Amerika gab es noch viel zu tun. Die antisemitischen Vorurteile waren noch längst nicht überwunden. Viele Hochschulen praktizierten stillschweigend einen Numerus clausus, der die Zahl der jüdischen Studenten und Professoren begrenzte. Deshalb hatte es immer wieder Vorschläge gegeben, eine eigene jüdische Universität zu gründen. Im amerikanischen Schulsystem war das im Prinzip möglich. Man mußte »nur« die erforderlichen hohen Summen aufbringen.

Seit 1933 hatte Einstein für die Unterbringung von jüdischen Gelehrten an den amerikanischen Colleges und Universitäten gekämpft. Wie oft stand er vor der beschämenden Situation, »anklopfen zu müssen an Türen, die uns nur zögernd und bedingt geöffnet werden«.[26] Anfang 1946 erfuhr er, daß unter Führung des Rabbiners Dr. Israel Goldstein eine Gruppe jüdischer Geschäftsleute bereits ernsthaft verhandelte, eine in ihrer Existenz gefährdete Hochschule in Waltham bei Boston zu übernehmen. Spontan versprach er seine Hilfe: »I would do anything in my power to help in the creation and guidance.«[27] Den Namen »Albert-Einstein-Universität« mochte er nicht; immerhin stimmte er zu, daß die Stiftung, die das Geld sammelte, seinen Namen erhielt. So entstand die »Albert Einstein Foundation for Higher Learning, Inc.«.

Die Universität wurde im Herbst 1948 mit 107 Erstsemestern eröffnet und nach Louis Brandeis benannt, dem ersten jüdischen Richter am Obersten Gerichtshof der Vereinigten Staaten. In der Vorkriegszeit war Justice Brandeis einer der führenden amerikanischen Zionisten. Einstein hatte ihn gut gekannt. Im Mai 1934 schickte er seinen Freund Otto Nathan zu Brandeis mit der Mahnung, sich nicht von dessen »ledernen Formen« abschrecken zu lassen, Brandeis sei ein »prachtvoller Kerl«. Immer hatte Einstein »Freude und Stolz« empfunden, »daß das jüdische Schicksal in Amerika in der Hand so starker und umsichtiger

Persönlichkeiten« lag. Wie anders wäre alles gekommen, meinte er, »wenn das auch in Deutschland der Fall gewesen wäre«.[28]

Die neue Universität werde »seinem Herzen immer nahe sein«, hatte Einstein im Januar 1946 versichert. Sie war noch nicht eröffnet, als er sich nach heftigen Auseinandersetzungen »in aller Stille und mit wirklichem Bedauern« zurückzog. So geschah es, daß später Brandeis die einzige Universität war, an die er »keine Empfehlungen geben« wollte.[29]

»Der Mensch denkt und Gott lenkt. Manchmal gibt er aber dieses Amt an des Teufels Großmutter ab.«[30] Damit erklärte Einstein die verfahrene Angelegenheit. Über grundlegende Fragen der Universitätsleitung und -organisation hatten sich »tiefgreifende Meinungsverschiedenheiten« gebildet. Diese lassen sich an zwei Personen manifest machen. Da ging es einmal um Kardinal Spellman, den Erzbischof von New York. Nach der Rückkehr von einer Spanienreise hatte er Franco und sein Regime gepriesen, und Einstein war wütend, als er erfuhr, daß man ausgerechnet an diesen »Goi« (oder »Gentile«, wie es im Englischen heißt) als Festredner für die Einweihung dachte. Andererseits wollte Einstein zum Gründungsrektor den britischen Linkssozialisten und Parteitheoretiker Harold Laski berufen, der wiederum für die konservativen Sponsoren als rotes Tuch wirkte.

Tief verbunden fühlte er sich der Hebräischen Universität in Jerusalem. Die Hochschule war 1925 eröffnet worden; sie rechnet aber, wie erwähnt, Einsteins Vortrag über die Relativitätstheorie am 6. Februar 1923 auf dem Mount Scopus als Beginn des Lehrbetriebs. Dankbar hat Einstein die ihm zu seinem 70. Geburtstag verliehene Ehrendoktorwürde angenommen. Was bei seinem Besuch in Palästina Anfang 1923 noch nichts gewesen sei als »ein Traum und eine ferne Hoffnung«, stehe heute vor uns als »eine Stätte freien Forschens und Lehrens« und »geistiges Zentrum einer blühenden, von Zuversicht getragenen Gemeinschaft«.[31]

In seinem Testament hat er seinen literarischen Nachlaß und die Copyrights seiner Schriften der Hebrew University zugesprochen. Deshalb liegen heute die Originale der meisten Briefe von und an Einstein in Jerusalem. Hier befindet sich auch seine Bibliothek.[32]

Am 9. November 1952 erhielt Einstein die Nachricht vom Tode Chaim Weizmanns. Er notierte den Text seines Telegramms an Vera Weizmann auf deutsch:

> Ich fühle mit Ihnen und mit unserem Volke den schweren Verlust. Für dies Volk hat er gekämpft und die Erfüllung erleben dürfen. Den Zeitgenossen Führung und Stütze, den Späteren leuchtendes Vorbild.[33]

In diesem Augenblick der Trauer hofften viele Juden, jetzt würde ihr Größter in der Nachfolge Weizmanns als Staatspräsident an die Spitze Israels treten »zum Segen des Landes und der notleidenden Welt«.[34] In Tel Aviv plädierte der Herausgeber des *Maariv*, der größten israelischen Zeitung, für Einsteins Präsidentschaft, und Ministerpräsident David Ben Gurion beauftragte den israelischen Botschafter Abba Eban zu einer Anfrage in Princeton.

Wieder einmal waren die Journalisten schneller. Als Telephonanrufe von der *New York Times* und der *United Press* kamen, glaubte Helen Dukas an eine der üblichen Mystifikationen und dementierte. Da war früher die Nachricht durch die Zeitungen gegangen, Einstein plane eine Europareise. Er hatte große Mühe gehabt, die Kollegen zu überzeugen, daß die Meldung »natürlich falsch« sei wie gewöhnlich: »Nun bin ich ein alter Kracher und mache keine Reisen mehr, nachdem ich die Menschen hinlänglich von allen Seiten kennengelernt habe.«

Am 17. November 1952 jedoch, als sie alle beim Abendessen saßen, kam ein Telegramm des Botschafters. Einstein möge »in einer Sache höchster Dringlichkeit und Wichtigkeit« seinen Stellvertreter empfangen; anschließend wolle er selbst nach Princeton kommen. »Ich kann das nicht machen«, sagte Einstein. »Warum soll der Mann eigens nach Princeton fahren, nur um sich ein Nein zu holen?« Helen Dukas schlug vor, gleich bei der Botschaft in Washington anzurufen, und tatsächlich erreichten sie Abba Eban. Einstein erklärte, daß er das Amt nicht übernehmen könne. Der Botschafter erwiderte, es sei jedenfalls unmöglich, seiner Regierung mitzuteilen, er habe die Absage telephonisch erhalten. Die Sache müsse den offiziellen Weg gehen.[35]

1947

An diesem Abend war der alte englische Freund David Mitrany zu Besuch, und dieser scherzte mit Helen Dukas, wen sie zum Minister ernennen sollten. Einstein aber war, was bei ihm wirklich selten vorkam, nicht zum Spaßen aufgelegt. Diese Menschen stünden seinem Herzen nahe, erklärte er, und er sei tief bewegt.

Am nächsten Morgen formulierte Einstein seine Absage. Die Beziehung zum jüdischen Volk sei seine »stärkste menschliche Bindung«, und er fühle Trauer und Beschämung, daß er nicht zusagen könne: »Mein Leben lang mit objektiven Dingen beschäftigt, habe ich weder die natürliche Fähigkeit noch die Erfahrung im richtigen Verhalten zu Menschen in der Ausübung offizieller Funktionen.«[36] Einstein hat sich ganz richtig eingeschätzt. Auch wenn es nicht um die »Ausübung offizieller Funktionen« ging, tat er sich schwer in der Menschenbehandlung. Es lag ihm nicht, die divergierenden Interessen zu erkennen und zum Ausgleich zu bringen. Die Fähigkeit zum Kompromiß fehlte ihm. Deshalb scheiterten auch regelmäßig alle Aktionen, bei denen er mehr sein wollte als nur Katalysator.

Als der israelische Gesandte erschien, händigte ihm Einstein seinen Brief aus. Er sei lange Rechtsanwalt gewesen, erklärte der Diplomat, aber noch nie habe er eine Absage vor dem Angebot erhalten. An diesem Tag kam auch ein langes Telegramm von Dr. Ezriel Carlebach, dem Herausgeber des *Maariv*, mit einem leidenschaftlichen Appell, Einstein möge das hohe Amt annehmen. Er hatte sich inzwischen gefaßt und antwortete mit den gewohnten kleinen Scherzen: »Als einem hausväterlichen Kleinbürger hat die Länge Ihres Kabels einen geradezu niederschmetternden Eindruck auf mich gemacht«:

> Ich schreibe Ihnen deutsch, einmal weil es mir leichter ist, ferner weil Sie Ihren Ursprung dadurch genügend manifestiert haben, daß Sie sich als Doktor bezeichnen.[37]

Einstein hatte richtig kombiniert. Dr. Carlebach stammte aus Leipzig. Einstein wußte aber offenbar nicht, daß der brillante Publizist und er direkt untereinander auf der gleichen Ausbürgerungsliste des Reichsinnenministers gestanden hatten. Mit anderen Persönlichkeiten des deutschen Kultur- und Geisteslebens war ihnen am 24. März 1934 die deutsche Staatsangehörigkeit entzogen und gleichzeitig ihr Vermögen beschlagnahmt worden.

Seine Ablehnung, die Nachfolge Chaim Weizmanns als Staatspräsident Israels anzutreten, begründete Einstein auch Dr. Carlebach ebenso schlicht wie wahrheitsgemäß damit, daß er der Aufgabe nicht gewachsen wäre. Sein Name allein könne seine Schwächen nicht ausgleichen. In der Tat: Trotz aller Solidarität war ihm Israel ein fremdes Land, und er sprach weder Hebräisch noch genügend Englisch. Eine merkwürdige Vorstellung: In der Staatsspitze Israels hätte das Deutsche als Verkehrssprache eingeführt werden müssen.

Ben Gurion war ein Verehrer Spinozas und zutiefst von der Seelenverwandtschaft von Judentum und Wissenschaft überzeugt. Viele Beobachter haben deshalb sein Angebot an Einstein dahin gehend verstanden, daß er die führende Rolle der Juden in Kultur und Wissenschaft vor der Weltöffentlichkeit unterstreichen wollte.[38] In Wirklichkeit war das Angebot nur taktischer Natur. Er glaubte, sich dem Wunsch so vieler Juden in aller Welt nicht entgegenstellen zu können. Ben Gurion wußte sehr genau, daß Einstein zum Staatspräsidenten ungeeignet war. »Was sollen wir tun«, fragte er seinen Sekretär, »wenn Einstein annimmt? Wir kommen in die größten Schwierigkeiten.«[39]

Das Angebot von seinen »Israeli-Brüdern« habe ihn sehr gerührt, berichtete Einstein auch dem Maler Josef Scharl, mit dem ihn eine »feste, innige und beglückende Freundschaft« verband. Es sei zwar schon mancher Rebell »zuletzt eine Respektsperson und sogar ein Bonze geworden«, aber das könne er denn doch nicht über sich bringen: »Wir werden uns also zusammen damit begnügen müssen, hier über die hiesigen Brüder zu giften wie bisher.«[40]

Der Künstler hatte Einstein 1927 in Berlin durch Vermittlung der Photographin Lotte Jacobi kennengelernt. Ein damals entstandenes Porträt gelangte in die Galerie der Deutschen Albrecht-Dürer-Stiftung nach Nürnberg, wo es dem Bildersturm nach 1933 zum Opfer fiel. Nach der Emigration Scharls in die Vereinigten Staaten leistete Einstein wie in vielen anderen Fällen

Bürgschaft. Der Freund lebte in New York, und von hier kam er zu häufigen Besuchen nach Princeton. Scharl hat Einstein oft gezeichnet. Nur selten allerdings in Einsteins Anwesenheit; vielmehr hat sich der Künstler Einsteins Gesicht eingeprägt und es auf der Bahnfahrt zurück nach New York oder im Atelier zu Papier gebracht. Neun Ölbilder sind bekannt; die Zahl der Porträtzeichnungen geht in die Hunderte. Unter einige hat Einstein seinen Namen gesetzt, um gleichsam seine Anerkennung zum Ausdruck zu bringen. Diese Porträts sind heute besonders gesucht. Scharl beschäftigte sich auch mit den Händen Einsteins. Von diesen mag es insgesamt zwei Dutzend Zeichnungen und Skizzen geben.

Federzeichnung von Josef Scharl, 1946

Einstein schätzte Scharl außerordentlich als Künstler und Menschen.[41] Auch politisch verstanden sie sich gut. Scharl war 1915 vor Verdun verwundet worden und teilte Einsteins pazifistische Überzeugungen. Scharl war ein gewinnender Unterhalter, und wenn er von einem Film Chaplins oder einem Boxkampf

Schmelings erzählte, steigerte er sich zu komödiantischen Eskapaden. Über die Besuche dieses echten und unverdorbenen Menschen freuten sich alle im Hause.

Als noch amüsanter empfand Einsteins Schwester Maja den Kunsthistoriker Panofsky. »Ich lache mich jedesmal fast tot, wenn ich ihn aus seinem Anekdotenschatz erzählen höre.«[42] Erwin und Dora Panofsky waren ihr in Princeton »die liebsten Leute«. Als sie noch mit ihrem Mann, dem Maler Paul Winteler, auf ihrem kleinen Hof in der Toskana lebte, hatten Hausgäste sie »Sonne« genannt, offenbar weil sie eine starke Ausstrahlung besaß. »Jetzt würdest Du mir den Namen wohl kaum mehr geben«, schrieb sie einer Freundin. Ihr Bruder sei jetzt ihre Sonne, und sie lasse sich »so gerne von ihm bescheinen«.

Maja Winteler-Einstein war an Arteriosklerose erkrankt und seit Ende 1946 ganz ans Bett gefesselt. Jeden Abend las ihr der »so gute große Bruder« aus den Werken bedeutender Philosophen und Schriftsteller vor. »Ich freue mich jeden Tag auf die Stunde«, berichtete sie, »und habe die Genugtuung, daß er sich ebenso darauf freut.« Wenn sie Verständnisschwierigkeiten hatte, gab er die nötigen Erklärungen. Mit Recht empfand sie das als ein besonderes Privileg. Darum werde sie »wohl gar mancher beneiden«.[43]

Von ihrem Zimmer aus verfolgte Maja am 17. Juni 1947 die 250-Jahr-Feier der Princeton University. Dabei erhielt der amerikanische Präsident Harry S. Truman einen Ehrendoktor. Bevor Einstein um neun Uhr früh abgeholt wurde, erzählte er seiner Schwester noch den Scherz von den Ehrendoktoren und den gewöhnlichen Doktoren: »Letztere sind die ehrlichen.«

Im Festzug schritt Einstein neben dem amerikanischen Präsidenten, und Schwester Maja war überzeugt, daß Alberts »lieber und so weiser Kopf« zu den eindrucksvollsten Häuptern gehörte. Ihre Krankenschwester hatte sich das Spektakel nicht entgehen lassen und bestätigte: »Albert ist die eindrucksvollste und die vom Publikum meist beklatschte Erscheinung im ganzen Festzug gewesen.«

Im Jahre 1947 hielt Abraham Pais einen Vortrag über π- und μ-Mesonen, die in der Höhenstrahlung entdeckt worden waren. Er empfand ein »Gefühl des Unwirklichen«, als Einstein kurz nach Beginn des Referats den Raum betrat. Sowenig man Newton in einer Vorlesung über Quantentheorie erwartet, so Einstein in einer über Elementarteilchen. Auf diesem Gebiet kam ein Strom neuer Ergebnisse, als es gelang, in sogenannten Teilchenbeschleunigern Protonen auf hohe Energien zu bringen und »strange particles« und andere Elementarteilchen im Laboratorium zu erzeugen. Die jungen Physiker waren fasziniert von der bisher unbekannten Welt der hohen Energien, die sich ihnen hier eröffnete. Zum Verständnis mußten offenbar ganz neue Wege beschritten werden.

Niels Bohr, Einsteins großer Freund und Antipode, blieb im Gespräch mit der heranwachsenden Generation, und wie in der Vorkriegszeit holte er die führenden Physiker an sein Institut nach Kopenhagen. Bei einer Konferenz im Juni 1952 konstatierte Werner Heisenberg, daß sich der Interessenschwerpunkt der »scientific community« vom Atomkern zu den Elementarteilchen verlagert habe. Die großen, ungelösten Fragen ihrer Wissenschaft würden von hier aus ihre Aufklärung finden.

Einstein hat vor dieser neuen Welt die Augen verschlossen. Das waren nicht seine Probleme. Wenn man den Versuch machte, mit Einstein darüber zu sprechen, stieß man an eine Wand. Wolfgang Pauli konstatierte den Verlust der Dialogfähigkeit. In einem Brief an Bohr schrieb er 1948, Einstein sei nicht mehr in der Lage, den Argumenten anderer zu folgen.[44]

Einstein hatte schon in jüngeren Jahren die Zeitschriften nicht systematisch verfolgt. Durch den engen persönlichen Gedankenaustausch mit den Kollegen in Zürich und später in Berlin wurde dieser Mangel ausgeglichen, und er erfuhr rechtzeitig, was es im Fach Neues gab. Jetzt stand er weit abseits. Als ihn sein Mitarbeiter Ernst Straus bat, ihm bei der Orientierung über die Literatur zu helfen, antwortete Einstein, dafür sei er ein »schlechter Wegweiser«, weil er selber »so gut wie nichts lese«.

Der liebenden Schwester blieb dieser Defekt verborgen. Sie delektierte sich an einem biographischen Aufsatz in der Zeitschrift *American Scholar*, den Einsteins früherer Mitarbeiter Leopold Infeld verfaßt hatte. Er mochte »nichts über sich selber« lesen. »Aber ich tu's gern«:

Ihr werdet denken, ich sei eine verliebte Schwester. Dies ist auch gar nicht verwunderlich nach der Sorgfalt und Liebe, die ich durch ihn hier genießen durfte.[45]

Ihr Zimmer lag neben dem von Helen Dukas, und sie hörte, wie dort Tag und Nacht das Telephon ging. Maja Winteler-Einstein hatte ihren Freunden öfter einmal ein Paket nach Hamburg geschickt, aber jetzt scheute sie sich, Helen Dukas um Hilfe zu bitten. Die Sekretärin sei mit Haushalt, Schreibereien, Telephon und so weiter so sehr beschäftigt, daß sie Tag und Nacht keine Ruhe habe.[46]

Tag für Tag gingen Stöße von Briefen ein. Manche Zeitgenossen wollten ihm, im übertragenen Sinne, einfach nur einmal die

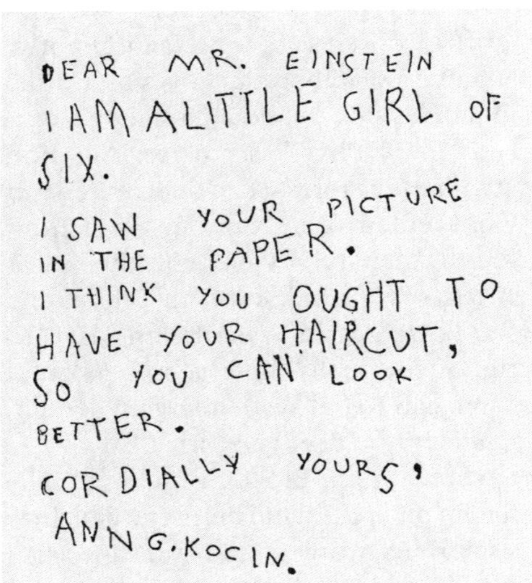
DEAR MR. EINSTEIN
I AM A LITTLE GIRL OF SIX.
I SAW YOUR PICTURE IN THE PAPER.
I THINK YOU OUGHT TO HAVE YOUR HAIRCUT, SO YOU CAN LOOK BETTER.
CORDIALLY YOURS,
ANN G. KOCIN.

Ein Beispiel für die vielen Zuschriften von Kindern

Hand schütteln, andere rieten ihm, dieses oder jenes zu tun. Ein sechsjähriges Mädchen schrieb ihm, sie habe sein Bild in der Zeitung gesehen: »I think you ought to have your hair cut, so you can look better.«

Womöglich noch mehr als früher wandten sich die Menschen

mit ihren Anliegen an ihn. Er mußte die meisten Zuschriften unbeantwortet liegen lassen, und für andere konnte er nur routinemäßig danken. Für wichtige Fälle nahm er sich jedoch Zeit. Dazu gehörte das Schicksal von Raoul Wallenberg.

Der junge schwedische Architekt war 1944 nach Ungarn gegangen, um den dortigen Juden zu helfen. Fast ganz auf sich allein gestellt gelang es ihm mit seltenem Mut und Einfallsreichtum, die Gestapo zu überspielen und 100 000 Juden vor den Gaskammern zu bewahren.[47] Wallenberg glaubte sich und seine Schützlinge gerettet, als die sowjetischen Truppen kamen. Seit einem offiziellen Telegramm aus Moskau vom 17. Januar 1945, daß er nun unter dem »Schutz der Roten Armee« stehe, hat man nie mehr von ihm gehört.[48]

Die amerikanische Publizistin Dorothy Thompson, die zehn Jahre zuvor den aus Deutschland vertriebenen Schriftstellern engagiert geholfen hatte, griff 1947 den Fall auf. Nach Dorothy Thompson wandte sich Wallenbergs Halbbruder Guy von Dardel an Einstein. Bei diesem handelte es sich um einen jungen Schweden, der an der Cornell University Physik studierte. Aus ihm wurde übrigens später ein namhafter Professor an der Universität Lund und bei CERN in Genf, einem Zentrum der Elementarteilchenphysik, wo er die Zusammenarbeit vieler Forscherteams koordinierte. Einstein schrieb »as an old Jew« an Stalin und erhielt über die sowjetische Botschaft in Washington die Mitteilung, wonach die bisherige Suche noch kein Ergebnis gebracht habe.[49] Inzwischen wissen wir, daß Raoul Wallenberg im berüchtigten »Archipel Gulag« gelandet und dort verstorben ist.

Schon in den dreißiger Jahren waren Einstein mehrere Fälle bekannt geworden, »in welchen nach Rußland berufene Gelehrte dort schwerer Vergehen beschuldigt worden sind«. Er hatte sich auch damals bei Stalin und Litwinow für diese Menschen eingesetzt. Dazu gehörten unter anderem der namhafte Mathematiker Fritz Noether und Valentine Adler-Sas, die Tochter des Psychologen Alfred Adler.[50]

Als 1930 in der Sowjetunion Wissenschaftler angeklagt wurden, sie hätten absichtlich Nahrungsmittel vergiftet, hielt Einstein das für »psychologisch undenkbar« und unterzeichnete einen öffentlichen Protest. Dazu veranlaßt hatte ihn Käthe Kollwitz, die, wie er selbst, kein Kommunist war, aber dem sozialistischen Experiment mit großer Sympathie gegenüberstand. »Ich bin sehr traurig darüber«, schrieb Einstein der Künstlerin, »daß diese Entwicklung, auf welche wir mit hoffenden Blicken geschaut haben, nun zu so furchtbaren Dingen führt.«[51]

Seine Sympathien für die Sowjetunion waren aber so stark, daß er doch wieder unsicher wurde. In einem Brief an Max Born meinte er im Frühjahr 1937, die »russischen Prozesse« seien vermutlich kein Schwindel, vielmehr handle es sich um ein Komplott derer, für die Stalin ein Reaktionär sei, der die Idee der Revolution verraten habe.[52] Erst durch seinen Pakt mit Hitler verscherzte sich Stalin endgültig das Wohlwollen Einsteins. Nach der Besetzung Ostpolens durch die Sowjetunion in der zweiten Septemberhälfte 1939 wurden die beiden polnischen Gewerkschaftler Victor Alter und Henryk Ehrlich unter absurden Beschuldigungen verhaftet. Einstein schloß sich dem Protest dagegen an, weil er nicht glaubte, »daß diese Leute schuldig gewesen sind«.[53] Die beiden Männer wurden trotzdem hingerichtet. Als zehn Jahre später eine Organisation polnisch-jüdischer Immigranten in New York mit einer Publikation an den Mord erinnern wollte, versagte Einstein jedoch seine Mitwirkung: »1941 war der Rettungsversuch Menschenpflicht. 1951 ist die Publizität über den bedauerlichen Fall der Wirkung nach ein Teil der Kriegshetze.«[54]

Im Fall der sogenannten »Atomspione« Julius und Ethel Rosenberg hatte Einstein »nach genauerem Studium nicht die Überzeugung von der Unschuld« gewinnen können. Trotzdem sah er in dem ihm zugänglichen Material »keine irgendwie hinreichende Basis« für das Todesurteil. Als er sich wiederholt und nachdrücklich für eine Begnadigung einsetzte, wurde er von vielen loyalen Bürgern in persönlichen Zuschriften und in den Zeitungen beschimpft: Er sei kein wahrer Amerikaner, sondern ein Parasit und Feigling: »Why don't you take the first ship out of New York and go to Russia or back where you came from?«[55]

Der Chefredakteur der Zeitschrift *The New Leader* forderte ihn telegraphisch auf, ebenso energisch die antisemitischen Schauprozesse in Prag und die drohende Hinrichtung der jüdischen Ärzte in der Sowjetunion zu verurteilen. »Es versteht sich von selbst«, antwortete Einstein, »daß die Perversion des Rechtes uneingeschränkt verurteilt werden muß, wie sie in den von der russischen Regierung inszenierten Prozessen zum Ausdruck kommt, nicht nur in Prag, sondern auch in den früheren seit den dreißiger Jahren.«[56] Er sah jedoch keine Möglichkeit, wie er das »tyrannische System in Rußland« zu einer Reform veranlassen könnte:

> Ich kann natürlich keinen Brief an Stalin schreiben, der wahrscheinlich der Hauptverbrecher ist. Eine hier in diesem Lande publizierte Äußerung von mir würde die Öffentlichkeit hinter dem Eisernen Vorhang schwerlich erreichen. Sie würde nur zum Haß der Amerikaner gegen Rußland beitragen.[57]

In der Sowjetunion setzte man sich damals intensiv mit der angeblich »idealistischen« Philosophie Einsteins auseinander. Viele Aufsätze wurden auch in englischer Übersetzung in den Vereinigten Staaten bekannt. Von amerikanischen Verehrern erhielt er einige dieser Texte zugesandt, und sie gewährten ihm einen Einblick in die Mentalität der sowjetischen Gesellschaft. Auffallend war ihm »das Fehlen jeder Lebensfreude und jeden Humors« und auch »der völlige Mangel an Objektivität und Mäßigung«.[58]

Einstein notierte in diesen wie in anderen Fällen seine Antworten eigenhändig und in Deutsch. Helen Dukas machte daraus einen Brief in Englisch. So wurde aus »Freundlichen Dank für die neue Sendung russischer Blüten« in seiner Antwort an den Slawistikprofessor Vincent Sheean: »Many thanks for your kindness in sending me again some Russian eccentricities.«[59]

Einmal erhielt Einstein einen Brief des alten Freundes und Kollegen Max Born aus Edinburgh in Englisch mit vielen Neuigkeiten. Er war so erfreut, daß er sich gleich an die Antwort machte, ohne daß ihn »jemand mit erhobenem Zeigefinger« dazu drängen mußte: »Englisch aber kann ich nicht schreiben von wegen der hinterhältigen Orthographie.«[60]

Max Born hat seinen Briefwechsel mit Einstein 1969 veröffentlicht. Hier findet sich auch, was Born »das Geständnis seiner

Schwäche« nannte: Er beklagte sich bei dem berühmten Freund, daß sein (Borns) Anteil am Aufbau der Göttinger Quantenmechanik nie gerecht gewürdigt worden sei, während sein Schüler Werner Heisenberg einschließlich des Nobelpreises »die Ernte für gemeinsame Arbeit eingeheimst« habe.[61] 1954 hat die Nobelstiftung das Versäumnis korrigiert, und es mag sein, daß dies auf einen Rat Einsteins zurückgeht.[62]

In seinen Briefen klagte Born auch häufig über sein Asthma und sein Gallenleiden, während Einstein kein Wort über seine Beschwerden verliert. Dabei ging es ihm zeitweise so schlecht, daß er sein baldiges Ende erwartete. Wie sich herausstellte, hatte er jahrelang »zu wenig gefressen« und wäre »einfach verhungert«, wenn die Ärzte nicht eingegriffen hätten. Das amüsierte die Putzfrau, in deren Augen er ein reicher Mann war.[63] Er litt an schweren Anfällen von diffusen Schmerzen in der oberen Bauchregion. »Es fängt an im Bauch zu murmeln und zu gurgeln«, hat er diese Anfälle beschrieben, »und nachdem es sich ausrumort hat, setzen Übelkeit und unerträglich starke Schmerzen ein, die zwar nicht genau zu lokalisieren sind, aber zwischen Magengrube und Gallenblase am stärksten sind. Die Schmerzen ziehen sich bis hinauf zwischen die Schulterblätter und enden mit Durchfall.«[64]

Einsteins ärztlicher Ratgeber und respektierte Autorität in allen medizinischen Fragen war Professor Dr. Rudolf Ehrmann. Der Internist hat bis zur Machtergreifung als Chefarzt am Krankenhaus in Berlin-Neukölln gewirkt. Oft sind die beiden Männer gemeinsam in der Umgebung Berlins unterwegs gewesen und haben über alles diskutiert, was ihnen in den Sinn kam, Politik, Musik und Wissenschaft. Nach der Emigration baute sich Ehrmann in New York eine Privatpraxis auf und konnte von hier aus die Betreuung seines Patienten fortsetzen. Er verordnete eine strenge, fettfreie Diät und, was Einstein am härtesten traf, ein striktes Rauchverbot.

Seither habe er den berühmten Physiker nie mehr mit der Pfeife gesehen, berichtete der Röntgenologe Dr. Gustav Bucky: »Wenn ich merkte, daß er dennoch geraucht hatte, wurde er verlegen wie ein ertappter Schuljunge.«[65] János Plesch, einem anderen ärztlichen Freund, hat Einstein einmal gestanden, daß er nun auf einem anderen Weg zum Institut gehe. Er nehme nicht mehr den Wiesenpfad, sondern die Straße, wo er genügend Zigarettenkippen fände, um seine Pfeife damit zu stopfen: »Der Gute wollte seinen behandelnden Arzt nicht mit der Nichtbefolgung seiner Vorschriften kränken.« Für Plesch aber war durch nichts erwiesen, daß ein mäßig genossener Giftstoff die Lebensdauer verkürzt. Er versorgte ihn daher wieder mit Tabak und Zigarren.

Auch Dr. Hans Mühsam, der seinerzeit Einsteins Mutter behandelt hatte und jetzt in Haifa lebte, sorgte sich um seine Gesundheit. »Sie wollen immer, daß ich über meinen ›Leichnam‹ berichten soll«, antwortete Einstein:

> Ehrmann sagte mir vor ein paar Monaten in seiner gefühlvollen Weise: »Jeder Tag ist geschenkt – das wissen Sie!« Recht hat er.[66]

Schließlich hielten die Ärzte einen Eingriff für unumgänglich. Die Operation wurde am 31. Dezember 1948 von dem berühmten Chirurgen und Sauerbruch-Schüler Rudolf Nissen im Jüdischen Spital von Brooklyn durchgeführt.

Nissen hatte Deutschland Ende Mai 1933 verlassen und war auf dem Weg über Istanbul im Juli 1939 in die Vereinigten Staaten gekommen. Hier hatte er wie andere Refugee-Ärzte, um praktizieren zu dürfen, das medizinische Staatsexamen wiederholen müssen.[67] Er kannte Einstein schon aus seiner Berliner Zeit.

Bei der Operation sah Nissen die verkalkte Aorta und das große Aneurysma, das von der Bifurkationsstelle bis über das Zwerchfell hinaufreichte. Jede leichte Überanstrengung konnte einen Riß in der Gefäßwand hervorrufen, was unweigerlich durch inneres Verbluten zum Tode führen mußte. Darauf bezog sich die Bemerkung, daß jeder Tag ein Geschenk sei.

> [Zusätzlich] fanden sich mehrere Verwachsungen des Darmes, die offenbar die unmittelbare Ursache der Anfälle waren. Es fand sich aber auch, daß die Leber zu klein und in der Funktion offenbar defekt ist; darum die ungenügende Fett-

verdauung und Empfindlichkeit gegenüber dem Essen von rohen Sachen.[68]

Zur Erholung schickte ihn Ehrmann im Februar 1949 für drei Wochen nach Florida, und erfreut registrierte Einstein: »Man hat Hunger, die alte Kiste funktioniert besser und man entwickelt so etwas wie einen Bauch.« In dem Urlaubsparadies lungerten die Menschen »mehr oder weniger nackt« herum und hätten für eine Weile den Kampf ums Dasein vergessen. In einem Brief an Otto Nathan lesen wir, daß auch er gerne der »Verführung zum Schlaraffenleben« nachgegeben hätte. Das darf man nicht glauben. Einstein konnte nicht ohne Arbeit sein. Er hatte versprochen, sich über 19 Aufsätze zu äußern (es wurden schließlich 25), die sich alle mit seinem Lebenswerk beschäftigten und zu seinem 70. Geburtstag erscheinen sollten: »Da schreibe ich nun darauf los, immer unzufrieden über das Geschriebene und doch unfähig, es besser zu machen.«[69]

Es handelte sich um den von Paul Arthur Schilpp herausgegebenen Sammelband über *Albert Einstein als Philosoph und Naturforscher*. Der aus Deutschland stammende Schilpp hatte eine *Library of Living Philosophers* begründet. Jedem großen Denker des 20. Jahrhunderts sollte ein eigener Band gewidmet werden, in dem sich die führenden Fachkollegen – Anhänger und Gegner – über die ihnen bedeutsam erscheinenden Aspekte äußerten. Aufgenommen wurden auch eine Autobiographie und die Antwort des Gelehrten auf die Ausführungen seiner Kritiker und Kommentatoren.

Die Autobiographie hatte Einstein schon 1946 verfaßt und seinen »eigenen Nekrolog« genannt. Die kleinen Scherze waren ihm zur Manie geworden. Er schrieb aber nur sehr wenig über sich selbst und behandelte fast nur die Entwicklung der Wissenschaft. Bereits in jungen Jahren war er sich der Unvollkommenheiten der großen Theorien bewußt gewesen, und er hatte nach den Stellen gesucht, wo er den Hebel ansetzen konnte. Weil er sich selbst fast schon als Abgeschiedenen sah, ging er gleichsam auf den verehrten Newton zu und entschuldigte sich, daß er dessen Mechanik und Gravitationsgesetz einer Revision unterzogen habe: »Newton, verzeih mir; du fandest den einzigen Weg, der zu deiner Zeit für einen Menschen von höchster Denk- und Gestaltungskraft eben noch möglich war.«[70]

Die persönliche Seite seines Lebens behandelte Einstein wie immer nur am Rande. »Albert ist ein scheuer Mensch«, hatte schon Elsa konstatiert. Es war ihm durchaus bewußt, daß man von seiner Autobiographie noch etwas anderes erwarten könnte:

> »Soll dies ein Nekrolog sein?« mag der erstaunte Leser fragen. Im Wesentlichen ja, möchte ich antworten. Denn das Wesentliche im Dasein eines Menschen von meiner Art liegt in dem, *was* er denkt und *wie* er denkt, nicht in dem, was er tut oder erleidet.[71]

Wir kennen diese These Einsteins und seine prinzipielle Abneigung gegen Biographien. In seinem Vorwort zu Philipp Franks Darstellung schwang er sich sogar zu der Behauptung auf, Autobiographien verdankten ihre Entstehung meist der »Selbstliebe oder Gefühlen negativen Charakters gegen Mitmenschen«.[72]

Dieses Urteil ist ungerecht. Es gibt wunderbare Autobiographien von Gelehrten, wie die von Werner Heisenberg, in denen der Verfasser die Entwicklung seiner Wissenschaft schildert und seinen Freunden ein Denkmal setzt. Wir sind Einstein deshalb für seine autobiographische Skizze dankbar, auch wenn er bedauerlicherweise nur sehr knapp auf die persönliche Seite einging.

Jedoch haben auch wir einen Einwand. Wie bei anderen Memoiren enthält der von Einstein nach bestem Wissen und Gewissen verfaßte Text einige Irrtümer und falsch gesetzte Akzente. Durch neue Erfahrungen im Laufe des Lebens verschiebt sich – auch bei rational bestimmten Menschen – die Erinnerung: Nachdem er im Juli 1900 das Fachlehrerdiplom erworben hatte, war ihm keineswegs, wie er in seiner autobiographischen Skizze schrieb, die »heilige Neugier« für ein ganzes Jahr vergällt. Wie einem gesunden Raubtier die Freßgier könne man auch einem jungen Forscher durch Überfütterung den Wissensdrang abgewöhnen, heißt es in den Lebenserinnerungen. Einsteins Briefe aus der Zeit um die Jahrhundertwende zeigen jedoch einen ungebrochenen Forscherdrang. Dem Löwen Einstein konnte man den Wissensdurst nicht nehmen.

Auch die wichtige Rolle, die Heinrich Friedrich Weber, der Physikprofessor am Polytechnikum, für die Entwicklung seiner Interessen gespielt hat, geht nicht aus den Lebenserinnerungen hervor, sondern nur aus seinen damaligen Briefen an Mileva. Darauf haben Jürgen Renn und Robert Schulmann, die Herausgeber der Einstein-Edition, aufmerksam gemacht.[73]

Drei Jahre nach Abfassung seines »Nekrologs« lagen Einstein die Stellungnahmen der Kollegen zu seinem Lebenswerk vor. Niels Bohr hatte über seine »Diskussionen mit Einstein über erkenntnistheoretische Probleme in der Atomphysik« geschrieben, Wolfgang Pauli über »Einsteins Beitrag zur Quantentheorie« und Max Born über »Einsteins statistische Theorien«. Neben diesen und anderen Physikern kamen auch ein paar angesehene Philosophen zu Wort wie Henry Margenau, Hans Reichenbach und Aloys Wenzl. In seinem Resümee zum Abschluß des Bandes betonte Einstein noch einmal, daß er

Mit dem Kollegen Rudolf Ladenburg am 21. Mai 1950

»den bedeutenden Fortschritt, den die statistische Quantentheorie gebracht hat, voll anerkenne«, und erläuterte, was ihn »an der Theorie vom prinzipiellen Standpunkt aus« nicht befriedige.[74]

Der Sammelband erschien 1949, im Jahr des 70. Geburtstags. Auch die Zeitschrift *Reviews of Modern Physics* brachte ein Festheft heraus. Abraham Pais hatte die führenden Physiker um einen Beitrag gebeten. Die Mehrzahl der Aufsätze war aktuellen Problemen gewidmet und stand nur in losem Zusammenhang mit Einsteins Arbeiten.

Am 19. März fand zu seinen Ehren ein wissenschaftliches Symposium statt, an dem über 300 Physiker und Philosophen teilnahmen. Wahrscheinlich um Journalisten fernzuhalten, wurden Eintrittskarten ausgegeben. »Die Leute waren wie verrückt nach diesen Karten«, erinnerte sich der damals dreiundzwanzigjährige John Kemeny. »Ich war damit nicht befaßt, aber die Leute glaubten, als Einsteins Assistent müßte ich Beziehungen haben. Berühmte Männer bettelten um eine Karte.«[75]

Rudolf Ladenburg hatte die Tagung organisiert und versetzte zur Eröffnung die Hörer mit seinen Erinnerungen zurück in die Zeit vor 40 Jahren, als Einstein den Umsturz im Weltbild der Physik vollzog. Das Generalthema war »Die Relativitätstheorie in der zeitgenössischen Physik«. Am Vormittag sprachen Oppenheimer, Rabi und Wigner hauptsächlich über die Bedeutung der Speziellen Relativitätstheorie, am Nachmittag kam dann die Allgemeine Relativitätstheorie an die Reihe. Den Abschluß bildete Hermann Weyl mit einem Vortrag über *Relativity Theory as a Stimulus in Mathematical Research*.[76] Nach dem Ende der Veranstaltung staunte Wigner, daß Einstein nach so vielen Vorträgen einen ganz frischen Eindruck machte. Der aber scherzte: »Wenn ich alles verstanden hätte, wäre ich müde.«

Die Kollegen am Institute for Advanced Study schenkten ihm ein »High-Fidelity-Radio«. Erwin Panofsky hatte es übernommen, das Geld im Kollegenkreis zu sammeln, und einer der Members bemerkte, es sei wohl ein Privileg, »to be allowed to contribute«. Einstein war fast zu Tränen gerührt und sandte seinen persönlichen Dank an die Kollegen. Weil es ihm jedoch nicht möglich war, seine Gefühle im Englischen auszudrücken, schrieb er seinen Brief auf Deutsch, und Panofsky mußte ihn übersetzen. Obwohl der Kunsthistoriker beide Sprachen perfekt beherrschte, empfand er es als fast unmöglich, »to give an adaequate idea of the sincerity and humor which Einstein manages to put into his German«.[77]

Von seinen acht Aarauer Konabiturienten meldeten sich die letzten beiden, die noch lebten. Einer von ihnen, Dr. Emil Ott, der es zum Betriebsleiter des Gaswerks in Zürich-Schlieren gebracht hatte, versorgte später den Biographen Carl Seelig mit Jugenderinnerungen.

Wolfgang Pauli hatte seine Verehrung bereits in seinen Beiträgen zum Schilpp-Band und zum Einstein-Festheft der *Reviews of Modern Physics* zum Ausdruck gebracht. In einem sehr herzlich gehaltenen Glückwunschschreiben dankte er für die bewiesene »persönliche Sympathie«. Unvergeßlich sei ihm die Rede, die Einstein »an jenem Institutsfest im Dezember 1945« gehalten habe:

> Die menschliche und geistige Einstellung zu mir, die Sie damals zum Ausdruck gebracht haben, soll mir eine Mahnung sein, dem uns verbindenden geistigen Ideal immer treu zu bleiben, das im wissenschaftlichen Werk volle Aufrichtigkeit gegen sich selbst und gegen die Mitwelt über die den Ideen zu Grunde liegenden Motive verlangt. Es ist diese klare Einfachheit und Aufrichtigkeit in Ihren Arbeiten, die mich jetzt noch ebenso fesselt wie früher als junger Schüler bei meinem ersten Studium der Relativitätstheorie.[78]

Auch Arnold Sommerfeld in München konnte den 14. März 1949 »nicht schweigend vorübergehen lassen«. Im Bayerischen Rundfunk hielt er eine Laudatio und zitierte Schillers Distichon über Kolumbus:

> Mit dem Genius steht die Natur in ewigem Bunde,
> Was der eine verspricht, leistet die andere gewiß.[79]

KAPITEL 19

Im Zeitalter des Atoms

Nach dem Ersten Weltkrieg hatte Oswald Spengler mit seinem *Untergang des Abendlandes* einem verbreiteten Kulturpessimismus Ausdruck gegeben. Auch Einstein gehörte zu den Lesern dieses pseudowissenschaftlichen Bestsellers und ließ sich von Spengler »manchmal am Abend etwas suggerieren«, um dann am Morgen darüber zu lächeln.[1] Ende der vierziger Jahre empfanden die Menschen erneut, »daß sich die Gesellschaft im Zustand einer Krise befinde und ihre Stabilität ernstlich erschüttert sei«.[2]

Auch Einstein neigte dieser Auffassung zu. Er sah die Ursache der Krise in der Stellung des Menschen zur Gesellschaft: »Das Individuum fühlt sich mehr als je abhängig von der Gesellschaft. Aber es fühlt diese Abhängigkeit nicht im positiven Sinne als organische Verbundenheit, als ein Geborgen-Sein, sondern eher als eine Art Gefährdung seiner natürlichen Rechte, ja seiner wirtschaftlichen Existenz.«[3]

In der Massengesellschaft aber gab es doch für die verunsicherten Menschen ein paar Anhaltspunkte, ein paar Leuchttürme in schwerer Zeit, die ihr Licht weithin ausstrahlten und den Weg in eine bessere Welt zeigten. Neben Albert Einstein gehörte dazu Albert Schweitzer, der »Urwalddoktor«, der dem »Weisen von Princeton« äußerlich und innerlich auffallend ähnelte. »So vieles, was Sie in Ihren Briefen sagen, könnte Einstein selbst gesagt haben«, schrieb Helen Dukas nach Lambaréné, »zum Beispiel, daß Ihnen immer ein Geheimnis geblieben sei, die Wirkung, die Sie auf die Menschen ausüben«.[4]

An den beiden großen Männern sahen die Zeitgenossen, daß außer Geld und Erfolg noch andere Werte existierten. Ein aus Deutschland vertriebener Arzt schrieb einmal anläßlich eines Geburtstags, als »Vorkämpfer für wahre Geistesfreiheit« habe

Einstein vielen Menschen »neue Hoffnung und Vertrauen« gegeben.[5] Es entsprach nicht seiner Art, sich prätentiös als »Weltweiser« zu gerieren. Wie früher in der Physik hat er seine Rolle im Kampf gegen Ungerechtigkeit und Intoleranz heruntergespielt: »Die Menschen brauchen ein paar romantische Idole als Lichtflecken.« Zu einem solchen »Lichtflecken« habe man ihn

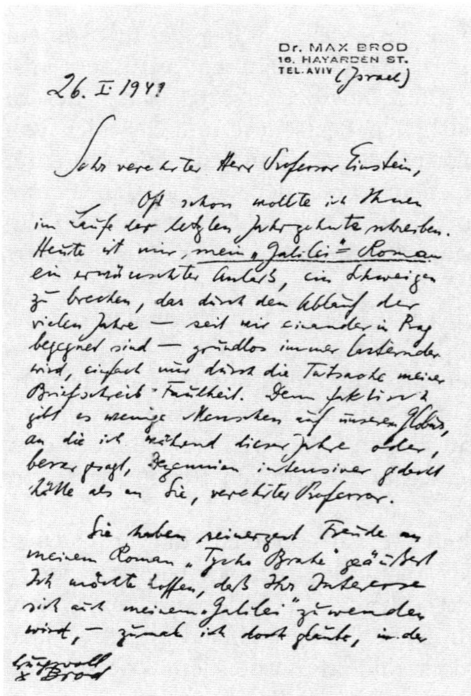

Dr. MAX BROD
16. HAYARDEN ST.
TEL-AVIV (Israel)

26. I. 1949

Sehr verehrter Herr Professor Einstein,

Oft schon wollte ich Ihnen im Laufe der letzten Jahrzehnte schreiben. Heute ist mir mein „Galilei"-Roman ein erwünschter Anlaß, ein Schweigen zu brechen, das durch den Ablauf der vielen Jahre — seit wir einander in Prag begegnet sind — grundlos immer lastender wird, einfach nur durch die Tatsache meiner Briefschreib-Faulheit. Denn faktisch gibt es wenige Menschen auf unserem Globus, an die ich während dieser Jahre oder, besser gesagt, Dezennien intensiver gedacht hätte als an Sie, verehrter Professor.

Sie haben seinerzeit Freude an meinem Roman „Tycho Brahe" geäußert. Ich möchte hoffen, daß Ihr Interesse sich auch meinem „Galilei" zuwenden wird, — zumal ich dort glaube, in der

[illegible]
[illegible] Brod

Brief von Max Brod

gemacht – die besondere Wahl der Person sei dabei unerklärlich und unerheblich.[6]

Ständig griff Einstein mit seinen Stellungnahmen in die Politik ein, und manchmal konnte er tatsächlich Bewegung in eine verfahrene Situation bringen. Einmal berichtete ihm ein Freund, der Maler Josef Scharl, wie er beim Zigarettenkauf zufällig in eine

Menschenansammlung gekommen sei, die engagiert über einen »offenen Brief« Einsteins in der *New York Times* diskutierte: »Wenn Ihre Worte überall die gleiche Freude und Zustimmung gefunden haben, dann sind sie nicht umsonst gewesen.«[7]

Die politischen Texte, bei denen es auf die Nuancen ankam, schrieb Einstein immer in Deutsch. Durch die Übersetzung, auch wenn gute Freunde sie besorgten, ging viel von der Frische und Ursprünglichkeit verloren. Für die deutschsprachigen Länder fertigten die Nachrichtenredaktionen eine Rückübersetzung an, und die veröffentlichte Version war nur noch ein schwacher Abglanz des Originals. Auch die Sammlung seiner allgemeinverständlichen Aufsätze, *Out of My Later Years*, die erstmalig 1950 in New York erschien, kam in Deutschland in dieser doppelt entpersönlichten Fassung heraus. Erst zur Feier des 100. Geburtstags, im Einstein-Jahr 1979, lernten die deutschen Leser den Originalwortlaut kennen.[8]

Als »romantisches Idol« und »Lichtflecken« mußte Einstein »wie ein Gefangener« leben, weil sich die Menschen in Massen an ihn herandrängten. So hat er es einmal einem Verwandten beschrieben: Nirgends könne er sich hinwagen, weil es Staub aufwirble und Komplikationen verursache. Dazu komme ein permanent schlechtes Gewissen, weil er nicht in der Lage sei, die unzähligen Manuskripte und Anfragen, die auf ihn niederprasselten, zu lesen oder gar zu beantworten. Diese Insuffizienz nehme noch zu mit den Jahren.[9]

Nach der »ärztlichen Reparatur«, die »Maestro Nissen« am Jahresende 1948 an ihm vorgenommen hatte, fühlte er sich wieder »recht gut beisammen«. Über die Bedeutung des Aneurysmas war er sich jedoch völlig im klaren, und er rechnete immer damit, einmal recht plötzlich »absegeln« zu müssen. Er sprach nun öfter von seinem »letzten Schnaufer« oder, weil er auch sein bevorstehendes Ende scherzhaft kommentierte, von dem »hochgelehrten letzten Schnaufer«. Schon als Sechzigjähriger hatte er sein Testament errichtet. Gegenüber Otto Nathan meinte er, es handle sich nicht um den letzten Willen eines Millionärs, sondern eines Mannes, der bei seinem Tode eine größere Anzahl von Menschen unter prekären Verhältnissen zurücklasse.

Er bedachte seine geschiedene Frau Mileva und den im Sanatorium untergebrachten jüngeren Sohn Eduard, Schwester Maja Winteler sowie seine Stieftochter Margot und seine Sekretärin Helen Dukas. Soweit aus dem Legat für Eduard bei dessen Tod noch Vermögen vorhanden sein würde, sollte dieses dem älteren Sohn Hans Albert zufallen.[10] Seine geliebte Geige bestimmte er für seinen Enkel Bernhard Caesar, das älteste Kind seines Sohnes Hans Albert. Seit ein paar Jahren hatte Einstein das Musizieren »aufgesteckt«: Er konnte, wie er erklärte, »die selbsterzeugten Töne einfach nicht mehr aushalten«.[11]

Mileva Einstein-Marić starb nach langer Krankheit am 4. August 1948. Bei der Ordnung der Vermögensangelegenheiten fand sich zur allgemeinen Überraschung eine Menge Geld. »Es ist etwas Komisches in der ganzen Tragik«, kommentierte Einstein. »Mileva hat wie eine echte serbische Bauerntochter gehandelt, indem sie ihre Verhältnisse erfolgreich uns gegenüber verschleierte.«[12]

Viel besser als je mit seinen Frauen stand Einstein mit seiner Schwester, wahrscheinlich deshalb, weil Maja keine Ansprüche an ihn stellte und für alles dankbar war. Seit ihrem Zusammenbruch im Sommer 1944 ging es mit ihr »deutlich abwärts«, und er tröstete sich: »Meine Schwester leidet nicht«:

> Ich lese ihr noch immer jeden Abend vor – heute zum Beispiel die merkwürdigen Argumente, welche Ptolemäus gegen Aristarchs Ansicht vorträgt, daß sich die Erde drehe und sogar um die Sonne bewege. Ich habe dabei an manche Argumente der heutigen Physiker denken müssen: gelehrt und raffiniert, aber instinktlos. Das Abwägen von Argumenten in theoretischen Dingen bleibt eben Sache der Intuition.[13]

Mitte Juni 1951 stürzte Maja beim Aufstehen, und trotz der Milde des Falles (»es war mehr ein allmähliches Gleiten«) brach sie sich den Oberarmknochen. Im Krankenhaus von Princeton wurde sie wegen der starken Schmerzen völlig stillgelegt. Dabei zog sie sich eine Lungenentzündung zu, der sie am 25. Juni 1951 erlag.

Ihre Intelligenz hatte merkwürdigerweise durch die vorgeschrittene Krankheit kaum gelitten, obwohl sie in der letzten Zeit kaum mehr vernehmlich reden konnte. Nun fehlt sie mir mehr, als man sich leicht vorstellen kann.[14]

Gegenüber seinen beiden Frauen hatte Einstein, was die menschlichen Beziehungen betraf, versagt. Deshalb hob er an seinem Freund Michele Besso als besonders bemerkenswert hervor, daß dieser es fertigbrachte, »viele Jahre lang nicht nur im Frieden, sondern sogar in dauernder Konsonanz mit einer Frau zu leben«. An diesem Unterfangen sei er »zweimal ziemlich schmählich gescheitert«.[15]

Gescheitert war Einstein aber auch in den Beziehungen zu seinen Kindern, was er sich vielleicht gar nicht bewußt gemacht hat: Seine Tochter, das »Lieserl«, hatte er zur Adoption weggegeben. Der jüngste Sohn Eduard lebte als Geisteskranker in einer Anstalt, und er war seit 1933 nicht mehr bei ihm gewesen. Blieb der älteste Sohn Hans Albert, der als Professor für Hydraulik in Berkeley an der Universität von Kalifornien lehrte.

Mileva hatte ihn gegen seinen Vater beeinflußt. Die Entfremdung verstärkte sich durch die Heirat Hans Alberts im Jahre 1927. Mit seiner »sauberen Schwiegertochter«, wie sich Einstein ausdrückte, hat er sich nie ausgesöhnt. Frieda Einstein war Mitglied der Christian Science, einer Sekte, deren Lehre Einstein als »Aberglauben« verachtete. Zu seinem ohnmächtigen Zorn verlor sie ein Kind, den sechsjährigen Klaus, durch eine Diphtherieinfektion, weil sie mit ihren Glaubensbrüdern die moderne Medizin ablehnte.[16]

Einstein verübelte seinem Sohn, daß er sich von seiner Frau bevormunden ließ. Nach Einsteins Meinung durfte es in einer Ehe niemals heißen: »Meine Frau und ich haben beschlossen.« Richtig sei nur: »Ich habe beschlossen!«[17]

Eine partnerschaftliche Verbindung ist mit einer solchen Einstellung nicht möglich, was er auch selbst empfunden hat. Er nannte sich einen »Einspänner«, der allen Menschen gegenüber, auch den nächsten Angehörigen, »ein sich nie legendes Gefühl der Fremdheit und des Bedürfnisses nach Einsamkeit empfunden« habe. Schon der Zweiundzwanzigjährige meinte, es kämen ihm alle Menschen so fremd vor, »wie wenn sie durch eine unsichtbare Wand« von ihm getrennt wären. 1922 hieß es ganz ähnlich im Tagebuch: »Glasscheibe zwischen Subjekt und anderen Menschen.«

Innerlich verbunden gefühlt hat er sich mit seinem Kollegen Paul Ehrenfest. Als dieser wieder einmal von Depressionen heimgesucht war und in einem Brief meinte: »*Du* hast niemanden nötig – *ich* Dich aber sehr«, ging Einstein aus sich heraus. Seine menschlichen Beziehungen seien dürftig und spärlich: »Ich habe Deine Freundschaft ebenso notwendig, vielleicht notwendiger als Du die meine.« Das Haus des Freundes in Leiden war Einstein ein willkommenes »Retiro«, und dorthin hatte er sich 1923 nach den antisemitischen Ausschreitungen in Berlin geflüchtet und nach dem Wahlsieg der Nationalsozialisten im Hochsommer 1932. Aber der sensible Freund hat seinen Lebensweg nur zwei Jahrzehnte begleitet; im Februar 1912 haben sie sich in Prag kennengelernt, im September 1933 schied Ehrenfest freiwillig von dieser Welt.

Es mag sein, daß ihm im Alter die Anwesenheit seiner Schwester zu einer lieben Gewohnheit geworden ist. Aus seinen Briefen an die Verwandten muß man schließen, daß Maja als eine verwandte Seele ihm, dem »Einspänner« und »Steppenwolf«, wenigstens zeitweise das Bewußtsein vermittelt hatte, auf dieser Welt nicht ganz allein zu stehen. Im übrigen hat er sich überall, wo er lebte, in der Schweiz, in Prag, in Berlin und in Princeton, als Fremdling und Außenseiter gefühlt. Obwohl er versicherte, daß die Einsamkeit nur in der Jugend schmerzlich, im Alter aber köstlich sei, klingt der Brief des Siebzigjährigen wie eine Klage:

> Ich hab' mich kaum je unter den Menschen so fremd gefühlt als gegenwärtig, oder ist es eine Täuschung durch Vergessen?[18]

Bei ihm bestätigte sich die These seines Lieblingsphilosophen Schopenhauer, daß »die Eminenz des Geistes zur Ungeselligkeit« führt.

In seinem *Steppenwolf* hatte Hermann Hesse das Porträt eines einsamen »Gedanken- und Büchermenschen« entworfen. Der Roman war 1927 im S. Fischer Verlag erschienen, und er erreichte seit Mitte der sechziger Jahre in den Vereinigten Staaten seine stärkste Wirkung. Tausende von amerikanischen Studenten glaubten sich gleich bei ihren ersten pubertären Kontaktschwierigkeiten in der Figur des »Steppenwolfes und ruppigen Eremiten« zu erkennen. Eine frappierende Ähnlichkeit aber besteht mit Einstein, etwa wenn es heißt, daß der Blick des Steppenwolfs unsere ganze Zeit durchdrang, »das ganze betriebsame Getue, die ganze Streberei, die ganze Eitelkeit, das ganze oberflächliche Spiel einer eingebildeten, seichten Geistigkeit«:

> Ach, und leider ging der Blick noch tiefer, ging noch viel weiter als bloß auf Mängel und Hoffnungslosigkeiten unserer Zeit, unserer Geistigkeit, unserer Kultur. Er ging bis ins Herz alles Menschentums, er sprach beredt in einer einzigen Sekunde den ganzen Zweifel eines Denkers... aus an der Würde, am Sinne des Menschenlebens überhaupt. Dieser Blick sagte: »Schau solche Affen sind wir.«[19]

Seine Vereinsamung kontrastiert in merkwürdiger Weise mit der starken sozialen Verantwortung, die er fühlte und die sein Verhalten bestimmte.

Er opferte viel Zeit, um Menschen zu helfen, die in Schwierigkeiten waren. Ein Beispiel ist Melania Serbu, eine Rumänin, die sich 1928 zum erstenmal an ihn gewandt hatte. Er sandte ihr Bücher, sorgte für ein Stipendium, empfahl sie an Philipp Frank und sprach ihr ständig Mut zu. »Auch ich«, schrieb er ihr, »wurde als Student durch die viele Weisheit entmutigt, die an der Hochschule schonungslos auf mich niederprasselte.«[20]

In Berlin hatte der Hausangestellten Eindruck gemacht, daß »Herr Professor« zu jedermann in dem gleichen freundlichen Ton sprach. Das gilt auch für seine Briefe. Als er Melania Serbu als Gasthörerin zu Philipp Frank schickte, erläuterte er ihr, die noch nicht einmal das Abitur hatte und mit einem Ausdruck Elsas ein »armes Hascherl« war, die intellektuellen Besonderheiten seines Kollegen. Frank sei gescheit und klar: »Wissenschaftliche Erfindungskraft ist ihm weniger zuteil geworden.«

Für die Politik engagierte sich Einstein noch stärker als früher. Die Tatsache, daß die Ergebnisse der wissenschaftlichen

Forschung »eine akute Bedrohung der Menschheit mit sich gebracht haben«, legte nach seiner Meinung den Wissenschaftlern eine erhöhte Verantwortung auf. Die Physiker müßten mit dafür sorgen, daß die Atomenergie der Menschheit zum Segen gereiche und nicht zum Untergang. Dringend notwendig sei daher eine enge und vertrauensvolle Zusammenarbeit zwischen den Vereinigten Staaten und der Sowjetunion. Nationalistische Kreise in Amerika dagegen forderten eine Politik der Stärke, denn nur die USA seien im Besitz des »Atomgeheimnisses«.

Kenner schätzten, daß die Sowjetunion etwa drei Jahre brauchen würde, um eine eigene Atombombe zu entwickeln, und kleinere Nationen wie Frankreich vielleicht fünf oder sechs. Erwin Panofsky kommentierte sarkastisch: Das von den Militärs strapazierte Wort von der atomaren Geheimformel käme ihm vor, als handle es sich um ein Haartonikum. Geheim seien doch nur ein paar Tricks bei der Herstellung![21]

Vor der Academy of Sciences hielt J. Robert Oppenheimer eine aufsehenerregende Rede. Er begann mit dem Satz: »We have created an evil thing.« Oppenheimer erwartete eine Senkung der Herstellungskosten um einen Faktor 1000 und im Fall eines Atomkriegs 40 Millionen Tote in den Vereinigten Staaten. Daraus zog General Leslie R. Groves, der militärische Leiter des »Manhattan Project«, den Schluß, daß die überlebenden 80 Millionen den Krieg immer noch gewinnen könnten. Die Physiker nannten ihn darauf nur noch den »Idioten«.[22]

Oppenheimer aber betonte: »The only imaginable defense is peace«, die einzig mögliche Verteidigung ist Frieden. Und so dachte wohl jeder in Princeton. »Meine Ansicht, Deine Ansicht, die Ansicht Aydelottes*, die Ansicht aller vernünftigen Menschen«, sagte Panofsky.[23]

Im berühmten Smyth Report über die militärische Anwendung der Atomenergie hieß es, mit den ersten Atomexplosionen sei die Menschheit in ein neues Zeitalter eingetreten, das Zeitalter des Atoms. Das entsprach durchaus der Stimmung. Die Menschen interessierten sich ungeheuer für alle mit dem

* Damals Direktor des »Institute for Advanced Study« in Princeton.

geheimnisvollen »Atom« zusammenhängenden wissenschaftlichen, technischen und politischen Fragen.

In den Zeitungen und Zeitschriften erschienen ständig einschlägige Aufsätze, und die Princeton University Press kam kaum mehr nach mit dem Druck des Smyth Report. Auch der renommierte Schweizer Schriftsteller Denis de Rougemont, der damals in Princeton lebte, befaßte sich mit dem Thema. Unter dem Titel *Lettres sur la bombe atomique* berichtete er einer fiktiven Freundin in Europa von seinen Begegnungen mit Physikern und Generälen. Er erzählte natürlich auch von Einstein, dem »Patriarchen des neuen Zeitalters« und »Moses der atomaren Welt«:

> Eben geht ein Mann im blauen Pullover und Flanellhosen vor meinem Fenster vorbei, die Haare vom Wind zerzaust – zwei schöne weiße Strähnen in genialer Unordnung... So kommt er jeden Tag um elf Uhr hier vorbei. Wenn es kalt ist, trägt er einen schwarzen Mantel. Sein Haar zeigt mir die Windrichtung, und sein Anblick treibt meine kleine Tochter in die Flucht. Woran denkt er? Aus diesem Gehirn ist die Gleichung hervorgegangen, die die Welt umzugestalten beginnt. Ich sage mir die Gleichung jedesmal neu vor, wenn ich ihn sehe: $E = mc^2$... Noch nie hat jemand so viel gesagt mit so wenigen Zeichen.[24]

Nach der französischen Originalausgabe sollte auch eine englische Übersetzung unter dem Titel *The Last Trump* erscheinen, was »Der letzte Trumpf« bedeuten konnte, ebenso jedoch »Die letzte Trompete«, die den Weltuntergang ankündigt. Der Doubleday Verlag drängte seinen Autor, sich bei Einstein eine Empfehlung zu holen. Denis de Rougemont aber scheute sich, dem berühmten Mann damit zu kommen. Ein paar Tage später ging das Telephon: »Hier Einstein«. Dem Schriftsteller erschien das so unglaublich, als hätte sich Newton gemeldet, und stotterte, er hätte den Namen nicht recht verstanden. Darauf wiederholte Einstein, und Rougemont registrierte den starken deutschen Akzent: »Here Professor Einstein. I have just read for the third time your charming little book.« Offenbar hatte sich der New Yorker Verlag direkt an Einstein gewandt.[25]

Rougemont wurde noch am gleichen Abend in die Mercer Street gebeten, und der Schriftsteller und der Physiker verbrachten viele Stunden miteinander. Sie sprachen über Europa, die Notwendigkeit der politischen Einigung und den Wiederaufbau mit Hilfe der Kernenergie. Tatsächlich wurde Rougemont nach seiner Rückkehr in die Heimat in der Europabewegung aktiv. Als Direktor des 1950 gegründeten »Centre Européen de la Culture« in Genf engagierte er sich für die Idee eines gemeinsamen europäischen Forschungsinstituts. Dieses konnte tatsächlich 1954, und zwar ebenfalls in Genf, realisiert werden in Form der »Europäischen Organisation für Kernforschung«, abgekürzt CERN.

Entscheidend für den Erfolg war die Mitwirkung der UNESCO in Paris. Die Kulturorganisation der Vereinten Nationen verfolgt ähnliche Ziele wie seinerzeit das »Institut für intellektuelle Zusammenarbeit« unter dem Dach des Völkerbunds.

Die offiziell am 29. September 1954 gegründete Großforschungseinrichung CERN beschäftigt sich mit Grundlagenforschung auf dem Gebiete der Elementarteilchen. Bei ihren Gesprächen in Princeton 1946 hatten Einstein und Rougemont noch ganz andere Vorstellungen gehabt. Sie dachten an eine europäische Zusammenarbeit auf dem Gebiet der Kernenergie. Übrigens wurde auch diese realisiert durch Gründung der Europäischen Atomgemeinschaft Euratom im Jahre 1957.

Im Jahre 1984 haben »Die Grünen« im Deutschen Bundestag die Abschaltung aller Atomkraftwerke gefordert und ihrem Gesetzesentwurf ein Zitat Einsteins vorangestellt:

> Die entfesselte Gewalt des Atoms hat alles verändert, nur unsere Denkweise nicht, und so gleiten wir auf eine Katastrophe zu, die die Welt noch nicht gesehen hat.[26]

Das klingt, als wäre Einstein ein grundsätzlicher Gegner der Kernenergie gewesen. »Die Grünen« berufen sich jedoch zu Unrecht auf ihn. Das wird sofort klar, wenn man aus Einsteins Statement den unmittelbar folgenden Satz hinzufügt:

> Wir Wissenschaftler, die wir diese ungeheure Kraft entfesselt haben, tragen eine außerordentlich große Verantwortung in

diesem weltweiten Kampf um Leben und Tod – einem Kampf, der darauf abzielt, das Atom zum Segen und nicht zum Ruin der Menschheit zu nutzen.[27]

Genau darum ging es Einstein: Bei aller Skepsis hatte er sich die Hoffnung in eine bessere Zukunft bewahrt. Und mit dieser Hoffnung stand er keineswegs allein.

Auch an dieser Stelle fühlt man den tiefen Widerspruch zwischen Einsteins philosophischer Weltanschauung und seinem Handeln. Er war Determinist, das heißt fest überzeugt, daß alles Geschehen vorherbestimmt ist. Trotzdem warf er sein ganzes Gewicht in die Waagschale, damit das Atom der Menschheit auch tatsächlich zum Segen gereichen würde. Mit einer großen Zahl von bedeutenden Physikern gründete Einstein das »Emergency Committee of Atomic Scientists«. Er wurde der Präsident dieses »Notstandskomitees der Atomforscher«. Die wichtigsten Aufgaben waren:

1. Die Anwendung der Atomenergie zum Segen der Menschheit zu fördern,
2. Wissen und Informationen über die Atomenergie zu verbreiten,... damit eine informierte Bürgerschaft intelligente Entscheidungen zu ihrem eigenen Wohl und dem der gesamten Menschheit treffen kann.[28]

Einstein und sein Emergency Committee leisteten wichtige Aufklärungsarbeit. Sie informierten die Bevölkerung, daß die Sowjetunion binnen kurzem ebenfalls die Atombombe besitzen würde, weshalb man zu einem Interessenausgleich und letztlich zu einer Weltregierung kommen müsse.

Das Problem bestand darin, daß die Sowjetunion in ihrer Politik noch mehr auf militärische Stärke setzte und sich zudem gegenüber einem freien Gedankenaustausch völlig abschottete. Gegen eine solche Politik hatte auch Einstein kein Rezept. Einmal entsandte das State Department einen erfahrenen Beamten nach Princeton zu Einstein, um solche Fragen zu diskutieren. Er war wie alle Besucher von Einsteins Auftreten (»warm and completely informal«) sehr beeindruckt. In der Sache aber gewann der

Beamte den Eindruck, daß Einstein auf dem Gebiet der internationalen Politik völlig naiv sei:

> Der Mann, der das Konzept der vierten Dimension in die Wissenschaft eingeführt hat, vermochte hinsichtlich einer Weltregierung in nur zweien von ihnen zu denken.[29]

Zu Beginn des Ersten Weltkriegs hatte er erlebt, »wie ein verstiegener Nationalismus sich einer Epidemie gleich verbreiten und für Millionen von Menschen Tragik und Leid bringen« konnte. Als amerikanischer Bürger erfreute er sich der politischen Freiheiten, aber er glaubte auch hier Anzeichen einer kommenden »nationalistischen Epidemie« zu erkennen. Im Gespräch mit dem Beamten des State Department sagte er, die Amerikaner zeigten eine Tendenz, so zu werden wie die Deutschen. Er beeilte sich hinzuzufügen: nicht wie die Deutschen des Dritten Reiches, sondern die der Kaiserzeit.

Rettung aus der »bedrohlichen internationalen und nationalen Situation« erhoffte er sich von dem linksliberalen Politiker Henry A. Wallace, und er gab ein sehr positives Urteil ab über dessen Buch *Toward World Peace*. Wallace kandidierte bei der Präsidentschaftswahl 1948 für die kleine Progressive Party. Sogleich wurde vom »Wallace for President Committee« der Presse mitgeteilt, daß Einstein Henry Wallace wie Roosevelt und Willkie zu den Menschen zähle, »die über dem kleinlichen Gezänk des Tages stehen«. Als Wallace jedoch im Januar 1949 seine Unterschrift für einen Aufruf gegen die Gründung der NATO erbat, lehnte Einstein ab: »People do not like to get advice from a comparative newcomer and I am already well known as an antagonist of the whole imperialistic and half-fascistic attitude of American politics.«[30]

Alle Behauptungen von den aggressiven Absichten der Sowjetunion hielt Einstein für eine »rein amerikanische Erfindung«. Die Russen seien die Schwächeren und hätten durch einen Krieg nur zu verlieren und nichts zu gewinnen. Nach dem Ausbruch des Koreakriegs im Juni 1950 wollte er nicht an einen kommunistischen Angriff glauben und fragte sich, »was die USA auf dem asiatischen Kontinent zu schaffen« hätten.[31]

Mit solchen Ansichten stand er – auch unter linken Intellektuellen – ziemlich allein. Das konnte ihn jedoch nicht beirren. Er war überzeugt, daß seine Zeitgenossen einer »zielbewußten Propaganda« zum Opfer gefallen waren. Wahrscheinlich dachte er an den Ersten Weltkrieg, als bei den Alliierten wie auf der deutschen Seite »ungeheuer gelogen worden [ist] ohne Dementi« und er als einziger das Lügengewebe durchschaute.[32]

Einstein beurteilte überhaupt das politische Leben in den Vereinigten Staaten auf Grund seiner in Deutschland gesammelten Erfahrungen. Er sah auch dort Parallelen, wo die Verhältnisse in den Vereinigten Staaten ganz anders lagen. Hier gab es, anders als in Deutschland, eine tief verwurzelte demokratische Tradition.

Als 1952 der populäre Heerführer des Zweiten Weltkriegs Dwight D. Eisenhower zum Präsidentschaftskandidaten nominiert wurde, dachte er zurück an die Wahl Hindenburgs zum Reichspräsidenten, die sich als Menetekel künftigen Unheils erwies. Einstein stellte sich auf die Seite des Gegenkandidaten Adlai E. Stevenson.

Nach der verlorenen Wahl dankte Stevenson dem großen Physiker für seine Unterstützung. Einstein bedauerte, daß es möglich gewesen sei, das Volk in dieser kritischen Zeit in die Irre zu führen.[33] Dieses Urteil war ungerecht.

Kurze Zeit später besuchte Stevenson den Gelehrten in der Mercer Street, und bei der Verabschiedung fragte ihn Einstein: »Wissen Sie, warum ich Sie unterstützt habe? Ich hatte zu dem anderen noch weniger Vertrauen!« Helen Dukas erinnerte sich noch 20 Jahre später an das laute Gelächter der beiden Männer.[34]

Kurz nach dem Amtsantritt Eisenhowers wandte sich Einstein an den neuen Präsidenten mit dem Anliegen, die zum Tode verurteilten Atomspione Julius und Ethel Rosenberg zu begnadigen. Wie schon erwähnt, wurde Einstein dafür von vielen Amerikanern geschmäht, andere lobten ihn. Er sei das »Gewissen Amerikas und der Welt«, meldete sich ein wackerer Bürger aus St. Louis: »I do not see how the President can fail to ignore your brave plea.«[35]

Das Todesurteil wurde trotzdem vollstreckt. Viele Amerikaner schrieben in dem Gefühl an Einstein, einen Rückfall in die

Barbarei zu erleben. Auch er glaubte, das Ehepaar Rosenberg sei der politischen Leidenschaft zum Opfer gefallen. Ein antikommunistischer Kreuzzug hatte begonnen, und Eisenhower war offenbar zu schwach, um dem Druck der »kalten Krieger« zu widerstehen. Wahrscheinlich fühlte sich Einstein erneut an die letzten Jahre der Weimarer Republik erinnert. Nach dem Verbot des Antikriegsfilms *Im Westen nichts Neues* durch die demokratische deutsche Regierung hatte er die »bedenkliche Schwäche gegenüber der Straße« beklagt.

In den zwanziger Jahren war sein politisches Hauptanliegen die Ächtung des Krieges. Wie stand er jetzt zum Pazifismus? Im August 1948 erreichte ihn eine Anfrage der »Liga für Kriegsdienstverweigerer« in New York. Seine früher vertretenen Auffassungen erschienen ihm jetzt als »zu primitiv«: Die Kriegsdienstverweigerung bedeute »eine Schwächung der Staaten mit liberaler Regierung, also indirekt eine Begünstigung der tyrannischen Regierungen«. Die bessere Methode sei, energisch auf eine Weltregierung hinzuarbeiten: »Ich glaube, daß die verantwortungsbewußten Menschen auf dieses Ziel ihre ganzen Anstrengungen konzentrieren sollten.«[36] Trotzdem hatten die jungen Männer, die im Konflikt zwischen Gewissen und Gesetz ihrem Gewissen folgten, seine volle Sympathie und Unterstützung. Mit einigen Wehrdienstverweigerern hat er korrespondiert und ihnen Mut zugesprochen.[37]

Noch stärker aufgefordert, nicht schweigend zuzusehen, fühlte sich Einstein, als im Gefolge des kalten Krieges viele loyale Amerikaner kommunistischer Sympathien verdächtigt wurden. Im Senat und im Repräsentantenhaus bildeten sich Komitees, die jeden Bürger vorladen und nach seinen politischen Überzeugungen und seinen Verbindungen zu wirklich und vermeintlich kommunistischen Organisationen befragen konnten. Einen besonderen Ruf verschaffte sich dabei als Vorsitzender eines Untersuchungsausschusses der republikanische Senator Joseph R. McCarthy, nach dem noch heute diese unrühmliche Phase der amerikanischen Geschichte benannt wird.

Einstein sprach sich vehement gegen die Gesinnungsschnüffelei aus und nannte sich selbst einen überzeugten »Nonkonformisten«. Nach dem Vorbild des Göttinger Physikers Georg Christoph Lichtenberg hat auch er Aphorismen geschrieben und zu diesem Thema formuliert: »Um ein tadelloses Mitglied einer Schafherde sein zu können, muß man vor allem ein Schaf sein.« Je ernster es ihm war, desto stärker fühlte er sich zu Scherzen veranlaßt. In Anspielung auf seine Außenseiterrolle in der Wissenschaft fügte er seinem Statement die Bemerkung hinzu, daß seinen Nonkonformismus auf einem weltfremden Gebiet allerdings bisher noch kein Senatskomitee anzutasten sich berufen gefühlt habe.[38]

Darauf wandte sich ein Lehrer in Brooklyn namens William Frauenglass, der in Washington vorgeladen war, an Einstein um Hilfe. Der große Physiker intervenierte mit einem »offenen Brief«, und dadurch wurde der Fall in der ganzen Welt bekannt:

> Was soll die Minderheit der Intellektuellen tun gegen das Übel? Ich sehe offen gestanden nur den revolutionären Weg der Verweigerung der Zusammenarbeit im Sinne Gandhis. Jeder Intellektuelle, der vor eines der Komitees vorgeladen wird, müßte jede Aussage verweigern, das heißt bereit sein, sich einsperren und wirtschaftlich ruinieren zu lassen...[39]

Einstein hatte in Worte gefaßt, was viele Amerikaner dachten. Er erhielt einen Berg von Zuschriften, die meisten »enthusiastisch zustimmend«, wenige »streng verdammend«. Alles in allem, war er überzeugt, hatte er »zur Reinigung der politischen Luft ein bißchen beigetragen«.

In den Zeitungen überwogen die kritischen Stimmen. Auch die *New York Times* mißbilligte Einsteins Auffassung. Darauf meldete sich Bertrand Russell in einem Leserbrief zu Wort. An dem Meisterstück der Ironie wird Einstein seine Freude gehabt haben:

> Sie scheinen der Meinung zu sein, man müsse dem Gesetz, und sei es auch noch so schlecht, unter allen Umständen Folge leisten. Ich kann nicht glauben, daß Sie diese Ihre Ansicht völlig durchdacht haben... Ich müßte sonst annehmen, daß Sie George Washington verurteilen und die Rückgabe Ihres Landes

> an Ihre Allergnädigste Majestät Elisabeth II. wünschen. Als loyaler Brite wäre ich natürlich begeistert darüber...[40]

Auch Josef Scharl stand ganz auf Einsteins Seite: »Sie, lieber Herr Professor, haben vielen Menschen wieder Mut gemacht und Freude.«[41]

Die entgegengesetzte Wirkung rief die Intervention Einsteins bei Paul Weyland hervor. Der »Berliner Einstein-Töter« war im Jahre 1948 in die Vereinigten Staaten gelangt, wo er nach Ablauf von fünf Jahren um seine Einbürgerung nachsuchte.[42] Als sich nun, ähnlich wie nach dem Ersten Weltkrieg, die Medien des langen und breiten mit Einstein beschäftigten, stiegen in ihm die alten Ressentiments wieder hoch. Im September 1953 denunzierte Weyland seinen Intimfeind beim Bundeskriminalamt FBI: Einstein sei kein Wissenschaftler oder Philosoph, sondern ein Politiker, ein Kommunist, der 1920 das deutsche Volk in Anarchie und Kommunismus habe treiben wollen. Er aber, Weyland, sei ihm entgegengetreten, weshalb er von Einstein im *Berliner Tageblatt* angegriffen wurde. Anstatt diese Anschuldigungen dorthin zu befördern, wo sie hingehörten, wurden sie zu Protokoll genommen, und das FBI verwandte viel Zeit und Geld für weitere Nachforschungen.

Einstein beschäftigte die Phantasie der Zeitgenossen. Die abenteuerlichsten »Informationen« füllten die Akten des FBI: Einsteins Berliner Büro sei eine Anlaufstelle für Sowjetagenten gewesen, und das gesamte Personal habe aus Kommunisten bestanden. – Der Atomspion Klaus Fuchs sei von Einstein für das Bombenprojekt empfohlen worden. – Einstein und zehn frühere Nazi-Wissenschaftler hätten sich insgeheim getroffen und in einem Versuch mit einem Lichtstrahl einen Stahlblock zum Schmelzen gebracht. Mit diesem Todesstrahl könnten ganze Städte vernichtet werden.

Das Dossier wuchs schließlich auf 1500 Seiten. Edgar Hoover, der Direktor des FBI, erhielt auf seine Anforderung einen 1160 Seiten starken Bericht. Das eigentlich Bestürzende daran ist nicht die Verschwendung von Steuergeldern, sondern die Unfähigkeit des FBI, die offensichtliche Unsinnigkeit der Beschuldigungen zu erkennen.[43]

Wenn Einstein von den Vorgängen erfahren hat, was wir nicht wissen, mag ihm Don Quijote wieder in den Sinn gekommen sein: Wenn die Phantasie überhitzt ist, sieht man in einer harmlosen Windmühle einen gefährlichen Riesen.

Einstein war seit April 1944 emeritiert, aber er behielt sein Arbeitszimmer im Institute for Advanced Study und ging noch täglich »zur Arbeit«. Um etwa neun Uhr kam er zum Frühstück und verließ zwischen zehn und elf das Haus. Meist wurde er von

Mit dem Mathematiker Kurt Gödel

seinem Freund und Kollegen abgeholt, dem aus Brünn stammenden Mathematiker Kurt Gödel, mit dem er sich menschlich und wissenschaftlich besonders gut verstand. Im Institut arbeitete er zwei Stunden mit seiner Assistentin, der Mathematikerin Bruria Kaufman, bis ihn Gödel wieder zurück in die Mercer Street begleitete. Hier wartete bereits Helen Dukas mit dem Mittagessen.

In seiner Berliner Zeit hatte er der jungen Rumänin Melania Serbu geschrieben, er wolle ihr den Weg zum Mathematikstudium ebnen, wenn ihr Herz daran hänge. Jedoch fühlte er sich nach seinen negativen Erfahrungen mit Mileva zum Hinweis verpflichtet, daß dieses Studium sich bei Frauen fast immer räche, »weil ihnen die große und beständige einseitige Anstrengung meist nicht gut« bekomme.[44] Bruria Kaufman war das lebendige Gegenbeispiel. Sie hatte schon mit 19 Jahren an der Columbia University promoviert, war Mitarbeiterin von John von Neumann gewesen und arbeitete und publizierte nun mit ihren 25 Jahren gemeinsam mit Einstein. An ihrer Verstandesschärfe hatte er täglich seine Freude.

Im Sommer ging Einstein am liebsten im offenen Hemd, einen Leinenhut auf dem Kopf, die Füße in bequemen Sandalen. Socken brauchte er nicht. Nach der Schilderung von Carl Seelig trug er im Winter ein rot-weißes Halstuch und eine »marineblaue, tief über die Stirne gezogene Wollmütze«[45]; hinter den Ohren zeigten sich ungebändigte weiße Haarbüschel. Helen Dukas hat den Biographen korrigiert: »Die Mütze war schwarz und der Schal gewiß nicht rot-weiß.« Es sei ein »dunkelroter Wollschal mit Schwarz gemischt« gewesen.[46]

Nach dem Essen ruhte Einstein bis vier. Dann kamen noch einmal zwei Stunden Arbeit zu Hause. Die restliche Zeit verbrachte er mit seiner Korrespondenz, mit Lesen oder einem Geduldspiel. Dabei erhole man sich am besten, erklärte er János Plesch: »Sehen Sie mal diesen kleinen Turm an. Man muß die Kugel zur Spitze hinaufrollen lassen. Probieren Sie einmal, Sie werden sich wundern, wie schwer das ist. Man braucht dazu eine ruhige Hand und Konzentration.«[47]

Seinen Freunden berichtete er regelmäßig, daß es ihm »mit Rücksicht auf das vorgerückte Alter« recht gut gehe: »Ebenso Margot, wenn man ihre angeborene Schlemihligkeit in Rechnung zieht. Fräulein Dukas geht es überhaupt gut ohne Einschränkung.«[48]

Unter einem »Schlemihl« verstand Einstein ein »Tierlein ohne Mark und Bein« wie seinen Freund Michele Besso, über den er sich in seinen jungen Jahren weidlich lustig gemacht hatte. Margot war häufig krank, und einmal berichtete er – wie gewöhnlich ohne Diskretion –, daß man mit ihr eine Hormonkur gemacht habe:

> Margotl geht es viel besser, seit sie ein Sex-Hormon kriegt, das von Säuen oder Kühen gewonnen wird... Es zeigt jedenfalls, daß wir alle ungefähr an demselben Strick gezogen werden.[49]

Diese Auffassung läßt an Sigmund Freud denken, der als erster die Bedeutung der Sexualität für die Persönlichkeitsbildung betont hatte. Ursprünglich war Einstein über die Berechtigung der Freudschen Theorien unsicher gewesen. Einige Jahre vor dem Tod des großen Psychologen erfuhr er jedoch von einigen Krankheitsfällen, die eine von der Freudschen Verdrängungslehre abweichende Deutung ausschlossen. Als er dies Sigmund Freud mitteilte, antwortete ihm der Begründer der Psychoanalyse: »Bis Sie mein Alter erreichen« – Freud war damals 80 Jahre –, »werden Sie mein Anhänger geworden sein.«[50] So ähnlich ist es tatsächlich gekommen. »Der Alte hat scharf gesehen«, meinte Einstein, als er selbst die Siebzig erreichte: »Er hat sich durch keine Illusion einlullen lassen, außer manchmal durch ein übertriebenes Vertrauen in die eigenen Einfälle.«[51]

Am eigenen Leibe spürte Einstein die Kraft der Libido, die er früher in wechselnden Beziehungen zu Frauen und jetzt noch in seiner Arbeit auslebte. Durch eine geregelte »Abfuhr der Triebenergie«, wie Freud erläuterte, befinde sich der Mensch im psychischen Gleichgewicht. Das war bei Einstein der Fall. Von Neurosen hat man nie etwas gehört.

Anfang der fünfziger Jahre stand Marilyn Monroe mit den Filmen *How to Marry a Millionaire* und *Gentlemen Prefer Blondes* auf dem Gipfel ihres Ruhmes. Der Körper der Diva galt beim Publikum als schlechthin vollkommen, so vollkommen wie das Gehirn Einsteins. Die Phantasie der Zeitgenossen brachte die beiden denn auch bald miteinander in Verbindung. Auf die bekannte Interviewerfrage: »Wen würden Sie sich auf eine einsame Insel als Gefährten mitnehmen?«, soll – einer Story zufolge – die Schauspielerin Einstein genannt haben. Was nun, so spekulierte man, wenn aus dieser Verbindung ein Kind herv orginge? Es könnte den Verstand Einsteins erben und die Figur der Monroe; es könnte aber auch umgekehrt geschlagen sein mit der Figur Einsteins und dem Verstand der Monroe.

Die Story lief um die Welt, und niemand ahnte, daß sie (um mit Einstein zu reden) »einen beträchtlichen Wahrheitswert« besaß. Wie wir jetzt wissen, war Einstein mit einer New Yorker Nachtklubtänzerin liiert und die Beziehung, wie man so schön sagt, »nicht ohne Folgen« geblieben. 40 Jahre nach der Geburt seiner ersten unehelichen Tochter, dem »Lieserl«, wurde er nochmals Vater eines unehelichen Kindes, wieder einer Tochter. Auch in diesem Fall sorgte er durch ihm verbundene Menschen für die Adoption, so daß das Kind in einer intakten Familie aufwachsen konnte.[52] Abermals zeigte sich die an Rücksichtslosigkeit grenzende Fähigkeit Einsteins, menschliche Probleme von sich abzuhalten und anderen aufzubürden.

Über Sigmund Freud hat sich Einstein oft mit einem guten Bekannten unterhalten, dem Arzt János Plesch, der wie eh und je »von interessanten Ideen sprudelte«. Dabei war Plesch schwer leidend und konnte kaum gehen, weil er in beiden Beinen Blutgerinnsel hatte. Einstein freute sich jedesmal auf seinen Besuch. Plesch habe »immer noch den alten Charme«, und er, Einstein, könne es nicht über sich bringen, ihm »den Schwindel und kuriosen Exhibitionismus in seiner grotesken Autobiographie zu verübeln«.[53] Wie erwähnt, hatte Plesch in seinen Lebenserinnerungen ein ganzes Kapitel Einstein gewidmet.

Als Arzt war Plesch über den Gesundheitszustand Einsteins unterrichtet. Die früher einmal registrierten Gehirnströme zeigten nach seiner Ansicht, »daß Einstein emotional prompt und ausgiebig reagiert«. Darauf deuteten auch die während der Denkarbeit auftretenden plötzlichen Blutmassenverschiebungen. In einer privaten Aufzeichnung hat der Arzt auch über die Natur des lebensgefährlichen Aneurysmas spekuliert. In seiner langen medizinischen Praxis, schrieb Plesch, habe er bei abdominalen Aneurysmen fast ausnahmslos syphilitischen Ursprung festgestellt. Für eine luetische Infektion spreche auch, daß Einstein öfter an hochgradigen sekundären Anämiezuständen leide.

Nach Plesch paßte ein solcher Befund zur Persönlichkeit. Einstein habe nichts von einem Heiligen: Vielmehr sei der große Mann sexuell stark betont, wie man das äußerlich an seinen wulstigen, sinnlichen Lippen und an seiner schön geformten, aber großen Nase erkenne. Wann aber hatte Einstein die Lues erworben? Plesch machte dafür das »Interregnum« zwischen der ersten und der zweiten Ehe verantwortlich.[54]

Das ist eine gewagte, aber nicht gänzlich absurde These. Aus den inzwischen veröffentlichten Privatbriefen wissen wir, daß er seine erste Frau Mileva spätestens 1913 »wie eine Angestellte« behandelte, sein eigenes Schlafzimmer hatte und es vermied, mit ihr allein zu sein. Da sind durchaus einige Eskapaden denkbar: »Warum soll solch ein gesunder und schöner Mensch nicht einmal Pech gehabt und in seinem jugendlichen Draufgängertum eine Lues aquiriert haben?«[55] Wir können die Richtigkeit dieser Behauptungen nicht überprüfen. Jedoch muß gesagt werden, daß Einstein selber die Wahrheitsliebe seines Freundes sehr gering eingeschätzt hat. Plesch sei ein Vulkan, der ohne Unterbrechungen Feuer speie. Wegen seiner erhöhten Reizbarkeit dürfe man dem »alten Aufschneider« auch bei den »unwahrscheinlichsten Ansichten und Erklärungen« nicht widersprechen.[56]

Übertrieben hat Plesch wohl auch mit einer anderen Bemerkung. Einstein sei zwar stets nachlässig gekleidet, die Körperpflege habe er aber keineswegs vernachlässigt, sondern sogar täglich gebadet. Vielleicht hätte Einstein schallend darüber gelacht. Wie hieß es doch in seinen ersten Briefen an Elsa, als er ein Mann von fünfunddreißig war? Wenn er anfange, sich zu pflegen, sei er nicht mehr er selbst.

Zum Glück hat Einstein nicht erfahren, daß Plesch weiterhin biographisches Material über ihn sammelte und sich mit der Absicht trug, dieses zu gegebener Zeit zu veröffentlichen. Einstein zog es entschieden vor, im Dunkel des »Nicht-Analysiertseins« zu verbleiben.

Seit Anfang 1952 beschäftigte sich auch der in Zürich lebende Schriftsteller Carl Seelig mit einer Biographie Einsteins. Er gewann die Zuneigung des großen Mannes, indem er sich erst einmal um den in einer Anstalt lebenden schizophrenen Eduard kümmerte. »Er bildet das nahezu einzige menschliche Problem, das ungelöst verbleibt«, gestand Einstein. »Die anderen sind nicht durch mich, sondern durch die Hand des Todes gelöst worden.«[57] Die etwas merkwürdige Formulierung vom »nahezu einzigen« menschlichen Problem mit seinem Sohn Eduard läßt darauf schließen, daß es noch andere (nicht so gravierende) gab, wahrscheinlich mit den unehelichen Kindern.

Seelig war der Herausgeber einer Gesamtausgabe Georg Büchners und bot an, Einstein das Werk des jung verstorbenen Dramatikers zuzusenden. Für diesen Revolutionär mit dem Kampfruf »Friede den Hütten, Krieg den Palästen« hätte sich Einstein sicher begeistert. Aber er hatte sich nie mit ihm beschäftigt und antwortete, als Gymnasiast habe er Büchners *Kraft und Stoff* mit Zustimmung gelesen, welches Buch ihm aber später etwas kindlich vorgekommen sei in seinem naiven Realismus: »Ich denke aber, das ist wohl nicht derselbe Büchner.«[58] Einstein meinte den materialistischen Philosophen Ludwig Büchner, den jüngeren Bruder des Dramatikers, und Seelig war über die Bildungslücke erheitert: »Was Georg Büchner angeht, verhält sich seine Begabung zu der seines Bruders wie die des Schubertlieder vortragenden Schaljapin zu Gaudeamus igitur singenden Korpsstudenten.«[59]

Seelig suchte der Reihe nach die in der Schweiz lebenden alten Freunde Einsteins auf und fragte sie nach ihren Erinnerungen. Der »unselige Seelig« nehme es zu ernst mit der übernommenen Aufgabe, meinte Einstein, »so daß er alle Welt damit molestiert«.[60] Michele Besso erteilte gewissenhaft Auskunft, und wo er nicht mehr weiter wußte, reichte er die Fragen an Einstein weiter. Der wollte, daß vor allem den Freunden ein Denkmal gesetzt würde. »Es muß gesagt werden«, schrieb er an Besso, »daß wir täglich auf dem Heimwege vom Amt über wissenschaftliche Fragen diskutierten«:

> Mit K. Habicht und Solovine hatte ich regelmäßige philosophische Lese- und Diskussionsabende in Bern, wo wir uns hauptsächlich mit D. Hume beschäftigten (in einer recht guten deutschen Ausgabe). Diese Lektüre war auf meine Entwicklung von ziemlichem Einfluß.[61]

David Hume hatte Immanuel Kant, nach dessen eigenem vielzitierten Zeugnis, aus dem »dogmatischen Schlummer« gerissen und seinen Untersuchungen im Felde der spekulativen Philosophie »eine ganz andere Richtung« gegeben.[62] Auch Einsteins geliebter Schopenhauer rühmte den englischen Empiristen: Aus einer Seite Humes sei mehr zu lernen »als aus Hegels, Herbarts und Schleiermachers sämtlichen philosophischen Werken zusammengenommen«. Ähnlich bedeutsam muß David Hume für Einstein gewesen sein. Bei vielen Gelegenheiten betonte er den »gewaltigen Eindruck«, den Hume auf ihn gemacht habe.[63] Allerdings erklärte er sich außerstande, »das im unbewußten Denken Verankerte« zu analysieren.[64] Auch hier war er also zu einer Selbstreflexion nicht bereit.

Es ging Einstein um das Problem, in welchem Verhältnis die vom Menschen gebildeten Begriffe und Theorien zur Wirklichkeit (oder besser gesagt: zu den Sinneseindrücken) stehen. Isaac Newton und nach ihm Generationen von Physikern glaubten, daß der Weg von der Erfahrung zu den Begriffen und Theorien eindeutig vorgezeichnet sei. Einstein war anderer Meinung:

> Die klare Erkenntnis von der Unrichtigkeit dieser Auffassung brachte eigentlich erst die Allgemeine Relativitätstheorie; denn diese zeigte, daß man mit einem von dem Newtonschen weitgehend abweichenden Fundament dem einschlägigen Kreis von Erfahrungstatsachen sogar in befriedigenderer und vollkommenerer Weise gerecht werden konnte, als es mit Newtons Fundament möglich war. Aber ganz abgesehen von der Frage der Überlegenheit wird der fiktive Charakter der Grundlagen dadurch völlig evident, daß zwei wesentlich verschiedene Grundlagen aufgezeigt werden können, die mit der Erfahrung weitgehend übereinstimmen. Es wird dadurch jedenfalls bewiesen, daß jeder Versuch einer logischen Ableitung der Grundbegriffe und Grundgesetze der Mechanik aus elementaren Erfahrungen zum Scheitern verurteilt ist.[65]

So hatte Einstein in einem Vortrag über die »Methodik der theoretischen Physik« gesagt. Der amerikanische Philosoph F. S. C. Northrop hat später diese Thesen analysiert und betont, Einstein sei »ebenso bedeutend wegen seiner Auffassung von wissenschaftlicher Methode wie wegen der Erfolge, die er mit Hilfe dieser Methode erzielt hat«.[66] Mit anderen Worten: Einstein wies nicht nur den Physikern den Weg, sondern auch den mit erkenntnistheoretischen Fragen befaßten Philosophen.

Nach dem Ersten Weltkrieg gehörte auch Karl Popper in Wien zu den vielen geistig aufgeschlossenen jungen Menschen, die von allem Neuen fasziniert waren. Eine entscheidende Rolle für seine intellektuelle Entwicklung spielte die Begegnung mit dem dialektischen Materialismus von Karl Marx, der Individualpsychologie von Alfred Adler, der Psychoanalyse von Sigmund Freud und der Allgemeinen Relativitätstheorie von Albert Einstein. Nacheinander wurde Popper von Marx, Adler und Freud enttäuscht, und es blieb nur noch Einstein. Besonders imponierte dem Schüler, daß Einstein seine Theorie dem Richterspruch der Erfahrung unterwarf:

> Wenn die Rotverschiebung der Spektrallinien durch das Gravitationspotential nicht existierte, wäre die Allgemeine Relativitätstheorie unhaltbar.[67]

So zitierte Karl Popper in seiner Autobiographie aus Einsteins Büchlein *Über die spezielle und allgemeine Relativitätstheorie*. Ihn irritierte, daß die Marxisten und die Psychoanalytiker aller Schulen imstande waren, jedes Faktum als eine Verifikation ihrer Theorie zu interpretieren. Noch als Schüler kam Popper zu dem Ergebnis, daß man von einer Theorie, die den Namen »wissenschaftlich« verdiene, präzise Aussagen verlangen müsse, die eine Prüfung und gegebenenfalls Widerlegung ermöglichen. Das ist die berühmte »Falsifizierbarkeit«, seine »zentrale Idee« von 1919.[68]

Später untersuchte Popper die Beziehungen zwischen dem Gravitationsgesetz Newtons und der Allgemeinen Relativitätstheorie Einsteins. Über weite Bereiche der Erfahrung macht die neue Theorie gleich gute Aussagen wie die alte; in einigen Punkten aber führt sie zu abweichenden Resultaten und gibt dabei die Erfahrung besser wieder. Die neue Theorie enthält also die alte als Näherung, erfaßt aber einen weiteren Bereich der Wirklichkeit.

In seiner *Logik der Forschung* erweiterte Popper dieses Resultat zu einer allgemeinen Theorie über die Entwicklung der Wissenschaft. Auch hier hatte ihm Einstein den Weg gewiesen. Der große Physiker mußte sich mit dem törichten Argument herumschlagen, die Spezielle Relativitätstheorie werde durch die Allgemeine Relativitätstheorie über den Haufen geworfen. »Es ist das schönste Los einer physikalischen Theorie«, kommentierte Einstein, »wenn sie selbst zur Aufstellung einer umfassenden Theorie den Weg weist, in welcher sie als Grenzfall weiterlebt.«[69]

Im Frühjahr 1950 kam Karl Popper zu seinem ersten Besuch in die Vereinigten Staaten. Sein größter und nachhaltigster Eindruck war die Begegnung mit Einstein. Dreimal traf er mit ihm zusammen. Als der Philosoph später seine Autobiographie schrieb, erinnerte er sich einiger Bemerkungen Einsteins über die Physik der Atombombe, die er vom wissenschaftlichen Standpunkt »trivial« nannte. Vielleicht waren diese Bemerkungen, meinte Popper, beeinflußt durch seine Ablehnung der Bombe: »Aber zweifellos meinte er, was er sagte, und im wesentlichen hatte er sicher recht.« Das Hauptthema ihrer Gespräche war jedoch der Determinismus, und vergeblich versuchte der Philosoph Einstein dazu zu überreden, seinen starren Standpunkt aufzugeben:

> Es ist schwierig, den Eindruck zu vermitteln, den Einsteins Persönlichkeit auf mich und auf meine Frau machte. Man mußte ihm einfach vertrauen, mußte sich bedingungslos seiner Freundlichkeit überlassen, seiner Güte, seiner Weisheit, seiner Offenheit und einer beinahe kindlichen Einfachheit. Es spricht für unsere Welt und für Amerika, daß ein so weltfremder Mensch dort nicht nur überleben konnte, sondern geschätzt und geehrt wurde.[70]

KAPITEL 20

Das letzte Jahr

Die Wissenschaft gewährt dem Menschen tiefe Einsichten in die Struktur des Kosmos, sie schützt ihn gegen die Unbilden der Natur, aber sie kann auch, wie im Fall der Atombombe, grimmige Gewalt üben. Was aber verstand der Mann auf der Straße unter »Wissenschaft«? Frühere Zeiten hatten zu Allegorien gegriffen, um abstrakte Begriffe faßbar zu machen. In dem berühmten Lehrbuch Voltaires über die Physik Newtons sieht man auf einem Kupferstich eine edle Frauengestalt hoch in den Wolken, eine Allegorie auf die Wissenschaft. Sie fängt das Licht ein, symbolisch zu verstehen als »Licht der Aufklärung«, das heißt als Erkenntnis, und spiegelt es auf die Erde und Voltaires Schreibtisch.

Jetzt verkörperte Einstein, sein vom Denken zerfurchtes Antlitz, die Wissenschaft. In immer neuen Pressephotos wurde sein Bild in der ganzen Welt verbreitet, und die Zeitgenossen fanden, daß die Wissenschaft trotz allem menschlich geblieben war.

Wenn der Amerikaner am Morgen bei Ham and Eggs das bekannte Gesicht in der Zeitung entdeckte, wußte er, daß sich Einstein wieder einmal persönlich eingeschaltet hatte, um den Bedrohten und Verfolgten beizustehen, gegen das Unrecht aufzutreten, in jeder Form und in jedem Land, oder Stellung zu beziehen gegen den Wahnsinn des Wettrüstens. Die Zeitgenossen haben es meist nicht eigens gesagt, aber gefühlt haben sie es alle, daß der Weltweise mit ein paar Gleichgesinnten – Albert Schweitzer, Bertrand Russell, Niels Bohr – dafür sorgte, daß die Mächtigen dieser Welt, vielleicht erst im letzten Augenblick, Vernunft annahmen.

Dabei verbreitete der große Mann um sich keine Distanz, sondern jedermann fühlte sich ihm freundschaftlich verbunden. Er war der Patriarch und zugleich der gute Kumpel, dem man anerkennend auf die Schulter schlug.

Tausende von Briefen und Telegrammen erreichten ihn zum 75. Geburtstag am 14. März 1954. Viele alte Freunde und Kollegen meldeten sich, die ihn einmal ein Stück auf seinem Lebensweg begleitet hatten. Noch mehr Zuschriften kamen von unbekannten Verehrern.

An die Jugendzeit in München erinnerten ihn zwei Mitschüler des Luitpold-Gymnasiums. Adolf Wildermuth, ein Postrat im Ruhestand, sandte als Souvenir einen »leider schon vergilbten« Jahresbericht.[1] Einstein besuchte im Schuljahr 1891/92 als Jüngster der Klasse die 4A mit ihren 69 Schülern. Als Beruf seines Vaters hieß es »Fabrikant in München«. Ludwig Geißler, damals 2A und Klassenkamerad von Alfred Einstein und Franz Marc, erinnerte ihn an ihr Zusammentreffen 1931 in Antwerpen, als er als Angestellter der HAPAG beauftragt war, den großen Physiker und seine Frau an Bord der Portland zu bringen. Einstein hatte herausgefunden, daß sie beide im Luitpold-Gymnasium »dieselbe Schulbank gedrückt hatten«. Er dachte gerne an den »verpreußten Bayern« mit seinem Mutterwitz, der die Einsteins mit

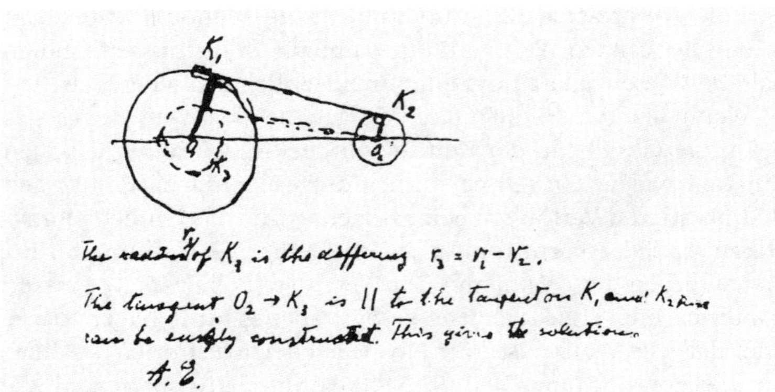

Hin und wieder kamen findige Schüler auf die Idee, sich Einsteins Kenntnisse zunutze zu machen. So wurde er von einer Quartanerin auf das »Problem« angesetzt, die gemeinsame Tangente zweier Kreise zu konstruieren. Einstein fand die Lösung. Man beachte aber Einsteins Schwierigkeiten mit der englischen Orthographie: Er schreibt »differenz« statt richtig »difference«.

amüsanten Geschichten aus seiner Jugend unterhalten hatte, während sie an Bord gingen.[2]

Auch sein Aarauer Konabiturient Dr. Emil Ott, der schon zum 70. Geburtstag herzlich gratuliert hatte, sandte dem »lieben Klassenbruder« ein neues Zeichen der Verbundenheit: »Ich selber schlängle mich so durch, eingedenk der Worte im Tell, den wir übrigens bei Frey bis zum [Erbrech]en durchpaukten: Sieh vorwärts, Werner, und nicht hinter dich.«[3]

In die Zeit der »Akademie Olympia« in Bern, als Einstein als »Experte III. Klasse« am Patentamt tätig war, versetzte ihn der Brief des alten Freundes Maurice Solovine. Zu dritt hatten sie damals viele große Werke der Philosophie und Weltliteratur gelesen und über die erkenntnistheoretischen Grundfragen der Physik diskutiert:

> Als ich den Don Quijote las, da lachten Sie so donnernd, daß ein Außenstehender hat glauben können, daß der Jupiter tonans im Zimmer sich befinde. Mais où sont des neiges d'antan?[4]

Der Physiker Walther Meißner, der Entdecker des Meißner-Ochsenfeld-Effektes, erinnerte an das schöne Berliner Kolloquium: »Erfüllte uns Ihre Arbeit schon immer mit scheuer Ehrfurcht, so wurden Sie uns durch die großartigen Porträts von Josef Scharl, die wir hier im Original sahen, auch menschlich nahegebracht.«[5]

Johanna Sommerfeld, die Witwe des 1951 verstorbenen großen Münchner Theoretikers, dachte den ganzen 14. März daran, »mit wieviel Liebe und Hochschätzung mein Mann an Ihnen gehangen hat«. Das gab ihr den Mut, zu den 1000 Glückwunschschreiben »noch ein 1001stes hinzuzufügen«.[6]

Ein Bekannter aus der Berliner Zeit war Dr. David Schegin, der jetzt in Paris lebte und mit dem Einstein damals oben in seinem Studierzimmer über Mathematik, Physik, Relativitätstheorie und viele andere Themen debattiert hatte. Auch die »treue Herta« meldete sich, die seinerzeitige »Stütze der Hausfrau«, die noch lebhafte Erinnerungen an die Jahre bei den Einsteins besaß und jetzt mit Mann und Sohn in der DDR lebte.[7]

Eine Jüdin in Berlin, die die Ehe mit einem Christen vor Schlimmerem bewahrte, wünschte »Gesundheit, Masel und Broche«.[8] Auch die ehemaligen Inhaber des kleinen Reisebüros Globus in der Aschaffenburger Straße gratulierten, in das Einstein gelegentlich gekommen war: »Wir mußten dem Naziterror weichen und flüchten. Meine ganze Familie ist vernichtet worden.«[9] Aus Jerusalem schrieb die Mutter des Physikers Ernst Straus, der von 1944 bis 1948 Einsteins Mitarbeiter in Princeton war: »Mein Sohn, der seinen Vater viel zu früh verloren hat, hat da etwas kennengelernt, was er – vielleicht ohne es zu wissen – entbehrt hat: Führung und Leitung durch einen Mann, den er verehrte und liebte.«[10] Im Brief eines Dr. Hans Lamm hieß es: »Wir früheren deutschen Juden blicken auf Sie mit Stolz und Dankbarkeit und verehren Sie als Verkörperung der besten Traditionen unseres Volkes.«[11]

Am 14. März 1954 sprach Bundespräsident Theodor Heuss in der Paulskirche in Frankfurt auf der Gedenkfeier für Paul Ehrlich und Emil von Behring. Am Ende der Festrede machte er, wie er selbst sagte, »einen vielleicht überraschenden und seltsamen Sprung« von der Medizin zur Physik und Einstein. Er könne mit ihm nicht hadern, daß er sich von Deutschland abgewandt habe. Trotzdem erlaube er sich, ihm von hier einen Gruß und einen Glückwunsch zu senden:

> Es sind noch nicht ganz 40 Jahre her, als ich in Heilbronn, wo er seine Mutter besuchte, an einem unvergeßlich gebliebenen Abend Albert Einstein kennenlernte. Von der Relativitätstheorie... wurde an diesem Abend nicht gesprochen. Es war schon Krieg. Wir empfanden ihn beide gleich schwer. Er selber schien mir die politischen Dinge etwas zu sehr in abstrakter Vereinfachung zu begreifen... Es blieb... der nachwirkende Eindruck des Inkommensurablen, des Außerordentlichen, bei dem die Maßstäbe üblicher Begegnungen nicht recht zureichten. Dies nun, spürte ich, ist ein großer Mensch.[12]

Am gleichen 14. März Geburtstag hatte der Ulmer Tillmann Zeller: »Ich wurde aber nicht 75, sondern 10 Jahre alt.« Er hoffe, ebenfalls einmal ein »so berühmter Mann« zu werden, denn er ziehe auch lieber alte Kleider an als neue: »Mein Vater erklärte mir, was Sie erfunden hätten; ich kann das Wort aber nicht behalten.«[13] Uwe Brüggemann, der mit seinen 14 Jahren das Gymnasium in Wolfenbüttel besuchte, gratulierte, weil er Einstein sehr verehre und eine innere Stimme es ihm geraten hatte.[14] Ein fünfzehnjähriger Schüler aus Finnland schrieb, wie unendlich froh er sei, daß Einstein »auf unserem Planeten« lebe und »so riesig scharfe Entdeckungen« gemacht habe: »Ich denke immer, daß Einstein der größte Name unserer Milchstraße ist.«[15]

Eine wertvolle Sammlung von Gratulationen berühmter Zeitgenossen überreichte das »Albert Einstein College of Medicine« in New York. Die Hochschule hatte Gelehrte und Persönlichkeiten der Zeitgeschichte um ein Wort gebeten. Vertreten waren unter anderem die Physiker Louis de Broglie, Peter Debye, John D. Cockcroft und der Mathematiker Kurt Gödel sowie die Staatsmänner Luigi Enaudi, Ralph J. Bunche und Nahum Goldmann. Die Kollegen am Institute for Advanced Study schenkten einen Plattenspieler, und Einstein konstatierte in seinem Dank, daß sie es ihm offenbar nicht verübelten, daß er immer noch existiere.[16]

Eine Woche später berichtete er einem Freund, daß er beschäftigt sei, sich »durch den Berg der Geburtstagsbriefe« hindurchzufressen, »wie der Mann im Märchen sich durch das Kuchengebirge durchfressen mußte, um ins Schlaraffenland zu gelangen.« Es sei »aber auch Drolliges darunter, das einen entschädige«: Briefe, die sich durch Androhung ewiger Höllenqualen mit der Rettung seiner schwarzen Seele beschäftigten: »Vergebliche Liebesmühe.«[17]

Auch Thomas Mann hatte sich mit einem Telegramm »aus alter persönlicher Neigung und Bewunderung« an den Gratulationen beteiligt. In einem Brief an Rudolf Kayser machte er sich Gedanken über den »alten großen Einstein«:

> Sein fast mystischer Ruhm über die ganze Welt ist doch etwas sehr Eigentümliches in Ansehung der Tatsache, daß so wenig Menschen von seiner Leistung etwas verstehen. Auch ich darf mich kaum zu diesen wenigen rechnen, aber längst hat gewiß auch seine politische moralische Haltung Teil an der Ehrfurcht, die man ihm entgegenbringt.[18]

Als Einstein seiner alten Freundin Elisabeth von Belgien für ihre Glückwünsche dankte, reflektierte er über sein Leben und seine Physik. In der neuen Heimat sei er »zu einer Art enfant terrible« geworden, weil er sich nicht imstande fühle, »alles schweigend zu schlucken, was sich da zuträgt«. Merkwürdig sei, »daß die ehemals noch ziemlich harmlos erscheinende Wissenschaft sich zu einem Albtraum ausgewachsen hat und alle erzittern läßt«. Noch immer dächten die Schwerter nicht daran, sich in Pflugscharen verwandeln zu lassen.

Die Bedeutung der Physik für die Entwicklung neuer Waffen führte auch zu einer neuen Rolle der Physiker in der Gesellschaft. In der Nachkriegszeit wurden Oppenheimer und seine Mitarbeiter in den Vereinigten Staaten als Helden gefeiert, weil sie mit der Atombombe den schrecklichen Krieg rasch zu Ende gebracht hatten. Als jetzt Meinungsverschiedenheiten über die zukünftige amerikanische Atompolitik auftraten, zeigte sich, daß die neue Rolle auch ihre Schattenseite hatte. Die Physiker gerieten in den Strudel der politischen Auseinandersetzungen.

Am 6. April 1954 griff Senator Joseph McCarthy während eines Fernsehinterviews den »Fall Oppenheimer« auf. J. Robert Oppenheimer, der seit Oktober 1947 als Direktor des Institute for Advanced Study in Princeton wirkte, hatte starke Bedenken gegen die forcierte Entwicklung der Wasserstoffbombe und forderte ernsthafte Verhandlungen mit der Sowjetunion. Senator McCarthy konstatierte eine »mutwillige Verzögerung« im Aufbau des amerikanischen Waffenarsenals und behauptete, die Vereinigten Staaten riskierten, als Nation ausgelöscht zu werden:

> Und ich frage euch, wer ist daran schuld? Waren es loyale Amerikaner, oder waren es Verräter, die unsere Regierung absichtlich falsch beraten haben, die sich als »Atomhelden« feiern ließen und deren Verbrechen endlich untersucht werden müssen.[19]

Der Angriff war nicht nur auf J. Robert Oppenheimer gerichtet, sondern letztlich auf alle Amerikaner, die den gigantischen Rüstungswettlauf als Weg in den Untergang betrachteten.

Im September 1949 hatte die Sowjetunion ihre erste Atomexplosion gezündet, und die Vereinigten Staaten wollten mit der Entwicklung der thermonuklearen Superbombe ihren Vorsprung aufrechterhalten. Am 8. August 1953 gab jedoch Georgi Malenkow, der Nachfolger Stalins, bekannt, die Vereinigten Staaten hätten auch ihr Wasserstoffbombenmonopol verloren. Messungen der Radioaktivität in der Stratosphäre zeigten, daß die Sowjetunion bereits eine sogenannte »trockene Wasserstoffbombe« zur Explosion gebracht hatte, die sich im Flugzeug transportieren ließ. So weit waren die Amerikaner noch nicht. Auf einen sowjetischen Angriff mit Wasserstoffbomben hätten sie nur mit Atombomben antworten können. Jetzt brauchte man einen Sündenbock.

Mit J. Robert Oppenheimer

Die Atomenergiebehörde führte den sowjetischen Vorsprung auf das »illoyale Verhalten« von J. Robert Oppenheimer zurück, der die Regierung falsch beraten habe. Im Dezember 1953 wurde ihm der Zugang zu den Geheimunterlagen gesperrt. Der amerikanische Präsident ordnete an, sofort »eine fugenlose Wand zwischen Oppenheimer und allen Staatsgeheimnissen zu errichten«.[20] Auf Oppenheimers Einspruch begann ein eigens dafür eingesetzter Ausschuß mit der Prüfung des Falles. Offiziell ging es nur um die sogenannte »clearance«, eine Unbedenklichkeitsbescheinigung für den Zugang zu den Geheimdokumenten. Faktisch war es aber doch eine gerichtliche Untersuchung. Verhandelt wurde über die Frage, ob Oppenheimer noch als loyaler Staatsbürger angesehen werden könne.

Nach dem Angriff des Kommunistenjägers McCarthy erschien am 11. April in der *New York Herald Tribune* ein Leitartikel der Brüder Alsop: »Next McCarthy target: the leading physicists.«[21] Joseph Wright Alsop und sein Bruder Stewart waren eine Institution im amerikanischen Journalismus. Ihre Leitartikel zu den wichtigsten innen- und außenpolitischen Problemen wurden regelmäßig von weit über 100 amerikanischen Zeitungen übernommen.

Am Abend dieses Sonntags versuchte die Nachrichtenagentur Associated Press, Oppenheimer im Institute for Advanced Study zu erreichen. Der Anruf wurde zu Abraham Pais durchgestellt, einem jungen Elementarteilchenphysiker, der zu dieser ungewöhnlichen Stunde noch im Institut arbeitete. Oppenheimer war nach Washington gereist, wo am nächsten Morgen seine Befragung vor dem Untersuchungsausschuß begann. Nun wollte die Telephonistin Einstein sprechen. Pais erklärte, daß er am Sonntag nicht im Institut sei. Könne man ihn zu Hause erreichen? Leider nein, weil nach strikter Anweisung die Telephonnummer geheim bleiben müsse. Daraufhin wurde Pais mit dem Direktor der Associated Press verbunden. Dieser erklärte, daß am kommenden Dienstag das Thema Oppenheimer die Titelseiten der Zeitungen beherrschen würde und daß er sich eine Stellungnahme Einsteins erhoffe. Pais versprach, den großen Physiker sogleich zu informieren. Er fuhr in die Mercer Street, wo ihm Helen Dukas öffnete. Einstein stand im Schlafrock auf der Treppe: »Was ist los?« Zu seinem Erstaunen fing Einstein an zu lachen: Das sei doch ganz einfach. Oppenheimer müsse nur den Leuten in Washington sagen, sie seien Idioten. Einstein meinte also, Oppenheimer solle sich auf das Verfahren gar nicht erst einlassen.

Schließlich ließ sich Einstein überzeugen, daß eine kurze Presseerklärung am Platze sei. Gemeinsam entwarfen sie einen Text, in dem Einstein dem Physiker und dem Menschen Oppenheimer seine Bewunderung zollte.

Am nächsten Tag war Helen Dukas gerade bei der Vorbereitung des Mittagessens, als einige Autos vor dem Haus hielten und Kameras in Stellung gebracht wurden. Als Einstein in Begleitung von Kurt Gödel auftauchte, sprang Helen Dukas in der Küchenschürze auf die Straße und rief: »Professor Einstein, das sind Journalisten. Sagen Sie nichts, sagen Sie nichts.« Die Aufnahmen liefen schon, und in den Nachrichtensendungen konnte man Helen Dukas hören. Die Journalisten bedrängten Einstein; er weigerte sich aber, seine Erklärung zugunsten Oppenheimers weiter zu kommentieren. Mit Mühe erreichte er die Haustür.[22]

Das Hearing mit Oppenheimer lief vom 12. April bis 6. Mai 1954. Als Zeugen vernommen wurden die führenden amerikanischen Physiker, Militärs und Wissenschaftsorganisatoren, und kaum ein Aspekt der amerikanischen Atompolitik seit Beginn des ersten Bombenprojekts 1942 blieb unbeachtet. Am 27. Mai empfahl der Untersuchungsausschuß, die Sicherheitsgarantie an Oppenheimer nicht zu erneuern. Zwei Wochen später publizierte die Atomenergiebehörde auf 3000 Seiten das Transkript des Hearings mit den Aussagen aller 40 Zeugen und kurz danach die wichtigsten einschlägigen Dokumente. 1971 veranstaltete die MIT-Press eine Neuauflage, ein Buch von 1084 Seiten Kleindruck. Hier kann man noch heute nachlesen, was die Insider über Oppenheimer, die Atombombe und die Zukunft der Menschheit gedacht haben.[23]

John McCloy erinnerte sich an die tiefe Sorge, die Deutschen könnten eine Atombombe entwickeln, und an seine Gespräche mit Kriegsminister Stimson und Präsident Roosevelt. Hans Bethe berichtete, die Physiker in Los Alamos seien Individualisten gewesen und jeder hätte eine andere Vorstellung gehabt, wie vorgegangen werden müsse: Nur ein Mann, der alles überblickte und von allen als überlegen in Urteil und Kenntnissen anerkannt war, hätte diese divergierenden Kräfte zusammenhalten können.[24] Das sei das historische Verdienst Oppenheimers. General Groves schilderte die Probleme mit der Geheimhaltung. Am schlimmsten sei Niels Bohr gewesen. Im Zug von Washington nach Los Alamos habe er Bohr zwölf Stunden lang erklärt, was geheim bleiben müsse: »Fünf Minuten nach seiner Ankunft sagte er all das, was er versprochen hatte, nicht zu sagen.«[25]

Aus diesem »bedeutenden Stoff« gestaltete ein paar Jahre später Heinar Kipphardt sein Schauspiel *In der Sache J. Robert Oppenheimer*. Es handelte sich, wie er sagte, um »die äußerst tragische Geschichte einer heutigen Faustfigur«. Natürlich mußte der Dramatiker verdichten und gestalten. An Stelle von 40 Zeugen gibt es im Schauspiel nur sechs. Jedoch war Oppenheimer empört, daß Kipphardt Dinge erfunden hatte, »die nicht nur nicht geschehen waren, sondern die nicht geschehen konnten und deshalb in tieferer Bedeutung unwahr« seien.[26] Das betraf vor allem die angebliche Kritik Bohrs am amerikanischen Atombombenprojekt während des Krieges. Die Wissenschaft würde damit zu einem »Appendix der Militärs«. In Wirklichkeit sah Bohr ebenso wie Oppenheimer und wie alle Beteiligten (Einstein eingeschlossen) gar keine andere Möglichkeit, als sich auf diese Weise gegen das Dritte Reich zu wappnen. Sie hatten auch kein Mißtrauen gegen die Militärs, denn sie verließen sich zu Recht auf das Primat der Politik.

Ein paar Jahre vor Kipphardt und noch zu Lebzeiten Einsteins schrieb sein alter literarischer Freund Upton Sinclair ebenfalls ein modernes Faust-Drama. Auch sein Held war Atomphysiker und hieß »Dr. Fist«. Einstein bewunderte »aufrichtig«, wie er Upton Sinclair schrieb, daß dieser, der »doch auch kein Jüngling mehr« war, »sich die volle Energie des Schaffens bewahrt« hatte:

> Ich habe es nicht begreifen können, was Ihren Dr. Fistus (im Gegensatz zum alten Dr. Faust) bewogen haben könnte, einen Vertrag mit dem Mephisto einzugehen. Auch sehe ich, daß Sie weit weniger mit der hier herrschenden Attitude... im inneren Konflikt stehen als ich.[27]

Das Verfahren gegen Oppenheimer ging am 28. Juni 1954 zu Ende. Die Atomenergiebehörde wies seinen Einspruch zurück und attestierte ihm nun sozusagen offiziell, daß er die Entwicklung der Wasserstoffbombe nicht mit dem nötigen Enthusiasmus vorangetrieben hatte. Viele Amerikaner, vor allem die Intellektuellen, konnten darin keinen Makel sehen.

Die Mitglieder des Institute for Advanced Study fühlten besondere Solidarität. Sie betrachteten Oppenheimer »als den mit Abstand besten Direktor, den das Institut bisher gehabt hatte«. Sein Vertrag lief am 30. September aus, und Einstein plädierte im Einverständnis mit seinen Kollegen für eine Verlängerung. Die Entscheidung lag bei den Trustees. Schließlich schlug Lewis Strauss selbst, der Direktor der Atomenergiebehörde, der zu den Trustees gehörte, die Verlängerung des Vertrags vor. Das war eine kluge Geste der Versöhnung. Ein paar Jahre später erhielt Oppenheimer aus der Hand des amerikanischen Präsidenten Lyndon B. Johnson den Enrico-Fermi-Preis, die höchste Auszeichnung der Atomenergiebehörde.

Einstein war nicht unkritisch gegen Oppenheimer, von dem sogar seine Freunde sagten, daß nächst Intelligenz und Charme die Arroganz seine hervorstechendste Eigenschaft sei. Oppenheimer hätte, meinte er, das peinliche Hearing vermeiden sollen.[28] Wozu brauchte denn ein Physiker die »clearance«? Auch er, Einstein, galt nicht als »loyaler Amerikaner«, ebensowenig er in der Weimarer Zeit als »guter Deutscher« gegolten hatte. Damit mußte man leben. Warum machte es Oppenheimer nicht wie er, der »überall und immer kein Patriot war« und der sogar »diese Tugend aus tiefstem Herzen« verachtete?[29]

Wenn Einstein auch kein Mitleid hatte, empfand er doch den Gesinnungsdruck auf die Gelehrten als bedenkliches Krankheitssymptom der amerikanischen Gesellschaft. Gott sei Dank gab es Abwehrreaktionen, die auf eine Gesundung hoffen ließen. Die Zeitschrift *The Reporter* befaßte sich in mehreren Aufsätzen mit der Lage des Wissenschaftlers in den Vereinigten Staaten. Als Einstein von der Redaktion um eine Stellungnahme gebeten wurde, schrieb er ein paar Zeilen, die überall großes Aufsehen erregten:

> Wäre ich noch einmal ein junger Mensch und stünde ich erneut vor der Entscheidung über den besten Weg, meinen Lebensunterhalt zu verdienen, so würde ich nicht ein Wissenschaftler, Gelehrter oder Pädagoge, sondern eher ein Klempner oder Hausierer werden wollen, in der Hoffnung, mir damit jenes bescheidene Maß von Unabhängigkeit zu sichern, das unter den heutigen Verhältnissen noch erreichbar ist.[30]

Dieses sogenannte »plumber and peddler statement« hatte Hunderte von Zuschriften und Pressekommentaren zur Folge. Die Karikaturisten zeichneten Einstein, wie er als Hausierer mit einem Bauchladen durch die Lande zog. »Surely he is the greatest man in all the world in his particular field«, hieß es in der Hearst-Presse: »But politically, he is a babe in the woods. He ought to stay out of the woods.«[31] Eine Installationsfirma empfand es als Kompliment, daß Einstein ein Klempner sein wollte, erklärte aber, »daß die Weide nicht so grün sei, wie es scheinen könnte«.[32] Ein anderer Klempner schrieb, sie sollten sich zusammentun: »Da ich immer den Wunsch hatte, ein Gelehrter, und Sie, ein Klempner zu werden, glaube ich, daß wir als Team ungeheuer erfolgreich wären.«[33] Offenbar animierte Einstein zu Scherzen.

Die Kollegen wußten, daß es Einstein sehr ernst meinte. Aber auch von ihnen haben ihn damals viele mißverstanden, und deshalb erläuterte er:

> Ich wollte darauf hinweisen, daß die Praktiken der Ignoramusse, welche auf Grund ihrer äußeren Machtposition die professionellen Intellektuellen in gänzlich unvernünftiger Weise tyrannisieren, von diesen Intellektuellen nicht widerstandslos akzeptiert werden dürfen. Nach solcher Regel hat Spinoza gehandelt, als er die Heidelberger Professur ablehnte und sein Brot (im Gegensatz zu Hegel) auf solche Weise verdiente, daß er seine Freiheit nicht verpfändete.[34]

Im Februar 1955 erhielt Helen Dukas den Besuch eines FBI-Agenten. Der Geheimdienst-Mitarbeiter kam auf direkte Anweisung seines Direktors Edgar Hoover und unter dem Vorwand, Auskünfte über dritte Personen einholen zu wollen. In Wirklichkeit ging es um den Vorwurf, in Einsteins Berliner Institut seien verschlüsselte Telegramme sowjetischer Agenten eingegangen und von der Chefsekretärin, einer Kommunistin, an Moskauer Kuriere weitergeleitet worden. Eine kommunistische Tarnorganisation, der »Klub der Geistesarbeiter«, habe Einstein sein gesamtes Personal von Schreibkräften und Sekretärinnen vermittelt.

Der FBI-Mitarbeiter staunte über das offene und freundliche Verhalten von Helen Dukas. Sie machte ihm nicht den Eindruck, etwas verbergen zu wollen. Sie erzählte dem Beamten, Einstein habe in Berlin gar kein offizielles Büro besessen, sondern immer zu Hause gearbeitet. Sie sei die einzige Sekretärin gewesen, wenn auch Einsteins Frau manchmal bei der Erledigung der Korrespondenz geholfen habe.[35] Daraufhin wurden die Ermittlungen vom FBI-Büro in Newark vorbehaltlich neuer Instruktionen aus Washington eingestellt und einige Wochen später die Akten geschlossen.

Seine Briefe unterzeichnete Einstein damals gerne mit der Floskel »Herzliche Grüße von Ihrem (ziemlich baufälligen) Albert Einstein«. Seiner Cousine Lina Kocherthaler erklärte er, daß er eine »anhängliche Anämie« habe, die ihn ans Haus binde, ihn aber sonst nicht weiter quäle oder behindere: »Braucht mich also nicht zu bedauern, zumal ich ein verwöhntes und verzogenes Tier bin.«[36]

Nun hatte er einen triftigen Grund, warum er nicht verreisen und nicht ausgehen konnte, und er war höchst zufrieden mit »dieser Vereinfachung des Daseins«.

Im Jahre 1955 wollten die Physiker das fünfzigjährige Jubiläum der großen Arbeiten Einsteins feiern. In Bern war ein internationaler »relativistischer Kongreß« geplant. Weil jedoch die Spezielle Relativitätstheorie von 1905 physikalisch keine Probleme mehr bot, legte man das Schwergewicht auf die Allgemeine Relativitätstheorie und ihre Weiterentwicklungen.

In Berlin sollte es um eine historische Würdigung der Leistungen Einsteins gehen. Zur Vorbereitung fanden sich die »Physikalische Gesellschaft zu Berlin e.V.« und die »Physikalische Gesellschaft in der DDR« zusammen, und zwar »nach längeren und nicht ganz einfachen Verhandlungen«, wie Max von Laue seinen Freund Einstein wissen ließ. Er hoffe, daß die Physiker, »damit einen, freilich bescheidenen, Beitrag liefern können zur allgemeinen politischen Entspannung«.[37]

Einstein lehnte beide Einladungen ab. Er sei erfreut, hieß es im Brief an Max von Laue, daß er ausnahmsweise einmal »zu brüderlichem Zusammenwirken und nicht zu Kontroversen Veranlassung gewesen« sei:

> Alter und Krankheit machen es mir unmöglich, mich bei solchen Gelegenheiten zu beteiligen, und ich muß auch gestehen, daß diese göttliche Fügung für mich auch etwas Befreiendes hat. Denn alles, was mit Personenkultus zu tun hat, ist mir immer peinlich gewesen.[38]

Bei der Berliner Tagung achteten die beiden physikalischen Gesellschaften, die »feindlichen Brüder«, streng auf die Symmetrie und teilten sich die Würdigung Einsteins. Am 18. März sprach Max Born in West-Berlin über »Einstein und die Lichtquanten« und einen Tag später Leopold Infeld im Osten der geteilten Stadt über die »Geschichte der Relativitätstheorie«. Gemeinsam sandten sie dann an Einstein per Telegramm »in Dankbarkeit einen ehrfurchtsvollen Gruß«.[39]

Als Wolfgang Pauli als Tagungspräsident am 11. Juli 1955 90 Physiker aus aller Welt, fast durchweg Experten auf dem Gebiet der Allgemeinen Relativitätstheorie und der Kosmologie, zum Kongreß über »Fünfzig Jahre Relativitätstheorie« in Bern willkommen hieß, lebte Einstein schon nicht mehr. Die Tagung werde deshalb, sagte Pauli, zum Abschied von Einstein.[40] Unter den Kongreßteilnehmern waren viele alte Freunde und Weggefährten wie Max von Laue, Max Born und Erwin Freundlich. In einem sogenannten »Hauptreferat« berichtete Bruria Kaufman über die letzten Ergebnisse, die Einstein und sie erhalten hatten.

Max Born sprach über »Physics and Relativity«. An Hand von Zitaten aus den Abhandlungen und Briefen Einsteins zeigte er, daß die beiden großen Arbeiten von 1905, die über die Spezielle Relativitätstheorie und die über die Lichtquanten, »nicht ohne

Zusammenhang sind«. Für Born lag das Aufregende der »Elektrodynamik bewegter Körper« nicht so sehr in ihrer Einfachheit und Vollständigkeit, »sondern in der Kühnheit, die einmal angenommene Philosophie Isaac Newtons, die traditionellen Begriffe von Raum und Zeit anzugreifen«.[41]

Am letzten Tag, so sah es das Programm vor, sollte Einsteins einstiger Studienkollege Louis Kollros aus seinen Erinnerungen berichten. Weil er erkrankt war, las André Mercier als Tagungssekretär den französisch abgefaßten Text. Darin war aus dem letzten Brief zitiert, den Kollros von Einstein erhalten hatte. Der große Physiker reflektierte auf seine Weise über das vergangene halbe Jahrhundert: »Jedenfalls war dieses weit ergiebiger im Bereich der politischen Torheiten als im Bereich der wissenschaftlichen Erkenntnis.«[42]

Die Tagungsteilnehmer, die aus Princeton gekommen waren – Valentin Bargmann, Bruria Kaufman, Hermann Weyl und Eugene Wigner –, erzählten von ihrer letzten Begegnung mit dem Weltweisen. Wohl jeder Physiker empfand wie Pauli den Tod Einsteins als einen Wendepunkt in der Geschichte der Physik.

Inzwischen sind wieder 40 Jahre vergangen, und wir wissen nun aus den Briefen Einsteins, wie er seine letzten Monate erlebt hat. Schon Ende des Jahres 1954 war er ernstlich an einer sekundären Anämie erkrankt, die den Sauerstofftransport im Blut auf 45 Prozent herabsetzte. »Symptome: Schwäche in den Beinen und Herzbeklemmungen beim Gehen.«[43] Er mußte die vegetarische Ernährung aufgeben, was er »trotz der defekten Leberfunktion« aushielt, und wurde mit Cortison behandelt. Tatsächlich konnte dadurch die Anämie behoben werden. Das Cortison aber sei ein »Teufelszeug«, mit dem man nur langsam und verstohlen aufhören dürfe, »weil es sonst einen bösen Choc und häßliche Depressionen gibt«. Depressionen sind Einstein, soviel wir wissen, erspart geblieben. Aber er fühlte sich doch deutlich reduziert: »Der Teufel zählt die Jahre überhaupt gewissenhaft, das muß man anerkennen.«[44]

Trotz des »etwas sehr eingerosteten Gehirns« hat er sich in den letzten Wochen, wie in all den Jahren zuvor, in seine Physik vergraben, immer in der Hoffnung, doch noch die seit über 30 Jahren gesuchte »Einheitliche Theorie von Gravitation und

Elektrodynamik« zu finden. Und er hat seine Pflicht als Homo politicus erfüllt.

Mitte Februar 1955 erhielt er einen Brief aus Richmond (Surrey) von Bertrand Russell. Vor ein paar Jahren hatte Einstein zusammen mit seiner Schwester Russells *History of Western Philosophy* gelesen. Von allen modernen Philosophen schätzte Maja am meisten Bertrand Russell. »Ich übrigens auch«, ergänzte Einstein: »Sein Stil ist bewunderungswürdig, und eine Art Lausbub ist er geblieben bis in sein hohes Alter.«[45]

Bertrand Russell war im Ersten Weltkrieg für seine pazifistischen Überzeugungen ins Gefängnis gegangen. Einstein hatte einmal George Bernard Shaw mit Voltaire verglichen, aber noch mehr gebührt – nächst Einstein – Bertrand Russell der Ehrentitel »Voltaire des 20. Jahrhunderts«. Russell war durch den atomaren Rüstungswettlauf aufs tiefste beunruhigt und wollte einige international angesehene Männer der Wissenschaft für einen Appell an die Weltöffentlichkeit und die Regierungen zusammenbringen. Einstein stimmte »mit jedem Wort« überein. Er übernahm es, an Niels Bohr zu schreiben, um dessen Zustimmung zu gewinnen. »Runzeln Sie Ihre Stirn nicht«, formulierte er mit der für ihn charakteristischen Mischung von Scherz und Ernst, »denn es handelt sich heute nicht um unseren alten physikalischen Streitpunkt, sondern um etwas, in dem wir völlig einer Meinung sind.«[46]

Schließlich arbeitete Russell ein Manifest aus, und Einstein unterschrieb am 11. April 1955 diese Erklärung und einen kurzen Begleitbrief. Das waren die letzten beiden Unterschriften in seinem Leben.

> Wir sprechen hier nicht als Vertreter unserer Nationen, Kontinente oder Glaubensbekenntnisse, sondern als Mitglieder der menschlichen Rasse, deren Fortleben gefährdet ist. Die Welt ist von Konflikten zerrissen; aber alle kleineren Konflikte werden von dem gigantischen Kampf zwischen Kommunismus und Antikommunismus in den Schatten gestellt. Fast jeder politisch Denkende hat starke persönliche Meinungen über das eine oder andere der sich daraus ergebenden strittigen Probleme. Dennoch möchten wir die Hoffnung aus-

sprechen, daß Sie diese Ansichten für den Augenblick vergessen und sich nur als Mitglied einer biologischen Gattung zu betrachten vermögen, die eine bemerkenswerte Geschichte hinter sich hat und deren Verschwinden keiner von uns wünschen kann.[47]

Die von Russell verfaßte Erklärung ist als »Russell-Einstein-Manifest« in die Geschichte eingegangen. Sie führte im Juli 1957 zu einer Konferenz in Pugwash in der Provinz Nova Scotia (Kanada) und wurde zu einer festen Institution. Auf den »Pugwash Conferences on Science and World Affairs« treffen sich regelmäßig Naturwissenschaftler aus Ost und West, und von hier kam der Anstoß zu wichtigen internationalen Verträgen wie dem Verbot, Atomwaffen im Weltraum zu stationieren.

In diesen Tagen nahm Einstein an einem Dinner im Institute for Advanced Study teil, mit dem die offizielle Gründung vor 25 Jahren gefeiert wurde. Er aß nur eine speziell zubereitete Fleischbrühe und wirkte zerbrechlich und müde. Gegenüber seiner Tischdame äußerte er sich scharf gegen die von der Universität Princeton angewandten Methoden der Rassendiskriminierung. Bald jedoch wurde ihm die englische Konversation zu anstrengend, und er sprach nur noch mit der Bibliothekarin, die Deutsch verstand.

Er fühlte sich einsam. Jetzt war noch sein alter Freund Michele Besso gestorben. »Nun ist er mir auch mit dem Abschied von dieser sonderbaren Welt ein wenig vorausgegangen«, kondolierte er den Angehörigen. »Dies bedeutet nichts. Für uns gläubige Physiker hat die Scheidung zwischen Vergangenheit, Gegenwart und Zukunft nur die Bedeutung einer wenn auch hartnäckigen Illusion.«[48]

Am 11. April, an dem er das Manifest gegen das Wettrüsten unterzeichnete, erhielt Einstein Besuch vom israelischen Botschafter Abba Eban und von Konsul Reuven Dafni. Es ging um die Rede, die Einstein zur Feier des siebten Jahrestages der Unabhängigkeit Israels halten sollte. Unmittelbar danach begann er mit der Ausarbeitung des Textes.

Am Dienstag, den 12. April 1955, kam Einstein zum letztenmal ins Institute for Advanced Study. Seine Assistentin Bruria

Kaufman kümmerte sich um ihn und fragte schließlich: »Ist alles in Ordnung?« Er antwortete lächelnd: »Ja, alles in Ordnung. Nur ich bin es nicht.« Das war der einzige Hinweis, daß er sich nicht gut fühlte. Dann arbeiteten beide wie gewöhnlich zwei Stunden, bis er zum Essen nach Hause ging.[49] Danach ruhte Einstein bis vier, und Helen Dukas, seine »Fromme Helene«, wie er zu sagen pflegte, sorgte, daß er ungestört blieb. Um fünf kam János Plesch mit seinem Neffen. Eugenio Plesch hatte ein Bild von einem idiotischen Zwerg in mexikanischer Tracht gemalt, das Einstein gefiel, und er erklärte sich bereit, Modell zu sitzen. Ihn amüsierte, daß Plesch die beiden Porträts nebeneinanderhängen wollte.

Die beiden Freunde plauderten bis nachts um halb zwölf. Mit Begeisterung sprach Einstein von der Darwinschen Lehre und ihrem Einfluß auf das gesamte wissenschaftliche Denken. James Clerk Maxwell betrachtete er als denjenigen, von dem er die stärkste Anregung erhalten hatte. Als sie auf Einsteins eigene Arbeiten kamen, sagte er schließlich wie ein schuldbewußtes Kind: »Ich habe mich eigentlich niemals aus Eitelkeit im Spiegel beguckt. Jetzt, wo Sie mir den Spiegel vorhalten, frage ich mich, weshalb bin ich denn so berühmt? Verdiene ich das? – Ich glaube nicht. Ich habe mein Leben lang probiert, *einen* Gedanken zu Ende zu denken. Das ist mir nicht ein einziges Mal gelungen. Was ich versucht habe, hätte doch jeder andere gekonnt; darüber so viel Lärm zu schlagen, ist mir unverständlich.« Auf eine entsprechende Frage sagte er, er glaube, daß die Atombombe die Menschheit zur Besinnung gebracht habe und daß es keinen Krieg mehr geben werde. »Wer heute noch Krieg führen will, dem kann es wie den zwei streitenden Löwen in Äsops Fabel gehen, die sich so lange zerfleischten, bis nur die zwei Schwänze übrigblieben.«[50]

Am Mittwoch, den 13. April, erschien noch einmal der israelische Konsul Reuven Dafni, um über die Ansprache zum Unabhängigkeitstag Israels zu diskutieren. János Plesch hatte in Princeton übernachtet und kam, um vor seiner Rückfahrt Lebewohl zu sagen. Er hörte, wie Einstein den Konsul gegen 13 Uhr verabschiedete: »Also, am 26sten. Pfui Deixel! Aber es muß sein.« Einstein hat seine Aufgabe offensichtlich als besonders schwierig und wichtig angesehen. Die Eisenhower-Regierung betrieb eine Annäherungspolitik gegenüber den arabischen Staaten, und Einstein fürchtete, daß in letzter Konsequenz Israel geopfert würde.

Zwei Stunden später wurde ihm plötzlich übel. Mit Mühe kam er noch über den Korridor in sein Bad, wo er sich übergab. Gegenüber Helen Dukas klagte er über heftige Bauchschmerzen. Dr. Guy K. Dean, der Hausarzt, diagnostizierte einen kleinen Riß im Aneurysma. Er gab ein Beruhigungsmittel und kam am Abend noch einmal mit Gustav Bucky und Rudolf Ehrmann. Die Fachärzte bestätigten die Diagnose und verabreichten ein neues Sedidativ. Einstein schlief gut, wachte aber am Morgen mit noch stärkeren Schmerzen auf. »Wie recht hatte doch der kluge Schopenhauer«, mochte er denken, »der in seinen Aphorismen zur Lebensweisheit die Schmerzlosigkeit das erstrebenswerteste Gut genannt hatte!«

Am Donnerstagnachmittag wurde ein Chirurg zugezogen, der sich auf Operationen am Herzen und an der Aorta spezialisiert hatte. Nach den Chancen eines Eingriffs befragt, gab der Arzt eine sehr zurückhaltende Antwort. Daraufhin wollte Einstein wissen, ob im Falle eines negativen Ausgangs wenigstens der Tod schnell eintreten werde. Als auch das nicht garantiert werden konnte, erklärte er: »I definitely refuse an operation.«[51]

Am Freitag, den 15. April, hatte er immer noch massive Schmerzen. Dazu zeigte sich eine starke Exsikkose, eine Gewebsaustrocknung, während er gleichzeitig nicht mehr trinken konnte. Die Ärzte empfahlen die Einweisung ins Krankenhaus, aber Einstein widersetzte sich. Er wollte keine Umstände. Erst als man ihm klarmachte, daß Helen Dukas mit der Pflege überfordert wäre, gab er nach.

Im Princeton Hospital erhielt Einstein das Zimmer Nr. 201. Nebenan lag Margot, die wegen ihrer Ischiasschmerzen seit ein paar Tagen im Krankenhaus war. Zur Bekämpfung der Exsikkose und zur Entlastung des Magen-Darm-Traktes wurde er mit intravenösen Zucker-Salz-Infusionen ernährt. Gegen Abend hatte sich sein Zustand merklich gebessert. Margot wurde im Rollstuhl zu ihm gebracht – und erkannte ihn nicht. Die Schmerzen und die Blutleere im Gesicht hatten ihn völlig verändert: »Aber sein Wesen war das gleiche. Er freute sich, daß ich etwas besser aussah, scherzte mit mir und... sprach mit einem leichten Humor über die Ärzte.«[52]

An diesem Tag erfuhr auch János Plesch von den Ereignissen, als er von New York aus in Princeton anrief. Helen Dukas berichtete, daß Einstein unter ständiger Demarol-Wirkung stehe, um die in den ganzen Bauch sich ausbreitenden und bis zu den Schulterblättern ausstrahlenden Schmerzen zu lindern. Nun mußte man mit dem Schlimmsten rechnen. Plesch setzte sich an den Schreibtisch und schilderte sein letztes Gespräch mit Einstein. Er hatte schon vor fast 30 Jahren dem Hausmädchen bei den Einsteins eingeschärft, bei dem großen Manne sei jedes Aperçu wichtig. Sie solle aufschreiben, was sie höre und sehe. Mochte der Meister recht haben mit seiner Bemerkung, daß Plesch ein »alter Aufschneider« war, dem man nicht alles glauben durfte: jetzt – abermals 50 Jahre später – müssen wir Plesch dankbar sein, daß er so viel Material gesammelt hat.

Am Samstag fühlte sich Einstein erheblich besser, und er ließ sich von Helen Dukas die Brille bringen. Am Nachmittag kam Hans Albert von Berkeley. Auf die Nachricht von der gefährlichen Erkrankung hatte er sofort ein Flugzeug nach New York genommen.

Das Verhältnis von Vater und Sohn war gestört.[53] Jetzt aber freute sich Einstein, seinen Filius zu sehen, und die beiden waren viele Stunden zusammen. Sie sprachen über die letzten Verfügungen. Einige Mediziner wollten Einsteins Gehirn untersuchen, und er gab seine Einwilligung. »Sie werden nichts Ungewöhnliches finden«, meinte er, und damit sollte er recht behalten: Genie ist anatomisch nicht faßbar.

»Ich will nicht, daß man die Asche vergräbt«, sagte er zu Hans Albert. »Ich will nicht, daß die Leute auf eine Stelle in der Erde zeigen und sagen: Da liegt er. Wirf die Asche fort.«[54] Er sehnte sich nach Ruhe, wenigstens im Tode.

Am Sonntag bat Einstein um seine physikalischen Notizen und das Manuskript mit der unfertigen Ansprache. Er hatte aber nicht mehr die Kraft weiterzuarbeiten und konnte das Geschriebene gerade noch einmal überlesen:

Ich spreche zu Euch heute nicht als ein amerikanischer Bürger und auch nicht als Jude, sondern als ein Mensch, der in allem Ernst danach strebt, die Dinge objektiv zu betrachten. Was ich erstrebe, ist einfach mit meinen schwachen Kräften der Wahrheit und Gerechtigkeit zu dienen auf die Gefahr hin, niemand zu gefallen.[55]

Unpathetisch und ohne Eitelkeit hatte er damit auf den Punkt gebracht, was er sein ganzes Leben gewollt und getan hatte. Er mahnte und warnte seine Zeitgenossen, immer in der Hoffnung, zur Besserung beizutragen, und immer mit dem Risiko, Anstoß zu erregen. Den Mitgliedern der Preußischen Akademie der Wissenschaften waren seine politischen Erklärungen, wie es ganz offiziell in einem Aktenvermerk hieß, zuletzt »kaum noch erträglich« gewesen. Aber auch in den Vereinigten Staaten hatte er sich nach seinen eigenen Worten »von Zeit zu Zeit als schwarzes Schaf«[56] betätigt und es schließlich dahin gebracht, daß ihn mit Senator McCarthy viele loyale Bürger als einen Feind Amerikas betrachteten. Es war wirklich zum Lachen: In Berlin hatte er sich »undeutsch« verhalten, in Princeton »unamerikanisch«.

Zu den Besuchern am Samstag und Sonntag gehörten Gustav Bucky, dessen Frau Frida und Otto Nathan. Mit seinem alten Freund Nathan diskutierte er über die Umtriebe McCarthys und die Wiederaufrüstung Deutschlands. Am 5. Mai, zum zehnten Jahrestag der Kapitulation, sollte die Bundesrepublik die volle Souveränität erhalten und als gleichberechtigtes Mitglied in die Westeuropäische Union und den Nordatlantikpakt aufgenommen werden. Damit verbunden war die Aufstellung eines 500 000-Mann-Heeres. Seit drei Jahren sprach Einstein davon als einer feststehenden Tatsache: »Die Majorität der Dummen bleibt unüberwindlich. Nun haben sie noch die Deutschen mit ihrem elenden Militär wieder aufgepäppelt.«[57]

Am Sonntagabend, so schien es den Freunden, hatte sich sein Zustand weiter gebessert. Etwa um acht Uhr verließ ihn Otto Nathan, wahrscheinlich gemeinsam mit den Buckys. Der Röntgenarzt fuhr mit seiner Familie nach Manhattan zurück, wo sie im Hotel Carlyle wohnten. Auch Otto Nathan lebte in New York.

Hat Einstein noch wachgelegen, und was ist ihm durch den Kopf gegangen? Es sei ein glückliches Schicksal, hatte er früher einmal gegenüber Freund Besso gesagt, »wenn man bis zum letzten Schnaufer durch die Arbeit fasziniert wird«. Man müßte sonst zu sehr leiden »unter der Dummheit und Tollheit der Menschen«, wie sie hauptsächlich in der Politik zutage treten.[58] Jetzt war gewiß, daß sich dieser Wunsch erfüllte.

Nachts um elf Uhr kam Dr. Guy K. Dean zur letzten Visite. Einstein schlief, und der Arzt überließ ihn der Aufsicht der Nachtschwester. Zwei Stunden später wurde der Kranke unruhig. Mit einer anderen Schwester ordnete sie den Kopfteil des Bettes. Kurz nachdem die Kollegin gegangen war, hörte die Nachtschwester Einstein einige Worte murmeln. Dann folgten zwei tiefe Atemzüge, und Einstein war tot.

»The last words of the intellectual giant were lost to the world«, las man tags darauf auf der Titelseite der *New York Times*. Die Nachtschwester im Princeton Hospital verstand kein Deutsch. Deshalb wissen wir nicht, was er gesagt hat, als er am Ende seiner Reise angekommen war.[59]

Einsteins Leben ist reich dokumentiert, und mit Anteilnahme haben wir es geschildert, so gut wir vermochten. Jede Lücke ist uns schmerzlich und insbesondere diese letzte, die durch das linguistische Unvermögen der Krankenschwester geblieben ist.

Die Menschen, die in Goethes Todesstunde um ihn waren, überlieferten als letztes Wort: »Mehr Licht«. Eckermann hat, um den Frömmlern zu gefallen, noch ein Gespräch erfunden, in dem sich der »alte Heide« zum fortdauernden Wirken Gottes in der Welt bekennt. Auch uns mag nun zum Schluß erlaubt sein, zur Wahrheit die Dichtung hinzuzufügen. Was könnte Albert Einstein in seinen letzten Minuten gedacht und gesagt haben?

Lange Jahre hatte er jede freundliche Erinnerung an die Zeit in Deutschland, dem »Land der Massenmörder«, verdrängt. Jetzt aber stiegen mit Macht die Bilder der längst vergangenen Tage in München wieder herauf. Er grüßte die alten Lehrer und die Schulkameraden, und er sprach mit Alfred Einstein und Franz Marc über die Harmonien der Welt, die jeder, der Musiker, der Maler und der Physiker, mit seinen Mitteln einzufangen sucht.

1950

Er begeisterte sich wieder einmal für Mozarts Violinsonate in e-Moll, die dieser »zarte Licht- und Liebesgenius« nach einem Worte seines Freundes Alfred Einstein aus den »tiefsten Tiefen der Empfindung« geholt hatte.[60] Er versuchte sie im Spiel mit seiner Mutter durch ständige Wiederholung so leicht und anmutig wiederzugeben, wie es dem Wesen dieser Musik entsprach.[61] Auch auf diesem Gebiet besaß er leider, wie in seiner Physik, keine besonderen Anlagen, sagte er sich wie so oft, aber er war hartnäckig wie ein Esel: Überall mußte er durch harte Arbeit ersetzen, was ihm die Götter an Gaben vorenthalten hatten.

Er sah seinen Ordinarius Dr. Ferdinand Ruess, der ihm den Blick für die Schönheiten des klassischen Altertums öffnete, und empfand beglückt die Klarheit und Prägnanz der lateinischen Sprache. Wie froh war sein Vater, als er im Abschlußzeugnis der Untersekunda, der später so genannten »mittleren Reife«, nicht nur in Mathematik, sondern auch in Latein eine glatte Eins nach Hause brachte. »Mein lieber Alter, verzeih' mir«, sagte er ihm, »daß ich nicht in die Firma eingetreten bin und dadurch dem Namen Einstein in der Geschäftswelt Schande gemacht habe.«

Die Antisemiten waren immer sehr schnell bei der Hand, den Juden unangenehme Charaktereigenschaften zuzusprechen: »Es ist ein Unmensch, keines Mitleids fähig. Kein Funk' Erbarmen wohnt in ihm«, heißt es in Shakespeares *Kaufmann von Venedig* über den jüdischen Wucherer Shylock. Vor der Geschichte als Unmenschen erwiesen hatten sich aber nicht die Juden, sondern die großen Judenhasser in Deutschland. In Wahrheit sind in allen Völkern und Gruppen die Menschen durchschnittlich gleich. Was seinen Vater betraf, war der mit seiner Weichherzigkeit gerade das Gegenstück Shylocks. Auch Geld zum Verleihen hatte sein alter Herr nie gehabt, sondern sich immer mühsam Kredite für die Firma beschaffen müssen.

Non scholae, sed vitae discimus. Da saßen sie in der Obersekunda, seiner letzten Klasse im Luitpold-Gymnasium, und lasen die *Äneis*. Es war ihm lästig, daß sie ganze Abschnitte auswendig lernen mußten. Nun aber erfüllte es ihn doch mit Genugtuung, daß ihm einige Verse Vergils über die Irrfahrten des

Äneas im Gedächtnis hafteten, die ihn an seine eigene Odyssee erinnerten.

Der Held wird in einen anderen Erdteil verschlagen, wo er gastliche Aufnahme und Liebesglück in den Armen der schönen Königin Dido findet. Der Gott Merkur jedoch tadelt ihn als »Weiberhelden« und mahnt an seine Pflicht: Seine Bestimmung ist es, ein großes Reich zu gründen. Schließlich kommt er an die Ufer des Acheron, der die Grenze zur Unterwelt bildet:

> Hier die Gewässer und Ströme bewacht als grausiger Fährmann
> Charon, strotzend von gräßlichem Schmutz; verwildert umwuchert
> grau und struppig der Bart sein Kinn; starr glühn seine Augen,
> schmutzig hängt von den Schultern herab am Knoten sein Umhang,
> selber stößt er das Floß mit der Stange, bedient es mit Segeln,
> fährt im eisenfarbigen Kahn die Toten hinüber.[62]

Deutlich sah er den »eisenfarbigen Kahn« vor sich, der ihn von ferne an seinen alten »Tümmler« erinnerte. Er empfand tiefe Sympathie für den einsilbigen Charon, der ungekämmt und ungepflegt aussah wie er selber. Sachte setzte ihn der Fährmann über in das Reich des Hades.

»Man ist eigentlich nur kurz am Leben«, dachte er, »und im ganzen betrachtet fast immer tot.« Diese Episode brauchte man also gar nicht so ernst zu nehmen.[63]

Einstein war glücklich. Vielleicht würde er jetzt erfahren, welche Schräubchen der Herrgott angewandt hatte bei der Erschaffung der Welt.

Zeugnisse

Max Planck

Es braucht kaum hervorgehoben zu werden, daß diese neue Auffassung des Zeitbegriffs an die Abstraktionsfähigkeit und an die Einbildungskraft des Physikers die allerhöchsten Anforderungen stellt. Sie übertrifft an Kühnheit wohl alles, was bisher in der spekulativen Naturforschung, ja in der philosophischen Erkenntnistheorie geleistet wurde; die nichteuklidische Geometrie ist Kinderspiel dagegen. Und doch beansprucht das Relativitätsprinzip im Gegensatz zur nichteuklidischen Geometrie, die bisher nur für die reine Mathematik ernstlich in Betracht kommt, mit vollem Recht reelle physikalische Bedeutung. Mit der durch dies Prinzip im Bereiche der physikalischen Weltanschauung hervorgerufenen Umwälzung ist an Ausdehnung und Tiefe wohl nur noch die durch die Einführung des Copernikanischen Weltsystems bedingte zu vergleichen.

*Vorlesungen an der Columbia University
im Frühjahr 1909*

Wilhelm Wien

Gestern habe ich lange mit Einstein gefachsimpelt, später mit Mie und Füchtbauer. Einstein ist ein sehr interessanter und bescheidener Mann. Ich habe mich sehr gern mit ihm unterhalten.

Brief an Luise Wien, 23. September 1909

Marie Curie

In Brüssel, wo ich einen wissenschaftlichen Kongreß besucht habe, an dem auch Einstein teilgenommen hat, konnte ich die Klarheit seines Geistes, die Ausdehnung seiner Kenntnisse und die Tiefe seiner Gedanken würdigen. Wenn man bedenkt, daß Einstein noch sehr jung ist, ist man berechtigt, auf ihn die größten Hoffnungen zu setzen und in ihm einen der ersten Theoretiker der Zukunft zu sehen.

Gutachten vom 17. November 1911

Alexander Moszkowski

Wenn dereinst ein bestimmter Augenblick bezeichnet werden soll als historisches Zeichen für die große Wandlung in menschlicher Anschauung gegenüber dem Universum, so wird manch einer den... [29. Mai 1919, den Tag der Sonnenfinsternis] als das deutlichste Merkdatum wählen. Und wenn er ihn nennt, so wird er hinzufügen, daß eine letzte Wahrheit entschleierbar war über Galilei und Newton, über Kant hinaus, bestätigt durch einen Orakelspruch aus der Tiefe des Himmels, in lesbarer Strahlschrift. Das Übereinstimmen einer Menschenforschung mit der Wirklichkeit des Weltgeschehens – »Die Sonne bracht' es an den Tag!«

Berliner Tageblatt, 8. Oktober 1919

Paul Weyland

Genau wie die Herren Dadaisten mangels jeden Erfahrungsgedankens in ihrer Kunst- und Weltanschauung, Aufbau, Entwicklung und Reife vermissen lassen und dieses unreife Zeug durch einen Teil der alten, hauptsächlich aber die neue Literatur propagieren lassen, weil sie geistig nicht imstande waren, sich selbst durchzusetzen, genau so vollzieht sich in der Einsteinschen Relativitätstheorie als ein völliges Analogon das Hineinwerfen der Relativitätstheorie in die Massen. Auch hier liegt bewußte Ablehnung erfahrungsmäßiger Kenntnisse und Erkenntnisse vor. Wir stehen bei der Betrachtung der Einsteinschen Ideen genau vor demselben Gedankenchaos der Dadaisten, die wohl etwas wollen und wünschen, es aber nicht begreiflich machen und beweisen können.

Rede am 24. August 1920 in der Berliner Philharmonie

Adolf Hitler

Wissenschaft, einst unseres Volkes größter Stolz, wird heute gelehrt durch Hebräer, denen im günstigsten Fall diese Wissenschaft nur Mittel ist zu ihrem eigenen Zweck, zum häufigsten aber Mittel zur bewußten planmäßigen Vergiftung unserer Volksseele und dadurch zur Herbeiführung des inneren Zusammenbruches unseres Volkes.

Völkischer Beobachter, 3. Januar 1921

Alfred Döblin

Ich hatte im Krieg, 1917, zuerst ein Buch in die Hand bekommen, das die Relativitätslehre behandelt, von Einstein selbst geschrieben, eine »gemeinverständliche« Darstellung. Die Vorrede verhieß: Das Büchlein wolle möglichst exakte Einsicht in die Sache denen vermitteln, die sich vom »allgemein wissenschaftlichen Standpunkt« dafür interessieren, ohne den mathematischen Apparat der theoretischen Physik zu beherrschen. Trübe stimmte mich gleich ein Satz: es gebe Schwierigkeiten, die in der Sache gelegen seien; sie würden mir nicht vorenthalten werden. Aber zum Schluß würde mir das Werk doch einige »frohe Stunden der Anregung« bringen. Darauf habe ich das Heft nicht einmal, sondern dutzendmal, absatzweise und im ganzen, gelesen. Um es zu kapieren, schleppte ich es in meinem Koffer und im Mantel mit mir herum. Oft habe ich mit anderen darüber gesprochen, die angaben, die Sache verstanden, durchdrungen zu haben und zu billigen. Ich blieb dumm wie zuvor. Dieses kleine Buch hat mir keine Anregung, aber viel Verwirrung und Ärger gebracht. Es begann scheinbar populär; nach einigen Seiten brachen die Formeln los, die infamen kabbalistischen Zeichen der

Mathematik. Man glaubt, ich scherze? Ich scherze ganz und gar nicht. Ich hörte von allen Seiten, hier würden Dinge verhandelt, die zu den allerwichtigsten für einen denkenden Menschen gehören. Vorstellungen würden hier evident gemacht, die eine Umwälzung des gesamten Weltbildes nach sie zögen. Sagte man. In einem Dutzend Aufsätzen las ich: Was hier, in der Relativitätslehre, vorgebacht würde, sei den Entdeckungen des Kopernikus, Galilei, gleichzustellen. Aber Galilei und Kopernikus verstehe ich... Diese neue Lehre aber schließt mich und die ungeheure Menge der Menschen, auch der denkenden, auch der gebildeten, von ihrer Erkenntis aus!

Berliner Tageblatt, 24. November 1923

Deutsches Generalkonsulat, New York

Obwohl Einsteins Ausführungen sehr knapp und phantasiefrei waren, brachten sie die Anwesenden in einen Begeisterungstaumel, der sich auch darin äußerte, daß zahlreiche Personen Einsteins Hände und Kleidungsstücke küßten und daß schließlich der arme Mann gewaltsam in seine Kabine geführt werden mußte, um diesen Demonstrationen ein Ende zu machen. Kurz vor seiner Abreise hatten sich auf dem Pier noch etwa 1000 Friedensfreunde mit Bannern usw. eingefunden, die in stürmische Rufe »Nie wieder Krieg« (No war for ever) ausbrachen und versuchten, das Schiff zu überfluten. Einstein beschränkte sich auf kurze Abschiedsgrüße. Durch geeignete Absperrungsmaßnahmen waren diese Demonstrationen auf den Pier beschränkt worden.

Den Höhepunkt der Veranstaltungen aus Anlaß der Anwesenheit von Professor Einstein bildete ein Riesenbankett im Hotel Astor, das die »American Palestine Campaign, New York« zur Einleitung eines Werbefeldzuges veranstaltet hatte, durch den sie eine Summe von 22 Millionen Dollars für jüdische Kolonisationszwecke in Palästina aufbringen will. Obwohl das Eintrittsgeld zu diesem Bankett 100 Dollar pro Kopf kostete, wurde die vorgesehene Teilnehmerzahl von 1000 Personen noch überschritten.

Bemerkenswert ist, daß ein erheblicher Teil der Teilnehmer aus Nichtjuden bestand und daß auch eine Anzahl führender Mitglieder der christlichen New Yorker Gesellschaft, die sich gewöhnlich mit jüdischer Gesellschaft nicht öffentlich zu zeigen pflegt, anwesend war.

Bericht vom 21. März 1931

Elsa Einstein

Albert ist ein scheuer Mensch. Ja, das ist schwer zu begreifen. Aber es ist doch so. Wenn man denen, die ihm so oft Eitelkeit vorwerfen, erklären will, daß er demütig und ohne die »normale« Selbstgefälligkeit ist, dann belächeln sie diese Behauptungen.

Brief an Antonina Vallentin, 29. September 1932

Philipp Lenard

Mein besonderes Bedauern war, daß Max Planck eine so sehr fördernde Rolle um den Juden Einstein spielte; er hat ihn zur Geltung bei der Berliner Akademie gebracht und auch sonst in den wissenschaftlichen Kreisen auffallend gefördert. Ich suchte daher Planck einmal brieflich davon abzubringen. Es gelang nicht. Planck zeigte sich in seiner Antwort als Nur-Mathematiker, dem nicht die Gewinnung erprobter Naturkenntnis als bleibendes Verdienst erscheint, sondern nur die Beibringung mathematischer Formulierungen. Außerdem zeigte er sich so rassenunkundig, daß er Einstein als richtigen Deutschen nahm, den man in seinem Vaterlande zu Geltung bringen müsse. Ich war erstaunt über diese damals teils schon überwundene Blindheit einem so ganz besonders jüdischen Juden gegenüber und konnte nur erwidern, daß ein im Pferdestall geborener Ziegenbock doch noch lange kein edles Pferd sei, auch dann nicht, wenn man ihm die Aufschrift »Pferd« anhefte.

Autobiographie, 1943

Er kann sich seine Popularität nie erklären. Er kann sich halt nicht selber so sehen, wie der Mann auf der Straße ihn sieht. Er kann auch nichts über sich selber lesen. Aber ich tu's gern und so hab' ich auch einen sehr bemerkenswerten Artikel von seinem früheren Assistenten und Mitarbeiter [Leopold Infeld] gelesen... Ihr werdet denken, ich sei eine verliebte Schwester. Dies ist auch gar nicht verwunderlich nach der Sorgfalt und Liebe, die ich durch ihn hier genießen durfte. Unsere abendlichen Lektürestunden waren uns beide so lieb, daß wir sie nur ganz ungern mißten.

Brief vom 17. Juni 1947

Wolfgang Pauli

Ihr 70. Geburtstag... ist mir eine willkommene Gelegenheit, Ihnen... zu sagen, wie stark ich die persönliche Sympathie empfunden habe, die Sie mir in Princeton geschenkt haben und wie unvergeßlich mir Ihre Rede an jenem Institutsfest im Dezember 1945 geblieben ist. Die menschliche und geistige Einstellung zu mir, die Sie damals zum Ausdruck gebracht haben, soll mir eine Mahnung sein, dem uns verbindenden geistigen Ideal immer treu zu sein, das im wissenschaftlichen Werk volle Aufrichtigkeit gegen sich selbst und gegen die Mitwelt über die den Ideen zu Grunde liegenden Motive verlangt. Es ist diese klare Einfachheit und Aufrichtigkeit in Ihren Arbeiten, die mich jetzt noch ebenso fesselt wie früher als junger Schüler bei meinem ersten Studium der Relativitätstheorie.

Brief an Albert Einstein, 7. März 1949

Max von Laue

Heute Nachmittag kam die Nachricht, daß Albert Einstein in Princeton... verstorben ist. Damit ist nicht nur das Leben eines großen und edlen Denkers zu Ende gegangen, sondern eine Epoche der Physik. Seit Einstein genau vor 50 Jahren innerhalb weniger Monate die Theorie der Lichtquanten und dann die Relativitätstheorie geschaffen hatte, gehörte er zu den Führern in der Physik, diesen Begriff im weitesten Ausmaß verstanden. Es gibt einfach keinen Zweig der Wissenschaft von der unbelebten Natur, in der seine Spuren nicht zu bemerken wären, und selbst die Biologie spricht heute von den Lichtquanten und dem von Einstein ausgesprochenen photochemischen Äquivalentgesetz...

Zum 18. April 1955

Thomas Mann

Tief erschüttert durch die Nachricht vom Tode Albert Einsteins vermag ich im Augenblick nur zu sagen, daß durch den Hingang dieses Mannes, dessen Ruhm schon zu Lebzeiten legendären Charakter angenommen hatte, für mich ein Licht erlosch, das mir seit vielen Jahren ein Trost war im trüben Wirrsal unserer Zeit.

Aus meinem eigenen Leben kann ich dasjenige dieses Landsmannes und Schicksalsgenossen kaum wegdenken. Die Bekanntschaft mit ihm war alt und wurde während der Jahre, die ich in Princeton verbrachte, zur Freundschaft.

Seine wissenschaftliche Größe, dem Laien nur ahnungsweise zugänglich, mögen Berufenere aufs neue verkünden. Was ich liebte, bewunderte und immer hochhalten werde, ist seine moralische Haltung, in der er, dem Menschheitsgedanken zugewandt und allem Konformismus überlegen, seine Überzeugungen kühn vertrat.

Will man bezweifeln, daß der Gram über den unseligen Gang der Welt und das gräßlich Drohende, wozu seine Wissenschaft auch noch unschuldig die Hand geboten, sein organisches Leiden gefördert, ja mit erzeugt und sein Leben verkürzt hat?

Er war aber der Mensch, der, im äußersten Augenblicke noch, gestützt auf seine schon mythische Autorität, sich dem Verhängnis entgegengeworfen haben würde. Und wenn heute unter allen Volkheiten, Farben und Religionen einmütige Trauer und Bestürzung sich zeigt bei der Meldung von seinem Tode, so bekundet sich darin das irrationale Gefühl, sein bloßes Dasein möchte es vermocht haben, der letzten Katastrophe den Weg zu verstellen.

In Albert Einstein starb ein Ehrenretter der Menschheit, dessen Namen nie untergehen wird.

Neue Zürcher Zeitung, 19. April 1955
(Gesammelte Werke, Bd. X, S. 549f.)

Niels Bohr

Die Menschheit wird Einstein immer dafür verpflichtet bleiben, daß er die Schwierigkeiten beseitigt hat, die in den Vorstellungen einer absoluten Zeit und eines absoluten Raumes begründet waren. Er schuf ein einheitliches und harmonisches Weltbild, das die kühnsten Träume der Vergangenheit übertroffen hat...

Der gleiche Geist, der Einsteins einmalige wissenschaftliche Errungenschaften kennzeichnet, bestimmt auch seine Haltung in den menschlichen Beziehungen. Obwohl die Verehrung ständig wuchs, die seine Taten und sein Charakter bei den Zeitgenossen weckten, blieb seine natürliche Bescheidenheit unverändert, und er behielt auch seinen feinsinnigen und gewinnenden Humor. Immer war er bereit, Menschen in Schwierigkeiten zu helfen. Der Verständigung zwischen den Völkern zu dienen war ihm, der selbst das Übel des Rassenvorurteils kennengelernt hatte, das wichtigste Anliegen.

Scientific American, Juni 1955

Werner Heisenberg

Einstein hatte den ungewöhnlichen Mut, alle diese Voraussetzungen [der klassischen Physik] in Zweifel zu ziehen, und er besaß die geistige Kraft, durchzudenken, wie man mit etwas anderen Voraussetzungen auch zu einer widerspruchsfreien Ordnung der Erscheinungen kommen kann.

Zum Tode Einsteins 1955

Ich liebte ihn und bewunderte ihn wegen seiner großen Güte, seiner geistigen Originalität und seines unbeugsamen sittlichen Mutes. Sein Rechtsgefühl war außerordentlich hoch entwickelt. Im Gegensatz zu den meisten sogenannten Intellektuellen, deren moralisches Gefühl oft in so verhängnisvoller Weise verkümmert ist, hat Einstein unermüdlich gegen jegliche Ungerechtigkeit und Gewalttat seine Stimme erhoben. Er wird in der Erinnerung künftiger Geschlechter weiterleben, nicht nur als ein genialer Mann der Wissenschaft von ungewöhnlichem Format, sondern auch als ein Mensch, der die höchsten sittlichen Ideale verkörperte. Sein Bild hat sich tief in meine Seele eingeprägt, und seltsam bewegt spreche ich mit leiser Stimme die Worte Epikurs: »Es tut so wohl, des edlen Mannes zu gedenken, der einst mir Freund und Vorbild war.«

Albert Einstein / Maurice Solovine: Correspondance [1956]

KARL JASPERS

Vielleicht typisch: Eine Anekdote: Als ich 1938 mit meiner jüdischen Frau uns aus Deutschland retten wollte, besuchte ein Freund von uns, der Einstein aus Berlin kannte, diesen in Princeton, um ihn zu fragen, ob es nicht möglich sei, für mich dort eine Stellung zu schaffen. Einstein etwa: Wenn ich Jaspers lese, wirkt das auf mich wie das Reden eines Trunkenen; nun, Hegel beurteile ich ebenso. – Ich verstehe so etwas nicht. – Ich will ihn nicht schlecht machen, aber empfehlen kann ich ihn nicht.

Es war sauber und klar und untadelig wie alles bei Einstein.

Die großen Philosophen. Nachlaß 1

Einstein hatte zur frühen Phase der Quantentheorie Wesentliches beigetragen. Ihren Siegeszug in der Gestalt, die sie um 1925 annahm, machte er nicht mehr mit. Als ich vor nun fünfzig Jahren, 1929, Physik zu studieren begann, war nicht mehr der fünfzigjährige Einstein, sondern der um sieben Jahre jüngere Bohr der geistige Führer der jungen Generation. Die beiden Männer waren persönliche Freunde geworden, als Wissenschaftler war es ihr Schicksal, sich zu Gegnern, zu Antipoden, zu entwickeln. Einstein war genialer, vielseitiger, einfacher, Bohr aber war wohl der noch tiefere Denker.

Zum hundertsten Geburtstag
Frankfurter Allgemeine Zeitung, 10. März 1979

Bundespräsident Walter Scheel

Haben wir heute das Recht, Albert Einstein zu ehren? Diese Frage führt direkt in den Kern des Problems von Freiheit und Wissenschaft. Einstein wollte nach dem Krieg nicht in Deutschland arbeiten. Das hatte seinen Grund nicht darin, daß er der deutschen Wissenschaft keine bedeutenden wissenschaftlichen Leistungen zutraute. Das hatte seinen Grund darin, daß er an die Fähigkeit unseres Volkes zur Freiheit nicht mehr glauben mochte.

Wir haben den Gegenbeweis angetreten. Dies ist ein freies Land. Deutschland ist nicht von irgendwelchen dunklen Weltgesetzen dazu verdammt, in Unfreiheit zu leben. Wir ehren Lise Meitner, Albert Einstein, Otto Hahn und Max von Laue am besten, wenn wir uns und alles, was wir tun – auch unsere Wissenschaft –, unter das strenge Gesetz der Freiheit stellen.

Ansprache zum 100. Geburtstag 1979

Nachwort

In den Anmerkungen (S. 569) findet man die Belege, auf die wir unsere Aussagen stützen. Wir schulden dem Leser aber noch einen orientierenden Überblick über die gesamte Literatur, das heißt die Einstein-Biographien, die Einstein-Edition und die von uns darüber hinaus benutzten Quellen.

Die übliche Einarbeitung in ein wissenschaftshistorisches Thema besteht in der Beschäftigung mit der Sekundärliteratur, in unserem Falle mit den Biographien. Im Einstein-Jahr 1979 hat David C. Cassidy eine Übersicht und Bewertung der bis dahin erschienenen Einstein-Biographien vorgelegt (Horst Nelkowski, Armin Hermann u.a.: *Einstein Symposion Berlin*. Berlin etc. 1979, S. 490–500). Inzwischen sind weitere Biographien erschienen. Mit Gewinn benutzt habe ich die von Abraham Pais, während die von Albrecht Fölsing und Roger Highfield / Paul Carter erst nach Abschluß unseres Manuskriptes erschienen sind. Pais und Fölsing beschäftigen sich in erster Linie mit dem wissenschaftlichen Werk, während es bei Highfield/Carter um die persönlichen Aspekte geht. Wie der Leser bemerkt haben wird, steht in der vorliegenden Biographie der kulturgeschichtliche Kontext im Vordergrund. Mein Vorbild war die Goethe-Biographie von Richard Friedenthal, die den Leser fesselt und allen wissenschaftlichen Ansprüchen genügt.

Die mit Abstand wichtigste Quelle ist der Nachlaß Albert Einsteins zusammen mit dem von Helen Dukas, der Sekretärin Einsteins, in jahrzehntelanger Arbeit gesammelten weiteren Material. Es steht der Forschung in Kopien an drei Stellen zur Verfügung (Mugar Library der Boston University, Institute for Advanced Study Princeton und Hebrew University Jerusalem). Die Originale werden in Jerusalem verwahrt. Dieses Material liegt der seit 1987 entstehenden großen Einstein-Edition zugrunde, die bei der Princeton University Press erscheint und nach jetzigem Stand die Korrespondenz, die wissenschaftlichen Veröffentlichungen und die Manuskripte bis 1914 enthält. Sie ist von dem amerikanischen Wissenschaftshistoriker John Stachel begründet worden und wird jetzt von Martin J. Klein, A. J. Kox und Robert Schulmann fortgeführt.

Selbstverständlich gibt es noch andere Dokumentationen, zum Beispiel »Einstein und Ulm«, »Einstein and Prague«, »Albert Einstein in Berlin« und »Einstein in Princeton«, sowie eine ganze Reihe von Briefeditionen. So liegen heute in Einzelausgaben beziehungsweise Zeitschriftenaufsätzen vor Einsteins Korrespondenzen mit Hermann Anschütz-Kaempfe, Michele Besso, Niels Bohr, Max Born, Paul Langevin, Wolfgang Pauli, Maurice Solovine, Arnold Sommerfeld und Johannes Stark.

Wenn wir in den Anmerkungen Briefe zitieren, nennen wir immer Verfasser, Adressat und Datum, zum Beispiel »Brief von Max Planck an Carl Runge, 23. Februar 1908«. Wo Verfasser oder Adressat fehlt, ist immer Albert Einstein gemeint. »Brief von Arnold Sommerfeld, 3. September 1920« bedeutet also »Brief von Arnold Sommerfeld an Albert Einstein, 3. September 1920«, und entsprechend bedeutet »Brief an Arnold Sommerfeld, 28. November 1915« genauer »Brief von Albert Einstein an Arnold Sommerfeld, 28. November 1915«.

Zahlreiche Bibliotheken und Archive in der ganzen Welt haben Albert Einstein betreffendes Material gesammelt. Hier sind auch die sogenannten »third party letters« zu finden, das heißt Briefe von Kollegen und Freunden Einsteins an dritte Personen, in denen von Einstein die Rede ist. Ich habe für die vorliegende Biographie (neben den bereits genannten) die folgenden Bestände benutzt: Archiv für die Geschichte der Max-Planck-Gesellschaft (Berlin), Bibliothek des Deutschen Museums (München), Bibliothek für Zeitgeschichte (Stuttgart), Institut für Zeitungsforschung (Dortmund), Landesmuseum für Technik und Arbeit (Mannheim), Lilly Library (Bloomington, Indiana), Preußische Staatsbibliothek (Berlin), Stadtarchiv (München) und Württembergische Landesbibliothek (Stuttgart).

Die vorliegende Biographie hat mich viele Jahre beschäftigt. Dabei sind mir in Gesprächen mit Kollegen viele wertvolle Anregungen zugekommen. Namentlich nennen möchte ich Helmuth Albrecht, Mara Beller, Eckart Henning, Klaus Hentschel, Friedrich Herneck, Erwin Hiebert, Gerhard Hirschfeld, Dieter Hoffmann, Gerald Holton, Andreas Kleinert, A. J. Kox, Frank

Krull, Klaus Mainzer, Horst Melcher, Jürgen Renn, Ze'ev Rosenkranz, Robert Schulmann, John Stachel, Frank Stäudner und Rolf Winau.

Eine ganze Reihe von Stuttgarter Magisterkandidaten und Doktoranden, aber auch Studenten anderer Universitäten haben sich mit Teilaspekten der Biographie beschäftigt. Auch von ihnen habe ich manche Belehrung erhalten. Ich nenne Evelyn Baumgartner, Klaus Demota, Rainer Herrmann, Nicolaus Hettler, Kai Kanz, Margot Klemm, Dirk Lehrach, Roswitha Mader, Birgit Mosler, Andrea Müller, Walter Stöcker und Heike Weishaupt.

Für die finanzielle Unterstützung bei den Archivreisen danke ich herzlich der Carl-Zeiss-Stiftung in Heidenheim und Jena, dem Stifterverband für die Deutsche Wissenschaft und meiner Hochschule, der Universität Stuttgart.

Schließlich muß ich noch die freundschaftliche Zusammenarbeit mit den Mitarbeitern des Piper Verlags erwähnen, von denen ich hier nur Dr. Klaus Stadler stellvertretend für viele nenne. Last not least schulde ich meiner Sekretärin Frau Friedl Fischer herzlichen Dank für die souveräne Bewältigung des umfangreichen Textes.

Stuttgart, 1. Juli 1994 *Armin Hermann*

Anmerkungen

KAPITEL 1
»Ich bin ein Berliner«

1 Albert Einstein, *Mein Weltbild*. Hrsg. v. Carl Seelig. Frankfurt a. M. 1981, S. 7.
2 Ebd., S. 8.
3 Albert Einstein / Michele Besso, *Correspondance 1903–1955*. Übersetzung, Anmerkungen u. Einleitung v. Pierre Speziali. Paris 1972, S. 52f.
4 *Albert Einstein in Berlin 1913–1933*. Teil I: *Darstellung und Dokumente*. Bearbeitet v. Christa Kirsten u. Hans-Jürgen Treder. Berlin 1979, S. 95.
5 Philipp Lenard, *Denkschrift und Entwurf zu einem deutschen Institut für physikalische Forschung* (Kiel 1906; unveröffentlicht).
6 Louis Kollros, *Erinnerungen eines Kommilitonen*. In: *Helle Zeit – dunkle Zeit. In memoriam Albert Einstein*. Hrsg. v. Carl Seelig. Zürich 1956, S. 17–31 (hier S. 30).
7 Einstein/Besso, *Correspondance* (Anm. 3), S. 78.
8 Albert Einstein / Arnold Sommerfeld, *Briefwechsel. Sechzig Briefe aus dem goldenen Zeitalter der modernen Physik*. Hrsg. u. kommentiert v. Armin Hermann. Basel/Stuttgart 1968, S. 32.
9 Max Planck, *Vorträge und Erinnerungen*. Darmstadt ^{7}1969, S. 380.
10 Albert Einstein / Mileva Marić, *Am Sonntag küss' ich Dich mündlich. Die Liebesbriefe 1897–1903*. Hrsg. u. eingeleitet v. Jürgen Renn u. Robert Schulmann. Mit einem Essay »Einstein und die Frauen« von Armin Hermann. München/Zürich 1994 (hier Brief 38).
11 *The Collected Papers of Albert Einstein*. Bd. 5. Hrsg. v. Martin J. Klein, A. J. Kox u. Robert Schulmann. Princeton 1993 (das Zitat findet sich hier auf S. 572).
12 Brief an Carl Seelig, 5. Mai 1952.
13 Brief an Michele Besso, 21. Juli 1916.
14 Arthur Schopenhauer, *Sämtliche Werke*. Hrsg. v. Arthur Hübscher. Bd. 6: *Parerga und Paralipomena II*. Mannheim ^{4}1988, S. 663.
15 Einstein, *Weltbild* (Anm. 1), S. 8.
16 Einstein/Besso, *Correspondance* (Anm. 3), S. 80.
17 Friedrich Herneck, *Einstein privat. Herta W. erinnert sich an die Jahre 1927 bis 1933*. Berlin 1978, S. 28, 30.
18 Einstein/Besso, *Correspondance* (Anm. 3), S. 98.
19 Agnes von Zahn-Harnack, *Adolf von Harnack*. Berlin 1951, S. 208.
20 *Einstein in Berlin* (Anm. 4), S. 98.
21 *Sitzungsberichte der Königlich Preußischen Akademie der Wissenschaften*, Jg. 1914, II. Halbband, S. 736.
22 *Max Planck in seinen Akademie-Ansprachen. Erinnerungsschrift*

der Deutschen Akademie der Wissenschaften zu Berlin. Berlin 1948, S. 20.

23 *Berliner Tageblatt*, 27. August 1920.
24 *Planck in seinen Akademie-Ansprachen* (Anm. 22), S. 23.
25 Carl Burckhardt, *Weltgeschichtliche Betrachtungen.* Stuttgart 1949, S. 211.
26 Einstein, *Weltbild* (Anm. 1), S. 9.
27 *Tägliche Rundschau*, 2. August 1914, Morgenausgabe, S. 2.
28 Ebd.
29 Albert Einstein, *Über den Frieden. Weltordnung oder Weltuntergang?* Hrsg. v. Otto Nathan u. Heinz Norden. Bern 1975, S. 32.
30 Einstein, *Weltbild* (Anm. 1), S. 9.
31 *Tägliche Rundschau*, 3. August 1914, Abendausgabe, S. 1.
32 Planck, *Vorträge* (Anm. 9), S. 81.
33 Ebd., S. 83.
34 *Tägliche Rundschau*, 3. August 1914, Abendausgabe, 1. Beilage, S. 2.
35 Einstein, *Frieden* (Anm. 29), S. 20.
36 *Tägliche Rundschau*, 7. August 1914, Morgenausgabe, S. 1.
37 Einstein, *Frieden* (Anm. 29), S. 30.
38 Ebd.
39 Karte von Max Born an Johann Jacob Laub, 25. März 1915.
40 Brief von Max Planck an Wilhelm Wien, 8. November 1914.
41 Einstein, *Frieden* (Anm. 29), S. 33.
42 Ebd., S. 20.
43 Einstein, *Weltbild* (Anm. 1), S. 7. – Einstein zitiert Schopenhauer hier frei mit: »Ein Mensch kann zwar tun, was er will, aber nicht wollen, was er will.«
44 Ebd.
45 Albert Einstein / Hedwig und Max Born, *Briefwechsel 1916–1955.* Kommentiert v. Max Born. München 1969, S. 30.
46 Ebd., S. 204.
47 Einstein, *Frieden* (Anm. 29), S. 28.
48 *Tägliche Rundschau*, 8. August 1914, Morgenausgabe.
49 Theodor Wolff, *Tagebücher 1914–1919.* 2 Bände. Eingeleitet u. hrsg. v. Bernd Sösemann. Boppard 1984 (hier Bd. 1, S. 104).
50 *Deutsche Reden in schwerer Zeit.* Berlin 1914, S. 6.
51 Wolff, *Tagebücher* (Anm. 49), Bd. 1, S. 104.
52 Auf beiden Seiten hat es offizielle Untersuchungen gegeben. Das Auswärtige Amt publizierte am 10. Mai 1915 ein Weißbuch: »Die völkerrechtswidrige Führung des belgischen Volkskrieges«, auf das Belgien1916 mit einem Graubuch antwortete: »Royaume de Belgique. Ministère de la Justice et Ministère des Affaires Etrangères – Guerre de 1914–1916 –. Réponse au livre blanc allemand... Paris 1916«. Eine gründliche historische Untersuchung von Peter Schöller hat ergeben, daß die Ergebnisse des deutschen Weißbuchs unhaltbar sind, wonach sich die Ereignisse vom 25.–28. August als »Aufstand der Stadt Löwen gegen die deutschen Besatzungstruppen« darstellen (Peter Schöller, *Der Fall Löwen und das Weißbuch.* Köln/Graz 1958). – Hinge-

wiesen sei auch auf: Franz Petri / Peter Schöller, *Zur Bereinigung des Franktireurproblems vom August 1914*. In: *Vierteljahreshefte für Zeitgeschichte*, Jg. 9, 1961, S. 234–248.

53 Das Manifest ist an mehreren Stellen abgedruckt, zum Beispiel: Hans Wehberg, *Wider den Aufruf der 93!* Berlin-Charlottenburg 1920. Insgesamt handelt es sich um sechs Abschnitte, die alle polemisch mit »Es ist nicht wahr« beginnen. Neben Wehberg ist die genaueste Untersuchung: Bernhard vom Brocke, *Wissenschaft und Militarismus*. In: William M. Calder III. u. a., *Wilamowitz nach 50 Jahren*. Darmstadt 1985, S. 649–719.

54 Wolff, *Tagebücher* (Anm. 49), Bd. 1, S. 104.

55 Brief an Ferdinand Mayance, 29. Oktober 1928.

56 Brief von Hendrik Antoon Lorentz an Wilhelm Wien, 3. Mai 1915.

57 *Albert Einstein als Philosoph und Naturforscher*. Hrsg. v. Paul Arthur Schilpp. Stuttgart 1949, S. 1.

58 Banesh Hoffmann, *Albert Einstein. Schöpfer und Rebell*. Dietikon 1976, S. 123.

59 Einstein, *Frieden* (Anm. 29), S. 24.

60 *Max Planck zum Gedenken*. Hrsg. v. d. Deutschen Akademie der Wissenschaften zu Berlin. Berlin 1959, S. 7.

61 Einstein, *Frieden* (Anm. 29), S. 28, 30.

62 Ebd., S. 411.

63 Fritz Haber, *Die Chemie im Kriege*. In: ders., *Fünf Vorträge aus den Jahren 1920–1923*. Berlin 1924, S. 28.

64 M. Schwarte, *Die Technik im Weltkriege*. Berlin 1920, S. 281.

65 Arnold Sommerfeld, *Zum siebzigsten Geburtstag Albert Einsteins*. In: *Deutsche Beiträge*, Jg. 3, 1949, H. 2, S. 3–8.

66 Einstein, *Weltbild* (Anm. 1), S. 94.

67 Der berühmte »Franck-Report« ist vollständig abgedruckt in: Robert Jungk, *Heller als tausend Sonnen*. Bern 1956, S. 348–362.

68 Einstein, *Frieden* (Anm. 29), S. 28.

69 Ebd.

70 Ebd., S. 31.

71 Ebd., S. 34.

72 Einstein, *Weltbild* (Anm. 1), S. 138.

73 Brief an Michele Besso, 15. Februar 1915.

74 Brief an Michele Besso, 3. Januar 1916. – Im Brief steht: »Die projektiert gewesene Ehe.«

KAPITEL 2
Der Einstein-Turm

1 Brief an Heinrich Zangger, 25. Juli 1916.

2 Peter de Mendelssohn, *S. Fischer und sein Verlag*. Frankfurt a. M. 1970, S. 869.

3 Albert Einstein, *Über den Frieden. Weltordnung oder Weltuntergang?* Hrsg. v. Otto Nathan u. Heinz Norden. Bern 1975, S. 34.

4 Wir können nicht beweisen, sondern nur plausibel machen, daß

Einstein tatsächlich schon damals Heinrich Manns Roman *Der Untertan* gelesen hat. Von seiner Reise in die Schweiz schrieb er am 22. April 1916 aus Luzern, wo er bei seiner Schwester wohnte, an seinen Freund Michele Besso: »Vergeßt nicht, das Buch von Mann zu beschnüffeln; es lohnt sich.« Der Herausgeber des Briefwechsels Einstein/Besso, der verstorbene Physiker Pierre Speziali, merkt dazu an, daß es sich um Thomas Manns *Tod in Venedig* (erschienen 1912) gehandelt haben könnte. Thomas Mann hat Einstein jedoch damals überhaupt nicht interessiert, wohl aber, aus politischen Gründen, Heinrich Mann. Wir glauben, daß es sich bei dem erwähnten Buch um Heinrich Manns *Der Untertan* gehandelt hat. – Offizielles Erscheinungsdatum war der November 1918. Nach Kriegsende bestand so großes Interesse, daß innerhalb von sechs Wochen 100 000 Exemplare aufgelegt wurden. Es erschien jedoch schon seit 1. Januar 1914 ein Vorabdruck in der Wochenschrift *Zeit im Bild*, der bei Kriegsausbruch nach 32 Fortsetzungen abgebrochen werden mußte. Im Krieg veranstaltete dann der Verleger Kurt Wolff vom fertigen Satz einen Privatdruck in elf Exemplaren, die an ausgewählte Adressaten gingen (Einstein war nicht darunter). Im Impressum ist die Auflage auf Mai 1916 datiert. (Man vergleiche: Karl H. Salzmann / Wolfram Göbel. In: *Archiv für Geschichte des Buchwesens* II, S. 386, u. XV, S. 743.) – Wenn wir recht haben, muß Einstein entweder den Fortsetzungsroman, also die gesammelten Zeitschriftenausschnitte, oder ein Exemplar des Privatdrucks in die Schweiz mitgenommen haben. Im zweiten Fall müßte von Kurt Wolff das Erscheinen um einige Wochen vorgezogen worden sein. Beides ist denkbar. Wir vermuten, daß Einstein bei einer Versammlung im »Bund Neues Vaterland« von einem Gesinnungsfreund das Buch erhalten hat.

5 Heinrich Mann, *Der Untertan. Roman*. München 1964, S. 10.

6 *Albert Einstein in Berlin 1913–1933*. Teil I: *Darstellung und Dokumente*. Bearbeitet v. Christa Kirsten u. Hans-Jürgen Treder. Berlin 1979, S. 96.

7 Postkarte von Max Planck, 7. November 1915.

8 Brief an Paul Ehrenfest, 17. Januar 1916.

9 Brief an Hendrik Antoon Lorentz, 1. Januar 1916.

10 Postkarte an Paul Ehrenfest, 6. September 1916.

11 Brief an Paul Ehrenfest, 24. Oktober 1916.

12 Brief an Hendrik Antoon Lorentz, 13. November 1916.

13 Brief von Hendrik Antoon Lorentz an Wilhelm Wien, 3. Mai 1915.

14 Postkarte an Paul Ehrenfest, 18. Oktober 1916.

15 Dieser Meinung war Einstein schon im Jahr zuvor. Vgl. den Brief Einsteins an Hendrik Antoon Lorentz vom 23. September 1915. – Wir haben im Zitat das Wort »trotzdem« in »obwohl« korrigiert.

16 Brief an Hendrik Antoon Lorentz, 13. November 1916.

17 Postkarte an Paul Ehrenfest, 17. November 1917.

18 Albert Einstein / Michele Besso, *Correspondance 1903–1955*. Übersetzung, Anmerkungen u. Einleitung v. Pierre Speziali. Paris 1972, S. 79.

19 Albert Einstein, *Strahlungs-Emission und -Absorption nach der Quantentheorie*. In: *Verhandlungen der Deutschen Physikalischen Gesellschaft*, Jg. 18, 1916, S. 318–323 (hier S. 321).

20 Charles H. Townes, *Production of coherent radiation by atoms and molecules*. In: *Les Prix Nobel en 1964*. Stockholm 1965, S. 99–130 (hier S. 100).

21 Lise Meitner, *Max Planck als Mensch*. In: *Die Naturwissenschaften*, Jg. 45, 1958, S. 406–408.

22 Brief von Lise Meitner an Max Born, 1. Juni 1948. Archiv der Max-Planck-Gesellschaft, Berlin. Es wird sich wohl um Opus 11 gehandelt haben. Beim ebenfalls in B-Dur gesetzten *Erzherzogtrio* ist der zweite Satz ein Scherzo.

23 Brief an Arnold Sommerfeld, 2. Februar 1916.

24 Albert Einstein, *Über die spezielle und allgemeine Relativitätstheorie*. Braunschweig/Wiesbaden ^{23}1988, S. 13.

25 Brief von Walther Rathenau, ca. 1920.

26 Einstein/Besso, *Correspondance* (Anm. 18), S. 102.

27 Einstein, *Relativitätstheorie* (Anm. 24), S. V.

28 Alexander Moszkowski, *Einstein. Einblicke in seine Gedankenwelt*. Hamburg/Berlin 1920, S. 17.

29 Alexander Moszkowski, *Das Panorama meines Lebens*. Berlin 1925.

30 Albert Einstein, *The Human Side. New Glimpses from His Archives*. Ausgewählt u. hrsg. v. Helen Dukas u. Banesh Hoffmann. Princeton 1979, S. 133f.

31 Carl Seelig, *Albert Einstein. Leben und Werk eines Genies unserer Zeit*. Zürich 1960, S. 259. – Bei dem Studenten handelte es sich um Rudolf Humm. Er wurde tatsächlich am 8. Juni 1917 Mitglied der Deutschen Physikalischen Gesellschaft.

32 Brief an Elsa Löwenthal, August 1913.

33 János Plesch, *János. Ein Arzt erzählt sein Leben*. München 1949, S. 139.

34 *The Collected Papers of Albert Einstein*. Bd. 5. Hrsg. v. Martin J. Klein, A. J. Kox u. Robert Schulmann. Princeton 1993, S. 574.

35 Ebd.

36 Seelig, *Einstein* (Anm. 31), S. 263. – Seelig spricht hier von der »harmonischen Ehe«.

37 *Einstein in Berlin* (Anm. 6), S. 146.

38 Brief von Peter Debye, 2. Juli 1918. Handschriftlicher Zusatz von Albert Einstein. Archiv der Max-Planck-Gesellschaft, Berlin.

39 Albert Einstein / Arnold Sommerfeld, *Briefwechsel. Sechzig Briefe aus dem goldenen Zeitalter der modernen Physik*. Hrsg. u. kommentiert v. Armin Hermann. Basel 1968, S. 61.

40 Ebd., S. 48.

41 Albert Einstein, *Motive des Forschens*. In: *Zu Max Plancks sechzigstem Geburtstag. Ansprachen... von E. Warburg, M. v. Laue, A. Sommerfeld und A. Einstein, nebst einer Erwiderung von M. Planck*. Karlsruhe 1918, S. 29–32 (hier S. 31). – Die Feier fand nicht am eigentlichen Geburtstag statt, sondern am 26. April 1918.

42 Max Planck, *Erwiderung*. In: *Zu Max Plancks sechzigstem Geburtstag* (Anm. 41), S. 33–36 (hier S. 36).

43 *Sitzungsberichte der K. Preußischen Akademie der Wissenschaften*, Jg. 1918, S. 992 (Sitzung vom 14. November 1918).

44 Agnes von Zahn-Harnack, *Adolf von Harnack*. Berlin 1951, S. 412.

45 Kurt Zierold, *Forschungsförderung in drei Epochen. Deutsche Forschungsgemeinschaft. Geschichte – Arbeitsweise – Kommentar*. Wiesbaden 1968, S. 4 (Denkschrift von 1920).

46 Brief von Max Planck an Max von Laue, 12. Oktober 1926. Deutsches Museum, München, Sondersammlungen der Bibliothek.

47 Armin Hermann, *Festvortrag zum 50. Jubiläum der Deutschen Forschungsgemeinschaft am 30. Oktober 1970*. In: *Deutsche Forschungsgemeinschaft*, Mitteilungen 4, 1970, S. 21–34 (hier S. 26).

48 *Einstein in Berlin* (Anm. 6), S. 155.

49 Ebd., S. 177.

50 Ebd., S. 180.

51 Klaus Hentschel, *Der Einstein-Turm*. Heidelberg 1992, S. 74.

52 Philipp Frank, *Einstein. Sein Leben und seine Zeit*. Wiesbaden/Braunschweig ^{2}1979, S. 332.

53 Erwin Freundlich, *Das Turmteleskop der Einstein-Stiftung*. Berlin 1927.

54 Hentschel, *Einstein-Turm* (Anm. 51), S. 129.

55 Brief an Max von Laue, 21. Januar 1929.

56 *Pariser Tageblatt*, 25. März 1934. Faksimile in: Hentschel, *Einstein-Turm* (Anm. 51), S. 150.

57 Erwin Finlay-Freundlich, *Wie es dazu kam, daß ich den Einsteinturm errichtete*. In: *Physikalische Blätter*, Jg. 25, 1969, S. 538–541. – Der Aufsatz wurde nach dem Tode Freundlichs vom Verfasser der vorliegenden Einstein-Biographie zum Druck gebracht.

58 Philipp Lenard, *Erinnerungen eines Naturforschers*. Schreibmaschinenmanuskript, Heidelberg 1943, S. 137.

59 Ebd.

60 Andreas Kleinert / Charlotte Schönbeck, *Lenard und Einstein. Ihr Briefwechsel und ihr Verhältnis vor der Nauheimer Diskussion von 1920*. In: *Gesnerus*, Bd. 35, 1978, S. 318–333 (hier S. 320).

61 Ebd., S. 322.

62 Philipp Lenard, *Über Relativitätsprinzip, Äther, Gravitation*. Leipzig 1918, S. 19.

63 Philipp Lenard, *England und Deutschland zur Zeit des großen Krieges*. Heidelberg 1914, S. 15.

64 Philipp Lenard, *Ein großer Tag für die Naturforschung*. In: *Völkischer Beobachter*, 13. Mai 1933.

65 Robert Lang, *Ueber Einsteins physikalisches Weltbild*. I. In: *Schwäbische Kronik des Schwäbischen Merkurs zweite Abteilung*, II. Blatt, 17. Januar 1920.

66 *Einstein und Ulm. Festakt und Ausstellung zum 100. Geburtstag von Albert Einstein*. Hrsg. v. Hans Eugen Specker. Ulm 1979, S. 91.

67 Ebd., S. 92.
68 Ebd., S. 63.

KAPITEL 3
Der Depperte

1 *The Collected Papers of Albert Einstein.* Bd. 1: *The Early Years. 1879–1902.* Hrsg. v. Paul Stachel u. a. Princeton 1987, S. LVI.
2 Gerald Holton / Yehuda Elkana, *Albert Einstein. Historical and Cultural Perspectives. The Centennial Symposium in Jerusalem.* Princeton 1982, S. 419 (Reminiscenses of Ernst G. Straus).
3 Carl Seelig, *Albert Einstein. Leben und Werk eines Genies unserer Zeit.* Zürich 1960, S. 13.
4 Maja Winteler-Einstein, *Albert Einstein – Beitrag für sein Lebensbild.* Teilabdruck in: *Collected Papers.* Bd. 1 (Anm. 1), S. LVI.
5 Albert Einstein, *Mein Weltbild.* Frankfurt a. M. 1981, S. 7.
6 Winteler-Einstein, *Einstein* (Anm. 4), S. LIV.
7 Ebd., S. LII.
8 *Collected Papers.* Bd. 1 (Anm. 1), S. 253.
9 Heinz Balmer, *Planck und Einstein beantworten eine wissenschaftliche Rundfrage.* In: *Physikalische Blätter,* Jg. 25, 1969, S. 558.
10 Brief an die *Ulmer Abendpost,* 18. März 1929. In: *Einstein und Ulm. Festakt, Schülerwettbewerb und Ausstellung...* Hrsg. v. Hans-Eugen Specker. Ulm 1979, S. 98. – Einstein wollte mit dem Brief den Ulmern eine Freude machen.
11 Winteler-Einstein, *Einstein* (Anm. 4), S. 1.
12 Arthur Wilke, *Die Elektrizität, ihre Erzeugung und ihre Anwendung in Industrie und Gewerbe.* Leipzig/Berlin 1893, S. 2.
13 *Albert Einstein als Philosoph und Naturforscher.* Hrsg. v. Paul Arthur Schilpp. Nachdruck Braunschweig/Wiesbaden 1979, S. 3.
14 Die uns überlieferten Berichte gehen auseinander. Rudolf Kayser und Carl Seelig erzählten, daß der Geistliche den Haß der Schüler gegen den einzigen Juden in der Klasse aufgewiegelt habe. Philipp Frank aber sagt gerade das Gegenteil: Der Geistliche habe nicht erwähnt, wie dies manchmal geschehe, daß die Kreuzigung das Werk der Juden gewesen sei. Keiner der Mitschüler wäre auf den Gedanken gekommen, Einstein eine Mitschuld zu geben. Man vergleiche: Anton Reiser (d.i. Rudolf Kayser), *Albert Einstein. A Biographical Portrait.* New York 1930, S. 30; Seelig, *Einstein* (Anm. 3), S. 16; Philipp Frank, *Albert Einstein. Sein Leben und seine Zeit.* Braunschweig/Wiesbaden ²1979, S. 22.
15 Banesh Hoffmann, *Einstein und der Zionismus.* In: *Albert Einstein. Sein Einfluß auf Physik, Philosophie und Politik.* Hrsg. v. Peter C. Aichelburg u. Roman U. Sexl. Braunschweig/Wiesbaden 1979, S. 179.
16 K. Luitpold-Gymnasium in München, *Jahresbericht für das Studienjahr 1888/89.* München 1889. – Der am 26. Oktober 1877 geborene Robert Kaulbach wechselte ins Wilhelms-Gymnasium, wo er in den

Schuljahren 1893/94 und 1894/95 Klassenkamerad von Reinhard Piper war. Piper erzählt von ihm in seinen Memoiren (Reinhard Piper, *Vormittag. Erinnerungen eines Verlegers.* München 1947, S. 143). Über sein weiteres Schicksal siehe: Evelyn Lehmann / Elke Riemer, *Die Kaulbachs.* Arolsen 1978.

17 Brief an Philipp Frank (Entwurf), 1940.

18 *Collected Papers.* Bd. 1 (Anm. 1), S. 19.

19 Seelig, *Einstein* (Anm. 3), S. 48.

20 Kenji Sugimoto, *Albert Einstein. Die kommentierte Bilddokumentation,* Gräfelfing 1987, S. 14 (Faksimile des Zeitungsartikels).

21 Alexander Moszkowski, *Einstein. Einblicke in seine Gedankenwelt.* Hamburg/Berlin 1921, S. 222. – Der Name des Lehrers war Dr. Ferdinand Ruess.

22 George Sylvester Viereck, *Schlagschatten. Sechsundzwanzig Schicksalsfragen an Große der Zeit.* Berlin/Zürich [1931], S. 60.

23 *Einstein als Philosoph* (Anm. 13), S. 1.

24 Zeugnisnoten-Protokoll des K. Maximiliansgymnasiums in München. Schuljahr 1869/70. – Max Planck, *Physikalische Abhandlungen und Vorträge.* 3 Bände. Braunschweig 1958 (hier Bd. 3, S. 346). Die von Planck stammenden Bemerkungen bezogen sich auf Hendrik Antoon Lorentz, gelten aber genauso für ihn selbst.

25 Moszkowski, *Einstein* (Anm. 21), S. 223. Auch *Collected Papers.* Bd. 1 (Anm. 1), S. LXI, und *Einstein als Philosoph* (Anm. 13), S. 4. – Einstein hatte als Hilfslinie die Höhe auf die Hypothenuse errichtet und aus der Ähnlichkeit der drei rechtwinkligen Dreiecke Beziehungen zwischen den Strecken gefunden. Daraus folgt der Satz des Pythagoras.

26 *Einstein als Philosoph* (Anm. 13), S. 4.

27 *Collected Papers.* Bd. 1 (Anm. 1), S. 4.

28 Max Talmey, *The Relativity Theory Simplified and the Formative Period of Its Inventor.* New York 1932. – Der biographische Anhang findet sich S. 159–179.

29 Brief an David Reichinstein, 2. Mai 1932. In: David Reichinstein, *Albert Einstein, sein Lebensbild und seine Weltanschauung.* Prag 1935, S. 279, 281 (Faksimile).

30 *Collected Papers.* Bd. 1 (Anm. 1), S. LXIV, Fußnote 62.

31 Siegfried Wagner, *Wie aus der Einsteinschen Fabrik Münchens Endzeitsynagoge wurde.* In: *Die Tribüne. Zeitschrift zum Verständnis des Judentums,* Jg. 28, 1989, H. 112, S. 167–174.

32 Stadtarchiv, München, Bestand Oktoberfest Nr. 69, Faszikel I.

33 Ebd., Nr. 72.

34 Ebd., Nr. 73.

35 Werner von Siemens, *Das naturwissenschaftliche Zeitalter.* In: *Tageblatt der 59. Versammlung deutscher Naturforscher und Aerzte zu Berlin vom 18.–24. September 1886.* Berlin 1886, S. 95.

36 *Münchener Fremdenblatt,* 13. September 1888. Zitiert nach: *Karl Benz und sein Lebenswerk. Dokumente und Berichte.* Stuttgart 1953, S. 110; *Münchner Neueste Nachrichten,* 18. September 1888. Zitiert: ebd., S. 111.

37 *Schwabinger Gemeinde-Zeitung. Wochenblatt für Schwabing und Umgebung*, Jg. 12, Nr. 9 (2. März 1889), S. 2.
38 Ebd., S. 1.
39 *Münchner Neueste Nachrichten*, Jg. 42, Nr. 98 (27. Februar 1889, Morgenblatt), S. 3; *Schwabinger Gemeinde-Zeitung* (Anm. 29), S. 1.
40 Brief des Deutsch-Socialen Vereins zu München an den Magistrat der Königlichen Haupt- und Residenzstadt München, 30. September 1892. Stadtarchiv, München, Bestand Elektrizitätswerke 24.
41 Elektrische Beleuchtungsanlage für München. Bericht des Stadtbauamtes. Stadtarchiv, München, Bestand Beleuchtungsamt 65.
42 Electro-technische Fabrik J. Einstein & Co. München: Kritische Bemerkungen über das Gutachten der electro-technischen Versuchsstation in München. Stadtarchiv, München, Bestand Beleuchtungsamt 65.
43 Ebd.; handschriftliche Notiz auf S. 13.
44 17. Sitzung des Gemeindebevollmächtigten-Kollegiums am Mittwoch, den 26. April 1893. Geheime Sitzung. Tagesordnungspunkt 1. Stadtarchiv, München, Ratssitzungsprotokolle.
45 Wagner, *Fabrik* (Anm. 31).
46 *Collected Papers*. Bd. 1 (Anm. 1), S. LXIII. – Der Name des Lehrers war Dr. Joseph Degenhart.
47 Ebd., S. LXIV.
48 Heinrich Hertz, *Schriften vermischten Inhalts* (= *Gesammelte Werke*. Bd. 1). Leipzig 1895, S. 354.
49 *Collected Papers*. Bd. 1 (Anm. 1), S. 9f.
50 Ernst Haeckel, *Die Welträtsel*. Bonn 1899, S. 260.
51 »Das Schlimme ist nicht, daß er [Lenard] einseitig ist. Das sind wir alle mehr oder weniger. Aber das Schlimme ist, daß er das nicht fühlt, daß er vielmehr subjektive Anschauungen mit objektiven Tatsachen verwechselt, daß er Gebiete zu beherrschen glaubt, die er eben tatsächlich nicht beherrscht, daß er die Grenzen seiner Bedeutung nicht recht kennt und anerkennt.« Brief von Max Planck an Wilhelm Wien, 19. Juni 1923.
52 *Collected Papers* (Anm. 1), S. 22; Frank, *Einstein* (Anm. 14), S. 35. – Es ist nicht klar, ob Einstein die Wanderung allein oder mit einem Schulfreund unternommen hat.
53 Brief von Niels Bohr an August Heisenberg, 2. August 1926. Das Zitat lautet im Original: »Für ein [sic] Wissenschaftler gibt es wohl kein größeres Glück als die [sic] Blühen solcher Gaben beizuwohnen und nach Vermögen zu unterstützen.« Niels-Bohr-Archiv, Kopenhagen.
54 *Helle Zeit – dunkle Zeit. In memoriam Albert Einstein*. Hrsg. v. Carl Seelig. Zürich 1956, S. 9f.
55 *Jost Winteler 1846–1929* [Festschrift]. Aarau 1930, S. 6.
56 Seelig, *Einstein* (Anm. 3), S. 32.
57 Ebd., S. 31.
58 1. Auflage 1952 unter dem Titel *Albert Einstein und die Schweiz*, 2. Auflage 1954 als *Albert Einstein. Eine dokumentarische Biographie* und 3. Auflage 1960 als *Albert Einstein. Leben und Werk eines Genies unserer Zeit*. Wir zitieren nach der 3., erweiterten Auflage.

59 Albert Einstein / Michele Besso, *Correspondance 1903–1955*. Übersetzung, Anmerkungen u. Einleitung v. Pierre Speziali. Paris 1972, S. 464.

60 *Ansprachen und Reden gehalten bei der am 2. November 1891 zu Ehren von Hermann von Helmholtz veranstalteten Feier*. Berlin 1892, S. 55. Auch in: Hermann von Helmholtz, *Vorträge und Reden*. 2 Bände. Braunschweig 1896 (hier Bd. 1, S. 16).

61 *Collected Papers*. Bd. 1 (Anm. 1), S. 21.

62 Ebd., S. 28. – Genaugenommen heißt es hier nicht »theoretische Physik«, sondern »partie théorétique« der Naturwissenschaften.

63 Albert Einstein, *Über den Frieden. Weltordnung oder Weltuntergang?* Hrsg. v. Otto Nathan u. Heinz Norden. Bern 1975, S. 608.

64 Albert Einstein, *The Human Side. New Glimpses from His Archives*. Ausgewählt u. hrsg. v. Helen Dukas u. Banesh Hoffmann. Princeton 1979, S. 17, 124.

65 *Collected Papers*. Bd. 1 (Anm. 1), S. 23.

66 Ebd., S. 220.

67 Diese Formulierungen finden sich in den Liebesbriefen, die zwischen Albert Einstein und Marie Winteler gewechselt wurden.

68 Seelig, *Einstein* (Anm. 3), S. 23.

69 *Collected Papers*. Bd. 1 (Anm. 1), S. 55f.

70 Ebd.

KAPITEL 4
»Am Sonntag küss' ich Dich mündlich«

1 *Albert Einstein als Philosoph und Naturforscher*. Hrsg. v. Paul Arthur Schilpp. Nachdruck Braunschweig/Wiesbaden 1979, S. 6.

2 Otto Hahn, *Mein Leben*. München 1968, S. 37, 43.

3 Philipp Frank, *Einstein. Sein Leben und seine Zeit*. Braunschweig/Wiesbaden [2]1979 (hier Vorwort).

4 Zitiert nach: Walter Abendroth, *Arthur Schopenhauer*. Reinbek 1967, S. 10.

5 *The Collected Papers of Albert Einstein*. Bd. 1: *The Early Years. 1879–1902*. Hrsg. v. Paul Stachel u. a. Princeton 1987, S. 310.

6 Ebd., S. 56.

7 Carl Seelig, *Albert Einstein. Leben und Werk eines Genies unserer Zeit*. Zürich 1960, S. 61.

8 *Collected Papers*. Bd. 1 (Anm. 5), S. 217.

9 Hahn, *Leben* (Anm. 2), S. 37.

10 *Collected Papers*. Bd. 1 (Anm. 5), S. 246.

11 *Einstein als Philosoph* (Anm. 1), S. 6.

12 Ebd.

13 Albert Einstein / Arnold Sommerfeld, *Briefwechsel. Sechzig Briefe aus dem goldenen Zeitalter der modernen Physik*. Hrsg. u. kommentiert v. Armin Hermann. Basel 1968, S. 26.

14 Seelig, *Einstein* (Anm. 7), S. 48.

15 Brief von Hermann Minkowski an Wilhelm Wien, 3. Juli 1901. Deutsches Museum, München, Sondersammlungen der Bibliothek.
16 *Einstein als Philosoph* (Anm. 1), S. 12.
17 Brief von Wilhelm Wien an Arnold Sommerfeld, 11. Juni 1898.
18 Ludwig Boltzmann, *Populäre Schriften*. Eingeleitet u. ausgewählt v. Engelbert Broda. Braunschweig/Wiesbaden 1979, S. 260 (»Reise eines deutschen Professors ins Eldorado«, 1905).
19 *Helle Zeit – dunkle Zeit. In memoriam Albert Einstein*. Hrsg. v. Carl Seelig. Zürich 1956, S. 21.
20 Ebd., S. 11.
21 *Einstein als Philosoph* (Anm. 1), S. 7. – Die Aussage, daß ihm für ein ganzes Jahr die »heilige Neugier« vergällt gewesen sei, wiederholt Einstein 1955 in seiner *Autobiographischen Skizze*. Siehe: *Helle Zeit* (Anm. 19), S. 12.
22 *Collected Papers*. Bd. 1 (Anm. 5), S. 251.
23 Ebd., S. 289.
24 Ebd., S. 248.
25 Brief an Carl Seelig, 5. Mai 1952.
26 *Collected Papers*. Bd. 1 (Anm. 5), S. 308, 330.
27 Ebd., S. 330.
28 Ebd., S. 235.
29 Brief an Carl Seelig, 5. Mai 1952.
30 *Collected Papers*. Bd. 1 (Anm. 5), S. 320.
31 Ebd., S. 286.
32 Ebd., S. 282f.
33 Ebd., S. 216.
34 Dieses Zitat (ebd., S. 304) wurde zum Titel der deutschen Originalausgabe der Liebesbriefe.
35 *Collected Papers*. Bd. 1 (Anm. 5), S. 281.
36 Ebd., S. 262.
37 Ebd., S. 295.
38 Ebd., S. 220. – Dieser Brief ist nicht an Einstein, sondern an Milevas Freundin Helene Savić gerichtet.
39 Autor ist der Mediziner Dr. Paul Julius Möbius. Zitiert nach: Carlotte Kerner, *Lise, Atomphysikerin. Die Lebensgeschichte der Lise Meitner*. Weinheim 1986, S. 67.
40 Arthur Kirchhoff, *Die akademische Frau. Gutachten hervorragender Universitätsprofessoren, Frauenlehrer und Schriftsteller*. Berlin 1897, S. 256.
41 Norgard Kohlhagen, *Die Mutter der Relativitätstheorie*. In: *Emma*, Oktober 1983, S. 14f.
42 Desanka Trbuhović-Gjurić, *Im Schatten Albert Einsteins. Das tragische Leben der Mileva Einstein-Marić*. Bern 1983.
43 *Collected Papers*. Bd. 1 (Anm. 5), S. 226.
44 Ebd., S. 248.
45 Ebd., S. 304.
46 Ebd., S. 285.
47 Ebd., S. 320.
48 Ebd., S. 290.

49 Ebd., S. 257.
50 Ebd., S. 299.
51 Ebd., S. 324.
52 Ebd., S. 308.
53 Ebd., S. 331.
54 Ebd., S. 319.
55 Ebd., S. 332.
56 Ebd., S. 328.
57 Ebd., S. 324.
58 Peter Michelmore, *Albert Einstein. Genie des Jahrhunderts*. Hannover 1968, S. 42.

KAPITEL 5
Umsturz im Weltbild der Physik

1 *The Collected Papers of Albert Einstein*. Bd. 1. Hrsg. v. John Stachel u. a. Princeton 1987, S. 334.
2 Ebd.
3 Albert Einstein, *Lettres à Maurice Solovine. Reproduites en facsimilé et traduites en français*. Paris 1956, S. VI.
4 Ebd., S. VII.
5 Ebd., S. VIII.
6 Albert Einstein / Michele Besso, *Correspondance 1903–1955*. Übersetzung, Anmerkungen u. Einleitung v. Pierre Speziali. Paris 1972, S. 391, 464.
7 Einstein, *Lettres* (Anm. 3), S. XII.
8 Ebd., S. 90.
9 *Collected Papers*. Bd. 1 (Anm. 1), S. 226.
10 Albert Einstein, *Meine Antwort. Über die anti-relativitätstheoretische G.m.b.H.* In: *Berliner Tageblatt*, 27. August 1920, Morgenausgabe.
11 *Collected Papers*. Bd. 1 (Anm. 1), S. 325.
12 Albert Einstein / Mileva Marić, *Am Sonntag küss' ich Dich mündlich. Die Liebesbriefe 1897–1903*. Hrsg. u. eingeleitet v. Jürgen Renn u. Robert Schulmann. Mit einem Essay »Einstein und die Frauen« von Armin Hermann. München/Zürich 1994 (hier Einleitung).
13 Inge Stephan, *Das Schicksal der begabten Frau im Schatten berühmter Männer*. Stuttgart 1989 (Rückseite).
14 *Die Mechanik der Wärme in gesammelten Schriften von Robert Mayer*. Hrsg. v. Jakob J. Weyrauch. Stuttgart 1893, S. 20.
15 Alexander Moszkowski, *Einstein. Einblicke in seine Gedankenwelt*. Hamburg/Berlin 1921, S. 18.
16 Carl Seelig, *Albert Einstein. Leben und Werk eines Genies unserer Zeit*. Zürich 1960, S. 123.
17 Armin Hermann, *Frühgeschichte der Quantentheorie (1899–1913)*. Mosbach 1969 (hier auch zahlreiche Hinweise auf die Quellen und die Sekundärliteratur).

18 *Untersuchungen über die Theorie der Brownschen Bewegung*. Hrsg. v. Reinhold Fürth. Leipzig 1922.
19 *Albert Einsteins Relativitätstheorie. Die grundlegenden Arbeiten*. Hrsg. v. Karl von Meyenn. Braunschweig 1990.
20 Seelig, *Einstein* (Anm. 16), S. 118.
21 Hermann von Helmholtz, *Vorträge und Reden*. 2 Bände. Braunschweig 1896 (hier Bd. 1, S. 16).
22 Brief von Max Planck an Wilhelm Wien, 28. Juli 1906. Staatsbibliothek, Berlin.
23 Desanka Trbuhović-Gjurić, *Im Schatten Albert Einsteins. Das tragische Leben der Mileva Einstein-Marić*. Bern/Stuttgart ^{4}1988, S. 97.
24 Frank Stäudner, *Keine Mutter der Relativitätstheorie*. In: *N.T.M.*, N.S. 2, 1994, S. 36–48.
25 Wir beschränken uns also in der Erörterung auf die beiden wichtigsten Arbeiten Einsteins von 1905 und lassen Plancks Reaktion auf die Theorie der Molekularbewegung beiseite.
26 Max Planck, *Physikalische Abhandlungen und Vorträge*. 3 Bände. Braunschweig 1958 (hier Bd. II, S. 242).
27 Brief von Max Planck an Carl Runge, 23. Februar 1908. Nach einer Abschrift von Iris Runge. Staatsbibliothek, Berlin.
28 *Collected Papers*. Bd. 2. Hrsg. v. John Stachel u. a. Princeton 1989, S. 266. – Der erwähnte Brief Plancks ist verschollen. Ein Brief Einsteins an Maurice Solovine vom 3. Mai 1906 bestätigt die Angabe.
29 Charles Percy Snow, *Albert Einstein 1879–1955*. In: *Einstein. A Centenary Volume*. Hrsg. v. A. P. French. Cambridge, Mass. 1979, S. 3–8 (hier S. 3). – Robert Jungk, *Albert Einstein*. In: *Es ist ein Weinen in der Welt. Hommage für deutsche Juden*. Hrsg. v. Hans Jürgen Schultz. Stuttgart 1990, S. 243–261 (hier S. 249; das Zitat stammt von Robert Jungk).
30 Planck, *Abhandlungen* (Anm. 26), Bd. II, S. 116.
31 Brief von Arnold Sommerfeld an Wilhelm Wien, 23. November 1906. Wien-Nachlaß, Deutsches Museum, München.
32 *Physikalische Zeitschrift*, Jg. 8, 1907, S. 841.
33 Brief von Arnold Sommerfeld an Hendrik Antoon Lorentz, 26. Dezember 1907. – Ich verdanke meinem Kollegen Andreas Kleinert (Hamburg) den Hinweis auf dieses Zitat.
34 Albert Einstein / Arnold Sommerfeld, *Briefwechsel. Sechzig Briefe aus dem goldenen Zeitalter der modernen Physik*. Hrsg. u. kommentiert v. Armin Hermann. Basel/Stuttgart 1968, S. 116 (Brief vom 27. August 1934 aus Südtirol).
35 Ebd., S. 117 (Brief vom 16. Januar 1937 aus Zürich).
36 Arnold Sommerfeld, *Elektrodynamik* (= *Vorlesungen über theoretische Physik*. Bd. III). Wiesbaden 1948, S. 212.
37 *Collected Papers*. Bd. 2 (Anm. 28), S. 402. – Zum Thema »experimentelle Prüfung« siehe: Klaus Hentschel, *Einsteins attitude towards experiments: testing Relativity Theory 1907–1927*. In: *Studies in History and Philosophy of Science*, Bd. 23, 1992, S. 593–624.
38 Andreas Kleinert, *Das Spruchkammerverfahren gegen Johannes Stark*. In: *Sudhoffs Archiv*, Bd. 67, 1983, S. 13–24 (hier S. 22).

39 Sommerfeld, *Elektrodynamik* (Anm. 36), S. 229.
40 Siehe etwa das Lehrbuch: Roman U. Sexl (mit Raab und Steeruwitz), *Physik. Relativitätstheorie.* Wien 1978, S. 9.
41 Johannes Stark wurde Ende Juni 1945 von der amerikanischen Militärregierung verhaftet und schrieb in der Gefängniszelle seine Lebenserinnerungen. Der Physikhistoriker Andreas Kleinert, der diese Lebenserinnerungen ediert hat, macht darauf aufmerksam, daß Stark mit keinem Wort auf die Gründung des Jahrbuches eingeht: »Offenbar geschah das ganz bewußt, denn auch als zehn Jahre später der Nürnberger Studienrat Karl Kuhn in einer erweiterten Neuauflage von Lenards Buch *Große Naturforscher* einen Artikel über Stark einfügen wollte..., gab Stark die Anweisung: Bitte die Gründung des Jahrbuchs wegzulassen. Vielleicht war ihm die Erinnerung daran unangenehm, daß er als Herausgeber... auch Artikel von Vertretern der modernen theoretischen Physik wie Einstein und von Laue angefordert und veröffentlicht hatte.« Zitiert nach: Johannes Stark, *Erinnerungen eines Naturforschers.* Hrsg. v. Andreas Kleinert. Mannheim 1987 (hier Vorwort des Herausgebers, S. VI).
42 Armin Hermann, *Albert Einstein und Johannes Stark. Briefwechsel und Verhältnis der beiden Nobelpreisträger.* In: *Sudhoffs Archiv.* Bd. 50, 1966, S. 267–285 (hier S. 271).
43 *The Collected Papers of Albert Einstein.* Bd. 5. Hrsg. v. Martin J Klein, A. J. Kox u. Robert Schulmann. Princeton 1993, S. 33.

KAPITEL 6
Der »Experte zweiter Klasse«

1 *The Collected Papers of Albert Einstein.* Bd. 5. Hrsg. v. Martin J. Klein, A. J. Kox u. Robert Schulmann. Princeton 1993, S. 106.
2 Brief an Mileva, 19. September 1903.
3 Wolfgang Pauli, *Impressionen über Albert Einstein.* In: ders., *Aufsätze und Vorträge über Physik und Erkenntnistheorie.* Braunschweig 1961, S. 81–84 (hier S. 81).
4 Ebd.; das Zitat stammt von Wolfgang Pauli.
5 Max von Laue, *Mein physikalischer Werdegang. Eine Selbstdarstellung.* In: ders., *Gesammelte Schriften und Vorträge.* Bd. III. Braunschweig 1961, S. V–XXXIV (hier S. XIX).
6 Carl Seelig, *Albert Einstein. Leben und Werk eines Genies unserer Zeit.* Zürich 1960, S. 130f.
7 Max von Laue, *Die Mitführung des Lichtes durch bewegte Körper nach dem Relativitätsprinzip.* In: *Annalen der Physik,* Bd. 23, 1907, S. 989f., auch in: ders., *Gesammelte Schriften und Vorträge.* Bd. I. Braunschweig 1961, S. 113f.
8 Seelig, *Einstein* (Anm. 6), S. 112.
9 Max Weber, *Wissenschaft als Beruf.* München/Leipzig 1919, S. 9.
10 Max Flückiger, *Albert Einstein in Bern.* Bern 1974, S. 113.
11 Albert Einstein / Michele Besso, *Correspondance 1903–1955.* Über-

setzung, Anmerkungen u. Einleitung v. Pierre Speziali. Paris 1972, S. 464.

12 *Collected Papers*. Bd. 5 (Anm. 1), S. 84.
13 Arthur Erich Haas, *Der erste Quantenansatz für das Atom* (= *Dokumente der Naturwissenschaft*. Bd. 10). Stuttgart 1965.
14 Seelig, *Einstein* (Anm. 6), S. 153. – In früheren Auflagen heißt es hier, wie zitiert, »Schlämpi«.
15 Ebd., S. 155.
16 Ebd., S. 167.
17 Abraham Pais, *»Raffiniert ist der Herrgott...« Albert Einstein. Eine wissenschaftliche Biographie*. Braunschweig 1986, S. 184.
18 Hendrik Antoon Lorentz / Albert Einstein / Hermann Minkowski, *Das Relativitätsprinzip. Eine Sammlung von Abhandlungen*. Darmstadt 1958, S. 54.
19 Postkarte von Max Planck an Max Laue aus Washington, D.C., 28. April 1909. Deutsches Museum, München, Nachlaß Laue.
20 Max Planck, *Acht Vorlesungen über theoretische Physik, gehalten an der Columbia University in the City of New York im Frühjahr 1909*. Leipzig 1910, S. 117.
21 *Verhandlungen der Deutschen Naturforscher und Ärzte*. 81. Versammlung in Salzburg 1909, S. 10.
22 Peter A. Bucky, *Der private Albert Einstein. Gespräche über Gott, die Menschen und die Bombe*. Düsseldorf 1991, S. 280.
23 *Salzburger Volksblatt*, 22. September 1909, S. 3, Sp. 2.
24 Max Weber im Jahre 1906. Zitiert nach: Golo Mann, *Deutsche Geschichte des neunzehnten und zwanzigsten Jahrhunderts*. Frankfurt a. M. 1958, S. 517.
25 Wolfgang Pauli, *Aufsätze und Vorträge über Physik und Erkenntnistheorie*. Braunschweig 1961, S. 58.
26 Armin Hermann, *Frühgeschichte der Quantentheorie*. Mosbach 1969, S. 80.
27 Brief von Wilhelm Wien an seine Frau Luise, 23. September 1909.
28 Ebd.
29 Brief von Max Planck an Wilhelm Wien, 27. Februar 1909.
30 Brief an Arnold Sommerfeld, 29. September 1909.
31 Ebd.
32 *Collected Papers*. Bd. 5 (Anm. 1), S. 181.
33 Ebd., S. 244.
34 Seelig, *Einstein* (Anm. 16), S. 171.
35 *Collected Papers*. Bd. 5 (Anm. 1), Dokument 210.
36 Arnold Sommerfeld, *Das Plancksche Wirkungsquantum und seine allgemeine Bedeutung für die Molekülphysik*. In: *Physikalische Zeitschrift*, Jg. 12, 1911, S. 1057–68 (hier S. 1060).
37 Interview der *Sources for History of Quantums Physics* mit Paul S. Epstein. Im Originaltext heißt es: »The idea of recreation was to him to talk the whole day physics with Einstein.«
38 *Collected Papers*. Bd. 5 (Anm. 1), S. 253.
39 Ebd., S. 219.
40 Ebd., S. 198f.

41 Ebd., S. 586.
42 Ebd., S. 272.

KAPITEL 7
In der »goldenen Stadt« Prag

1 Jan Havránek, *Ke jemenováni Alberta Einsteinia professorem v Praže*. In: *Acta Universitatis Carolinae*, Bd. XVII, Fasc. 2, S. 105–130 (hier S. 121).
2 Andreas Kleinert, *Anton Lampa 1868–1938* (= Deutscher Bibliotheksverband. Biobibliographien 4). Berlin 1976. – Die weiteren Mitglieder der Kommission waren der Mathematiker Georg Pick und der Physikochemiker Viktor Rothmund.
3 Havránek, *Einsteinia* (Anm. 1), S. 123.
4 Ebd.
5 *Die Zahl der Deutschen in Prag*. In: *Bohemia*, 2. April 1911, Morgenausgabe.
6 *Fest der deutschen Vereine in Smichov*. In: *Bohemia*, 7. Mai 1911, Morgenausgabe.
7 Brief an Heinrich Zangger, 7. April 1911.
8 Egon Erwin Kisch, *Prager Streifzüge*. XXXIV: *Mensurlokale*. In: *Bohemia*, 2. April 1911, Morgenausgabe.
9 *Physics and Prague*. Hrsg. v. J. Janta u. H. J. Niederle. Prag 1984, S. 62.
10 Brief an Alfred und Clara Stern, 17. März 1912.
11 Albert Einstein, Vorwort des Autors zur tschechischen Ausgabe des 1917 zuerst deutsch erschienenen Bändchens *Über die spezielle und die allgemeine Relativitätstheorie*. In: Jiří Bicak, *Einstein a Praha*. Prag o.J., S. 42.
12 József Illy, *Albert Einstein in Prague*. In: *Isis*, Bd. 70, 1979, S. 76–84 (hier S. 80).
13 Albert Einstein / Michele Besso: *Correspondance 1903–1955*. Übersetzung, Anmerkungen u. Einleitung v. Pierre Speziali. Paris 1972, S. 45.
14 Promotionsakten der philosophischen Fakultät der K. K. deutschen Karl-Ferdinands-Universität Prag. Universitätsarchiv, Prag.
15 Abraham Pais, *Subtle is the Lord. The Science and the Life of Albert Einstein*. Oxford 1982, S. 486.
16 *Aus dem Vortragssaale*. In: *Bohemia*, 23. Mai 1911, Morgenausgabe, S. 10.
17 Gerhard Kowalewski, *Bestand und Wandel. Meine Lebenserinnerungen*. München 1950, S. 238.
18 Philipp Frank, *Einstein. Sein Leben und seine Zeit*. Braunschweig/Wiesbaden [2]1979, S. 140.
19 *Bohemia*, 13. Mai 1911.
20 Frank, *Einstein* (Anm. 18), S. 145.
21 Ebd.
22 Das Urteil über Wagner stammt erst von 1939. Einstein-Archiv, Dokument 34323.

23 Dekanatsakten der Philosophischen Fakultät der K. K. deutschen Karl-Ferdinands-Universität Prag. Universitätsarchiv, Prag.
24 Brief an Alfred Stern, 17. März 1912.
25 Protokoll über die Sitzung des akademischen Senats der K. K. deutschen Universität in Prag am 27. Januar 1912. Universitätsarchiv, Prag.
26 Frank, *Einstein* (Anm. 18), S. 170.
27 Einstein/Besso, *Correspondance* (Anm. 13), S. 30.
28 Peter Michelmore, *Albert Einstein. Genie des Jahrhunderts*. Hannover 1968, S. 52. – Die ansonsten unzuverlässige Biographie beruht auf einem Interview des Verfassers mit dem Sohn Einsteins, Hans Albert. Wir dürfen diese Schilderung als wahr ansehen, weil sie offenbar der Sohn selbst miterlebt hat.
29 Carl Seelig, *Albert Einstein. Leben und Werk eines Genies unserer Zeit*. Zürich 1960, S. 220.
30 Brief von Mileva Einstein an Michele und Anna Besso, 26. März 1912.
31 Frank, *Einstein* (Anm. 18), S. 143.
32 Einstein/Besso, *Correspondance* (Anm. 13), S. 19.
33 Armin Hermann, *Frühgeschichte der Quantentheorie (1899–1913)*. Mosbach 1969, S. 153.
34 Ebd., S. 156.
35 Einstein/Besso: *Correspondance* (Anm. 13), S. 32.
36 *Helle Zeit – dunkle Zeit. In memoriam Albert Einstein*. Hrsg. v. Carl Seelig. Zürich 1956, S. 43.
37 Einstein/Besso, *Correspondance* (Anm. 13), S. 40.
38 Hermann, *Frühgeschichte* (Anm. 33), S. 159.
39 Albert Einstein / Arnold Sommerfeld, *Briefwechsel. Sechzig Briefe aus dem goldenen Zeitalter der modernen Physik*. Hrsg. u. kommentiert v. Armin Hermann. Basel/Stuttgart 1968, S. 27.
40 Heinz Balmer, *Planck und Einstein beantworten eine wissenschaftliche Rundfrage*. In: *Physikalische Blätter*, Jg. 25, 1969, S. 558.
41 Robert Reid, *Marie Curie. Erfolg und Tragik*. München 1983, S. 169; Françoise Giroud, *Une Femme honorable*. Paris 1981, S. 227.
42 *Helle Zeit* (Anm. 35), S. 43.
43 Einstein/Besso, *Correspondance* (Anm. 13), S. 20.
44 Ebd.
45 Max Brod, *Streitbares Leben. Autobiographie*. München 1960, S. 192.
46 Ebd., S. 193.
47 Max Brod, *Tycho Brahes Weg zu Gott*. Leipzig 1915, S. 114.
48 Brief von Paul Ehrenfest, 16. Juni 1922.
49 Vortrag von Richard Huldschiner. In: *Bohemia*, 29. März 1911.
50 Seelig, *Einstein* (Anm. 29), S. 208. – József Illy (Anm. 12) bestreitet diese Auffassung mit Hinweis auf Max Brod (Anm. 45), der ausdrücklich die große Zurückhaltung Bergmanns in dieser Frage unterstreicht.
51 Kowalewski, *Bestand* (Anm. 17), S. 246.

52 Frank, *Einstein* (Anm. 18), S. 142.
53 Ebd.
54 *Einstein Symposion Berlin*. Hrsg. v. Horst Nelkowski, Armin Hermann u. a. Berlin usw. 1979, S. 473 (Referat von Karl von Meyenn).
55 Brief von Peter Debye an Arnold Sommerfeld, 29. März 1912. Deutsches Museum, München, Sondersammlungen der Bibliothek, Sommerfeld-Nachlaß.
56 Zur Persönlichkeit Ehrenfests siehe Martin J. Klein, *Paul Ehrenfest*. Bd. 1: *The Making of a Theoretical Physicist*. Amsterdam 1970.
57 Frank, *Einstein* (Anm. 18), S. 146.

KAPITEL 8
Das Schloß Seelenruhe

1 *The Collected Papers of Albert Einstein*. Bd. 5: *The Swiss Years: Correspondence, 1902–1914*. Hrsg. v. Martin J. Klein, A. J. Kox u. Robert Schulmann. Princeton 1993, S. 480.
2 Philipp Lenard, *Denkschrift für Friedrich Theodor Althoff* (unveröffentlicht).
3 *Albert Einstein in Berlin 1913–1933*. Teil I: *Darstellung und Dokumente*. Bearbeitet v. Christa Kirsten u. Hans-Jürgen Treder. Berlin 1979, S. 97.
4 Ebd., S. 95f.
5 Arnold Sommerfeld, *Atombau und Spektrallinien*. Bd. II. Braunschweig 1951, S. 7.
6 *Einstein in Berlin* (Anm. 3), S. 99.
7 Albert Einstein / Michele Besso, *Correspondance 1903–1955*. Übersetzung, Anmerkungen u. Einleitung v. Pierre Speziali. Paris 1972, S. 50.
8 Armin Hermann, *Frühgeschichte der Quantentheorie*. Mosbach 1969, S. 147. – Das Zitat entstammt einem Vortrag Sommerfelds bei der Naturforscherversammlung in Karlsruhe 1911.
9 *Collected Papers*. Bd. 5 (Anm. 1), S. 585.
10 Ebd., S. 520.
11 Carl Seelig, *Albert Einstein. Leben und Werk eines Genies unserer Zeit*. Zürich 1960, S. 228.
12 Albert Einstein / Arnold Sommerfeld, *Briefwechsel. Sechzig Briefe aus dem goldenen Zeitalter der modernen Physik*. Hrsg. u. kommentiert v. Armin Hermann. Basel/Stuttgart 1968, S. 26.
13 *Albert Einstein als Philosoph und Naturforscher*. Hrsg. v. Paul Arthur Schilpp. Stuttgart 1951, S. 17 (Autobiographie Einsteins).
14 Einstein/Sommerfeld, *Briefwechsel* (Anm. 12), S. 26.
15 *Einstein als Philosoph* (Anm. 13), S. 12.
16 Heinrich Hertz, *Schriften vermischten Inhalts*. Leipzig 1895, S. 353.
17 Albert Einstein, *Über das Relativitätsprinzip und die aus demselben gezogenen Folgerungen*. In: *Jahrbuch der Radioaktivität und Elektronik*, Jg. 4, 1907, S. 411–462 (hier S. 454).
18 Albert Einstein, *Zum gegenwärtigen Stande des Gravitations-*

problems. In: *Physikalische Zeitschrift*, Jg. 14, 1913, S. 1249–66 (hier S. 1254f.).
19 *Helle Zeit – dunkle Zeit. In memoriam Albert Einstein*. Hrsg. v. Carl Seelig. Zürich 1956, S. 15.
20 Die Arbeit ist als Aufsatz in der *Zeitschrift für Mathematik und Physik*, Bd. 62, 1913, S. 225–261, sowie als eigenständige Publikation (»Separatabdruck«) erschienen.
21 Einstein/Sommerfeld, *Briefwechsel* (Anm. 12), S. 30.
22 Brief an Johannes Stark, 22. Februar 1908.
23 Brief von Max Planck an Wilhelm Wien, 29. Juni 1913. Staatsbibliothek, Berlin.
24 *Collected Papers*. Bd. 5 (Anm. 1), S. 55c.
25 Albert Einstein, *Über den Frieden. Weltordnung oder Weltuntergang?* Hrsg. v. Otto Nathan u. Heinz Norden. Bern 1975, S. 20.
26 Golo Mann, *Deutsche Geschichte des neunzehnten und zwanzigsten Jahrhunderts*. Frankfurt a. M. 1958, S. 558.
27 *Collected Papers*. Bd. 5 (Anm. 1), S. 544.
28 Eve Curie, *Madame Curie*. Frankfurt/Hamburg 1952.
29 *Verhandlungen der Gesellschaft Deutscher Naturforscher und Ärzte. Versammlung zu Wien*. Teil I. Leipzig 1913, S. 6.
30 *Wiener Zeitung*, 25. September 1913, S. 6, Sp. 2.
31 Max Born, *Mein Leben. Die Erinnerungen des Nobelpreisträgers*. München 1975, S. 219.
32 Einstein, *Zum gegenwärtigen Stande* (Anm. 18), S. 1262, Sp. 1.
33 Georg Christoph Lichtenberg, *Schriften und Briefe*. Bd. 3. München 1972, S. 64 (»Vermischte Gedanken über die aerostatischen Maschinen«).
34 H. G. Wells, *Befreite Welt. Roman*. Wien/Hamburg 1985, S. 44.
35 Postkarte Einsteins an Max Laue, 10. Juni 1912.
36 Günther Rasche / Hans H. Staub, *Zum 100. Geburtstag von Max v. Laue*. In: *Vierteljahresschrift der Naturforschen-Gesellschaft in Zürich*, Jg. 124, 1979, S. 329–345. – Hieraus entnimmt man, daß die Berufung Laues nach Zürich schon vor der Entdeckung der Röntgenstrahlinterferenzen beschlossene Sache war.
37 Seelig, *Einstein* (Anm. 11), S. 132.
38 Brief an Ludwig Hopf, 2. November 1913.
39 *Collected Papers*. Bd. 5 (Anm. 1), S. 566.
40 Hans-Jürgen Treder / Christa Kirsten, *Physiker über Physiker*. Berlin 1975, S. 232.
41 *Einstein als Philosoph* (Anm. 13), S. 17.
42 *Collected Papers*. Bd. 5 (Anm. 1), S. 458.
43 Ebd., S. 572.
44 Ebd., S. 595.
45 Ebd., S. 585.
46 Ebd., S. 603.
47 Ebd., S. 600.
48 Brief an Michele Besso, 21. Juli 1916. Die zitierte Stelle fehlt in Einstein/Besso, *Correspondance* (Anm. 7).
49 Brief an Paul Ehrenfest, 19. August 1914.

50 Brief an Paul Ehrenfest, Anfang Dezember 1914.
51 Ebd.

KAPITEL 9
Sonnenfinsternis

1 Albert Einstein, *Über den Frieden. Weltordnung oder Weltuntergang?* Hrsg. v. Otto Nathan u. Heinz Norden. Bern 1975, S. 20.
2 Brief an Heinrich Zangger, undatiert, wahrscheinlich März 1915.
3 Einstein, *Frieden* (Anm. 1), S. 27.
4 Albert Einstein / Johannes Wander de Haas, *Experimenteller Nachweis der Ampèreschen Molekularströme.* In: *Verhandlungen der Deutschen Physikalischen Gesellschaft,* Jg. 17, 1915, S. 152–170 (hier S. 153).
5 Brief an Heinrich Zangger, März 1915.
6 Brief an Tullio Levi-Civita, 26. März 1915.
7 Brief an Heinrich Zangger, 7. Juli 1915.
8 Brief an Heinrich Zangger, Ende September 1915.
9 Albert Einstein / Arnold Sommerfeld, *Briefwechsel. Sechzig Briefe aus dem goldenen Zeitalter der modernen Physik*. Hrsg. u. kommentiert v. Armin Hermann. Basel/Stuttgart 1968, S. 36.
10 Brief an Paul Ehrenfest, 17. Januar 1916.
11 Albert Einstein, *Zur allgemeinen Relativitätstheorie.* In: *Sitzungsberichte der Königlich Preußischen Akademie der Wissenschaften,* Jg. 1915, S. 778–786.
12 Ebd., S. 779.
13 Alfred Döblin, *Naturerkenntnis, nicht Naturwissenschaft.* In: *Berliner Tageblatt.* 13. Dezember 1923, Abendausgabe.
14 Andreas Kleinert / Charlotte Schönbeck, *Lenard und Einstein. Ihr Briefwechsel und ihr Verhältnis vor der Nauheimer Diskussion von 1920.* In: *Gesnerus,* Bd. 35, 1978, S. 318–333 (hier S. 323, Brief Starks an Lenard, 14. Juli 1917).
15 Albert Einstein, *Dialog über Einwände gegen die Relativitätstheorie.* In: *Die Naturwissenschaften,* Jg. 6, 1918, S. 697–702.
16 Philipp Lenard, *Erinnerungen eines Naturforschers.* Schreibmaschinenmanuskript, Heidelberg 1943, S. 158.
17 Albert Einstein / Michele Besso, *Correspondance 1903–1955.* Übersetzung, Anmerkungen u. Einleitung v. Pierre Speziali. Paris 1972, S. 139f.
18 Einstein, *Frieden* (Anm. 1), S. 43.
19 Albert Einstein / Hedwig und Max Born, *Briefwechsel 1916–1955.* Kommentiert v. Max Born. München 1969, S. 206.
20 Einstein/Besso, *Correspondance* (Anm. 17), S. 145.
21 Ebd.
22 Einstein/Sommerfeld, *Briefwechsel* (Anm. 9), S. 55.
23 *The Times*, 8. November 1919.
24 Albert Einstein, *Mein Weltbild*. Hrsg. v. Carl Seelig. Frankfurt a. M. 1981, S. 131.

25 Ebd., S. 198.
26 Alexander Moszkowski, *Die Sonne bracht' es an den Tag!* In: *Berliner Tageblatt*, 8. Oktober 1919, Abendausgabe.
27 Paul Weyland, *Betrachtungen über Einsteins Relativitätstheorie und die Art ihrer Einführung* (= Schriften aus dem Verlage der Arbeitsgemeinschaft deutscher Naturforscher zur Erhaltung reiner Wissenschaft e. V. Heft 2). Berlin 1920, S. 14.
28 Brief von Hermann Anschütz-Kaempfe an Arnold Sommerfeld, 12. Juli 1922. Abgedruckt in: *Einstein, Anschütz und der Kieler Kreiselkompaß*. Hrsg. v. Dieter Lohmeier u. Bernhardt Schell. Heide 1992, S. 169f.
29 Einstein/Besso, *Correspondance* (Anm. 17), S. 146.
30 Brief von Elsa Einstein an Felix Oppenheim, Ende 1919.
31 Brief an Paul Ehrenfest, 9. März 1920.
32 Brief an Ludwig Hopf, 2. Februar 1920.
33 Einstein/Born, *Briefwechsel* (Anm. 19), S. 53.
34 *Der Beweis für Einsteins Theorie* [ungezeichneter Aufsatz]. In: *Berliner Tageblatt*, 21. Februar 1920, Morgenausgabe.
35 Arthur Kaufmann, *Zur Relativitätstheorie. Erkenntnistheoretische Erörterungen*. In: *Der Neue Merkur*, Jg. 3, 1920, S. 587–594.
36 Thomas Mann, *Tagebücher 1918–1921*. Hrsg. v. Peter de Mendelssohn. Frankfurt a. M. 1979, S. 390f.

KAPITEL 10
Eine neue Größe der Weltgeschichte

1 *Albert Einstein in Berlin 1913–1933*. Teil I: *Darstellung und Dokumente*. Bearbeitet v. Christa Kirsten u. Hans-Jürgen Treder. Berlin 1979, S. 238.
2 Albert Einstein / Hedwig und Max Born, *Briefwechsel 1916–1955*. Kommentiert v. Max Born. München 1969, S. 59.
3 Albert Einstein, *Mein Weltbild*. Hrsg. v. Carl Seelig. Frankfurt a. M. 1981, S. 40.
4 Philipp Frank, *Albert Einstein. Sein Leben und seine Zeit*. Braunschweig ²1979 (Vorwort von Albert Einstein).
5 *Berliner Tageblatt*, 25. Dezember 1919, Morgenausgabe.
6 *Tägliche Rundschau*, 13. Februar 1920, Abendausgabe.
7 Ebd.
8 *Berliner Tageblatt*, 8. Oktober 1919, Abendausgabe.
9 *Berliner Tageblatt*, 20. Februar 1920, Morgenausgabe.
10 Wolfgang Pauli, *Wissenschaftlicher Briefwechsel mit Bohr, Einstein, Heisenberg und anderen*. Bd. I: *1919–1929*. New York usw. 1979, S. 165.
11 Andreas Kleinert / Charlotte Schönbeck, *Lenard und Einstein. Ihr Briefwechsel und ihr Verhältnis vor der Nauheimer Diskussion von 1920*. In: *Gesnerus*, Bd. 35, 1978, S. 318–333 (hier S. 323).
12 Ebd.
13 Ebd., S. 324.

14 Max Planck, *Gesammelte Schriften und Vorträge.* Bd. III. Braunschweig 1958, S. 389.

15 Philipp Lenard, *Erinnerungen eines Naturforschers, der Kaiserreich, Judenherrschaft und Hitler erlebt hat.* Schreibmaschinenmanuskript, Heidelberg 1943, S. 158.

16 Ebd.

17 Leopold Infeld, *Leben mit Einstein. Kontur einer Erinnerung.* Wien usw. 1969, S. 48. Übersetzung nach dem englischen Original revidiert. – Durch die Arbeiten von Andreas Kleinert wissen wir, daß Paul Weyland am 20. Januar 1888 in Berlin geboren wurde. Er war also damals 32 Jahre alt.

18 Brief von Philipp Lenard an Wilhelm Wien, 2. August 1920.

19 Kleinert/Schönbeck, *Lenard* (Anm. 11), S. 327.

20 *Tägliche Rundschau*, Unterhaltungsbeilage, 6. August 1920, S. 1.

21 *Berliner Tageblatt*, 27. August 1920, Morgenausgabe.

22 Paul Weyland, *Betrachtungen über Einsteins Relativitätstheorie und die Art ihrer Einführung* (= Schriften aus dem Verlage der Arbeitsgemeinschaft deutscher Naturforscher zur Erhaltung reiner Wissenschaft e.V. Heft 2). Berlin 1920, S. 14.

23 Ebd., S. 6.

24 Ebd., S. 7.

25 Albert Einstein / Arnold Sommerfeld, *Briefwechsel. Sechzig Briefe aus dem goldenen Zeitalter der modernen Physik.* Hrsg. u. kommentiert v. Armin Hermann. Basel/Stuttgart 1968, S. 65.

26 Brief von Max von Laue an Arnold Sommerfeld, 27. August 1920. Bibliothek des Deutschen Museums, München, Sondersammlungen.

27 Ebd.

28 Einstein/Sommerfeld, *Briefwechsel* (Anm. 25), S. 68.

29 *Berliner Tageblatt*, 7. September 1920, Morgenausgabe.

30 Brief von Helmut Bloch, 30. August 1920.

31 Brief von Artur Bartscht, 29. August 1920.

32 Brief von Ina Dickmann, 26. August 1920.

33 *Berliner Tageblatt*, 4. September 1920, Abendausgabe.

34 Adolf Hitler, *Sämtliche Aufzeichnungen 1905–1924.* Hrsg. v. Eberhard Jäckel zusammen mit Axel Kuhn. Stuttgart 1980, S. 284.

35 *Berliner Tageblatt*, 20. März 1921, Morgenausgabe.

36 Ebd., 31. August 1920, Abendausgabe.

37 Brief an Marcel Grossmann, 27. September 1920.

38 Einstein/Sommerfeld, *Briefwechsel* (Anm. 25), S. 68.

39 *Verhandlungen der Gesellschaft Deutscher Naturforscher und Ärzte. 86. Versammlung zu Bad Nauheim.* Leipzig 1921, S. 17.

40 Brief von Lise Meitner an Max Born, 1. Juni 1948. Archiv der Max-Planck-Gesellschaft, Berlin.

41 *Berliner Tageblatt*, 24. September 1920, Abendausgabe.

42 Ebd.

43 Ronald W. Clark, *Albert Einstein. Leben und Werk. Eine Biographie.* Esslingen 1974, S. 195.

44 Die späteren Auflagen enthalten auch einen Hinweis auf die Druk-

kerei in Stuttgart, die den Nachdruck besorgte, sowie auf später erschienene Bücher des Verlages. Sie sind also leicht von der Originalauflage zu unterscheiden.

45 Brief an Arthur Meiner, ca. 1947.
46 Brief an den Verlag Vieweg, 25. März 1947.
47 Zodiaque (d.i. Lyndon Bolton), *Relativity. The Winning Essay for the Eugene Higgins Five Thousand Dollar Prize*. In: *Scientific American*, 5. Februar 1921, S. 106f.
48 Hans Schimank, *Gespräch über die Einsteinsche Theorie. Versuch einer Einführung in den Gedankenkreis*. Berlin 1920, S. 32.
49 Brief an Marcel Grossmann, 12. September 1920.
50 Wie an anderen Instituten befindet sich auch am Stuttgarter Lehrstuhl für Geschichte der Naturwissenschaften und Technik eine ganze Sammlung derartiger von den Autoren unverlangt eingesandter Schriften.
51 *Börsenblatt für den Deutschen Buchhandel*, 7. Oktober 1920.
52 Weyland, *Betrachtungen* (Anm. 22), S. 14.
53 Einstein/Born, *Briefwechsel* (Anm. 2), S. 64.
54 Brief von Alexander Moszkowski an Erwin Freundlich, 1. Oktober 1920.
55 Einstein/Born, *Briefwechsel* (Anm. 2), S. 67.
56 Alexander Moszkowski, *Einstein. Einblicke in seine Gedankenwelt*. Hamburg/Berlin 1920, S. 11. – Zu Moszkowski selbst vergleiche man dessen Autobiographie: Alexander Moszkowski, *Das Panorama meines Lebens*. Berlin 1925.
57 Ebd., S. 50f.
58 Ebd., S. 18.
59 Ebd., S. 76.
60 Ebd., S. 26.
61 Albert Einstein, *Meine Antwort*. In: *Berliner Tageblatt*, 27. August 1920, Morgenausgabe.
62 *Vossische Zeitung*, 4. April 1922, Morgenausgabe, 1. Beilage, S. 2.
63 Max Hasse, *A. Einsteins Relativitätstheorie. Versuch einer volkstümlichen Darstellung*. Braunschweig 1920 (hier Vorwort).
64 Hedwig und Max Born, *Der Luxus des Gewissens*. München 1969, S. 117.
65 Brief von Paul Ehrenfest, 16. August 1920.
66 Brief von Else Lasker-Schüler, undatiert [1921].
67 Brief an Ludwig Hopf, 2. Februar 1920.
68 Einstein/Sommerfeld, *Briefwechsel* (Anm. 25), S. 86.
69 Brief an Maja Winteler-Einstein, Mai 1919. Einstein war offenbar sehr stolz auf das Gedicht. Er berichtete seiner Mutter und Schwester über das Entstehen und teilte den Text (in leicht veränderter Fassung) mit. Perhorreszieren ist altertümliches Deutsch und bedeutet soviel wie ablehnen.

KAPITEL 11
Ein Kulturfaktor ersten Ranges

1 *Albert Einstein in Berlin 1913–1933.* Teil I: *Darstellung und Dokumente.* Bearbeitet v. Christa Kirsten u. Hans-Jürgen Treder. Berlin 1979, S. 232.
2 Philipp Frank, *Albert Einstein. Sein Leben und seine Zeit.* Braunschweig ²1979 (hier: Vorwort von Albert Einstein).
3 Ebd., S. 285.
4 Ebd., S. 286.
5 Karl R. Popper, *Ausgangspunkte. Meine intellektuelle Entwicklung.* Zürich 1981, S. 46.
6 *Einstein in Berlin* (Anm. 1), S. 207.
7 *The Impossible Takes Longer. The Memoirs of Vera Weizmann... as Told to David Tutaev.* London 1967, S. 102.
8 Ebd., S. 13. – Chaim Weizmann, *Trial and Error. The Autobiography.* London 1949, S. 45.
9 Frank, *Einstein* (Anm. 2), S. 296f.
10 Ebd.
11 Albert Einstein, *Lettres à Maurice Solovine. Reproduites en facsimilé et traduites en français.* Paris 1956, S. 26.
12 Albert Einstein / Michele Besso, *Correspondance 1903–1955.* Übersetzung, Anmerkungen u. Einleitung v. Pierre Speziali. Paris 1972, S. 163.
13 Glückwunschtelegramm von Chaim Weizmann zum 70. Geburtstag Einsteins.
14 Brief an Paul Ehrenfest, 18. Juni 1921.
15 Einstein, *Lettres* (Anm. 11), S. 34.
16 *Einstein in Princeton.* Princeton o.J.
17 Albert Einstein / Hedwig und Max Born, *Briefwechsel 1916–1955.* Kommentiert v. Max Born. München 1969, S. 106.
18 Frank, *Einstein* (Anm. 2), S. 295.
19 Eine weibliche Berichterstatterin schrieb im *Manchester Guardian* vom 14. Juni 1921, daß Frau Einstein »has a thorough knowledge of the [English] language and speaks it flawlessly«. Das ist sicher zu positiv. Wir stützen uns hier und im folgenden auf Andrea Müller, die in ihrer Magisterarbeit am Stuttgarter Lehrstuhl für Geschichte der Naturwissenschaften und Technik die Presseberichterstattung über Einsteins erste Reise nach England untersucht hat.
20 *Manchester Guardian Weekly*, 17. Juni 1921, S. 490.
21 Ob Einstein bei dieser Gelegenheit einen Vortrag gehalten hat, konnte nicht geklärt werden.
22 *The Times*, 11. Juni 1921, S. 13.
23 Paul Schmidt, *Statist auf diplomatischer Bühne.* Bonn 1963, S. 213.
24 *The Sphere. An Illustrated Newspaper for the Home*, 18. Juni 1921, Titelseite.
25 *The Manchester Guardian*, 14. Juni 1921, S. 7.

26 Frank, *Einstein* (Anm. 2), S. 220.
27 Albert Einstein, *Mein Weltbild*. Hrsg. v. Carl Seelig. Frankfurt a. M. 1981, S. 151.
28 *The Times*, 14. Juni 1921, S. 8.
29 *The Nation*, 18. Juni 1921, S. 431.
30 Ebd. – In *The Times* vom 14. Juni 1921, S. 8, findet sich ein detaillierter Bericht über den Inhalt der Rede. Daraus geht hervor, daß Einstein hier im King's College die »Londoner Rede« gehalten hat, die in Einstein, *Weltbild* (Anm. 27), auf S. 131–134 abgedruckt wird, von der es aber irrtümlich heißt, sie sei »Im Schloß« der Royal Society gehalten worden.
31 Ronald W. Clark, *Einstein. The Life and Times*. London 1973, S. 271. – Das Zitat wird hier der Zeitschrift *The Nation* vom 18. Juni 1921 zugeschrieben. Dort ließ es sich jedoch nicht nachweisen. Es stammt wohl aus einer anderen Zeitschrift oder Zeitung.
32 Albert Einstein / Arnold Sommerfeld, *Briefwechsel. Sechzig Briefe aus dem goldenen Zeitalter der modernen Physik*. Hrsg. u. kommentiert v. Armin Hermann. Basel/Stuttgart 1968, S. 86.
33 Harry Graf Kessler, *Tagebücher 1918–1937*. Hrsg. v. Wolfgang Pfeiffer-Belli. Frankfurt a. M. 1961, S. 278.
34 *Entretien avec Einstein*. In: *Le Figaro*, 13. Oktober 1921, S. 1.
35 Einstein/Sommerfeld, *Briefwechsel* (Anm. 32), S. 99.
36 *Einstein in Berlin* (Anm. 1), S. 210.
37 Kessler, *Tagebücher* (Anm. 33), S. 278.
38 Ebd., S. 280.
39 Charles Nordmann, *Einstein und das Weltall*. Stuttgart 1922, S. 11.
40 Wilhelm Feldmann, *Pariser Einsteinscherze*. In: *Vossische Zeitung*, 31. März 1922, Abendausgabe.
41 Einstein, *Lettres* (Anm. 11), S. 36.
42 Albert Einstein, *Über den Frieden. Weltordnung oder Weltuntergang?* Hrsg. v. Otto Nathan u. Heinz Norden. Bern 1975, S. 67.
43 *Professor Knatschké. Œuvres choisies du Grand Savant Allemand et sa fille Elsa. Recueilles et illustrées pour les Alsaciens par Hansi*. Paris 1915.
44 Charles Nordmann, *Einstein expose et discute sa théorie*. In: *Revue des deux mondes*, Bd. 9, 1922, S. 129–166 (hier S. 144f.).
45 Ebd., S. 153.
46 Brief an Henri Barbusse, 11. Juli 1922.
47 Frank, *Einstein* (Anm. 2), S. 310.
48 *L'Œuvre*, 4. April 1922. Zitiert nach: Michel Biezunski, *La Diffusion de la théorie de la relativité en France*. Paris 1981 (Thèse à l'Université Paris VII), S. 63.
49 Feldmann, *Einsteinscherze* (Anm. 40).
50 Michel Biezunski, *Einstein à Paris*. In: *La Recherche*. Bd. 13, 1982, S. 502–510.
51 *Einstein in Berlin* (Anm. 1), S. 227f.
52 Charles Nordmann, *Avec Einstein dans les régions devastées*. In: *L'Illustration*, 15. April 1922, S. 328–331 (hier S. 329, Sp. 1).
53 Ebd., S. 3.

54 Einstein, *Weltbild* (Anm. 27), S. 9.
55 Brief an Henri Barbusse, 11. Juli 1922.
56 Einstein, *Frieden* (Anm. 42), S. 70.
57 Ulrich von Wilamowitz-Moellendorff, *Erinnerungen 1918–1924*. Leipzig 1928, S. 25, 314.
58 Philipp Lenard, *Erinnerungen eines Naturforschers, der Kaiserreich, Judenherrschaft und Hitler erlebt hat*. Schreibmaschinenmanuskript, Heidelberg 1943, S. 160.
59 Einstein, *Lettres* (Anm. 11), S. 42.
60 Brief von Hermann Anschütz-Kaempfe an Arnold Sommerfeld, 12. Juli 1922. Abgedruckt in: *Einstein, Anschütz und der Kieler Kreiselkompaß*. Hrsg. v. Dieter Lohmeier u. Bernhardt Schell. Heide 1992, S. 170.
61 Ebd., S. 175.
62 Brief von Max Planck an Wilhelm Wien, 9. Juli 1922.
63 Brief von Max Planck an Max von Laue, 9. Juli 1922.
64 Brief von Max Planck an Wilhelm Wien, 9. Juli 1922.
65 Flugblatt, unterzeichnet von 19 Namen, darunter Philipp Lenard, Ludwig Glaser und Ernst Gehrcke.
66 Werner Heisenberg, *Der Teil und das Ganze. Gespräche im Umkreis der Atomphysik*. München 1971, S. 67.
67 *Verhandlungen der Gesellschaft Deutscher Naturforscher und Ärzte. 87. Versammlung zu Leipzig. Hundertjahrfeier*. Leipzig 1923, S. 45–57.
68 Brief von Max von Laue, 18. September 1922.
69 Albert Einstein, Reisetagebuch. Einstein papers. Sign. 29131, S. 1.
70 Ebd., S. 3.
71 Ebd., S. 8.
72 Ebd., S. 11.
73 *Ming Guo Daily*, 15. November 1922. Ich verdanke eine Kopie nebst Übersetzung Dr. Ruen-Xi Xiao (Hu Bei).
74 Wolfgang Pauli, *Wissenschaftlicher Briefwechsel mit Bohr, Einstein, Heisenberg u. a.* Teil II: *1930–1939*. Berlin 1985, S. 225.
75 Armin Hermann, *Frühgeschichte der Quantentheorie (1899–1913)*. Mosbach 1969, S. 11.
76 Niels Bohr, *Collected Works*. Bd. 4. Hrsg. v. J. Rud Nielsen. Amsterdam 1977, S. 686 (Brief an Niels Bohr, 11. Januar 1923).
77 *Ming Guo Daily* (Anm. 73). Übersetzung von Dr. Ruen-Xi Xiao.
78 Einstein, Reisetagebuch (Anm. 69), S. 18.
79 Ebd., S. 19.
80 Ebd., S. 20.
81 Frank, *Einstein* (Anm. 2), S. 315.
82 *Einstein in Berlin* (Anm. 1), S. 231.
83 Kenji Sugimoto, *Albert Einstein. Die kommentierte Bilddokumentation*. Gräfelfing 1987, S. 77.
84 *Einstein in Berlin* (Anm. 1), S. 230.
85 Einstein, *Lettres* (Anm. 11), S. 44.
86 *Einstein in Berlin* (Anm. 1), S. 113.
87 Ebd.

88 *Les Prix Nobel en 1921–1922*. Stockholm 1923, S. 102.
89 *Einstein in Berlin* (Anm. 1), S. 117.

KAPITEL 12
Vom Bonzen zum Ketzer

1 Albert Einstein, Reisetagebuch. Einstein papers. Sign. 29131, S. 29.
2 Ebd.
3 Ebd., S. 30.
4 Y. A. Ono, *Einstein's Speech at Kyoto University, December 14, 1922*. In: *N.T.M.*, Jg. 20, 1983, S. 25–28.
5 *Albert Einstein in Berlin. 1913–1933*. Teil I: *Darstellung und Dokumente*. Bearbeitet v. Christa Kirsten u. Hans-Jürgen Treder. Berlin 1979, S. 231.
6 Einstein, Reisetagebuch (Anm. 1), S. 33.
7 Ebd., S. 40.
8 Norman Bentwich, *The Hebrew University of Jerusalem 1918–60*. London 1961, S. 20.
9 Bericht der Deutschen Botschaft in Madrid an das Auswärtige Amt. In: *Einstein in Berlin* (Anm. 5), S. 232.
10 Ebd.
11 Einstein, Reisetagebuch (Anm. 1), S. 48.
12 Bericht der Deutschen Botschaft (Anm. 9), S. 233.
13 Brief von Max Planck an Wilhelm Wien, 19. Juni 1923.
14 Brief von Ilse Einstein an die Nobelstiftung, 6. April 1923.
15 Brief an Paul Ehrenfest, 20. Juni 1923.
16 Brief von Paul Ehrenfest, 23. Juni 1923.
17 Brief an Hermann Anschütz-Kaempfe, 26. Juli 1923.
18 Ebd.
19 Bericht über Einsteins Auftreten in Göteborg im Einstein-Archiv, Dokument 30035. Ein Verfasser ist nicht angegeben. Es könnte sich um den Sekretär der Skandinavischen Naturforscherversammlung gehandelt haben.
20 Brief von Max Planck an Wilhelm Wien, 23. September 1923.
21 Brief an Hermann Anschütz-Kaempfe, 27. September 1923.
22 Brief an Paul Ehrenfest, 9. März 1920.
23 Brief von Hermann Anschütz-Kaempfe, 27. September 1923.
24 Antonina Vallentin, *Stresemann. Vom Werden einer Staatsidee*. München 1948, S. 106, 298.
25 *Vossische Zeitung*, Dienstag, 6. November 1923, Morgenausgabe, 1. Beilage.
26 *Berliner Tageblatt*, Mittwoch, 7. November 1923, Morgen-Expreß-Ausgabe.
27 Antonina Vallentin, *Das Drama Albert Einsteins. Eine Biographie*. Stuttgart 1955, S. 110.
28 Diese rabiate Formulierung gebrauchte Philipp Lenard in seinen *Erinnerungen eines Naturforschers*, allerdings nicht auf Albert Einstein bezogen, sondern auf Walther Rathenau.

29 Brief von Max Planck, 10. November 1923.

30 Brief von Elsa Einstein an Antonina Vallentin, 6. Juni 1932. – Hier datiert Elsa die Ereignisse fälschlich auf die Zeit nach dem Mord an Rathenau. Antonina Vallentin hat diese irrige Angabe in ihre Biographie (vgl. Anm. 27) übernommen.

31 Brief von Max Planck, 10. November 1923.

32 Ebd.

33 Willy Haas, *Europäische Rundschau*. In: *Die neue Rundschau*, Jg. 35, 1924, S. 87.

34 Albert Einstein / Hedwig und Max Born, *Briefwechsel 1916–1955*. Kommentiert v. Max Born. München 1969, S. 118.

35 Wolfgang Pauli, *Wissenschaftlicher Briefwechsel mit Bohr, Einstein, Heisenberg und anderen*. Bd. I: *1919–1929*. New York usw. 1979, S. 165.

36 Brief von Paul Ehrenfest, 17. Juni 1922.

37 Pauli, *Briefwechsel* (Anm. 35), S. 216.

38 Tagebuch der Südamerikareise. Eintragung vom 19. März 1925.

39 Ebd.

40 Carl Seelig, *Albert Einstein. Leben und Werk eines Genies unserer Zeit*. Zürich 1960, S. 195.

41 Tagebuch (Anm. 38), Eintragung vom 17. April 1925.

42 Ebd., 30. April 1925.

43 Bericht der Deutschen Gesandtschaft in Montevideo an das Auswärtige Amt. In: *Albert Einstein in Berlin* (Anm. 5), S. 234.

44 Tagebuch (Anm. 38), Eintragung vom 3. Mai 1925.

45 Bartel Leendert van der Waerden, *Sources of Quantum Mechanics*. Amsterdam 1967, S. 25.

46 Kurz nacheinander erschienen drei große Arbeiten. Die erste war: Werner Heisenberg, *Über quantentheoretische Umdeutung kinematischer und mechanischer Beziehungen*. In: *Zeitschrift für Physik*, Bd. 33, 1925, S. 879–893 (eingegangen am 29. Juli 1925), die zweite: Max Born / Pascual Jordan, *Zur Quantenmechanik*. In: *Zeitschrift für Physik*, Bd. 34, 1925, S. 858–888 (eingegangen am 27. September 1925), und die dritte: Max Born / Werner Heisenberg / Pascual Jordan, *Zur Quantenmechanik. II*. In: *Zeitschrift für Physik*, Bd. 35, 1926, S. 557–615 (eingegangen am 16. November 1925).

47 Einstein/Born, *Briefwechsel* (Anm. 34), S. 127.

48 Brief an Paul Ehrenfest, 20. September 1925.

49 Einstein/Born, *Briefwechsel* (Anm. 34), S. 129.

50 Werner Heisenberg, *Der Teil und das Ganze. Gespräche im Umkreis der Atomphysik*. München 1969, S. 92.

51 Erwin Schrödinger / Max Planck / Albert Einstein / Hendrik Antoon Lorentz, *Briefe zur Wellenmechanik*. Hrsg. v. Karl Przibram. Wien 1963, S. 21.

52 Brief an Paul Ehrenfest, 5. Mai 1927.

53 Die Grundlage der »Kopenhagener Deutung« bilden zwei Arbeiten, die eine: Werner Heisenberg, *Über den anschaulichen Inhalt der quantentheoretischen Kinematik und Mechanik*. In: *Zeitschrift für Physik*, Bd. 43, 1927, S. 172–198, die andere: Niels Bohr, *Das Quan-*

tenpostulat und die neuere Entwicklung der Atomistik. In: *Die Naturwissenschaften,* Jg. 16, 1928, S. 245–270.

54 Brief von Paul Ehrenfest an Samuel Goudsmit, George E. Uhlenbeck und Gerhard Heinrich Dieke, 3. November 1927. Abgedruckt in: Niels Bohr, *Collected Works.* Bd. 6. Amsterdam usw. 1985, S. 416.

55 Werner Heisenberg, *Schritte über Grenzen. Gesammelte Reden und Aufsätze.* München 1971, S. 69.

56 Ebd.

57 *Albert Einstein als Philosoph und Naturforscher.* Hrsg. v. Paul Arthur Schilpp. Braunschweig [2]1979, S. 494.

58 Otto Robert Frisch, *Woran ich mich erinnere. Physik und Physiker meiner Zeit.* Stuttgart 1981, S. 122.

59 Friedrich Herneck, *Einstein privat. Herta W. erinnert sich an die Jahre 1927 bis 1933.* Berlin 1978, S. 59.

60 Aufzeichnung im Einstein-Archiv, Dokument 18456.

61 Albert Einstein / Michele Besso, *Correspondance 1903–1955.* Übersetzung, Anmerkungen u. Einleitung v. Pierre Speziali. Paris 1972, S. 240.

62 Wolfgang Pauli, *Wissenschaftlicher Briefwechsel mit Bohr, Einstein, Heisenberg u. a.* Bd. I: *1919–1929.* New York 1979, S. 527.

63 Brief an Erika Juliusburger-Fraenkel, 28. September 1937.

64 Handschriftlicher Entwurf Einsteins. Einstein-Archiv, Dokument 2149.

65 Albert Einstein, *Mein Weltbild.* Hrsg. v. Carl Seelig. Frankfurt a. M. 1981, S. 27.

66 Ebd., S. 26.

67 Chefarzt Dr. Schelenz (Trebschen) in der *Deutschen Medizinischen Wochenschrift* 1925. Zitiert nach: Rolf Winau, *Das Leben lockt sie aus ihren verwunschenen Gärten.* In: *Die Waage,* Bd. 21, 1982, H. 2, S. 73–79.

68 Thomas Mann, *Der Zauberberg. Roman.* Frankfurt a. M. 1967, S. 544.

69 Felix Gilbert, *Einstein's Europe.* In: *Some Strangeness in the Proportion. A Centennial Symposium.* Hrsg. v. Harry Woolf. Reading, Mass. 1980, S. 13–27 (hier S. 23).

70 Brief an Lili Halpern-Neuda, 5. Februar 1921.

71 Brief »an die Tafelrunde vom Dornbusch«, 6. Mai 1928. Staatsbibliothek, Berlin.

72 Carl Seelig, *Albert Einstein. Leben und Werk eines Genies unserer Zeit.* Zürich 1960, S. 323.

73 Brief an den »Akademischen Rat und das Kuratorium der Hebräischen Universität, z. Zt. London«, 28. Mai 1928.

74 Brief von Elsa Einstein an Paul Ehrenfest, 12. Juli 1928.

75 Brief von Ilse, Elsa, Margot und Albert Einstein an Hedwig Fischer, 19. Juli 1928. Lilly Library, Indiana University, Bloomington, Ind.

76 János Plesch, *Gedanken zum Tode von Albert Einstein* (Manuskript).

77 Totenschein, ausgestellt vom State of New Jersey, Office of Registrar of Vital Statistics, 26. April 1955.

KAPITEL 13

Einstein privat

1 Albert Einstein / Hedwig und Max Born, *Briefwechsel 1916–1955*. Kommentiert v. Max Born. München 1969, S. 66.
2 Antonina Vallentin, *Das Drama Albert Einsteins. Eine Biographie*. Stuttgart 1955, S. 136.
3 Michael Grüning, *Ein Haus für Albert Einstein. Erinnerungen – Briefe – Dokumente*. Berlin 1990, S. 160.
4 Hermann Friedmann, *Begegnungen mit Einstein*. In: *Heidelberger Tagblatt*, 23. April 1955.
5 Grüning, *Haus* (Anm. 3), S. 158.
6 Eduard Berend, *Eine Charakteristik Lichtenbergs*. In: *Zeitschrift für Bücherfreunde*, N.F. Bd. 5, 1914, S. 392.
7 János Plesch, Manuskript (Nachlaß Ronald W. Clark).
8 Friedrich Herneck, *Einstein privat. Herta W. erinnert sich an die Jahre 1927 bis 1933*. Berlin 1978, S. 125.
9 Brief an Maja Winteler-Einstein, undatiert [1926].
10 Peter de Mendelssohn, *S. Fischer und sein Verlag*. Frankfurt a. M. 1970, S. 859.
11 Rudolf Kayser, *Stendhal oder das Leben eines Egotisten*. Berlin 1928, S. 54.
12 Anton Reiser (d.i. Rudolf Kayser), *Albert Einstein. A Biographical Portrait*. New York 1930.
13 Brief an Hedwig Fischer, Datum unbekannt [1928]. Lilly Library, Indiana University, Bloomington, Ind.
14 Gerald Holton, *Thematische Analyse der Wissenschaft. Die Physik Einsteins und seiner Zeit*. Frankfurt a. M. 1981, S. 295f.
15 Hendrik Antoon Kramers, *Physiker als Stilisten*. In: *Die Naturwissenschaften*, Jg. 23, 1935, S. 297–301 (hier S. 299).
16 Brief von Sigmund Freud an George Sylvester Viereck, 6. November 1929.
17 Grüning, *Haus* (Anm. 3), S. 205.
18 Thomas Mann, *Der Zauberberg. Roman*. Frankfurt a. M. 1967, S. 597.
19 Brief von Elsa Einstein an Antonina Vallentin, 29. Mai 1933.
20 Dimitri Marianoff / Palma Wayne, *Einstein. An Intimate Study of a Great Man*. Garden City, N.Y. 1944.
21 Brief von Hermann Anschütz-Kaempfe, 15. November 1925.
22 *The Collected Papers of Albert Einstein*. Bd. 1. Hrsg. v. John Stachel u. a. Princeton 1987, S. 248.
23 Brief an Paul Ehrenfest, 28. August 1926.
24 Albert Einstein, *The Human Side. New Glimpses from His Archives*. Ausgewählt u. hrsg. v. Helen Dukas u. Banesh Hoffmann. Princeton 1979, S. 124.
25 Brief an Heinrich Zangger, 14. März 1921.
26 Albert Einstein / Michele Besso, *Correspondance 1903–1955*. Übersetzung, Anmerkungen u. Einleitung v. Pierre Speziali. Paris 1972, S. 102.

27 Brief von Elsa Einstein an Antonina Vallentin, 22. November 1932. Archiv der Max-Planck-Gesellschaft.
28 Harry Graf Kessler, *Tagebücher 1918–1937*. Frankfurt a. M. 1961, S. 456.
29 Ebd., S. 521f.
30 Carl Seelig, *Albert Einstein. Leben und Werk eines Genies unserer Zeit*. Zürich 1960, S. 258 (hier ist das wichtige Adjektiv »gesetzlich« zu »Harmonie des Seienden« irrtümlich weggelassen).
31 Brief an Hedwig Fischer, 24. Dezember 1928. Lilly Library, Indiana University, Bloomington, Ind.
32 Einstein-Archiv, Dokument 31104. Das Gedicht entstand im November 1932.
33 Brief an Hedwig Fischer, 4. Januar 1929. Lilly Library, Indiana University, Bloomington, Ind.
34 Arnold Hahn, *Die großen Wissenschaftler und die moderne Dichtung*. In: *Die Literarische Welt*, 25. Dezember 1925, S. 7.
35 Brief an die Redaktion des *Uhu*, 19. November 1929.
36 Brief von Alexander Barjansky an Margot Einstein, 9. Mai 1959.
37 Reiser, *Einstein* (Anm. 12), S. 203.
38 János Plesch, *János. Ein Arzt erzählt sein Leben*. München 1949, S. 147.
39 Einstein, *Human Side* (Anm. 24), S. 147.
40 Brief an Klaus Pringsheim, Sommer 1941.
41 Yehudi Menuhin, *Unvollendete Reise. Lebenserinnerungen*. München/Zürich 1991, S. 107.
42 Karl Westermeyer, *Yehudi Menuhin*. In: *Berliner Tageblatt*, 13. April 1929, 1. Beiblatt, S. 1.
43 *Albert Einstein. Sein Einfluß auf Physik, Philosophie und Politik*. Hrsg. v. Peter C. Aichelburg u. Roman U. Sexl. Braunschweig/Wiesbaden 1979, S. 225.
44 Thomas Mann, *Gesammelte Werke*. Bd. XI. Frankfurt a. M. 1990, S. 368.
45 Albert Einstein, *Mein Weltbild*. Hrsg. v. Carl Seelig. Frankfurt a. M. 1981, S. 131.
46 Einstein, *Human Side* (Anm. 24), S. 124.
47 Herneck, *Einstein* (Anm. 8), S. 65.
48 Brief von Josef Gebele, 14. März 1929. Der um ein Jahr ältere Mitschüler war in der dritten, vierten und fünften Klasse Einsteins Klassenkamerad.
49 *Berliner Tageblatt*, 14. März 1929, Morgenausgabe.
50 Philipp Frank, *Albert Einstein. Sein Leben und seine Zeit*. Braunschweig/Wiesbaden [2]1979, S. 356.
51 Brief an Sigmund Freud, 22. März 1929.
52 Herneck, *Einstein* (Anm. 8), zwischen S. 64 u. 65 (hier findet sich faksimiliert die vollständige Fassung des Gedichts).
53 Alfred Kerr, *Leonhard Frank: »Die Ursache«*. In: *Berliner Tageblatt*, 14. März 1929, Abendausgabe, S. 4.
54 Alfred Kerr, *Essays. Theater, Film*. Hrsg. v. Hermann Haarmann u. Klaus Siebenhaar. Berlin 1991, S. 333.

55 Einstein, *Human Side* (Anm. 24), S. 160.
56 Leonhard Frank, *Die Ursache. Drama in vier Akten*. Leipzig 1929, S. 49.
57 Grüning, *Haus* (Anm. 3), S. 42.
58 Ebd., S. 51.
59 Ebd., S. 53.
60 Friedrich Herneck, *Einstein und sein Weltbild. Aufsätze und Vorträge*. Berlin 1976, S. 258.
61 Christian Engeli, *Gustav Böß. Oberbürgermeister von Berlin 1921–1930*. Stuttgart 1971, S. 237ff.
62 *Albert Einstein in Berlin 1913–1933*. Teil I: *Darstellung und Dokumente*. Bearbeitet v. Christa Kirsten u. Hans-Jürgen Treder. Berlin 1979, S. 236.
63 Kessler, *Tagebücher* (Anm. 28), S. 457.
64 *Berliner Tageblatt*, 28. Juni 1929, Morgenausgabe, S. 1.
65 Ebd., Abendausgabe, S. 1.
66 *Verhandlungen der Deutschen Physikalischen Gesellschaft im Jahr 1928*, Jg. 10, 1929, S. 15.
67 *Ansprache von Professor Einstein an Professor Planck*. In: *Forschungen und Fortschritte*, Jg. 5, 1929, S. 248f.
68 Herneck, *Einstein* (Anm. 8), S. 132.
69 Ebd., S. 123.

KAPITEL 14
Finis Germaniae

1 George Sylvester Viereck, *Schlagschatten. Sechsundzwanzig Schicksalsfragen an Große dieser Zeit*. Berlin/Zürich o.J. [1931], S. 48.
2 Ebd., S. 47.
3 Ebd.
4 Brief von Sigmund Freud an George Sylvester Viereck, 6. November 1929.
5 Viereck, *Schlagschatten* (Anm. 1), S. 50.
6 Brief an Rabbiner Dr. Abraham Geller, 11. Dezember 1930.
7 Felix Gilbert, *Einstein und das Europa seiner Zeit*. In: *Historische Zeitschrift*, Bd. 233, 1981, S. 1–33 (hier S. 33).
8 Emil Du Bois-Reymond, *Die Grenzen des Naturerkennens*. In: ders., *Reden*. Bd. 1. Leipzig 1886, S. 105–140 (hier S. 107).
9 Albert Einstein / Michele Besso, *Correspondance 1903–1955*. Übersetzung, Anmerkungen u. Einleitung v. Pierre Speziali. Paris 1972, S. 538.
10 Albert Einstein, *Mein Weltbild*. Frankfurt a. M. 1981, S. 7.
11 Brief an Abraham Geller, 17. April 1933.
12 Brief an Eduard Büsching (= Karl Eddi), 25. Oktober 1929.
13 Brief an die Spinoza Society of America, 22. September 1932.
14 Brief an Maurice Siguret, 14. Juli 1935.
15 Carl Zuckmayer, *Als wär's ein Stück von mir. Horen der Freundschaft*. Frankfurt a. M. 1966, S. 450f.

16 Albert Einstein / Hedwig und Max Born, *Briefwechsel 1916–1955*. Kommentiert v. Max Born. München 1969, S. 39.
17 Harry Domela, *Der falsche Prinz. Leben und Abenteuer*. Berlin 1927.
18 Andreas Kleinert, *Paul Weyland, der Berliner Einstein-Töter*. In: *Naturwissenschaft und Technik in der Geschichte. 25 Jahre Lehrstuhl für Geschichte der Naturwissenschaft und Technik*. Hrsg. v. Helmuth Albrecht. Stuttgart 1993, S. 199–232.
19 Albert Einstein, Tagebuch der Amerikareise 1930.
20 Ebd.
21 Postkarte von Elsa Einstein an »Herrn Hoffmann«, 31. Dezember 1930.
22 Albert Einstein, *Über den Frieden. Weltordnung oder Weltuntergang?* Hrsg. v. Otto Nathan u. Heinz Norden. Bern 1975, S. 134.
23 Postkarte von Elsa Einstein (Anm. 21).
24 Einstein/Born, *Briefwechsel* (Anm. 16), S. 154.
25 Erika und Klaus Mann, *Rundherum. Abenteuer einer Weltreise*. Reinbek 1982, S. 55.
26 Klaus Hentschel, *Der Einstein-Turm*. Heidelberg usw. 1992, S. 74.
27 John Drinkwater, *The Life and Adventures of Carl Laemmle*. London 1931, S. 203.
28 Charlie Chaplin, *Geschichte meines Lebens*. Frankfurt a. M. 1964, S. 325.
29 Ebd., S. 326. – Chaplin bezieht die Story auf die (Allgemeine) Relativitätstheorie. Das ist unmöglich; es muß sich um die »Einheitliche Theorie« von 1929 gehandelt haben.
30 Egon Erwin Kisch, *Marktplatz der Sensationen*. Reinbek 1962, S. 148.
31 Carl Seelig, *Albert Einstein. Leben und Werk eines Genies unserer Zeit*. Zürich 1960, S. 347. – Die Anekdote ist nicht authentisch.
32 Upton Sinclair, *Einstein and Reflections. As I Remember Him*. In: *Saturday Review*, [1955 oder 1956], S. 17f., 56ff.
33 Mann, *Rundherum* (Anm. 25), S. 54.
34 Brief an Upton Sinclair, 26. Mai 1932. – Ich beziehe Einsteins Urteil auf die Behandlung des Falles »Sacco-Vanzetti«.
35 *Albert Einstein in Berlin 1913–1933*. Teil I: *Darstellung und Dokumente*. Bearbeitet v. Christa Kirsten u. Hans-Jürgen Treder. Berlin 1979, S. 238.
36 Einstein, *Frieden* (Anm. 22), S. 141.
37 Albert Einstein, Tagebuchnotizen April–Juni 1931, Berlin und Oxford.
38 Roy F. Harrod, *The Prof. A Personal Memoir of Lord Cherwell*. London 1959, S. 47.
39 Einstein, Tagebuch (Anm. 37).
40 Brief von Elsa Einstein an Antonina Vallentin, 18. August 1931.
41 Ebd.
42 Briefe an Maja Winteler-Einstein, 2. und 30. Dezember 1931.
43 Egon Friedell, *Kulturgeschichte der Neuzeit*. München 1974, S. 1498.
44 Ebd., S. 1495.
45 Tagebuchnotizen, Amerikareise (Pasadena 1931/32).
46 Thomas Mann, *Tagebücher 1918–1921*. Frankfurt a. M. 1979, S. 546.
47 Brief von Elsa Einstein an Antonina Vallentin, 7. Mai 1932.

48 Brief von Abraham Flexner an Robert Andrews Millikan, 30. Juli 1932.
49 Antonina Vallentin, *Das Drama Albert Einsteins*. Stuttgart 1955, S. 189.
50 Ebd., S. 191.
51 Ebd., S. 195.
52 Brief von Elsa Einstein an Antonina Vallentin, 6. Juni 1932.
53 Ebd.
54 Statement Einsteins zum Tod Stresemanns. Datiert 12. Oktober 1929.
55 Brief an Felix E. Hirsch, 21. September 1953.
56 Brief von Elsa Einstein an Antonina Vallentin, 11. April 1930.
57 Brief von Elsa Einstein an Antonina Vallentin, 29. September 1932.
58 Ebd.
59 Brief von Elsa Einstein an Antonina Vallentin, 26. Oktober 1934.
60 Brief an Antonina Vallentin, 10. November 1953. Abgedruckt in: *Autographen. Auktion am 3. und 4. März 1994. J. A. Stargardt*. Berlin 1994, S. 157.
61 David Reichinstein, *Albert Einstein, sein Lebensbild und seine Weltanschauung*. Prag [3]1935, S. 281.
62 Einstein/Born, *Briefwechsel* (Anm. 16), S. 130.
63 Brief von Elsa Einstein an Antonina Vallentin, 6. Juni 1932.
64 Brief von Elsa Einstein an Antonina Vallentin, 29. September 1932.
65 Harry Graf Kessler, *Tagebücher 1918–1937*. Hrsg. v. Wolfgang Pfeiffer-Belli. Frankfurt a. M. 1961, S. 697.
66 Brief von Elsa Einstein an Antonina Vallentin, 22. November 1932.
67 Paul Guthnick, *Der Ausbau der Sternwarte Berlin-Babelsberg in den Jahren 1921–1932*. In: *Sitzungsberichte der Preußischen Akademie der Wissenschaften. Physikalisch-mathematische Klasse*, Jg. 1932, S. 491–499.
68 Einstein, *Frieden* (Anm. 22), S. 219.
69 Einstein, *Weltbild* (Anm. 10), S. 45.
70 Postkarte von Elsa Einstein an Antonina Vallentin, 12. Dezember 1932.
71 Ebd.
72 Tagebuch, Reise nach Pasadena, Eintragung vom 17. Dezember 1932.

KAPITEL 15
Die Völkerwanderung von unten

1 Brief an Paul Langevin, 5. Mai 1933.
2 Albert Einstein, *Mein Weltbild*. Frankfurt a. M. 1981, S. 81.
3 Brief von Siegfried Czapski an Arthur Heidenhain, 26. Dezember 1884. Carl-Zeiss-Archiv, Oberkochen.
4 Ernst Feder, *Heute sprach ich mit... Tagebücher eines Berliner Publizisten*. Stuttgart 1971, S. 186.
5 Brief von Max Planck an Friedrich Glum, 18. April 1933. Archiv der Max-Planck-Gesellschaft.
6 *Braunbuch über Reichstagsbrand und Hitler-Terror*. Vorwort v. Lord Marley. Basel 1933, S. 242.

7 *Albert Einstein in Berlin 1913–1933.* Teil I: *Darstellung und Dokumente.* Bearbeitet v. Christa Kirsten u. Hans-Jürgen Treder. Berlin 1979, S. 273.
8 Ebd., S. 248.
9 Ebd., S. 250.
10 Brief von Max Planck an Friedrich Glum, 18. April 1933.
11 *Einstein in Berlin* (Anm. 7), S. 252.
12 Brief an Clara Stern, 11. Juni 1933.
13 Dr. Johann von Leers, *Juden sehen Dich an.* Berlin-Schöneberg o.J. [1933], S. 28. – Der Zusatz »Ungehängt« wurde in späteren Auflagen weggelassen.
14 Philipp Frank, *Albert Einstein. Sein Leben und seine Zeit.* München 1949, S. 386.
15 *Einstein in Berlin* (Anm. 7), S. 262.
16 Brief an Stefan Zweig, 28. Juni 1933.
17 Frank, *Einstein* (Anm. 14), S. 387.
18 *Einstein in Berlin* (Anm. 7), S. 267.
19 Ebd., S. 261.
20 *The Times*, 30. März 1933, S. 21c.
21 Adolf von Harnack, *Erforschtes und Erlebtes.* Gießen 1923, S. 267 (»Die Krisis der deutschen Wissenschaft«).
22 Wolfgang Pauli, *Wissenschaftlicher Briefwechsel mit Bohr, Einstein, Heisenberg u.a.* Bd. II: *1930–1939.* Berlin 1985, S. 600f.
23 Brief an Heinrich Zangger, 6. Dezember 1917.
24 Albert Einstein / Hedwig und Max Born, *Briefwechsel 1916–1955.* Kommentiert v. Max Born. München 1969, S. 180.
25 Albert Einstein, *Lettres à Maurice Solovine. Reproduites en facsimilé et traduites en français.* Paris 1956, S. 66.
26 Brief an Gustav Bucky, 15. Juli 1933.
27 Brief von Paul Ehrenfest, 10. Mai 1933.
28 Andreas Kleinert, *Lenard, Stark und die Kaiser-Wilhelm-Gesellschaft.* In: *Physikalische Blätter*, Jg. 36, 1980, H. 2, S. 35–39.
29 Brief von Max Planck an Adolf Hitler, 2. Mai 1933. Bundesarchiv, Koblenz, Rk 5147.
30 Max Planck, *Mein Besuch bei Adolf Hitler.* In: *Physikalische Blätter*, Jg. 3, 1947, S. 143.
31 Brief von Werner Heisenberg an Max Born, 2. Juni 1933. – Heisenbergs spätere Erinnerung an seinen Besuch bei Max Planck, wie in seiner Autobiographie *Der Teil und das Ganze* wiedergegeben, ist unseres Erachtens mit viel späteren Einsichten vermengt.
32 Brief von Max von Laue, 14. Mai 1933.
33 Brief an Max von Laue, 26. Mai 1933.
34 Brief von Stefan Zweig, 7. Juni 1933.
35 Brief von Elsa Einstein an Stefan Zweig, 9. Juni 1933.
36 Brief an Stefan Zweig, 28. Juni 1933.
37 Brief an Paul Langevin, 5. Mai 1933.
38 Albert Einstein, *Über den Frieden. Weltordnung oder Weltuntergang?* Hrsg. v. Otto Nathan u. Heinz Norden. Bern 1975, S. 248.
39 Ebd., S. 250.

40 Sebastian Haffner, *Anmerkungen zu Hitler*. München 1978, S. 89.
41 Brief von Thomas Mann, 15. Mai 1933. – Das französische Wort »Mesquinerie« bedeutet soviel wie »Kleinlichkeit« oder »Enge«.
42 Brief an Paul Ehrenfest, 9. Juli 1933.
43 Karl Löwith, *Mein Leben in Deutschland vor und nach 1933. Ein Bericht*. Stuttgart 1986, S. 74.
44 Friedrich Herneck, *Einstein privat. Herta W. erinnert sich an die Jahre 1927 bis 1933*. Berlin 1978, S. 151.
45 Brief von Helen Dukas an den Autor, undatiert.
46 Brief von Unbekannt an »Onkel Ernst«, 15. November 1933.
47 Brief an Abraham Shalom Yahuda, 9. Juni 1933.
48 Friedrich Herneck, *Einstein und sein Weltbild*. Berlin 1976, S. 264ff.
49 Einstein/Born, *Briefwechsel* (Anm. 24), S. 178.
50 Einstein, *Frieden* (Anm. 38), S. 279.
51 Dieses Wort stammt von dem israelischen Schriftsteller Abba Kobner. Vgl.: *Der Mord an den Juden im Zweiten Weltkrieg. Entschlußbildung und Verwirklichung*. Hrsg. v. Eberhard Jäckel u. Jürgen Rohwer. Frankfurt a. M. 1987, S. 228.
52 Brief von Elsa Einstein an Antonina Vallentin, 11. April 1933.
53 Einstein, *Frieden* (Anm. 38), S. 253.
54 *Braunbuch* (Anm. 6), S. 287.
55 Brief von Elsa Einstein an Frau Alfred Einstein, 2. September 1933. – Auch Theodor Lessing hatte, wie viele andere, eine Schrift gegen die Relativitätstheorie erscheinen lassen.
56 Kenji Sugimoto, *Albert Einstein. Die kommentierte Bilddokumentation*. Gräfelfing 1987, S. 134.
57 Dimitri Marianoff / Pamela Wayne, *Einstein. An Intimate Study of a Great Man*. New York 1944, S. 163.
58 Brief von Paul Ehrenfest, 22. April 1922.
59 Brief an Paul Ehrenfest, 13. August 1920.
60 Brief an Paul Ehrenfest, 8. Januar 1925.
61 Albert Einstein, *Aus meinen späten Jahren*. Stuttgart 1979, S. 206.
62 *The Times*, 4. Oktober 1933, S. 14, Sp. 5.
63 Harry Graf Kessler, *Tagebücher 1918–1937*. Frankfurt a. M. 1961, S. 717.
64 Flugblatt des »International Labour Defense«. Bibliothek für Zeitgeschichte, Stuttgart.
65 William Beveridge, *A Defence of Free Learning*. London 1959.
66 Albert Einstein, *Wissenschaft und Civilisation*. The German original of Professor Einstein's Speech. Bibliothek für Zeitgeschichte, Stuttgart.
67 *Yorkshire Post*, 4. Oktober 1933, S. 10.

KAPITEL 16
In der Neuen Welt

1 Ausgabe vom 12. November 1933.
2 Brief von Elsa Einstein an Alfred Einstein, 24. Februar 1934.

3 Brief von Elsa Einstein an Abraham Flexner, 14. November 1933. – Die Preußische Akademie hatte damals keinen Präsidenten. Elsa meinte die »Beständigen Sekretare«.
4 Brief an Abraham Flexner, 15. November 1933.
5 Brief von Elsa Einstein an Alfred Einstein, 24. Februar 1934.
6 Brief an Abraham Flexner, 29. Januar 1934.
7 Brief von Elsa Einstein an Alfred Einstein, 24. Februar 1934.
8 Ebd.
9 Ebd.
10 Brief von Elsa Einstein an Alfred Einstein, 22. April 1934.
11 Brief von Elsa Einstein an Otto Nathan, 17. September 1934.
12 Brief an Otto Nathan, 21. August 1934.
13 Brief von Elsa Einstein an Otto Nathan, 2. September 1934.
14 Brief von Elsa Einstein an Antonina Vallentin, 13. Juni 1933.
15 Ebd. – In der Taschenbuchausgabe *Mein Weltbild* ist fälschlich »Prinzipien der Forschung« als Titel der Rede zu Plancks 60. Geburtstag genannt. Es muß »Motive des Forschens« heißen.
16 Fritz H. Landshoff, *Amsterdam, Keizersgracht 333*. Berlin 1991, S. 20.
17 Albert Einstein, *Mein Weltbild*. Amsterdam 1934 (hier Vorwort).
18 Albert Einstein / Boris Podolsky / Nathan Rosen, *Can Quantum-mechanical Description of Physical Reality Be Considered Complete?* In: *Physical Review*, Bd. 47, 1935, S. 777–780.
19 Wolfgang Pauli, *Wissenschaftlicher Briefwechsel mit Bohr, Einstein, Heisenberg u. a.* Bd. II: *1930–1939*. Berlin usw. 1985, S. 402.
20 Niels Bohr, *Diskussion mit Einstein über erkenntnistheoretische Probleme in der Atomphysik*. In: *Albert Einstein als Philosoph und Naturforscher*. Hrsg. v. Paul Arthur Schilpp. Stuttgart 1979 (hier S. 115–150). Bohr zitiert aus seiner Erwiderung in der *Physical Review*.
21 Max Planck, *Physikalische Abhandlungen und Vorträge*. Bd. III. Braunschweig 1958, S. 389.
22 Brief von Elsa Einstein an Antonina Vallentin, Februar/März 1936. Archiv zur Geschichte der Max-Planck-Gesellschaft, Berlin.
23 Wolfgang Pauli, *Collected Scientific Papers*. Bd. 2. New York 1964, S. 1399. Wir haben das Zitat aus stilistischen Gründen leicht verändert.
24 Brief an Maja Winteler-Einstein, ca. 1926.
25 Thomas Mann, *Briefe 1889–1936*. Hrsg. v. Erika Mann. Frankfurt a. M. 1961, S. 395.
26 Brief an Thomas Mann, 6. Dezember 1935.
27 Kurt R. Grossmann, *Ossietzky. Ein deutscher Patriot*. München 1963 (hier sind auch die Briefe Albert Einsteins und Thomas Manns an das Nobelkomitee abgedruckt).
28 Brief von Max Planck an Max von Laue, 17. November 1937.
29 Brief von Max von Laue, 27. Februar 1939.
30 Brief von Elsa Einstein an Max von Laue, 21. Oktober 1935.
31 Brief von Elsa Einstein an Alfred Einstein, 22. April 1936.
32 Brief von Margot Einstein an Antonina Vallentin, 15. Dezember 1935. Archiv zur Geschichte der Max-Planck-Gesellschaft, Berlin.

33 Albert Einstein / Hedwig und Max Born, *Briefwechsel 1916–1955*. Kommentiert v. Max Born. München 1969, S. 180.
34 Brief an Otto Nathan, 10. Juli 1939.
35 Brief an Carl Seelig, 5. Mai 1952.
36 Albert Einstein / Michele Besso, *Correspondance 1903–1955*. Übersetzung, Anmerkungen u. Einleitung v. Pierre Speziali. Paris 1972, S. 313.
37 Einstein/Born, *Briefwechsel* (Anm. 33), S. 169.
38 Leopold Infeld, *Leben mit Einstein*. Wien 1969, S. 53.
39 Banesh Hoffmann, *Albert Einstein. Schöpfer und Rebell*. Unter Mitarbeit v. Helen Dukas. Dietikon 1976. – Zu kritisieren ist nur die mangelhafte Übersetzung.
40 Brief an Max Brod, 22. Februar 1949.
41 *Some Strangeness in the Proportion. A Centennial Symposium to Celebrate the Achievements of Albert Einstein*. Hrsg. v. Harry Woolf. Reading, Mass. 1980, S. 477f. (Banesh Hoffmann: Working with Einstein).
42 Stanislaw M. Ulam, *Adventures of a Mathematician*. New York 1976, S. 72. – Hier heißt es, daß Einstein gesagt hätte: »He is a very good formula.« Wir halten das für einen Gedächtnisirrtum. Da es im Deutschen »die Formel« heißt, muß Einstein »she is...« gesagt haben.
43 Infeld, *Leben* (Anm. 38), S. 65.
44 Ebd., S. 81.
45 Ebd., S. 89.
46 Brief an Richard L. Simon, 15. Februar 1938.
47 Albert Einstein, *Lettres à Maurice Solovine. Reproduites en facsimilé et traduites en français*. Paris 1956, S. 74 (Brief vom 27. Juni 1938).
48 Albert Einstein / Leopold Infeld, *Die Evolution der Physik. Von Newton bis zur Quantentheorie*. Hamburg 1956, S. 29.
49 Zitiert nach Peter Laemmle im Nachwort zu: Klaus Mann, *Tagebücher 1936 bis 1937*. München 1990, S. 182.
50 Erika und Klaus Mann, *Escape to Life. Deutsche Kultur im Exil*. München 1991, S. 272.
51 Ebd., S. 284f.
52 Brief von Adolf Busch an Luigi Ansbacher, 28. Oktober 1938. Einstein-Archiv, Dokument 34341.
53 Brief von Maja Winteler-Einstein an Anneli Schmid, 9. März 1936.
54 Brief von Maja Winteler-Einstein an Theresia Mutzenbacher, 15. Juli 1946. Staatsbibliothek Preußischer Kulturbesitz, Berlin.
55 Brief an Maja Winteler-Einstein, 14. Dezember 1938.
56 Brief von Otto Juliusburger, 1. Dezember 1938.
57 Brief an Alfred Einstein, 23. Januar 1939.
58 Brief an Alfred Einstein, 5. August 1940.
59 Alfred Einstein, *Mozart. Sein Charakter. Sein Werk*. Stockholm 1947. Neuausgabe Frankfurt a. M. 1968 (hier S. 12).
60 Thomas Mann, *Tagebücher 1937–1939*. Hrsg. v. Peter de Mendelssohn. Frankfurt a. M. 1980, S. 303.
61 Einstein, *Lettres* (Anm. 47), S. 76.

62 Thomas Mann, *Gesammelte Werke in dreizehn Bänden*. Bd. XIII: *Nachträge*. Frankfurt a. M. 1990, S. 896.
63 Brief an Alfred Einstein, 23. Januar 1939.
64 Brief an Max von Laue, 15. Mai 1967.
65 Einstein/Born, *Briefwechsel* (Anm. 33), S. 45.
66 Thomas Mann, *Tagebücher 1940–1943*. Hrsg. v. Peter de Mendelssohn. Frankfurt a. M. 1982, S. 61.
67 Ebd., S. 725.
68 Heike Weishaupt hat in ihrer Magisterarbeit am Lehrstuhl für Geschichte der Naturwissenschaften und Technik der Universität Stuttgart die Beziehungen zwischen Einstein und Thomas Mann genauer untersucht. Ich verdanke der Verfasserin manche Hinweise, unter anderem auf Einstein als Modell für Professor Kuckuck.
69 Thomas Mann, *Meerfahrt mit Don Quichote*. In: ders., *Werke* (Anm. 62), Bd. IX, S. 447.
70 Mann, *Escape* (Anm. 50), S. 273; Klaus Mann, *Der Wendepunkt. Ein Lebensbericht*. München 1976, S. 444; Katia Mann, *Meine ungeschriebenen Memoiren*. Hrsg. v. Elisabeth Plessen u. Michael Mann. Frankfurt a. M. 1976, S. 122.
71 Hans Wysling, *Wer ist Professor Kuckuck? Zu einem der letzten »Großen Gespräche« Thomas Manns*. In: *Stationen der Thomas Mann-Forschung. Aufsätze seit 1970*. Hrsg. v. Hermann Kurzke. Würzburg 1985, S. 276–295.
72 Mann, *Tagebücher* (Anm. 60), S. 894.
73 Brief von Erich von Kahler, 15. März 1939.
74 Brief von János Plesch, 6. März 1939.
75 Brief von Max von Laue, 10. Januar 1939.
76 *Hitler privat. Erlebnisbericht seiner Geheimsekretärin*. Hrsg. v. Albert Zoller. Düsseldorf 1949, S. 84.
77 Mann, *Werke* (Anm. 62). Bd. XII, S. 845–852.
78 Albert Einstein, *The Human Side. New Glimpses from His Archives*. Ausgewählt u. hrsg. v. Helen Dukas u. Banesh Hoffmann. Princeton 1979, S. 161.
79 Erich Fromm, *Aggressionstheorie* (= *Gesamtausgabe*. Bd. VII). Stuttgart 1980, S. 335.

KAPITEL 17
Kettenreaktion

1 Leo Szilard, *Talk on TV*. 18. April 1955. Die Antwort des Achtjährigen wird hier nur sinngemäß, nicht wörtlich wiedergegeben.
2 Albert Einstein, *Über den Frieden. Weltordnung oder Untergang?* Hrsg. v. Otto Nathan u. Heinz Norden. Bern 1975, S. 306.
3 Leo Szilard, *His Version of the Facts. Selected Recollections and Correspondence*. Hrsg. v. Spencer R. Weart u. Gertrud Weiss Szilard. Cambridge, Mass. 1978, S. VII.
4 Ebd., S. 17.
5 Briefentwurf, Handschrift von Leo Szilard, 15. Juli 1939.

6 Brief von Leo Szilard, 19. Juli 1939. Einstein-Archiv, Dokument 39461.
7 Der Wortlaut findet sich unter anderem in: Einstein, *Frieden* (Anm. 2), S. 309f.
8 Einstein, *Frieden* (Anm. 2), S. 309.
9 Brief an Otto Nathan, 5. September 1939.
10 Einstein, *Frieden* (Anm. 2), S. 315.
11 Richard Rhodes, *Die Atombombe oder Die Geschichte des 8. Schöpfungstages*. Nördlingen 1988, S. 338.
12 James B. Conant, *My Several Lives. Memoirs of a Social Inventor*. New York 1970, S. 280.
13 Einstein, *Frieden* (Anm. 2), S. 326.
14 Brief an Otto Nathan, 7. Juli 1940.
15 Brief an Stephen S. Wise, 10. Oktober 1941.
16 Brief von Oskar Kochertaler, 7. Dezember 1940.
17 Brief von Elsa Einstein an Antonina Vallentin, 16. Januar 1934.
18 Michel Biezunski, *La Diffusion de la théorie de la relativité en France*. Paris 1981 (Thèse Université Paris VII), S. 225 (hier ist der Brief Einsteins vom 6. April 1934 im Wortlaut und in französischer Übersetzung zitiert).
19 Antonina Vallentin, *Das Drama Albert Einsteins. Eine Biographie*. Stuttgart 1955, S. 214.
20 Brief an Maxim Litwinow, 10. Dezember 1941.
21 Thomas Mann, *Deutsche Hörer! Radiosendungen nach Deutschland aus den Jahren 1940–1945*. Frankfurt a. M. 1987, S. 78f.
22 Brief an Otto Juliusburger, Sommer 1942.
23 Ebd.
24 Brief an Otto Juliusburger, 13. Januar 1943.
25 Brief an Gertrud Warschauer, 2. Juni 1944.
26 Richard P. Feynman, *»Sie belieben wohl zu scherzen, Mr. Feynman!« Abenteuer eines neugierigen Physikers*. München/Zürich 1987, S. 176.
27 Brief an Gertrud Warschauer, 2. Juni 1944.
28 Brief an Hans Mühsam, 2. Juni 1944.
29 Brief an Otto Juliusburger, 6. September 1944.
30 Ebd.
31 Thomas Mann, *Tagebücher 1944 – 1.4.1946*. Hrsg. v. Inge Jens. Frankfurt a. M. 1986, S. 6.
32 Otto Robert Frisch, *Woran ich mich erinnere. Physik und Physiker meiner Zeit*. Stuttgart 1981, S. 199.
33 Robert Oppenheimer, *Letters and Recollections*. Hrsg. v. Alice Kimball Smith u. Charles Weiner. Cambridge, Mass. 1980, S. 257.
34 Einstein, *Frieden* (Anm. 2), S. 345.
35 Ebd., S. 321. – Peter A. Bucky berichtet in seinem Buch *Der private Albert Einstein* (Düsseldorf 1991, S. 134f.), Helen Dukas habe ihm die Nachricht überbracht. Er verlegt aber die Szene irrigerweise in Einsteins Haus Mercer Street 112.
36 Brief von Erich von Kahler, 8. August 1945.
37 Einstein, *Frieden* (Anm. 2), S. 581.

38 Szilard, *Talk on TV* (Anm. 1).
39 Einstein, *Frieden* (Anm. 2), S. 352.
40 United Nations Economic and Social Council, *Report of the Secretary General on Establishing United Nations Research Laboratories*. Report E/620, 23. Januar 1948.
41 Dr. Panofsky & Mr. Tarkington, *An Exchange of Letters, 1938–1946*. Hrsg. v. Richard M. Ludwig. Princeton 1974, S. 106. – Panofsky gebraucht den Scherz in seinem Brief an Booth Tarkington vom 5. Dezember 1945.
42 *Les Prix Nobel en 1945*. Stockholm 1947, S. 60.
43 Wolfgang Pauli, *Wissenschaftlicher Briefwechsel mit Bohr, Einstein, Heisenberg u. a.* Bd. III: *1940–1949*. Berlin usw. 1993, S. 329f.
44 Panofsky/Tarkington, *Exchange* (Anm. 41), S. 113.
45 Brief von Wolfgang Pauli an Max Born, 24. April 1955.
46 Brief von Wolfgang Pauli an Erwin Schrödinger, 9. August 1957.
47 Brief von Werner Heisenberg an Max Born, 2. Juni 1933.
48 Hendrik B. G. Casimir, *Haphazard Reality. Half a Century of Science*. New York 1983, S. 209.
49 Albert Einstein / Hedwig und Max Born, *Briefwechsel 1916–1955*. Kommentiert v. Max Born. München 1969, S. 216. – Von dieser Äußerung ist Born später abgerückt.
50 *Operation Epsilon: The Farm Hall Transcripts*. Einführung v. Charles Frank. Bristol 1993, S. 77. – *Operation Epsilon. Die Farm-Hall-Protokolle oder die Angst der Alliierten vor der deutschen Atombombe*. Hrsg. v. Dieter Hoffmann. Berlin 1993, S. 154.
51 Brief von Max von Laue, 15. September 1946.

KAPITEL 18
Die Deutschen und die Juden

1 Brief an Paul Ehrenfest, 6. Dezember 1918. – Die Reise nach Paris kam nicht zustande.
2 Albert Einstein, *Aus meinen späten Jahren*. Stuttgart 1979, S. 254.
3 »An Appeal«. Datiert 3. Dezember 1945. Einstein-Archiv, Dokument 11059.
4 Brief an James Franck, 30. Dezember 1945.
5 Brief von Erich von Kahler an Thomas Mann, 22. Januar 1946. Zitiert nach: Thomas Mann, *Tagebücher 1944 – 1.4. 1946*. Hrsg. v. Inge Jens. Frankfurt a. M. 1986, S. 760.
6 Brief an Victor Margueritte, 10. April 1931.
7 Reisetagebuch, Reise nach Japan, Palästina und Spanien, Eintragung vom 22. Januar 1923.
8 Brief an Maurice Solovine, 25. November 1948.
9 Carl Seelig, *Albert Einstein. Leben und Werk eines Genies unserer Zeit*. Zürich 1960, S. 351.
10 Brief an James Franck, 6. Dezember 1945.
11 Albert Einstein / Hedwig und Max Born, *Briefwechsel 1916–1955*. Kommentiert v. Max Born. München 1969, S. 254.

12 Brief an Hermann Broch, 9. Februar 1946.
13 Einstein, *Aus meinen späten Jahren* (Anm. 2), S. 254.
14 Albert Einstein / Arnold Sommerfeld, *Briefwechsel. Sechzig Briefe aus dem goldenen Zeitalter der modernen Physik*. Hrsg. u. kommentiert v. Armin Hermann. Basel/Stuttgart 1968, S. 121.
15 Brief an Otto Hahn, 28. Januar 1949.
16 Albert Einstein, *Über den Frieden. Weltordnung oder Weltuntergang?* Hrsg. v. Otto Nathan u. Heinz Norden. Bern 1975, S. 575.
17 Brief an Gertrud Warschauer, 15. April 1951.
18 Brief von Theodor Heuss, 10. Januar 1951.
19 Einstein/Born, *Briefwechsel* (Anm. 11), S. 202.
20 Einstein, *Frieden* (Anm. 16), S. 523.
21 Konrad Adenauer, *Briefe 1949–1951*. Bearbeitet v. Hans Peter Mensing. Berlin 1985, S. 97 (Brief von Konrad Adenauer an Helene Wessel, 27. August 1949).
22 Brief an Karl Pfund, 12. April 1952.
23 Brief von Lise Meitner an Margarethe Bohr, 7. März 1947.
24 Thomas Mann, *Tagebücher 1951–1952*. Hrsg. v. Inge Jens. Frankfurt a. M. 1993, S. 288.
25 Ebd., S. 797.
26 Brief an David Lilienthal, 29. Juli 1946.
27 Brief an Israel Goldstein, 21. Januar 1946.
28 Brief an Louis Brandeis, Sommer 1934.
29 Brief an Amiya Chakravarty, 2. Dezember 1952.
30 Brief an James Franck, 21. Mai 1947.
31 Einstein, *Aus meinen späten Jahren* (Anm. 2), S. 260.
32 *Books and People. Bulletin of the Jewish National and University Library, Jerusalem*, Nr. 6, Juni 1993, S. 2–10.
33 Telegramm an Vera Weizmann, 9. November 1952 (Entwurf).
34 So schrieb der siebzigjährige Stockholmer Rechtsanwalt Walter Klein. Wir haben den Wortlaut aus stilistischen Gründen leicht verändert.
35 Jamie Sayen, *Einstein in America. The Scientist's Conscience in the Age of Hitler and Hiroshima*. New York 1985, S. 246. – Der Bericht fußt auf einem Interview des Autors mit Helen Dukas.
36 Einstein, *Frieden* (Anm. 16), S. 570.
37 Brief an Ezriel Carlebach, 21. November 1952.
38 Mitchell Cohen, *Zion and State. Nation, Class and the Shaping of Modern Israel*. New York 1992, S. 219.
39 Yitzak Navon, *On Einstein and the Israel Presidency*. In: Gerald Holton / Yehuda Elkana, *Albert Einstein. Historical and Cultural Perspectives: The Centennial Symposium in Jerusalem*. Princeton 1982, S. 295.
40 Brief an Josef Scharl, 24. November 1952.
41 Aloys Greither, *Die Freundschaft Albert Einsteins mit dem Maler Josef Scharl*. In: *Ciba Symposium*, Bd. 16, 1968, S. 57–68.
42 Brief von Maja Winteler-Einstein an Theresia Mutzenbacher (Hamburg), 15./16. Juli 1946. Staatsbibliothek Preußischer Kulturbesitz, Berlin.

43 Brief von Maja Winteler-Einstein an Theresia Mutzenbacher, 18. Februar 1948.
44 Wolfgang Pauli, *Wissenschaftlicher Briefwechsel mit Bohr, Einstein, Heisenberg u. a.* Bd. III: *1940–1949*. Hrsg. v. Karl von Meyenn. Berlin usw. 1993, S. 573.
45 Brief von Maja Winteler-Einstein an Theresia Mutzenbacher, 17. Juni 1947.
46 Ebd.
47 Josef Wulf, *Raoul Wallenberg* (= Köpfe des 20. Jahrhunderts. Bd. 9). Berlin 1958.
48 Brief von Guy von Dardel, 29. Mai 1947.
49 Brief der sowjetischen Botschaft in Washington, 18. Dezember 1947.
50 Briefe an Josef Stalin, 18. Mai 1938 (Fall Alexander Weissberg), an Maxim Litwinow, 5. Februar 1938 (Fall Valentine Adler-Sas) und an Maxim Litwinow, 28. April 1938 (Fall Fritz Noether).
51 Brief an Käthe Kollwitz, 10. Oktober 1930.
52 Einstein/Born, *Briefwechsel* (Anm. 11), S. 179.
53 Brief an die Redaktion *Freies Deutschland*, 31. März 1943.
54 Brief an Emanuel Nowogrodsky, Dezember 1951.
55 Brief von Homer Greene, 15. Januar 1953. Einstein-Archiv, Dokument 41588.
56 Brief an Daniel James (Zeitschrift *The New Leader*), 15. Januar 1953.
57 Brief an Werner Cohn, 20. Januar 1953.
58 Brief an Vincent Sheean, 2. September 1952.
59 Ebd.
60 Einstein/Born, *Briefwechsel* (Anm. 11), S. 202.
61 Ebd., S. 272.
62 Die Verhandlungen des Nobelkomitees und der Schwedischen Akademie der Wissenschaften werden nach einer Sperrfrist von 50 Jahren den Historikern zugänglich. Im Falle der Verleihung des Nobelpreises an Max Born müssen wir also bis zum Jahr 2004 warten.
63 Brief an Hans Mühsam, Ende Januar 1947.
64 János Plesch, *Mein letztes Zusammensein mit Einstein* (Nachlaß Ronald W. Clark).
65 *Helle Zeit – dunkle Zeit. In memoriam Albert Einstein.* Hrsg. v. Carl Seelig. Zürich 1956, S. 63.
66 Brief an Hans Mühsam, Herbst 1948.
67 Rudolf Nissen, *Helle Blätter – dunkle Blätter. Erinnerungen eines Chirurgen.* Stuttgart 1969.
68 Brief an Hans Mühsam, 19. September 1949.
69 Brief an Otto Nathan, 17. Februar 1949.
70 *Albert Einstein als Philosoph und Naturforscher*. Hrsg. v. Paul Arthur Schilpp. Braunschweig 1979, S. 12.
71 Ebd.
72 Philipp Frank, *Einstein. Sein Leben und seine Zeit*. Braunschweig/Wiesbaden [2]1979 (hier Vorwort).
73 Albert Einstein / Mileva Marić, *Am Sonntag küss' ich Dich mündlich! Die Liebesbriefe 1897–1903*. Hrsg. u. eingeleitet v. Jürgen Renn

u. Robert Schulmann. Mit einem Essay »Einstein und die Frauen« von Armin Hermann. München 1994 (hier Einleitung).
74 *Einstein als Philosoph* (Anm. 70), S. 494.
75 Sayen, *Einstein* (Anm. 35), S. 227.
76 *Physikalische Blätter*, Jg. 5, 1949, S. 387f.
77 Brief von Erwin Panofsky an Hermann H. Goldstine, 16. März 1949.
78 Pauli, *Briefwechsel* (Anm. 44), S. 644.
79 Arnold Sommerfeld, *Zum siebzigsten Geburtstag Albert Einsteins*. In: *Deutsche Beiträge*, Jg. 3, H. 2, 1949, S. 3–8. Die Rundfunkrede war ein Auszug aus diesem Aufsatz.

KAPITEL 19
Im Zeitalter des Atoms

1 Albert Einstein / Hedwig und Max Born, *Briefwechsel 1916–1955*. Kommentiert v. Max Born. München 1969, S. 44.
2 Albert Einstein, *Aus meinen späten Jahren*. Stuttgart 1979, S. 188.
3 Ebd., S. 192.
4 Brief von Helen Dukas an Albert Schweitzer, 30. April 1957.
5 Brief von Hans Lamm, ca. 14. März 1954.
6 Brief an Paul Moos, 30. März 1950.
7 Brief an Josef Scharl, 12. Juni 1953.
8 Albert Einstein, *Aus meinen späten Jahren*. Deutsche Verlags-Anstalt, Stuttgart 1979.
9 Brief an Paul Moos, 30. März 1950.
10 Brief an Otto Nathan, 19. November 1940.
11 Brief an Elisabeth von Belgien, 6. Januar 1951.
12 Brief an Otto Nathan, 4. September 1948.
13 Brief an Maurice Solovine, 25. November 1948.
14 Brief an Lina Kocherthaler, 27. Juli 1951.
15 Brief an Vera Besso, 21. März 1955.
16 Peter A. Bucky, *Der private Albert Einstein. Gespräche über Gott, die Menschen und die Bombe*. Düsseldorf 1991, S. 200.
17 Brief an Paul Ehrenfest, 25. April 1912.
18 Brief an Gertrud Warschauer, 15. Juli 1950.
19 Hermann Hesse, *Der Steppenwolf. Erzählung*. Frankfurt a. M. 1974, S. 14.
20 Briefwechsel Albert Einstein / Melania Serbu 1928–1948 (Schreibmaschinenskript). Württembergische Landesbibliothek, Stuttgart (hier S. 23).
21 Dr. Panofsky & Mr. Tarkington, *An Exchange of Letters, 1938–1946*. Hrsg. v. Richard M. Ludwig. Princeton 1974, S. 87.
22 Ebd., S. 107.
23 Ebd., S. 82.
24 Denis de Rougemont, *Lettres sur la bombe atomique*. Paris 1991, S. 43f.
25 Interview von Lew Kowarski und Margaret Gowing mit Denis de Rougemont am 16. Januar 1975. CERN Archives, Genf.

26 Albert Einstein, *Über den Frieden. Weltordnung oder Weltuntergang?* Hrsg. v. Otto Nathan u. Heinz Norden. Bern 1975, S. 386. – In diesem Sammelband findet sich die deutsche Originalfassung. »Die Grünen« verwendeten die von uns zitierte Rückübersetzung aus dem Englischen. Siehe: *Das Ende des Atomzeitalters? Eine sachlich-kritische Dokumentation.* Hrsg. v. Armin Hermann u. Rolf Schumacher. München 1987, S. 356.
27 Ebd.
28 Ebd., S. 401.
29 *Foreign Relations of the United States. 1947.* Bd. I. Washington, D.C. 1974, S. 489.
30 Brief an Henry A. Wallace, 26. Januar 1949.
31 Brief an Upton Sinclair, 19. Dezember 1951.
32 Brief an Arnold Sommerfeld, 13. Juli 1921.
33 Brief an Adlai E. Stevenson, 23. November 1952.
34 Einstein-Archiv, Dokument 34471.
35 Brief von Frank P. O'Hare, 14. Januar 1953.
36 Einstein, *Frieden* (Anm. 20), S. 462.
37 Ebd., S. 540ff.
38 Ebd., S. 546.
39 Ebd.
40 Ebd., S. 547f.
41 Brief von Josef Scharl, 12. Juni 1953.
42 Andreas Kleinert, *Paul Weyland, der Berliner Einstein-Töter.* In: *Naturwissenschaft und Technik in der Geschichte. 25 Jahre Lehrstuhl für Geschichte der Naturwissenschaft und Technik...* Hrsg. v. Helmuth Albrecht. Stuttgart 1993, S. 198–232.
43 Richard Alan Schwartz, *The F.B.I. and Dr. Einstein.* In: *The Nation,* Bd. 237, 1983, S. 168–173. – Richard Alan Schwartz, *Einstein and the War Department.* In: *Isis.* Bd. 80, 1989, S. 281–284. – Klaus Hentschel, *A Postscript on Einstein and the FBI.* In: *Isis.* Bd. 81, 1990, S. 279f. – Paul Weyland kehrte 1967 in die Bundesrepublik zurück. Er lebte noch fünf Jahre in Bad Pyrmont. Hier wurde er von seiner Vergangenheit eingeholt. Er hörte im Deutschlandfunk die Sendung *Verfemt und verbannt. Albert Einstein, dargestellt von Armin Hermann.* In einem Brief an den hessischen Sozialminister, in dem es wieder einmal um eine finanzielle Unterstützung ging, beklagte er sich über »diesen widerlichen Vorfall«. Er sei wegen seiner wissenschaftlichen Einstellung in geradezu pöbelhafter Weise angegriffen worden, »nach genau 50 Jahren«. Siehe: Kleinert, *Weyland* (Anm. 42), S. 232.
44 Briefwechsel Einstein/Serbu (Anm. 20), S. 4, Brief an Melania Serbu, 9. Januar 1928.
45 Carl Seelig, *Albert Einstein. Leben und Werk eines Genies unserer Zeit.* Zürich 1960, S. 353.
46 Brief von Helen Dukas an Carl Seelig, 28. Oktober 1960.
47 János Plesch, *Gedanken zum Tode von Albert Einstein* (unveröffentlicht; Manuskript im Nachlaß von Ronald W. Clark).
48 Brief an Maurice Solovine, 14. Oktober 1963.
49 Brief an Lina Kocherthaler, undatiert.

50 Brief von Sigmund Freud, 3. Mai 1936.
51 Brief an Anna Bacharach, 25. Juli 1949.
52 Wir kennen die Identität des Kindes, wollen sie aber – ähnlich wie Roger Highfield und Paul Carter in ihrem Buch über *The Private Lives of Albert Einstein* (London/Boston 1993, S. 284) – nicht preisgeben.
53 Brief an Lina Kocherthaler, 6. Juni 1952.
54 Plesch, *Gedanken* (Anm. 47).
55 Ebd.
56 Brief an Lina Kocherthaler, 6. Juni 1952.
57 Brief an Carl Seelig, 25. Februar 1952(?).
58 Ebd.
59 Brief von Carl Seelig, 22. März 1952.
60 Brief an Maurice Solovine, 30. März 1952.
61 Brief an Michele Besso, 6. März 1952. In: Albert Einstein / Michele Besso, *Correspondance 1903–1955*. Übersetzung, Anmerkungen u. Einleitung v. Pierre Speziali. Paris 1972, S. 464.
62 Immanuel Kant, *Prolegomena zu einer jeden künftigen Metaphysik*. In: ders., *Kleinere philosophische Schriften* (= *Sämtliche Werke in sechs Bänden*. Bd. 4). Leipzig 1921, S. 369–524 (hier S. 376).
63 Brief an Paul Ehrenfest, Oktober 1916. Zitiert nach: Seelig, *Einstein* (Anm. 45), S. 262.
64 Brief an Michele Besso, 6. Januar 1948. Zitiert nach: Einstein/Besso, *Correspondance* (Anm. 61), S. 391.
65 Albert Einstein, *Mein Weltbild*. Hrsg. v. Carl Seelig. Frankfurt a. M. 1981, S. 116.
66 F. S. C. Northrop, *Einsteins Begriff der Wissenschaft*. In: *Albert Einstein als Philosoph und Naturforscher*. Hrsg. v. Paul Arthur Schilpp. Stuttgart 1949, S. 269–288 (hier S. 269).
67 Albert Einstein, *Über die spezielle und allgemeine Relativitätstheorie*. Berlin [10]1920, S. 91. – Zitiert in: Karl R. Popper, *Ausgangspunkte. Meine intellektuelle Entwicklung*. Zürich 1981, S. 48.
68 Popper, *Ausgangspunkte* (Anm. 67), S. 53.
69 Einstein, *Relativitätstheorie* (Anm. 67), S. 52.
70 Popper, *Ausgangspunkte* (Anm. 67), S. 189.

KAPITEL 20
Das letzte Jahr

1 Brief von Adolf Wildermuth, 19. März 1954.
2 Brief von Ludwig Geißler, 12. März 1954.
3 Brief von Emil Ott, ca. 14. März 1954.
4 Brief von Maurice Solovine, ca. 14. März 1954.
5 Brief von Walther Meißner, ca. 14. März 1954.
6 Brief von Johanna Sommerfeld, 14. März 1954.
7 Brief von Herta Waldow, ca. 14. März 1954.
8 Brief von Sonja Schmidt, ca. 14. März 1954.
9 Brief von Walter und Else Boehm, ca. 14. März 1954.

10 Brief von Rahel Straus, ca. 14. März 1954.
11 Brief von Hans Lamm, ca. 14. März 1954.
12 Ansprache von Theodor Heuss bei der Ehrlich-Behring-Gedächtnisfeier am 14. März 1954 in der Paulskirche zu Frankfurt am Main.
13 Brief von Tillmann Zeller, 15. März 1954.
14 Brief von Uwe Brüggemann, ca. 14. März 1954.
15 Brief von Kalevi Hyvonen, ca. 14. März 1954.
16 Brief an die Fakultät, ca. 15. März 1954.
17 Brief an Gertrud Warschauer, 22. März 1954.
18 Brief von Thomas Mann an Rudolf Kayser, 31. Mai 1954, Thomas-Mann-Archiv, Zürich. – Zitiert nach: Heike Weishaupt, *Albert Einstein und Thomas Mann. Chronik ihrer politischen Beziehung.* Magisterarbeit Stuttgart 1994.
19 Heinar Kipphardt, *In der Sache J. Robert Oppenheimer. Ein Stück und seine Geschichte.* Reinbek 1987, S. 10.
20 Robert Jungk, *Heller als tausend Sonnen. Das Schicksal der Atomforscher.* Stuttgart 1956, S. 325.
21 Jamie Sayen, *Einstein in America. The Scientist's Conscience in the Age of Hitler and Hiroshima.* New York 1985, S. 286.
22 Ebd. – Sayen stützt sich auf ein Interview mit Helen Dukas.
23 *In the Matter of J. Robert Oppenheimer: Transcript of Hearing before Personnel Security Board and Texts of Principal Documents and Letters.* Cambridge, Mass. 1971.
24 Ebd., S. 325.
25 Ebd., S. 166.
26 Kipphardt, *Sache* (Anm. 19), S. 164.
27 Brief an Upton Sinclair, 24. November 1954.
28 Sayen, *Einstein* (Anm. 21), S. 284.
29 Brief an Upton Sinclair, 24. November 1954.
30 Albert Einstein, *Über den Frieden. Weltordnung oder Weltuntergang?* Hrsg. v. Otto Nathan u. Heinz Norden. Bern 1975, S. 608.
31 Einstein-Archiv, Dokument 41879.
32 Brief von Burt Whitehead & Sons, 10. November 1954.
33 Brief der Stanley Plumbing & Heating Co., 11. November 1954.
34 Brief an Arthur Traub (Yale), 24. November 1954.
35 Richard Alan Schwartz, *The F.B.I. and Dr. Einstein.* In: *The Nation.* Bd. 237, 1983, S. 168–173.
36 Brief an Lina Kocherthaler, 28. Dezember 1954.
37 Brief von Max von Laue, 16. Januar 1955.
38 Brief an Max von Laue, 3. Februar 1955.
39 Albert Einstein, *50 Jahre Relativitätstheorie und Lichtquanten.* In: *Physikalische Blätter,* Jg. 11, 1955, S. 228–230.
40 Wolfgang Pauli, *Opening Talk.* In: *Fünfzig Jahre Relativitätstheorie. Helvetica Physica Acta.* Supplementum IV. Basel 1956, S. 27. – Pauli sprach hier von einem »turning point in the history of the theory of relativity«. Dies verwirklichte sich auch in einer unvorhergesehenen Weise. Seither finden regelmäßig »International Conferences on General Relativity and Gravitation« (abgekürzt GR) statt, die erste 1957 in Chapel Hill, North Carolina, und in der fortlaufend nume-

rierten Reihe bis GR 15 im Jahre 1995 in Florenz wird die Berner Tagung von 1955 als sozusagen die »nullte« geführt mit der Bezeichnung GR 0. Ich verdanke diese Mitteilung Jürgen Ehlers, der schon in Bern 1955 Tagungsteilnehmer war.

41 Max Born, *Physik im Wandel meiner Zeit*. Braunschweig [4]1966, S. 191.

42 Ebd., S. 271–281. Deutsche Übersetzung: *Helle Zeit – dunkle Zeit. In memoriam Albert Einstein*. Hrsg. v. Carl Seelig. Zürich 1956, S. 17–31.

43 *Helle Zeit* (Anm. 42), S. 53.

44 Brief an Maurice Solovine, 27. Februar 1955.

45 Brief an Michele Besso, 12. Dezember 1951.

46 Einstein, *Frieden* (Anm. 30), S. 625.

47 Ebd., S. 628.

48 Brief an den Sohn und die Schwester Michele Bessos, 21. März 1955.

49 Sayen, *Einstein* (Anm. 21), S. 299.

50 János Plesch, *Gedanken zum Tode von Albert Einstein* (unveröffentlicht).

51 Ebd.

52 Brief von Margot Einstein an Hedwig Born, 31. Oktober 1955. Staatsbibliothek, Berlin, Handschriftenabteilung, Nachlaß Born. – Abgedruckt in: Albert Einstein / Hedwig und Max Born, *Briefwechsel 1916–1955*. Kommentiert v. Max Born. München 1969, S. 310.

53 Peter A. Bucky, *Der private Albert Einstein. Gespräche über Gott, die Menschen und die Bombe*. Düsseldorf 1991, S. 200.

54 Peter Michelmore, *Albert Einstein. Genie des Jahrhunderts*. Hannover 1968, S. 215.

55 Einstein, *Frieden* (Anm. 30), S. 636.

56 Brief an Gertrud Warschauer, 28. Dezember 1954.

57 Brief an Lina Kocherthaler, 6. Juni 1952.

58 Brief an Michele Besso, 24. Juli 1949.

59 *New York Times*, 19. März 1955, S. 1.

60 Alfred Einstein, *Mozart. Sein Charakter. Sein Werk*. Stockholm 1947, Neuausgabe Frankfurt a. M. 1968, S. 271.

61 Philipp Frank, *Albert Einstein. Sein Leben und seine Zeit*. München 1949, S. 29.

62 Vergil, *Aeneis*. Lateinisch-deutsch... Hrsg. u. übersetzt v. Johannes Götte. München [2]1965, S. 239.

63 Brief an Alfred Einstein, 15. März 1944.

Zeittafel

	Albert Einstein	Politik und Kultur
1879	*14. März* Albert Einstein in Ulm geboren	*8. März* Otto Hahn in Frankfurt a. M. geboren *9. Okt.* Max Laue in Pfaffendorf bei Koblenz geboren *21. Dez.* Josef Stalin in Gori (Georgien) geboren
1880	*21. Juni* Übersiedlung der Familie nach München	
1883		*13. Febr.* Richard Wagner in Venedig gestorben
1885	*31. März* Umzug in den Rengerweg 14 (später in Adlzreiterstraße umbenannt) *1. Okt.* Eintritt in die Sankt-Peters-Schule	
1886		*10. Juni* Übernahme der Regentschaft in Bayern durch Prinz Luitpold *Okt.* Entdeckung der elektrischen Wellen durch Heinrich Hertz am Polytechnikum Karlsruhe
1888	*1. Okt.* Eintritt in die 1B des K. Luitpold-Gymnasiums	*15. Juni* Wilhelm II. besteigt den Thron als Deutscher Kaiser und König von Preußen
1894	*29. Dez.* Austritt aus dem Luitpold-Gymnasium	*März* Thomas Mann übersiedelt nach München
1895	*26. Okt.* Eintritt in die Aargauer Kantonsschule	*8. Nov.* Entdeckung der Röntgenstrahlen in Würzburg

1896	*28. Jan.* Entlassung aus der württembergischen Staatsangehörigkeit *18.–21. Sept.* schriftliches Abitur in Aarau *20. Okt.* Vorlesungsbeginn am Polytechnikum Zürich	
1900	*28. Juli* Diplom als »Fachlehrer in mathematischer Richtung«	*14. Dez.* Vortrag von Max Planck vor der DPG; erste Quantenformel
1901	*21. Febr.* Schweizer Staatsangehörigkeit	*10. Dez.* erstmalige Verleihung der Nobelpreise; der Physikpreis geht an Wilhelm Conrad Röntgen *Herbst* Thomas Manns Roman »Buddenbrooks« erscheint bei S. Fischer
1902	*Jan.* Geburt des vorehelichen Kindes »Lieserl« *1. Febr.* Umzug nach Bern *23. Juni* Antritt am Eidgenössischen Amt für Geistiges Eigentum *10. Okt.* Tod des Vaters Hermann Einstein	
1903	*6. Jan.* Hochzeit mit Mileva Marić	*10. Dez.* Verleihung der Nobelpreise an Henri Becquerel, Pierre und Marie Curie
1904	*14. Mai* Geburt des Sohnes Hans Albert	*9. Febr.* japanischer Überfall auf Port Arthur; Beginn des russisch-japanischen Krieges
1905	*18. März* die Arbeit über die Lichtquantenhypothese bei den »Annalen der Physik« eingegangen *11. Mai* atomistische Konstitution der Materie *30. Juni* »Zur Elektrodynamik bewegter Körper« *27. Sept.* Formel $E = mc^2$	

1906	*15. Jan.* Doktordiplom der Universität Zürich *1. April* Beförderung zum »Technischen Experten II. Klasse« am Patentamt	*23. März* Vortrag Max Plancks vor der DPG; erste öffentliche Stellungnahme zur Speziellen Relativitätstheorie
1908	*27. Febr.* Antrittsvorlesung als Privatdozent in Bern	
1909	*15. Okt.* Außerordentlicher Professor an der Universität Zürich	
1910	*28. Juli* Geburt des zweiten Sohnes Eduard	*11. Okt.* 100-Jahr-Feier der Universität Berlin
1911	*1. April* offizieller Amtsantritt als Ordinarius an der Deutschen Universität Prag *30. Okt.–3. Nov.* erster Solvay-Kongreß in Brüssel	*11. Jan.* Gründung der Kaiser-Wilhelm-Gesellschaft *18. Dez.* Eröffnung der Ausstellung »Der Blaue Reiter« in der Galerie Thannhauser in München
1912	*23. Febr.* Besuch von Paul Ehrenfest in Prag *10. Aug.* wieder in Zürich *1. Okt.* Amtsantritt an der ETH	*14. April* Untergang der »Titanic«
1913		*25. Mai* Enttarnung und erzwungener Selbstmord von Oberst Alfred Redl in Wien *Mai ff.* Niels Bohr: »Über die Konstitution von Atomen und Molekülen« (drei Aufsätze im »Philosophical Magazine«)
1914	*29. März* Ankunft in Berlin (ohne Familie) *1. April* Amtsantritt als ordentliches, hauptamtliches Mitglied der Preußischen Akademie der Wissenschaften *Mitte/Ende April* Ankunft von Mileva mit den Kindern	*2. Aug.* Beginn des Ersten Weltkriegs (erster Mobilmachungstag)

1915	*4. Nov.* Gesamtsitzung der Akademie; Einstein legt die Abhandlung »Zur allgemeinen Relativitätstheorie« vor	
1916	*5. Mai* Vorsitzender der Deutschen Physikalischen Gesellschaft (Amtszeit zwei Jahre)	*Mai* »Der Untertan« von Heinrich Mann erscheint in einer Separatauflage
1918		*9. Nov.* Revolution in Deutschland; Ausrufung der Republik
1919	*14. Febr.* Scheidung von Mileva *29. Mai* Sonnenfinsternis in den Tropen *2. Juni* Heirat mit Elsa *6. Nov.* Sitzung der Royal und der Royal Astronomical Society in London	
1920	*20. Febr.* Tod der Mutter Pauline Einstein, geb. Koch, in Berlin *24. Aug.* Großkundgebung der »Arbeitsgemeinschaft deutscher Naturforscher zur Erhaltung reiner Wissenschaft« in der Berliner Philharmonie gegen Einstein und die Relativitätstheorie *23. Sept.* »Hahnenkampf über Relativität« in Bad Nauheim (86. Versammlung der Deutschen Naturforscher und Ärzte)	*30. Okt.* Gründung der »Notgemeinschaft der Deutschen Wissenschaft«
1921	*2. April* Ankunft in New York mit dem Dampfer »Rotterdam« *10.–13. Mai* Vorträge in Princeton *8. Juni* Ankunft in England (Liverpool) *17. Juni* zurück in Berlin	*Aug.* Fertigstellung des Einstein-Turms in Potsdam

1922	*28. März* Ankunft in Paris *ca. 1. Okt.* Abreise nach Japan via Zürich, Bern und Marseille *17. Nov.* Ankunft in Japan (Kobe) *29. Dez.* Abreise von Japan	
1923	*2. Febr.* Ankunft in Palästina *6. Febr.* Vortrag auf dem Mount Scopus *16. März* Rückreise von Zaragoza nach Berlin	*9. Nov.* Bierhallenputsch in München
1924		*21. Jan.* Tod Lenins
1925	*5. März* Abfahrt nach Südamerika	*29. Juli* Werner Heisenberg: »Über quantentheoretische Umdeutung kinematischer und mechanischer Beziehungen«
1928		*4. Febr.* Tod von Hendrik Antoon Lorentz in Haarlem
1929	*29. Juni* Max-Planck-Medaille an Planck und Einstein	*12. April* Konzert in der Berliner Philharmonie mit Bruno Walter und Yehudi Menuhin *3. Okt.* Tod Gustav Stresemanns *24. Okt.* Kurssturz an der New Yorker Börse; Beginn der Weltwirtschaftskrise
1932		*15. Nov.* 70. Geburtstag Gerhart Hauptmanns
1933	*30. März* Plenarsitzung der Preußischen Akademie; Verlesung der Austrittserklärung Einsteins *3. Okt.* Massenversammlung in der Royal Albert Hall London *16. Okt.* Ankunft in New York	*30. Jan.* Adolf Hitler zum Reichskanzler ernannt *1. April* Tag des Judenboykotts *10. Mai* Tag der Bücherverbrennung *31. Aug.* der Kulturphilosoph Theodor Lessing in Marienbad ermordet

	16. Okt. Ankunft in New York	*25. Sept.* Selbstmord von Paul Ehrenfest in Leiden
1934	*8. Juni* Tod von Ilse Kayser	*29. Jan.* Tod von Fritz Haber in Basel
1935	*Okt.* Einzug in das eigene Haus Mercer Street 112	
1936	*20. Dez.* Tod Elsa Einsteins in Princeton	*23. Nov.* Friedensnobelpreis für 1935 Carl von Ossietzky zugesprochen
1938		*17. Juli* Lise Meitner verläßt Deutschland *29. Sept.* Münchner Abkommen *Dez.* Entdeckung der Kernspaltung durch Otto Hahn und Fritz Strassmann
1939	*2. Aug.* Brief an den amerikanischen Präsidenten	*1. Sept.* Angriff der deutschen Truppen auf Polen; Beginn des Zweiten Weltkriegs
1940	*1. Okt.* Schwur auf die amerikanische Verfassung	*10. Mai* Winston Churchill wird Ministerpräsident
1941		*22. Juni* deutscher Überfall auf die Sowjetunion *7. Dez.* Überfall der Japaner auf die amerikanische Flotte in Pearl Harbor
1942		*2.12.* der erste Atomreaktor wird kritisch (Enrico Fermi in Chicago)
1943		*April* Aufstand von 60 000 Juden im Warschauer Getto
1945		*12. April* Franklin D. Roosevelt in Warm Springs gestorben; Harry S. Truman wird amerikanischer Präsident

		9. Mai bedingungslose Kapitulation der deutschen Truppen *16. Juli* Versuchsexplosion einer Plutoniumbombe in Alamogordo (New Mexico) *6. Aug.* Abwurf einer Uraniumbombe auf Hiroschima *9. Aug.* Abwurf einer Plutoniumbombe auf Nagasaki *16. Aug.* Feuereinstellung im Pazifik; Ende des Zweiten Weltkriegs
1947		*17. Juni* 250-Jahr-Feier der Universität Princeton *4. Okt.* Tod von Max Planck in Göttingen
1948		*14. Mai* Gründung des Staates Israel *26. Juni* Beginn der Berliner Blockade *2. Nov.* Wahlsieg Harry S. Trumans über Thomas E. Dewey
1949	*19. März* Symposium zum 70. Geburtstag	*4. April* Gründung der Nato *26. Aug.* Explosion der ersten sowjetischen Atombombe *15. Sept.* Konrad Adenauer im Deutschen Bundestag zum Bundeskanzler gewählt
1950		*25. Juni* Ausbruch des Koreakriegs
1951	*25. Juni* Tod der Schwester Maja in Princeton	
1952	*13. Febr.* Tod des Freundes Alfred Einstein in El Cerrito (Kalifornien)	*4. Nov.* Wahlsieg Dwight D. Eisenhowers über Adlai E. Stevenson
1953		*5. März* Tod Josef Stalins

1954		*12. April* Beginn der Verhandlungen gegen J. Robert Oppenheimer *6. Dez.* Josef Scharl in New York gestorben
1955	*15. März* Tod des Freundes Michele Besso in Genf *18. April* morgens 1.15 Uhr Tod im Princeton Hospital im Alter von 76 Jahren, 1 Monat und 4 Tagen	*5. Mai* die Bundesrepublik Deutschland erhält volle Souveränität *11.–14. Juli* Tagung »50 Jahre Relativitätstheorie« in Bern
1957		*6.–11. Juli* erste »Pugwash Conference on Science and World Affairs« in Pugwash (Nova Scotia, Kanada)

Personenregister

Sachregister

Bildnachweis

Archiv des Verfassers: S. 127
Archiv für Kunst und Geschichte, Berlin: S. 444
Archiv zur Geschichte der Max-Planck-Gesellschaft, Berlin: S. 55, 209, 302, 431
Bildarchiv Preußischer Kulturbesitz, Berlin: S. 51, 66, 74, 261, 267, 333, 355, 366, 387, 415, 485, 499, 535, 551
Deutsche Physikalische Gesellschaft, Bad Honnef: S. 131, 143
Deutsches Museum, München: S. 139, 217, 244
Albert Einstein Archives, Hebrew University of Jerusalem: S. 227, 231, 478, 491, 530
Immigration and Naturalization Service, Washington D. C.: S. 460
Lotte Jacobi (1938): S. 427, 433
Staatsbibliothek Preußischer Kulturbesitz, Berlin: S. 282

SERIE PIPER

Sylvia Nasar

Genie und Wahnsinn

»A Beautiful Mind«. Das Leben des genialen Mathematikers John Nash. Aus dem Amerikanischen von Cäcilie Plieninger und Anja Hansen-Schmidt. 575 Seiten mit 26 Abbildungen. Serie Piper

Die Karriere des genialen Mathematikers John Nash begann vielversprechend: Er wurde mit gerade mal 23 Jahren Dozent am Massachusetts Institute of Technology. Mit seinen Beiträgen zur Spieltheorie revolutionierte er die modernen Wirtschaftswissenschaften und verblüffte die mathematische Welt durch die Lösung scheinbar unlösbarer Probleme. Dann die Katastrophe: psychischer Zusammenbruch, paranoide Schizophrenie, zahllose Aufenthalte in Heilanstalten – und er geriet in völlige Vergessenheit. Nach über 30 Jahren geschieht das Unglaubliche: Nash wird geheilt, kann wieder arbeiten und erhält 1994 für seine frühen Forschungen den Nobelpreis für Wirtschaftswissenschaften. Die aufwühlende Geschichte eines Genies, dem es gelingt, eine schreckliche Krankheit zu besiegen.

05/1188/01/L

Ernst Peter Fischer

Werner Heisenberg

Das selbstvergessene Genie. 288 Seiten mit 28 Abbildungen und einer Tabelle. Serie Piper

Der deutsche Forscher und Physik-Nobelpreisträger Werner Heisenberg (1901–1976) hat mit seiner Quantenmechanik einen einzigartigen Beitrag zum naturwissenschaftlichen und philosophischen Denken des 20. Jahrhunderts geleistet. Ernst Peter Fischer nähert sich dem »selbstvergessenen Genie« auf sehr persönliche Weise. In seinem Porträt beleuchtet er den kreativen Physiker und humanistischen Gelehrten, diskutiert sein besonderes Verhältnis zu Niels Bohr und untersucht nicht zuletzt Heisenbergs Verhalten im Dritten Reich.

»Das Buch macht große Lust, mehr über diese in manchen Aspekten sehr deutsche Lichtgestalt der Physik zu erfahren.«
Stuttgarter Zeitung

05/1192/01/R